中国科学院 白春礼院士题

论低维并器件
致广大而尽精微

白春礼

戊戌 冬月

中国科学院科学出版基金资助出版

低维材料与器件丛书

成会明　总主编

低维纳米材料柔性储能器件

牛志强　著

科 学 出 版 社

北 京

内 容 简 介

本书为“低维材料与器件丛书”之一。随着电子技术的不断发展，便携式电子器件及产品在不断小型化、轻量化和柔性化，这对新一代储能器件提出了“轻、薄、柔”的要求，柔性储能器件的设计是实现完全柔性自供电电子系统的前提。柔性储能器件不仅需要各器件组成单元在承受外力作用下保持原有的性能，还需要器件整体能够具有对外场的柔性响应。纳米材料具有大比表面积、高导电性和优异力学性能，通过纳米基元的纳米复合和自组装，可实现纳米材料优异性能从微观到宏观的有效转移，得到力学、电学和电化学性能兼备的柔性电极，纳米材料的添加也会有效提升固态和准固态电解质的离子电导率和力学性能，因此，纳米材料的发展为实现高性能柔性储能器件的设计提供了可能。本书围绕纳米材料在柔性储能器件中的应用，系统阐述了不同柔性储能体系的电极设计、电解质优化、器件组装、系统集成和智能化设计，并对纳米材料柔性储能器件目前存在的问题和未来的发展方向进行了讨论与展望。

本书可供从事纳米材料和储能器件研究的科研人员、高等院校相关专业师生以及科研院所和企业专业人员等参考。

图书在版编目（CIP）数据

低维纳米材料柔性储能器件/牛志强著. —北京：科学出版社，2021.5

（低维材料与器件丛书/成会明总主编）

ISBN 978-7-03-068073-0

Ⅰ. ①低…　Ⅱ. ①牛…　Ⅲ. ①纳米材料－柔性材料－储能器
Ⅳ. ①TB383

中国版本图书馆 CIP 数据核字（2021）第 028796 号

责任编辑：翁靖一　付　瑶 / 责任校对：樊雅琼
责任印制：赵　博 / 封面设计：耕者设计工作室

科学出版社出版
北京东黄城根北街 16 号
邮政编码：100717
http://www.sciencep.com

涿州市般润文化传播有限公司印刷
科学出版社发行　各地新华书店经销

*

2021 年 5 月第　一　版　开本：720×1000　1/16
2024 年 7 月第二次印刷　印张：24 1/2
字数：472 000

定价：198.00 元

（如有印装质量问题，我社负责调换）

低维材料与器件丛书

编 委 会

总　序

人类社会的发展水平，多以材料作为主要标志。在我国近年来颁发的《国家创新驱动发展战略纲要》、《国家中长期科学和技术发展规划纲要（2006—2020年）》、《“十三五”国家科技创新规划》和《中国制造2025》中，材料均是重点发展的领域之一。

随着科学技术的不断进步和发展，人们对信息、显示和传感等各类器件的要求越来越高，包括高性能化、小型化、多功能、智能化、节能环保，甚至自驱动、柔性可穿戴、健康全时监/检测等。这些要求对材料和器件提出了巨大的挑战，各种新材料、新器件应运而生。特别是自20世纪80年代以来，科学家们发现和制备出一系列低维材料（如零维的量子点、一维的纳米管和纳米线、二维的石墨烯和石墨炔等新材料），它们具有独特的结构和优异的性质，有望满足未来社会对材料和器件多功能化的要求，因而相关基础研究和应用技术的发展受到了全世界各国政府、学术界、工业界的高度重视。其中富勒烯和石墨烯这两种低维碳材料的发现者还分别获得了1996年诺贝尔化学奖和2010年诺贝尔物理学奖。由此可见，在新材料中，低维材料占据了非常重要的地位，是当前材料科学的研究前沿，也是材料科学、软物质科学、物理、化学、工程等领域的重要交叉领域，其覆盖面广，包含了很多基础科学问题和关键技术问题，尤其在结构上的多样性、加工上的多尺度性、应用上的广泛性等使该领域具有很强的生命力，其研究和应用前景极为广阔。

我国是富勒烯、量子点、碳纳米管、石墨烯、纳米线、二维原子晶体等低维材料研究、生产和应用开发的大国，科研工作者众多，每年在这些领域发表的学术论文和授权专利的数量已经位居世界第一，相关器件应用的研究与开发也方兴未艾。在这种大背景和环境下，及时总结并编撰出版一套高水平、全面、系统地反映低维材料与器件这一国际学科前沿领域的基础科学原理、最新研究进展及未来发展和应用趋势的系列学术著作，对于形成新的完整知识体系，推动我国低维材料与器件的发展，实现优秀科技成果的传承与传播，推动其在新能源、信息、光电、生命健康、环保、航空航天等战略新兴领域的应用开发具有划时代的意义。

为此，我接受科学出版社的邀请，组织活跃在科研第一线的三十多位优秀科学家积极撰写“低维材料与器件丛书”，内容涵盖了量子点、纳米管、纳米线、石墨烯、石墨炔、二维原子晶体、拓扑绝缘体等低维材料的结构、物性及制备方法，并全面探讨了低维材料在信息、光电、传感、生物医用、健康、新能源、环境保护等领域的应用，具有学术水平高、系统性强、涵盖面广、时效性高和引领性强等特点。本套丛书的特色鲜明，不仅全面、系统地总结和归纳了国内外在低维材料与器件领域的优秀科研成果，展示了该领域研究的主流和发展趋势，而且反映了编著者在各自研究领域多年形成的大量原始创新研究成果，将有利于提升我国在这一前沿领域的学术水平和国际地位、创造战略新兴产业，并为我国产业升级、国家核心竞争力提升奠定学科基础。同时，这套丛书的成功出版将使更多的年轻研究人员获取更为系统、更前沿的知识，有利于低维材料与器件领域青年人才的培养。

历经一年半的时间，这套“低维材料与器件丛书”即将问世。在此，我衷心感谢李玉良院士、谢毅院士、俞书宏教授、谢素原教授、张跃教授、康飞宇教授、张锦教授等诸位专家学者积极热心的参与，正是在大家认真负责、无私奉献、齐心协力下才顺利完成了丛书各分册的撰写工作。最后，也要感谢科学出版社各级领导和编辑，特别是翁靖一编辑，为这套丛书的策划和出版所做出的一切努力。

材料科学创造了众多奇迹，并仍然在创造奇迹。相比于常见的基础材料，低维材料是高新技术产业和先进制造业的基础。我衷心地希望更多的科学家、工程师、企业家、研究生投身于低维材料与器件的研究、开发及应用行列，共同推动人类科技文明的进步！

成会明

中国科学院院士，发展中国家科学院院士

清华大学，清华-伯克利深圳学院，低维材料与器件实验室主任

中国科学院金属研究所，沈阳材料科学国家研究中心先进炭材料研究部主任

Energy Storage Materials 主编

SCIENCE CHINA Materials 副主编

前　言

近年来，随着柔性可穿戴电子技术的不断发展，许多柔性可穿戴电子器件被相继成功制备出来，这些电子器件在使用过程中，应能够在弯曲、折叠和拉伸等复杂形变下正常工作，为了满足和匹配这些电子设备，使最终自供电的电子产品整体具有柔性和可穿戴性能，其供能系统需要满足柔性可穿戴的要求。但是，由于传统储能器件各部分材料和包装的限制，目前以铅酸电池、锂离子电池和超级电容器等为代表的传统储能器件是刚性的，难以满足柔性可穿戴器件的要求，因此开发具有高能量密度、高功率密度及高循环稳定性的柔性可穿戴储能器件势在必行。储能器件的柔性设计对其电极和电解质等器件组分的微结构和组分方面的性能提出了新要求。纳米材料的独特结构和性质为储能器件电极和电解质等器件组分的柔性设计提供了机遇，目前，基于纳米材料的不同柔性储能器件体系，如超级电容器、碱金属离子电池、多价金属离子电池、金属空气电池等已被相继开发出来，器件构型方面也展现出丰富多样性，如线状、薄膜型、微结构型、可拉伸型等。而且，柔性储能器件正朝着高度集成化和智能化方向发展，扩展了其应用场景和应用范围。

本书旨在提高读者对新型纳米材料柔性储能器件材料和器件设计的系统认识，使读者认识到纳米材料在高性能柔性储能器件领域中应用的重要性，并且了解各种储能系统以及不同器件构型的柔性储能器件的设计策略和研究进展。纳米材料与柔性储能器件的结合，必将能够实现未来自供电的柔性电子器件的大规模应用。期待本书对从事低维纳米材料和柔性储能器件研究领域的同行和青年学子以及从事柔性电子器件研究和产业化推进的企业界人士有参考价值。

本书围绕低维纳米材料在柔性储能器件中的应用，系统阐述了基于纳米材料的柔性储能器件。全书共7章：第1章简单介绍了纳米材料和柔性储能器件；第2～5章分别系统阐述了具有不同器件构型的柔性超级电容器、柔性碱金属离子电池、柔性多价金属离子电池以及柔性金属空气电池的电极及其器件设计；第6章详细介绍了柔性储能器件与其他各种电子器件的集成；第7章对柔性储能器件目前存在的问题以及未来的发展方向做了详细讨论。

本书基于南开大学碳纳米材料与储能器件课题组在纳米材料制备以及柔性储能器件设计等方面多年的研究基础，旨在对低维纳米材料在柔性储能器件中的应用做系统阐述，并对目前面临的科学问题以及未来发展方向进行总结和讨论。本书是碳纳米材料与储能器件课题组的集体智慧结晶。诚挚感谢课题组各位同学的科研贡献，特别感谢王帅、万放、杜玲玉、岳芳、黄朔、曹洪美、铁志伟、姚敏杰、毕嵩山、张燕、朱家才、蒋世芳、胡阳、王瑞、张楠楠、杨敏和王慧敏等在本书撰写、修改、校稿过程中给予的大力支持与帮助。

衷心感谢科学技术部、国家自然科学基金委员会和南开大学对相关研究的长期资助和对本书出版的大力支持。诚挚感谢成会明院士和“低维材料与器件丛书”编委会对本书撰写的指导和建议。特别感谢科学出版社领导和翁靖一编辑在本书出版过程中给予的大力帮助。

由于低维纳米材料柔性储能器件涉及化学、材料和物理等学科的概念和理论，是基础研究与应用技术的结合，而且，低维纳米材料柔性储能器件的研究仍处在快速发展阶段，新概念、新知识、新理论不断涌现，再加上著者经验不足，水平有限，书中难免有疏漏与不妥之处，敬请专家和读者予以批评指正。

著　者

2020 年 12 月

目　录

第1章 绪论

随着电子技术的发展，各种便携式可穿戴电子设备产品，如柔性显示设备、智能移动设备、植入式生物传感器等，相继被成功设计出来。柔性电子器件概念的提出，不仅是技术革新的关键点，更指明了人们未来生活的发展方向。与传统的电子器件相比，柔性电子器件具有轻巧、便携、可弯折、可穿戴甚至可植入等特点，这些特点与人们现有的生活方式相契合。柔性电子设备可穿戴、可植入等特点要求其在弯曲、折叠和拉伸等复杂形变下仍能正常工作，为了满足和匹配这些新型电子器件，使最终自供电的电子产品整体具有柔性、可穿戴和可拉伸等性能，其相应的电源器件必须具有柔性、可穿戴和可拉伸等特性。但是，由于传统储能器件各部分材料和包装的限制，目前以铅酸电池、锂离子电池（LIBs）和超级电容器（SCs）等为代表的传统储能器件是刚性的。例如，传统储能器件的电极主要是将活性材料、导电剂和黏结剂混合，然后利用传统刮涂的方法将其涂覆到金属集流体上，导致其力学性能较差，因此，在器件弯折过程中，含有活性物质的涂层容易发生断裂，并从集流体脱落；另外，器件内部各组件也将发生错位，导致器件性能严重下降甚至失效；而且，使用有机电解液的锂离子电池等储能器件还有起火和爆炸的危险。与传统储能器件相比，柔性储能器件对器件内部各组件的材料设计提出了更高的要求：不仅具有优异的电化学性能，还要展现出良好的力学性能。显然，各部分组件的材料设计是柔性储能器件研发的关键。

纳米材料是指在三维空间中至少有一维处在纳米尺度范围（1～100 nm）的材料，或由纳米结构单元作为基本单元构成的材料。由于纳米材料尺度已经接近电子的相干长度和光的波长，加上其具有大比表面积的特点，因此，与传统块体材料相比，它表现出很多独特的性质，纳米材料的发展也为高性能柔性储能器件的材料设计提供了可能。除了大比表面积，纳米储能材料还表现出了优异的导电性和力学性能，更重要的是，通过对纳米基元的组装，可以使纳米储能材料的优异性能有效转移到宏观体电极，从而获得力学、电学和电化学性能兼备的柔性储能器件电极。因此，纳米材料在柔性储能器件领域受到人们的广泛关注。目前，通过开发新的纳米储能材料，或者在原有储能材料的基础上提出新的工艺，使得储能器件各组件能够满足柔性需求，通过进一步优化器件结构，设计出了不同类型的柔性超级电容器和电池器件，所得储能器件在承受不同形变的情况下，仍然可以提供稳定的电源供给。目前对于纳米储能材料和器件的研究并未停留在理论和实验上，据统计，未来几年内，全球柔性电池将有数亿美元的市场。除了高校科研团队不断开发新型的柔性储能器件外，全球各大电子设备企业也对柔性储能器件进行了大规模投入。虽然目前柔性储能器件仍处于研发阶段，和实际应用还有一定差距，但可以预见的是，未来搭载柔性储能器件的自供电柔性电子设备一定会成为未来人们生活的重要组成部分。本章将对纳米材料和储能器件进行简单介绍，并从构成柔性储能器件的纳米材料入手，简单阐述纳米材料在柔性储能器件领域的应用；另外，也将简单总结柔性储能器件的测试标准和发展历史。

1.1 低维纳米材料简介

1.1.1 低维纳米材料的定义

纳米是一种国际单位制单位，1 nm = 10^{-9} m。原则上，纳米材料被描述为至少一个维度长度为 1～1000 nm 的材料；然而，其通常被定义为粒径在 1～100 nm 范围内的材料。如今，欧盟和美国都有一些专门针对纳米材料的说法。然而，对于低维纳米材料来说，单一的国际公认的定义还没有达成共识。不同的组织在定义纳米材料方面有不同的意见。比较常用的定义是国际标准化组织提出的，其将纳米材料描述为至少有一个维度尺寸在 1～100 nm 范围内的材料，并表现出尺寸依赖现象[1]。

1.1.2 低维纳米材料的分类及结构

低维纳米材料按其维度分类，可分为零维纳米材料、一维纳米材料、二维纳米材料及三维纳米材料[2]。

（1）零维纳米材料：通常又称为量子点［图 1-1（a)］，即电子在三个维度上的能量均已量子化，都处于 1～100 nm 之间[3, 4]。电子的运动在三个方向上都受到限制，不能自由运动，如原子团簇、纳米粒子等。

（2）一维纳米材料：通常又称为量子线，空间中两个维度在 1～100 nm 之间，第三维度不在纳米维度范围内。电子的运动在两个方向上受约束，但可在第三维度自由运动，如纳米棒［图 1-1（c)］、纳米带、纳米线［图 1-1（d)］和纳米管等[5, 6]。

（3）二维纳米材料：通常又称为量子阱，其中一个维度为纳米尺度，其他两个维度不在纳米维度范围内，分布在一个平面上。电子运动在一个方向上受约束，在其余两个方向上可以自由运动，主要包括纳米片［图 1-1（b)］[5]、纳米薄膜等。

（4）三维纳米材料：由纳米基元组成的体相材料，内部具有丰富的纳米结构，展现出纳米材料的独特性能，在三个维度上都超出纳米范围，如纳米花［图 1-1（e）］、纳米球和纳米网络［图 1-1（f）］等[8, 9]。

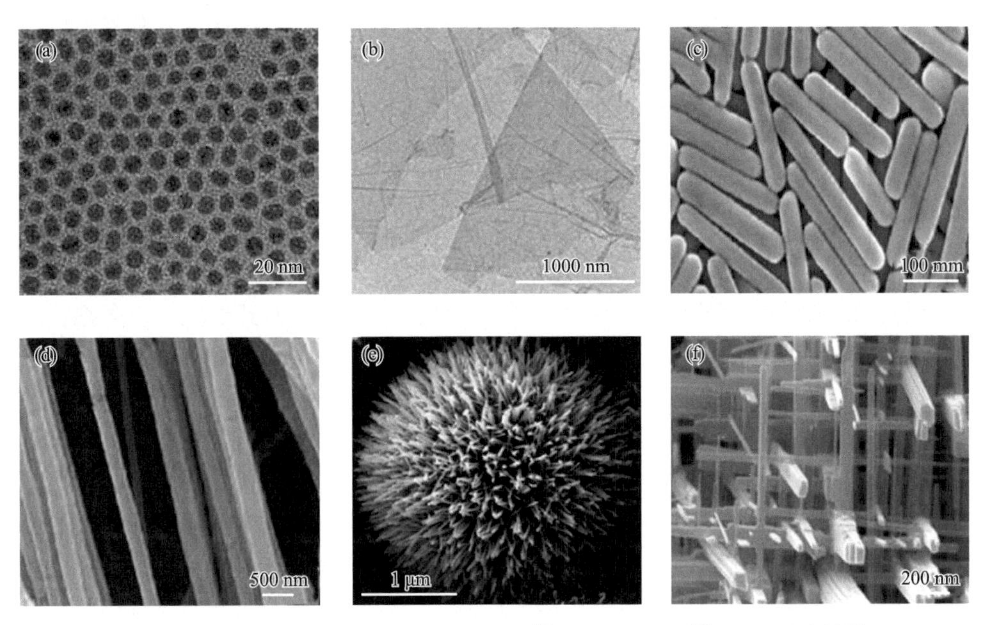

图 1-1 纳米材料的常见形貌：（a）量子点[4]；（b）纳米片[5]；（c）纳米棒[6]；（d）纳米线[7]；（e）纳米花[8]；（f）纳米网络[9]

除了按维度分类之外，基于材料类别，也可将纳米材料分为碳纳米材料、无机纳米材料和有机纳米材料等。碳纳米材料，如富勒烯（C_{60}）、碳纳米管（CNTs）、碳纳米纤维（CNFs）和石墨烯等（图 1-2），因其优异力学性能和大比表面积等特性而

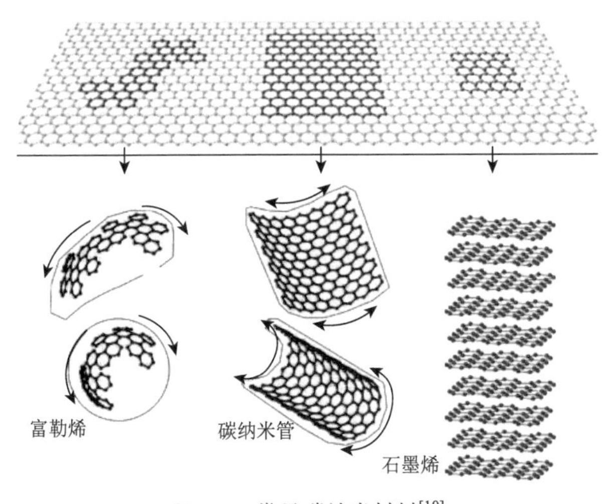

图 1-2 常见碳纳米材料[10]

被广泛应用于新型储能器件的柔性基底[10]；无机纳米材料主要包括金属纳米颗粒和金属氧化物等；有机纳米材料主要包括树状大分子、胶束、脂质体和聚合物等。

纳米材料可以和其他材料进行复合，形成纳米复合材料，使之具有更加广泛的用途。纳米材料的复合对象可以是上述其他维度或种类的纳米材料，也可以是金属、陶瓷或聚合物材料等。在电化学储能领域，通常情况下是将充当导电基底的碳纳米材料与作为活性物质的其他功能纳米材料结合，从而达到提升复合物电极电化学性能目的。

1.1.3 低维纳米材料的基本特性

低维纳米材料与宏观材料相比有着明显的结构差异，使其表现出许多独特的物理效应，如小尺寸效应、表/界面效应、量子尺寸效应和宏观量子隧道效应等。上述效应的相互作用使低维纳米材料呈现出与宏观同类化合物不一样的独特物理化学性质。

（1）小尺寸效应：当纳米粒子的尺寸与光波波长、德布罗意波波长及超导态的相干长度或透射深度等物理特征尺寸相当或更小时，纳米粒子结构周期性的边界条件将被破坏，从而使纳米材料表现出许多新的物理特性，这种现象称为小尺寸效应[11]。这也是制备储能器件电极时，相比于常规材料，低维纳米材料具有更好的整体柔性和延展性，可以提供更大的比表面积的原因。

（2）表/界面效应：与宏观材料相比，纳米粒子随着尺寸减小，表面原子比将逐渐增大，比表面积增加，同时原子无序度增加，对称性降低，从而使材料的物理和化学性质发生变化。这种效应除了使纳米材料具有较大的扩散系数，还使其在化学反应中有较高的化学活性[12]。

（3）量子尺寸效应：纳米材料的量子尺寸效应是指当材料尺寸缩减到纳米尺度后，纳米材料的能级会发生分裂，材料原有的准连续能级会分裂为离散能级。当材料平均能级间隔大于所受外界电、光和磁等能量时，纳米材料会与宏观材料表现出截然不同的特性[13]。

（4）宏观量子隧道效应：微观粒子的量子隧道效应又称为势垒贯穿，是指当物质处于纳米尺度时，尽管其自身的总能量低于势垒高度，但纳米粒子还是有一定概率可以穿过该势垒而产生宏观物理量的变化[14]。总的来说，当材料的尺寸减小到纳米范围时，其某些物理、化学性质将发生显著变化，并表现出独特的相关特性。

以上四种纳米材料的基本效应单独或相互作用使得纳米材料在表面性质、力学、电学、光学、热学和电化学等方面表现出与宏观材料的显著差异。

（1）表面性质：由于纳米材料颗粒非常小，表面原子数增多，因此与宏观材料相比，在相同质量条件下纳米材料具有更大的比表面积，利用此性质可以将纳米材料应用于储能器件中，由于其较大的比表面积，可以增大电极与电解液的接触面积，增加比容量，提高电化学性能。此外，由于纳米材料大的比表面积，其能够在表面生长或吸附其他材料，从而实现纳米材料的有效复合。

（2）力学性能：在纳米尺度上，由于比表面积的增大，表面效应占主导地位，纳米材料的强度和硬度明显提高，可以显著地改变其宏观体的机械性能。此外，由于原子在其表面排列混乱，因此在外力作用下易发生迁移，宏观上表现出良好的延展性。因此纳米材料可以在保持高力学性能的同时还具有优异的柔性，使其在弯曲、折叠、扭曲或拉伸等外力作用下仍可以保持稳定的工作状态，这也是纳米材料在柔性储能领域中具有广阔前景的原因。

（3）电学性质：由于晶体界面处原子体积分数增加，纳米材料的电阻高于宏观材料，甚至会发生尺寸的诱导金属向绝缘体的转变。利用纳米粒子的量子隧道效应和库仑阻塞效应制成的纳米电子器件有望在不久的将来完全取代目前的常规半导体器件。

（4）光学性质：纳米颗粒比表面积较大，导致其平均配位数下降，不饱和键增加，使得界面极化，吸收频带变宽。此外，纳米金属的光吸收性显著增强，出现消光现象，所有的金属在超微颗粒状态都呈现黑色。相反，一些非金属材料在接近纳米尺度时，会出现反光现象[15]。

（5）热学性质：随着颗粒尺寸的减小，特别是当颗粒尺寸小于10 nm时，纳米颗粒的熔点明显降低。例如，银的正常熔点为670℃，而银超细纳米颗粒的熔点低于100℃。此外，由于尺寸效应与表/界面效应相互作用，纳米材料的比热和热膨胀系数明显增高。因此，纳米材料在制备蓄热材料等方面有着广阔应用前景。

（6）电化学性质：纳米材料的小尺寸效应和表/界面效应对其电化学性质存在显著影响。作为电极的活性材料，大比表面积可以增强表面活性和电解质渗透率，从而表现出优异的电化学活性。纳米材料现已广泛应用于超级电容器和锂离子电池等能量转化和存储领域中。例如，CNTs、CNFs、炭黑和石墨烯等碳纳米材料具有大的比表面积和优异的导电性，使电解质与电极接触面积增加的同时改善了电子传导，从而提升了储能器件电化学性能[16]。

1.2 储能器件

能量是质量的时空分布可能变化程度的度量，以多种不同的形式存在，多种形式能量之间可以通过物理效应或化学反应而相互转化。合理地将能量存储利用起来，完成不同形式之间的能量相互转换，是科学与技术研究的重要内容。其中，电化学储能器件是化学能与电能之间的转换器件，在能量转化过程中扮演了不可或缺的角色。储能是能源、医疗、信息、航空航天和国家安全等领域的关键支撑技术[17]。在众多储能器件中，超级电容器和二次电池因其优异的性能受到了人们越来越多的关注。超级电容器既具有传统电容器快速充放电的特性，同时又具有电池的储能特性，但是与电池相比，超级电容器的能量密度较低，由于双电层电容器（EDLCs）充放电过程中不发生化学反应，因此其充放电速度快，而且充放电过程高度可逆，理论上可重复充放电数十万次[18, 19]。二次电池又称为可充电电池，电池放电后，通过充电过程使活性物质恢复到放电前状态，从而使电池再次使用，实现电池的可逆充放电。除了市场上现有的商业化充电电池，如镍氢电池、镍镉电池、铅酸（或铅蓄）电池和锂离子电池等，钠离子电池、金属空气电池和锂（Li）-硫（S）电池等新型电池也正在被陆续研发出来。本节将对超级电容器和几类重要的电池器件进行介绍。

1.2.1 超级电容器

超级电容器又称为电化学电容器，是一种新型储能装置[20, 21]。和传统电容器相比，超级电容器通常选用大比表面积材料作为电极，增加了充放电过程中电解质和电极的接触面积，有效提高了器件能量密度[22]。此外，超级电容器在充放电过程中的离子吸脱附和氧化还原反应主要发生在电极表面，因此可以实现快速充放电，功率密度高。基于吸脱附的充放电机理避免了离子深度嵌入/脱出导致的电极活性物质体积变化，这在很大程度上提升了超级电容器的循环稳定性，使得其可以循环数十万次。超级电容器既可以通过电解质离子在电极结构中发生纯物理过程的吸附/脱出，也可以通过电极材料的氧化还原反应实现能量的储存和释放，具有广阔的应用前景。根据上述两种不同的充放电机理，可以将超级电容器分为双电层电容器和法拉第电容器[23]。

1. 双电层电容器

双电层电容器［图 1-3（a）］的储能是通过物理过程来实现的，充放电过程并不发生化学变化，其机理主要是电解液中的正负离子在电极表面的吸脱附过程。施加外电压后在双电层电容器两电极间会形成电势差，从而在电解液内形成电场，受到电场力的作用，电解液中的正负离子会分别向电容器的负极和正极移动，并在电解液和电极界面处形成用于储存能量的双电层[24]。由于这种储能过程只发生在电极表面，因此双电层电容器比容量的大小主要取决于电极比表面积，目前双电层电容器的电极多为比表面积大、导电性好的碳材料。

2. 法拉第电容器

法拉第电容器［图 1-3（b）］也称为赝电容超级电容器，与双电层电容器的主要区别在于充放电机理不同。如上所述，双电层电容器通过在电极表面物理吸

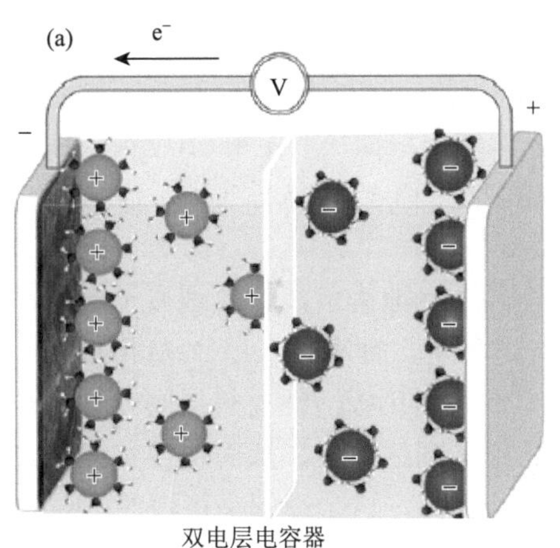

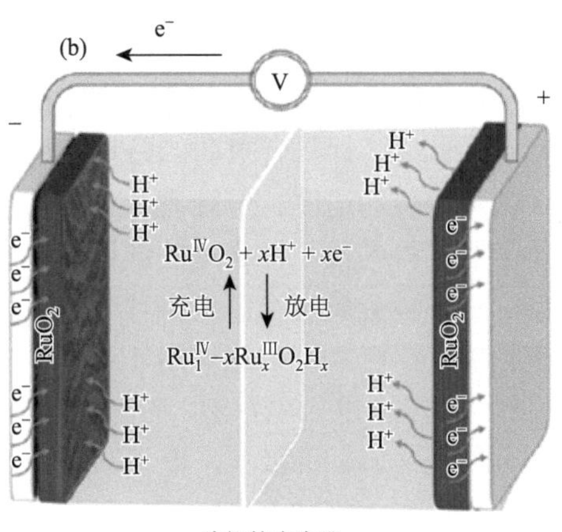

图 1-3 超级电容器的工作机理：（a）双电层电容器工作机理示意图；（b）法拉第电容器工作机理示意图[23]

脱附电解质离子完成储能，这种机理能够储存的能量有限。法拉第电容器活性材料为赝电容材料（如金属氧化物和导电聚合物）。在充放电过程中，这些活性物质可以在电极表面发生快速的氧化还原反应，从而完成能量的存储和释放[25]。因此，具有赝电容性质的法拉第电容器有更高的比容量和更宽的电压窗口，扩展了超级电容器的适用范围。

1.2.2 电池

1. 金属离子电池

与超级电容器的工作机理不同，金属离子电池一般通过金属离子在电极活性材料中的嵌入与脱出进行氧化还原反应并转移电子，从而实现能量的存储与释放，它们通常具有较高的比容量和能量密度，目前金属离子电池已广泛应用于很多领域。常见的金属离子电池分为碱金属离子电池和多价金属离子电池。

1）碱金属离子电池

碱金属离子电池包括锂离子电池、钠离子电池以及钾离子电池[26]。锂离子电池具有高能量密度、长循环寿命、高电压及较为成熟的制备工艺等优势，如今已被广泛应用于便携式电子设备并逐渐适用于电动汽车等领域[27]。锂离子电池的缺点是电池衰老较快，且目前普遍使用的锂钴氧化物电极材料难以承受过度充放电，电池回收率低。钠离子电池的优势在于地壳中钠元素存储量较高，电池成本较低，并且钠离子电解质在较宽的温度范围内具有很高的离子电导率，使得钠离子电池有更低的电荷传递阻抗和电化学极化电压，从而具有较高的功率密度。钠离子电池面临的主要问题在于金属钠的电极电势不够低，能量密度有限，而且在半电池体系中，金属钠的活性很高，比锂离子电池更易发生危险。而金属钾具有接近锂的标准电极电势，使得钾离子电池能够实现更高的充电电压，具有较高的能量密度[28]。此外，钾具有很弱的路易斯酸度，可以实现电解质中、电解质/电极界面更快的离子传输速度。但钾离子电池面临的问题同样突出，钾离子（K^+）较大的离子半径使得寻找一种合适的嵌钾材料成为难题。

三种碱金属电池工作机理较为相似，以锂离子电池为例，传统锂离子电池是典型的“摇椅式”电池（图 1-4）[29]。在充电过程中，锂离子（Li^+）从正极活性材料中脱出，进入电解液，同时电解液中的 Li^+嵌入到负极活性材料层间或者沉积到金属锂（Li）负极上，电子则通过外电路从正极到达负极，从而使得负极材料处于富锂态，电极电势降低，整个电池的电压差提高，这个过程是可逆的[30]。而在放电过程中，Li^+会从负极材料层间脱出或发生金属锂负极的溶解过程，进入电解液，同时电解液中的 Li^+嵌入到正极材料层间中，电子则通过外电路从负极到达

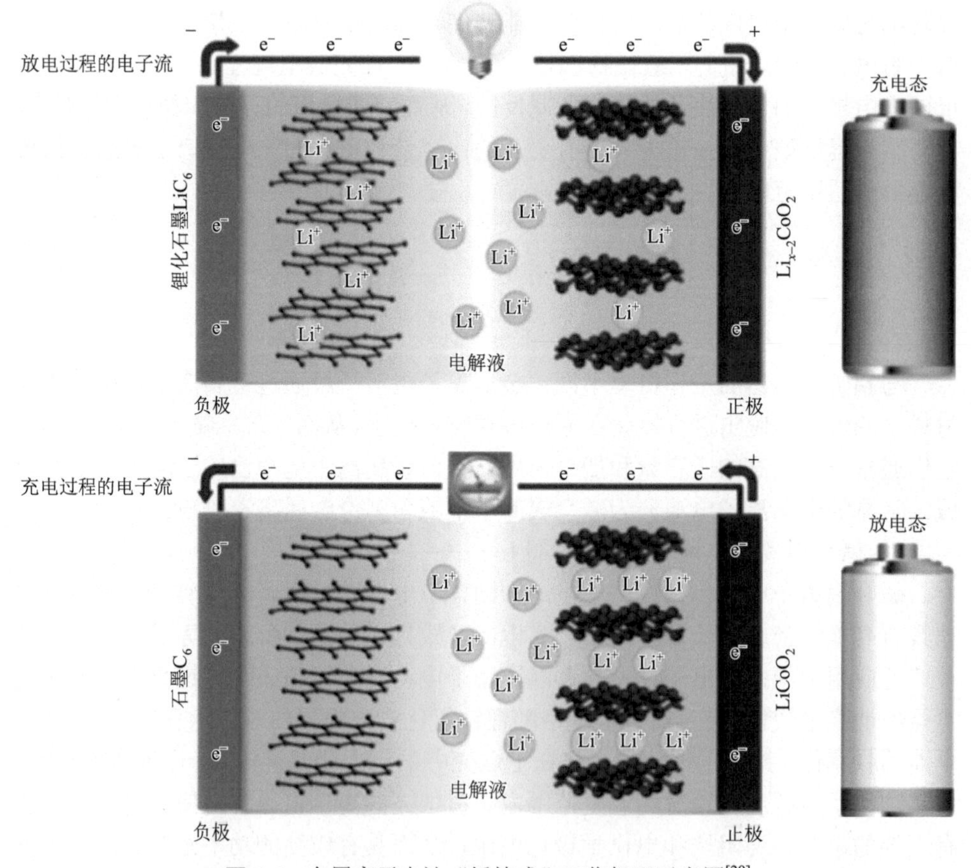

图 1-4 金属离子电池“摇椅式”工作机理示意图[29]

正极，使得正极的电极电势降低，电池的电压差降低。经过一次 Li^+的脱出/嵌入循环，就完成了锂离子电池能量的存储与释放。钠离子电池和钾离子电池也有着相似的工作机理[31]。

2）多价金属离子电池

通过设计合适的正极和电解质体系，除了碱金属离子，多价金属（如锌、镁和铝）离子也可以在正极材料中嵌入或脱出，而且与碱金属离子电池相比，由于多价金属离子电池在充放电过程中能够发生多电子氧化还原反应，具有更高的体积能量密度[32]。一些非碱金属电池体系可以使用水系电解液，这在很大程度上提高了电池的高安全性，此外，用于电池体系的非碱金属元素普遍储量较高，廉价易得，因此在大规模储能领域具有很高的应用价值。

在众多多价金属离子电池中，锌离子电池由于锌负极的理论比容量高（820 mA·h/g、5855 mA·h/cm^3）、氧化还原电位低（参比标准氢电极，–0.76 V）、水中稳定性高、资源丰富和环保等优点，未来在一些领域有很大潜力成为锂离子电池与钠离子电池的替代物，它也是柔性储能器件的重要发展方向[33]。锌离子电池面临的问题在于：水系电解液的使用大大提升了电池的安全性，但水的分解使得电池体系电压难以提升；很多正极材料的放电产物会溶解在水系电解液中，造成电池比容量衰减；多价阳离子与宿主载体之间强烈的静电相互作用造成离子的扩散动力学缓慢；锌负极本身也存在枝晶、析氢等问题。作为新型的电化学储能体系，水系锌离子电池还有着很大的发展空间。

铝的资源分布较为广泛并且价格低廉，是一种常用的金属材料。铝电极电位很低，可以实现很高的电池电压。除此之外，每个铝原子在充放电过程中最多能进行 3 个电子的转移反应，因此铝的理论质量比容量高达 2.98 A·h/g，仅次于锂（3.86 A·h/g），在金属中位居第二[34]。然而，铝离子电池（AIB）目前合适的正极材料很少，主要是由于体积较大的铝离子（Al^{3+}）在脱嵌过程中对电极的结构破坏较大，目前铝离子电池正极多采用密度较小的碳材料。此外，尽管铝的成本很低，但为了避免负极钝化等问题，需要使用离子液体作为电解液，这大大提高了铝离子电池的成本。

镁在我国的储量丰富，位居世界首位，金属镁无毒且属于轻金属，近年来关于镁离子电池的研究也有很多。镁离子电池是以金属镁为负极，含镁离子（Mg^{2+}）的电解质溶液为电解液，能脱嵌镁离子的活性材料为正极，构成的一种新型储能电池。每个镁原子在充放电过程中能进行 2 个电子的转移反应，镁的理论质量比容量为 2.20 A·h/g，在常见的金属中排第三位[35]。和铝离子电池相似，镁离子电池面临的难点也主要集中在电解液和正极材料的选择上，如何避免离子绝缘性的固体电解质界面（SEI）膜生成以及放电过程中氧化镁（MgO）的产生，从而提升 Mg^{2+}扩散系数，是镁离子电池体系急需解决的问题。

与碱金属离子电池类似，通常多价金属离子电池也符合“摇椅式”的机理。以锌离子电池为例，其机理也是通过体系中锌离子（Zn^{2+}）在正负极之间来回穿梭实现能量的储存与释放。锌负极的电荷传输依赖于可逆的锌剥离/电镀，而正极则是 Zn^{2+}嵌入/脱出的过程[36, 37]。镁离子电池和铝离子电池也有着与锌离子电池类似的嵌入/脱出电荷存储机制。但由于铝离子电池多使用离子液体作为电解质，在电解液中铝元素并不是以 Al^{3+}的形式存在，而是会和其他阴离子组成基团完成嵌入/脱出过程。

2. 金属空气电池

金属空气电池是以金属为负极，空气或者氧气（O_2）在正极发生还原反应的二次电池，其最主要的特点在于正极活性物质是空气，可以源源不断地从外界获取，因此从理论上来说，金属空气电池正极可以提供无限的比容量，而且电池体系总质量也不需要把正极材料计算在内，因此可以实现电池整体的高能量密度（图 1-5）[40]。此外，金属空气电池还具有成本低、放电电压平稳、污染小等优势。根据负极金属种类不同，金属空气电池可以分为碱金属空气电池和非碱金属空气电池。其中，碱金属空气电池包括锂、钠和钾空气电池，由于这些金属负极较为活泼，此类空气电池多使用有机电解液，近几年也有水系电解液的应用，其中研究最为深入的是锂空气电池；非碱金属空气电池包括锌、镁、铝和铁空气电池，这类空气电池多使用水系电解液[38]。

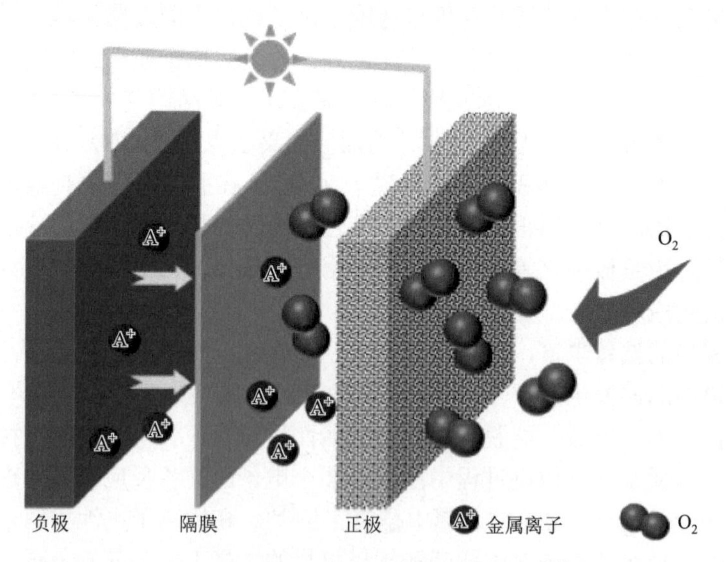

图 1-5　金属空气电池工作机理示意图[40]

金属空气电池的反应机理可以用式（1-1）和式（1-2）概括，其中 M 代表不同种类金属空气电池中的负极金属。

阴极反应：
$$O_2 + 2H_2O + 4e^- = 4OH^- \tag{1-1}$$

阳极反应：
$$M = M^{n+} + ne^- \tag{1-2}$$

1）碱金属空气电池

锂空气电池是一种用锂作负极，以氧气作为正极反应物的电池。可逆的二次锂空气电池具有最低的对氢电化学氧化还原电势（Li^+/Li，–3.04 V），且其有机电解质体系可在高达 5 V 电压的情况下稳定。相比于其他储能体系，锂空气电池具有更高的理论比能量（11140 W·h/kg），是继锂离子电池之后的一种全新的高比能电池体系。在锂空气电池的放电过程中，锂负极释放的 Li^+ 在正极被氧气氧化生成氧化锂（Li_2O）或者过氧化锂（Li_2O_2），充电时则通过催化剂完成可逆反应，当锂空气电池的放电产物为 Li_2O_2 时，能量密度为 3505 W·h/kg。虽然具有广阔的应用前景，但锂空气电池也面临很多问题，除了金属空气电池的共性问题，即敞开体系导致空气中组分对电池造成干扰等，其主要难点在于放电产物 Li_2O_2 在电池反应过程中会不断析出，而这种析出物会堵塞电池的空气回路，使电池比容量和循环寿命受到影响，此外还有较大过电位导致的催化剂活性降低及碳电极的腐蚀等问问题[39]。

作为与锂同族的碱金属元素，钠和钾空气电池体系的研究也已取得一定进展。从电势上看，Na^+/Na 的对氢电化学氧化还原电势为–2.741 V；K^+/K 的对氢电化学氧化还原电势为–2.928 V，二者都可以提供较高的电压窗口。钠空气电池具有仅次于锂空气电池的理论比能量，无论是经历以过氧化钠（Na_2O_2）还是超氧化钠（NaO_2）为最终放电产物的过程，其理论能量密度均在 1100 W·h/kg 以上[40]。而对于钾空气电池，其优势在于相较于其他碱金属不完全稳定的超氧化物，氧化钾（K_2O）从动力学和热力学的角度来说都是稳定的产物，为电池的长期稳定性提供了可靠依据，从而有效提高了能量效率，可以达到 90%以上。而且这些碱金属储存丰富，钠元素在地壳中的丰度高达 2.3%～2.8%，钾元素的地壳含量也高达 2.35%，均高于锂元素储量（0.0065%）。当然，钠、钾空气电池也有各自的问题。对于钠空气电池来说，主要问题是其机理尚存在争议，对于放电产物为 Na_2O_2 的体系，面临着和锂空气电池相同的堵塞孔道弊端，以及高极化电压和有限循环寿命等问题，这需要通过寻找新的催化剂来解决；对于 NaO_2 体系，其放电产物的稳定性有待商榷，电解液和电极的研究均不完善。钾空气电池体系的研究还处于起步阶段，主要集中在电解液的选择和放电产物的控制上[41]。

2）非碱金属空气电池

在非碱金属空气电池中，最受关注的是锌空气电池。和碱金属空气电池一样，锌空气电池以氧气为正极活性物质，以金属锌为负极。传统锌空气电池采用以氢氧化钠（NaOH）为电解质的碱性体系，碱性体系的锌空气电池虽然比容量大、比能量高，但电解液易碳酸化从而产生不可控制的副反应。为了解决这些问题，也有以中性氯化铵（NH_4Cl）溶液体系为电解液的锌空气电池体系。锌空气电池的电压为1.4 V左右，理论能量密度为1086 W·h/kg，比容量可以达到同体积锌锰电池的数倍，且锌的储量更加丰富，这使得锌空气电池的成本远低于锂离子电池和碱金属空气电池。锌空气电池面临的最主要问题是电池密封难，存在漏液问题，这也是很多空气电池的通病，由于采用水系电解液，受空气中水和二氧化碳（CO_2）的影响较大，电池性能在实际应用中通常不稳定。

新兴的镁空气电池最大优势在于其拥有很好的理论性能。镁空气电池的理论电压可以达到 3.09 V，理论比容量高达 2205 mA·h/g，理论能量密度可以达到3910 W·h/kg。虽然有着这些优势，但镁空气电池体系在运行过程中，作为负极的金属镁会和电解液发生反应，造成镁负极腐蚀，使整个体系循环寿命和电化学性能受到很大影响[42]。这些问题多是由金属镁本身的一些固有性质决定的，目前对于镁空气电池的研究重点在于开发高活性、低腐蚀速率的镁合金，平衡活化和钝化之间的矛盾。

金属铝是地壳中含量第三的元素，成本低是铝空气电池的最大优势。铝空气电池的理论比能量高达8100 W·h/kg，但实际研究中，铝空气电池的实际比能量只有350 W·h/kg 左右，电化学过程中副产物三氧化二铝（Al_2O_3）的产生和铝负极的腐蚀问题导致铝空气电池自放电问题严重。同样，铁空气电池也面临着电极钝化、易发生自放电等问题，电化学性能也受到制约[43]。

1.3 柔性储能器件

柔性电子是一种技术的通称，是将有机/无机材料电子器件制作在柔性/可延性基板上的新兴电子技术。相对于传统电子技术，柔性电子能够在一定程度上适应形变的工作环境，扩展了电子器件的应用领域。近几年柔性电子市场迅速扩张，成为一些国家的支柱产业，在能源、信息、医疗和国防等领域具有广泛的应用前景，根据 IDTechEx 预测，2028 年全球柔性电子市场规模为 3010 亿美元。传统的能量存储器件是刚性的，在变形时电极材料和集流体容易发生分离，导致活性物质的脱落，这将严重影响器件的电化学性能。此外，传统储能器件在发生形变时还存在电解液泄漏的安全隐患，因此，传统的储能器件难以与柔性电子设备集成为自供电的柔性电子系统，发展柔性储能器件势在必行。

如何正确认识“柔性”，对开发柔性储能器件至关重要。“柔性”是与刚性相对的概念，指的是在不影响基本性能的前提下，材料承受外力而发生形变的能力。电子设备如果想要具备柔性的特性，就必须在复杂变形（如折叠、弯曲、拉伸）的条件下仍旧可以保持正常的性能[44]。因此相应的储能系统也必须具有质量轻、体积小、效率高且在不同形变条件下保持稳定供能的特性。因此研究可应用于未来多种用途的高性能柔性储能器件，既具有重要的经济意义，又具有非常重要的社会意义。设计出形变下性能稳定的储能器件，解决储能器件和柔性电子设备的兼容问题，一直是广大科研工作者追求的目标，经过十几年的研究，柔性储能器件材料设计和器件组装已经有了长足进步[45]。

1.3.1 柔性电极

柔性储能器件的设计对器件各部分提出了新的要求，旨在确保器件各部分在不同形变的工况条件下，仍能保持稳定的性能。传统储能器件隔膜具有优异的可弯折性能，但是，其电极难以满足柔性的要求。柔性电极和传统涂覆法所制备的电极相比，最大的差异在于集流体的选择和集流体与活性物质的结合方式。传统电极的集流体一般采用金属箔材，正负极上的活性物质和黏结剂、导电剂混合后涂覆于集流体上，离子在正负极之间不断进行嵌入/脱出，然后通过集流体汇集并传输电流，完成宏观上的充放电过程。传统电极面临的问题主要包括两个方面：首先，正负极箔材的厚度较大，韧性不足，一旦受到外力发生弯曲、折叠等形变时，会产生不可逆的折痕或断裂，进而影响到电池性能或引起发热失控，甚至有可能造成严重的安全问题；其次，箔材密度较大，使得集流体质量在整个电池中占据较大比例，影响电池的整体能量密度。与传统储能电极相比，基于纳米材料的储能电极通过调控电极结构既可以保持电极的电化学性能，也能提升器件承受外部形变的能力。电极的形变可分为两种，即可逆形变和永久形变。可逆形变是指材料在弹性范围内发生的形变，撤去外力后可以恢复原状，而一旦施加的外力超过了材料的弹性形变极限，材料就会发生永久形变。对于一些本身不具备柔性的纳米活性材料，在柔性电极的设计过程中，期望通过柔性基底的引入或设计自支撑材料，扩展柔性电极的可逆形变范围[46]。根据电极是否使用柔性基底材料，可以将柔性电极分为柔性基底型和自支撑型。

1. 柔性基底型

在设计柔性电极时，将电极活性物质与柔性基底材料结合是一种常用的策略。根据基底材料的导电性可以将其分为绝缘柔性基底和导电柔性基底两类。其中绝缘柔性基底本身不导电，虽然不能直接用作储能器件集流体或电极主体材料，但其良好的柔性可以达到提升电极力学性能的目的。绝缘柔性基底的优势在于：具有优异柔性的绝缘材料可选择范围广，例如，人们日常使用的纸、棉布等廉价生活用品都可以作为柔性电极的基底材料；电极制备方法相对简单，电极材料和绝缘柔性基底的结合往往可以通过涂覆、蘸取和喷涂等手段实现。常用的绝缘柔性基底材料主要有纤维素和聚合物两类。其中聚合物虽然在合成难易度等方面存在劣势，但因其具有无定形的长链分子结构而展现出优异的力学性能（图 1-6）[46]，其在绝缘柔性基底材料中应用更为广泛。常见的聚合物柔性基底材料有聚二甲基硅氧烷（PDMS）、聚对苯二甲酸乙二醇酯（PET）等。这类材料的共性是无毒、成本较低，作为柔性基底使用时，不和电极材料发生反应。

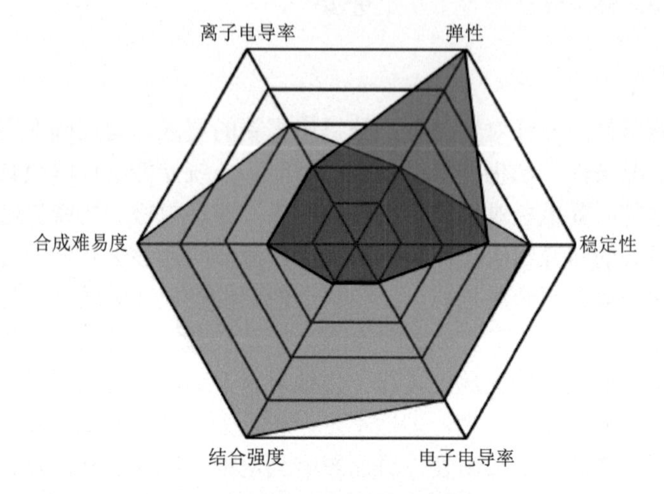

图 1-6　纤维基底和聚合物基底比较

绿色代表纤维基底，紫色代表聚合物基底[46]

和绝缘柔性基底相比，导电柔性基底本身具有良好的导电性，除了可以为电极活性物质提供柔性支撑，还能充当集流体汇集电流。为了更好发挥导电基底的集流体特性，在许多电极的制备过程中，活性物质与导电柔性基底的结合方式也与绝缘柔性基底的情况不同。通常方法是将导电柔性基底放置在活性物质前驱体溶液中，再通过化学沉积、电化学沉积或水热法使活性物质直接生长在基底上，这样活性物质和导电基底之间结合更为紧密，一方面有利于电子传导，另一方面也保证了电极在形变条件下活性物质不易从基底上脱落。常用的导电柔性基底有碳材料基底和金属纤维基底，其中碳材料基底包括碳布、碳毡、碳纸和石墨毡等。这些碳基柔性基底虽然制备方法不同，但本质上都是碳纤维，它们的共性特点是力学性能好、导电性高、密度小和比表面积大，作为基底材料可以使电极整体体现出优异的柔性和高导电性。金属纤维基底由一维金属线构成，金属纤维基底本身具有优异的导电性，可以实现电荷的快速传导，而且金属线搭接成的网络结构具有多孔性，可以增加电解液和电极活性物质的接触面积，缩短载流子扩散路径，提高活性物质利用率，从而实现器件优异的电化学性能。此外，高强度和高柔韧性等优点，使其也常被用作电极活性材料的生长基底，可用于柔性电极的金属纤维有锂线、铝线、铜线和银线等。LG 公司以金属纤维为柔性电极基底制备了线状柔性锂离子电池，该电池可以在多种复杂形变的工况条件下保持电化学性能稳定[46]。但是，采用金属纤维基底需要解决金属疲劳的问题，避免在反复施加形变时发生金属纤维断裂，影响器件性能[47]。

2. 自支撑型

如上所述，基于柔性基底的电极面临着活性物质易从集流体上脱离和柔性基底的使用导致电极整体能量密度降低等问题。为了避免集流体使用带来的问题，不同结构自支撑柔性电极被相继开发出来。自支撑电极无需额外的集流体，一般具有多孔的骨架结构，活性物质附着在骨架结构上。骨架结构往往是由导电性优异、比表面积大的纳米材料组装而成，骨架结构本身具有良好柔性，保证了电极整体的力学性能，使得自支撑电极可直接用于柔性储能器件。自支撑电极的优势在于：骨架材料与活性物质有较强相互作用，保证了活性材料与骨架之间的紧密接触，使得形变下活性材料不易脱落；高比表面积的骨架材料可以暴露出更多的电化学活性位点或提供更大负载活性物质的空间；而且，骨架结构能够在活性物质之间形成良好的导电网络，提升电极的电化学性能，因此，自支撑柔性电极的电化学性能通常在很多方面优于传统电极。碳材料具有良好导电性、优异柔韧性、大比表面积和高化学稳定性等优势，而且碳纳米材料（如 CNTs 和石墨烯）的特殊结构使其可以作为纳米基元，通过不同的组装方式，制备不同结构的自支撑宏观体电极，如一维纤维和二维薄膜。

CNTs 是典型的一维碳纳米材料，CNTs 高的长径比使其具有优异的成膜性能，高的导电性也避免了集流体的使用，因此，CNTs 常被用于制备自支撑电极。目前，制备 CNTs 自支撑电极的方法可分为湿法和干法两类。湿法合成主要指采用 CNTs 均匀分散溶液进行薄膜制备，包括真空抽滤、浸涂、喷涂、旋涂、电沉积和喷墨打印等方法。干法制备包括气溶胶直接合成法、超阵列提拉法等。纯 CNTs 一般只能作为超级电容器的电极材料，为了提高其电化学性能，扩展其在电池等储能器件中的应用，各种赝电容和电池电极活性材料通常与 CNTs 复合，来制备自支撑的复合物电极。例如，本书作者课题组以如图 1-7（a）所示的超薄单壁碳纳米管（SWCNTs）薄膜为导电基底，通过原位电化学聚合的手段与活性物质聚苯胺（PANI）进行复合，得到了具有良好柔性的 PANI/SWCNTs 复合薄膜电极［图 1-7（b）］。基于该电极组装的柔性超级电容器经过 1000 次循环仍保持了 200 F/g 的高比容量［图 1-7（c）和（d）］[48]。

CNFs 是另一类常用的自支撑电极材料，CNFs 一般由聚合物纳米纤维经过预氧化和高温烧结得到，已报道的 CNFs 电极中常见的聚合物前驱体有聚丙烯腈（PAN）、聚乙烯吡咯烷酮（PVP）和聚乙烯醇（PVA）。CNFs 可以通过调整实验条件来优化其结构，例如，可以通过引入造孔剂使纤维具有多孔结构；改变成膜条件调控纤维直径；优化碳化工艺提高 CNFs 的石墨化程度。如图 1-7（e）所示，Chen 等通过静电纺丝方法，制备了含有造孔剂的纳米纤维膜，经过碳化处理后可得到大比表面积的多孔 CNFs 薄膜[49]。CNFs 也可以与电化学活性材料复合，根据目标活性物质的不同，选用相应的前驱体，最终形成的 CNFs 中碳纤维对活性物质可以实现良好的包裹，表现出良好的柔性和电化学性能。

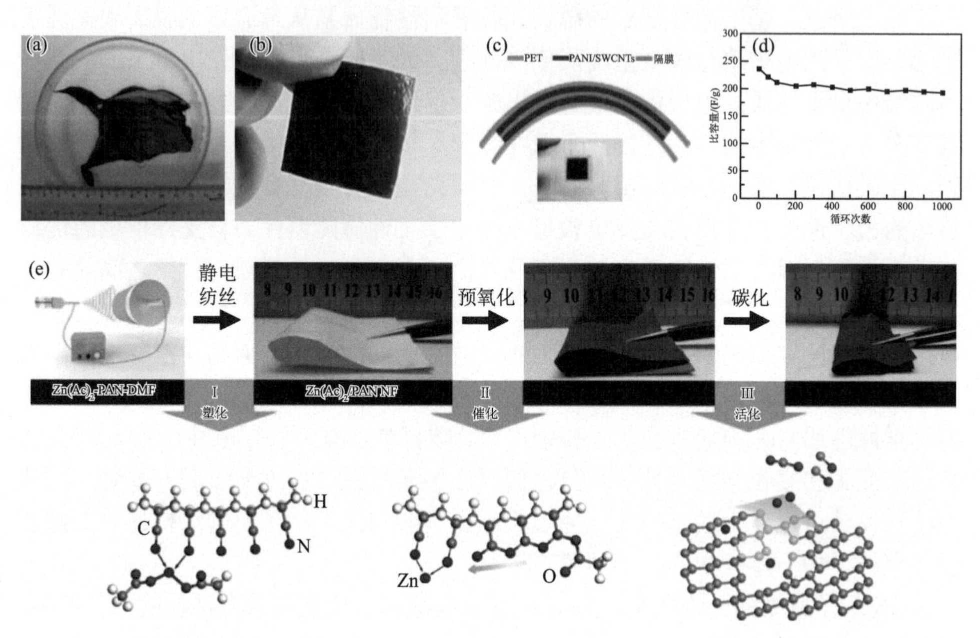

图 1-7 一维碳基导电基底材料在储能器件中的应用：(a) SWCNTs 薄膜的光学照片；(b) PANI/SWCNTs 复合薄膜电极的光学照片；(c) 基于柔性复合电极组装的薄膜柔性超级电容器示意图；(d) 柔性超级电容器循环性能演示[48]；(e) 基于 PAN 的 CNFs 膜制备流程及形成机理[49]

二维片层状碳纳米材料主要有石墨烯和石墨炔等。与 CNTs 相比，石墨烯具有更大的比表面积，这为其负载其他活性材料提供了便利。基于石墨烯构建自支撑电极的方法具有多样性，如抽滤、刮涂、化学自组装、水热自组装和金属还原自组装等。例如，通过真空抽滤法可直接制备还原氧化石墨烯（rGO）/四氧化三锰（Mn_3O_4）薄膜，这种自支撑电极可以承受弯曲、扭曲和折叠等形变[图 1-8（a）]，在电流密度 100 mA/g 下比容量可达 802 mA·h/g，由于石墨烯的高导电性，其倍率性能优于纯锰化合物[50]。石墨烯组装过程中，由于石墨烯片层之间有较大的范德瓦耳斯力，石墨烯容易发生团聚堆叠现象，导致石墨烯的大比表面积得不到充分利用。因此，石墨烯的组装过程中需要调控石墨烯之间的相互作用，组装三维多孔的网络结构，多孔网络结构不仅有助于提高电极的导电性和力学性能，而且也有利于电解液扩散，提高其电子和离子传输能力。

本书作者课题组通过冷干法原位制备了rGO/二氧化钒（VO_2）三维泡沫结构复合材料，由于活性物质均匀分散在rGO搭接的导电网络上，组装的水系锌离子电池展现出优异的电化学性能，其软包电池在不同形变程度下均能维持良好的电化学稳定性[51]。石墨炔具有与石墨烯类似的二维平面结构，它也展现出高的导电性和大的比表面积，因此，它也被用于柔性储能器件电极的设计。例如，Li团队利用三乙炔基苯交叉偶联反应制备了碳框架氢取代石墨炔薄膜，该薄膜本身具有良好的柔性和透明性［图1-8（b）和（c）］，可作为自支撑柔性电极用于锂/钠离子电池，电极的储锂/储钠可逆比容量可分别达到1050 mA·h/g和650 mA·h/g[52]。从性能上来看，石墨炔在构建自支撑柔性电极上有着广阔的应用前景，但是作为一种新型的碳材料，现阶段石墨炔的制备过程比较复杂，在柔性电极上的应用相比于CNTs和石墨烯较少。

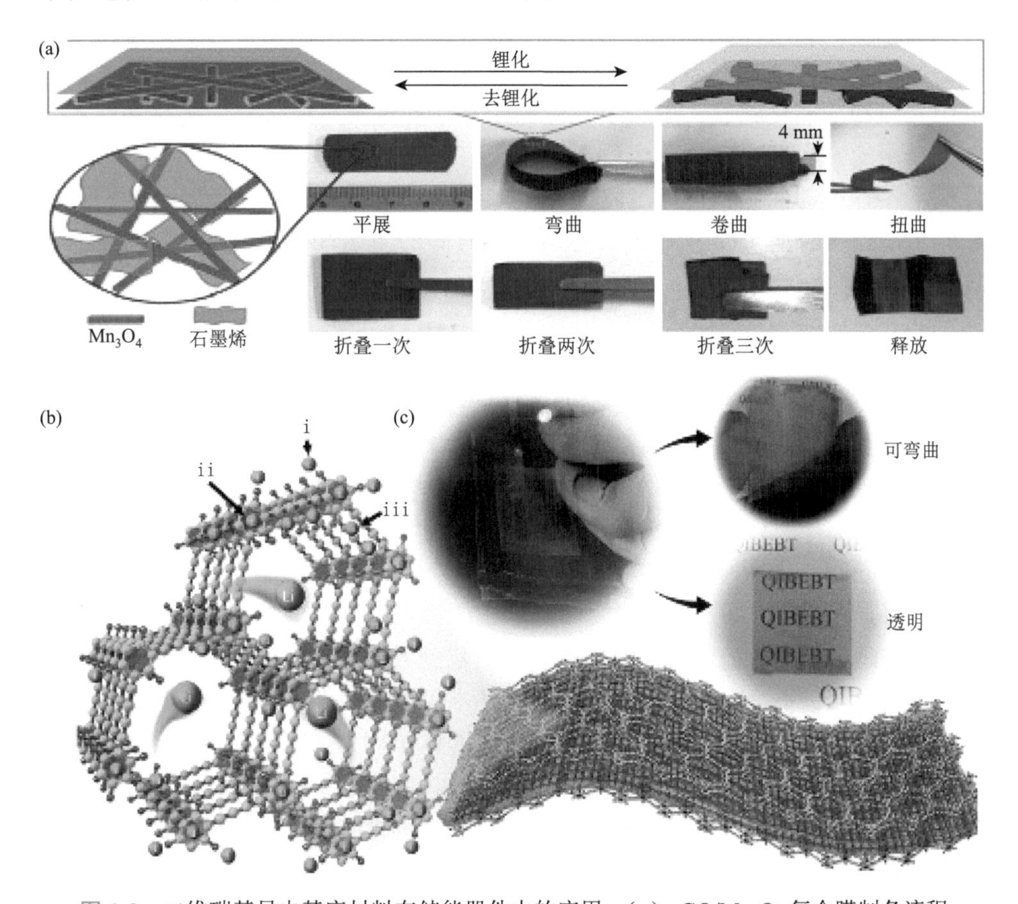

图1-8 二维碳基导电基底材料在储能器件中的应用：（a）rGO/Mn_3O_4复合膜制备流程及柔性演示[50]；（b）自支撑石墨炔薄膜的结构示意图；（c）石墨炔柔性锂离子电池透明性及可弯折性能演示[52]

除了上述碳纳米材料，一些非碳材料也被用于制备自支撑柔性电极。过渡金属碳/氮化物（MXene）是一类二维无机化合物，由几个原子层厚度的过渡金属碳化物、氮化物或碳氮化物所构成。作为一种类石墨烯结构材料，MXene 具有超高体积比容量、金属级导电性、良好的亲水性及丰富的表面化学位点等优势，利用刻蚀、超声剥离等手段，可以将多层结构的 MXene 剥离得到单层或寡层结构。通过类似于自支撑石墨烯电极的制备方法，自支撑 MXene 电极也可被设计出来。例如，可以通过真空抽滤的方法制备含硫的碳纳米材料/MXene 复合薄膜，用作锂-硫电池柔性自支撑电极[53]。

1.3.2 隔膜和电解质

除电极外，柔性储能器件要求其隔膜和电解质也需要具备优异的力学性能。一般情况下，传统储能器件常用的隔膜通常具有良好的柔性，可以直接用于柔性储能器件，为了提高器件性能和满足器件设计的需要，研究人员制备了纳米纤维隔膜和功能化隔膜。电解质也是储能器件的重要组成部分，传统储能器件主要使用液态电解质，液态电解质最大优势在于高的离子电导率，但是它在柔性储能器件中却面临诸多问题，如封装难、形变下易漏液、存在安全隐患等。相比于液态电解质，固态/准固态电解质具有高的力学性能，更适合柔性储能器件的设计。

1. 隔膜

为了保证柔性储能器件的安全性，满足器件在形变状态下的稳定供能，隔膜必须满足几个条件：高化学稳定性，不与电解质和电极材料发生反应；浸润性好，易于电解质浸润且不发生溶解或变形；具有一定的热稳定性，耐受高温，具有较高的熔断隔离性；机械强度高，拉伸强度好；离子导电率高，可以满足离子传导的需求[54]。

1）传统隔膜

传统隔膜材料有滤纸和 Celgard 等。它们制备工艺成熟，制备成本较低，在隔膜材料领域仍占据主要市场。目前，市场上可见的大部分滤纸隔膜，是由棉质纤维组成，有大量微孔，可供电解液渗透，而体积较大的固体颗粒则会被阻挡。滤纸隔膜的弊端是由于其不断溶解，隔膜的使用寿命有限。Celgard 隔膜按组成材质可分为聚乙烯（PE）和聚丙烯两类微孔膜，它们都具有良好的机械性能，并且其优异的电化学稳定性也使其广泛地应用在锂离子电池中。但聚烯烃类材料由于本身亲水性较差，在水系电池体系中难以应用。

2）纳米纤维隔膜

纳米纤维隔膜材料的特点在于组成隔膜的纤维为纳米级，与传统隔膜相比，纳米级纤维具有较高的比表面积和孔隙率，更有利于电解液的浸润。新兴的纳米纤维隔膜材料有如图 1-9 所示的 PET、聚酰亚胺（PI）、间位芳纶和聚对苯撑苯并二唑等纳米纤维隔膜[55-58]。纳米纤维隔膜有着各自独特的优势，其中比较有代表性的是聚苯醚和 PI 纳米纤维隔膜。聚苯醚纳米纤维隔膜的纤维直径比传统聚烯烃小，因此其对电解液吸收和保持能力更强；并且聚苯醚纳米纤维隔膜稳定性好，在 150℃温度下热处理 1 h，几乎不发生热收缩，可以提升电池体系的高温工况条件下的安全性和循环性[59]。PI 纳米纤维隔膜与传统隔膜相比同样具有明显优势，PI 是指主链上含有聚酰胺环的一类聚合物，熔点非常高。由于含有很多极性官能团，因此 PI 对电解液有非常好的浸润性，适合高倍率充放电。纳米纤维隔膜的使用可以提升柔性器件性能并拓展其适用条件，例如，将 PI 和聚（偏氟乙烯-六氟丙烯共聚物）复合制备的隔膜具有优异热稳定性和疏水性，基于这种隔膜组装的可折叠线状锂空气电池不仅具有长循环寿命和优异的倍率性能，更具有防水和防火的功能[60]。

图 1-9　新型纳米纤维隔膜材料：（a）PET 纤维的扫描电子显微镜（SEM）照片[55]；（b）不同温度下 PI 隔膜光学照片[56]；（c）间位芳纶隔膜的断面 SEM 照片[57]；（d）聚对苯撑苯并二唑纳米纤维的 SEM 照片[58]

3）功能化隔膜

除了传统的隔绝正负极和导通离子的功能外，一些功能化的隔膜还具有额外的性能。在隔膜内部添加一层低熔点多孔聚合物，当电池过热时，聚合物层受热熔化，渗透到隔膜中堵塞微孔从而阻断离子迁移。此外，一些隔膜还能够通过引入添加剂或表面修饰的方法提升储能器件电化学性能。使用4-乙烯基吡啶将25%交联的二乙烯基苯树脂功能化，可制备具有电解液净化能力的隔膜，这种隔膜可用于组装软包柔性锂离子电池[61]。作为一种路易斯碱，隔膜中的吡啶可以及时清除六氟磷酸锂（$LiPF_6$）电解液分解产生的氟化氢（HF），从而抑制电池体系内的副反应，有效提升电池循环性能。

2. 电解质

传统液态电解质离子电导率高，在传统储能器件领域应用广泛。但是在柔性储能器件中却面临两个问题：首先，液态电解质对器件封装要求较高。基于液态电解质构筑的柔性器件在反复弯折条件下，易发生电解液泄漏，存在安全隐患。其次，在形变状态下，液态电解质的流动性使其不能充分稳定地与电极接触，从而影响器件的电化学性能。由于柔性储能器件工况条件特殊，虽然目前液态电解质的应用更广，但柔性储能器件的未来实用化还是离不开准固态或固态电解质。柔性储能器件中，为了实现电化学性能的稳定性，电解质应当既保证在弯曲状态下与电极能够充分接触，不发生脱离，同时也要在一定温度范围内具有较高的离子电导率，这对电解质的设计提出了更高的要求。因此，离子电导率和柔性兼备的（准）固态电解质可以更好地满足柔性储能器件的要求。

基于聚合物可以构建全固态和准固态电解质。聚合物准固态电解质多为凝胶态，通常可以由液态电解质和聚合物复合制备，其本身具有较高的机械强度与柔韧性，能够保证器件在多次弯折过程中电极与电解质的良好接触，其中具有代表性的是锌离子电池体系中使用的PVA、聚丙烯酰胺（PAM）等凝胶电解质。相比于凝胶电解质，全固态电解质具有更优异的力学强度，而且可以避免电解质与正负极的副反应，但其离子电导率低，而且与正负极的界面电阻大，现有固态电解质不适合构筑柔性储能器件。

1.3.3 柔性储能器件的检测方法及标准

随着对各种类型的柔性、可穿戴超级电容器和二次电池研究的深入，柔性储能器件在可弯折性和电化学性能等方面取得了很大的进展。然而，除了传统应用于电池和超级电容器的电化学测试外，如何评估柔性储能器件的“柔性”成为一个重要的问题。在储能器件柔性测试过程中，最常使用的方法是根据不同柔性器件相应的形变特性，通过改变柔性器件的弯曲程度或拉伸量，来测试柔性器件在形变条件下的电化学性能，根据形变程度和性能稳定性评估器件柔性。在众多已报道的文献中，对于可弯折柔性器件，常用的衡量器件柔性的参数是器件弯曲角 θ，在一些研究中也可以用弯曲半径 R 来代替，此衡量方式的好处是器件的形变量可以很直观地表示，但实际测试中，θ 和 R 的具体值并不便于精确测量。为了解决这个问题，研究人员提出了另一种评估方式：在不同弯曲程度下，保持器件原始长度不变，测量弯曲状态下器件两端的距离 L'，以此来表示器件形变程度，这种方法的优势在于 L'是一个可以方便准确测定的参数，但是，此方法却不能提供弯曲形变的其他精确参数，因此难以对器件弯曲过程进行更深入的分析。如图 1-10（a）所示，传统柔性测试中，由于上述三个变量相互独立，难以做到统一公正地衡量器件柔性。而对于可拉伸的柔性储能器件，其不同拉伸量一般表示为拉伸后的器件总长度 L_1 和初始器件长度 L_0 的比值。这种评估方式在原理上是可行的，但实际情况下，夹件两端所施加的力会导致一些器件被压缩，所得到的拉伸量往往会大于实际值。此外，具体的测评方法以及测评时所需要的实验参数，在不同的实验中是不同的，这也使得它们的参考基准不相同，导致在对比不同柔性储能器件性能时，很难有一个基准来比较出二者孰优孰劣。

香港城市大学 Zhi 团队建议在评估储能器件柔性的过程中，弯曲角 θ、弯曲半径 R 及器件长度 L 三个参数应该同时作为评价参数，通过控制变量的方法，只改变其中一个参数来对柔性器件的柔性进行评估。这种测试方法可以避免以一个参数为评价标准的情况下，其他两个参数对测试结果的干扰[62]。此外，柔性储能器件的一个重要目标是可穿戴，但是对于其穿戴舒适性的评估标准还

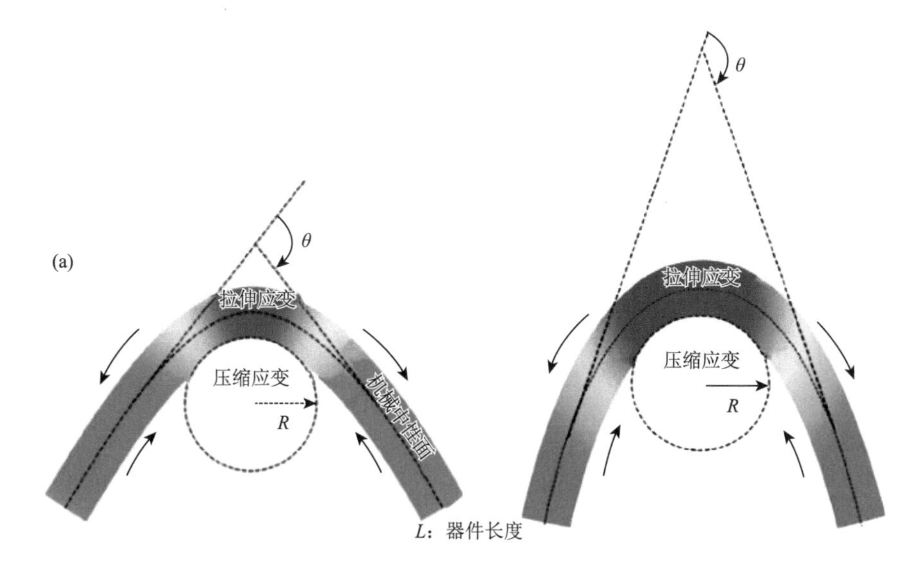

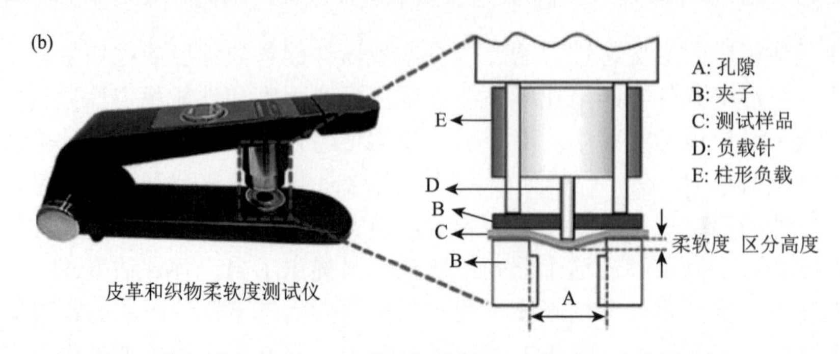

图 1-10 器件的柔性评估方法：（a）柔性测试过程示意图和三个关键参数（L、θ、R），即使器件长度（L）和弯曲半径（R）是固定的，弯曲角度（θ）也可以改变；（b）柔软度测试仪及柔软度的测试方法示意图[62]

没有建立起来，可以用“柔度”这一标准来评估器件的柔性。这一概念引用了皮革领域的测试方法，柔性储能器件的柔度可以用皮革和织物柔软度测试仪来评估，通过施加不同压力测定器件的延展程度，可以对器件的可穿戴性进行测量［图 1-10（b）］。

1.3.4 柔性储能器件的发展历史

目前，柔性储能器件不管是材料制备还是器件设计都已取得很大进展，如图 1-11 所示，自首个柔性线状超级电容器问世以来，具有不同结构、功能和形变方式的柔性超级电容器被不断开发出来。同时，不同电池体系通过材料革新和结构优化也实现了柔性化。2003 年，Dalton 团队制备了长达 100 m 的 CNTs 纤维，通过两根纤维缠绕的方式，首次组装了线状超级电容器，并且证明了线状柔性储能器件可以被织入日常纺织品中[63]。继线状超级电容器之后，柔性微结构超级电容器也被开发出来。2006 年，Sung 等将沉积在金表面具有叉指结构的聚吡咯（PPy）电极转移到柔性聚合物电解质基底上，制备了柔性平面微结构超级电容器[64]，柔性微结构超级电容器体积小、质量轻，便于与其他微电子器件集成到同一基底上，实现器件的集成化。储能器件的微型化和集成化将会增加集成系统功能器件的密度，并且可以通过消除与大型储能设备的互连来降低器件整体设计的复杂性[65]，提升与微电子器件的兼容性。近年来，微结构柔性储能器件在构建方法上不断向着简单化和可放大制备的方向发展，抽滤、喷涂、喷墨打印和丝网印刷等策略被分别用于组装不同微结构的储能体系。薄膜结构柔性超级电容器的实现相对晚于其他结构，2007 年，Ajayan 等先通过化学气相沉积方法制备多壁碳纳米管（MWCNTs）薄膜，随后将其在含有纤维素的电解质中浸泡，干燥后得到自支撑柔性电极，最后将两电极贴合在一起首次构筑了柔性薄膜超级电容器[66]。

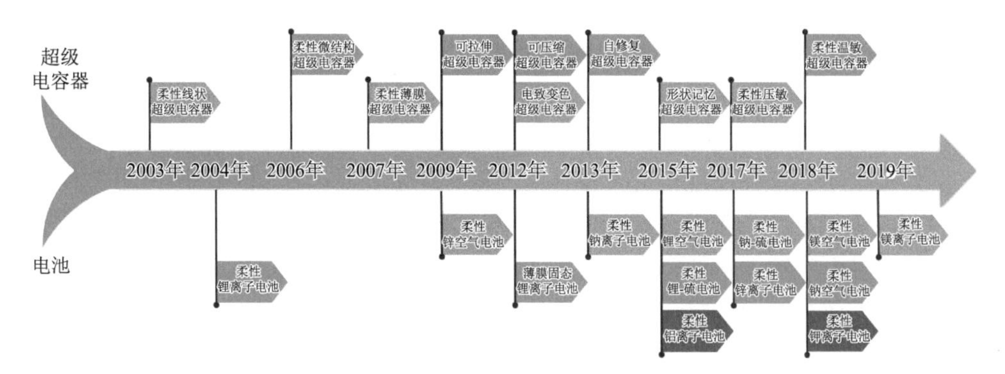

图 1-11 柔性储能器件发展时间线

早期制备的柔性超级电容器形变方式较为单一，多为可弯曲超级电容器，但在实际使用时，往往需要柔性储能器件能够适应更加复杂的形变，因此，具有可拉伸和可压缩功能的超级电容器应运而生。基于 CNTs 褶皱形变结构，Jiang 课题组在 2009 年首次制备出了基于 SWCNTs 薄膜的可拉伸超级电容器，他们将作为基底的 PDMS 进行预拉伸，把 SWCNTs 薄膜附着在预拉伸的基底上制成可拉伸电极[67]。基于可拉伸电极，利用传统器件结构组装了可拉伸器件。随后，2012 年 Qu 等利用石墨烯三维宏观体优异的可压缩性，以 PPy 掺杂的石墨烯泡沫作为自支撑可压缩电极，构筑了具有可压缩功能的对称超级电容器[68]。

除了满足在储能方面的更高要求，研究人员还尝试赋予柔性储能器件新的用途和功能，从而使柔性储能器件在不同使用需求下提供多样化功能。通过对超级电容器器件组分的材料设计，可以使其具有电致变色、自修复和形状记忆等功能。2012 年，Steiner 团队首次报道了电致变色柔性超级电容器，该器件在充电过程中可以显示出从灰绿色到黄色的明显电致变色行为，使得器件的充放电状态可以通过颜色更加直观地表现出来[69]。2013 年，Chen 课题组将 SWCNTs 薄膜附着在具有自修复能力的聚合物基底上，第一次实现了柔性超级电容器的自修复功能[70]。基底的自修复功能主要通过聚合物交叉连接的长链之间存在的大量氢键来实现。近年来，基于凝胶电解质构筑的柔性储能器件柔性优异、安全性高且电化学性能稳定，通过将自修复材料引入凝胶电解质，可以在保证器件自修复功能的同时避免引入基底导致的能量密度下降。本书作者课题组制备了 PVA 水凝胶电解质，该电解质能够通过凝胶中大量存在的氢键实现自修复功能[71]。基于这种凝胶电解质首次组装了自修复柔性锌离子电池，器件可以在反复多次切断条件下实现自治愈，基本恢复其原有电化学性能。Koratkar 课题组于 2015 年首次制备了具有形状记忆功能的柔性超级电容器，该形状记忆器件的核心是将电极材料负载在特殊聚合物基底上，由于基底本身具有形状记忆性，从而赋予了整个柔性器件形状记忆功能[72]。除上述功能外，储能体系和其他功能元件的集成也是储能器件智能化的重要组成部分，通过柔性超级电容器和不同功能传感器的集成，可以实现对包括温度、压力、光强和气体含量在内的多种物理信号进行检测，在医疗健康检测和人工智能等领域具有广阔的应用前景。

相对于超级电容器，不同电池体系的结构更加复杂，实现其柔性更加困难。2004 年，Heben 等以锂化的 SWCNTs 薄膜为负极，以纯碳管膜为正极组装了锂离子电池，首次验证了柔性电极在锂离子电池中应用的可行性[73]。2007 年，Lin 等将传统涂覆法制备的正极、炭微球负极、隔膜和电解液用软包进行封装，制备了第一个柔性锂离子电池[74]。随后，随着材料和器件设计的进步，柔性锂离子电池在结构和性能上都有了很大提升。Huang 和 Rogers 团队合作制备了首个具有可拉伸性能的柔性锂离子电池，可以在拉伸、弯曲、折叠等复杂形变的条件下为发光二极管（light-emitting diode，LED）灯进行供电，并能够持续工作近 10 h[75]。该柔性锂离子电池采取了“岛-桥”结构构筑理念，并创新性使用了“弹出式”的导线连接，大大提高了器件的可拉伸性能，实现了器件在多个方向上可拉伸。该电池可以在实现 300%拉伸量的状态下正常供电。2015 年，Lee 首次设计了全固态柔性锂离子电池，通过印刷技术，将固态复合电解质和电极材料打印到各种复杂的平面上，从而在这些平面基底上直接组装柔性全固态电池[76]。其他柔性碱金属离子电池也已通过不同手段实现，Wang 课题组于 2013 年首次报道柔性钠离子电池负极，他们在不锈钢基底上制备出核-壳结构的锡纳米棒阵列，该阵列结构具有一定的柔性[77]。2018 年，研究人员在基底上进行图案可控的普鲁士蓝柔性电极设计，并组装了软包型柔性钾离子电池[78]。非碱金属离子电池中，由于锌负极具有较高的比容量并且在水系电解液中稳定性高，锌离子电池受到科研人员的关注。2017 年，Lu 等构筑了首个柔性水系锌离子电池，以碳布为柔性电极基底，负载聚 3,4-乙烯二氧噻吩（PEDOT）掺杂的二氧化锰（MnO_2）和金属锌分别作为正负两极，利用凝胶电解质组装了柔性锌离子电池，器件在弯曲和扭曲等形变条件下均展现出良好的电化学性能稳定性[79]。其他非碱金属离子电池，如铝/镁离子电池，也分别于 2015 年和 2019 年实现了柔性化[80, 81]。除传统“摇椅式”充放电机理的金属离子电池外，在电化学过程中具有转化机理的锂-硫、钠-硫电池由于超高的能量密度和较低的成本，在可穿戴柔性储能领域具有良好的应用前景。2015 年，Koratkar 等制备的首个可折叠锂-硫电池在经过 100 次折叠/展开后比容量损失率仅为 12%[82]。本书作者课题组在 2017 年第一次实现了柔性钠-硫电池的设计，我们以碳化后的棉布为基底制备了柔性钠-硫电池正极，并且实现了硫的可控负载，基于该柔性正极组装的软包钠-硫电池在弯曲条件下能够保持电化学性能稳定[83]。

柔性金属空气电池中，研究最早的是柔性锌空气电池，首个柔性锌空气电池面世于 2009 年，Clark 等预先在纸基底上喷涂氯化锂电解液，后通过丝网印刷的方式在纸的两面分别印刷了锌/碳/聚合物复合负极和 PEDOT 正极[84]。目前能够实现柔性的非碱金属空气电池体系还有镁空气电池，受到仿生学启发，Haag 团队通过静电纺丝手段制备了具有类似蛙卵结构的介孔 CNFs 膜，随后在纤维上引入铁/氮原子簇，进而得到了适用于柔性镁空气电池的自支撑电极[85]。碱金属空气电池体系中，锂空气电池率先在 2015 年被设计出来，Zhang 课题组利用二氧化钛（TiO_2）纳米线阵列负载的碳纤维作为正极，构筑了柔性锂空气电池，该电池可以在高度弯曲和扭转条件下正常工作，电压与比容量几乎保持不变[86]。2018 年，Chen 团队利用钠负极、吸附 MWCNTs 的泡沫镍正极和固态聚合物电解质首次组装了全固态柔性钠空气电池，器件实现了在 360°弯曲的条件下稳定循环 240 次[87]。此外，该柔性钠空气电池同时具有可裁剪和耐高温等特性，满足了柔性储能器件对多工况条件的适应性。

柔性储能器件具有广阔应用前景，柔性电池展示出巨大的现实意义和经济价值。除了高校科研团队，很多电子设备制造公司也有自己的柔性电池研发机构。全球主要柔性电池厂商包括三星、LG 和意法半导体公司（荷兰）等。在 2014 年韩国电池展览会上，由三星 SDI 研发的可卷曲柔性电池吸引了大家的目光。三星展示的是一款可以完全卷曲成任何形状的电池，与传统的板状电池相比，这款柔性电池更像一根橡皮带，电池的厚度只有 0.3 mm，能够在不大幅度增加体积和厚度的情况下提升电池的比容量，可将其集成到智能手环、智能项链等可穿戴电子设备中。据报告，该电池可以承受 50000 次弯曲，虽然这种电池的能量密度并不大，但是将其作为智能手表的表带，可以为其增加 50%的续航时间。LG 也在研发自己的柔性电池，电池可以实现 15 mm 的弯曲半径，在储能方面可以为可穿戴电子设备提供现阶段两倍的续航时间。

2017 年，日本松下集团研制了兼具超薄和可弯曲特点的柔性锂离子电池，器件厚度仅为 0.45 mm，质量为 0.7～2 g，弯曲弧度可达 25°。为了能与不同大小的柔性电子设备集成，该柔性电池可以被设计成不同尺寸。2018 年，韩国 Jenax 科技公司公布了最新的新型柔性电池，并以世界上首款可以彻底改变可穿戴设备的产品为宣传口号。该可折叠电池能够被组装到非常紧凑的机身中，几乎不会受到物理形变因素的影响，同时提供与传统锂离子电池相同的稳定性。虽然柔性储能器件在材料设计、结构优化、集成化和多功能化等方面已取得很大进展，但是仍然面临很多挑战，未来希望通过加强高校和研究所等科研机构与企业之间的合作研发，加快柔性储能器件研发和产业化的步伐，让更多、更舒适的柔性可穿戴电子设备进入人们的生活，提高人们的生活质量。

参 考 文 献

[1] Jeevanandam J，Barhoum A，Chan Y S，et al. Review on nanoparticles and nanostructured materials：history，

sources，toxicity and regulations. Beilstein Journal of Nanotechnology，2018，9：1050-1074.

[2] 杨剑，滕凤恩. 纳米材料综述. 材料导报，1997，11（2）：6-10.

[3] Gong S，Cheng W. One-dimensional nanomaterials for soft electronics. Advanced Electronic Materials，2017，3（3）：1600314.

[4] Zhang L，Wang L，Jiang Z，et al. Synthesis of size-controlled monodisperse Pd nanoparticles via a non-aqueous seed-mediated growth. Nanoscale Research Letters，2012，7（1）：312.

[5] Li C，Adamcik J，Mezzenga R. Biodegradable nanocomposites of amyloid fibrils and graphene with shape-memory and enzyme-sensing properties. Nature Nanotechnology，2012，7（7）：421-427.

[6] Zhang J，Langille M，Mirkin C. Synthesis of silver nanorods by low energy excitation of spherical plasmonic seeds. Nano Letters，2011，11（6）：2495-2498.

[7] Badrossamay M，Mcilwee H，Goss J，et al. Nanofiber assembly by rotary jet-spinning. Nano Letters，2010，10（6）：2257-2261.

[8] Gokarna A，Parize R，Kadiri H，et al. Highly crystalline urchin-like structures made of ultra-thin zinc oxide nanowires. RSC Advanced，2014，4（88）：47234-47239.

[9] Zhou J，Ding Y，Deng S，et al. Three-dimensional tungsten oxide nanowire networks. Advanced Materials，2005，17（17）：2107-2110.

[10] Geim A，Novoselov S. The rise of graphene. Nature Materials，2009，6（3）：183-191.

[11] 刘芳. 纳米材料的结构与性质. 光谱实验室，2011，28（2）：735-738.

[12] 翟庆洲，裘式纶，肖丰收，等. 纳米材料研究进展 I ——纳米材料结构与化学性质. 化学研究与应用，1998，10（3）：8-17.

[13] 张梅，陈焕春，杨绪杰，等. 纳米材料的研究现状及展望. 导弹与航天运载技术，2000，3：11-16.

[14] 马青. 纳米材料的奇异宏观量子隧道效应. 有色金属，2001，53（3）：51.

[15] 石士考. 纳米材料的特性及其应用. 大学化学，2001，2：39-42.

[16] 冯晓苗，李瑞梅，杨晓燕，等. 新型碳纳米材料在电化学中的应用. 化学进展，2012，24（11）：2158-2166.

[17] 李泓，吕迎春. 电化学储能基本问题综述. 电化学，2015，21（5）：412-424.

[18] 侯朝霞，屈晨滢，李建君. 基于超级电容器的多孔电极材料研究进展. 功能材料，2020，51（2）：2032-2038.

[19] 郑俊生，秦楠，郭鑫，等. 高比能超级电容器：电极材料、电解质和能量密度限制原理. 材料工程，2019，1：1-13.

[20] 李艳梅，郝国栋，崔平，等. 超级电容器电极材料研究进展. 化学工业与工程，2020，37（1）：17-33.

[21] 张紫瑞，赵云鹏，张颖，等. 超级电容器电极材料研究进展. 化工新型材料，2019，47（12）：1-5.

[22] 范壮军. 超级电容器概述. 物理化学学报，2020，36（2）：9-11.

[23] Noori A，El-Kady M，Rahmanifar M，et al. Towards establishing standard performance metrics for batteries，supercapacitors and beyond. Chemical Society Reviews，2019，48：1272-1341.

[24] 李春花，姚春梅，吕启松，等. 超级电容器储能机理. 科技经济导刊，2016，7：107.

[25] 孙银，黄乃宝，王东超，等. 赝电容型超级电容器电极材料研究进展. 电源技术，2018，42（5）：747-750.

[26] Vander V A，Deng Z，Banerjee S，et al. Rechargeable alkali-ion battery materials：theory and computation. Chemical Reviews，2020，DOI：10.1021/acs.chemrev.9b00601.

[27] Famprikis T，Canepa P，Dawson J A，et al. Fundamentals of inorganic solid-state electrolytes for batteries. Nature Materials，2019，18（12）：1278-1291.

[28] Wang N，Chu C，Xu X，et al. Comprehensive new insights and perspectives into Ti-based anodes for next generation alkaline metal（Na^+，K^+）ion batteries. Advanced Energy Materials，2018，8（27）：1801888.

[29] Thackeray M, Wolverton C, Isaacs E. Electrical energy storage for transportation-approaching the limits of, and going beyond, lithium-ion batteries. Energy & Environmental Science, 2012, 5 (7): 7854-7863.

[30] Lee W, Muhammad S, Sergey C, et al. Advances in the cathode materials for lithium rechargeable batteries. Angewandte Chemie International Edition, 2020, 59 (7): 2578-2605.

[31] Wei S, Choudhury S, Tu Z, et al. Electrochemical interphases for high energy storage using reactive metal anodes. Accounts of Chemical Research, 2018, 51 (1): 80-88.

[32] Fang G, Zhou J, Pan A, et al. Recent advances in aqueous zinc ion batteries. ACS Energy Letters, 2018, 3 (10): 2480-2501.

[33] Huang S, Zhu J, Tian J, et al. Recent progress in the electrolytes of aqueous zinc-ion batteries. Chemistry-A European Journal, 2019, 25: 14480-14494.

[34] Muñoz-Torrero D, Palma J, Marcilla R, et al. A critical perspective on rechargeable Al-ion battery technology. Dalton Transactions, 2019, 48 (27): 9906-9911.

[35] Liao C, Guo B, Jiang D, et al. Highly soluble alkoxide magnesium salts for rechargeable magnesium batteries. Journal of Materials Chemistry A, 2014, 2 (3): 581-584.

[36] 陈丽能，晏梦雨，梅志文，等. 水导锌离子电池的研究进展. 无机化学学报，2007，32（3）：225-234.

[37] Li H, Ma L, Han C, et al. Advanced rechargeable zinc-based batteries: recent progress and future perspectives. Nano Energy, 2019, 62: 550-587.

[38] 温术来，李向红，孙亮，等. 金属空气电池技术的研究进展. 电源技术，2019，43（12）：2048-2052.

[39] 曹学成，杨瑞枝. 锂-空气电池正极催化剂研究进展. 科学通报，2019，64（32）：3340-3349.

[40] 张三佩，温兆银，靳俊，等. 二次钠-空气电池的研究进展. 电化学，2015，21（5）：425-432.

[41] Zhang X, Wang X G, Xie Z, et al. Recent progress in rechargeable alkali metal-air batteries. Green Energy & Environment, 2016, 1 (1): 4-17.

[42] Gelman D, Shvartsev B, Ein-Eli Y. Challenges and prospect of non-aqueous non-alkali (NANA) metal-air batteries. Topics in Current Chemistry, 2016, 374 (6): 82-123.

[43] Rahman M A, Wang X, Wen C. High energy density metal-air batteries: a review. Journal of the Electrochemical Society, 2013, 160 (10): 1759-1771.

[44] 刘冠伟，张亦弛，慈松，等. 柔性电化学储能器件研究进展. 储能科学与技术，2017，6（1）：52-68.

[45] Wang X, Lu X, Liu B, et al. Flexible energy-storage devices: design consideration and recent process. Advanced Materials, 2014, 26 (28): 4763-4782.

[46] Wen L, Li F, Cheng H. Carbon nanotubes and graphene for flexible electrochemical energy storage: from materials to devices. Advanced Materials, 2016, 28 (22): 4306-4337.

[47] Kwon Y H, Woo S W, Jung H R, et al. Cable-type flexible lithium ion battery based on hollow multi-helix electrodes. Advanced Materials, 2012, 24 (38): 5192-5197.

[48] Niu Z, Luan P, Shao Q, et al. A "skeleton/skin" strategy for preparing ultrathin free-standing single-walled carbon nanotube/polyaniline films for high performance supercapacitor electrodes. Energy & Environmental Science, 2012, 5 (9): 8726-8733.

[49] Chen R, Hu Y, Shen Z, et al. Facile fabrication of foldable electrospun polyacrylonitrile-based carbon nanofibers for flexible lithium-ion batteries. Journal of Materials Chemistry A, 2017, 5 (25): 12914-12921.

[50] Wang J G, Jin D, Zhou R, et al. Highly flexible graphene/Mn_3O_4 nanocomposite membrane as advanced anodes for Li-ion batteries. ACS Nano, 2016, 10 (6): 6227-6234.

[51] Dai X, Wan F, Zhang L, et al. Freestanding graphene/VO_2 composite films for highly stable aqueous Zn-ion

batteries with superior rate performance. Energy Storage Materials，2019，17：143-150.
[52] He J，Wang N，Cui Z，et al. Hydrogen substituted graphdiyne as carbon-rich flexible electrode for lithium and sodium ion batteries. Nature Communications，2017，8（1）：1-11.
[53] Zhao Q，Zhu Q，Miao J. 2D MXene nanosheets enable small-sulfur electrodes to be flexible for lithium-sulfur batteries. Nanoscale，2019，11（17）：8442-8448.
[54] 翟华嶂，李建保，黄勇. 纳米材料和纳米科技的进展、应用及产业化现状. 材料工程，2001，11：43-48.
[55] Hao J，Lei G，Li Z，et al. A novel polyethylene terephthalate nonwoven separator based on electrospinning technique for lithium ion battery. Journal of Membrane Science，2013，428：11-16.
[56] Miao Y，Zhu G，Hou H，et al. Electrospun polyimide nanofiber-based nonwoven separators for lithium-ion batteries. Journal of Power Sources，2013，226：82-86.
[57] Zhang H，Zhang Y，Xu T，et al. Poly（*m*-phenylene isophthalamide）separator for improving the heat resistance and power density of lithium-ion batteries. Journal of Power Sources，2016，329：8-16.
[58] Hao X，Zhu J，Jiang X，et al. Ultrastrong polyoxyzole nanofiber membranes for dendrite-proof and heat-resistant battery separators. Nano Letters，2016，16（5）：2981-2987.
[59] 李可峰，尹晓燕. 聚苯醚纳米纤维锂电隔膜的制备. 材料工程，2018，46（10）：120-126.
[60] Yin Y，Yang X，Chang Z，et al. A water-fireproof flexible lithium-oxygen battery achieved by synergy of novel architecture and multifunctional separator. Advanced Materials，2018，30（1）：1703791.
[61] Banerjee A，Ziv B，Shilina Y，et al. Acid-scavenging separators：a novel route for improving Li-ion batteries' durability. ACS Energy Letters，2017，2（10）：2388-2393.
[62] Li H，Tang Z，Liu Z，et al. Evaluating flexibility and wearability of flexible energy storage devices. Joule，2019，3（3）：613-619.
[63] Dalton A B，Collins S，Munoz E，et al. Super-tough carbon-nanotube fibres. Nature，2003，423（6941）：703.
[64] Sung J，Kim S，Jeong S，et al. Flexible micro-supercapacitors. Journal of Power Sources，2006，162（2）：1467-1470.
[65] 胡学斌，秦少瑞，张哲旭，等. 柔性超级电容器的研究进展. 电力电容器与无功补偿，2016，37（5）：78-82.
[66] Pushparaj V，Shaijumon M，Kumar A，et al. Flexible energy storage devices based on nanocomposite paper. Proceedings of the National Academy of Sciences of the United States of America，2007，104（34）：13574-13577.
[67] Jiang H，Khang D Y，Song J，et al. Finite deformation mechanics in buckled thin films on compliant supports. Proceedings of the National Academy of Sciences of the United States of America，2007，104（40）：15607-15612.
[68] Zhao Y，Jia L，Hu Y，et al. Highly compression-tolerant supercapacitor based on polypyrrole-mediated graphene foam electrodes. Advanced Materials，2013，25（4）：591-595.
[69] Wei D，Scherer M R，Bower C，et al. A nanostructured electrochromic supercapacitor. Nano Letters，2012，12（4）：1857-1862.
[70] Wang H，Zhu B，Jiang W，et al. A mechanically and electrically self-healing supercapacitor. Advanced Materials，2014，26（22）：3638-3643.
[71] Huang S，Wan F，Bi S，et al. A self-healing integrated all-in-one zinc-ion battery. Angewandte Chemie International Edition，2019，131（13）：4357-4361.
[72] Zhong J，Meng J，Yang Z，et al. Shape memory fiber supercapacitors. Nano Energy，2015，17：330-338.
[73] Morris R，Dixon B，Gennett T，et al. High-energy，rechargeable Li-ion battery based on carbon nanotube technology. Journal of Power Sources，2004，138（1-2）：277-280.
[74] Wu M，Lee J，Chiang P，et al. Carbon-nanofiber composite electrodes for thin and flexible lithium-ion batteries.

Journal of Materials Science，2007，42（1）：259-265.

[75] Xu S，Zhang Y，Cho J，et al. Stretchable batteries with self-similar serpentine interconnects and integrated wireless recharging systems. Nature Communications，2013，4（1）：1-8.

[76] Koo M，Park K，Lee S，et al. Bendable inorganic thin-film battery for fully flexible electronic systems. Nano Letters，2012，12（9）：4810-4816.

[77] Liu Y，Xu Y，Zhu Y，et al. Tin-coated viral nanoforests as sodium-ion battery anodes. ACS Nano，2013，7（4）：3627-3634.

[78] Zhu Y，Yang X，Bao D，et al. High-energy-density flexible potassium-ion battery based on patterned electrodes. Joule，2018，2（4）：736-746.

[79] Zeng Y，Zhang X，Meng Y，et al. Achieving ultrahigh energy density and long durability in a flexible rechargeable quasi-solid-state Zn-MnO_2 battery. Advanced Materials，2017，29（26）：1700274.

[80] Lin M，Gong M，Lu B，et al. An ultrafast rechargeable aluminium-ion battery. Nature，2015，520(7547)：324-328.

[81] Zhang Y，Li Y，Wang Y，et al. A flexible copper sulfide@multi-walled carbon nanotubes cathode for advanced magnesium-lithium-ion batteries. Journal of Colloid and Interface Science，2019，553：239-246.

[82] Li L，Wu Z P，Sun H，et al. A foldable lithium-sulfur battery. ACS Nano，2015，9（11）：11342-11350.

[83] Lu Q，Wang X，Cao J，et al. Freestanding carbon fiber cloth/sulfur composites for flexible room-temperature sodium-sulfur batteries. Energy Storage Materials，2017，8：77-84.

[84] Hilder M，Winther-Jensen B，Clark N B. Paper based，printed zinc-air battery. Journal of Power Sources，2009，194（2）：1135-1141.

[85] Cheng C，Li S，Xia Y，et al. Atomic Fe-N_x coupled open-mesoporous carbon nanofibers for efficient and bioadaptable oxygen electrode in Mg-air batteries. Advanced Materials，2018，30（40）：1802669.

[86] Liu Q C，Xu J J，Xu D，et al. Flexible lithium-oxygen battery based on a recoverable cathode. Nature Communications，2015，6（1）：1-8.

[87] Wang X，Zhang X，Lu Y，et al. Flexible and tailorable Na-CO_2 batteries based on an all-solid-state polymer electrolyte. ChemElectroChem，2018，5（23）：3628-3632.

第2章

柔性超级电容器

超级电容器具有功率密度高、充放电过程快以及循环寿命长等特点，其提供的能量密度和功率密度能够平衡传统电容器和可充电电池之间的差距[1]。Becker 于 1957 年申请了关于超级电容器的第一项专利[2]。1970 年，NEC（日本）能源公司开发了基于水系电解液的商用超级电容器，将其作为电子设备中的节电装置[3]。目前，超级电容器已经被广泛应用到电动汽车、脉冲电源和便携式设备等多个领域。

根据储能机理，超级电容器可分为两类：EDLCs 和赝电容超级电容器[4]。在 EDLCs 中，电能通过可逆的离子吸/脱附在电极和电解质之间的界面上进行存储。活性炭、碳纳米管、碳纳米纤维、石墨烯等碳材料因其易获得、加工简单、无毒、化学稳定性高等特点，成为应用最广泛的电极材料。由于在充放电过程中电极表面不会发生化学反应，因此 EDLCs 可以实现高功率密度和出色的循环稳定性。但是，EDLCs 通常显示较低的能量密度。与 EDLCs 不同，赝电容超级电容器通过快速可逆的法拉第过程存储电荷，电极材料主要包括导电聚合物和过渡金属氧化物/氢氧化物等，与 EDLCs 相比，赝电容超级电容器通常表现出更高的比电容，但同时，由于赝电容材料的电导率相对较低，且在充放电的过程中结构容易坍塌，因此，相对于 EDLCs，它们的功率密度较低，循环性能较差。双电层与赝电容材料作为超级电容器的电极各具优缺点（表 2-1），因此，通常将赝电容材料与碳材料进行复合来增强电极的整体性能。

表 2-1　超级电容器各种电极材料的优缺点对比

电极材料	优点	缺点
碳材料	电导率高、循环稳定性好	能量密度低
金属氧化物/氢氧化物	能量密度高	电导率低、循环稳定性差
导电聚合物	能量密度高、电导率高	循环稳定性差
二维过渡金属硫化物	可调控带隙、二维通道	结构稳定性差
MXene	电导率高、机械性能良好、亲水性好、二维通道	层层堆积问题严重
有机材料	结构多孔化、比表面积大、结构可调	电导率低、循环稳定性差

传统的超级电容器主要是纽扣或螺旋缠绕（也称为卷绕）构造，不能满足柔性、可穿戴电子器件对于“轻、薄、柔”储能器件的需求，因此，迫切需要开发新型柔性超级电容器。柔性超级电容器要求其电极材料具有高的电导率、大的比表面积、优异的机械性能以及不同的维度和尺寸等特点。此外，柔性超级电容器的构造必须被简化，使其更加轻薄，从而实现器件集成[5, 6]。近年来，对于柔性超级电容器的研究较多。柔性超级电容器根据其不同的器件结构可分为一维线状和二维平面状。其中，平面柔性超级电容器又可分为三明治构型的柔性薄膜状超级电容器和叉指电极构型的柔性微结构超级电容器。此外，由于大部分柔性超级电容器耐形变能力有限，为了拓宽在柔性电子器件的使用范围，还需设计开发一些抗极端机械形变（如可拉伸、可压缩、可折叠甚至可裁剪等）的柔性超级电容器。本章总结了柔性超级电容器的分类和最新研究进展，重点介绍了不同的电极材料和器件结构。对线状、薄膜状、微结构以及抗其他形变柔性超级电容器的结构特点、电极制备方法、器件组装方式和智能化应用等做了详细介绍，总结了各种柔性超级电容器的优势和不足，并对其未来发展前景进行了展望。

2.1 柔性线状超级电容器

柔性线状超级电容器具有独特的一维结构，因此在空间上可以实现三个维度的柔性，在弯曲、折叠、缠绕等形变过程中能够保持稳定的电化学性能[7-10]。一维结构器件易于编织，多个器件可以编织成一个整体，提供更高的能量输出；此外，还可与纺织纱线结合，编织成舒适性和透气性较好的织物，嵌入传统服装中作为智能面料或智能服饰，以适应多样化的产品外观设计。与传统的平面薄膜超级电容器相比，柔性线状超级电容器在柔性程度、透气性以及穿戴舒适性方面具有独特的优势，其可编织性也极大提高了应用潜力，是一种适用于可穿戴设备的理想储能器件。

2.1.1 柔性线状超级电容器的结构特征

柔性线状超级电容器在具有良好电化学性能的同时，还具有长径比大、弯曲性优异等纺织纤维的特性[11-13]。以传统“电极/隔膜/电极”的三明治结构为基础，柔性线状超级电容器已演变出多种结构，主要可分为以下四类：平行型、缠绕型、同轴型（单一外电极）和同轴平行型（多个外电极）（图 2-1）[14]。

1. 平行型

平行型线状超级电容器通过将两根线状电极平行放置于平面基底上，并用凝胶/固态电解质涂覆后封装制得。这类器件制备简单、易集成，可以在 2 cm×2 cm 的 PET 薄膜基底上实现 20 个平行型线状超级电容器的集成[15]，满足微型电子器

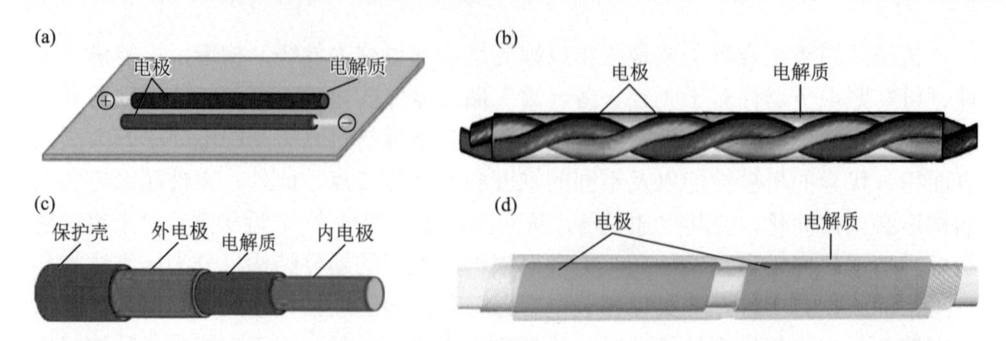

图 2-1　不同结构柔性线状超级电容器的示意图：（a）平行型；（b）缠绕型；（c）同轴型（单一外电极）和（d）同轴平行型（多个外电极）[14]

件对电压或电流的特定需求。但是，受制备工艺的限制，在制备过程中两个平行电极之间的距离难以精确控制。此外，引入基底会降低器件的整体能量密度，并阻碍其在可穿戴器件中的应用。

2. 缠绕型

在缠绕型线状超级电容器的结构中，两个涂有凝胶/固态电解质的线状电极相互缠绕在一起，通过隔膜或电解质隔开。该结构可以通过共缠绕的方式实现多个线状电子器件的集成，具有制备多功能线状器件的潜力。此外，缠绕型器件构型的组装方法与传统织物类似，可以通过商业缠绕装置进行器件生产，有利于将其集成到面料/纺织品中。例如，使用商业缠绕装置可以将两根 MWCNTs/PANI 复合线状电极和 PVA/磷酸（H_3PO_4）凝胶电解质组装成缠绕型线状超级电容器[16]。在组装过程中，一个涂有凝胶电解质的线状电极固定在电极驱动旋转台上，另一个涂有凝胶电解质的电极以一定角度缠绕其表面。两个电极的精确组装是缠绕型器件制备的关键，特别是将其应用于柔性可穿戴产品时，在经过反复弯曲、摩擦、挤压或拉伸后，缠绕过松的器件容易结构松散，电极之间分离，导致内阻增加，柔性线状器件的性能和使用寿命降低；相反，缠绕过紧的器件电极之间易发生短路，损坏器件并产生安全问题。因此缠绕型线状超级电容器在制备过程中需要对关键工艺参数（如扭转角、斜距、紧度等）进行精确调节。

3. 同轴型（单一外电极）

与平行型和缠绕型结构不同，同轴型（单一外电极）线状超级电容器呈现皮芯结构，从内到外依次包括内电极、隔膜或凝胶/固态电解质、外电极和保护壳，其中凝胶/固态电解质同时起到传输电解质离子和隔离内外电极的作用。Peng 等指出同轴型（单一外电极）线状超级电容器比容量是相同体积下缠绕型器件的两倍[10]。根据超级电容器的储能机理，同轴型（单一外电极）器件的几何比表面积利用率是缠绕型器件的两倍，因此，两个电极之间具有更大的有效离子储存面积，电极利用率高，器件比容量得到提高。而且该器件电极与电解质界面接触性良好，当器件受外力产生形变时，能保持更稳定的电化学性能。但是同轴型（单一外电极）器件在制备过程中需要准确控制内外电极的层间距，避免内外两电极发生短路，因此，在小直径和长纤维表面精确实现薄膜逐层组装具有挑战性。

4. 同轴平行型（多个外电极）

与同轴型（单一外电极）结构类似，通过调整外电极组装工艺，可以将多个外电极平行包裹在线状内电极上，获得同轴平行型（多个外电极）结构。其中外电极和内电极呈不对称结构，器件的力学性能主要由内电极调控，电化学性能主要由外电极调控，此设计实现了器件机械性能和电化学性能分离，不再需要针对同一电极材料同时进行优化。此外，引入其他功能化电极可以制备高性能多功能柔性线状超级电容器。但与缠绕型结构类似，同轴平行型结构（多个外电极）在弯曲或者拉伸时易导致电极分离。

表 2-2 总结了不同结构柔性线状超级电容器的优缺点。

表 2-2　柔性线状超级电容器器件结构的对比

类型	结构特点	优点	缺点
平行型	柔性基底上平行排列线状电极	易于集成，制备简单	能量密度低，体积庞大
缠绕型	手工或绞纱机编制的两个线状电极	易于商业化制备，与其他设备的兼容性良好	组装过程需精确调控，电极结构易松散
同轴型（单一外电极）	逐层包裹的线状电极	紧密接触，体积小，活性材料利用率高，结构稳定	电极厚度有限，制备复杂
同轴平行型（多个外电极）	多个外电极平行包裹在同一中心电极上	电化学性能和机械性能可分离	形变过程易发生电极分离

2.1.2　柔性线状超级电容器的电极及器件设计

1. 柔性线状双电层超级电容器

1）CNTs

目前基于 CNTs 的柔性线状电极主要有两类，一类是将 CNTs 负载到柔性线状基底上，CNTs 作为电极活性材料；另一类是直接将 CNTs 组装成自支撑柔性线状电极。第一类常见的制备方法是涂覆法[17]，例如，通过涂覆法可在棉线表面均匀涂覆 SWCNTs 作为活性材料，基于该电极的器件面积比容量为 38.6 mF/cm^2，而且，器件恒流充放电曲线呈对称三角形结构，表现出典型的双电层行为。同时，该器件也具有良好的柔性，在一定弯曲状态下比电容基本保持一致。涂覆法虽然操作简单，但柔性基底的引入增加了电极的质量和体积，降低了器件整体的能量密度，因此需要制备无需基底的自支撑 CNTs 柔性线状电极。

制备自支撑 CNTs 柔性线状电极最常用的方法有机械卷绕和纺丝技术[18]。研究人员采用化学气相沉积（CVD）技术生长 CNTs 薄膜，经卷绕后得到线状电极[19]，但该方法制备的电极直径难以精确控制，产量提升困难。而且该电极结构致密，CNTs 比表面积得不到充分利用，因此线状电极比容量较低（4.8 F/g），进而限制了其实际应用。为进一步实现线状电极简单连续化制备，研究人员尝试使用纺丝技术生产线状电极，将表面活性剂均匀分散的 SWCNTs 溶液注入旋转的水溶性 PVA 溶液中产生凝胶纤维，该凝胶纤维经洗涤后以 1 cm/min 的速率纺丝引出，最终得到 CNTs 纤维电极[20]。将两个柔性线状电极与 PVA/H_3PO_4 电解质组装成柔性线状超级电容器，其比容量和能量密度分别可达 5 F/g 和 0.6 W·h/kg。此外，还可以将 CVD 和纺丝技术进行结合制备 CNTs 柔性线状电极，首先通过 CVD 技术在硅基底上得到整齐水平排列的 CNTs 阵列，之后通过旋转轴的高速旋转令 CNTs 阵列紧密缠绕得到 CNTs 线状电极[21]。使用该方法得到的 CNTs 线状电极具有较好的导电性和机械性能，而且通过调控旋转轴的转速、旋转时间等参数，可以调节 CNTs 纤维的粗细，这类 CNTs 纤维也成为后续制备柔性线状超级电容器电极的理想材料。例如，研究人员通过纺丝技术制备 MWCNTs 纤维作为内芯电极，并在其表面包覆一层 PVA/H_3PO_4 电解质，干燥后，在其表面缠绕一层 CVD 技术合成的 MWCNTs 薄膜，得到柔性线状电极（图 2-2）[22]。

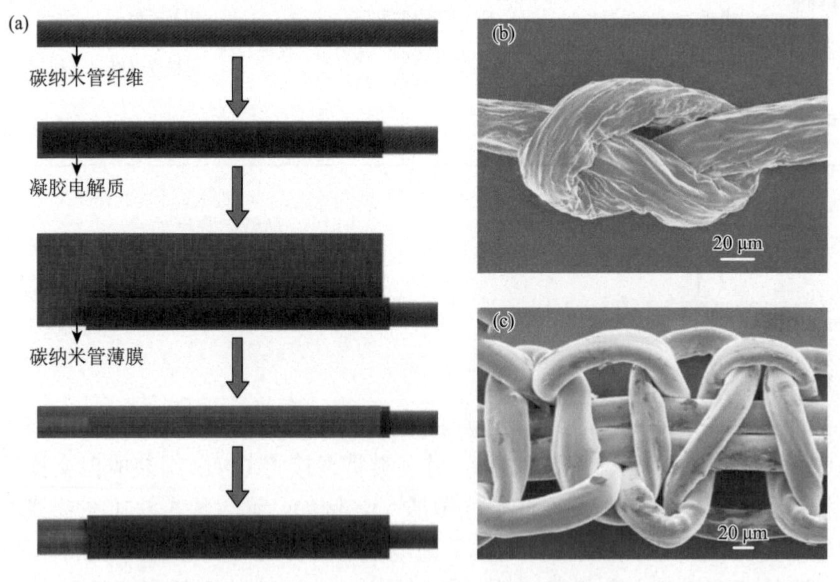

图 2-2 （a）基于 CVD 生长 CNTs 薄膜电极制备同轴型线状超级电容器的示意图；（b）CNTs 纤维打结后的 SEM 照片；（c）CNTs 纤维经编织后的 SEM 照片[22]

2）石墨烯

与 CNTs 基线状电极的制备方法类似，以石墨烯制备柔性电极的方法通常也有两类。一类是将石墨烯沉积到柔性线状基底上，例如，在金丝表面沉积 GO 并进一步还原为 rGO，得到线状石墨烯电极，将此电极组装成柔性线状超级电容器，面积比电容为 10.3 μF/cm^2[23]。但此电极的缺点是金丝成本高和密度大。为了有效降低电极成本和电极质量，并进一步提高电极柔性，研究人员使用碳纤维替代金丝作为柔性基底，通过电沉积法在其表面沉积石墨烯作为线状电极，由此组装的柔性线状超级电容器面积比电容可达 22.6 μF/cm^2[24]。但是这种方法仍使用了额外基底，增加了电极总质量，降低了器件比容量，不利于制备高能量密度的柔性线状超级电容器。

另一类方法是直接把石墨烯制成石墨烯纤维作为柔性线状超级电容器电极，这种线状电极质量轻、机械柔韧性高、易于功能化，因此成为柔性线状电极理想的选择之一[25, 26]。利用湿法纺丝技术可得到石墨烯纤维[27]，其拉伸强度可达 48 MPa，可以将其直接作为柔性线状超级电容器的电极材料。通过 SEM 照片发现这些石墨烯纤维的内部存在许多折叠的石墨烯纳米片，这些折叠的石墨烯纳米片之间存在大量孔隙，有利于电极与电解质进行接触，增加了石墨烯利用率，同时这些孔隙为器件在充放电过程中的离子传输提供了通道，从而提高了器件的电化学性能。为了进一步提高石墨烯纤维的多孔性，可以在湿法纺丝制备的石墨烯纤维表面进一步电沉积多孔石墨烯层，制备具有核-壳结构的石墨烯纤维电极［图 2-3（a）和（b）］[28]。核-壳结构有效增大了电极的比表面积，提升了器件比容量。使用该电极与 PVA/硫酸（H_2SO_4）凝胶电解质组装成缠绕型线状超级电容器［图 2-3（c）和（d）］，器件质量比电容为 40 F/g。因此以湿法纺丝为基础制备具有多级结构的石墨烯线状电极，可以有效提高电极的电化学性能，具有一定的应用前景。

3）复合碳材料

不同碳纳米材料在比表面积和导电性等方面有着各自的优势，将不同碳纳米材料复合到一起，通过不同碳纳米材料之间的协同作用，可提高电极的电化学性能。在多种制备方法中，纺丝技术更容易实现几种材料的复合，从而得到自支撑柔性线状电极。例如，将石墨烯和 SWCNTs 混合后通过湿法纺丝得到 rGO/SWCNTs 复合线状电极［图 2-4（a）～（d）］[15]，当 rGO 与 SWCNTs 的质量比为 1∶1 时，复合纤维电极在三电极体系中测得的体积比容量达到 305 F/cm^3，远高于纯 rGO 纤维电极。此外，通过设计合理的材料和组装方式，可以利用一步共纺技术在 rGO/SWCNTs 复合 GO 纤维电极表面包覆羧甲基纤维素壳作为隔膜[29]，这种电极结构可以极大地避免线状电极在缠绕过程中发生短路［图 2-4（e）］。基于此类电极器件的面积比容量可达 177 mF/cm^2（电流密度为 0.1 mA/cm^2），高于同种方法得到的纯石墨烯（127 mF/cm^2）和 CNTs（47 mF/cm^2）纤维组装的器件。

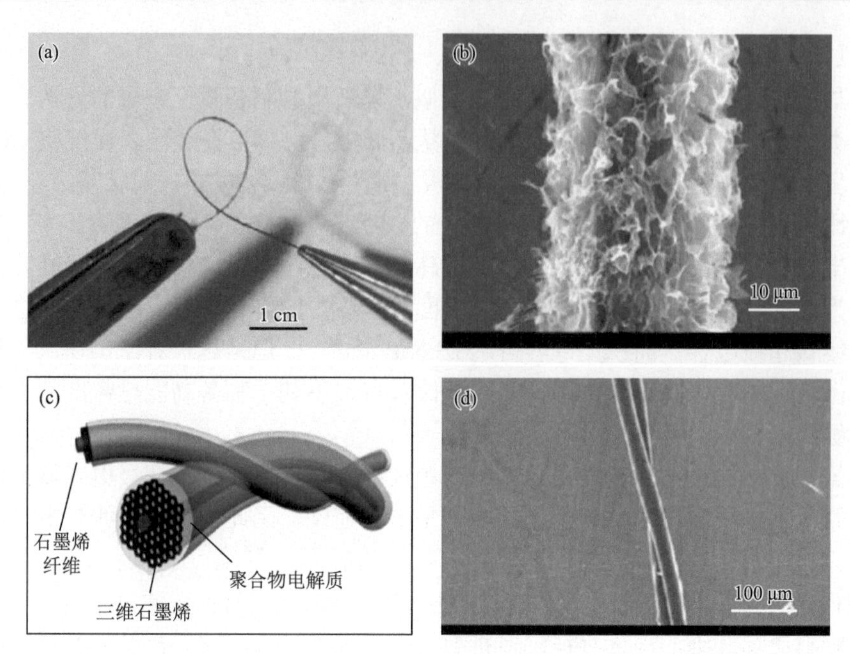

图 2-3 石墨烯柔性线状电极：（a）光学照片和（b）SEM 照片；基于石墨烯电极组装的缠绕型线状超级电容器：（c）示意图和（d）SEM 照片[28]

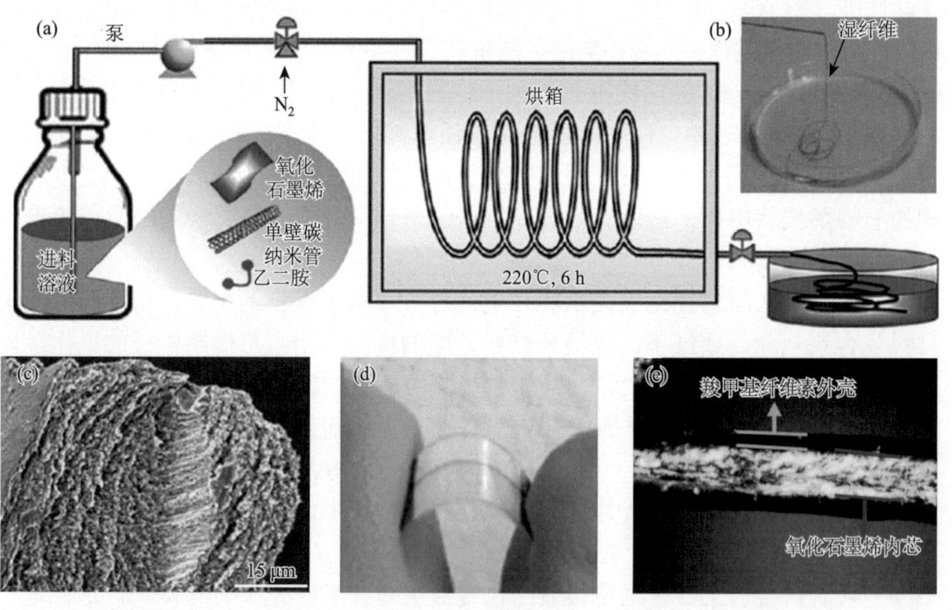

图 2-4 湿法纺丝得到的 rGO/SWCNTs 复合线状电极的（a）示意图，（b）光学照片，（c）截面 SEM 照片；（d）基于 rGO/SWCNTs 复合电极组装的柔性线状超级电容器光学照片[15]；（e）GO/羧甲基纤维素线状电极的光学照片[29]

除了基于石墨烯和 CNTs 的复合纤维，使用其他碳材料也可以制备复合柔性线状电极。例如，使用 CNTs 和有序介孔碳制备复合柔性线状电极[30]，在此电极中，碳管主要贡献导电性和力学性能，介孔碳主要提供比容量，通过对介孔碳与 CNTs 的比例进行调节，当介孔碳质量分数达到 87%时，基于该复合电极的超级电容器比电容最高可达 39.7 mF/cm^2，能量密度为 1.77 μW·h/cm^2，在相同电流密度下，其电化学性能远优于以纯 CNTs 纤维为电极的超级电容器（比电容为 1.97 mF/cm^2，能量密度为 0.11 μW·h/cm^2），并且器件在不同弯曲状态下，电化学性能基本不变。

表 2-3 总结了柔性线状双电层超级电容器的性能。

表 2-3　柔性线状双电层超级电容器性能对比

电极材料	制备方法	基底	比容量	能量密度	功率密度	参考文献
CNTs	涂覆、机械卷绕、纺丝	金属丝、碳纤维或自支撑	4.8～59 F/g	0.6～1.88 W·h/kg	104～755.9 W/kg	[17]～[22]
石墨烯	涂覆、电沉积、纺丝	金属丝、碳纤维或自支撑	1.7～78.3 mF/cm^2	0.4～21.5 mW·h/cm^2	0.1～8.5 mW/cm^2	[23]～[28]

2. 柔性赝电容线状超级电容器

1）金属氧化物/氢氧化物

由于金属氧化物/氢氧化物导电性和力学性能较差，难以直接制备成柔性线状电极，因此，需要将其沉积在线状基底上制备柔性线状电极。例如，将 CNFs 浸泡在高锰酸钾（$KMnO_4$）和硫酸钠（Na_2SO_4）混合溶液中[31]，通过温和溶液氧化还原生长的方法，利用碳的还原性在纤维表面生成 MnO_2 薄层，得到包覆 MnO_2 的 CNFs 电极，使用该线状电极制备的平行型线状超级电容器体积能量密度为 0.22 mW·h/cm^3。此外，石墨烯纤维导电性好，有利于电子传输，促进赝电容材料的氧化还原反应，可以在其表面通过水热法制备纳米花状 MnO_2 作为线状电极[32]。而且石墨烯纤维骨架具有大比表面积，因此活性物质附着量大，使用该复合电极制备的柔性线状超级电容器面积比容量为 9.6 mF/cm^2。同时，该柔性线状超级电容器具有良好的柔性和稳定的电化学性能。但是，上述两种方法中，温和溶液的原位氧化还原法适用的金属氧化物/氢氧化物种类有限，而水热法需要选用耐高温、耐高压的反应装置。与之相比，电沉积方法适用范围更广，可以在碳材料表面沉积多种金属氧化物，如 MnO_2[33]、氧化镍（NiO）[34]和四氧化三钴（Co_3O_4）[34]等。研究人员分别在金钯合金包覆过的铜丝和铜箔上沉积 MnO_2 作为内电极和外电极，组装成同轴型（单一外电极）线状超级电容器[35]，其能量密度为 0.55 mW·h/cm^3，在 5000 次充放电循环后，仍能保持 99%

的初始比容量，而且在不同弯曲状态下或多次弯曲后电化学性能保持稳定。

线状赝电容材料电极的成功设计，为柔性混合型线状超级电容器的设计提供了可能。由于混合型线状超级电容器的工作电压更高，因此可以提高器件的能量密度[36-38]。柔性混合型线状超级电容器通常一极为线状碳材料电极，另一极为线状赝电容材料电极。例如，以 MnO_2/rGO/CNFs 电极为正极，以 rGO/铜线电极为负极，用聚丙烯酸钾/氯化钾（KCl）作为凝胶电解质可以组装成缠绕混合型线状超级电容器[39]。其中正负极的工作电位分别为 0～0.8 V 和–0.8～0 V，器件整体的工作电压可达 1.6 V。在 0.2 mA/cm^2 的电流密度下进行充放电时，超级电容器的体积比容量为 2.54 F/cm^3，能量密度为 0.9 $mW·h/cm^3$。此外，柔性混合型线状超级电容器的两个电极也可以是具有不同工作电压的赝电容电极材料。例如，利用化学原位沉积法分别制备了 Fe_2O_3/CNFs 纤维和 MnO_2/CNTs 薄膜作为同轴型混合型线状超级电容器的内外电极，以 PVA/高氯酸锂（$LiClO_4$）为凝胶电解质并组装器件。器件的工作电压高达 2.2 V，体积比电容为 0.67 F/cm^3，能量密度为 0.43 $mW·h/cm^3$，在充放电 10000 次后其比容量仍有初始比容量的 80%[40]。

2）导电聚合物

导电聚合物如 PANI、PPy 和 PEDOT 等都可以原位沉积在线状导电基底上制备柔性线状电极，常见的方法有电沉积法和化学原位聚合法。电沉积法是相对简便、可控的制备方法[41]。在 CNTs 纤维表面沉积 PANI，得到 CNTs/PANI 复合线状电极[16]，与 PVA/H_3PO_4 凝胶电解质组装成缠绕型线状超级电容器后，具有 274 F/g 的质量比容量。器件在经过 50 次弯曲之后比容量仅降低 3%，通过 SEM 照片可以发现器件弯曲前后结构基本不变，说明该器件具有良好的机械稳定性。与 PANI 相似，PEDOT 也可以通过电沉积法制备成线状复合电极，将 PEDOT 沉积到 CNTs 薄膜后[42]，在电解质溶液中将复合薄膜卷绕成线状（图 2-5），该电极材料具有 179 F/cm^3 的体积比容量。除了电沉积法，研究人员还可利用原位化学聚合法制备导电聚合物柔性线状电极。例如，将 GO 与吡咯单体混合溶液通过毛细管注入引发剂三氯化铁（$FeCl_3$）溶液中[43]，引发吡咯聚合得到 GO/PPy 复合纤维，随后再用化学还原的方法将复合纤维中的 GO 还原为 rGO，所得复合线状电极的面积比容量为 107.2 mF/cm^2。

3）MXene

MXene 具有与石墨烯类似的二维层状结构，具有表面可调节的亲水基团，并展现出阳离子插层的储能机理，理论体积比电容为 1500 F/cm^3[44, 45]。研究人员在不锈钢丝上涂覆一层钛基 MXene（$Ti_3C_2T_x$）[46]，并以此为电极组装成柔性线状超级电容器，其长度比电容为 3.09 mF/cm，能量密度为 210 nW·h/cm。由于 $Ti_3C_2T_x$ 电极的高导电性，器件具有优异的倍率性能。除了不锈钢丝外，MXene 也可以被

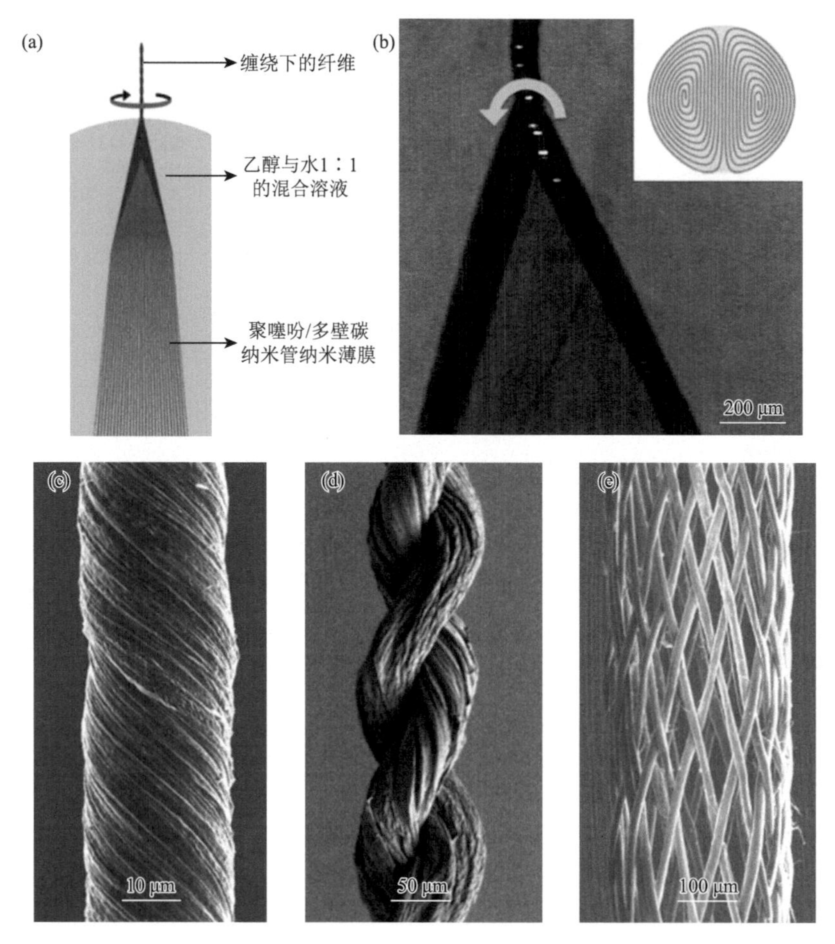

图 2-5　PEDOT/CNTs 线状电极：（a）制备示意图；（b）光学照片和微观结构示意图；（c）单股线状电极的 SEM 照片；（d）双股线状电极缠绕的 SEM 照片；（e）32 根双股线状电极编织后的 SEM 照片 [42]

涂覆在其他线状基底上，如镀银尼龙纤维等[47]。然而在导电纤维上涂覆活性材料通常会导致较低的能量密度，因此将 MXene 与碳材料制备成复合线状电极是更具前景的方法。使用湿法纺丝技术可以将 $Ti_3C_2T_x$/GO 分散液纺丝成 $Ti_3C_2T_x$/GO 纤维[48]，$Ti_3C_2T_x$ 质量分数为 88%。经过还原后得到 $Ti_3C_2T_x$/rGO 纤维，该纤维可直接作为柔性线状电极，在 0.5 A/cm^3 电流密度下的体积比容量为 341 F/cm^3。基于该电极组装的柔性线状超级电容器最高可提供 5.1 mW·h/cm^3 的能量密度和 1700 mW/cm^3 的功率密度。除了纺丝技术，还可使用双轴滚压的方式将 $Ti_3C_2T_x$ 与 CNTs 制成柔性线状电极[49]，实现 98%的 $Ti_3C_2T_x$ 负载量，并展现出 1083 μF/cm^3 的比容量。

表 2-4 总结了柔性赝电容线状超级电容器的性能。

表 2-4 柔性赝电容线状超级电容器性能对比

电极材料	制备方法	基底	比容量	能量密度	功率密度	参考文献
金属氧化物/氢氧化物	水热、电沉积、还原生长	金属丝、CNTs纤维、石墨烯纤维	9.6～52.6 mF/cm^2	0.22～0.55 $mW\cdot h/cm^3$	0.3～0.413 mW/cm^3	[31]～[35]
导电聚合物	电沉积、化学原位聚合	金属丝、CNTs纤维、石墨烯纤维	38～179 mF/cm^2	3.6～9.7 $mW\cdot h/cm^2$	41～57 mW/cm^2	[16]，[41]～[43]
MXene	涂覆、纺丝、双轴滚压	金属丝、CNTs纤维、石墨烯纤维	341～1083 mF/cm^3	5.1～61.6 $mW\cdot h/cm^3$	1.7～5.4 mW/cm^3	[44]，[46]～[49]

2.1.3 智能化柔性线状超级电容器

智能化电子设备的快速发展促进了与之匹配的储能器件的发展。开发和设计新型智能化柔性线状超级电容器，可以拓宽柔性线状超级电容器的应用范围[50-52]。近年来，设计组装自修复、电致变色和形状记忆等不同功能的智能化柔性线状超级电容器已经取得一定进展。

1. 自修复型

柔性线状超级电容器虽然可以在一定程度上承受弯曲或拉伸等应变，但是线状结构自身大的长径比使其在大机械形变下易发生破损，从而导致器件电化学性能下降甚至失效。具有自修复功能的柔性线状超级电容器可以有效修复破损部位，最大程度恢复其电化学性能，延长其使用寿命并减少浪费[53-55]。通常情况下，可以在电极、电解质或外包装等结构中引入自修复材料，构建自修复网络结构从而实现超级电容器的自修复功能。利用自修复材料中高度可逆的动态化学键或物理交联键，断裂的网络结构可以重新搭接，从而实现自修复[56-58]。例如，研究人员使用线状聚氨酯（PU）作为自修复电极基底，在线状 PU 上包覆一层 rGO 作为电极材料，使用两根电极组装成缠绕型线状超级电容器［图 2-6（a）］[59]，器件比容量为 140.0 F/g 或 1.34 mF/cm。由于 PU 分子间具有大量氢键，可以在断裂表面重新形成氢键物理交联网络，因此材料具有良好的自修复能力，在多次断裂/修复后，其力学性能和电阻基本不变［图 2-6（b）和（c）］，超级电容器在 3 次切断/修复后比容量恢复至初始的 54.2%［图 2-6（d）］，展现出良好的应用潜力。

2. 电致变色型

当电极发生氧化还原反应时，电致变色材料具有改变其颜色的特性。因此，将电致变色材料引入柔性线状超级电容器中，可以用颜色变化来观察超级电容器

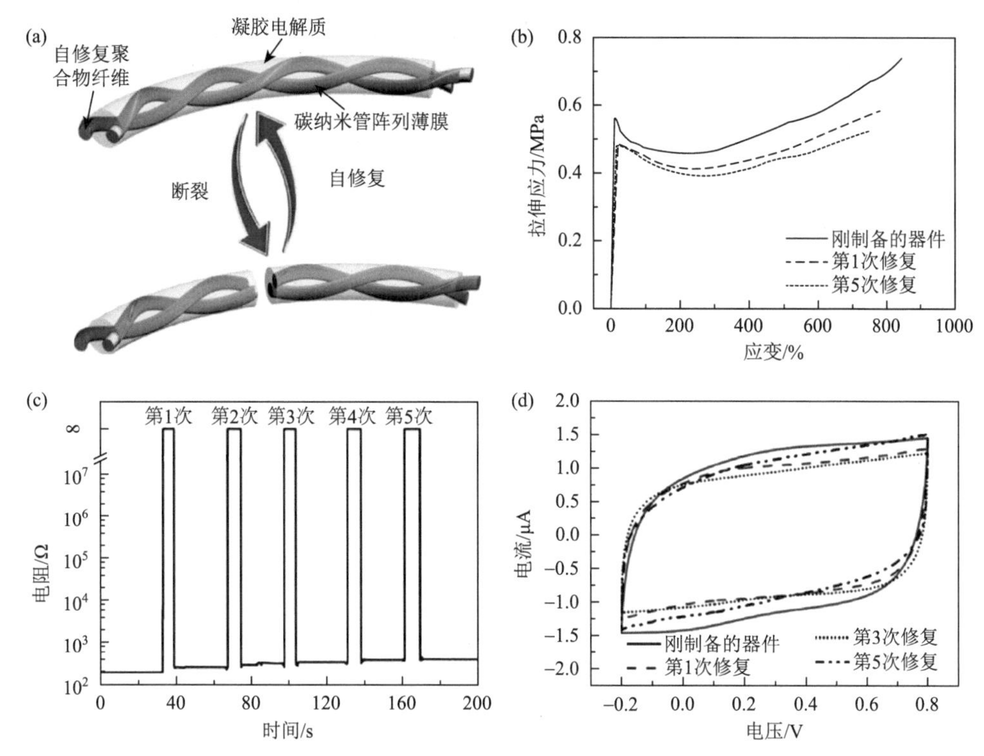

图 2-6　（a）基于 PU 基底制备自修复柔性线状超级电容器的示意图；自修复电极和器件在 5 次断裂/修复后性能变化：（b）电极应力-应变曲线、（c）电极电阻变化和（d）器件电流-电压（CV）曲线[59]

中存储能量的变化[60, 61]。此外，柔性线状器件可以通过编织的方式嵌入智能服饰中，通过改变不同线状器件上的电压，显示出不同的颜色，其作为一种智能显示器具有良好的应用前景[62]。研究人员将 CNTs 纤维缠绕在橡胶棒上作为电极基底[63]，并在其表面电沉积 PANI 制备 CNTs/PANI 复合电极［图 2-7（a）和（b）］，组装成电致变色柔性线状超级电容器，其中，PANI 既是超级电容器的电极材料，又是电致变色的活性材料，其在不同的氧化还原态展现不同的颜色。因此，这种电极具有电致变色能力，当电压从−0.2 V 增加到 1.0 V（*vs.* SCE.）时，电极颜色从无色到黄绿色再到蓝黑色［图 2-7（c）～（g）］，而且在弯曲、拉伸状态下仍具有良好的电化学性能。

3. 形状记忆型

柔性线状超级电容器在实际使用过程中，若发生长时间形变会导致其局部应力过大而结构破损、性能降低。形状记忆功能材料能在特定刺激响应（如温度、压力和磁力）下解除局部应力，恢复器件原有结构。常见的形状记忆材料包括形

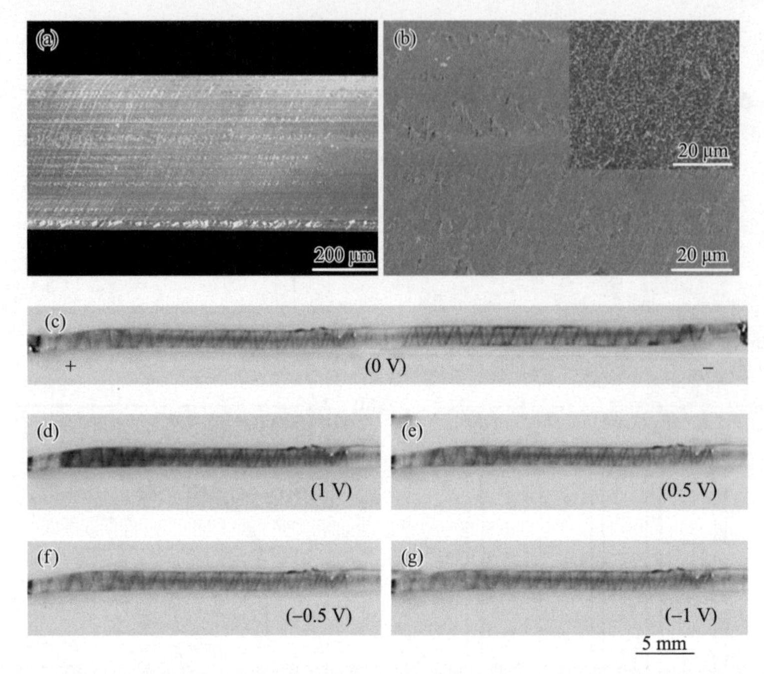

图 2-7 （a）和（b）电致变色电极在低倍和高倍下的 SEM 照片；（c）～（g）线状超级电容器在充放电过程中的电致变色现象：器件依次处于 0 V、1 V、0.5 V、−0.5 V 和−1 V 的状态[63]

状记忆合金（SMA）[64]和形状记忆聚合物（SMP）[65]。若将这些形状记忆型材料引入线状超级电容器，可以有效防止超级电容器功能受损，延长其使用寿命。同时将形状记忆型柔性线状器件编制成面料或服饰后，其能够在特定温度下进行卷曲或膨胀，实现智能行为。

SMA 是一种在加热升温后能消除形变并恢复至原始形状的合金材料，可以用来制备形状记忆线状电极材料。研究人员使用具有形状记忆功能的镍钛合金线作为基底和集流体，制备出缠绕型线状超级电容器［图 2-8（b）和（c）］[66]。该器件在 60℃下弯曲后，回到常温时可以在 25 s 内完成形状恢复，并且保持 96%的初始比容量。在 15 次弯曲/恢复循环后，器件可以恢复之前形状的 85%，并且保留初始比容量的 86%。除此之外，将多个器件编织成袖子并应用于衣服中，当人体的热量过高时可以自动发生卷曲，从而帮助人体散热，具有实际应用潜力。

与 SMA 相比，SMP（如 PU、聚降冰片烯、反式异戊二烯和丁苯共聚物）具有更轻的质量[67]。同时通过在聚合物中引入其他高分子交联，可以发生多种可逆相变，材料在受到温度、光、磁场、电流等物理刺激后能够在一个记忆周期内记忆多个形状，并且恢复至原始状态。因此，形状记忆聚合物具有更大的应用前景。研究人员使用 PU 作为基底制备了形状记忆柔性线状超级电容器[68]。他们依次将 CNTs、PVA 凝胶电解质和 CNTs 涂覆在 PU 纤维上，得到同轴型线状器件［图 2-8

(a)]。该器件除了具有良好的柔性和可拉伸性以外，还可以在温度超过 70℃后自动恢复原来的形状和尺寸。

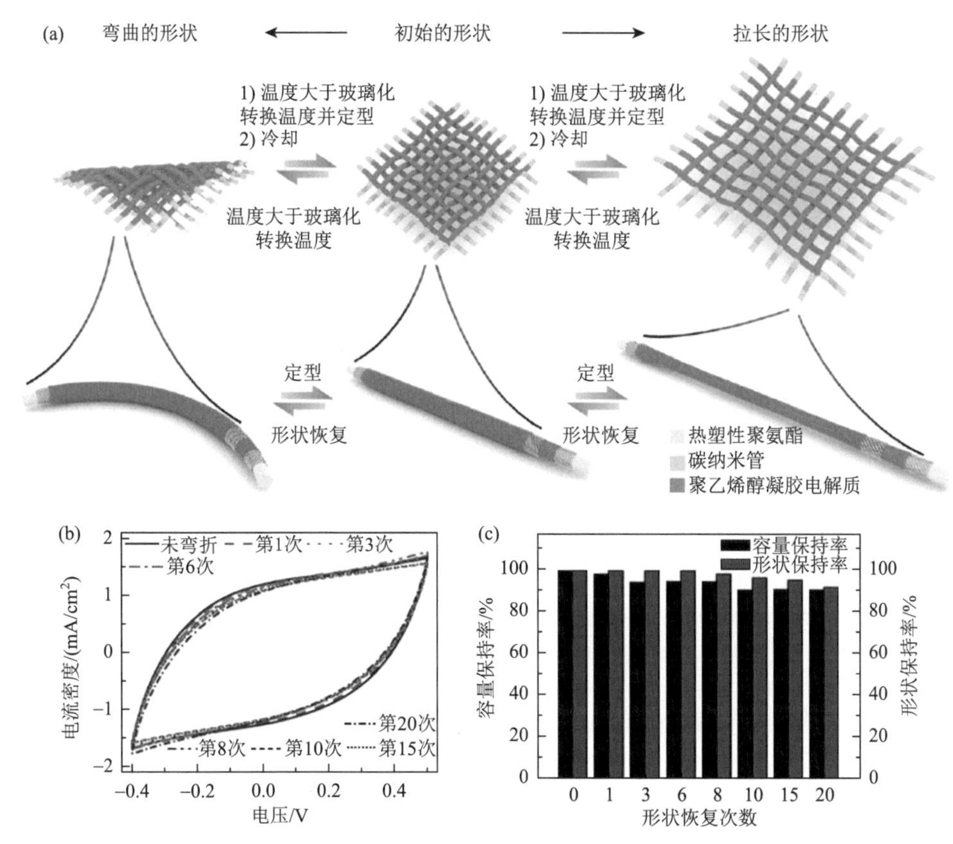

图 2-8　(a) 形状记忆线状超级电容器及其织物示意图，织物可以在弯曲状态、拉伸状态和原始状态之间可逆地转变[68]；形状记忆线状超级电容器在 20 次弯曲/恢复后的 (b) CV 曲线、(c) 比容量保持率和形状保持率[66]

2.1.4　展望

柔性线状超级电容器以其独特一维结构吸引了广泛的关注，在可穿戴、便携式智能织物中显示出巨大的应用潜力。尽管柔性线状超级电容器在电极材料和器件结构等方面已经取得了诸多进展，但其仍处于基础研究阶段，难以大规模生产。为了实现柔性线状超级电容器的大规模应用，必须开发低成本的批量化生产方法，用于柔性线状电极的合成、器件的组装以及与其他电子产品集成。根据电子产品应用领域的不同，器件的制备工艺也存在很大区别，因此这是一个巨大的挑战。例如，当应用于智能芯片等微电子产品时，柔性线状超级电容器的制备方法须与现有微电子设备工艺兼容，实现微型化制造。而当应用于智能织物等纺织品类电子产品时，器件的制备方法须与大规模的纺织制备技术相结合，实现连续化的大面积制备。因此，需要仔细研究制备方法，考到实际应用要求，弥补其中的差距。目前的研究成果已经预示了柔性线状超级电容器具有产业化潜力，相信在不远的将来它会出现在人们的日常生活中，使我们的生活变得更加方便与快捷。

2.2 柔性薄膜超级电容器

随着薄膜技术在新一代柔性电子产品领域的推广，需要设计制备与之匹配的柔性薄膜超级电容器。柔性薄膜超级电容器的组装方式与传统的超级电容器类似，但需要有效优化各组分（正极、负极、集流体、隔膜、电解质和外包装）结构和性质，并进一步简化器件构型，有效减薄器件整体厚度，提高器件的柔性和电化学性能[69]。薄膜超级电容器以三明治结构为基础，具有结构简单、制备方便的特点，下面将对柔性薄膜超级电容器的材料与器件设计进行详细介绍。

2.2.1 柔性薄膜超级电容器的结构特征

1. 柔性薄膜超级电容器电极结构特征

超级电容器的电化学性能主要取决于电极设计，因此柔性薄膜电极的制备是设计柔性薄膜超级电容器的核心部分。薄膜电极为二维结构，通过减薄电极厚度可以有效缩短电极中电子和离子的传输距离，有利于电化学反应过程中电荷和离子的快速传输，进而提高超级电容器功率密度。此外，薄膜电极结构有利于将电极材料活性位点暴露在电解质中，使活性位点与电解质离子充分接触并参与反应，避免活性物质反应不充分，从而提高充放电过程中电极材料利用率。因此，在制备柔性薄膜电极时，确保电解质充分浸润并有效接触电极材料至关重要。通常设计多孔、亲水的电极结构，利用多孔结构为电解质充分渗透提供通道，亲水性可以进一步确保活性位点与电解质离子的充分接触，有利于实现电化学反应过程中电极材料的高利用率。此外，要实现薄膜电极的柔性，还需要优化电极微观结构，提高其力学性能，从而保证柔性薄膜超级电容器在使用过程中能够承受一定的机械形变，并在最大程度上保持柔性薄膜电极原有的微观结构和性能。

根据柔性薄膜电极是否需要基底，可以将其分为两类：需要基底的柔性薄膜电极和独立自支撑的柔性薄膜电极（图 2-9）。其中，第一种电极材料成膜性差或者自身不具有柔性，需要将其负载在柔性基底（如 PET、PI、PVA、PDMS 和纸张）上制备薄膜电极，利用基底良好的力学性能来实现电极的柔性[70, 71]。但是，受限于柔性基底和电极材料之间较弱的物理相互作用，柔性薄膜电极活性材料负载量不宜过多。通常这类电极是超薄薄膜电极，单位面积能量输出较低，不利于长时间能量供给。而且，基底的使用也会限制电极整体柔性和能量密度。为了解决上述问题，拓宽柔性薄膜超级电容器适用范围，需要增加薄膜电极的厚度，避免柔性基底的使用，从而提高超级电容器整体能量输出和柔性，因此，柔性自支撑薄膜电极成为合适的选择[72, 73]。相比于需要基底的柔性薄膜电极，独立自支撑柔性薄膜电极最大的优点在于不需要依赖其他导电剂、黏合剂、集流体或基底材料，可以直接用作柔性薄膜超级电容器电极。此类电极厚度可调，可以在单位面积内提供足够多的活性物质参与反应，进而提高超级电容器的面积比容量和能量密度。真空抽滤、化学自组装、冷冻干燥以及静电纺丝等技术通常被用来制备独立自支撑柔性薄膜电极。目前，如何优化电极结构，提高其导电性和力学性能，增加自支撑电极材料的比表面积，缩短电解质离子的扩散路径，以及改善电极和电解质界面接触，从而提供更多的电化学活性位点，是此类柔性薄膜电极研究的重点。

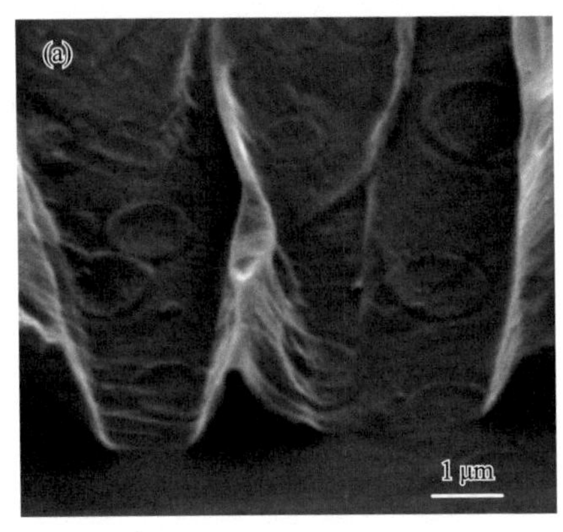

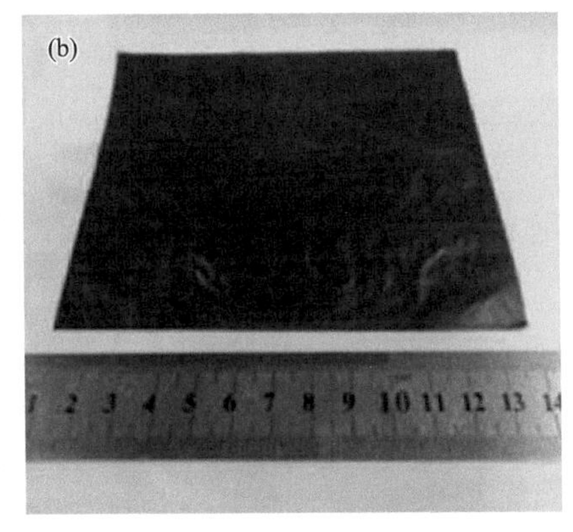

图 2-9　（a）PDMS 基底表面石墨烯薄膜电极 SEM 照片[70]；（b）自支撑柔性 rGO 薄膜电极[73]

2. 柔性薄膜超级电容器电极组成

根据两个柔性薄膜电极种类是否相同，可将柔性薄膜超级电容器分为对称型和非对称型。对称型超级电容器由两个相同薄膜电极组成，根据储能机理又可分为对称型双电层薄膜超级电容器和对称型赝电容薄膜超级电容器。非对称型超级电容器由两个不同薄膜电极组成，其电极制备方法与对称型超级电容器柔性薄膜电极一致，此类器件主要是通过调节正负极电压窗口有效提升柔性薄膜超级电容器的工作电压，从而提高其能量密度。碳布||羟基氧化铁（FeOOH）、rGO||PANI、CNTs 薄膜||MnO_2 等是典型的采用双电层||赝电容电极组成的非对称型超级电容器[74, 75]。例如，本书作者课题组通过金属还原自组装制备了多孔结构 rGO 薄膜负极和 Mn_3O_4/rGO 复合薄膜正极，利用上述两种薄膜实现了非对称薄膜超级电容器的设计[38]。

3. 柔性薄膜超级电容器器件结构特征

薄膜超级电容器的结构与传统超级电容器类似，呈现三明治结构，其主要成分包括集流体、电极材料、隔膜以及电解液等。多数情况下，为简化器件结构并提高其柔性，可使用凝胶电解质取代隔膜和电解液，由两个柔性薄膜电极和凝胶电解质通过层层堆叠组装薄膜超级电容器［图 2-10（a）］。除了采用柔性薄膜电极，超级电容器的其他组分（包括电解质和外包装等）均应具有一定柔性，以保证整个器件在弯折过程中电化学性能稳定。然而，实际使用过程中，这种堆叠式柔性薄膜超级电容器会不可避免地发生电极与电解质相对滑脱或错位，增加离子和电子传输距离，从而影响电化学性能。与之相比，一体化全固态柔性薄膜超级电容器［图 2-10（b）］可以有效改善层层之间的界面兼容性，缩短反应过程中离子和电子传输距离，实现更快的电化学反应速率[76]。此外，一体化结构层与层之间连接紧密，相比于层层堆叠式结构［图 2-10（c）］，有利于受力过程中应力的传导［图 2-10（d）］，可以更好地保护器件结构稳定性，是柔性薄膜超级电容器未来的发展方向。例如，采用连续抽滤法可以制备 GO-TiO_2/GO/GO-TiO_2 一体化薄膜，通过 TiO_2 选择性光催化实现薄膜两侧定向还原，由此形成的 rGO-TiO_2/GO/rGO-TiO_2 一体化薄膜，中间 GO 层厚度仅为 0.78 μm，层层之间连接紧密且界面兼容性良好，整体结构具有优异的力学性能[77]。当采用 1 mol/L Na_2SO_4 作为电解质时，所组装的超级电容器

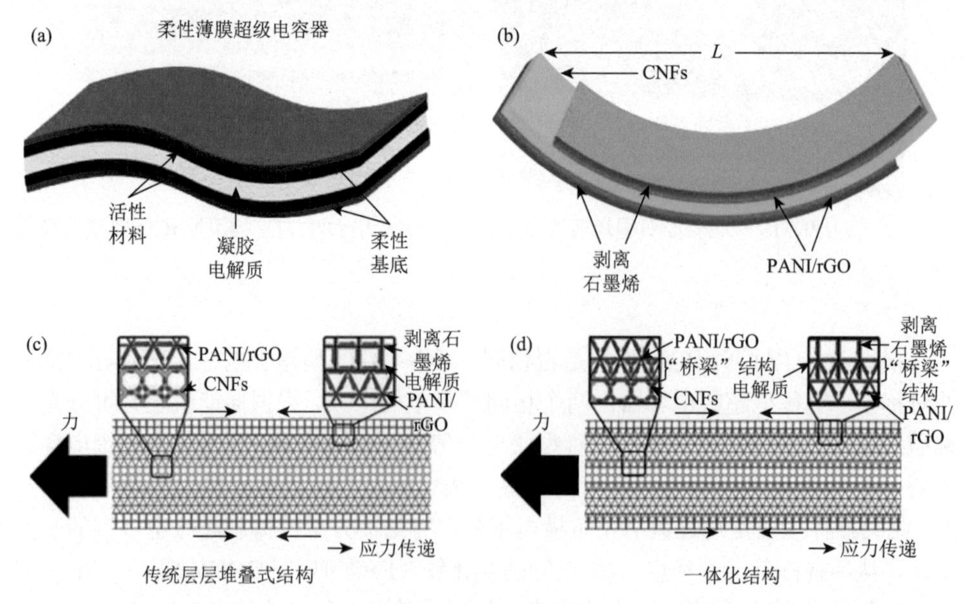

图 2-10 （a）层层堆叠式柔性薄膜超级电容器示意图[69]；（b）一体化全固态柔性薄膜超级电容器示意图；（c）层层堆叠式薄膜超级电容器应力传输示意图；（d）一体化薄膜超级电容器应力传输示意图[76]

表现出高体积比容量（237 F/cm^3）、高体积能量密度（16 mW·h/cm^3）和良好的机械稳定性（弯折 180°后比容量无衰减）。此外，为了简化电极组分，在 GO 薄膜两侧进行一定深度的金属选择性还原，也可获得各层结构互连的一体化 rGO/GO/rGO 薄膜，添加电解液后即为一体化柔性薄膜超级电容器[78]。

2.2.2 柔性薄膜超级电容器的电极及器件设计

1. 双电层型

1）CNTs

具有一维纳米结构的 CNTs 可以相互搭接形成二维平面网络结构，进而组装成宏观纳米薄膜，当其达到一定厚度时，可以从基底上剥离，并形成独立自支撑薄膜。这类薄膜具有较高的比表面积、优异的导电性和良好的机械性能，适用于高性能柔性薄膜电极。目前制备 CNTs 柔性薄膜电极的方法很多，包括 CVD、喷涂、涂覆、浸渍-干燥和真空抽滤法等。

CVD 法是一种常见的 CNTs 薄膜制备方法，其制备的 CNTs 薄膜厚度可在 50 nm～2 mm 之间调节[69]。通常，CVD 法直接制备的 CNTs 不需要经过酸化处理，可获得电导率约为 2000 S/cm 的连续网状结构的自支撑 SWCNTs 薄膜［图 2-11（a）］[79, 83, 84]，其自身具有一定的机械性能，可弯折，可裁剪，但是由于超薄的厚度和高的黏附性，导致其直接作为电极组装器件时，操作处理比较困难，因此，它们通常铺展到不同柔性基底上作为柔性电极［图 2-11（b）］[79]。当 SWCNTs 薄膜承受大于 40%的形变时，SWCNTs 网络断开，薄膜电导率急剧下降，不再适用于柔性薄膜电极[85]。为了提升 SWCNTs 薄膜电极的可拉伸性能，可以将 SWCNTs 薄膜与预拉伸 PDMS 结合获得高强度可拉伸的波浪形结构电极，并可进一步组装可拉伸超级电容器［图 2-11（c）和（d）］[80]。尽管 CVD 法制备的自支撑 SWCNTs 薄膜电极具有高导电性和良好的力学性能，但此方法制备工艺复杂，成本较高，限制其大规模应用。

与 CVD 法不同，可以将 CNTs 分散液通过喷涂[81]、涂覆[86]和浸渍-干燥[82]等方式来制备 CNTs 柔性薄膜电极。这些方法操作简单、普适性广，适用于大规模制备。例如，用喷涂法在 PET 基底上可以制备柔性 SWCNTs 薄膜电极［图 2-11（e）］。当采用 PVA/H_3PO_4 凝胶电解质组装柔性薄膜超级电容器［图 2-11（f）］时，得益于 SWCNTs 网络的高比表面积、高电导率以及器件优异的力学性能，其比容量能达到 110 F/g，并且具有一定的柔性[81]。相比于 PET 基底光滑平整的表面，多孔纤维素基底（如纸张和纺织品）粗糙的表面存在大量官能团，更有助于功能材料的附着，而且，多孔结构能进一步增加活性物质负载量并提高电子传输动力学，是一种轻而薄的柔性电极框架。所以，利用简单涂覆法可将 SWCNTs 附着在

图 2-11 (a)利用 CVD 法制备的 SWCNTs 薄膜及(b)其在柔性基底上的光学照片[79]；(c)PDMS 表面波浪结构 SWCNTs 薄膜 SEM 照片；(d)高强度可拉伸 SWCNTs 薄膜制备的超级电容器光学照片[80]；(e)喷涂法制备的 SWCNTs 薄膜 SEM 照片；(f)基于 PET 基底的柔性 SWCNTs 薄膜超级电容器光学照片[81]；(g)浸渍-干燥法制备的纤维素基底 SWCNTs/电极；(h)10 cm×10 cm 尺寸电极的光学照片[82]

纤维素纸上，其电极电阻仅约为 1 Ω/sq。基于这类 SWCNTs 纸质电极的超级电容器比容量为 200 F/g，最高能量密度和功率密度分别可达 47 W·h/kg 和 200 W/kg[86]。此外，除在基底表层涂覆，还可以将 SWCNTs 墨水通过简单的“浸渍-干燥”法制备具有全导电网络的纤维素电极［图 2-11（g）和（h）］，当采用 PVA/H_3PO_4 凝胶电解质组装柔性薄膜超级电容器时，可能获得 115 F/g 的比容量和 49 W·h/kg 的高能量密度[82]。

通过上述几类方法可以获得性能较好的柔性薄膜电极，但是其中均引入了柔性基底，增加了整个 CNTs 柔性薄膜电极质量，进而降低了柔性薄膜超级电容器的能量密度。因此，自支撑 CNTs 薄膜电极被制备出来直接作为超级电容器电极。其中，真空抽滤法是一种常用的 CNTs 薄膜电极制备方法，可通过改变分散液浓度和体积调控薄膜电极的厚度。通过真空抽滤法制备的双壁碳纳米管薄膜具有连续多孔的网络结构，且厚度均匀，机械强度高[87]。当采用 38 wt%（质量分数）

H_2SO_4 电解质组装柔性薄膜超级电容器时，其具有 102 F/g 的比容量和大于 8000 W/kg 的能量密度。但是，由于抽滤装置面积的限制，难以实现薄膜电极的大规模制备。除了通过真空抽滤获得 CNTs 薄膜，直接生长的 CNTs 阵列和海绵结构也是制备柔性薄膜超级电容器电极的一种选择。首先利用 CVD 在硅片表面生长一层垂直排列的 MWCNTs 阵列，再将纤维素离子液体灌入 MWCNTs 中并干燥去除挥发性溶剂，从硅基板上剥离后即可得到薄膜超级电容器电极[88]。不同于传统二维结构薄膜电极，纤维素在 MWCNTs 阵列中形成间隔，中间的离子液体导通整个电极网络，利用电极-间隔-电解质这种独特的集成复合模式，可以增加电极和电解质之间的接触面积，提高柔性薄膜超级电容器的电化学性能，其比容量达到 110 mA·h/g。值得注意的是，与直接生长 CNTs 薄膜相似，CNTs 阵列和海绵结构只能在特定的环境中生长，其制备方法较复杂，CNTs 阵列和海绵的面积也难以扩大，而且成本高，限制了其大规模生产和更广泛的实际应用。

2）石墨烯

与一维 CNTs 结构不同，二维石墨烯片层之间强 π-π 作用力和范德瓦耳斯力使其容易在组装过程中发生堆叠，从而失去其高比表面积的优势。因此，防止石墨烯片层之间重新堆叠是组装石墨烯基柔性薄膜电极的关键问题。目前已经有多种策略来制备多孔结构的柔性石墨烯薄膜，如 CVD 成膜法、真空抽滤法、“发酵”法和自组装法等[89]。

CVD 成膜法是制备石墨烯薄膜常见的方法之一，在耐高温基底表面沉积石墨烯薄膜，然后将其转移到其他柔性基底（如 PDMS）上，便可得到柔性石墨烯薄膜[89]。由于该薄膜厚度超薄，整体结构力学性能优异，除了制备柔性薄膜电极，还适用于制备可拉伸、透明状或微型电极等。但是，这类超薄薄膜电极结构中柔性基底的质量远大于负载的电极材料，最大面积比容量和质量比容量分别仅为 5.33 $\mu F/cm^2$ 和 17.3 F/g[70]。与此同时，CVD 制备工艺复杂、成本较高，所得石墨烯薄膜面积有限，并不适用于大规模制备。

为了降低成本和提高产量，可以通过 GO 分散液在基底表面真空抽滤[90]、涂覆[91]或刷涂[92]等物理方式制备 GO 薄膜，并进一步还原成 rGO 薄膜电极，这成为一种大规模制备石墨烯电极的简便方法。与在纤维素基底上复合 CNTs 制备柔性薄膜类似，可以通过简单涂覆法［图 2-12（a）］制备 rGO/纤维素复合薄膜电极[91]。但是，由于 rGO 是二维片层结构，其溶液涂覆或浸渍在纤维素基底表面时并不利于形成上下贯通的多孔结构。即使采用真空抽滤法［图 2-12（b）］将 rGO 分散液吸附在纤维素网络中，仍会存在 rGO 层层之间堆叠过于紧密和分散不均匀等问题[90]。为了解决此问题，Kaner 等将 GO 分散的水溶液滴在不同柔性基底（如 PET、铝箔和多孔纤维素薄膜）上，干燥后利用激光刻蚀还原为 rGO 泡沫网络结构，获得厚度仅为 10 μm 的柔性 rGO 薄膜[93]。该 rGO 薄膜具有高电导率（1738 S/m）和大比表面积（1520 m^3/g）的优势，有利于电极中电荷传输和电解质扩散，当采用 PVA/H_3PO_4 凝胶电解质组装柔性薄膜超级电容器时，该电极分别在 1 A/g 和 1000 A/g 电流密度下展示出 3.67 mF/cm^2 和 1.84 mF/cm^2 的高面积比容量，功率密度为 20 W/cm^3。而且，rGO 层与各类柔性基底接触良好，薄膜电极在受力状态下依然能保持电化学稳定性，弯折 150°时比容量保持率为 95%（循环 1000 圈）。此外，还可以通过“刷涂-干燥-热处理退火”方式获得柔性 rGO/棉布电极[92]。但由于柔性棉布基底所占质量比较大，其电极质量密度较低，制备的超级电容器能量密度和功率密度仅分别为 7.13 W·h/kg 和 1.5 kW/kg。

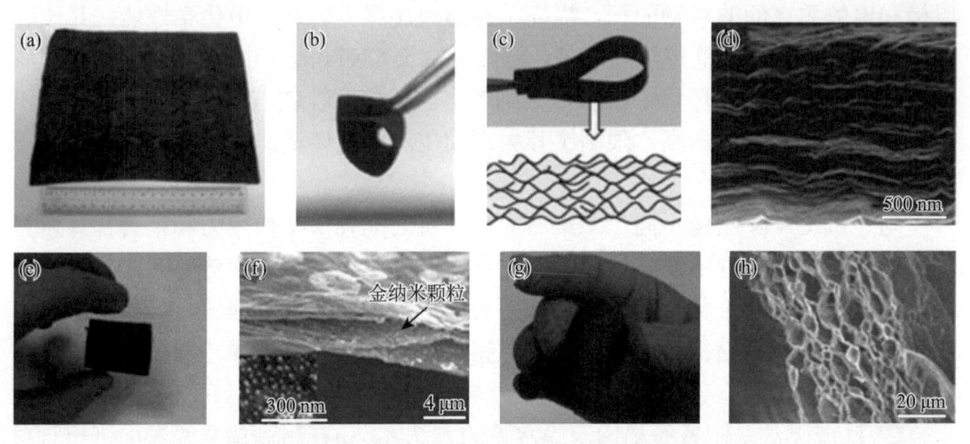

图 2-12　（a）涂覆法制备的 rGO/碳纤维纸复合膜[91]；（b）真空抽滤法制备的 rGO/纸复合薄膜[90]；内部网络结构 rGO 薄膜：（c）光学照片和（d）截面 SEM 照片[94]；rGO/金纳米颗粒多层复合薄膜电极：（e）光学照片和（f）SEM 照片[95]；“发酵”法制备的 rGO 多孔薄膜：（g）光学照片和（h）截面 SEM 照片[96]

除了基于基底的石墨烯电极，石墨烯柔性自支撑薄膜电极也被开发出来。与制备自支撑 CNTs 薄膜电极方法类似，真空抽滤法是常用的自支撑 rGO 薄膜电极制备方法。通过简单地改变 GO 分散液浓度和体积，可以调控所得 rGO 柔性薄膜电极厚度（通常＞500 nm）[5, 97]，这类 rGO 薄膜［图 2-12（c）］具有良好的力学性能。但是当 rGO 片层结构层与层之间搭接过于紧密时，如图 2-12（d）所示，电解质离子在电极网络中传输受阻。因此，这类 rGO 薄膜电极在使用过程中不能完全干燥，需要利用溶剂分子将 rGO 片层撑开而形成多孔结构，保证电解质离子自由穿梭于 rGO 片层间，从而获得高质量比容量（215 F/g）和高功率密度（414 kW/kg）的柔性薄膜超级电容器[94]。此外，为了防止石墨烯层层堆积，还可以在 rGO 薄膜片层之间添加“隔离物”来阻碍 rGO 片层重叠。例如，通过电泳交替沉积或层层自组装的方式在 rGO 薄膜层中添加“隔离物”（如金纳米颗粒[95]和三聚氰胺[98]），形成机械性能优异的多孔层状结构［图 2-12（e）和（f）］。

尽管采用介质可以有效防止 rGO 片层之间的堆叠，但其制备过程复杂，且引入介质通常会影响薄膜电极内电荷传导，同时增加电极总质量。因此，制备纯石墨烯多孔薄膜至关重要。为了制备具有泡沫状多孔网络结构的自支撑 rGO 薄膜，可以采用类似“发酵”策略构建相互搭接的多孔薄膜状 rGO 泡沫结构［图 2-12（g）］，保证 rGO 片层之间良好接触性的同时，有效避免 rGO 薄膜片层之间堆叠［图 2-12（h）］[96]。该多孔自支撑 rGO 薄膜电阻较低（<100 Ω/sq），是一种良好的超级电容器柔性薄膜电极。此外，还可以通过金属还原自组装的方式制备具有三维网络结构的 rGO 薄膜。例如，Kim 等通过将金属 Zn 浸泡在 GO 水溶液中，即可在 Zn 表面快速自发地形成 rGO 凝胶薄膜，并通过调控 Zn 板宏观大小和形状来改变薄膜尺寸[99]。凝胶化的 rGO 薄膜比表面积达到 614.9 m^2/g，制备的薄膜超级电容器具有良好的循环稳定性，快速充放电（电流密度为 10 mA/cm^2）4000 圈后比容量保持率为 97.8%。以上两种方法操作简单快捷，可以实现大规模制备，在柔性薄膜电极制备上均展现出较好的前景。

除了“发酵”法和金属还原自主装法外，冷冻干燥[100]和三维（3D）打印技术[101]也适用于制备柔性自支撑石墨烯薄膜。冷冻干燥法是将 GO 分散液冷冻干燥并还原后制备的 rGO 气凝胶［图 2-13（a）和（b）］进行压缩处理，即可得到 rGO 柔性薄膜电极［图 2-13（c）］[100]。这类薄膜电极具有三维网络结构，其比表面积大，可以暴露更多反应活性位点，有利于电解质离子在电极中传输和扩散，所组装的超级电容器在 1 A/g 电流密度下比容量可达 172 F/g。但是，该方法冷冻过程中形成的冰模板中冰晶大小会影响 rGO 薄膜孔结构，需要严格控制冰模板的制备工艺。3D 打印技术通过编程精准调控 rGO 分散液的浓度和流变性能，可大量并高效地制备 rGO 柔性薄膜电极。例如，通过在 rGO 溶液（40 mg/cm^3）中混合石墨烯纳米薄片和纳米硅颗粒可以制备 rGO 打印油墨。石墨烯纳米薄片可保持 rGO 气凝胶高比表面积，并提高其导电性；亲水性纳米硅颗粒作为增黏剂，可增加 rGO 油墨的黏弹性[101]。由此打印出的 3D rGO 电极［图 2-13（d）］与隔膜堆叠即组装成柔性薄膜超级电容器。当电流密度为 400 mA/g 时，该超级电容器比容量为 4.76 F/g，增加电流密度至 8 A/g 时，超级电容器比容量保持 60%左右，证明其倍率性能良好。虽然 3D 打印技术在超级电容器中已有报道，但其对油墨的制备要求较高，目前组装的超级电容器能量密度仍处于较低水平，未来需要在油墨中引入多种活性材料提高其电化学性能[102]。

3）多孔碳

除了 CNTs 和石墨烯这两种常见的碳纳米材料，其他碳材料也可以用来制备薄膜电极。例如，碳布是一种廉价且导电性优异的纺织品，它具有出色的机械柔韧性，在制备柔性薄膜电极中具有广泛的应用前景。通常采用电化学氧化剥离的方法，可以有效提高这类碳纤维电极比表面积，从而大幅度提高电极存储电荷的

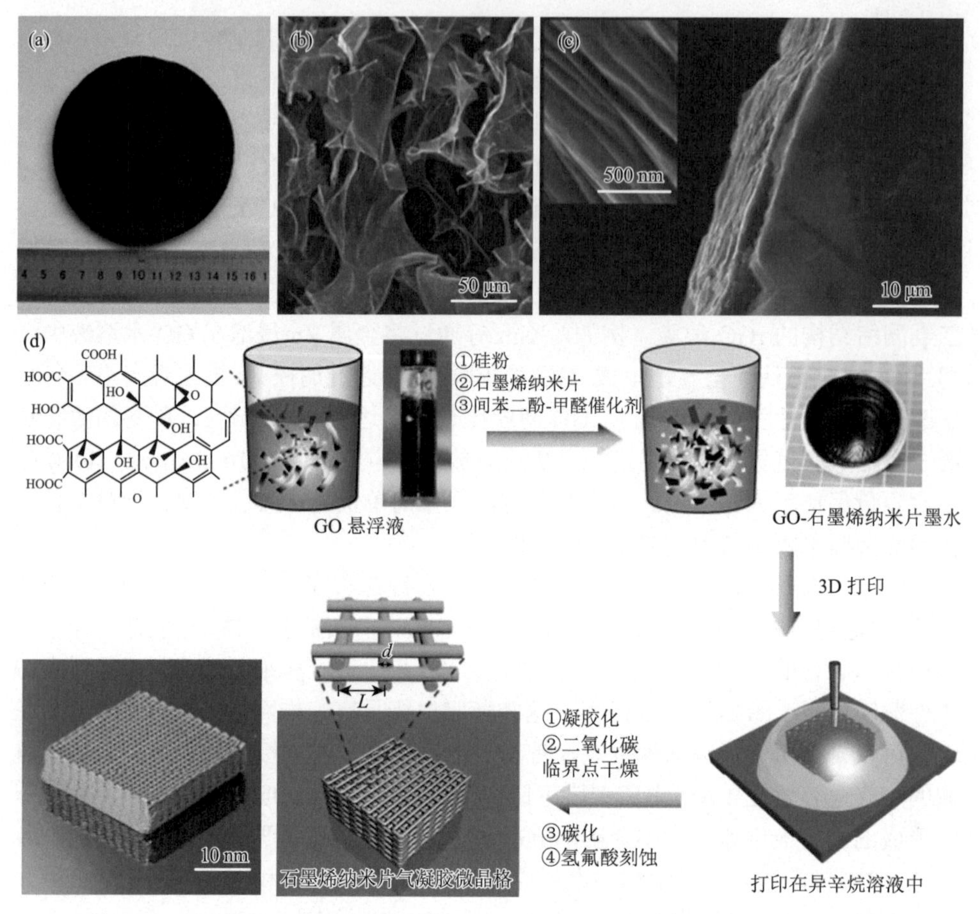

图 2-13 冷冻干燥法制备的 rGO 气凝胶（a）光学照片和（b）截面 SEM 照片；（c）压缩后的 rGO 薄膜电极截面 SEM 照片[100]；（d）3D 打印技术制备 rGO 气凝胶电极的过程示意图[101]

能力[103, 104]。所得的薄膜电极在 6 mA/cm^2 的高电流密度下仍然具有 756 mF/cm^2 的面积比容量，并表现出良好的倍率性能和长循环稳定性[104]。此外，通过热处理的方法，本书作者课题组在碳毡纤维表面制备石墨烯纳米片，得到具有更大比表面积和更多活性位点的碳纤维柔性电极[105]。

除了直接采用导电碳纤维作为柔性薄膜电极，还可以通过高温碳化高分子薄膜制备 CNFs 薄膜电极。通常采用静电纺丝法先制备柔性高分子薄膜，随后经过高温处理形成 CNFs 或含氮掺杂的 CNFs 薄膜，此类纤维薄膜可调控性好，可以通过原液选择、纺丝工艺、碳化温度和时间来调控薄膜电极的导电性和柔韧性等，同样可用于柔性薄膜超级电容器电极制备。Zhou 等用 PAM、PVP 和对苯二甲酸溶解在 *N*, *N*-二甲基甲酰胺（DMF）中形成纺丝原液，制备出一层柔性高分子薄膜[106]。该薄膜经高温碳化后，能制备出含氮掺杂的 CNFs 薄膜电极。该电极展现出良好的力学性能，可以进一步构建全固态柔性薄膜超级电容器，并展现出 14.1 mW·h/cm^2 的面积比容量。这些新型碳基薄膜制备方法为开发其他双电层型柔性薄膜超级电容器电极提供了借鉴。

4）复合碳材料

如前所述，CNTs 和石墨烯电极有着各自的优势，通常，CNTs 薄膜电极导电性好，具有较高的功率密度，而 rGO 片层薄膜电极比表面积高，具有较高的比容量。所以，将 CNTs 和 rGO 制备成复合薄膜，可以结合两者优点，获得兼具高比容量和高功率密度的柔性薄膜电极。CNTs 和石墨烯薄膜的制备方法有很多共同之处，因此柔性复合薄膜电极可以通过多种方式制备。例如，Zhao 等采用 CVD 原位生长的方式同时生长 CNTs 和石墨烯纳米片，制备出多孔 CNTs/超薄石墨烯复合薄膜电极[71]。由该电极组装的柔性薄膜超级电容器最大能量密度和最大功率密度分别可达 2.4 mW·h/cm^3 和 23 W/cm^3。此外，通过真空抽滤法制备具有相互搭接网络的柔性 MWCNTs/GO 复合薄膜，再进一步还原为 MWCNTs/rGO 薄膜，也可获得复合薄膜，这种 CNTs/rGO 薄膜电极由两种碳基网络组成，其导电性能优异、机械性能良好，且厚度可调，既可以附着在柔性基底上制备超薄透明薄膜电极，也可以制备独立自支撑柔性薄膜电极[107]。

目前，双电层柔性薄膜电极主要由各类碳材料薄膜组成，包括 CNTs、石墨烯、多孔碳以及它们的复合材料，由此组装的柔性薄膜超级电容器电化学性能如表 2-5 所示。合适的碳材料和多孔网络结构设计对于制备双电层柔性薄膜电极至关重要，然而，双电层柔性薄膜超级电容器能量密度仍然较低，不能满足高耗能电子设备的实际需要，因此，进一步提高柔性薄膜电极能量密度是拓宽柔性薄膜超级电容器应用范围需要考虑的问题。

表 2-5　基于碳纳米材料的柔性薄膜双电层超级电容器性能对比

电极材料	制备方法	基底	比容量	能量密度	功率密度	参考文献
CNTs	喷涂、涂覆、浸渍-干燥、CVD、真空抽滤	PET、纸、织物或自支撑	102～200 F/g	6～49 W·h/kg	1.5～200 kW/kg	[81]，[82]，[86]～[88]
石墨烯	CVD、电泳、激光还原、真空抽滤、“发酵”法、化学自组装、冷冻干燥、3D 打印	PDMS、棉布、PET 或自支撑	4.76～215 F/g	0.43～36 W·h/kg	0.41～414 kW/kg	[70]，[91]，[93]～[96]，[99]～[101]
多孔碳	电化学氧化、静电纺丝-高温碳化	自支撑	175～188 F/g	～5.9 W·h/kg	～1.2 kW/kg	[104]～[106]
复合碳材料	CVD、真空抽滤	自支撑	120～265 F/g	0.0024 W·h/cm^3	23 W/cm^3	[71]，[107]

2. 赝电容型

1）金属氧化物/氢氧化物

金属氧化物/氢氧化物具有低电导率以及较差的成膜性，因此，需要构建柔性导电网络才能作为柔性薄膜电极应用于超级电容器中。若采用柔性基底材料表面设计金属氧化物/氢氧化物层的方法，一般需要在基底表面通过电化学沉积或水热法原位生长等工艺制备柔性薄膜电极[69, 108-110]。通常为了保证电极结构中电荷和离子传输，该方法制备过程需要精确调控金属氧化物/氢氧化物材料层厚度，难以实现薄膜电极的高面负载量，因此这种柔性薄膜电极制备策略不具有普适性。

为了提高柔性薄膜电极材料中金属氧化物/氢氧化物的面负载量，制备自支撑金属氧化物/碳材料和金属氢氧化物/碳材料复合薄膜是一种简单有效的策略。对于这种策略，需要将金属氧化物/氢氧化物纳米材料和导电碳材料形成均匀分散液，然后通过真空抽滤[111]、还原自组装[38]或涂覆-干燥[112]等方法制备不同厚度的柔性复合薄膜电极。例如，当选用石墨烯作为柔性导电骨架时，通过氢氧化镍[$Ni(OH)_2$]和石墨烯混合溶液超声分散、静置和真空抽滤上层稀溶液的方式，可以形成具有独特层间特性的自支撑薄膜电极，该电极结合氢氧化物高比容量和石墨烯片层高导电性的特点，比容量可达 660.8 F/cm^3[111]。但是，这种电极制备工艺复杂，效率低，不利于大规模生产。为此，本书作者课题组利用碱性条件下金属还原自组装的策略，制备了具有多孔结构和优异机械性能的 rGO 薄膜和 Mn_3O_4/rGO 复合薄膜，基于这两种柔性薄膜电极可以组装柔性非对称超级电容器［图 2-14（a）］[38]，该制备方法有望用于大规模生产。此外，还可以利用 CNTs 作为柔性导电网络，通过将五氧化二钒（V_2O_5）和 CNTs 组成的分散液涂覆-干燥成膜并高温热处理后，

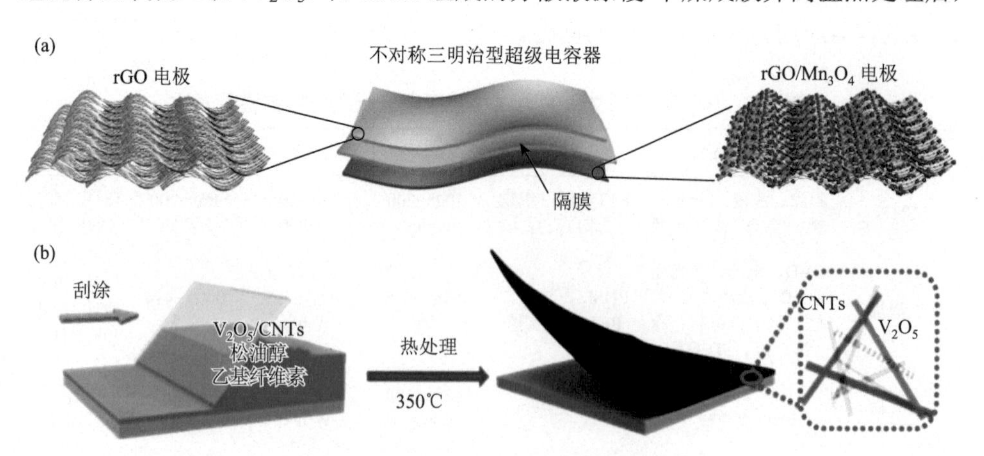

图 2-14 （a）rGO 和 Mn_3O_4/rGO 薄膜不对称超级电容器示意图[38]；（b）涂覆/高温退火制备 V_2O_5/CNTs 自支撑薄膜的示意图[112]

即可得到自支撑 V_2O_5/CNTs 复合薄膜电极［图 2-14（b）］[112]。该电极中 V_2O_5 和 CNTs 相互搭接形成褶皱状片层结构，层层堆叠后形成大孔网络，因此该结构有利于电解质的浸润，使超级电容器比容量可达 460 F/g。

为了进一步提高复合电极导电性，研究者采用 3D 导电层包覆的方法，将超薄的 SWCNTs 或导电聚合物包裹在石墨烯/MnO_2 电极上，形成一种 3D 导电网络的三元复合电极，不仅提供了额外的电子传输路径，还促进了赝电容材料的能量存储转化过程，极大地改善了薄膜超级电容器的电化学性能。制备的石墨烯/MnO_2/CNTs 和石墨烯/MnO_2/PEDOT：聚苯乙烯磺酸盐（PSS）电极比容量分别提高了 20%和 45%，匹配后的非对称超级电容器比容量达到 380 F/g，循环 3000 圈后比容量保持率大于 95%[113]。相比于在柔性基底表面设计金属氧化物/氢氧化物层的方法，这种复合薄膜电极借助于碳材料网络可形成相互搭接的骨架结构，既增加了薄膜电极的机械性能，又有利于电荷和离子的传输，从而发挥出金属氧化物/氢氧化物高能量密度的优势，具有制备简单、适用性广等优点。

2）导电聚合物

与金属氧化物/氢氧化物构建导电网络方法类似，导电聚合物柔性薄膜电极也可以通过两种策略来制备。第一种策略是在柔性基底材料表面原位生长导电聚合物层。例如，利用“骨架/皮肤”的概念，采用连续网状结构的 SWCNTs 薄膜为骨架结构，在其 SWCNTs 表面原位电沉积聚合 PANI 作为“皮肤”层，可制备 PANI/SWCNTs 超薄自支撑复合薄膜电极[114]。这种薄膜电极独特的“骨架/皮肤”结构具有较高的电导率（1138 S/cm），可直接作为电极组装柔性薄膜超级电容器，并展现出优异的电化学性能，其比容量为 236 F/g。基于类似方法，PEDOT 也可复合到 SWCNTs 表面，制备出 PEDOT/SWCNTs 复合薄膜电极［图 2-15（a）］，进一步利用旋涂法有效减薄聚合物电解质的厚度，成功组装了厚度仅有大约 1 μm 的皮肤型超级电容器，器件能量密度和功率密度分别为 6.0 W·h/kg 和 332 kW/kg[115]。并且，该超级电容器具有高柔性［图 2-15（b）］，可任意弯曲扭转，在耐受 10^5 次弯折后性能仍保持稳定。

除了原位生长策略，还可以将导电聚合物与碳纳米材料形成均匀分散液，用于制备柔性薄膜电极。本书作者课题组将预先制备的 GO 水溶液和 PANI 纳米棒共混、搅拌并超声形成均匀分散液，再倒入预先冷冻一层剥离石墨烯（EG）溶液的模具中，冷冻干燥处理后得到表面附着石墨烯导电集流体的多孔 PANI/GO 复合泡沫结构，利用物理压缩即可获得一体化复合电极。该一体化电极有利于弯曲过程中保持结构和性能的稳定，组装的一体化柔性薄膜超级电容器即使在较大弯曲形变下比容量无明显衰减，循环 1000 圈后比容量仍能保持 388.2 F/g[73]。此外，Shi 等将 PANI 纳米纤维和 rGO 胶体混合均匀后，通过真空抽滤法直接制备了具有多层结构的 PANI/rGO 复合薄膜电极［图 2-15（c）］[116]。

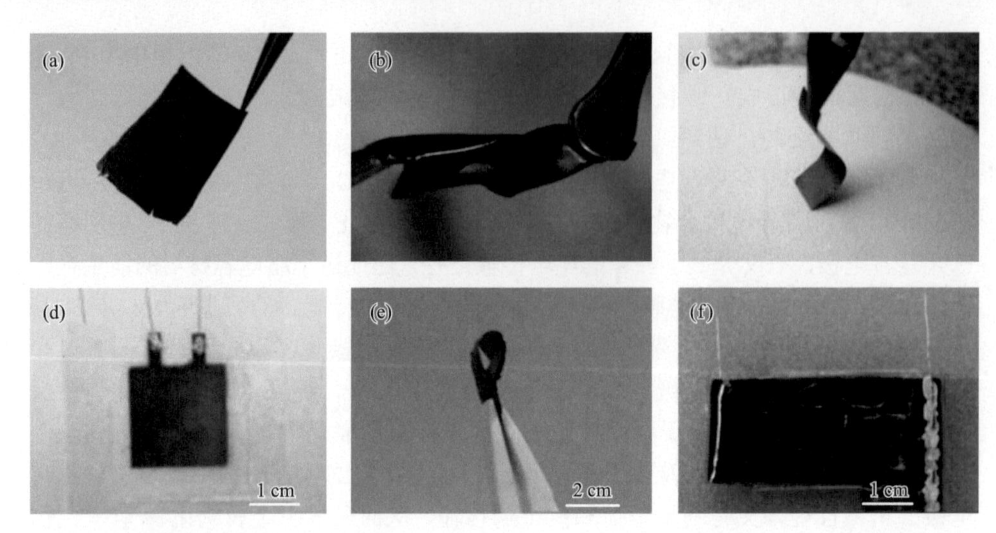

图 2-15 薄膜电极和器件光学照片：（a）PEDOT/SWCNTs 复合薄膜电极，（b）扭曲状态下的 PEDOT/SWCNTs 超薄柔性超级电容器[115]；（c）PANI/rGO 复合薄膜电极[116]，（d）连续喷涂打印法制备的基于 PANI 的柔性薄膜超级电容器[117]；（e）喷涂打印法制备的自支撑 PANI/SWCNTs 柔性薄膜电极，（f）全固态一体化 PANI/SWCNTs 柔性薄膜超级电容器[118]

为了进一步扩大薄膜超级电容器的应用领域，需要对柔性超级电容器电极厚度与结构进行调控，并实现任意串并联集成[103]。本书作者课题组采用连续喷涂打印的方式，逐层打印 PANI/SWCNTs 薄膜层、CNFs 隔膜层和 PANI/SWCNTs 薄膜层，从而制备出一种基于 PANI 的对称型柔性薄膜超级电容器［图 2-15（d)]，其比容量为 322 F/g[117]。通过调控喷涂掩模板形状，可以在同一基底实现柔性超级电容器的串并联，进而提高器件输出电压或者电流。此外，降低喷涂 PANI/SWCNTs 薄膜的厚度，可制备超薄柔性电极［图 2-15（e)]，进而组装厚度仅为 8.4 μm 的全固态一体化超薄柔性超级电容器［图 2-15（f)]。该柔性薄膜超级电容器力学性能优异，弯曲状态下比容量基本保持不变，经过 5000 圈循环后比容量保持率为 87.2%[118]。

3）金属氮化物

金属氮化物（如 Ti[119]、Ga[120]和 W[121]基氮化物等）通常导电性良好，也可用来制备柔性薄膜电极。例如，将 TiO_2 原位生长在柔性碳布基底上，再 800℃高温煅烧形成氮化钛柔性电极［图 2-16（a）和（b)]，与 PVA/氢氧化钾（KOH）凝胶电解质组装后即可得柔性薄膜超级电容器［图 2-16（c)］[119]。但是，碳布基底质量较大，单位面积上活性物质含量不够，氮化钛柔性薄膜超级电容器能量密度为 50 μW·h/cm^3。通过金属有机化学气相沉积（MOCVD）法可在金属基底表面原位生长一层氮化镓薄膜，再利用电化学刻蚀还原的方法，将氮化镓薄膜从基底剥离，即可获得自支撑氮化镓薄膜电极[120]。但是，金属氮化物电极质量较大，理论比容量较低，所以这类超级电容器能量密度较低，并不具有广泛的研究价值。为了改进金属氮化物电极电化学性能，研究人员通过调控高温和氮化时间制备出金属氧化物和金属氮化物的混合物，并制备柔性薄膜电极。例如，通过在氨气中700℃煅烧氧化钨（WO_3）纳米线包覆的碳布即可得到含 WO_3 和氮化钨复合多孔柔性电极，该电极体积负载量为 167.5 mg/cm^3，在 12.5 mA/cm^3 和 10 mV/s 电流密度下，单位体积比容量分别为 4.95 F/cm^3 和 4.76 F/cm^3[121]。这类复合电极利用了金属氮化物的高电导率和金属氧化物的赝电容行为，改善了柔性薄膜电容器的倍率性能，也提高了其电容和能量密度。

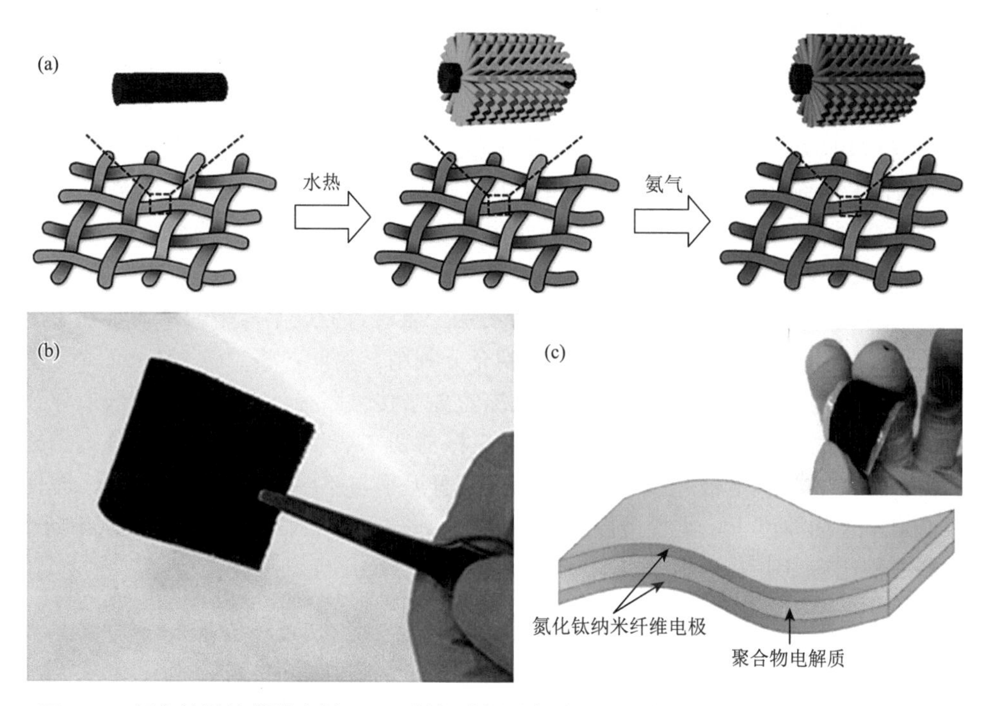

图 2-16　氮化钛柔性薄膜电极：（a）制备过程示意图、（b）光学照片和（c）组装柔性薄膜超级电容器的示意图（插图为其光学照片）[119]

4）二维过渡金属硫化物

二维过渡金属硫化物是一类无机二维材料，分子式为 MX_2，其中 M 代表过渡金属元素，X 代表硫族元素。不同过渡金属元素和硫族元素组成的二维过渡金属硫化物具有不同的电子特性，包括绝缘性、半导体性和导电性。其中，导电二维过渡金属硫化物具有电导率高、比表面积大、离子层间距大等特点，有利于电化学反应的动力学过程，因此更适用于超级电容器电极材料。例如，二硫化钼（MoS_2）为典型的二维过渡金属硫化物，其金属 1T 相的电子电导率比半导体 2H 相高 10^7 倍，适合于制备储能器件的电极材料。Acerce 等采用化学剥离的方法制备 1T 相单层 MoS_2 纳米片，并通过真空抽滤法得到厚度约为 5 mm 的 MoS_2 薄膜电极，转移至聚酰亚胺柔性基底上即为柔性薄膜电极[122]。由该电极组装的柔性薄膜超级电容器具有 700 F/cm^3 的高体积比容量和长循环稳定性（循环 5000 圈后比容量保持率为 95%）。

5）MXene

MXene 具有良好的亲水性及优异的表面离子嵌入/脱出行为，且片层之间容易搭接形成导电网络，非常适用于制备柔性薄膜电极[123]。MXene 柔性薄膜电极的制备方法与石墨烯基薄膜电极类似，可以通过辊压、印刷、旋涂和真空抽滤等方式在柔性基底上制备 MXene 基柔性薄膜电极[69, 124]，也可以将 MXene 与其他材料（如碳材料[125, 126]和聚合物[127]等）复合制备自支撑复合薄膜电极。目前应用较广泛的 MXene 材料是 $Ti_3C_2T_x$，Gogotsi 等使用了聚二烯丙基二甲基氯化铵和 $Ti_3C_2T_x$ 片层结构组装制备了高柔性复合薄膜电极，其电导率高达 220 S/cm[127]。采用 PVA/KOH 电解质可组装柔性薄膜超级电容器，聚二烯丙基二甲基氯化铵和 PVA 两种聚合物的引入不仅提高了薄膜超级电容器的柔性，同时抑制了 MXene 片层的层层堆叠，给离子嵌入/脱出提供了通道[122]。

与石墨烯类似，MXene 片层结构容易层层堆叠，但过于紧密的结构不利于电解质离子传输，导致 MXene 片层得不到充分利用。为此，将二维 MXene 片层垂直排列形成定向离子传输通道，可有效缩短离子传输路径，避免因厚度增加导致电化学性能的快速衰减。Gogotsi 等通过机械剪切 $Ti_3C_2T_x$ 形成具有垂直阵列结构的自支撑柔性薄膜电极（图 2-17），该膜具有近乎与厚度无关的倍率性能，即使在 200 mm 的厚度下，柔性薄膜电极在 2 V/s 的高扫速下，依然能提供 0.6 F/cm^2 的高面积比容量[123]。

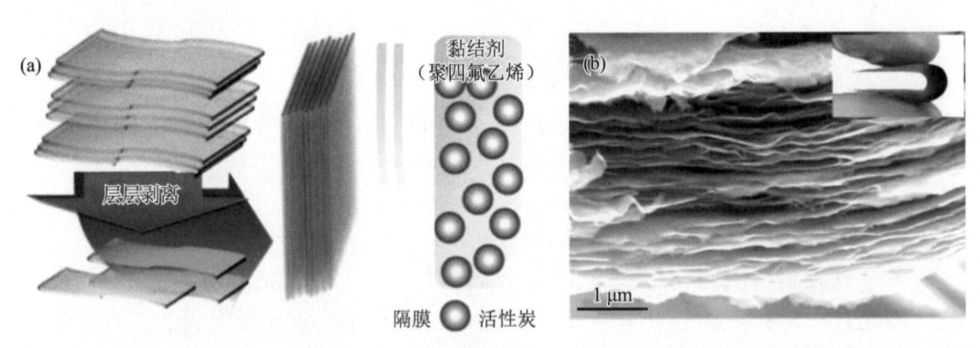

图 2-17 柔性 $Ti_3C_2T_x$ 薄膜电极：(a) 制备示意图和 (b) 截面 SEM 照片（插图为光学照片）[123]

6）有机材料

有机材料因为其化学结构的可调控性，可以从不同的单体和化学制备方法上调控其活性位点，也是一种具有前景的柔性薄膜赝电容电极材料。通过对有机材料进行结构设计和氧化还原官能团引入，有机材料薄膜电极可以具有高比表面积和自由的离子传输通道。目前使用最广泛的有机电容分子是醌类及其衍生物，醌的活性位点为 C═O 键，其比传统的金属氧化物/氢氧化物具有更高的电荷存储能力，有利于提供更多的赝电容比容量[128]。但是，大部分有机材料（包括醌及其衍生物）亲水性良好，用其制备柔性薄膜电极时面临的主要挑战在于如何抑制有机电极材料在水中溶解[129]。研究者们通常需要采用一系列措施，包括向电解质中添加一定量醌类小分子、引入大分子（如聚合物、金属-有机框架材料或共价有机骨架聚合物）多孔骨架结构或调控电极结构等，都可以有效抑制有机材料在水系电解质中的溶解，从而提高电容器的循环寿命[69]。此外，由于有机材料导电性差，制备柔性薄膜电极过程中需要添加大量导电剂或者尽可能减小有机薄膜层厚度，限制了超级电容器的能量密度。目前，导电金属-有机框架材料的出现，为有机材料在超级电容器中的应用提供了新思路，其在柔性薄膜超级电容器中可展现出优异的电化学性能，质量比容量和体积比容量分别达到 400 F/g 和 760 F/cm^3[130]。

目前可应用于柔性薄膜超级电容器中的赝电容电极材料包括金属氧化物/氢氧化物、导电聚合物、金属氮化物、二维过渡金属硫化物、MXene 和有机材料等，利用上述材料制备柔性赝电容薄膜电极的方法很多。表 2-6 列举了各类赝电容柔性薄膜电极的制备方法和主要电化学性能。目前，大部分赝电容材料受限于自身较差的导电性，导致柔性薄膜电极中电子传导受阻，即使引入多孔碳材料网络，柔性薄膜超级电容器的实际比容量仍达不到理论值，从而不能最大程度发挥赝电容电极材料的优势。因此，实现赝电容材料与碳材料可控复合，最大程度发挥碳材料和赝电容材料的优势，是制备赝电容柔性薄膜超级电容器的关键。

表 2-6　基于赝电容电极材料的柔性薄膜超级电容器性能对比

电极材料	制备方法	基底	比容量	能量密度	功率密度	参考文献
金属氧化物/氢氧化物	超声分散、真空抽滤	自支撑	66～460 F/g	23.5 W·h/kg	21.3 kW/kg	[38]，[111]，[112]
导电聚合物	电沉积、冷冻干燥、真空抽滤、喷涂打印	石墨烯层或自支撑	56～355.5 F/g	6.0～131 W·h/kg	0.2～332 kW/kg	[76]，[114]～[118]
金属氮化物	高温煅烧、MOCVD	碳布或自支撑	0.33～4.95 F/cm^3	0.05～1.27 mW·h/cm^3	0.3～1.35 W/cm^3	[119]～[121]
二维过渡金属硫化物	真空抽滤	聚酰亚胺	400～700 F/cm^3	16～110 mW·h/cm^3	0.62～51 W/cm^3	[122]
MXene	机械剪切、真空抽滤	自支撑	300～528 F/cm^3	7.5 W·h/kg	0.5 kW/kg	[123]，[125]～[127]
有机材料	研磨、机械定型	自支撑	290～477 F/g	10.1～30.6 W·h/kg	—	[129]，[130]

2.2.3 智能化柔性薄膜超级电容器

1. 自修复型

柔性薄膜超级电容器的自修复功能通常是通过制备自修复基底或自修复凝胶电解质来实现，这些自修复材料可以修复破损的网络结构，恢复电极中电子与离子的传输通道，从而实现柔性薄膜电极和超级电容器自修复特性[50]。Chen 等设计了含大量氢键的超分子网络自修复基底，利用氢键受体和供体相互作用力，电极破损表面可以重新形成氢键物理交联网络，实现自修复[131]。随着基底自修复完成，SWCNTs 电极网络重新搭接，从而实现薄膜电极结构的修复和电子的传导，最终实现超级电容器的电化学性能的恢复（图 2-18）。由于氢键的物理交联是反复可逆的，即使经过 5 次切割/修复，该超级电容器仍具有高达 85.7%的比容量保持率。不同于自修复基底由外至内的修复过程，自修复凝胶电解质先修复中间电解质层，再促使电极层重新搭接而修复整体器件结构和性能。常用的凝胶电解质中，PVA 链段含有大量羟基，可提供氢键相互作用力，但其并没有形成交联网络，常温下仍具流动性，直接采用其制备柔性薄膜超级电容器会限制器件整体结构的修复性能。因此，为了提高 PVA 凝胶电解质的机械性能和自修复性能，可以对 PVA 凝胶电解质进行简单的冷冻-解冻处理，促使 PVA 链段中形成由氢键搭接的微晶区，从而获得一种具有物理交联网络的自修复凝胶电解质[132]。通过冷冻-解冻处理制备 PVA/H_2SO_4 电解质，并在其表面原位沉积 SWCNTs/PANI 电极材料，即可获得一体化自修复柔性薄膜超级电容器。

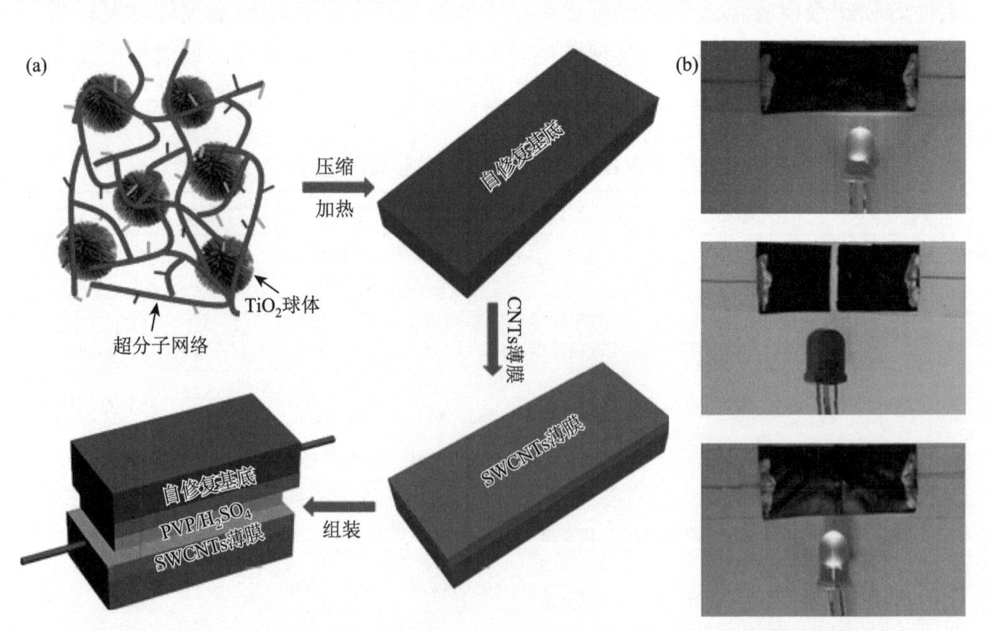

图 2-18 自修复柔性薄膜超级电容器：（a）制备过程示意图和（b）点灯光学照片[131]

除了上述两种方法，构建电极和电解质同时自修复的网络结构也是一种实现器件结构自修复的策略。Pan 等通过开环反应将 2, 3-环氧丙基三甲基氯化铵（TMAC）接枝到 PVA 链段上形成 PVA-*g*-TMAC 凝胶，体系中选用硼砂作为交联剂，通过在 PVA-*g*-TMAC 凝胶中分别添加 LiCl 电解质和碳材料，制备出基于 PVA-*g*-TMAC 的自修复电解质和自修复电极[133]。其中，通过调控自修复电解质中凝胶的交联度，其可实现室温下快速自修复，1 min 内力学性能修复为初始值的 97%左右；通过调控电极中乙炔黑、活性炭和 PVA-*g*-TMAC 的质量比，自修复电极的力学性能也能在 3 min 内修复 98.5%。这种方法结合了动态硼酸酯键和氢键自修复的功能，实现了超级电容器中电极和电解质全方位修复，在自修复柔性薄膜超级电容器中具有更大的指导意义。由于器件整体均具有自修复性能，其还可以拼接成不同形状，并保持电化学性能基本不变。

2. 形状记忆型

如上节所述，SMA 或 SMP 薄膜具有形状记忆功能，利用 SMA 或 SMP 为柔性基底制备柔性薄膜电极，基于此类电极的柔性薄膜超级电容器可实现形状记忆功能。Yan 等在具有形状记忆功能的镍钛合金薄片上涂覆一层石墨烯作为负极，MnO_2/Ni 薄膜作为正极，组装了形状记忆薄膜超级电容器[134]。该柔性薄膜超级电容器在高温下弯曲定型后，室温下经过 550 s 可恢复原始平面状，而且器件机械性能强，具有应用于可穿戴电子设备的潜力［图 2-19（a）和（b）］。与 SMA 相比，SMP 密度更小，机械强度更小，可以发生更快的可逆相变。Xue 等在石墨烯薄膜内表层涂覆一层 PU 膜，制备出具有形状记忆功能的复合薄膜电极［图 2-19（c）］[135]。该电极在 80℃弯曲成任何形状后，恢复到室温即可快速（响应时间＜1 s）恢复原始形状，表现出优异的形状记忆功能［图 2-19（d）］。利用形状记忆功能，柔性薄膜超级电容器可以转换为各种所需形状和尺寸，并可以在一定温度或环境下恢复到原始状态，这将扩宽柔性超级电容器的使用领域。

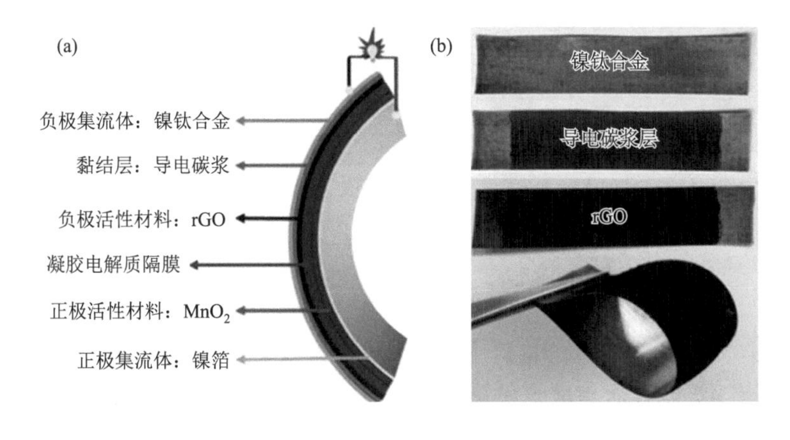

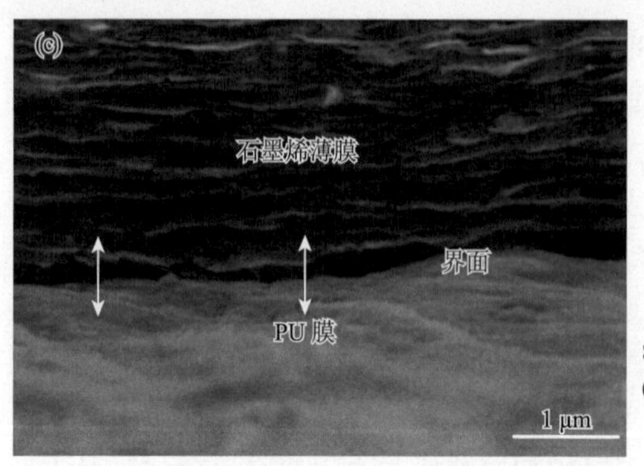

(d)

室温下形状固定

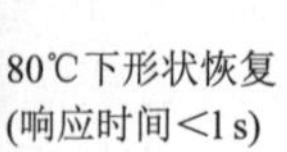

图 2-19 基于镍钛合金的形状记忆柔性薄膜超级电容器：(a) 示意图、(b) 光学照片和电极柔韧性演示[134]；石墨烯/PU 复合薄膜电极：(c) 截面 SEM 照片和 (d) 形状恢复过程光学照片[135]

3. 电致变色型

采用具有电致变色特性的赝电容电极材料与柔性基底复合，可制备电致变色柔性薄膜电极。其中，WO_3 是最常见的电致变色材料，利用质子的嵌入/脱出，可以实现深蓝色和无色之间的转换。通过电沉积法将 WO_3 沉积到表面涂覆 PEDOT∶PSS 的银栅/PET 基底上，即可得到银栅/PEDOT∶PSS/WO_3 复合薄膜柔性电极，其电阻为 0.62 Ω/m^2，透明度约为 70%[136]。在外加电场情况下，该复合薄膜电极可以实现深蓝色和无色的转换，其颜色产生和消失的时间分别为 1.9 s 和 2.8 s。PEDOT∶PSS 的引入可以有效促进电极中电荷传导，提高电极电致变色灵敏度，并有利于增加电极比容量。该电极在 1 A/g 和 10 A/g 的电流密度下分别具有 221.1 F/g 和 148.6 F/g 的高比电容和出色的电致变色特性。此外，NiO[137]、$Ni(OH)_2$[138]和导电聚合物[139]等也可以用来制备电致变色电极网络。例如，通过光固化底层分散了银纳米线的树脂制备柔性基底，低温合成的 $Ni(OH)_2$ 和聚乙氧基乙烯亚胺复合材料作为中间夹层，进一步在其表面旋涂一层 PEDOT∶PSS 制备成透明状超级电容器电极［图 2-20 (a) 和 (b)］[138]。该柔性薄膜电极透明度高（达到 86%），组装超级电容器后能提供 443 F/cm^3 的比容量，在电致变色型超级电容器中表现优异，可在 0～1.8 V 之间实现无色和显色的可逆转化。此外，PANI 作为一种常见的超级电容器赝电容材料，同时也具有电致变色性能。由 PANI 制备的薄膜电极在−0.2～1.0 V（相比于标准氢电极）之间展现出明显可逆的颜色变化，分别为透明、黄绿色和深蓝色［图 2-20 (c)］[139, 140]。

4. 光电检测型

设计兼具光电检测功能的柔性薄膜超级电容器可扩宽其应用范围。柔性薄膜光电检测与超级电容器集成器件可以通过对超级电容器电极功能化来实现，例如，

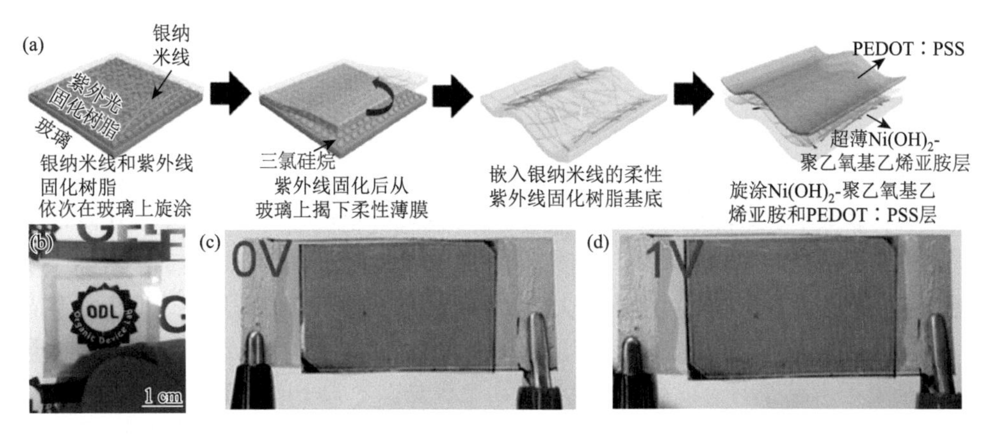

图 2-20　银纳米线/$Ni(OH)_2$-聚乙氧基乙烯亚胺/PEDOT：PSS 复合材料的电致变色薄膜电极：（a）制备过程示意图，（b）光学照片[138]；（c）和（d）PANI 柔性薄膜电极分别为处于 0 V 和 1 V 电压下的光学照片[140]

通过 TiO_2 纳米颗粒涂覆在 SWCNTs 薄膜上制备柔性电极，可以同时实现电极供能和光电检测的功能[141]。当暴露在 40 mW/cm^2 的紫外线下时，其检测光电流可达到 2.77 μA，灵敏度为 38.5。且复合了 TiO_2 纳米颗粒的 SWCNTs 电极机械性能良好，即使在重复折叠/展开 200 次后，其电容基本保持不变，展示了光电检测型柔性薄膜超级电容器的可行性。

随着自修复、形状记忆、电致变色和光电检测等不同功能的引入，柔性薄膜超级电容器表现出优异电化学性能的同时还可以满足不同智能化需求。设计智能化柔性薄膜超级电容器不仅需要从柔性薄膜电极上选择合适的材料，还需要优化器件构造和组装方式，从而最大程度发挥其智能化功能。未来仍需要根据实际使用需求，设计出更多可耐极端条件或具有多功能化的柔性薄膜超级电容器，并进一步提高其使用寿命及扩展其应用领域。

2.2.4　展望

柔性薄膜超级电容器作为可穿戴储能器件中的一种，未来研究重点主要包括电极材料的选择和器件结构设计两方面。作为电子传输和活性物质的载体，柔性薄膜电极是开发新型柔性薄膜超级电容器的关键，需要结合双电层碳材料的高导电性和赝电容材料高比容量的优势，开发导电性优异和比容量高的电极材料，构建多孔导电自支撑柔性薄膜电极；传统堆叠式柔性薄膜超级电容器的结构并不利于反复或极端受力状态下的性能稳定，因此需要有效减薄电解质层厚度，改善电解质与电极之间界面兼容性，进一步优化器件构型，开发一体化柔性薄膜超级电容器。与此同时，还需要进一步实现薄膜超级电容器的多功能化，扩展器件在不同领域的应用范围。

2.3 柔性微结构超级电容器

便携式微电子设备通常需要尽量将其各功能器件集成在同一基底上。作为便携式电子设备的重要组成部分，供电器件未来也将需要集成到同一基底上，从而实现制备自供电的微电子集成器件。储能器件的微型化和集成化将会增加集成系统功能器件的密度，并且可以通过消除与大型储能设备的互连来降低器件整体设计的复杂性[142]，但是传统超级电容器的三明治构型不利于其微型化设计。柔性微结构超级电容器是近年来发展的一种新型储能器件，电极是微米大小的叉指阵列，总尺寸可以是厘米甚至毫米级别，具有轻、薄、柔的特点，能够满足便携式微电子器件的要求[143]。叉指构型的电极阵列使得电极表面包括边缘部分完全暴露在电解液中，能够有效提高电极材料利用率；极窄的电极间隔可以减小电解质离子扩散路径和离子转移电阻，实现超高功率密度。电极的叉指结构有利于实现微结构超级电容器在同一基底上的串并联，提高输出电压或者电流，从而提高整个器件的能量输出。此外，微结构超级电容器电极的制造与微电子制造技术的兼容性，确保了微结构超级电容器与其他电子设备的紧凑集成，并且将减少其与传统储能器件的复杂连接[3]。

2.3.1 柔性微结构超级电容器的结构特征

图 2-21 展示了传统超级电容器与微结构超级电容器的结构组成与离子传输路径[3]。传统超级电容器是层层堆叠的三明治结构，主要组成部分包括集流体、电极材料、隔膜以及电解质，离子传输方向垂直于集流体平面方向；而微结构超级电容器是由微米尺度的叉指电极阵列组成，结构紧密且简单，其尺寸一般在厘米或者毫米尺度，由集流体、电极材料以及凝胶或固态电解质组成，离子在平行于集流体的平面进行传输。由于相对简易的结构和简单的制备过程，关于柔性薄膜超级电容器的研究较多，但是其层层堆叠的器件构型不利于电解质中离子在电极材料内部的传输，而且离子扩散路径较长，导致在大电流密度下功率密度

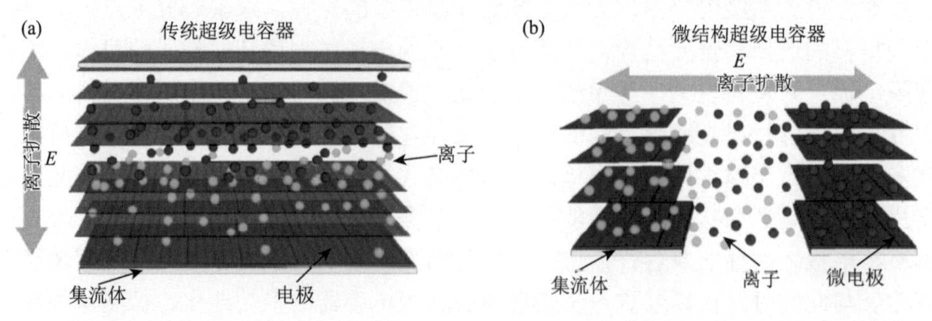

图 2-21 （a）传统超级电容器与（b）微结构超级电容器的结构组成与离子传输路径[144]

急剧下降。而微结构超级电容器得益于微米尺寸的叉指电极以及极窄的电极间隔，离子扩散路径较短，有利于实现高功率密度，但微结构超级电容器受限于低的活性物质负载量，其能量输出相对较低。通过将微结构超级电容器制备于柔性基底上，如塑料薄膜、纤维素纸或者织布等，可以得到柔性微结构超级电容器。表 2-7 总结了传统超级电容器、微结构超级电容器以及柔性微结构超级电容器各组成部分的区别。

表 2-7　传统超级电容器、微结构超级电容器和柔性微结构超级电容器的对比

	结构	基底	电极材料	隔膜	集流体	电解液
传统超级电容器	三明治	—	各种碳材料、过渡金属氧化物、导电聚合物及其复合材料等	聚合物或纤维素薄膜	金属薄膜或三维导电基底	液态、凝胶或固态
微结构超级电容器	叉指	硅片、纸、聚合物薄膜、织布等	各种碳材料、过渡金属氧化物、导电聚合物及其复合材料等	—	导电薄膜或无需集流体	凝胶或固态
柔性微结构超级电容器	叉指	纸、聚合物薄膜、织布等柔性基底	各种碳材料、过渡金属氧化物、导电聚合物及其复合材料等	—	导电薄膜或无需集流体	凝胶或固态

传统超级电容器电极制备方法一般是将活性物质与导电添加剂和黏结剂混合均匀，然后将其涂覆于导电基底上。黏结剂不导电，不利于活性物质比表面积的有效利用，并且导电添加剂的使用也降低了整个电极的质量比容量。而微结构超级电容器的电极一般不需要导电添加剂及黏结剂，活性物质直接制备在导电集流体的表面或者直接制备成叉指电极[144]。微结构构型使得叉指电极的制备需要图案化过程，目前，已经发展了多种微电极制造技术（如电化学沉积、物理真空沉积、喷墨印刷和真空抽滤等）[145]，其目标是实现微结构超级电容器简单、低成本、高通量的制备。

传统超级电容器一般采用液态电解液，但是，液态电解液不适用于柔性微结构超级电容器，因为它难以封装在微电极的表面，同时在弯折过程中液态电解液容易泄漏且电解质盐会对其他电子设备造成影响。与液态电解液相比，凝胶或固态电解质不仅可以解决封装和泄漏问题，还具有结构完整性以及优异的力学性能，因此，凝胶或固态电解质是柔性微结构超级电容器的理想选择[146]。另外，传统超级电容器通常需要多孔聚合物薄膜或者纤维素纸作为隔膜，与上下两层堆叠的电极呈现三明治结构，这种结构使得超级电容器在受力条件下容易发生电极损坏和电池内部短路，而且，电极材料与隔膜也会产生滑动与错位，这些均会导致超级电容器电化学性能的衰减[147]。微结构超级电容器因其独特的叉指电极结构，不需要隔膜，因此降低了电池短路的风险；柔性微结构超级电容器平面一体化结构也可以避免在受力情况下发生电极材料的滑动与错位。

叉指电极结构对微结构超级电容器电化学性能有很大影响，包括电极厚度、宽度、长度和间隙宽度等。由于微电极的制备将电极构筑与薄膜沉积方法结合在一起，因此，微结构电极的厚度可控且可达纳米级。一般情况下，降低微结构电极厚度可以提高微结构超级电容器的质量和体积比容量，对于导电性略差的电极材料影响更为明显，然而超薄的电极厚度导致面积比容量很低，因此需要选择适宜的电极厚度来满足高性能微结构超级电容器的需要。随着微电极制备工艺的提高，微电极的宽度及间隙宽度也可以精确调控，可达几微米甚至更小尺寸，远远小于传统超级电容器的隔膜厚度（20～30 μm）。减小微电极宽度有利于减小离子传输路径，提高活性材料利用率，改善器件频率响应特性和提高功率密度。过长的叉指电极会导致电极内部的电子传输效率低、器件内部电阻消耗增加，因此，减小电极长度也可提高电容器的电化学性能。近年来，各种微电子制造技术（如光刻技术、激光直写技术、丝网印刷、喷墨打印等）已经应用到柔性微结构超级电容器，以实现更高精度以及更小尺度叉指电极的制备[148]。

2.3.2 柔性微结构超级电容器的电极及器件设计

1. 柔性双电层微结构超级电容器

1）多孔碳

活性炭作为一种常见的多孔碳，具有大的比表面积[149]，是双电层超级电容器常用的电极材料[150-152]。但是，对于微结构超级电容器，活性炭难以在微尺度上沉积并形成图案。目前，多孔碳微结构电极制备策略通常是将聚合物薄膜进行图案化碳化处理，图案化的多孔碳可直接作为电极，进而组装柔性微结构超级电容器[153-157]。

通过商业光刻胶的热解可以制备多孔碳微电极，进一步将其转移到柔性基底上，可得到柔性多孔碳微结构超级电容器。电化学表征结果显示，器件电化学性能呈现双电层特性，即使弯曲300次循环后，电化学性能也基本保持不变[12]。除热解外，作为一种可扩展的直接写入技术，激光直写技术可以利用激光的热效应将聚合物薄膜转化为具有高分辨率图案的多孔碳膜。例如，局部脉冲激光直写可以将聚酰亚胺表面迅速转变为具有导电性的多孔碳膜[156]。聚酰亚胺薄膜不仅可以用作碳化的前驱体，也可以用作柔性基底。激光扫描通过编程直接在聚酰亚胺薄膜上产生叉指状电极图案，将固态 PVA/H_3PO_4 电解质涂覆于电极表面，获得柔性全固态微结构超级电容器。该器件在 10 mV/s 的扫描速率下比电容达到 800 μF/cm^2，并且在机械弯曲下仍具有良好的电容保持率。通过调控激光直接写入技术，多孔碳电极可具有分级的多孔结构和较大的厚度，从而提高微结构超级电容器性能[157]。激光直写技术制备简单、成本低和可控性好，但此方法制备的多孔碳自身结构特性限制了其电化学性能的进一步提升，此外，热解过程会产生有毒气体，若解决上述问题，激光直写技术未来将成为制备多孔碳微电极的有效方法。

2）CNTs

CVD 是制备 CNTs 的常用方法[158]，但是，CVD 制备 CNTs 一般在高温（700～1000℃）条件下进行，柔性基底难以承受如此高的温度，因此 CNTs 无法利用 CVD 法在柔性基底上直接制备。尽管如此，也可以将生长好的 CNTs 阵列或薄膜转移到柔性基底上作为微结构超级电容器电极。例如，通过 CVD 在硅基底上制造垂直取向的 CNTs 阵列，并将镍层溅射在 CNTs 阵列的顶部，之后，对 Ni-CNTs 电极进行图案化，并转移到柔性聚碳酸酯基底上得到柔性微结构电极。经过 1000 次弯曲后，电极电容保持率超过 90%，这表明 CNTs 叉指阵列电极具有很好的柔性和耐用性[159]。不仅 CNTs 阵列，CVD 生长的 SWCNTs 薄膜通过激光刻蚀技术也可以图案化处理，再转移到预拉伸 PDMS 基底上得到可拉伸的微结构电极[160-161]。

基于溶液的材料沉积制备技术，包括直接浸渍[162]、喷涂[163]以及印刷[164, 165]等，相对比较廉价、简单并且可以实现大面积生产，是制备 CNTs 基柔性微结构超级电容器电极的主要方法。然而 CNTs 大比表面积结构易引起团聚，从而使材料可利用的有效比表面积下降、电极材料与电解液浸润性减小，因此，选择合适的方法制备分散性良好的 CNTs 溶液尤为重要。目前，通过结合溶液沉积技术和微电子制造技术，各种基于 CNTs 的微电极已经被设计出来。直接浸渍法是制造 CNTs 叉指电极的最常用技术之一。通过直接浸渍-烘干可以将 MWCNTs 薄膜直接制备于柔性基底上面，结合光刻技术可以得到对称叉指微电极，涂覆电解质后，便可获得柔性微结构超级电容器。由于 CNTs 的高导电性及独特的叉指微电极结构，器件可以在高于 200 V/s 的高扫速下运行[162]。除了直接浸渍法，喷涂技术也常被用于制备 CNTs 微结构电极。将功能化 MWCNTs 溶液喷涂到 PET 的图案化 Ti/Au 集流体上就可获得微结构电极[163]，该电极展现出良好机械稳定性[163]。印刷技术是设计微结构电子器件常用的方法，它也可用于制备 CNTs 柔性微结构电极[164]。Ding 课题组开发了一种挤压印刷制备 CNTs 柔性微结构电极的方法，叉指电极具有高分辨率（235.7 μm 宽，185 μm 间距）[165]。通过调控基底和模板的润湿性，研究人员设计了选择性润湿诱导策略来制备 CNTs 微电极，如图 2-22（a）所示，将 PDMS 膜表面的叉指结构暴露于氧等离子体之后，可以改善叉指电极的亲水性，然后用微管将功能化的 CNTs 溶液注入叉指状微通道中，干燥后就可得到 CNTs 叉指电极，涂覆 PVA/H_3PO_4 固态电解质后，将嵌入 CNTs 叉指电极的 PVA/H_3PO_4 膜从 PDMS 上剥离，便得到自支撑柔性微结构超级电容器［图 2-22（b)］，在不同弯曲条件下器件可保持稳定的电化学性能［图 2-22（c）］[166]。上述方法制备的微结构电极，由于 CNTs 薄膜的大比表面积及 CNTs 与柔性基底之间强的范德瓦耳斯力，CNTs 膜很容易黏附到基底表面，并且避免了在弯曲过程中 CNTs 微电极从基底上剥离。

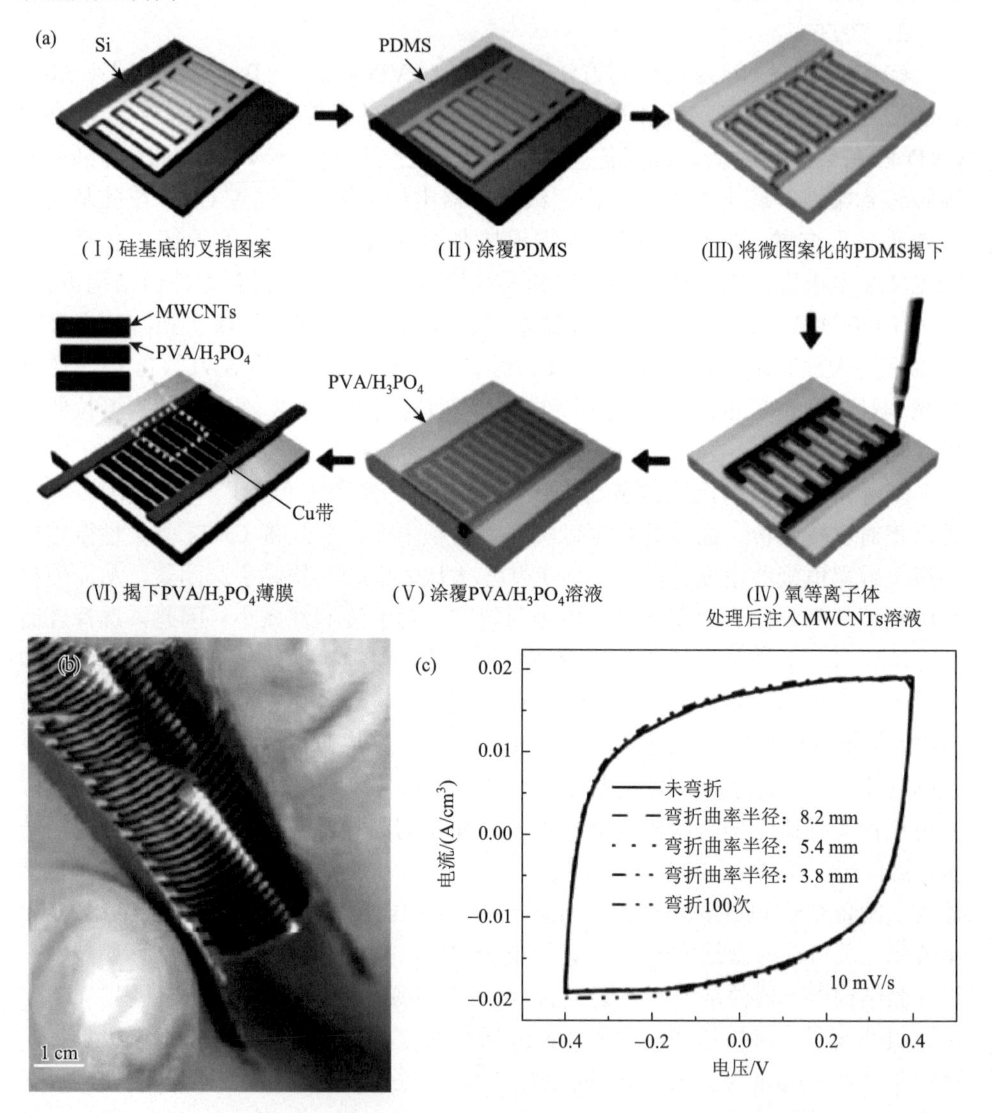

图 2-22　CNTs 基微结构超级电容器：（a）制备过程示意图，（b）弯曲条件下的光学照片和（c）不同弯曲状态下的 CV 曲线[166]

3）石墨烯

石墨烯微结构电极能够有效发挥叉指电极构型的优点，使电解液离子沿着平行于石墨烯片层方向快速嵌入/脱出，相比传统石墨烯电极，微结构电极具有更高的电荷存储及更快的离子传输能力[167]。近年来，随着石墨烯组装方式的发展，可以结合多种技术来实现石墨烯柔性微结构电极的设计，如光刻技术、激光直写、金属还原自组装、基于石墨烯墨水的印刷、喷涂及真空抽滤等。

光刻技术是微加工和纳米加工领域中最成熟的技术，具有纳米级分辨率，并且已经广泛用于集成电路，光刻技术常与其他技术结合来制备石墨烯微结构电极。例如，如图 2-23（a）所示，结合光刻与电泳技术，可以在柔性基底上面制备 GO 叉指图案［图 2-23（b）］。通过控制电泳沉积时间和掩模板尺寸，可以有效控制 GO 层的结构和厚度，将其化学还原后，即可获得高导电的 rGO 微电极（400 μm 宽，400 μm 间隔，25 nm 厚），其比电容可达到 286 F/g，比传统的石墨烯薄膜电极高 2 倍多[168]。将直接浸渍与光刻技术结合，然后经过等离子体刻蚀以及水合肼还原等过程也可得到 rGO 叉指电极，在 45.0 μAh/cm^2 电流密度下循环 1500 圈，比容量保持率为 93.4%，并且在 100 次弯曲测试后，仍保持较高的比容量保持率[169]。

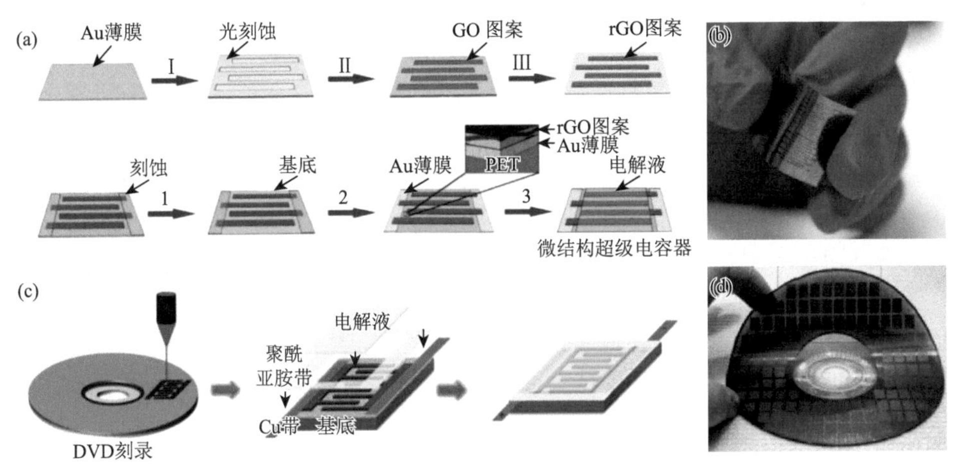

图 2-23　（a）结合光刻与电泳技术制备石墨烯基微结构超级电容器的示意图及其（b）弯曲状态下光学照片[168]；（c）利用激光直写技术制备石墨烯基微结构超级电容器的示意图；（d）在 DVD 基底上批量制备微结构超级电容器的光学照片[170]

激光直写技术可以利用激光的热效应将 GO 选择性还原为 rGO，得到图案化的 rGO 电极，通过调控激光的强度和时间，得到的 rGO 可以表现出不同的还原水平；通过控制激光直写的位置，可以在 GO 膜上进行构图，得到具有不同几何形状的 rGO 电极［图 2-23（c）］。结合 DVD 刻录机，可以在柔性基底上批量构建 rGO 微结构电极，30 min 内，可制备 100 多个微结构电极［图 2-23（d）］[170]。更重要的是，叉指电极的尺寸可由计算机编程控制。所制备的微结构超级电容器显示出 2.32 mF/cm^2 的面积比电容、3.05 F/cm^3 的体积比电容以及 200 W/cm^3 的高功率密度，并在各种弯曲状态下具有稳定的电化学性能。此外，利用激光直写技术制备的石墨烯电极可转移到 PDMS 弹性基底上，提高电极的可拉伸性能，获得可拉伸微结构超级电容器[171]。激光直写技术既简单又快速，但是可使用的活性物质种类有限，限制了其在微结构超级电容器的应用前景。

由于一些金属相对于 GO 具有低的氧化还原电位，因此可以还原 GO，去除 GO 表面的含氧官能团，进而得到 rGO[38]，还原过程中，调控 rGO 之间的相互作用力及沉积位置，可实现 rGO 微结构电极的设计。本书作者课题组[38]通过预先在柔性基底的叉指 Au 集流体表面电沉积 Zn，进一步利用金属还原自组装策略分别在两极表面制备 rGO 和 rGO/Mn_3O_4 的多孔电极，得到非对称柔性微结构超级电容器，电极多孔结构及叉指构型使器件表现出优异的倍率性能及出色的柔性。此外，通过将 GO 薄膜金属选择性还原可以制备一体化微结构超级电容器，还原得到的 rGO 既可作为电极材料又可作为内部导线，实现了微结构超级电容器的串并联[172]。金属选择性还原技术的优势是可以通过调控还原金属的形状来得到具有不同几何形状的微结构超级电容器，但需要牺牲金属模板，造成金属资源的浪费。

基于石墨烯溶液的喷墨打印技术适合柔性微结构超级电容器的大规模制备[174]。该方法中石墨烯溶液的性质是关键，溶液需要稳定的墨水配方，使石墨烯与墨水其他成分以及印刷设备的流体性质（黏度和表面张力）等具有相容性，此外，环保且低沸点的溶剂也是必要的。Feng 课题组使用稳定的亲水性 N 掺杂石墨烯墨水，利用喷墨打印技术制备了石墨烯柔性微结构超级电容器[173]。由于改善了电解质离子对图形表面的浸润性，柔性微结构超级电容器在 5 mV/s 的扫描速率下实现了 37.5 mF/cm^2 的面电容，最大能量密度可达到 5.20 $\mu W·h/cm^2$。而且器件在以 1 Hz 的速率下进行 10000 次弯曲，仍可保留原始电容的 94.6%。由于喷墨打印对于环境以及基底要求低，可以通过此技术将微结构超级电容器制备于各种基底上[175]。除了喷墨打印技术，丝网印刷技术对于石墨烯油墨同样具有很高的要求。Bonaccorso 课题组[176]利用丝网印刷技术制备了基于水基/醇基石墨烯油墨的柔性微结构超级电容器，其面电容值高达 1324 mF/cm^2，体积电容为 0.49 F/cm^3。该器件在弯曲、折叠测试等方面均表现出出色的稳定性。尽管丝网印刷方法简单、成本低且效率高，但每次打印都需要一个刚性模板，因此该方法的分辨率通常限制在毫米级，难以满足高分辨微结构超级电容器的设计需求。

掩模板辅助真空抽滤技术近两年也发展起来，用于制备柔性微结构超级电容器。将氟改性的石墨烯溶液利用掩模板辅助过滤结合物理转移的方法，可以得到具有高能量密度的石墨烯柔性微结构超级电容器，微结构超级电容器在 5000 次循环后具有 93%的循环稳定性，并表现出优异的机械柔韧性[177]。掩模板的优势是可以设计成不同形状，用于制备具有不同几何形状的微结构超级电容器，通过在纸基底上利用不同尺寸和形状的掩模板进行真空过滤，可以制造不同尺寸和形状的石墨烯微结构超级电容器，其能量密度为 0.223 mW·h/cm^3，功率密度为 24 mW/cm^3。而且，只需在纸上简单地制造几个微结构超级电容器，然后并联或串联即可提高输出电容或电压[178]。而抽滤法受限于抽滤装置，难以实现大规模制备。

物理转移法也是一种制备石墨烯微结构超级电容器的方法。Kan 课题组在图案化的导电织物上自发沉积 rGO，然后电沉积 Ni 薄膜[179]，最后将获得的 rGO/Ni 图案从导电织物转印到胶带上，形成叉指状电极，其中底层 Ni 用作集流体，顶层 rGO 用作电极材料，基于此电极的全固态微结构超级电容器在 5 mV/s 的扫描速率下获得了 12.5 mF/cm^2 的面电容，在 40 mW/cm^3 的功率密度下表现出 2.25 mW·h/cm^3 的能量密度，在 20000 次循环后保持 94.8%的初始电容，并且在弯折条件下仍可以正常工作。

4）复合碳材料

石墨烯除了单独作为微结构超级电容器的电极材料，还可以在石墨烯层间插入碳纳米管得到复合碳材料，通过石墨烯与碳纳米管的协同作用，不仅可以阻止石墨烯片之间的团聚和堆叠，为电荷存储增加可接触的表面面积，还可提高器件的整体性能。以多层石墨烯/功能化 MWCNTs 复合材料作为叉指电极活性材料，以 PVA/H_3PO_4 作为电解质，所得全固态柔性微结构超级电容器在 10 V/s 时，面电容为 2.54 mF/cm^2。该微结构超级电容器还展现出良好的柔性，在多次弯曲后其电化学性能不会有明显衰减[180]。

目前，双电层柔性微结构超级电容器的电极主要由各类碳材料组成，包括热解多孔碳、CNTs、石墨烯以及它们的复合材料，柔性微结构超级电容器的制备方法与电化学性能如表 2-8 所示。由于其主要是由对称的双电层电极组成，制备过程比较简单，然而，双电层的电荷存储机理使得柔性微结构超级电容器能量密度较低，因此，需要进一步提高双电层柔性微结构超级电容器的能量密度。

表 2-8　基于碳纳米材料的柔性微结构超级电容器的制备方法和性能对比

电极材料	制备方法	基底	比容量	能量密度	功率密度	参考文献
光刻胶衍生碳	热解	塑料薄膜	1.7～11 F/cm^3	0.8～1 mW·h/cm^3	0.05～56 W/cm^3	[153]
聚酰亚胺衍生碳	激光直写	塑料薄膜	0.8～19 mF/cm^2	0.1～1 mW·h/cm^3	8～157 mW/cm^3	[156]，[157]
CNTs	喷涂、浸渍、选择性润湿诱导	PDMS、PET	0.06～0.51 mF/cm^2	10^{-8}～3×10^{-7} W·h/cm^2	8×10^{-3}～2 mW/cm^2	[161]～[163]，[166]
rGO	电泳沉积、激光还原、抽滤	塑料、GO 薄膜	2～359 F/cm^3	0.2～31.9 mW·h/cm^3	0.02～324 W/cm^3	[168]，[170]，[178]

2. 柔性赝电容微结构超级电容器

1）金属氧化物/氢氧化物

金属氧化物/氢氧化物等材料一般导电性较差，需要将其制备于导电集流体上来获得微结构电极。例如，结合电子束蒸发和光刻技术可在柔性 PET 基底上设计多层叉指 MnO_x/Au 电极，该电极展现了 32.8 F/cm^3 的高体积电容、1.75 mW·h/cm^3 的能量密度和 3.44 W/cm^3 的功率密度。此外，还可以在导电集流体表面原位生长活性材料[181]，如图 2-24（a）所示，在柔性较好的医用胶带上用铅笔简单地刻画出石墨叉指电极作为集流体，然后通过温和的溶液氧化还原反应在石墨表面原位沉积 MnO_2 电极材料，涂覆固态电解质后，便可得到柔性全固态微结构超级电容器［图 2-24（b）］。器件可以在从 0°弯曲到 90°的情况下反复变形［图 2-24（c）］，并且在 200 次弯曲循环后，电容的保持率超过 90%［图 2-24（d）］[182]。如上所述，电沉积技术也是在集流体上制备活性材料的常用方法，通过三电极电化学反应，可将 MnO_2 电沉积到 3D 镍纳米锥阵列上，得到超薄且具有柔性的 MnO_2 纳米结构，通过从载体膜上剥离电极，可获得厚度为 3 mm 的独立式电极膜，基于此电极的超级电容器表现出优异的柔性和循环稳定性，同时，可以获得 632 F/g 的高比电容和 52.2 W·h/kg 的高能量密度[183]。

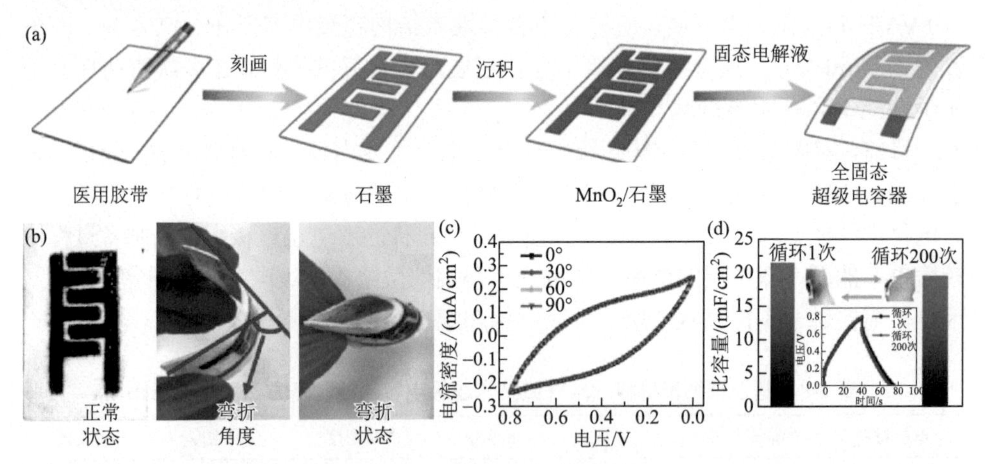

图 2-24　MnO_2 基柔性微结构超级电容器：（a）制备过程示意图；（b）平坦和各种弯曲状态下电极的光学照片；（c）不同弯折条件下的 CV 曲线；（d）不同弯折次数后的充放电曲线和比容量保持率[182]

除了使用导电集流体，还可仿照传统电容器电极的制备方法，将活性材料与导电剂以及黏结剂混合均匀，获得黏度合适的浆料，结合不同掩模板在不同柔性基底上制备成叉指电极。例如，通过在不同的基底（包括 PET、纸张和纺织品）

上丝网印刷由 75 wt% FeOOH/MnO_2 粉末、15 wt%乙炔黑和 10 wt%黏结剂组成的 FeOOH/MnO_2 混合浆料，可在不同基底上获得微结构电极[184]。微结构超级电容器在功率密度为 0.04 mW/cm^2 时展现出 5.7 mF/cm^2 的高面积比电容和 0.5 μW·h/cm^2 的能量密度。此外，该微结构超级电容器还具有出色的柔性，在 10000 次循环后仍保持其原始电容的 95.6%。

碳纳米材料具有良好的导电性及大的比表面积，不仅可作为超级电容器的电极材料，还可作为导电骨架与其他赝电容材料协同作用，来提高柔性微结构超级电容器的电化学性能[185-187]。在超薄 MnO_2 纳米片与石墨烯制备的微结构电极中[185]，石墨烯不仅为离子的快速吸脱附提供了大的比表面，而且在复合的层间产生额外的界面，极大地提高了充放电速度。与纯石墨烯微结构电极相比，MnO_2/石墨烯复合微结构电极展现了更加优异的电化学性能，在 0.2 A/g 的电流密度下，比容量可达 267 F/g，而且，器件在 1000 次折叠/展开测试后，仍可保持 90%以上的初始电容。利用掩模板辅助离子刻蚀的方法可制备 GO/CNTs/MnO_x 微结构电极材料，采用 PVA/H_3PO_4 凝胶电解质，可获得全固态柔性微结构超级电容器[186]，器件在 1000 次弯曲后，其比容量基本保持不变，展现了优异的抗弯折性能。

为进一步提高微结构超级电容器的能量密度，非对称微结构超级电容器（AMSCs）也被设计出来[188]，如图 2-25 所示，介孔 MnO_2 纳米片为正极，多孔氮化钒（VN）纳米片为负极，利用“盐包水”凝胶电解质组装了非对称微结构超级电容器。器件可在 2.0 V 下稳定运行，提供 21.6 mW·h/cm^3 的能量密度，在 5000 次循环后仍具有 90%的比容量保持率，在不同弯曲角度下不会出现明显的电容衰减，并且易于串、并联，从而输出高电压和高电流。

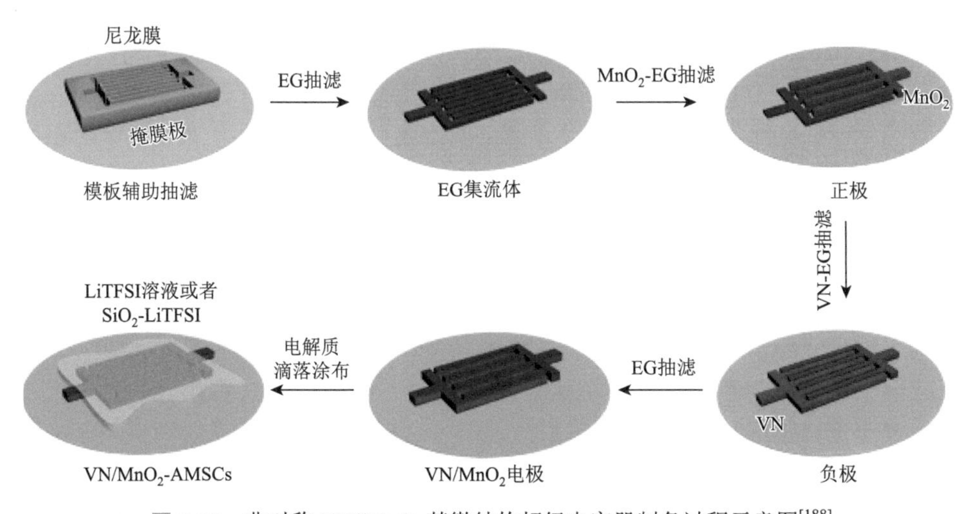

图 2-25　非对称 VN//MnO_2 基微结构超级电容器制备过程示意图[188]

2）导电聚合物

导电聚合物相对于金属氧化物具有更高的电子电导率，因此可以直接制备导电聚合物微电极而不需要导电剂或集流体。通过结合微加工技术和原位化学聚合法，可以设计 PANI 纳米线的微电极阵列[189]，柔性 PANI 微结构超级电容器具有出色的体积比电容（约 588 F/cm^3）和良好的倍率能力，而且器件可以串联或并联以提高输出电压或电流。除 PANI 外，PPy 也可用于微结构超级电容器电极的设计，借助散热带可将 PPy 转移到各种柔性基底上，如塑料胶带、纸张、纺织品和树叶等，基于不同基底的器件在各种机械形变测试下均表现出稳定的电化学性能[190]。

电化学聚合是制备导电聚合物的常用方法。预先在柔性基底表面制备叉指集流体，然后通过电化学诱导法可在集流体表面制备多种导电聚合物，如 PEDOT[191]、PANI[192, 193]等，进而组装柔性微结构超级电容器。通过这种电化学方法，可以实现多孔结构，以增加电解质的离子迁移并进一步提高导电聚合物材料的电容性能。在一个典型的实例中，首先在 PET 上由激光打印机打印叉指式电路模板，然后，通过电子束蒸发将厚度为 80 nm 的 Au 沉积在 PET 表面，通过去除电路模板后获得叉指 Au 电极。调控电化学聚合参数，在 Au 集流体阵列上原位电聚合 PANI 纳米线网络，得到 Au/PANI 复合微电极（宽度 300 μm，间距 300 μm），通过 300 s 的 PANI 沉积，微结构超级电容器在 0.1 mA/cm^2 的电流密度下可提供 26.49 mF/cm^2 的面电容。当弯曲到 90°时，其电化学性能几乎不变，展现出高柔韧性[193]。

将导电聚合物与碳纳米材料等进行复合可进一步提高聚合物电极性能。参照石墨烯柔性微结构电极的制备经验，将电化学剥离的石墨烯和 PEDOT：PSS 分别做成均匀稳定的溶液，利用模板辅助真空抽滤法分别将其抽滤为叉指集流体和电极材料，相对于纯石墨烯柔性微结构电极，复合物电极极大地提高了面积比容量（5.4 mF/cm^2）并且展现出优异的倍率能力[194]。还可将 PANI/GO 混合墨水利用模板辅助真空抽滤法在不同基底上印刷线性串联微结构超级电容器电极，石墨烯的引入极大地提高了电极的柔性，PANI 赝电容材料可以提供高的电压窗口及高达 7.6 mF/cm^2 的面电容[195]。通过将光刻和喷墨打印结合，可以在纸上得到 PEDOT：PSS/CNTs 叉指复合电极，从而实现轻、薄、柔的微结构超级电容器，器件具有 23.6 F/cm^3 的高体积比电容[196]。相比纯的碳纳米材料油墨，掺杂导电聚合物之后，制备适当黏度的稳定墨水是一个比较大的挑战。

除了碳纳米材料，还可将银纳米颗粒引入 PPy 的聚合过程中，通过自模板原位氧化聚合反应合成亚微米级球形 Ag@PPy 复合材料[197]。导电纳米粒子的添加极大地提高了赝电容电极的电子传输能力，通过将 Ag@PPy、炭黑和水性树脂混合制成浆料，然后利用丝网印刷法制备微电极，得到的柔性微结构超级电容器具有出色的电容特性，包括在 1000 次弯曲循环后保持 77.6%的出色机械柔韧性、在 10000 次弯曲循环后保持 82.6%的电化学稳定性以及 4.33 $\mu Wh/cm^2$ 的高能量密度。

3）MXene

MXene 与石墨烯有许多相似性，如二维结构、大的比表面积以及优异的电导率等，因此 MXene 微电极的制备方法与石墨烯类似，而 MXene 由于具有亲水性，因此更适合制成 MXene 油墨，进行印刷、喷涂等操作。Zhang 等[198]通过一种简单且经济高效的印刷方法，将基于 $Ti_3C_2T_x$ 的黏性油墨加工成微结构超级电容器电极。在将溶胀并分层的 $Ti_3C_2T_x$ 制备成单层纳米片为主的状态，形成浓度约为22 mg/mL 的黏性 $Ti_3C_2T_x$墨水之后，再将其刷到图案化的印章上，随后将印章按压在纸上便可得到柔性微结构电极，上述 MXene 微结构电极的超级电容器在 25 $\mu A/cm^2$ 电流密度下的面积电容为 61 mF/cm^2，并具有较长的使用寿命、高能量密度和高功率密度。尽管此印刷打印法具有可扩展性，但 MXene 油墨的均匀性差，打印分辨率相对较低（叉指间隙＞550 μm），这些不可避免地限制了电极的面积比电容和倍率性能。除了印刷，喷涂技术也被用于制备 MXene 微结构电极。Gogotsi 等利用两种片层大小的 MXene 油墨制备了可以进行物理转移的微结构电极[199]。大片层的 MXene 具有高导电性，小片层的 MXene 具有大的比表面积，充分利用其各自优势，器件能量密度可达 357 F/cm^3。使用市售的印刷纸作为基底来涂覆 MXene 油墨，然后进行激光加工，可制备大面积 MXene 叉指电极。MXene 的尺寸、形态和电导率会严重影响微结构超级电容器的电化学性能，所制备的微结构超级电容器显示出极具竞争力的功率和能量密度[200]。

基于 MXene 电极，利用丝网印刷工艺，以具有较大层间距的 MXene 墨水作为负极，并使用 Co-Al 双金属氢氧化物纳米片作为正极，可制备柔性非对称微结构超级电容器[201]。由于正极和负极中存储的平衡电荷良好，非对称微结构超级电容器的工作电势窗口扩展至 1.45 V，没有明显的氧气析出迹象，由于电压窗口的扩展，非对称微结构超级电容器的能量密度可达 8.84 $\mu W{\cdot}h/cm^2$，高于相应的 MXene 对称微结构超级电容器的能量密度（3.38 $\mu W{\cdot}h/cm^2$）。

4）普鲁士蓝

Feng 课题组利用模板辅助抽滤以及物理转移的方法制备了基于普鲁士蓝（MHCF）/石墨烯的微结构电极［图 2-26（a）］[202]，抽滤的电极薄膜可转移至柔性极好的 PET 基底上，且与 PET 具有良好的黏附性，所得微结构超级电容器在弯曲到 90°条件下仍能保持正常工作［图 2-26（b）］。此外，还可以利用原位生长，基于吡啶与普鲁士蓝的协同作用来精确地对普鲁士蓝纳米薄膜进行空位修饰，从而获得具有高能量密度的微结构超级电容器[203]。实验结果和密度泛函理论计算结果证实，普鲁士蓝网络内部的空位修饰改善了薄膜的成膜性能、亲水性和电化学活性。所得微结构超级电容器表现出 12.1 mW·h/cm^3 的超高能量密度，而且在不同弯折条件下均保持稳定的电化学性能。

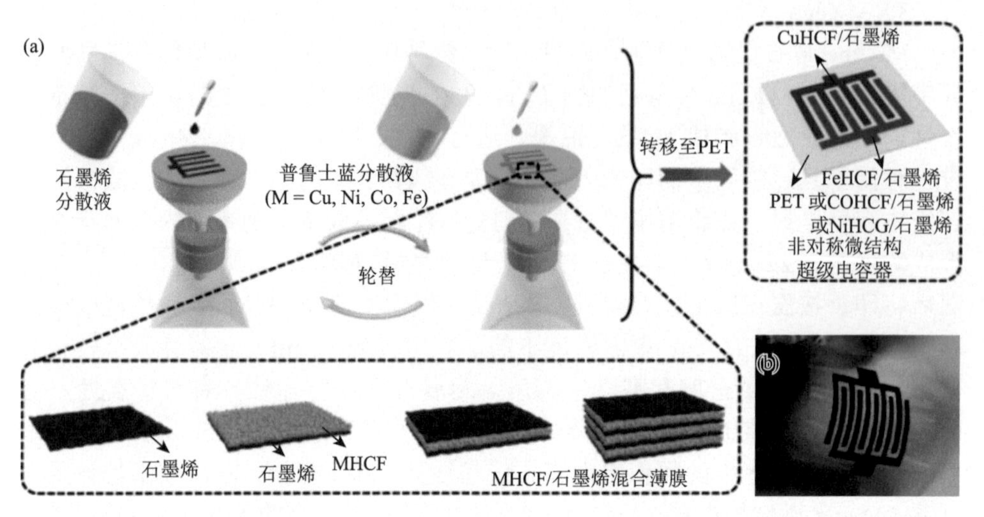

图 2-26 利用模板辅助抽滤和物理转移的方法制备普鲁士蓝基柔性微结构超级电容器的（a）制备过程示意图和（b）光学照片[202]

5）赝电容材料复合

将过渡金属氧化物和导电聚合物进行复合，通过过渡金属氧化物和导电聚合物协同作用可以改善复合电极的电化学性能。例如，利用 *b*-PEDOT 空心球体、MWCNTs 和 MnO_2 复合物作为活性物质，铜箔作为集流体，以聚酯作为柔性基底和封装材料，组装的柔性微结构超级电容器在电流密度为 2 A/g 时比容量达到 110 F/g[204]。

赝电容微结构超级电容器主要是基于金属氧化物、导电聚合物以及 MXene 等材料，其制备方法与电化学性能如表 2-9 所示，赝电容材料通常与碳纳米材料进行复合，不仅可以提高其柔性，而且可以提高赝电容电极的导电性，进而提升电极的功率密度。相比双电层型微结构超级电容器，赝电容型微结构超级电容器可提供更高的能量密度，因此具有更加优异的应用前景。

表 2-9 基于赝电容材料的柔性微结构超级电容器的制备方法与电化学性能对比

电极材料	制备方法	基底	比容量	能量密度	功率密度	参考文献
金属氧化物	光刻、原位沉积、丝网印刷、喷涂、抽滤	PET、纸、尼龙薄膜	1～32.8 F/cm^3	1～1.75 mW·h/cm^3	0.018～3.44 W/cm^3	[181]，[182]，[184]，[187]，[188]
导电聚合物	电沉积、原位聚合	PET	20～50 F/cm^3	5～7.7 mW·h/cm^3	175～400 mW/cm^3	[191]，[192]，[197]

续表

电极材料	制备方法	基底	比容量	能量密度	功率密度	参考文献
MXene	打印、丝网印刷	纸、PET	40～61 mF/cm^2	0.63～8.84 $\mu W\cdot h/cm^2$	0.33 mW/cm^2	[199]，[201]
普鲁士蓝	抽滤、原位生长	PET	93.2～188 F/cm^3	12.1～44.6 $mW\cdot h/cm^3$	0.17～0.34 W/cm^3	[202]，[203]

3. 柔性混合型微结构超级电容器

柔性混合型微结构超级电容器能够同时实现高的能量密度和功率密度。目前，柔性混合型微结构超级电容器主要包括以下两种类型：①一极是双电层电极，另一极是赝电容电极；②一极是电容器电极，另一极是电池电极。

1）双电层电极与赝电容电极组合

该混合型微结构超级电容器的电极阵列同时包含碳和赝电容材料。赝电容电极可以提供高电容，而碳电极可以提供高功率。非对称器件通常具有比对称器件更宽的工作电压窗口，从而实现更高的能量密度。赝电容钴焦磷酸钾[$K_2Co_3(P_2O_7)_2\cdot 2H_2O$]油墨和石墨烯油墨分别印刷为正负极材料。在不使器件短路的情况下，可以分别在正极和负极上实现最小 70 μm 和 80 μm 的微电极宽度。微结构超级电容器具有 1.07 V 工作电压窗口，此外，其还可提供 6 F/cm^3 的高比电容和 0.96 $mW\cdot h/cm^3$ 的能量密度。但是，由于油墨的固体浓度低，因此加工效率仍然很低[205]。基于氢氧化钴[$Co(OH)_2$]和 rGO 的柔性不对称微结构超级电容器可达到 1.4 V 的工作电压和 0.35 $\mu W\cdot h/cm^2$ 的能量密度[206]。

2）电容器电极与电池电极组合

该混合型微结构超级电容器的电极阵列同时包含电池电极和电容器电极，其优势在于，可以在电容器电极表面进行可逆的离子吸脱附反应，同时在电池电极上进行金属离子的嵌入/脱出反应，这就使得该类型微结构金属离子超级电容器同时具有微结构超级电容器的高功率密度和微结构电池的高能量密度。但基于电池电极的微结构超级电容器不可避免地受限于电极材料充放电过程的塌陷以及损耗，这会显著地影响其循环寿命等电化学性能。Qu 课题组结合激光刻蚀和电沉积的方法制备了基于 Zn 负极和 CNTs 正极的叉指电极，使用安全环保的硫酸锌（$ZnSO_4$）电解液，制备出具有高能量密度和高功率密度的锌离子微结构超级电容器[207]。制备的锌离子微结构超级电容器在 1 mA/cm^2 下展现出 83.2 mF/cm^2 的高面积比电容、29.6 $\mu Wh/cm^2$ 的高能量密度和 8 mW/cm^2 的高功率密度，在不同弯折条件下均保持了稳定的电化学性能。

表 2-10 总结了柔性混合型微结构超级电容器的制备方法及电化学性能，尽管其相对于对称型超级电容器具有更加优异的电化学性能，但也由于电极材料的不

对称性，至少需要两步操作来制备叉指电极，制备方法更复杂，因此对于实现低成本、大规模制备混合型微结构超级电容器提出了更高的要求。

表 2-10 柔性混合型微结构超级电容器的制备方法及电化学性能对比

电极材料	制备方法	基底	比容量	能量密度	功率密度	参考文献
$K_2Co_3(P_2O_7)_2 \cdot 2H_2O$//rGO	印刷	PET	6.0 F/cm^3	0.96 $mW \cdot h/cm^3$	0.0545 W/cm^3	[205]
$Co(OH)_2$//rGO	电沉积	聚酰亚胺	2.28 mF/cm^2	0.35 $\mu W \cdot h/cm^2$	0.072 mW/cm^2	[206]
Zn//CNTs	电沉积	碳纸	83.2 mF/cm^2	29.6 $\mu W \cdot h/cm^2$	8 mW/cm^2	[207]

2.3.3 智能化柔性微结构超级电容器

1. 自修复型

微结构超级电容器在受到外部机械损坏后可能发生电化学性能的急剧衰减或者发生内部短路，因此需要开发具有自修复能力的柔性微结构超级电容器。例如，可以通过将具有自修复能力的 PU 作为微结构超级电容器的外壳，制成由 MXene-rGO 复合电极组成的自修复柔性微结构超级电容器［图 2-27（a）］[208]，基于 MXene-rGO 的微结构超级电容器在 1 mV/s 的扫描速率下可提供 34.6 mF/cm^2 的高面积比电容。除了优异的电化学性能，这种微结构超级电容器还具有自修复能力。PU 丰富的界面氢键是其自修复功能的原因［图 2-27（b）］，切断再重新接触，暴露出来的氢键进行重新搭接，实现自修复［图 2-27（c）］。其在第 5 次修复后仍具有出色的自我修复性能，比电容保持率为 81.7%［图 2-27（d）］。

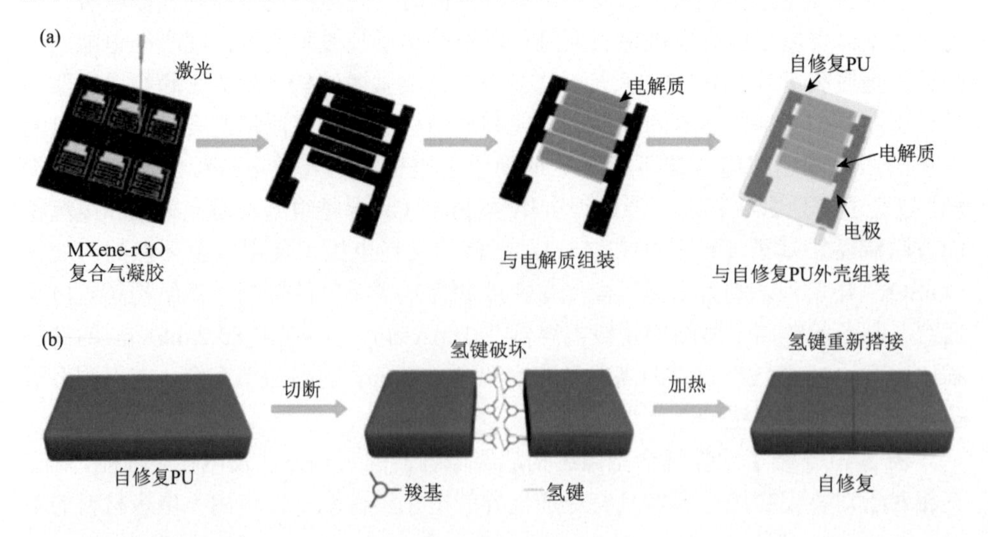

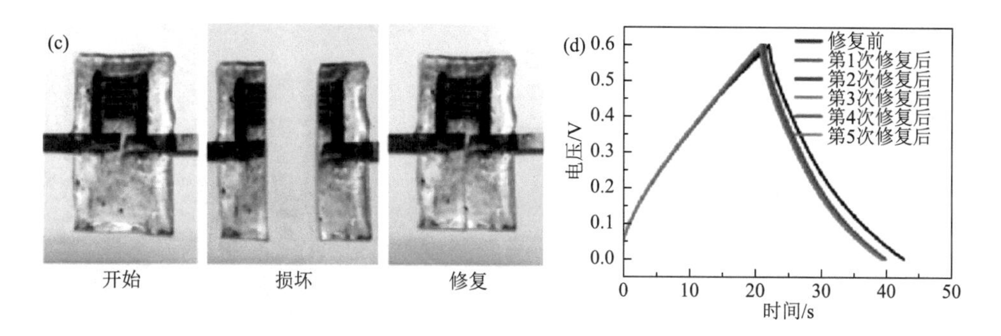

图 2-27　（a）自修复微结构超级电容器的制备过程示意图；（b）自修复 PU 封装凝胶的自治愈机理示意图；（c）微结构超级电容器自修复过程的光学照片；（d）不同修复次数的充放电曲线[208]

2. 电致变色型

将电致变色功能与柔性微结构超级电容器相结合的微型电致变色能量存储设备，具有在可变透射率窗口和微型指示器等智能系统中的潜在应用前景。Feng 课题组通过将微结构电极转移到透明基底上，然后在凝胶电解液中添加甲基紫精，制备了具有可逆电致变色刺激响应的柔性微结构超级电容器［图 2-28（a）］[209]。由于甲基紫精在不同氧化还原状态下表现出不同颜色，器件在 0～1 V 的充放电过程中展现出显著的可逆电致变色效应，从而可以直观地观察微结构超级电容器的充放电状态［图 2-28（b）］，此外，由于微结构超级电容器具有极快的充放电速度，该器件具有快速的电致变色功能。

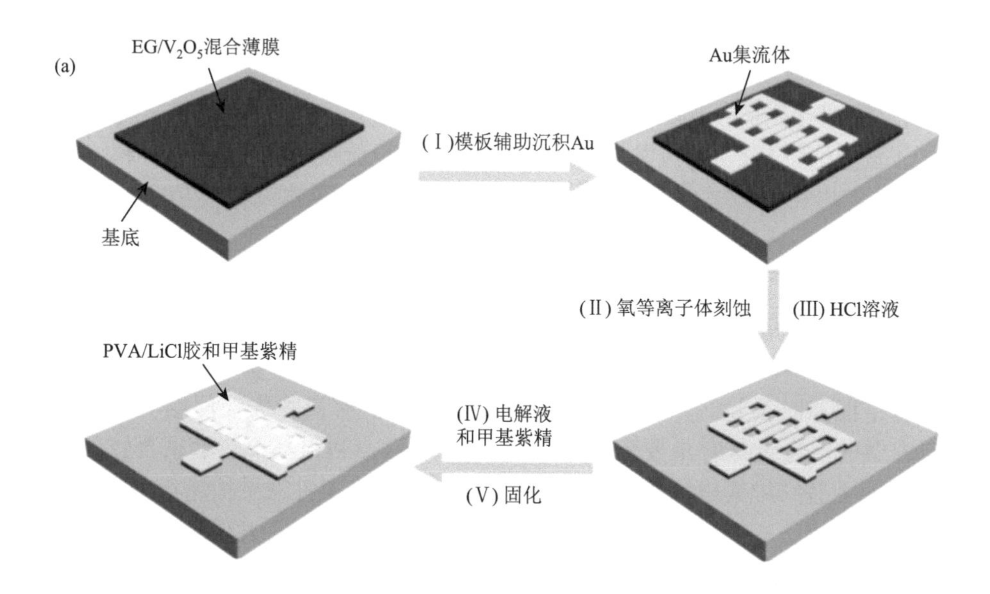

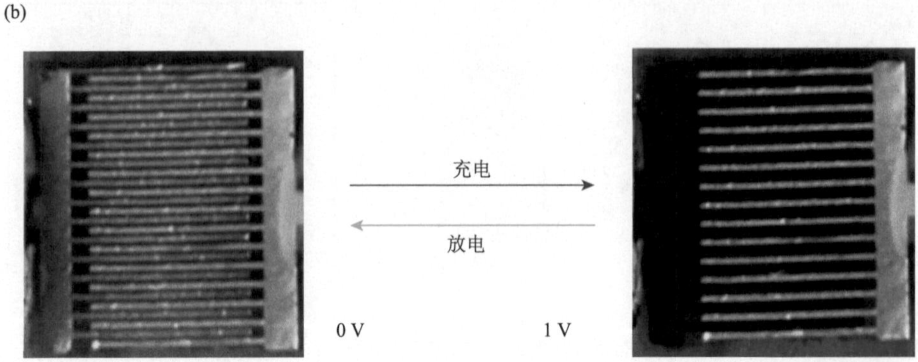

(b)

充电

放电

0 V 1 V

图 2-28 电致变色型微结构超级电容器：（a）制备过程示意图和（b）不同充放电状态的颜色变化[209]

3. 传感器型

赋予柔性微结构超级电容器小型感测系统的功能，可以避免多个器件的复杂连接，并且避免使用外部电源，从而减少系统体积和质量。为此，传感器型柔性微结构超级电容器系统被研发，包括应变传感器[70]和光电探测器[24]。例如，Zhang课题组[210]设计了一个多合一传感贴片，该贴片包括压阻传感器和微结构超级电容器［图 2-29（a）和（b）］。利用具有压阻性的多孔结构和具有电化学性能的CNTs/PDMS 弹性体的优势，压阻传感器具有高灵敏度（0.51 kPa^{-1}）和宽检测范围。该传感器贴片可以轻松附着在皮肤上，以进行关节和肌肉监测，并具有相应的电阻响应［图 2-29（c）和（d）］，以及高灵敏度和机械柔韧性，感测贴片可以通过特征参数提取和信号解码进一步用于用户识别和安全通信中的 3D 触摸。除此之外，可在基于 SWCNTs 微结构叉指电极中掺杂 TiO_2 半导体材料，当微结构超级电容器施加一个内部外电压后，电路中产生电流，在光照条件下，半导体内部电子发生跃迁，产生电子空穴的分离，电流发生变化，进而检测光照强度［图 2-29（e）和（f）］。通过对比，加入 TiO_2 之后对于微结构超级电容器的性能基本没有产生影响[165]。

4. 热保护型

微结构超级电容器在快速充放电过程中会产生大量的热量，引起电子器件内部压力的变化，甚至有爆炸或自燃的危险。此外，在高温下长时间工作，当产生的热量不能及时消除时，会损坏电子设备，因此，解决热失控问题对微结构超级电容器的安全性具有重要意义。如图 2-30 所示，利用基于热敏聚合物的聚环氧乙烷-*g*-甲基纤维素电解质，可以制备新型的热保护柔性微结构超级电容器，以防止热失控[211]。当温度高于临界溶液温度时，智能电解质会发生凝胶化，有效地抑制离子的迁移，导致比电容降低，使得微结构超级电容器停止正常工作。然而，电解质在室温下会可逆转变为溶液状态，离子恢复自由迁移，器件恢复正常工作。得益于智能电解液的溶胶-凝胶转变，自保护微结构超级电容器在高温下停止工作，这为解决当今便携式微电子器件的安全问题提供了一种可借鉴的策略。

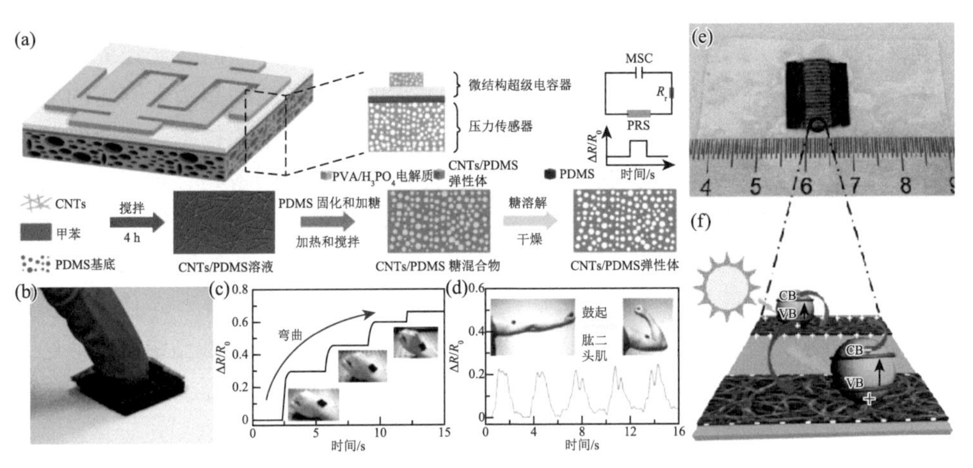

图 2-29　（a）基于多孔 CNTs/PDMS 弹性体的压阻传感器和微结构超级电容器集成的多合一传感贴片的示意图；（b）手指触摸感测贴片的光学照片；监视（c）手腕和（d）手臂运动的感测贴片的光学照片和相应的电阻响应曲线[210]；可拉伸微结构超级电容与光电探测器集成器件（e）光学照片和（f）机理示意图[165]

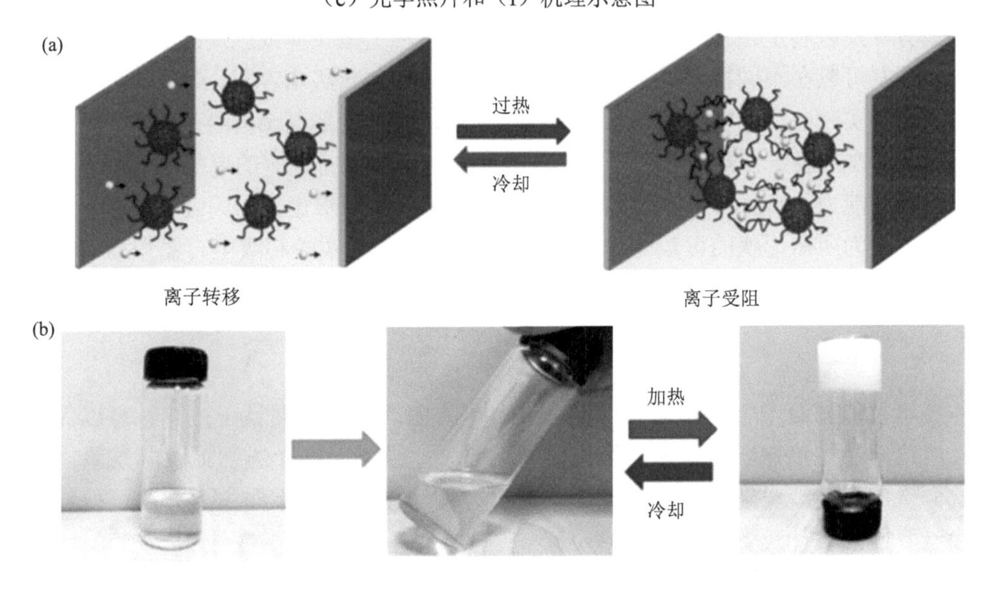

图 2-30　（a）热敏电解质可逆自保护示意图；（b）聚环氧乙烷-*g*-甲基纤维素共聚物溶液可逆溶胶-凝胶转变的光学照片[211]

2.3.4 展望

作为下一代微型可穿戴电子器件的能量存储设备，大规模制备高性能柔性微结构超级电容器至关重要。然而，目前柔性微结构超级电容器的研究还处于实验室阶段，并未大规模应用到现实生活中。为了实现柔性微结构超级电容器的实用化，迫切需要开发用于微电极制造的简单、低成本、高通量的技术，此外，还需使得柔性微结构超级电容器的制备与其他柔性微电子器件制备具有兼容性。为满足这些要求，必须进一步优化和调整柔性微结构超级电容器的制造技术，以匹配当前的电子电路微制造技术。数字印刷技术（包括喷墨打印和丝网印刷）在微电极制造中具有最大的优势，因为它们在工业级制造中具有简单性，并且图案和几何形状具有高度的灵活性。同时，此技术有望实现完全印刷的柔性微结构超级电容器的制备以及柔性微结构超级电容器与其他可印刷电子组件的联合制造和集成。

2.4 其他抗形变柔性超级电容器

尽管各种器件构型的柔性超级电容器设计已经取得了一定进展，但在一些特殊领域，柔性超级电容器不仅要可弯曲，还要可拉伸、可压缩、可折叠、可扭曲甚至可裁剪等，以满足各种使用环境的需求。为了适应一些拉伸或压缩式的电子设备，需要开发可以在不同拉伸或压缩条件下能正常工作的超级电容器。此外，在可穿戴电子设备实时监测穿戴者活动和健康的过程中，扭曲变形甚至折叠是十分常见的，因此，柔性超级电容器需要在扭曲或折叠的条件下仍保持稳定的电化学性能。除上述抗形变能力，如何满足各种形状可穿戴电子设备的需求也甚为关键，需要开发可直接转换为所需形状的可裁剪超级电容器。因此，为使柔性超级电容器作为储能器件能够适应各种工况，需要开发具有不同抗形变能力的柔性超级电容器。

2.4.1 可拉伸超级电容器

可拉伸超级电容器可以实现单个或多个方向的拉伸，并且在拉伸时可以保持其电化学性能稳定。可拉伸超级电容器的设计主要涉及两个方面：①开发具有可拉伸性的电极或电解质；②设计新颖的可拉伸器件结构。下面主要介绍可拉伸超级电容器的设计及器件构型。

1. 可拉伸超级电容器的设计

1）电极设计

为了开发可拉伸超级电容器，电极需要能够承受大的拉伸应变，同时又不能对电化学性能产生明显影响。因此，可以通过开发具有固有可拉伸性的新材料或在预拉伸基底上沉积特殊结构的电极材料来制备可拉伸电极。

（1）固有可拉伸电极。

在具有互连网络结构的可拉伸聚合物中掺杂活性材料，可以设计具有固有可拉伸性的电极[212, 213]。通过在金纳米颗粒/CNTs/聚丙烯酰胺凝胶中原位聚合 PPy 纳米颗粒，可以制备凝胶电极，CNTs 作为导电网络为可拉伸电极提供良好的导电性[212]。该电极与金纳米颗粒化学交联，具有分级蜂窝网络结构，因此具有较大的可拉伸性，伸长率可达 2380%。在 800%拉伸应变下，所得超级电容器的电化学性能几乎不变。

（2）基于预拉伸基底的电极。

除具有固有拉伸性的电极材料外，还可以在预拉伸基底表面沉积活性材料，得到可拉伸电极。活性材料可包括石墨烯或 CNTs 等[80, 214]，例如，通过将 CVD 直接生长的具有连续网状结构的 SWCNTs 膜平铺到预拉伸 100%的 PDMS 基底上，可以制备 140%形变下电阻基本保持不变的可拉伸电极[80]。进一步利用凝胶电解质，设计了一体化超级电容器，即使在 120%拉伸应变下，该器件电化学性能也几乎保持不变。为提高可拉伸电极的比容量，可将赝电容材料与碳纳米材料复合，制备可拉伸复合电极[215-217]。将 MnO_2 和 Fe_2O_3 分别沉积在 CVD 生长的 CNTs 膜表面，然后将其压制在预拉伸的 PDMS 表面，可分别作为可拉伸超级电容器的正负极[217]。赝电容材料的复合对电极可拉伸性能影响较小，但极大提高了可拉伸电极的电化学性能。

除单向拉伸外，预拉伸策略还可进一步扩展到双轴方向，使得超级电容器在面内所有方向上都具有可拉伸性。研究人员通过 CVD 法制备垂直排列的 CNTs 阵列，借助热退火过程将其转移到双轴预拉伸基底上，得到具有良好拉伸性能的电极[218]。在三电极测试中，该电极在单轴（300%）或双轴（300%×300%）应变下，进行数千次的拉伸/释放循环均表现出稳定的电化学性能。所得超级电容器在单轴（300%）或双轴（200%×200%）拉伸下，仍能保持优异的电化学性能。

2）电解质设计

可拉伸超级电容器的设计不仅要求电极具有可拉伸性，作为器件的重要组成部分，电解质也需要满足可拉伸的要求。理想情况下，可拉伸电解质应具有高离子迁移率、高电化学稳定性和良好的可拉伸性。常用液态电解质在拉伸过程中有泄漏的风险，因此寻求具有高离子迁移率和良好机械稳定性的准固态电解质是目前主要的研究方向。

凝胶电解质，如 PVA/H_3PO_4 和 PVA/H_2SO_4，由于其良好的离子传输和机械拉伸性，常用于可拉伸超级电容器[216, 219]。H_3PO_4 和 PVA 质量比为 1.5 的可拉伸凝胶电解质具有高离子电导率（3.4×10^{-3} S/cm），在施加 100%应变的情况下，拉伸 1000 次循环后仅显示 5%的塑性变形[220]。组装的超级电容器器件在进行 1000 次 30%形变的拉伸/释放循环后，仍可保持 81%的初始电容。除 PVA 外，其他聚合物，包括聚甲基丙烯酸甲酯（PMMA）、聚丙烯酸（PAA）、聚氧化乙烯（PEO）、PAM 和聚偏氟乙烯（PVDF），也可用于开发可拉伸凝胶电解质[221-226]。例如，利用氢键和乙烯基杂化二氧化硅纳米颗粒双重交联可制备可拉伸 PAA 凝胶电解质，基于此电解质，以预拉伸的 PPy@CNTs 纸作为电极组装的可拉伸超级电容器在高达 600%的拉伸应变下，仍保持稳定的电化学性能[222]。

3）器件结构设计

上述可拉伸器件主要是传统层层堆叠的构型，其可拉伸性主要来源于电极和电解质的可拉伸功能。除了上述策略，还可以通过特殊的器件结构来设计可拉伸超级电容器，如 Kirigami 结构和编织结构。

Kirigami 结构：通过将超级电容器进行合理剪切能够制成可拉伸超级电容器，其可沿任意方向进行拉伸。Chen 等利用剪纸的方法制备了 Kirigami 结构的可拉伸超级电容器[227]。该超级电容器可以在不降低电化学性能的情况下被拉伸至 500%，其在 400%拉伸应变下进行 10000 次拉伸/释放循环后，仍可保持近 98%的初始电容。此外，还可通过将电极剪切为多个结构单元再重新拼接的方法实现超级电容器的可拉伸性。在此基础上，他们进一步利用剪切再拼接的方法制备了蜂窝结构的可拉伸超级电容器，如图 2-31（a）所示[228]。该超级电容器即使经过 10000 次 2000%形变的拉伸/释放循环，也可保持 95%的初始电容。相比于直接裁剪，该方法构建的可拉伸超级电容器可以使用非活性弹性基底来设计，更具灵活性和普适性。

编织结构：在一维线状超级电容器中，纤维的拉伸不可避免会损害涂覆的导电材料颗粒间的连接，导致器件电阻增加。可以利用编织结构调控纤维间的相互作用来克服这种固有的电导率-拉伸矛盾。编织结构的三维网络能够提供快速的电子/离子传导路径并且可以提高活性材料的负载量。由 SWCNTs 线状超级电容器制成的储能织物具有良好的可拉伸性，在 120%的拉伸应变下，拉伸/释放循环 100 次后比电容几乎没有变化[82]。然而上述储能织物仅含有无弹性“纱线”，因此其拉伸性受到限制，在此基础上，Choi 等进一步设计了无弹性和弹性“纱线”杂化交替编织的超级电容器织物，织物具有出色的拉伸性（高达 200%）和机械稳定性，如图 2-31（b）所示[229]。通过增加纱线之间的接触，所得的 MWCNTs 可拉伸电极的电导率提高了 7 倍，即使在 130%形变时仍可达到 33000 S/cm。

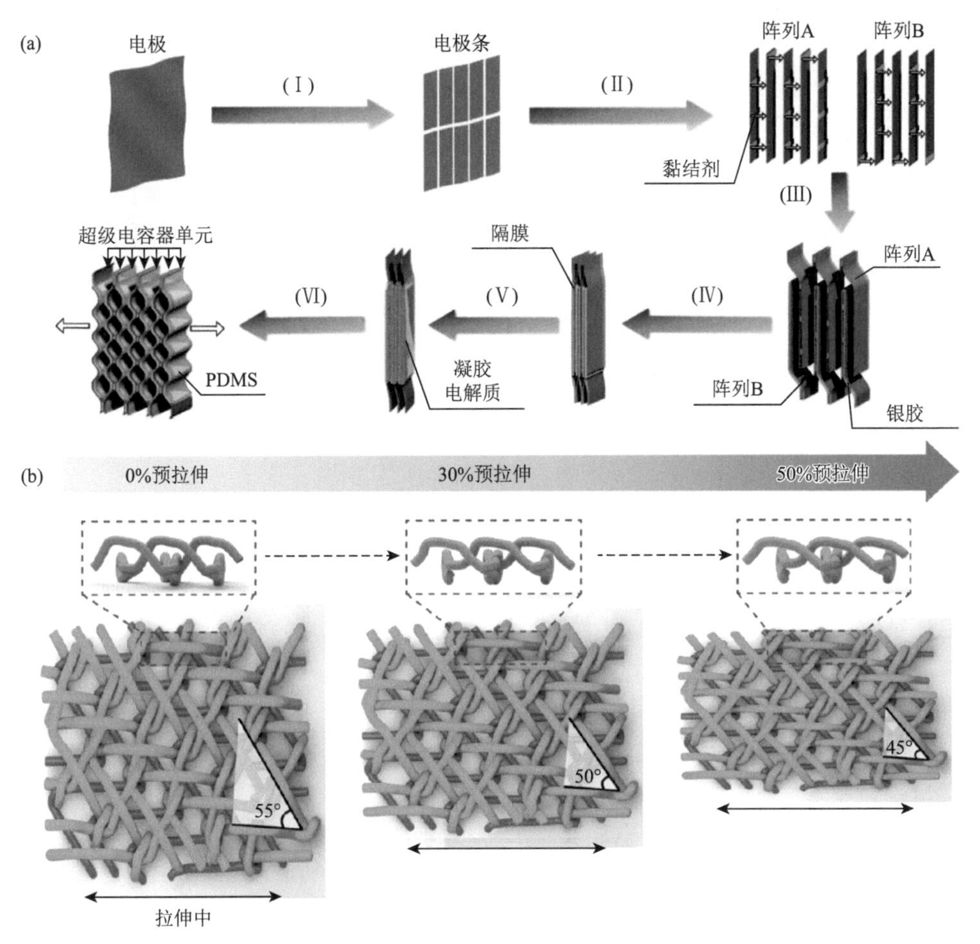

图 2-31 （a）剪切再拼接方法制备可拉伸超级电容器的过程示意图[228]；（b）无弹性和弹性“纱线”交替编织的可拉伸超级电容器形变示意图[229]

2. 不同器件构型的可拉伸超级电容器

器件结构会影响可拉伸超级电容器的拉伸性能和拉伸维度。根据不同的器件结构，可拉伸超级电容器可分为一维线状（平行型、缠绕型和同轴型）和二维平面状（薄膜型和微结构型）两类[230]。

1）一维线状结构

线状超级电容器具有可编织性，因此开发可拉伸线状超级电容器并集成于多功能可穿戴电子器件中十分必要。通常，可拉伸线状超级电容器可以由可拉伸电极组装成平行、缠绕和同轴结构，如图 2-32 所示。

平行结构：平行结构由两个平行线状电极由隔膜或固态电解质并联隔开构成。如图 2-32（a）所示，研究人员通过预拉伸法在 PDMS 膜上制备了 MnO_2/CNTs 线

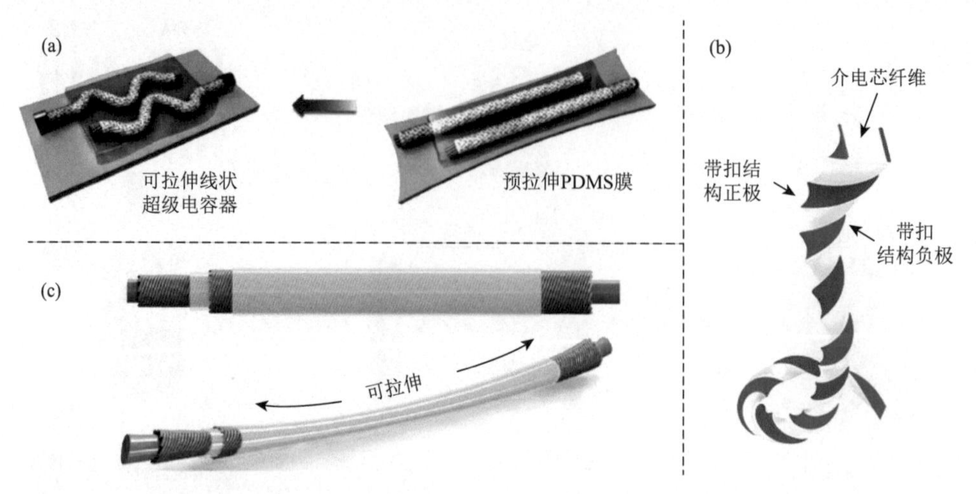

图 2-32　可拉伸线状超级电容器示意图：（a）平行型[231]；（b）缠绕型[232]；（c）同轴型[235]

状电极，以该电极组装的平行型可拉伸线状超级电容器，在 40%的拉伸应变下，电化学性能无明显变化[231]。此外，将线状电极包裹在可拉伸基底或电解质内部形成螺旋形或弹簧状结构，也可以为线状电极提供良好的拉伸性。例如，研究人员将 PPy/rGO/MWCNTs 复合纤维进行弹簧状设计，采用凝胶电解质包裹后得到可拉伸电极，所得可拉伸线状超级电容器在拉伸至 100%后，具有 82.4%的比容量保持率[54]。

缠绕结构：通过将两个电极共同缠绕在同一可拉伸基底上构建可拉伸超级电容器。如图 2-32（b）所示，Choi 等报道了一种缠绕型可拉伸线状超级电容器，该电容器由 CNTs 电极及其之间的介电芯橡胶组成[232]。为了提高线状超级电容器的可拉伸性，他们进一步设计了在微观上弯曲而在宏观上具有可拉伸性的电极[233]。首先将弹性介电芯橡胶纤维以 25 rad/mm 的密度缠绕并拉伸至 1000%，然后将 CNTs 层包裹在预拉伸的纤维上，在应变松弛期间 CNTs 与纤维具有协同效应，使电极具有高达 800%的弹性形变。除了以上自身可拉伸的电极，还可以将电极设计成螺旋缠绕结构，进而组装可拉伸线状超级电容器，Chen 等将四硫化二钴合镍（$NiCo_2S_4$）和 rGO 用作电化学活性材料，分别涂覆在不锈钢丝的表面作为正极和负极并缠绕在一起，之后使用 PVA/LiOH 同时作为凝胶电解质和隔膜来制备不对称线状超级电容器[234]。将其装入预拉伸的 PDMS 管中，制成可拉伸线状超级电容器，其在拉伸形变为 100%时，电化学性能基本不变，而且该器件可以在可穿戴布料上集成，实现多样化图案。

同轴结构：与缠绕结构相比，同轴结构具有更大的离子存储有效面积和更小的封装尺寸，从而为可拉伸线状超级电容器提供更优异的电化学性能。Peng 等制备了具有同轴结构的可拉伸线状超级电容器，如图 2-32（c）所示[235]。其中弹性纤维作为可拉伸基底，PVA/H_3PO_4 作为凝胶电解质和隔膜，CNTs 作为活性材料并螺旋缠绕在弹性纤维上。这样设计的同轴型线状超级电容器在 75%形变下拉伸 100 次后，仍保持稳定的电化学性能。为了增加可拉伸性，可以将 CNTs 膜包裹在预拉伸的橡胶纤维上得到同轴型可拉伸线状电极，其可拉伸性高达 900%[236]。

2）二维平面状结构

可拉伸薄膜超级电容器一般为一体化结构，器件由薄膜电极和凝胶电解质组成，两个薄膜电极由凝胶电解质分隔开。例如，研究人员将石墨烯薄膜转移到柔性 PDMS 基底上，然后用凝胶电解质浸润，再将两个电极组装在一起获得可拉伸薄膜超级电容器，该超级电容器具有 60%的可拉伸性[237]。此外，这些器件在 30%应变下拉伸 300 次后，不会造成结构损坏和性能大幅下降。可拉伸薄膜超级电容器通常为层层堆叠结构，这些层可能由不同的材料组成，因此，拉伸状态下各层容易发生错位，各层之间的错位通常是薄膜超级电容器拉伸时失效的主要原因。如图 2-33（a）所示，Kim 等设计了一体化可拉伸薄膜超级电容器，其中所有层均由一种可拉伸基质制备，该基质由聚偏二氟乙烯-六氟丙烯和 1-乙基-3-甲基咪唑鎓双（三氟甲基磺酰基）酰亚胺组成，既可用作电解质，又可掺入 CNTs 用作电极[238]。用丙酮溶解复合材料的表面再黏合，便可将所有层无缝融合到一起，得到一体化结构器件。这种一体化可拉伸薄膜超级电容器不仅具有抗重复拉伸的高耐久性，而且在所有方向上均可拉伸。

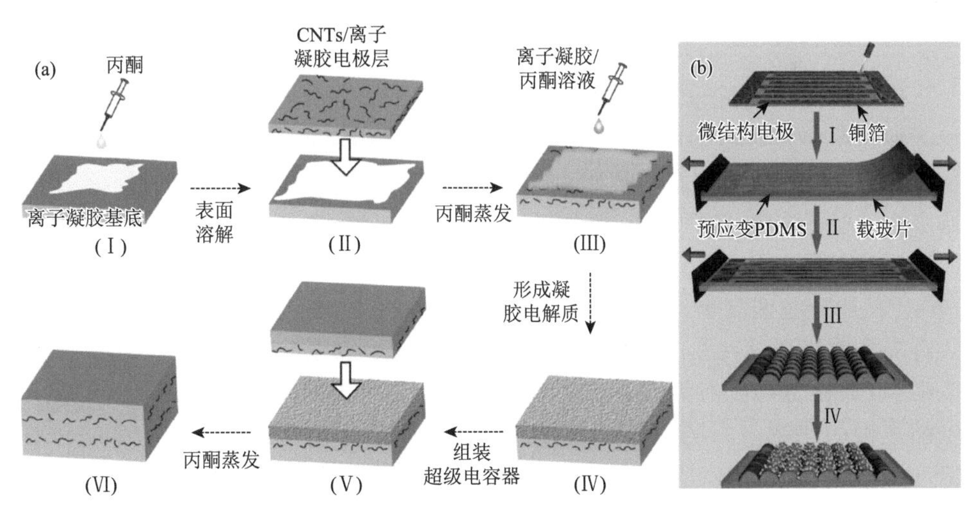

图 2-33　（a）制备一体化可拉伸薄膜超级电容器的过程示意图[238]；（b）制备可拉伸微结构超级电容器的过程示意图[160]

相比于可拉伸薄膜超级电容器，可拉伸微结构超级电容器设计相对简单，无须考虑两电极在拉伸过程中的错位问题。通过涂覆和压力喷涂制备具有 3D 叉指电极的可拉伸微结构超级电容器，其中每个叉指电极包含一层机械涂覆制备的 PVA/H_3PO_4 电解质和压力喷涂制成的 rGO（两层 rGO 作为活性材料，一层 Ag 纳米线作为集流体）[239]。该可拉伸微结构超级电容器，在 130%的拉伸应变下，其电化学性能没有明显变化。然而，由刚性材料制成的平面叉指式电极在较大形变下容易出现裂纹。因此，可以通过预拉伸策略将刚性导电材料制成波浪形结构以适应较大的形变[160, 240, 241]。如图 2-33（b）所示，本书作者课题组将 CVD 生长的 SWCNTs 薄膜通过激光刻蚀技术制成叉指电极，再转移到预拉伸的 PDMS 基底表面，可以得到可拉伸微结构超级电容器，该超级电容器在 200%拉伸应变下仍保持稳定的电化学性能[160]。

通过将新颖电极材料与合理的器件结构设计策略相结合，可以设计多种多样的可拉伸超级电容器。从材料制备方面来看，需要提高电极材料的固有可拉伸性能来进一步提高电极的可拉伸能力，以确保超级电容器在较大拉伸应变下保持稳定的电化学性能；在器件结构方面，传统堆叠式结构在大的形变下易发生错位或产生裂纹，从而影响电化学性能，因此设计一体化器件结构是未来的发展方向。

2.4.2 可压缩超级电容器

可压缩超级电容器可以在不同程度的压缩应变下维持稳定的电化学性能，并且在释放时可以恢复其初始结构，满足可压缩电子设备的需求。开发新型可压缩电极、电解质和优化器件结构是实现超级电容器可压缩性的关键。

1. 电极设计

传统的电极材料通常没有可压缩性能，一般通过在可压缩基底上涂覆或沉积活性材料得到可压缩电极，进而组装可压缩超级电容器。常见的基底包括碳毡和海绵。与硬质金属材料相比，碳毡作为可压缩基底，具有可以大规模生产、低成本、高孔隙率（95%）和大比表面积（1500 m^2/g）的优势[242]。将负载 CNTs 或石墨烯的碳毡用作超级电容器电极，超级电容器的体积压缩率达到 64%～77%。然而碳毡密度小、可压缩性较弱，与之相比，海绵密度大、可压缩性强、具有多孔性和强吸收性，是一种理想的三维可压缩电极骨架。通过“浸渍-干燥”策略将 CNTs 涂覆到海绵骨架表面可以得到可压缩电极[243, 244]。为进一步提高可压缩电极的比容量，可在不牺牲压缩性的条件下通过化学原位聚合的方法在 CNTs 表面沉积 PANI，从而制成 PANI/CNTs 可压缩电极，如图 2-34（a）所示[243]。以 PVA/H_2SO_4 凝胶为电解质组装的全固态超级电容器，相对于纯 CNTs 电极电容器具有更优异的电化学性能，并且在高达 60%的压缩应变下其电容性能依然保持稳定。然而，非活性海绵基底不导电，在超级电容器电极和器件中质量和体积占比仍然较大，不可避免地限制了超级电容器的能量密度和功率密度。因此，需要探索无基底自支撑可压缩电极进而改善超级电容器的电化学性能。

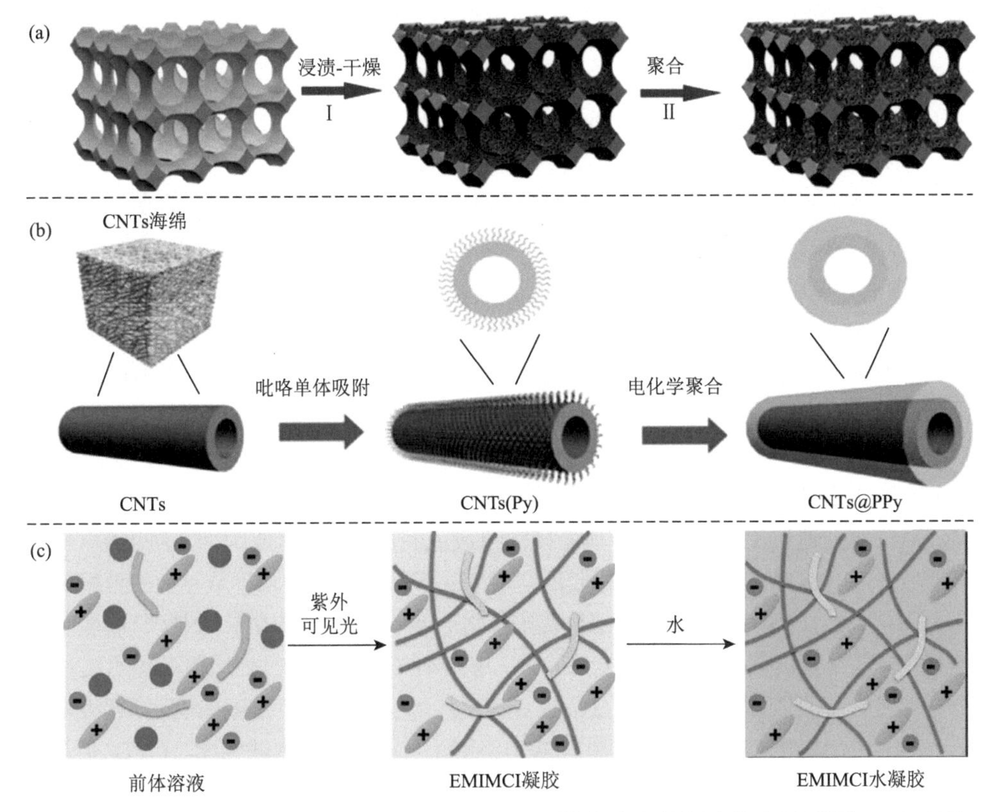

图 2-34　(a)“浸渍-干燥”法制备 PANI/CNTs 可压缩复合电极的过程示意图[243]；(b) 制备自支撑 CNTs@PPy 核-壳海绵可压缩复合电极的过程示意图[245]；(c) 制备可压缩 EMIMCl/凝胶电解质的过程示意图[246]

自支撑可压缩电极无需基底，大多数电极成分可以参与电化学反应，因而可以获得更高的能量密度。自支撑可压缩电极可以通过将活性材料制成 3D 多孔结构来实现。石墨烯和 CNTs 由于其固有的高导电性、出色的机械性能和自组装性，成为制备自支撑可压缩电极的常用材料。

自支撑石墨烯气凝胶具有高孔隙率和良好的导电性。但是，由于二维石墨烯片层之间较强的范德瓦耳斯力，传统的石墨烯气凝胶在压缩后易塌陷，阻碍其在可压缩超级电容器中的应用[247-249]。可以通过调节石墨烯片的微观结构、与其他材料复合或交联等方法使石墨烯气凝胶具有可压缩性[250-253]。例如，在石墨烯气凝胶中通过 π-π 相互作用均匀附着或嵌入石墨烯纳米带可以增大其孔径，增强石墨烯气凝胶的压缩强度[251]。在 80%的形变下，气凝胶以较小的残余应变（<3%）弹性恢复。而未添加石墨烯纳米带的石墨烯气凝胶在 60%和 80%的应变下仅部分恢复，塑性变形分别为 15%和 50%。在以 50%的形变进行 1000 次压缩/释放循环后，改性气凝胶

的塑性变形仅为10%，因此可直接作为可压缩电极。除此之外，在石墨烯气凝胶表面沉积PPy可以避免在水热反应过程中GO纳米片的堆叠，增强石墨烯片层之间的相互作用，提高电极压缩性，PPy的负载还可增强石墨烯气凝胶的比电容[252]。为进一步提高石墨烯气凝胶的可压缩性，还可以在石墨烯气凝胶中引入PVA，通过PVA与rGO共价交联来增强石墨烯气凝胶的可压缩性[253]。PVA表面的官能团有助于rGO纳米片的良好分散和完全剥离，这使得混合气凝胶中孔壁的厚度减小；而且PVA与rGO交联也有助于将施加的应力转移到共价互连的结构上，因此，PVA的存在可以显著提高石墨烯气凝胶的压缩性。在60%的压缩应变下，纯rGO气凝胶出现宏观和微观断裂，而PVA/rGO气凝胶的微观结构几乎不变。将其作为电极组装超级电容器，在50%的压缩应变下，超级电容器的电化学性能几乎不变。

除了石墨烯气凝胶，还可以利用CNTs气凝胶来制备自支撑可压缩电极。CNTs气凝胶海绵孔隙率高且导电性能优异，具有出色的弹性，是用作可压缩电极的良好材料。目前主要通过CO_2临界点干燥CNTs凝胶或利用CVD合成两种方法制备CNTs气凝胶。CO_2临界点干燥CNTs凝胶所得CNTs气凝胶通过纳米管节点处的范德瓦耳斯力保持形状，但在较大的应变下会塌陷。进一步将石墨烯包覆在CNTs气凝胶上，使CNTs气凝胶具有更高的可压缩性[254, 255]。由于在CNTs的节点处涂覆石墨烯，CNTs/石墨烯复合气凝胶即使在较大应变下也没有塑性形变，以此作为电极得到的超级电容器在90%的压缩应变下，电化学性能基本不变。与固溶处理方法相比，CVD是一种更简便的合成CNTs气凝胶的方法[256]。CVD合成的CNTs气凝胶由互连的弹性CNTs网络组成。以CNTs气凝胶为可压缩电极组装的超级电容器可承受35%～90%的形变，并且比电容没有明显降低。在50%的形变下，经过1000次的压缩/释放循环后，CNTs气凝胶可保留超过96.4%的电容，而塑性形变少于5%。然而，由于CNTs气凝胶电极的双电层存储机制，其比电容较小，因此需要在不影响机械可压缩性的前提下将赝电容材料（如金属氧化物和导电聚合物）引入CNTs气凝胶中，以提高其能量密度。研究人员报道了三维多孔α-Fe_2O_3@CNTs气凝胶电极，其比电容提高至296.3 F/g，高于CNTs气凝胶电极（80.2 F/g）[257]。α-Fe_2O_3@CNTs气凝胶电极在70%的压缩应变下保留了原始比电容的90%以上。在50%应变下经过1000次压缩/释放循环后，其仍可稳定工作。此外，如图2-34（b）所示，将PPy均匀涂覆到CVD合成的CNTs气凝胶表面，CNTs@PPy复合气凝胶的比电容提高至300 F/g，同时PPy使CNTs的接触点更加牢固，可以防止CNTs在变形过程中断裂[245]。在50%的应变下，经过1000次压缩/释放循环后，CNTs@PPy复合电极的比电容几乎没有变化。

除了上述基于石墨烯和CNTs气凝胶的可压缩电极之外，还可使用生物材料或聚合物作为可压缩多孔碳气凝胶的前驱体制备可压缩电极。例如，使用西瓜作为碳源可制备3D海绵状多孔碳气凝胶，然后将Fe_3O_4纳米颗粒掺入多孔碳气凝胶网络得到Fe_3O_4多孔碳气凝胶复合电极，在6 mol/L KOH溶液中，该电极在1 A/g的电流密度下表现出 333.1 F/g 的高比电容，并且在经过 50%的压缩应变后仍可完全恢复[258]。然而，多孔碳气凝胶具有疏水性，阻碍电解质的渗透，不可避免地影响器件的电化学性能。为提高多孔碳气凝胶的亲水性，通过热解三聚氰胺海绵可获得自支撑的亲水性氮掺杂多孔碳气凝胶[259]。由于优异的结构柔韧性和高孔隙率，此电极可以承受 80%的压缩形变，并且在 55%的形变下压缩/释放循环 100 次后，体积没有明显减小。基于此电极的超级电容器可以在 60%应变下任意压缩，电化学性能没有明显变化。

2. 可压缩电解质

传统的液态电解质会在超级电容器的压缩/释放过程中发生解吸/吸收，这增加了电解质泄漏的风险，而且大量电解质的利用将降低器件整体的能量密度。此外，由于压缩时相邻活性物质的接触导致有效表面积减小，器件的质量比电容通常在压缩状态下会降低[259]。凝胶电解质可以有效避免上述问题，因此被广泛应用于可压缩超级电容器中。高分子链的相互交联可提高聚合物网络的韧性，因此凝胶电解质本身具有压缩特性。流动状态下凝胶电解质易渗入可压缩电极的多孔骨架，凝胶化后，在器件压缩、释放过程中，不会发生电解质泄漏，比电容也可以保持稳定[243]。

凝胶是亲水性聚合物网络，在吸水溶胀后易实现压缩性。通过紫外线聚合反应合成的含甲基丙烯酸羟乙酯和壳聚糖的 1-乙基-3-甲基咪唑鎓氯化物（EMIMCl）凝胶电解质，其非共价交联相互作用可赋予凝胶抗压能力和自我修复能力，如图 2-34（c）所示[246]。EMIMCl 凝胶具有高韧性，并在压缩和穿刺下具有良好的机械强度。基于 EMIMCl 凝胶电解质制备的超级电容器在 90%的压缩应变下，电化学性能几乎不变。与常用的 PVA/H_3PO_4 凝胶电解质相比，其抗压强度提高约 200 倍。此外，还可通过金属离子的配位键来增强凝胶的可压缩性，Tang 和 Yang 等设计了一种通过氯化钴（$CoCl_2$）中的钴离子（Co^{2+}）交联的聚（丙烯酸-*co*-丙烯酰胺）[P(AA-*co*-AAm)]凝胶电解质[260]。该凝胶中含分子间和分子内氢键、Co^{2+} 与羧酸离子间的金属配位键，两者共同作用，使其表现出优异的机械性能（断裂伸长率＞1200%、压力＞600 kPa 和压缩率＞90%），因此，其在经历各种形变后仍可保持稳定的性能。以 P(AA-*co*-AAm)/$CoCl_2$ 凝胶为电解质，以活性炭为电极制备的超级电容器也表现出优异的可压缩性能。

2.4.3　可折叠超级电容器

由于身体的运动，与衣服集成在一起的可穿戴储能器件将会经常在多个位置折叠和展开，与弯曲性相比，折叠需要承受更大形变。因此，开发在折叠、卷起或弄皱情况下仍保持性能稳定的柔性储能器件十分必要。当前，如铜箔和铝箔之类的易延展金属常被用作超级电容器电极的集流体。但是，这些金属在折叠时会发生明显的塑性变形，涂覆在上面的活性材料易脱落，从而导致储能设备和电子设备性能下降。因此，需要开发可耐受重复折叠而不产生塑性变形和活性材料脱落的可折叠电极。目前实现超级电容器电极可折叠的方式主要有两种，一是在可折叠基底上负载电极材料，二是制备自支撑可折叠电极。

纸张是由纤维素纤维交错构成的三维网络，具有良好的机械性能，可以反复折叠。因此，本书作者课题组将纤维素纸用作隔膜和支撑活性材料的基底，将 SWCNTs 膜转移至纸的两侧组装一体化可折叠超级电容器[141]。此外，还可在纤维素纤维中添加碳基导电材料，将其用作集流体，再负载活性材料制备可折叠电极[261]。所得超级电容器在折叠状态下能够保持稳定的电化学性能，并且在 600 次重复折叠/展开后，不会造成机械损坏并且电容没有明显损失。然而，在纤维素纸电极中，基底与活性材料之间的界面相互作用较弱，在折叠时两者易分离。为解决这个问题，可以将 rGO 和 PANI 组装在纤维素纤维的表面和孔中形成分级的纳米结构，如图 2-35（a）所示，此复合电极有类似于纸的可折叠性能，利用其组装的超级电容器在折叠时可保持稳定的电化学性能，即使在折叠过程中，该超级电容器仍可以点亮发光二极管[91]。

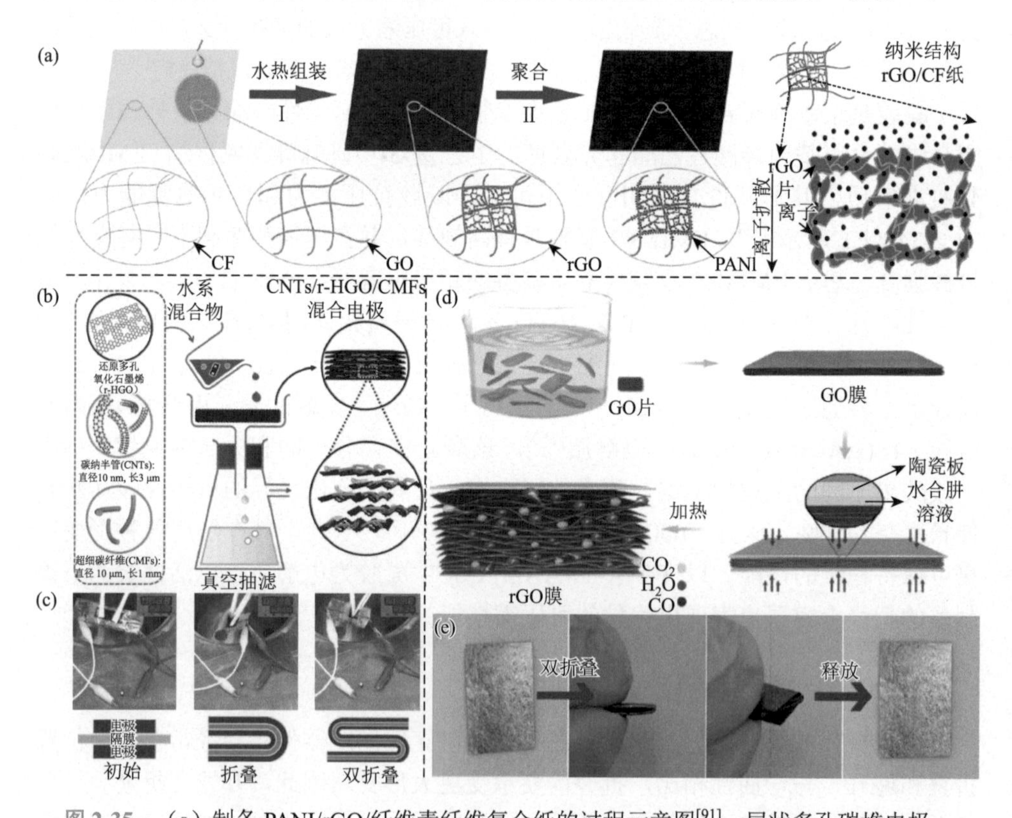

图 2-35 （a）制备 PANI/rGO/纤维素纤维复合纸的过程示意图[91]；层状多孔碳堆电极：（b）制备过程示意图和（c）在折叠状态下点亮发光二极管的光学照片[2]；柔性多孔石墨烯薄膜：（d）制备过程示意图和（e）折叠和展开后的光学照片[264]

纸基可折叠超级电容器需要引入无活性纸基底，降低电极整体的能量密度。可以通过利用多孔碳和碳纳米材料等开发自支撑的可折叠超级电容器来解决此问题。天然棉在惰性气体中热退火后可得到具有螺旋形和缠绕形的高导电纤维，其具有足够的柔韧性，可以折叠和卷成多层结构[262]。由其组装的超级电容器可以进行弯曲和折叠，在 10 V/s 的高扫描速率下折叠/展开 1000 次后，器件的电化学性能基本保持稳定。除利用天然纤维碳化，还可采用全碳基纳米复合材料制备自支撑可折叠电极，如层状多孔碳堆[2]。如图 2-35（b）所示，层状多孔碳堆由真空过滤碳纤维（CMFs）、还原多孔氧化石墨烯和 CNTs 的混合物而制成，其中碳纤维为骨架，多孔还原氧化石墨烯和 CNTs 为黏合剂。如图 2-35（c）所示，以层状多孔碳堆电极制成的超级电容器具有出色的可折叠性，1000 次折叠/展开循环后比容量保持率为 86%。此外，还可利用纺丝技术将碳纳米片与活性炭复合制备三维自支撑复合电极，无需额外的导电剂和黏合剂[263]。无论在单折叠还是双折叠状态下，其制成的超级电容器的电化学性能都保持稳定。

除多孔碳材料，碳纳米材料具有良好的力学性能，可以用于自支撑可折叠超级电容器电极。近年来，研究者们发现由微折叠的石墨烯片制成的石墨烯膜可以被折叠成各种形状。将石墨烯片层进行机械挤压形成微褶，其中石墨烯大片层赋予石墨烯膜较高的电导率，而且微褶皱使石墨烯膜具有良好的柔韧性，使其能够进行超过 10 万次 180°弯曲的循环和 6000 次折叠/展开循环[265]。然而，由于在折叠过程中石墨烯层层间滑动，其易遭受塑性变形，这也影响储能器件中电解质渗透和电荷转移动力学。为解决这些问题，受微孔可以显著改善脆性聚合物柔韧性的启发，通过对 GO 膜进行膨松、还原处理，可制备具有大量微孔的 rGO 膜，如图 2-35（d）所示[264]。该膜经过 2000 次折叠后也可恢复到其原始形状而没有折痕，如图 2-35（e）所示。即使经过高温煅烧或低温冷冻后，该多孔膜也可以折叠并仍可迅速恢复其原始形状。以该多孔 rGO 薄膜为电极制备的可折叠超级电容器在超过 2000 次单折叠和双折叠循环后仍表现出稳定的电化学性能。

2.4.4　可扭曲超级电容器

在实际应用过程中，柔性可穿戴电子设备的扭曲行为也十分常见。因此，开发可扭曲超级电容器对于下一代可穿戴电子设备和人体健康监测设备至关重要。相较于弯折，在扭曲行为下，超级电容器的电极材料需要承受更加复杂的应力，因此，通常有两种方法制备可扭曲超级电容器：第一种方法是将电极材料制备在力学性能优异的基底上，如纤维素膜和高分子聚合物等；第二种方法是开发自支撑可扭曲电极。

第一种方法是将电极材料制备在可扭曲基底上制备可扭曲超级电容器电极[232, 266, 268]。例如，将活性材料制备在喷银纺织布上，可得到柔性薄膜电极，由于纺织布基底可进行一定程度的扭曲，因此，由其组装的超级电容器可以在 0°～200°扭曲角下扭曲而性能不会变差[268]。然而，由于薄膜电极的平面结构特性，其剪切变形能力一般不如线状电极。线状超级电容器因其独特的一维结构更加能够承受扭曲变形，是目前研究最为广泛的可扭曲器件构型。例如，通过将 CNTs 包裹在预拉伸硅橡胶柔性基底上可制备线状可扭曲电极，其在 1700 rad/m 的扭曲形变下，电阻几乎不变，以此得到的超级电容器在 1700 rad/m 下电容保持率为 97.3%[232]。进一步利用 CNTs 薄膜在垂直方向上的各向异性来开发可扭曲超级电容器，如图 2-36（a）和（b）所示[266]。可扭曲的超级电容器由可剪切 CNTs 膜与弹性 PDMS 纤维结合在一起制成。可剪切 CNTs 膜电极能够经受极大的扭曲（＞20000 rad/m），基于可剪切 CNTs 薄膜的超级电容器在扭曲变形下非常稳定，即使在严重扭曲下，其电容变化也很小（＜±2%）。

为降低基底对器件整体能量密度的影响，需要探索无基底自支撑的可扭曲电极。受到竹子结构的启发，采用静电纺丝的方法可制备具有均匀、不连续中空孔的石墨碳纳米纤维膜[269]。即使在扭曲后，纤维结构仍能保持完整，撤掉外力后，纤维可以恢复其初始状态。以该石墨碳纳米纤维膜为电极制备的超级电容器，其在扭曲 180°并回到初始状态的连续动态操作下，仍具有近 100%的电容保持率。除自支撑扭曲薄膜电极外，也可制备自支撑可扭曲线状电极。如图 2-36（c）所示，将 PPy 电沉积到 CNTs 膜上，然后进行纤维纺丝，使 PPy 在纤维中均匀分布，得到可扭曲 PPy@CNTs 线状电极，进而组装可扭曲线状超级电容器[267]。如图 2-36（d）所示，将该超级电容器扭曲 15 圈后，其仍具有较高的电化学稳定性。

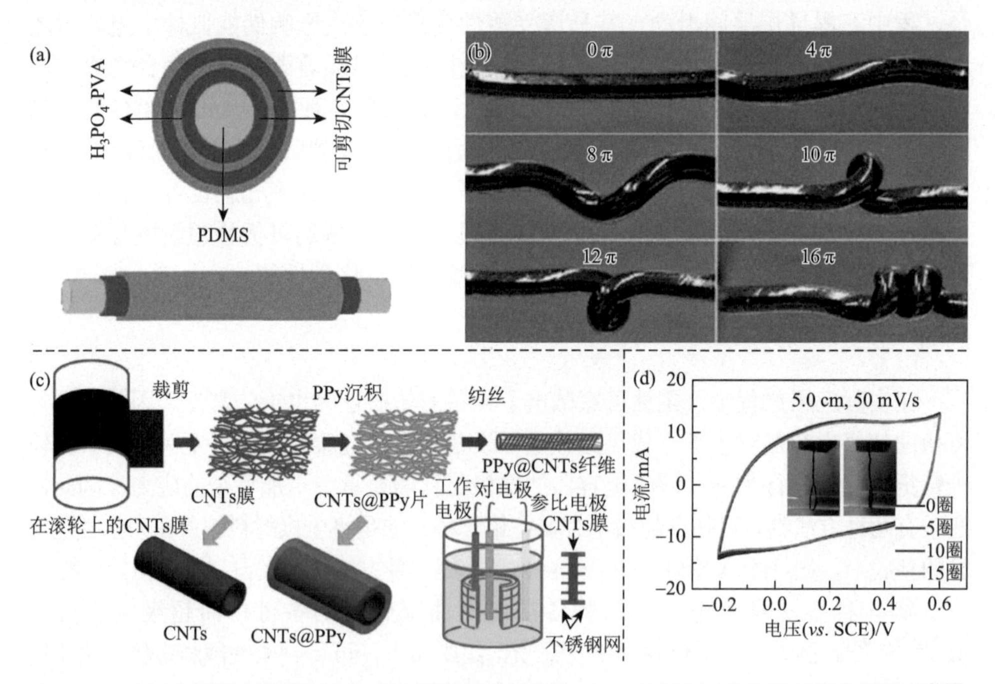

图 2-36 可扭曲超级电容器：（a）横截面图与侧视图和（b）在不同扭曲角度下的光学照片[266]；可扭曲 PPy@CNTs 线状电极：（c）制备过程示意图和（d）扭曲时的CV 曲线[267]

2.4.5　可裁剪超级电容器

通过预先设计器件结构，然后组装的超级电容器缺乏可编辑性，为了适应具有各种配置的可穿戴电子设备，需要设计可直接转换为所需形状的可裁剪超级电容器，其显示出可定制性和便利性的优点；此外，可裁剪超级电容器还应在不同的工况条件，甚至在切割或刺穿的情况下，仍可以正常使用。为设计可裁剪超级电容器，亟待解决的问题是如何防止超级电容器在裁剪过程中发生短路。目前，主要通过在电极、电解质和封装等方面进行改进设计来制备可裁剪超级电容器。

柔性超薄薄膜超级电容器一般具有可裁剪的功能[270-272]。得益于其自支撑电极、凝胶电解质以及三明治结构，超级电容器可以裁剪为几个单元和各种形状，每个单元能够保留其原始的电化学性能[270]。虽然多数采用 PVA 作为凝胶电解质的柔性超级电容器具有一定的可裁剪性，但凝胶电解质中的分子间作用力较弱，裁剪过程中在一对相反剪切力作用下，两个电极容易接触发生短路，因此需要优化电极以及器件结构，避免裁剪过程中电极间的接触，进而提高超级电容器的可裁剪性。

为使可裁剪超级电容器免于短路，可以将纤维素通过真空抽滤的方法包裹电极[227]。在 MnO_2/CNTs 复合电极的每一侧上通过真空抽滤形成一层薄纳米纤维素（CNC）膜。纳米纤维素纤维相互缠结紧密包裹了交织的 MnO_2/CNTs 复合膜，电极的机械性能得到改善，可以防止在裁剪过程中两个电极的接触，如图 2-37（a）所示。以此制备的超级电容器可以裁剪为各种形状而不会显著影响其电化学性能。除了避免电极间接触，还应提高薄膜电极的柔韧性来提升电极可裁剪性，通过真空抽滤将木浆纤维素纤维和短切碳纤维（CCFs）与 rGO 层黏附在一起，然后原位聚合 PPy 制成 rGO/PPy/CCFs 纸电极，具有优异的可裁剪性[261]。由于短切碳纤维的互穿导电网络，加入短切碳纤维可以显著增强 rGO/PPy/CCFs 的可裁剪性和损伤耐受性。以此制成的超级电容器即使遭受严重的切割，电容保持率也高达 84%。

除对电极进行优化实现器件的可裁剪性，还可设计独特的一体化结构，来增强超级电容器的可裁剪能力。例如，通过简单的交联聚合反应合成含 LiCl 的 PAM 凝胶[274]。将以 PAM/LiCl 凝胶膜隔开的两个 CNTs 膜放入凝胶单体溶液中进行交联聚合，从而将电极嵌入凝胶中，得到一体化超级电容器。由于 CNTs 电极与交联的聚合物链紧密捆扎在一起，该全固态一体化超级电容器可以裁剪为带状超级电容器，而不会发生短路。这些裁剪后的带状超级电容器可以单独工作，也可以编织成纺织品，进行串联或并联连接，从而使其输出电压和电流适用于实际应用。

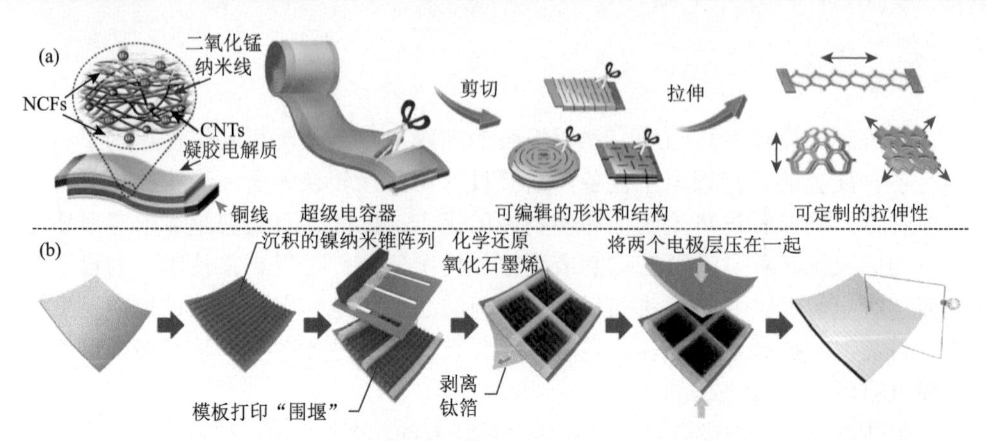

图 2-37 （a）可裁剪超级电容器的示意图[227]；（b）基于独特封装方法组装可裁剪超级电容器的过程示意图[273]

此外，独特的封装方法也可以进一步加强超级电容器的可裁剪性，如图 2-37（b）所示[273]。将镍纳米锥阵列沉积在钛箔上作为集流体，模板印刷热熔胶作为垂直方向上的“围堰”，再将电化学还原氧化石墨烯活性材料沉积上去，进一步将钛箔剥离，得到超薄复合物电极。将两个涂有 PVA/Na_2SO_4 凝胶电解质的电极压在一起得到可裁剪超级电容器。当对该超级电容器进行任意剪裁时，热熔胶围堰不仅起到抵抗剪切力和避免两个电极接触的机械支撑作用，还可以防止电解质泄漏。即使它们遭受强烈的剪切，该超级电容器仍能驱动发光二极管和小型电机螺旋桨。

2.4.6 展望

具有各种抗形变能力的柔性超级电容器确保了可穿戴电子器件的储能设备能适应各种工况条件，因此，大规模发展具有各种抗形变能力的柔性超级电容器十分必要。但是，对于实际应用而言，仍然有许多待解决的问题。首先，开发新型能够适应各种形变的电极是提高超级电容器电化学性能和抗形变能力的前提，目前多数抗形变电极仍需要基底，这会降低器件的整体能量密度，因此需要开发更轻更柔的基底或设计能抗各种形变的自支撑电极；此外，还可设计新颖的器件结构和独特的封装方法用于提高超级电容器的抗形变能力。

2.5 本章小结

本章对各种器件构型的柔性超级电容器的结构特征、电极材料、制备方法以及智能化应用等方面做了详细的介绍，尽管在柔性超级电容器的制备方面已经取得了很大的进步，但下一阶段仍需要在多方面做出努力来加速柔性超级电容器的发展。

（1）进一步开发适合于柔性高性能超级电容器的电极材料。目前，碳纳米材料（如CNTs和石墨烯），由于其高导电性和优异的机械性能，是在柔性超级电容器中应用最多的电极材料。但碳纳米材料在组装成宏观体的过程中会产生结构缺陷，进而导致性能严重下降，因此，具有互连的介、微孔的有序且可控的碳纳米材料可以有效地改善纳米碳电极的物理和化学性质，此外，双电层机理导致低的比容量也限制了碳基柔性超级电容器的发展，因此需要进一步提高电极材料的能量密度，其中将高电容的赝电容材料（包括MnO_2、PANI和PPy等）与碳纳米材料进行复合，可提高电极能量密度。然而，赝电容材料在氧化还原过程中结构容易损坏并且导电性差，导致复合电极的循环稳定性和功率密度大大降低。目前，通过控制复合电极中赝电容材料的形态、分布、取向和负载量，以优化碳纳米材料和赝电容材料之间的协同效应，进而得到具有高电化学性能、优异力学性能的电极是制备高性能柔性超级电容器的关键。

（2）柔性超级电容器一般采用凝胶电解质，其既可以充当隔膜又可以作为电解质。与液态电解液相比，凝胶和固态电解质离子传导率相对较低，限制了柔性超级电容器的功率密度。因此，制备具有高离子电导率、宽电压窗口的凝胶和固态电解质也是实现高功率密度柔性超级电容器的关键。

（3）封装技术也是制约柔性超级电容器满足实际应用的关键因素。尽管柔性超级电容器使用的都是凝胶或者固态电解质，但若长时间暴露于空气中仍会导致其电化学性能的衰减，此外，电解质溶液若泄漏，会腐蚀其他电子设备，因此需要成熟的封装技术来保证柔性超级电容器的长时间工作。

（4）尽管对于柔性超级电容器的研究较多，但是性能（包括电化学性能和柔性性能）评估标准还不是很统一。例如，对于能量密度，评价标准可分为质量能量密度、面积能量密度以及体积能量密度，对于微结构或者线状超级电容器，活性材料负载量通常较低，其质量相对于整个器件可以忽略不计，因此基于活性材料质量的计算不是很合理。而基于器件尺寸的评估如体积、面积等，可以有效衡量微结构或者线状超级电容器的性能。除了电化学性能，还需要对柔性超级电容器的柔性进行科学的评估。目前研究者对于柔性微结构超级电容器柔性的评估一般是不同的弯折角度以及不同的弯折次数，但不同器件的电极厚度以及电极大小不同，因此，即便弯折相同的角度，实际上其所受到的外部压力也不同，因此，缺乏对柔性性能的科学评估标准。此外，目前，对于器件在弯曲过程中电极材料内部变化过程的认识也是模糊的，因此需要结合理论模拟以及原位表征技术来实现对材料弯折过程的一个清晰判断。

（5）组装不同器件构型的柔性超级电容器的目的是为各种电子器件供电。因此，如何将柔性超级电容器与其他电子器件集成在一起仍然是一个挑战，应通过优化柔性超级电容器的器件结构，并且提升能量存储与转换的效率，进一步提高集成系统的性能；另外，目前，基于柔性超级电容器的智能自供电系统的研究仍处于概念验证阶段，对于开发具有潜在应用前景的某些特殊宏观功能的柔性超级电容器，应给予更多的关注。

参考文献

[1] Simon P，Gogotsi Y. Materials for electrochemical capacitors. Nature Materials，2008，7：845-854.

[2] Becer H I. Low voltage electrolytic capacitor：US patant，2800616. 1957-07-23[2020-12-10].

[3] Boos D L，Heights G. Electrolytic capacitor having carbon paste electrodes：US patant，3536963. 1970-10-27 [2020-12-10].

[4] Long J W，Dunn B，Rolison D R，et al. Three-dimensional battery architectures. Chemical Reviews，2004，104（10）：4463-4492.

[5] Liu L，Niu Z，Chen J. Unconventional supercapacitors from nanocarbon-based electrode materials to device configurations. Chemical Society Reviews，2016，45（15）：4340-4363.

[6] Chen K，Wang Q，Niu Z，et al. Graphene-based materials for flexible energy storage devices. Journal of Energy Chemistry，2018，27：12-24.

[7] Zhai S，Karahan H E，Wang C，et al. 1D supercapacitors for emerging electronics：current status and future directions. Advanced Materials，2020，32（5）：1902387.

[8] Zhai S，Wei L，Karahan H E，et al. 2D materials for 1D electrochemical energy storage devices. Energy Storage Materials，2019，19：102-123.

[9] Liao M，Ye L，Zhang Y，et al. The recent advance in fiber-shaped energy storage devices. Advanced Electronic Materials，2019，5（1）：1800456.

[10] Sun H，Zhang Y，Zhang J，et al. Energy harvesting and storage in 1D devices. Nature Reviews Materials，2017，2（6）：17023.

[11] Zhou Y，Wang C H，Lu W，et al. Recent advances in fiber-shaped supercapacitors and lithium-ion batteries. Advanced Materials，2020，32（5）：1902779.

[12] Yu D，Qian Q，Wei L，et al. Emergence of fiber supercapacitors. Chemical Society Reviews，2015，44（3）：647-662.

[13] Yu C，An J，Chen Q，et al. Recent advances in design of flexible electrodes for miniaturized supercapacitors. Small Methods，2020，4（6）：1900824.

[14] Meng F，Li Q，Zheng L. Flexible fiber-shaped supercapacitors：design，fabrication，and multi-functionalities. Energy Storage Materials，2017，8：85-109.

[15] Yu D，Goh K，Wang H，et al. Scalable synthesis of hierarchically structured carbon nanotube-graphene fibres for capacitive energy storage. Nature Nanotechnology，2014，9（7）：555-562.

[16] Cai Z，Li L，Ren J，et al. Flexible，weavable and efficient microsupercapacitor wires based on polyaniline composite fibers incorporated with aligned carbon nanotubes. Journal of Materials Chemistry A，2013，1（2）：258-261.

[17] Liu N，Ma W，Tao J，et al. Cable-type supercapacitors of three-dimensional cotton thread based multi-grade nanostructures for wearable energy storage. Advanced Materials，2013，25（35）：4925-4931.

[18] Xu P，Gu T，Cao Z，et al. Carbon nanotube fiber based stretchable wire-shaped supercapacitors. Advanced Energy Materials，2014，4（3）：1300759.

[19] Su F，Miao M，Niu H，et al. Gamma-irradiated carbon nanotube yarn as substrate for high-performance fiber supercapacitors. ACS Applied Materials & Interfaces，2014，6（4）：2553-2560.

[20] Dalton A B，Collins S，Munoz E，et al. Super-tough carbon-nanotube fibres. Nature，2003，423（6941）：703.

[21] Kozlov M E，Capps R C，Sampson W M，et al. Spinning solid and hollow polymer-free carbon nanotube fibers. Advanced Materials，2005，17（5）：614-617.

[22] Chen X，Qiu L，Ren J，et al. Novel electric double-layer capacitor with a coaxial fiber structure. Advanced Materials，2013，25（44）：6436-6441.

[23] Li Y，Sheng K，Yuan W，et al. A high-performance flexible fibre-shaped electrochemical capacitor based on electrochemically reduced graphene oxide. Chemical Communications，2013，49（3）：291-293.

[24] Cao Y，Zhu M，Li P，et al. Boosting supercapacitor performance of carbon fibres using electrochemically reduced graphene oxide additives. Physical Chemistry Chemical Physics，2013，15（45）：19550-19556.

[25] Huang G，Hou C，Shao Y，et al. High-performance all-solid-state yarn supercapacitors based on porous graphene ribbons. Nano Energy，2015，12：26-32.

[26] Aboutalebi S H，Jalili R，Esrafilzadeh D，et al. High-performance multifunctional graphene yarns：toward wearable all-carbon energy storage textiles. ACS Nano，2014，8（3）：2456-2466.

[27] Chen S，Ma W，Cheng Y，et al. Scalable non-liquid-crystal spinning of locally aligned graphene fibers for high-performance wearable supercapacitors. Nano Energy，2015，15：642-653.

[28] Meng Y，Zhao Y，Hu C，et al. All-graphene core-sheath microfibers for all-solid-state，stretchable fibriform supercapacitors and wearable electronic textiles. Advanced Materials，2013，25（16）：2326-2331.

[29] Kou L，Huang T，Zheng B，et al. Coaxial wet-spun yarn supercapacitors for high-energy density and safe wearable electronics. Nature Communications，2014，5（1）：3754.

[30] Ren J，Bai W，Guan G，et al. Flexible and weaveable capacitor wire based on a carbon nanocomposite fiber. Advanced Materials，2013，25（41）：5965-5970.

[31] Xiao X，Li T，Yang P，et al. Fiber-based all-solid-state flexible supercapacitors for self-powered systems. ACS Nano，2012，6（10）：9200-9206.

[32] Chen Q，Meng Y，Hu C，et al. MnO_2-modified hierarchical graphene fiber electrochemical supercapacitor. Journal of Power Sources，2014，247：32-39.

[33] Ren J，Li L，Chen C，et al. Twisting carbon nanotube fibers for both wire-shaped micro-supercapacitor and micro-battery. Advanced Materials，2013，25（8）：1155-1159.

[34] Su F，Lv X，Miao M. High-performance two-ply yarn supercapacitors based on carbon nanotube yarns dotted with Co_3O_4 and NiO nanoparticles. Small，2015，11（7）：854-861.

[35] Yu Z，Thomas J. Energy storing electrical cables：integrating energy storage and electrical conduction. Advanced Materials，2014，26（25）：4279-4285.

[36] Xu H，Hu X，Sun Y，et al. Flexible fiber-shaped supercapacitors based on hierarchically nanostructured composite electrodes. Nano Research，2015，8（4）：1148-1158.

[37] Noh J，Yoon C M，Kim Y K，et al. High performance asymmetric supercapacitor twisted from carbon fiber/MnO_2 and carbon fiber/MoO_3. Carbon，2017，116：470-478.

[38] Wang X，Wan F，Zhang L，et al. Large-area reduced graphene oxide composite films for flexible asymmetric sandwich and microsized supercapacitors. Advanced Functional Materials，2018，28（18）：1707247.

[39] Zhang Z，Xiao F，Wang S. Hierarchically structured MnO_2/graphene/carbon fiber and porous graphene hydrogel wrapped copper wire for fiber-based flexible all-solid-state asymmetric supercapacitors. Journal of Materials

Chemistry A，2015，3（21）：11215-11223.

[40] Patil B，Ahn S，Yu S，et al. Electrochemical performance of a coaxial fiber-shaped asymmetric supercapacitor based on nanostructured MnO_2/CNT-web paper and Fe_2O_3/carbon fiber electrodes. Carbon，2018，134：366-375.

[41] Wang K，Meng Q，Zhang Y，et al. High-performance two-ply yarn supercapacitors based on carbon nanotubes and polyaniline nanowire arrays. Advanced Materials，2013，25（10）：1494-1498.

[42] Lee J A，Shin M K，Kim S H，et al. Ultrafast charge and discharge biscrolled yarn supercapacitors for textiles and microdevices. Nature Communications，2013，4（1）：1970.

[43] Ding X，Zhao Y，Hu C，et al. Spinning fabrication of graphene/polypyrrole composite fibers for all-solid-state，flexible fibriform supercapacitors. Journal of Materials Chemistry A，2014，2（31）：12355-12360.

[44] Zhang J，Seyedin S，Gu Z，et al. Mxene：a potential candidate for yarn supercapacitors. Nanoscale，2017，9（47）：18604-18608.

[45] Gund G S，Park J H，Harpalsinh R，et al. MXene/polymer hybrid materials for flexible AC-filtering electrochemical capacitors. Joule，2019，3（1）：164-176.

[46] Krishnamoorthy K，Pazhamalai P，Sahoo S，et al. Titanium carbide sheet based high performance wire type solid state supercapacitors. Journal of Materials Chemistry A，2017，5（12）：5726-5736.

[47] Hu M，Li Z，Li G，et al. All-solid-state flexible fiber-based MXene supercapacitors. Advanced Materials Technologies，2017，2（10）：1700143.

[48] Seyedin S，Yanza E R S，Razal Joselito M. Knittable energy storing fiber with high volumetric performance made from predominantly MXene nanosheets. Journal of Materials Chemistry A，2017，5（46）：24076-24082.

[49] Wang Z，Qin S，Seyedin S，et al. High-performance biscrolled MXene/carbon nanotube yarn supercapacitors. Small，2018，14（37）：1802225.

[50] Wang R，Yao M，Niu Z. Smart supercapacitors from materials to devices. InfoMat，2020，2：113-125.

[51] Pan S，Ren J，Fang X，et al. Integration：an effective strategy to develop multifunctional energy storage devices. Advanced Energy Materials，2016，6（4）：1501867.

[52] Huang Y，Zhu M，Huang Y，et al. Multifunctional energy storage and conversion devices. Advanced Materials，2016，28（38）：8344-8364.

[53] Huang Y，Huang Y，Zhu M，et al. Magnetic-assisted，self-healable，yarn-based supercapacitor. ACS Nano，2015，9（6）：6242-6251.

[54] Wang S，Liu N，Su J，et al. Highly stretchable and self-healable supercapacitor with reduced graphene oxide based fiber springs. ACS Nano，2017，11（2）：2066-2074.

[55] Huang S，Wan F，Bi S，et al. A self-healing integrated all-in-one zinc-ion battery. Angewandte Chemie International Edition，2019，58（13）：4313-4317.

[56] Wang S，Urban M W. Self-healing polymers. Nature Reviews Materials，2020，5：562-583.

[57] Chen D，Wang D，Yang Y，et al. Self-healing materials for next-generation energy harvesting and storage devices. Advanced Energy Materials，2017，7（23）：1700890.

[58] Huynh T P，Sonar P，Haick H. Advanced materials for use in soft self-healing devices. Advanced Materials，2017，29（19）：1604973.

[59] Sun H，You X，Jiang Y，et al. Self-healable electrically conducting wires for wearable microelectronics. Angewandte Chemie International Edition，2014，53（36）：9526-9531.

[60] Yang P，Sun P，Mai W. Electrochromic energy storage devices. Materials Today，2016，19（7）：394-402.

[61] Yang Y，Yu D，Wang H，et al. Smart electrochemical energy storage devices with self-protection and

self-adaptation abilities. Advanced Materials，2017，29（45）：1703040.

[62] Cheng X，Pan J，Zhao Y，et al. Gel polymer electrolytes for electrochemical energy storage. Advanced Energy Materials，2018，8（7）：1702184.

[63] Chen X，Lin H，Deng J，et al. Electrochromic fiber-shaped supercapacitors. Advanced Materials，2014，26（48）：8126-8132.

[64] Huang Y，Zhu M，Pei Z，et al. A shape memory supercapacitor and its application in smart energy storage textiles. Journal of Materials Chemistry A，2016，4（4）：1290-1297.

[65] Zhong J，Meng J，Yang Z，et al. Shape memory fiber supercapacitors. Nano Energy，2015，17：330-338.

[66] Huang Y，Zhu M，Huang Y，et al. A modularization approach for linear-shaped functional supercapacitors. Journal of Materials Chemistry A，2016，4（12）：4580-4586.

[67] Khosrozadeh A，Singh G，Wang Q，et al. Supercapacitor with extraordinary cycling stability and high rate from nano-architectured polyaniline/graphene on janus nanofibrous film with shape memory. Journal of Materials Chemistry A，2018，6（42）：21064-21077.

[68] Deng J，Zhang Y，Zhao Y，et al. A shape-memory supercapacitor fiber. Angewandte Chemie International Edition，2015，54（51）：15419-15423.

[69] Yu M，Feng X. Thin-film electrode-based supercapacitors. Joule，2019，3（2）：338-360.

[70] Xu P，Kang J，Choi J B，et al. Laminated ultrathin chemical vapor deposition graphene films based stretchable and transparent high-rate supercapacitor. ACS Nano，2014，8（9）：9437-9445.

[71] Qin K，Kang J，Li J，et al. Free-standing porous carbon nanofiber/ultrathin graphite hybrid for flexible solid-state supercapacitors. ACS Nano，2015，9（1）：481-487.

[72] Li H，Hou Y，Wang F，et al. Flexible all-solid-state supercapacitors with high volumetric capacitances boosted by solution processable MXene and electrochemically exfoliated graphene. Advanced Energy Materials，2017，7（4）：1601847.

[73] Cao J，Chen C，Chen K，et al. High-strength graphene composite films by molecular level couplings for flexible supercapacitors with high volumetric capacitance. Journal of Materials Chemistry A，2017，5（29）：15008-15016.

[74] 刘海晶，夏永姚. 混合型超级电容器的研究进展. 化学进展，2011，23（2）：595-604.

[75] Shao Y，El-Kady M F，Sun J，et al. Design and mechanisms of asymmetric supercapacitors. Chemical Reviews，2018，118（18）：9233-9280.

[76] Wang Q，Wang X，Wan F，et al. An all-freeze-casting strategy to design typographical supercapacitors with integrated architectures. Small，2018，14（23）：1800280.

[77] 杜佳梅. 基于石墨烯薄膜的一体化超级电容器构建和性能研究. 北京：清华大学，2017.

[78] Wang X，Wang R，Zhao Z，et al. Controllable spatial engineering of flexible all-in-one graphene-based supercapacitors with various architectures. Energy Storage Materials，2019，23：269-276.

[79] Niu Z，Zhou W，Chen J，et al. Compact-designed supercapacitors using free-standing single-walled carbon nanotube films. Energy & Environmental Science，2011，4（4）：1440-1446.

[80] Niu Z，Dong H，Zhu B，et al. Highly stretchable，integrated supercapacitors based on single-walled carbon nanotube films with continuous reticulate architecture. Advanced Materials，2013，25（7）：1058-1064.

[81] Kaempgen M，Chan C K，Ma J，et al. Printable thin film supercapacitors using single-walled carbon nanotubes. Nano Letters，2009，9（5）：1872-1876.

[82] Hu L，Pasta M，La Mantia F，et al. Stretchable，porous，and conductive energy textiles. Nano Letters，2010，10（2）：708-714.

[83] Ma W，Song L，Yang R，et al. Directly synthesized strong，highly conducting，transparent single-walled carbon nanotube films. Nano Letters，2007，7（8）：2307-2311.

[84] Ma W，Liu L，Zhang Z，et al. High-strength composite fibers：realizing true potential of carbon nanotubes in polymer matrix through continuous reticulate architecture and molecular level couplings. Nano Letters，2009，9（8）：2855-2861.

[85] Yu C，Masarapu C，Rong J，et al. Stretchable supercapacitors based on buckled single-walled carbon-nanotube macrofilms. Advanced Materials，2010，21（47）：4793-4797.

[86] Hu L，Choi J W，Yang Y，et al. Highly conductive paper for energy-storage devices. Proceedings of the National Academy of Sciences of the United States of America，2009，106（51）：21490-21494.

[87] Niu C，Sichel E K，Hoch R，et al. High power electrochemical capacitors based on carbon nanotube electrodes. Applied Physics Letters，1997，70（11）：1480-1482.

[88] Pushparaj V L，Shaijumon M M，Kumar A，et al. Flexible energy storage devices based on nanocomposite paper. Proceedings of the National Academy of Sciences of the United States of America，2007，104（34）：13574-13577.

[89] Niu Z，Liu L，Zhang L，et al. Programmable nanocarbon-based architectures for flexible supercapacitors. Advanced Energy Materials，2015，5（23）：1500677.

[90] Weng Z，Su Y，Wang D W，et al. Graphene-cellulose paper flexible supercapacitors. Advanced Energy Materials，2011，1（5）：917-922.

[91] Liu L，Niu Z，Zhang L，et al. Nanostructured graphene composite papers for highly flexible and foldable supercapacitors. Advanced Materials，2014，26（28）：4855-4862.

[92] Liu W W，Yan X B，Lang J W，et al. Flexible and conductive nanocomposite electrode based on graphene sheets and cotton cloth for supercapacitor. Journal of Materials Chemistry，2012，22（33）：17245-17253.

[93] El-Kady M F，Strong V，Dubin S，et al. Laser scribing of high-performance and flexible graphene-based electrochemical capacitors. Science，2012，335（6074）：1326-1330.

[94] Yang X，Zhu J，Qiu L，et al. Bioinspired effective prevention of restacking in multilayered graphene films：towards the next generation of high-performance supercapacitors. Advanced Materials，2011，23（25）：2833-2838.

[95] Niu Z，Du J，Cao X，et al. Electrophoretic build-up of alternately multilayered films and micropatterns based on graphene sheets and nanoparticles and their applications in flexible supercapacitors. Small，2012，8（20）：3201-3208.

[96] Niu Z，Chen J，Hng H H，et al. A leavening strategy to prepare reduced graphene oxide foams. Advanced Materials，2012，24（30）：4144-4150.

[97] Yu A，Roes I，Davies A，et al. Ultrathin，transparent，and flexible graphene films for supercapacitor application. Applied Physics Letters，2010，96（25）：253105.

[98] Wang G F，Qin H，Gao X，et al. Graphene thin films by noncovalent-interaction-driven assembly of graphene monolayers for flexible supercapacitors. Chem，2018，4（4）：896-910.

[99] Maiti U N，Lim J，Lee K E，et al. Three-dimensional shape engineered，interfacial gelation of reduced graphene oxide for high rate，large capacity supercapacitors. Advanced Materials，2014，26（4）：615-619.

[100] Liu F，Song S，Xue D，et al. Folded structured graphene paper for high performance electrode materials. Advanced Materials，2012，24（8）：1089-1094.

[101] Zhu C，Liu T，Qian F，et al. Supercapacitors based on three-dimensional hierarchical graphene aerogels with periodic macropores. Nano Letters，2016，16（6）：3448-3456.

[102] Fu K，Yao Y，Dai J，et al. Progress in 3D printing of carbon materials for energy-related applications. Advanced

Materials，2017，29（9）：1603486.

[103] Wang G，Wang H，Lu X，et al. Solid-state supercapacitor based on activated carbon cloths exhibits excellent rate capability. Advanced Materials，2014，26（17）：2676-2682.

[104] Wang W，Liu W，Zeng Y，et al. A novel exfoliation strategy to significantly boost the energy storage capability of commercial carbon cloth. Advanced Materials，2015，27（23）：3572-3578.

[105] Zhao Z，Wang X，Yao M，et al. Activated carbon felts with exfoliated graphene nanosheets for flexible all-solid-state supercapacitors. Chinese Chemical Letters，2019，30（4）：915-918.

[106] Cheng Y，Huang L，Xiao X，et al. Flexible and cross-linked N-doped carbon nanofiber network for high performance freestanding supercapacitor electrode. Nano Energy，2015，15：66-74.

[107] Lu X，Dou H，Gao B，et al. A flexible graphene/multiwalled carbon nanotube film as a high performance electrode material for supercapacitors. Electrochimica Acta，2011，56（14）：5115-5121.

[108] 王巍，邵光杰，马志鹏，等. 超级电容器二氧化锰电极材料的进展. 电池，2011，41（5）：279-282.

[109] 黄继伟，钱学仁，安显慧，等. 柔性基金属氧化物超级电容器电极材料的研究进展. 功能材料，2019，50（8）：8040-8050.

[110] 钱凡. 电沉积法制备 MnO_2 及其在超级电容器方面的应用. 大连：大连理工大学，2018.

[111] Xie J，Sun X，Zhang N，et al. Layer-by-layer β-$Ni(OH)_2$/graphene nanohybrids for ultraflexible all-solid-state thin-film supercapacitors with high electrochemical performance. Nano Energy，2013，2（1）：65-74.

[112] Wu J，Gao X，Yu H，et al. A scalable free-standing V_2O_5/CNT film electrode for supercapacitors with a wide operation voltage（1.6 V）in an aqueous electrolyte. Advanced Functional Materials，2016，26（33）：6114-6120.

[113] Yu G，Hu L，Liu N，et al. Enhancing the supercapacitor performance of graphene/MnO_2 nanostructured electrodes by conductive wrapping. Nano Letters，2011，11（10）：4438-4442.

[114] Niu Z，Luan P，Shao Q，et al. A “skeleton/skin” strategy for preparing ultrathin free-standing single-walled carbon nanotube/polyaniline films for high performance supercapacitor electrodes. Energy & Environmental Science，2012，5（9）：8726-8733.

[115] Luan P S，Zhang N，Zhou W Y，et al. Epidermal supercapacitor with high performance. Advanced Functional Materials，2016，26（45）：8178-8184.

[116] Wu Q，Xu Y，Yao Z，et al. Supercapacitors based on flexible graphene/polyaniline nanofiber composite films. ACS Nano，2010，4（4）：1963-1970.

[117] Wang X，Lu Q，Chen C，et al. A consecutive spray printing strategy to construct and integrate diverse supercapacitors on various substrates. ACS Applied Materials & Interfaces，2017，9（34）：28612-28619.

[118] Wang R，Wang Q R，Yao M J，et al. Flexible ultrathin all-solid-state supercapacitors. Rare Metals，2018，2（1）：113-125.

[119] Lu X，Wang G，Zhai T，et al. Stabilized TiN nanowire arrays for high-performance and flexible supercapacitors. Nano Letters，2012，12（10）：5376-5381.

[120] Wang S，Zhang L，Sun C，et al. Gallium nitride crystals：novel supercapacitor electrode materials. Advanced Materials，2016，28（19）：3768-3776.

[121] Yu M，Han Y，Cheng X，et al. Holey tungsten oxynitride nanowires：novel anodes efficiently integrate microbial chemical energy conversion and electrochemical energy storage. Advanced Materials，2015，27（19）：3085-3091.

[122] Acerce M，Voiry D，Chhowalla M. Metallic 1 t phase MoS_2 nanosheets as supercapacitor electrode materials. Nature Nanotechnology，2015，10（4）：313-318.

[123] Lukatskaya M R，Mashtalir O，Ren C E，et al. Cation intercalation and high volumetric capacitance of

two-dimensional titanium carbide. Science，2018，341（6153）：1502.

[124] Ghidiu M，Lukatskaya M R，Zhao M Q，et al. Conductive two-dimensional titanium carbide ‘clay’ with high volumetric capacitance. Nature，2014，516（7529）：78-81.

[125] Zhao M Q，Ren C E，Ling Z，et al. Flexible MXene/carbon nanotube composite paper with high volumetric capacitance. Advanced Materials，2015，27（2）：339-345.

[126] Guo B Y，Tian J，Yin X L，et al. A binder-free electrode based on $Ti_3C_2T_x$-rGO aerogel for supercapacitors. Colloids and Surfaces A-Physicochemical and Engineering Aspects，2020，595：124683.

[127] Ling Z，Ren C E，Zhao M Q，et al. Flexible and conductive MXene films and nanocomposites with high capacitance. Proceedings of the National Academy of Sciences of the United States of America，2014，111（47）：16676-16681.

[128] Miroshnikov M，Divya K P，Babu G，et al. Power from nature：designing green battery materials from electroactive quinone derivatives and organic polymers. Journal of Materials Chemistry A，2016，4（32）：12370-12386.

[129] Roldan S，Granda M，Menendez R，et al. Mechanisms of energy storage in carbon-based supercapacitors modified with a quinoid redox-active electrolyte. Journal of Physical Chemistry C，2011，115（35）：17606-17611.

[130] Feng D，Lei T，Lukatskaya M R，et al. Robust and conductive two-dimensional metal-organic frameworks with exceptionally high volumetric and areal capacitance. Nature Energy，2018，3（1）：30-36.

[131] Wang H，Zhu B，Jiang W，et al. A mechanically and electrically self-healing supercapacitor. Advanced Materials，2014，26（22）：3638-3643.

[132] Guo Y，Zheng K，Wan P. A flexible stretchable hydrogel electrolyte for healable all-in-one configured supercapacitors. Small，2018，14（14）：1704497.

[133] Wang Z，Pan Q. An omni-healable supercapacitor integrated in dynamically cross-linked polymer networks. Advanced Functional Materials，2017，27（24）：1700690.

[134] Liu L，Shen B，Jiang D，et al. Watchband-like supercapacitors with body temperature inducible shape memory ability. Advanced Energy Materials，2016，6（16）：1600763.

[135] Tai Z，Yan X，Xue Q. Shape-alterable and-recoverable graphene/polyurethane bi-layered composite film for supercapacitor electrode. Journal of Power Sources，2012，213：350-357.

[136] Cai G，Darmawan P，Cui M，et al. Highly stable transparent conductive silver grid/PEDOT：PSS electrodes for integrated bifunctional flexible electrochromic supercapacitors. Advanced Energy Materials，2016，6（4）：1501882.

[137] Qin S，Zhang Q，Yang X，et al. Hybrid piezo/triboelectric-driven self-charging electrochromic supercapacitor power package. Advanced Energy Materials，2018，8（23）：1800069.

[138] Ginting R T，Ovhal M M，Kang J W. A novel design of hybrid transparent electrodes for high performance and ultra-flexible bifunctional electrochromic-supercapacitors. Nano Energy，2018，53：650-657.

[139] Kobayashi T，Yoneyama H，Tamura H. Polyaniline film-coated electrodes as electrochromic display devices. Journal of Electroanalytical Chemistry & Interfacial Electrochemistry，1984，161（2）：419-423.

[140] Wang K，Wu H，Meng Y，et al. Integrated energy storage and electrochromic function in one flexible device：an energy storage smart window. Energy & Environmental Science，2012，5（8）：8384-8389.

[141] Chen C，Cao J，Lu Q，et al. Foldable all-solid-state supercapacitors integrated with photodetectors. Advanced Functional Materials，2017，27（3）：1604639.

[142] 胡学斌，秦少瑞，张哲旭，等. 柔性超级电容器的研究进展. 电力电容器与无功补偿，2016，37（5）：78-82.

[143] 董文举，孔令斌，康龙，等. 超级电容器电极材料及器件的柔性化与微型化. 材料导报 A：综述篇，2018，

32（9）：2912-2919.

[144] Liu L，Niu Z，Chen J. Design and integration of flexible planar micro-supercapacitors. Nano Research，2017，10（5）：1524-1544.

[145] Zhao C，Liu Y，Beirne S，et al. Recent development of fabricating flexible micro-supercapacitors for wearable devices. Advanced Materials Technology，2018，3（9）：1800028.

[146] Liu N，Gao Y. Recent progress in micro-supercapacitors with in-plane interdigital electrode architecture. Small，2017，13（45）：1701989.

[147] Wang J，Li F，Zhu F，et al. Recent progress in micro-supercapacitor design，integration，and functionalization. Small Methods，2018，3：1800367.

[148] Liu L L，Niu Z Q，Chen J. Unconventional supercapacitors from nanocarbon-based electrode materials to device configurations. Chemical Society Reviews，2016，45（15）：4340-4363.

[149] Niu Z Q，Chen J，Hng H H，et al. A leavening strategy to prepare reduced graphene oxide foams. Advanced Materials，2012，24（30）：4144-4150.

[150] Beguin F，Presser V，Balducci A，et al. Carbons and electrolytes for advanced supercapacitors. Advanced Materials，2014，26（14）：2219-2251.

[151] Han S，Wu D Q，Li S，et al. Porous graphene materials for advanced electrochemical energy storage and conversion devices. Advanced Materials，2014，26（6）：849-864.

[152] Cao Z Y，Wei B Q. A perspective：carbon nanotube macro-films for energy storage. Energy & Environmental Science，2013，6（11）：3183-3201.

[153] Kim M S，Hsia B，Carraro C，et al. Flexible micro-supercapacitors with high energy density from simple transfer of photoresist-derived porous carbon electrodes. Carbon，2014，74：163-169.

[154] Hsia B，Kim M S，Vincent M，et al. Photoresist-derived porous carbon for on-chip micro-supercapacitors. Carbon，2013，57：395-400.

[155] Wang S，Hsia B，Carraro C，et al. High-performance all solid-state micro-supercapacitor based on patterned photoresist-derived porous carbon electrodes and an ionogel electrolyte. Journal of Materials Chemistry A，2014，2（21）：7997-8002.

[156] Bin I J，Hsia B，Yoo J H，et al. Facile fabrication of flexible all solid-state micro-supercapacitor by direct laser writing of porous carbon in polyimide. Carbon，2015，83：144-151.

[157] Cai J G，Lv C，Watanabe A. Cost-effective fabrication of high-performance flexible all-solid-state carbon micro-supercapacitors by blue-violet laser direct writing and further surface treatment. Journal of Materials Chemistry A，2016，4（5）：1671-1679.

[158] Niu Z Q，Ma W J，Li J Z，et al. High-strength laminated copper matrix nanocomposites developed from a single walled carbon nanotube film with continuous reticulate architecture. Advanced Function Materials，2012，22（24）：5209-5215.

[159] Hsia B，Marschewski J，Wang S，et al. Highly flexible，all solid-state micro-supercapacitors from vertically aligned carbon nanotubes. Nanotechnology，2014，25：055401.

[160] Chen C，Cao J，Wang X，et al. Highly stretchable integrated system for micro-supercapacitor with AC line filtering and UV detector. Nano Energy，2017，42：187-194.

[161] Kim D，Shin G，Kang Y J，et al. Fabrication of a stretchable solid-state micro-supercapacitor array. ACS Nano，2013，7（9）：7975-7982.

[162] Yu Y Z，Zhang J，Wu X，et al. Facile ion exchange synthesis of silver films as flexible current collectors for

micro-supercapacitors. Journal of Materials Chemistry A，2015，3（42）：21009-21015.

[163] Kim H，Yoon J，Lee G，et al. Encapsulated，high-performance，stretchable array of stacked planar micro-supercapacitors as waterproof wearable energy storage devices. ACS Applied Materials & Interfaces，2016，8（25）：16016-16025.

[164] Yu W，Zhou H，Li B Q，et al. 3D printing of carbon nanotubes-based microsupercapacitors. ACS Applied Materials & Interfaces，2017，9（5）：4597-4604.

[165] Kim D，Lee G，Kim D，et al. Air-stable，high-performance，flexible microsupercapacitor with patterned ionogel electrolyte. ACS Applied Materials & Interfaces，2015，7（8）：4608-4615.

[166] Kim S K，Koo H J，Lee A，et al. Selective wetting-induced micro-electrode patterning for flexible micro-supercapacitors. Advanced Materials，2014，26（30）：5108-5112.

[167] 王森，郑双好，吴忠帅，等. 石墨烯基平面微型超级电容器的研究进展. 中国科学：化学，2016，46（8）：732-744.

[168] Niu Z Q，Zhang L，Liu L L，et al. All-solid-state flexible ultrathin micro-supercapacitors based on graphene. Advanced Materials，2013，25（29）：4035-4042.

[169] Xu J，Shen G. A flexible integrated photodetector system driven by on-chip microsupercapacitors. Nano Energy，2015，13：131-139.

[170] Gao W，Singh N，Song L，et al. Direct laser writing of micro-supercapacitors on hydrated graphite oxide films. Nature Nanotechnology，2011，6（8）：496-500.

[171] Lamberti A，Clerici F，Fontana M，et al. A highly stretchable supercapacitor using laser-induced graphene electrodes onto elastomeric substrate. Advanced Energy Materials，2016，6（10）：1600050.

[172] Wang X，Wang R，Zhao Z，et al. Controllable spatial engineering of flexible all-in-one graphene-based supercapacitors with various architectures. Energy Storage Materials，2019，13：269-276.

[173] El-Kady M F，Kaner R B. Scalable fabrication of high-power graphene micro-supercapacitors for flexible and on-chip energy storage. Nature Communication，2013，4（1）：1475.

[174] Li J，Sollami Delekta S，Zhang P，et al. Scalable fabrication and integration of graphene microsupercapacitors through full inkjet printing. ACS Nano，2017，11（8）：8249-8256.

[175] Chang Q，Li L，Sai L，et al. Water-soluble hybrid graphene ink for gravure-printed planar supercapacitors. Advanced Electronic Materials，2018，4（8）：1800059.

[176] Bellani S，Petroni E，Castillo A，et al. Scalable production of graphene inks via wet-jet milling exfoliation for screen-printed micro-supercapacitors. Advanced Function Materials，2019，29（14）：1807659.

[177] Zhou F，Huang H，Xiao C，et al. Electrochemically scalable production of fluorine-modified graphene for flexible and high-energy ionogel-based microsupercapacitors. Journal of the American Chemistry Society，2018，140（26）：8198-8205.

[178] Dong Y，Wang L，Ban L，et al. Selective vacuum filtration-induced microelectrode patterning on paper for high-performance planar microsupercapacitor. Journal of Power Sources，2018，396：632-638.

[179] Chen Y，Xu B，Xu J，et al. Graphene-based in-planar supercapacitors by a novel laser-scribing，in-situ reduction and transfer-printed method on flexible substrates. Journal of Power Sources，2019，420：82-87.

[180] Yun J，Kim D，Lee G，et al. All-solid-state flexible micro-supercapacitor arrays with patterned graphene/MWNT electrodes. Carbon，2014，79：156-164.

[181] Si W，Yan C，Chen Y，et al. On chip，all solid-state and flexible micro-supercapacitors with high performance based on MnO_x/Au multilayers. Energy & Environmental Science，2013，6（11）：3218-3223.

[182] Zhu S，Li Y，Zhu H，et al. Pencil-drawing skin-mountable micro-supercapacitors. Small，2019，15（3）：1804037.

[183] Su Z，Yang C，Xie B，et al. Scalable fabrication of MnO_2 nanostructure deposited on free-standing Ni nanocone arrays for ultrathin，flexible，high-performance micro-supercapacitor. Energy & Environmental Science，2014，7（8）：2652-2659.

[184] Lu Q，Liu L，Yang S，et al. Facile synthesis of amorphous FeOOH/MnO_2 composites as screen-printed electrode materials for all-printed solid-state flexible supercapacitors. Journal of Power Sources，2017，361：31-38.

[185] Peng L L，Peng X，Liu B R，et al. Ultrathin two-dimensional MnO_2/Graphene hybrid nanostructures for high-performance，flexible planar supercapacitors. Nano Letters，2013，13（5）：2151-2157.

[186] Moon Y S，Kim D，Lee G，et al. Fabrication of flexible micro-supercapacitor array with patterned graphene foam/MWNT-COOH/MnO_x electrodes and its application. Carbon，2015，81：29-37.

[187] Feng X，Ning J，Wang D，et al. All-solid-state planner micro-supercapacitor based on graphene/NiOOH/$Ni(OH)_2$ via mask-free patterning strategy. Journal of Power Sources，2019，418：130-137.

[188] Qin J，Wang S，Zhou F，et al. 2D mesoporous MnO_2 nanosheets for high-energy asymmetric micro-supercapacitors in water-in-salt gel electrolyte. Energy Storage Materials，2019，18：397-404.

[189] Xiong Z，Yun X，Qiu L，et al. A dynamic graphene oxide network enables spray printing of colloidal gels for high-performance micro-supercapacitors. Advanced Materials，2019，31（16）：1804434.

[190] Zhu M，Huang Y，Huang Y，et al. A highly durable，transferable，and substrate-versatile high-performance all-polymer micro-supercapacitor with plug-and-play function. Advanced Materials，2017，29（16）：1605137.

[191] Kurra N，Hota M K，Alshareef H N. Conducting polymer micro-supercapacitors for flexible energy storage and AC line-filtering. Nano Energy，2015，13：500-508.

[192] Hu H，Zhang K，Li S，et al. Flexible，in-plane，and all-solid-state micro-supercapacitors based on printed interdigital Au/polyaniline network hybrid electrodes on a chip. Journal of Materials Chemistry A，2014，2（48）：20916-20922.

[193] Jiang Q，Kurra N，Alshareef H N. Marker pen lithography for flexible and curvilinear on-chip energy storage. Advanced Function Materials，2015，25（31）：4976-4984.

[194] Liu Z，Wu Z S，Yang S，et al. Ultraflexible in-plane micro-supercapacitors by direct printing of solution-processable electrochemically exfoliated graphene. Advanced Materials，2016，28（11）：2217-2222.

[195] Shi J，Wu Z S，Qin J，et al. Graphene-based linear tandem micro-supercapacitors with metal-free current collectors and high-voltage output. Advanced Materials，2017，29（44）：1703034.

[196] Liu W W，Lu C X，Li H L，et al. Paper-based all-solid-state flexible micro-supercapacitors with ultra-high rate and rapid frequency response capabilities. Journal of Materials Chemistry A，2016，4（10）：3754-3764.

[197] Liu L，Lu Q，Yang S，et al. All-printed solid-state microsupercapacitors derived from self-template synthesis of Ag@PPy nanocomposites. Advanced Materials Technologies，2018，3（1）：1700206.

[198] Zhang C，Kremer M P，Seral-Ascaso A，et al. Stamping of flexible，coplanar micro-supercapacitors using MXene inks. Advanced Function Materials，2018，28（9）：1705506.

[199] Peng Y Y，Akuzum B，Kurra N，et al. All-MXene（2D titanium carbide）solid-state microsupercapacitors for on-chip energy storage. Energy & Environmental Science，2016，9（9）：2847-2854.

[200] Kurra N，Ahmed B，Gogotsi Y，et al. MXene-on-paper coplanar microsupercapacitors. Advanced Energy Materials，2016，6（24）：1601372.

[201] Xu Y，Agnese D，Wei G，et al. Screen-printable microscale hybrid device based on MXene and layered double hydroxide electrodes for powering force sensors. Nano Energy，2018，50：479-488.

[202] He F，Zhang P，Wang M，et al. Nano-sandwiched metal hexacyanoferrate/graphene hybrid thin films for in-plane

asymmetric micro-supercapacitors with ultrahigh energy density. Materials Horizons，2019，6（5）：1041-1049.

[203] He Y，Zhang P，Wang F，et al. Vacancy modification of Prussian-blue nano-thin films for high energy density micro-supercapacitors with ultralow RC time constant. Nano Energy，2019，60：8-16.

[204] Chen J，Jia C，Wan Z. The preparation and electrochemical propertied of MnO_2/poly (3, 4-ethylenedioxythiophene)/ multiwalled carbon nanotubes hybrid nanocomposite and its application in a novel flexible supercapacitor. Electrochemical Acta，2014，121：49-56.

[205] Pang H，Zhang Y，Lai W Y，et al. Lamellar $K_2Co_3(P_2O_7)_2 \cdot 2H_2O$ nanocrystal whiskers：high-performance flexible all-solid-state asymmetric micro-supercapacitors via inkjet printing. Nano Energy，2015，15：303-312.

[206] Lee S C，Patil U M，Kim S J，et al. All-solid-state flexible asymmetric micro supercapacitors based on cobalt hydroxide and reduced graphene oxide electrodes. RSC Advances，2016，6（50）：43844-43854.

[207] Sun G，Yang H，Zhang G，et al. A capacity recoverable zinc-ion micro-supercapacitor. Energy & Environmental Science，2018，11（12）：3367-3374.

[208] Yue Y，Liu N，Ma Y，et al. Highly self-healable 3D microsupercapacitor with MXene-graphene composite aerogel. ACS Nano，2018，12（5）：4224-4232.

[209] Zhang P，Zhu F，Wang F，et al. Stimulus-responsive micro-supercapacitors with ultrahigh energy density and reversible electrochromic window. Advanced Materials，2017，29（7）：1604491.

[210] Song Y，Chen H，Chen X，et al. All-in-one piezoresistive-sensing patch integrated with micro-supercapacitor. Nano Energy，2018，53：189-197.

[211] Ma S，Shi Y，Zhang Y，et al. All-printed substrate-versatile microsupercapacitors with thermoreversible self-protection behavior based on safe sol-gel transition electrolytes. ACS Applied Materials & Interfaces，2019，11：29960-29969.

[212] Chen C R，Qin H，Cong H P，et al. A highly stretchable and real-time healable supercapacitor. Advanced Materials，2019，31（19）：1900573.

[213] Park S，Thangavel G，Parida K，et al. A stretchable and self-healing energy storage device based on mechanically and electrically restorative liquid-metal particles and carboxylated polyurethane composites. Advanced Materials，2019，31（1）：1805536.

[214] Chen T，Xue Y，Roy A K，et al. Transparent and stretchable high-performance supercapacitors based on wrinkled graphene electrodes. ACS Nano，2014，8（1）：1039-1046.

[215] Liang X，Zhao L，Wang Q，et al. A dynamic stretchable and self-healable supercapacitor with a CNT/graphene/PANI composite film. Nanoscale，2018，10（47）：22329-22334.

[216] Lv T，Yao Y，Li N，et al. Highly stretchable supercapacitors based on aligned carbon nanotube/molybdenum disulfide composites. Angewandte Chemie International Edition，2016，55（32）：9191-9195.

[217] Gu T，Wei B. High-performance all-solid-state asymmetric stretchable supercapacitors based on wrinkled MnO_2/CNT and Fe_2O_3/CNT macrofilms. Journal of Materials Chemistry A，2016，4（31）：12289-12295.

[218] Cao C，Zhou Y，Ubnoske S，et al. Highly stretchable supercapacitors via crumpled vertically aligned carbon nanotube forests. Advanced Energy Materials，2019，9（22）：1900618.

[219] Lu Z，Foroughi J，Wang C，et al. Superelastic hybrid CNT/graphene fibers for wearable energy storage. Advanced Energy Materials，2018，8（8）：1702047.

[220] Zhao C，Wang C，Yue Z，et al. Intrinsically stretchable supercapacitors composed of polypyrrole electrodes and highly stretchable gel electrolyte. ACS Applied Materials & Interfaces，2013，5（18）：9008-9014.

[221] Kim D，Lee G，Kim D，et al. High performance flexible double-sided micro-supercapacitors with an organic gel

electrolyte containing a redox-active additive. Nanoscale，2016，8（34）：15611-15620.

[222] Huang Y，Zhong M，Huang Y，et al. A self-healable and highly stretchable supercapacitor based on a dual crosslinked polyelectrolyte. Nature Communications，2015，6：10310.

[223] Pal B，Yasin A，Kunwar R，et al. Polymer versus cation of gel polymer electrolytes in the charge storage of asymmetric supercapacitors. Industrial & Engineering Chemistry Research，2019，58（2）：654-664.

[224] Wang Y，Chen F，Liu Z，et al. A highly elastic and reversibly stretchable all-polymer supercapacitor. Angewandte Chemie International Edition，2019，58（44）：15707-15711.

[225] Huang Y，Zhong M，Shi F，et al. An intrinsically stretchable and compressible supercapacitor containing a polyacrylamide hydrogel electrolyte. Angewandte Chemie International Edition，2017，56（31）：9141-9145.

[226] Wu X J，Xu Y J，Hu Y，et al. Microfluidic-spinning construction of black-phosphorus-hybrid microfibres for non-woven fabrics toward a high energy density flexible supercapacitor. Nature Communications，2018，9：4573.

[227] Lv Z，Luo Y，Tang Y，et al. Editable supercapacitors with customizable stretchability based on mechanically strengthened ultralong MnO_2 nanowire composite. Advanced Materials，2018，30（2）：1704531.

[228] Lv Z，Tang Y，Zhu Z，et al. Honeycomb-lantern-inspired 3D stretchable supercapacitors with enhanced specific areal capacitance. Advanced Materials，2018，30（50）：1805468.

[229] Lee Y H，Kim Y，Lee T I，et al. Anomalous stretchable conductivity using an engineered tricot weave. ACS Nano，2015，9（12）：12214-12223.

[230] Chen X，Villa N S，Zhuang Y，et al. Stretchable supercapacitors as emergent energy storage units for health monitoring bioelectronics. Advanced Energy Materials，2019，10：1902769.

[231] Li M，Zu M，Yu J，et al. Stretchable fiber supercapacitors with high volumetric performance based on buckled MnO_2/oxidized carbon nanotube fiber electrodes. Small，2017，13（12）：1602994.

[232] Choi C，Lee J M，Kim S H，et al. Twistable and stretchable sandwich structured fiber for wearable sensors and supercapacitors. Nano Letters，2016，16（12）：7677-7684.

[233] Choi C，Kim J H，Sim H J，et al. Microscopically buckled and macroscopically coiled fibers for ultra-stretchable supercapacitors. Advanced Energy Materials，2017，7（6）：1602021.

[234] Chen Y，Xu B，Wen J，et al. Design of novel wearable，stretchable，and waterproof cable-type supercapacitors based on high-performance nickel cobalt sulfide-coated etching-annealed yarn electrodes. Small，2018，14（21）：1704373.

[235] Yang Z，Deng J，Chen X，et al. A highly stretchable，fiber-shaped supercapacitor. Angewandte Chemie International Edition，2013，52（50）：13453-13457.

[236] Wang H，Liu Z，Ding J，et al. Downsized sheath-core conducting fibers for weavable superelastic wires，biosensors，supercapacitors，and strain sensors. Advanced Materials，2016，28（25）：4998-5007.

[237] Li N，Lv T，Yao Y，et al. Compact graphene/MoS_2 composite films for highly flexible and stretchable all-solid-state supercapacitors. Journal of Materials Chemistry A，2017，5（7）：3267-3273.

[238] Kim W，Kim W. 3 V omni-directionally stretchable one-body supercapacitors based on a single ion-gel matrix and carbon nanotubes. Nanotechnology，2016，27（22）：225402.

[239] Li F，Chen J，Wang X，et al. Stretchable supercapacitor with adjustable volumetric capacitance based on 3D interdigital electrodes. Advanced Functional Materials，2015，25（29）：4601-4606.

[240] Li L，Lou Z，Han W，et al. Highly stretchable micro-supercapacitor arrays with hybrid MWCNT/PANI electrodes. Advanced Materials Technologies，2017，2（3）：1600282.

[241] Kim D，Shin G，Kang Y J，et al. Fabrication of a stretchable solid-state micro-supercapacitor array. ACS Nano，

2013，7（9）：7975-7982.

[242] Dong L，Xu C，Yang Q，et al. High-performance compressible supercapacitors based on functionally synergic multiscale carbon composite textiles. Journal of Materials Chemistry A，2015，3（8）：4729-4737.

[243] Niu Z，Zhou W，Chen X，et al. Highly compressible and all-solid-state supercapacitors based on nanostructured composite sponge. Advanced Materials，2015，27（39）：6002-6008.

[244] Zhang S W，Yin B S，Liu C，et al. A lightweight，compressible and portable sponge-based supercapacitor for future power supply. Chemical Engineering Journal，2018，349：509-521.

[245] Li P，Shi E，Yang Y，et al. Carbon nanotube-polypyrrole core-shell sponge and its application as highly compressible supercapacitor electrode. Nano Research，2014，7（2）：209-218.

[246] Liu X，Wu D，Wang H，et al. Self-recovering tough gel electrolyte with adjustable supercapacitor performance. Advanced Materials，2014，26（25）：4370-4375.

[247] Sun H，Xu Z，Gao C. Multifunctional，ultra-flyweight，synergistically assembled carbon aerogels. Advanced Materials，2013，25（18）：2554-2560.

[248] Hu H，Zhao Z，Wan W，et al. Ultralight and highly compressible graphene aerogels. Advanced Materials，2013，25（15）：2219-2223.

[249] Xu Y，Sheng K，Li C，et al. Self-assembled graphene hydrogel via a one-step hydrothermal process. ACS Nano，2010，4（7）：4324-4330.

[250] Qiu L，Liu J Z，Chang S L Y，et al. Biomimetic superelastic graphene-based cellular monoliths. Nature Communications，2012，3：1241.

[251] Wang C，He X，Shang Y，et al. Multifunctional graphene sheet-nanoribbon hybrid aerogels. Journal of Materials Chemistry A，2014，2（36）：14994-15000.

[252] Zhao Y，Liu J，Hu Y，et al. Highly compression-tolerant supercapacitor based on polypyrrole-mediated graphene foam electrodes. Advanced Materials，2013，25（4）：591-595.

[253] Hong J Y，Bak B M，Wie J J，et al. Reversibly compressible，highly elastic，and durable graphene aerogels for energy storage devices under limiting conditions. Advanced Functional Materials，2015，25（7）：1053-1062.

[254] Kim K H，Oh Y，Islam M F. Graphene coating makes carbon nanotube aerogels superelastic and resistant to fatigue. Nature Nanotechnology，2012，7：562-566.

[255] Wilson E，Islam M F. Ultracompressible，high-rate supercapacitors from graphene-coated carbon nanotube aerogels. ACS Applied Materials & Interfaces，2015，7（9）：5612-5618.

[256] Li P，Kong C，Shang Y，et al. Highly deformation-tolerant carbon nanotube sponges as supercapacitor electrodes. Nanoscale，2013，5（18）：8472-8479.

[257] Cheng X，Gui X，Lin Z，et al. Three-dimensional α-Fe_2O_3/carbon nanotube sponges as flexible supercapacitor electrodes. Journal of Materials Chemistry A，2015，3（42）：20927-20934.

[258] Wu X L，Wen T，Guo H L，et al. Biomass-derived sponge-like carbonaceous hydrogels and aerogels for supercapacitors. ACS Nano，2013，7（4）：3589-3597.

[259] Xiao K，Ding L X，Liu G，et al. Freestanding，hydrophilic nitrogen-doped carbon foams for highly compressible all solid-state supercapacitors. Advanced Materials，2016，28（28）：5997-6002.

[260] Dai L X，Zhang W，Sun L，et al. Highly stretchable and compressible self-healing P(AA-*co*-AAm)/$CoCl_2$ hydrogel electrolyte for flexible supercapacitors. ChemElectroChem，2019，6（2）：467-472.

[261] Lyu S，Chang H，Fu F，et al. Cellulose-coupled graphene/polypyrrole composite electrodes containing conducting networks built by carbon fibers as wearable supercapacitors with excellent foldability and tailorability. Journal of

Power Sources，2016，327：438-446.

[262] Xue J，Zhao Y，Cheng H，et al. An all-cotton-derived，arbitrarily foldable，high-rate，electrochemical supercapacitor. Physical Chemistry Chemical Physics，2013，15（21）：8042-8045.

[263] Jun J H，Song H，Kim C，et al. Carbon-nanosheet based large-area electrochemical capacitor that is flexible，foldable，twistable，and stretchable. Small，2018，14（43）：1702145.

[264] Huang R，Huang M，Li X，et al. Porous graphene films with unprecedented elastomeric scaffold-like folding behavior for foldable energy storage devices. Advanced Materials，2018，30（21）：1707025.

[265] Peng L，Xu Z，Liu Z，et al. Ultrahigh thermal conductive yet superflexible graphene films. Advanced Materials，2017，29（27）：1700589.

[266] Meng F，Zheng L，Luo S，et al. A highly torsionable fiber-shaped supercapacitor. Journal of Materials Chemistry A，2017，5（9）：4397-4403.

[267] Xu R，Wei J，Guo F，et al. Highly conductive，twistable and bendable polypyrrole-carbon nanotube fiber for efficient supercapacitor electrodes. RSC Advances，2015，5（28）：22015-22021.

[268] Zhu J，Tang S，Wu J，et al. Wearable high-performance supercapacitors based on silver-sputtered textiles with $FeCo_2S_4$-$NiCo_2S_4$ composite nanotube-built multitripod architectures as advanced flexible electrodes. Advanced Energy Materials，2017，7（2）：1601234.

[269] Sun Y，Sills R B，Hu X，et al. A bamboo-inspired nanostructure design for flexible，foldable，and twistable energy storage devices. Nano Letters，2015，15（6）：3899-3906.

[270] Ma L，Fan H，Wei X，et al. Towards high areal capacitance，rate capability，and tailorable supercapacitors：Co_3O_4@polypyrrole core-shell nanorod bundle array electrodes. Journal of Materials Chemistry A，2018，6（39）：19058-19065.

[271] Shen L X，Sun P，Zhao C X，et al. Tailorable pseudocapacitors for energy storage clothes. RSC Advances，2016，6（72）：67764-67770.

[272] Lin R，Zhu Z，Yu X，et al. Facile synthesis of TiO_2/Mn_3O_4 hierarchical structures for fiber-shaped flexible asymmetric supercapacitors with ultrahigh stability and tailorable performance. Journal of Materials Chemistry A，2017，5（2）：814-821.

[273] Xie B，Yang C，Zhang Z，et al. Shape-tailorable graphene-based ultra-high-rate supercapacitor for wearable electronics. ACS Nano，2015，9（6）：5636-5645.

[274] Li H，Lv T，Li N，et al. Ultraflexible and tailorable all-solid-state supercapacitors using polyacrylamide-based hydrogel electrolyte with high ionic conductivity. Nanoscale，2017，9（46）：18474-18481.

第3章 柔性碱金属（锂/钠/钾）离子电池

常见的碱金属离子电池主要包括锂离子电池、钠离子电池及钾离子电池[1, 2]，它们具有高电压和高理论比容量等优点，而且，锂离子电池已经商业化，在大规模储能和日常生活中已被广泛使用。碱金属离子电池的工作原理相似，主要通过碱金属离子（Li^+、Na^+、K^+）在正负极材料层间的嵌入/脱出反应来实现能量的存储与释放[3]，如图 3-1 所示。

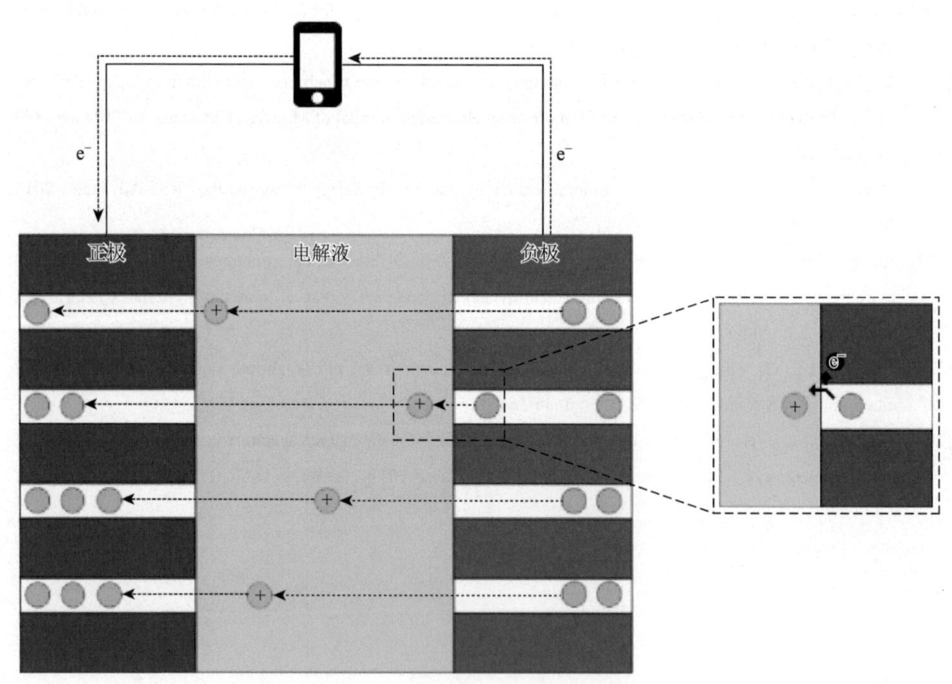

图 3-1　碱金属离子电池工作原理

绿色小球代表 Li^+、Na^+或 K^+[1]

以传统锂离子电池为例，其电化学反应式如下所示：

正极：
$$LiMO_2 \rightleftharpoons Li_{1-x}MO_2 + xLi^+ + xe^- \quad (3\text{-}1)$$

$$Li_{1+y}Mn_2O_4 \rightleftharpoons Li_{1+y-x}Mn_2O_4 + xLi^+ + xe^- \qquad (3\text{-}2)$$

负极：

基于石墨负极：
$$nC + xLi^+ + xe^- \rightleftharpoons Li_xC_n \qquad (3\text{-}3)$$

基于转化型负极材料：
$$xMX + 2xLi^+ + 2xe^- \rightleftharpoons xM + xLi_2X \qquad (3\text{-}4)$$

基于金属锂负极：
$$xLi^+ + xe^- \rightleftharpoons xLi \qquad (3\text{-}5)$$

式中，M 通常为铁（Fe）、钴（Co）、镍（Ni）等过渡金属元素；X 通常为氧（O）或硫（S）元素。从上述电化学反应式可以看出，在充放电过程中，正极主要是基于锂离子的嵌入与脱出反应，而负极则与材料本身的储锂性质有关。具体而言，负极材料主要包含以下三种储锂机理。①脱嵌式机理：当选用石墨（C）或钛酸锂（$Li_4Ti_5O_{12}$）作为负极材料时，在充放电过程中发生锂离子的嵌入与脱出反应；②转化机理：当选用 V_2O_5、二硫化钛（TiS_2）等负极材料时，在充放电过程中，它们能够与锂离子通过转化反应实现多电子的氧化还原；③沉积与析出机理：当负极采用金属锂时，在锂负极的界面上会发生锂离子的沉积与析出[4]。

根据上述电化学反应式，可以发现锂离子电池是一种典型的“摇椅式”电池。在充电过程中，锂离子从正极材料层间脱出，进入到电解液中，随后，电解液中的锂离子嵌入到负极材料层间或沉积到金属锂负极界面上。与此同时，电子通过外电路由正极流向负极，与锂离子的流向形成闭合的回路。放电过程则与充电过程刚好相反。因此，锂离子电池通过锂离子在正负极间的流动，实现能量的存储与释放。此外，在充放电过程中，由于体系时刻保持着电荷守恒和离子对平衡，因此锂离子电池中的电化学反应展现出高度的可逆性。

与锂离子电池一样，钠离子和钾离子电池同样是“摇椅式”电池，只是传质的离子不同[5]。然而，由于钠离子和钾离子结构的特殊性，在电极材料或电解液的选择上，钠/钾离子电池与锂离子电池存在着差异[6]。首先，钠/钾的离子半径比锂离子大，因此通常需要选择过渡金属氧化物、磷酸盐等更大晶格间距的电极材料来实现钠/钾离子的嵌入[7]。其次，锂离子电池通常选用低黏度的碳酸酯类电解液，而在钠/钾离子电池体系中，钠/钾负极在碳酸酯类电解液中会形成不稳定的固体电解质界面膜，造成电池极化电位增加和循环稳定性变差。为此，在钠/钾离子电池中通常选用醚类电解液，以促进负极在储钠或储钾过程中的结构转化，提高嵌钠或嵌钾的程度[8]。

总之，常见的碱金属离子电池是典型的“摇椅式”电池，即通过碱金属离子（Li^+、Na^+、K^+）在正负极材料层间的嵌入/脱出反应，实现能量的存储与释放。一般情况下，在充放电过程中，正负极材料只涉及层间的变化，而不会引起晶体结构的破坏。此外，相比于传统超级电容器，碱金属离子电池通过离子嵌入/脱出反应（发生氧化还原过程）存储能量，具有更高的电压和能量密度。但是，由于结构相对复杂，其在柔性器件的构建上也更加困难。尽管如此，柔性碱金属离子电池在电极材料与电解质开发以及柔性器件设计上仍取得了很大进展，本章将进行详细介绍[9, 10]。

3.1 柔性锂离子电池

3.1.1 柔性锂离子电池的基本结构及特性

柔性锂离子电池具有与传统锂离子电池相似的工作原理，虽然传统锂离子电池展现了良好的电化学性能，但是由于器件的某些组分为刚性材料，在外力作用下容易发生不可逆形变，进而导致电池性能衰减甚至失效（图 3-2）[11]。柔性锂离子电池需要在外力作用下仍具有良好的电化学稳定性，因此在电极制备、电解液优化及封装工艺上提出了更高的要求[12-16]。

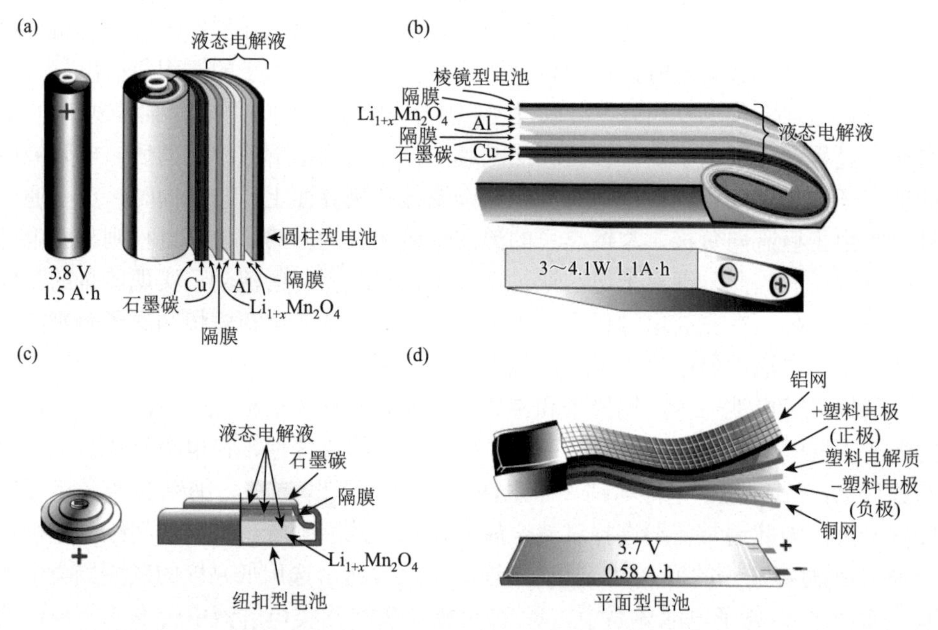

图 3-2 传统锂离子电池外形和组成：(a) 圆柱型；(b) 棱镜型；(c) 纽扣型；(d) 平面型[11]

（1）电极制备：传统非柔性锂离子电池电极是将正负极活性材料、导电碳和黏结剂混成均匀的浆料，然后涂覆到铝箔、铜箔等金属集流体上，再经压实得到电极片。其中，导电碳起到提高电极导电性的作用，对电池比容量几乎没有贡献；黏结剂绝缘不导电，添加后会增加电池极化。此外，由于铝箔或铜箔集流体的柔韧性能有限，在较大形变条件下会发生不可逆形变，并且由于集流体与活性材料之间弱的相互作用力，在多次弯折过程中可能发生电极材料脱落，从而造成锂离子电池性能衰减甚至失效[17]。为了提高电极机械强度，通常选用质量轻、导电性好和力学性能优异的集流体替代金属集流体或构建无集流体和黏结剂的自支撑柔性电极。常用的新型集流体主要包括碳材料和导电高分子材料等，通常采用刮涂和原位生长等方法将活性物质组装到上述集流体上。制备自支撑柔性电极主要有两种方法。①机械成膜法：将碳纳米材料（如CNTs[18-21]、石墨烯[22-24]等）与活性物质混合，通过真空抽滤或刮涂方式得到柔性复合薄膜；②原位自组装法：通过自组装的策略将活性材料与不同导电纳米材料组装成无需集流体的柔性自支撑电极。

（2）电解液优化：传统锂离子电池大多采用三明治结构的组装形式，电解液一般为液态有机碳酸酯类。在外力作用下，各组分容易发生错位，从而影响器件各组分间的接触及其电化学性能[25]。为了避免出现错位现象以及实现器件结构的一体化，目前通常选用凝胶或固态电解质替代液态电解液。这两类电解质的主体通常是具有弹性的高分子聚合物，通过将电极材料嵌入电解质等策略，增强电解质与电极间的兼容性，提高界面力学强度，进一步防止器件在外力作用下发生组分错位。此外，这两类电解质中的液体含量低，可避免发生漏液，有利于提高柔性锂离子电池的安全性。

（3）封装材料与工艺：传统非柔性锂离子电池通常采用金属外壳进行封装，但由于其刚性特征，不适用于柔性锂离子电池。此外，由于金属锂的电化学活性很高，需要封装材料具有高的致密性以隔绝空气与水分，因此柔性锂离子电池对封装材料选择及封装工艺提出了更严格的要求。目前，柔性锂离子电池的封装材料通常为铝塑膜或PDMS等，它们具有优异的机械性能、高的致密性以及良好的环境稳定性，可实现器件在形变条件下电化学性能的稳定[26]。

3.1.2　柔性电极及电解质材料的设计

1. 柔性电极的设计

电极是锂离子电池的重要组成部分，它在很大程度上决定了电池的性能。因此，设计高性能的柔性电极对柔性锂离子电池的发展至关重要。柔性电极不仅需要展现出优异的电化学性能，也需要拥有良好的电学及力学性质。如前所述，目前高性能柔性电极主要有两类：柔性基底类电极和无需集流体的柔性自支撑电极。

1）柔性基底类电极

柔性基底既要有良好的电子电导率，又要有高的机械强度，目前主要包括两类：导电高分子材料和碳材料。导电高分子材料的主体通常具有弹性的高分子骨架，因此形成的导电高分子基底具有一定的柔性。将活性材料通过浸渍、涂覆等方法负载在其表面上，可得到柔性的复合电极。例如，将含有 $Li_4Ti_5O_{12}$

和 $LiFePO_4$ 的浆料分别浸渍在多孔 PDMS 基底上，可得到柔性可拉伸电极。该电极可实现 82%的拉伸形变，展现出良好的拉伸性能。此外，在经历 500 次的拉伸形变后，基于该电极组装的可拉伸锂离子电池仍具有超过 80%的比容量保持率[27]。但是，通常高分子基底的电子电导率较低，限制了它们的实际应用。为了解决这一问题，通常需在高分子基底的基体中添加导电剂，这样既保留了基底的柔性，又实现了高的电子电导率。例如，在 PANI/PAA 高分子基体中添加导电炭黑，可得到高电导率的柔性复合高分子基底，进一步将硅（Si）负极活性材料和该高分子基底组装可得到三明治结构的复合电极［图 3-3（a）］[28]。该电极能够有效抑制 Si 负极的体积膨胀，提高电池的循环性能。基于该复合电极组装的柔性锂离子电池在不同的弯折状态下仍能保持 90%的初始放电比容量

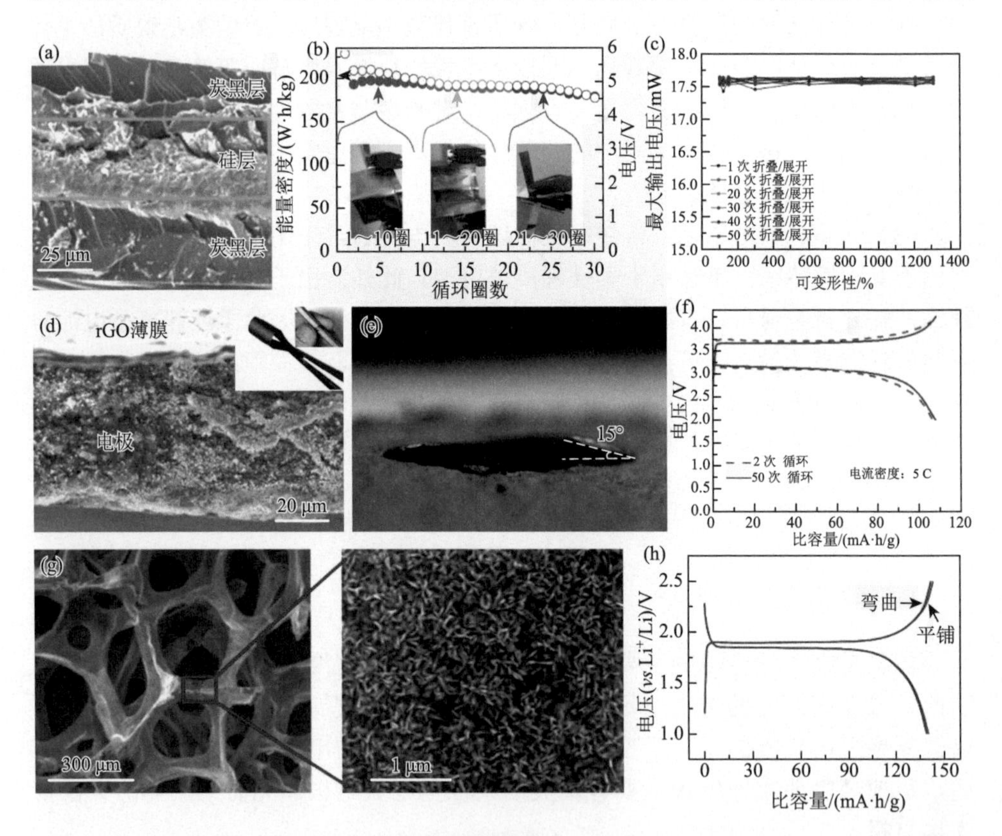

图 3-3 基于导电高分子基底制备的三明治结构电极：(a）截面的 SEM 照片，(b）在不同弯折条件下的循环性能[28]；(c）基于 CNTs 基底制备的 $Li_4Ti_5O_{12}$/CNTs 和 $LiCoO_2$/CNTs 复合电极在不同形变下的电化学稳定性[31]；基于石墨烯基底制备的 rGO/$LiFePO_4$ 复合电极：(d）光学照片及 SEM 照片，(e）$LiFePO_4$ 浆料在 rGO 薄膜表面的接触角，(f）柔性锂离子电池在 5 C 下的性能对比[32]；水热法制备柔性 $Li_4Ti_5O_{12}$/石墨烯泡沫电极：(g）SEM 照片，(h）柔性锂离子电池在正常和弯曲状态下的充放电曲线对比[33]

［图 3-3（b）］[28]。尽管加入一定量的导电剂可提高聚合物基底的导电性，但是构建的复合电极的电化学稳定性还有待提高。

与高分子基底相比，碳材料基底通常具有多孔结构，为活性材料的负载提供了空间，更重要的是，碳材料具有高的电导率，使其更适合作为柔性电极的基底材料。碳布具有廉价和机械性能优异等特点，通常用作大规模原位生长活性材料的柔性基底。例如，可将负极材料二氧化钛@氮化钛纳米线原位生长在碳布上，这种复合电极具有交错编织的结构，有助于实现快速的电子和离子传输，在 30 C 的高电流密度下，仍可获得 136 mA·h/g 的高比容量。此外，由于电极活性材料与碳布的紧密接触可防止在弯曲状态下电极材料脱落，有利于保持电极结构的稳定性。因此，与 $LiCoO_2$ 正极匹配得到的柔性锂离子电池，在弯曲 90°的状态下没有出现内阻增加的现象，且经过 30 次弯曲后仍有 97%的比容量保持率[29]。然而由于碳布集流体自身密度较大，在电极中的质量比例较高，从而限制了电池的整体能量密度。CNTs 具有高的长径比，容易成膜，CNTs 薄膜不仅具有可弯曲性能，而且能作为可折叠基底[30]。例如，可采用刮涂法制备得到柔性 CNTs 薄膜，通过将含有 $Li_4Ti_5O_{12}$ 和 $LiCoO_2$ 活性物质的浆料分别涂覆在其表面，获得柔性复合电极。CNTs 薄膜不仅对 $Li_4Ti_5O_{12}$ 和 $LiCoO_2$ 活性材料具有良好的黏附力，而且赋予复合电极较好的机械性能。在折叠过程中，基于该复合电极的锂离子电池电化学性能几乎没有衰减［图 3-3（c）］[31]。这种制备方法简便、易于大规模生产，在柔性电极的大规模制备上具有一定的优势。

石墨烯具有质轻、比表面积大及表面性质可调等特点，因此基于石墨烯基底的复合电极通常展现出优异的电学、力学和电化学性能。rGO 是石墨烯的衍生物，通过电引发的热还原 GO 薄膜可获得具有 3112 S/cm 高电导率的 rGO 薄膜[32]，该薄膜展现了 20.1 MPa 高的拉伸强度，可作为高性能的柔性基底。通过将 $LiFePO_4$ 正极活性材料涂覆在 rGO 薄膜的表面，可获得 rGO/$LiFePO_4$ 柔性电极［图 3-3（d）］[32]。与铝箔和 CNTs 基底相比，$LiFePO_4$ 浆料在 rGO 基底上拥有更小的接触角，表明 rGO 薄膜基底对 $LiFePO_4$ 具有更强的黏着力［图 3-3（e）］。因此，该复合电极在弯曲过程中没有出现裂纹或分层现象。此外，由于 rGO 薄膜基底具有高的导电性，该电极在 5 C 电流密度下仍具有 110 mA·h/g 的比容量，展现了良好的倍率性能［图 3-3（f）］[32]。为了改善石墨烯基底的孔结构，可进一步通过化学气相沉积法制备三维网络结构的石墨烯泡沫基底。该基底具有约 99.7%的高孔隙率，有利于实现电解液的快速浸润。通过原位水热法将 $Li_4Ti_5O_{12}$ 和 $LiFePO_4$ 活性材料负载在该石墨烯基底上可得到柔性复合电极，它在弯曲成任意形状时仍能保持三维泡沫结构［图 3-3（g）］[33]。基于该柔性复合电极的锂离子电池可在高达 200 C 的倍率下正常工作，在经过 20 次弯曲形变后，仅有 1%的比容量衰减，展现出优异的电化学性能［图 3-3（h）］[33]。

2）柔性自支撑电极

在柔性基底类电极中，活性层与基底是分层的，导致活性材料在外力作用下容易从基底上脱落，从而影响其电学和电化学稳定性。为了实现活性材料与基底更紧密的接触，可设计无需集流体的柔性自支撑电极。通常有两种方法：机械成膜法和原位自组装法。其中，机械成膜法是相对简单的制备柔性自支撑电极的方法，通常采用真空抽滤等方式。例如，Lee 课题组将 CNFs、MWCNTs 及 $LiFePO_4$ 活性材料的分散液通过真空抽滤获得自支撑薄膜电极[图 3-4（a）][34]。在该电极中，$LiFePO_4$ 均匀地分散在 CNFs/MWCNTs 交错网络结构中，不仅提高了活性材料利用率，而且增强了电子和离子传输［图 3-4（b）］。此外，该电极在打结状态下没有发生结构破坏，展现了良好的机械性能。基于该自支撑电

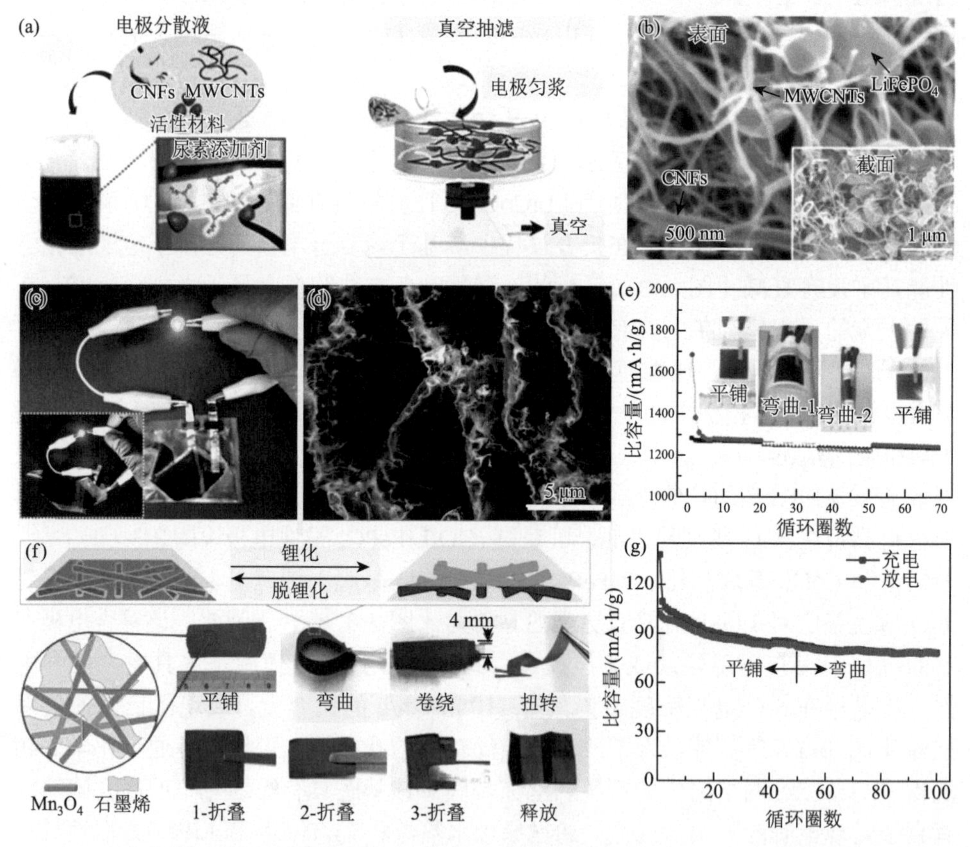

图 3-4 真空抽滤法制备 CNFs/MWCNTs/$LiFePO_4$ 自支撑薄膜电极：（a）示意图，（b）平面和截面的 SEM 照片，（c）柔性锂离子电池点灯光学照片[34]；冰模板法制备石墨烯@Si 自支撑负极：（d）SEM 照片，（e）在不同弯曲状态下的循环性能[38]；水热法制备自支撑 rGO/Mn_3O_4 复合电极：（f）柔性演示光学照片，（g）循环性能[39]

极设计的柔性锂离子电池在折叠状态下仍保持较好的电化学性能［图3-4（c）］。类似地，将Si纳米颗粒、CNTs及纳米纤维素的分散液通过真空抽滤可得到自支撑Si/CNTs/CNC复合电极。该复合电极展现了27.4 MPa的高拉伸强度，在弯曲、卷绕等形变下仍保持稳定的电学性质，基于该柔性电极组装的锂离子电池在弯曲状态下没有发生比容量衰减[35]。虽然通过真空抽滤法制备CNTs基自支撑电极具有一定的优势，但是由于活性材料与CNTs之间结合力较弱，容易造成活性材料脱落，从而影响电极的电化学性能。此外，该方法受限于装置结构，不适用于大规模生产。

原位自组装法是在非共价键的作用下，结构基元能够自发地组装成具有规则结构宏观体的方法。以此策略获得的自支撑电极中活性物质与结构基元的结合力较强，因此具有优异的力学、电学和电化学性能[35-37]。例如，Edström课题组通过冰模板法制备了一种石墨烯包覆Si颗粒的自支撑电极［图3-4（d）］[38]。这种电极不仅具有结实的骨架，而且呈现三维多孔的网络结构，可加速电解液的渗透，实现快速的电子/离子传输。此外，石墨烯片层不仅可为Si颗粒提供更多的附着位点，而且还可以缓解Si负极的体积膨胀，因此该自支撑电极表现出良好的电化学性能。基于该柔性电极的锂离子电池在不同弯曲状态下仍有约90%的比容量保持率，展现了优异的机械性能［图3-4（e）］[38]。此外，通过水热法可制备出柔性自支撑的rGO/Mn_3O_4复合电极［图3-4（f）］。在该自支撑电极中，rGO能够与Mn_3O_4形成强的相互作用力，不仅能够加速电子转移，而且可以抑制Mn_3O_4脱落。因此，该电极可以承受折叠、卷绕等机械变形，且不会出现裂纹或破损现象。与$LiMn_2O_4$正极匹配得到的柔性锂离子电池在弯曲状态下仍保持着良好的循环稳定性［图3-4（g）］[39]。

2. 柔性电解质的设计

传统锂离子电池通常采用三明治结构的组装形式，电解液一般为液态有机碳酸酯类。在外力作用下，器件内各组分容易发生错位，从而影响其电化学性能[25]。为了避免出现错位现象以及实现器件结构的一体化，目前通常选用具有柔性的凝胶或固态电解质[40-42]。

由于这两类电解质中液体含量比例较低，锂离子在其中的传导机理与液态电解液有所不同。通常，在这两类电解质的链段中存在一些极性原子，如O、S等，它们会与锂离子发生络合作用，降低电解质与锂离子的结合能，促进锂盐的溶解，形成凝胶或固态复合电解质。在这种复合电解质中存在晶态与无定形态两种区域，锂离子的传导通常发生于复合电解质的无定形区域。因此，凝胶或固态复合电解质中存在的无定形区域越多，电解质中聚合物链段的运动性越好，越有利于锂离子的传输。在电场作用下，锂离子的传导机制有两种：第一种是从一个链段的配位点解络合，迁移到同一链段的相邻配位点，然后进行络合；第二种是从一个链段的配位点解络合，跳跃至另一个链段的配位点进行络合。以 PEO 基固态电解质为例，其传输机理如图 3-5 所示：PEO 链段中存在较多的氧极性基团，可与锂离子以（1, 2, 3, 4-1′）的方式络合，在电场作用下，锂离子会按照第一种传导机制从当前配位点解络合，然后迁移到相邻配位点进行络合（4, 5-2′, 3′）[43]。

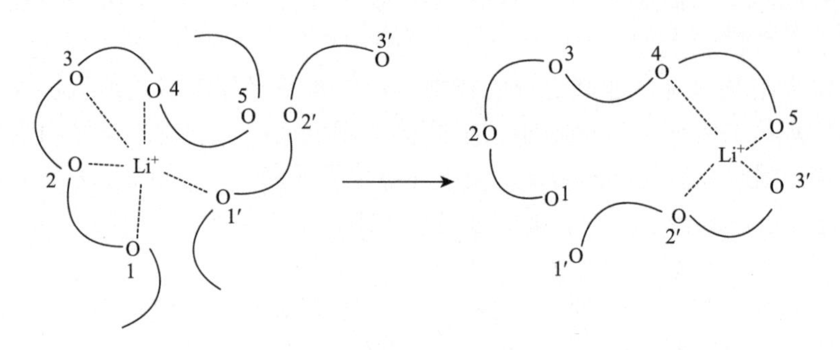

图 3-5 锂离子在 PEO 基固态电解质中的传输机理[43]

由于固态电解质的主体是弹性的高分子聚合物，因此固态电解质具有优异的机械强度以及抗形变能力，但是其离子电导率普遍较低，导致锂离子电池的倍率性能较差[44-46]。为了提高柔性固态电解质的离子电导率，一些功能化材料被引入其中，一般分为两种：一种是非活性填料，如 SiO_2、Al_2O_3 等无机陶瓷类材料[47]。以 PVDF-HFP/SiO_2/LiTFSI 为例，添加 SiO_2 之后，PVDF-HFP 与 SiO_2 之间的界面存在着相互作用力，从而引起 PVDF-HFP 链段空间电荷分布不均匀，局部产生更多的无定形区域，进而提高锂离子的传输能力。此外，无机填料可以起到支撑骨架的作用，可进一步提高固态电解质的机械强度[48]。另一种是活性填料，如氮化锂（Li_3N）、锂磷氧氮（LiPON）等锂离子型化合物[49]。例如，将四方锂镧锆氧（LLZO）添加到 PEO/$LiClO_4$ 的主体中形成复合固态电解质，在 55℃下，电解质的离子电导率可高达 4.42×10^{-4} S/cm[50]。此外，在聚甲基乙撑碳酸酯（PPC）/LiTFSI 固态电解质主体中添加锂镧锆钛氧（LLZTO）可获得复合固态电解质。它不仅具有高的锂离子电导率，而且拥有高的锂离子扩散系数，展现了更快的锂离子传导能力[51]。

虽然功能化材料的引入会提高固态电解质的离子电导率（在室温下，最高为 10^{-4} S/cm）[52]，但仍低于传统商业化的液态电解液。由于凝胶电解质中含有一定的液体溶剂，通常呈现出较高的离子电导率，因而被人们所关注[53]。此外，由于少量液体溶剂的存在，凝胶电解质具有优异的界面润湿性，与电极间的兼容性较好。通常，凝胶电解质的制备方法包括两种：①溶剂浸渍法：将多孔固态聚合物薄膜，浸泡于液态电解液中，使其溶胀达到饱和状态。这种方法操作简单、易于大规模制备，但获得的凝胶电解质机械强度通常不高。②原位化学合成法：通过原位聚合的方式制备柔性凝胶电解质，通常在制备过程中加入离子液体等溶剂小分子[54]。这种方法可形成互穿的聚合物网络，从而实现凝胶电解质机械强度的提高。例如，在聚对苯二甲酸乙二醇酯基体中添加离子液体溶剂小分子，通过原位聚合的方式制备出轻、薄型三维交联结构的复合凝胶电解质[55]。它不仅具有良好的机械强度和高的离子电导率，而且离子液体的引入赋予了凝胶电解质高的安全性。基于该电解质组装的柔性锂离子电池，在弯曲状态下仍保持较好的电化学性能[55]。

柔性电解质作为锂离子电池的一部分，可防止器件内部组分在形变过程中错位，并实现一体化器件的设计。目前固态及凝胶电解质的机械强度基本可以满足柔性要求，但是它们的室温离子电导率较低，仍限制了其实际应用（图 3-6 和表 3-1）。虽然添加功能化材料可提高其离子电导率（接近 10^{-4} S/cm），但仍低于传统的液态电解液，因此还需进一步研发兼具高离子电导率与优异机械强度的柔性电解质。

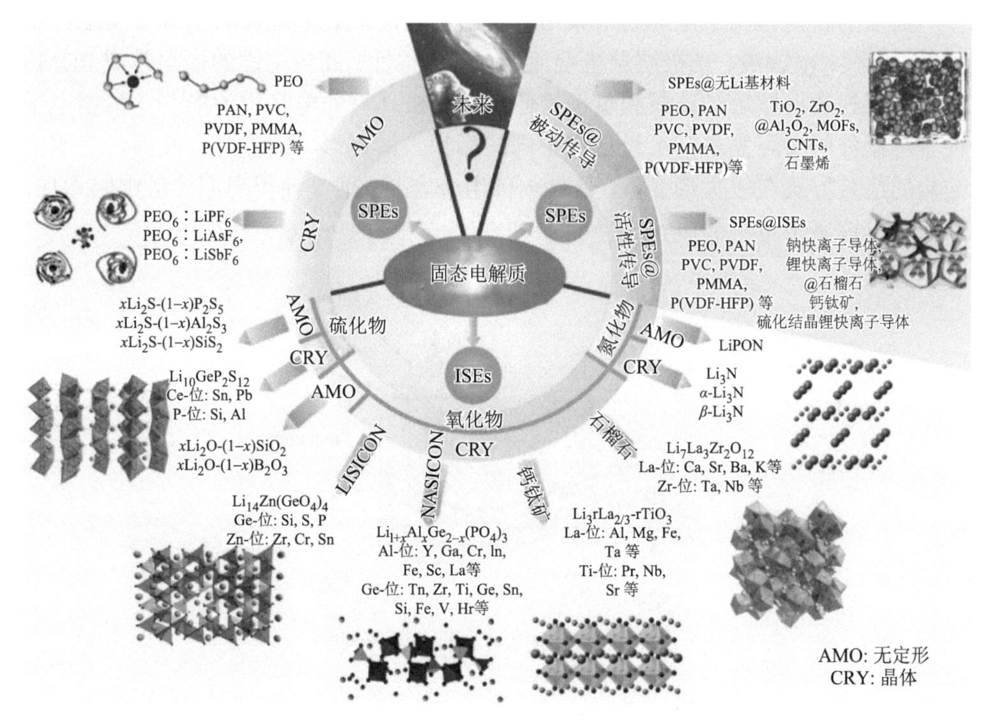

图 3-6　锂离子电池固态电解质的研究进展[44]

表 3-1 柔性电解质性能对比[44]

性能	离子型固态电解质	固态聚合物电解质	凝胶电解质	液态
室温下离子电导率/(S/cm)	10^{-4}～10^{-2}	10^{-5}	10^{-3}	10^{-3}～10^{-2}
电化学稳定窗口/V	4.5～5.5	～4.5	～5	<5
机械稳定性	高	中	高	低
热稳定性	高	高	高	低
柔性	低	高	高	低
阻抗	中	高	中	低
界面效应	高	中	中	低
安全性	高	中	中	低
能量密度/(W·h/kg)		150～400（锂负极）		150～200
功率密度/(W/kg)		低		高
价格		高		低

3.1.3 柔性锂离子电池器件的结构设计

1. 软包锂离子电池

典型的软包锂离子电池通常采用三明治结构的组装形式，如图 3-7 所示，由负极、隔膜、电解液、正极层层堆叠而成，采用柔性、高致密性的铝塑膜或 PDMS 薄膜进行封装，然后在正极和负极侧伸出金属极耳与外电路相连接[56]。根据电子设备对器件的实际需求，可设计成不同的形状，如矩形、圆盘等。然而，三明治结构的组装方式在较大形变下，器件内部组分容易错位，使得界面接触电阻增加，从而影响锂离子电池的电化学性能[57, 58]。

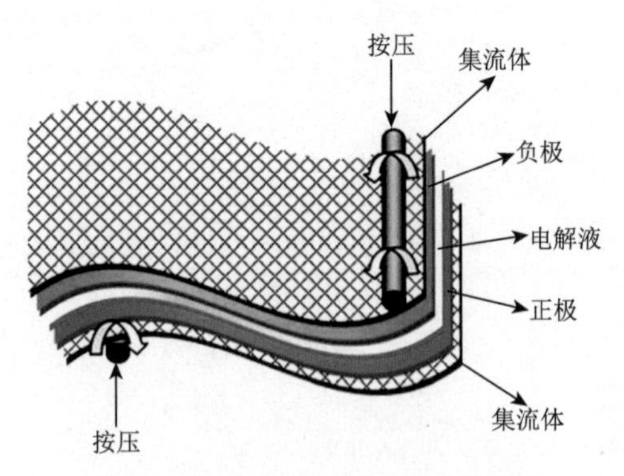

图 3-7 软包锂离子电池的示意图[56]

为了增强传统软包锂离子电池性能的稳定性，需要增加器件组分间的附着力。目前有两种方法：一种是器件的图案化设计；另一种是一体化器件结构的设计。

1）器件的图案化设计

器件的图案化通常采用光刻法或滚压法制备，具有操作简便、结构可调、可控性强等优点。例如，将基于 $LiCoO_2$ 正极和石墨负极的软包锂离子电池通过滚压处理，使 $LiCoO_2$ 正极呈现“凹”型网格图案，石墨负极呈现“凸”型网格图案，如图 3-8（a）所示。互补的网格图案电极能够避免在弯曲状态下错位，有利于保持器件结构的完整性。因此，基于这种设计的软包锂离子电池在经历 4000 次弯曲后仍有大约 80%的比容量保持率，展现了优异的机械性能和电化学稳定性［图 3-8（b）和（c）］[59]。

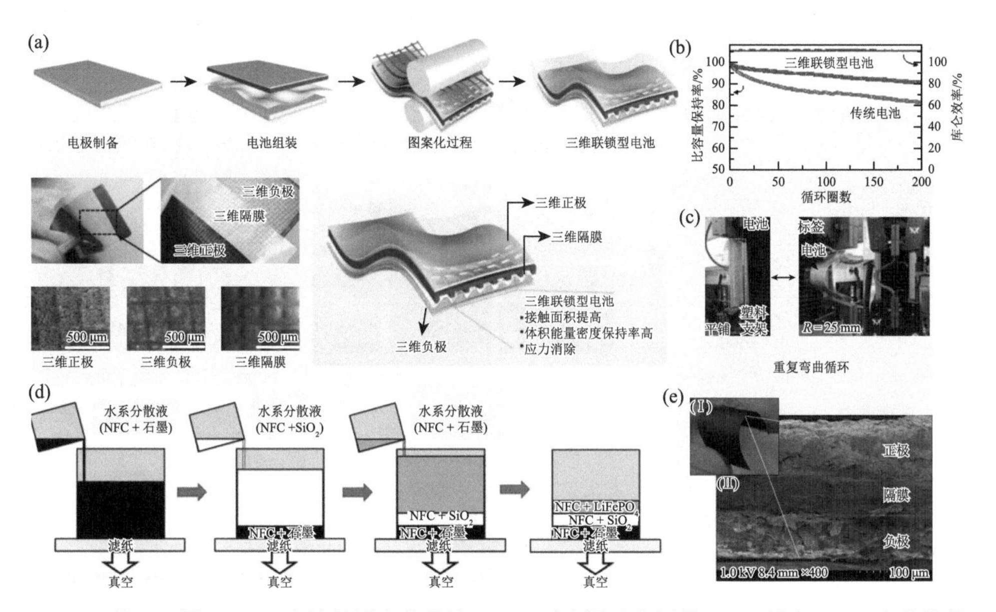

图 3-8 基于石墨/$LiCoO_2$ 电池的图案化设计：（a）示意图及电极的 SEM 照片，（b）与传统软包锂离子电池循环性能的对比，（c）柔性测试[59]；真空抽滤法制备一体化锂离子电池：（d）流程示意图，（e）器件的光学照片以及断面 SEM 照片[63]

2）一体化器件结构的设计

为了增强器件结构的完整性，避免器件相邻组分间的错位和分层，一体化器件结构的设计逐渐得到发展[60-62]。例如，Wagberg 课题组将石墨/纳米纤丝化纤维素（NFC）、SiO_2/NFC 和 $LiFePO_4$/NFC 分散液，通过层层抽滤的方式获得柔性一体化锂离子电池，厚度仅为 150 μm［图 3-8（d）和（e）］[63]。SiO_2/NFC 隔膜与石墨/NFC 负极、$LiFePO_4$/NFC 正极间的无缝连接，不仅可以实现连续的电子和离子传输，而且能避免在弯曲状态下器件组分的错位。因此，这种基于一体化设计的锂离子电池在弯曲状态下仍具有良好的电化学性能。

2. 全固态薄膜锂离子电池

全固态薄膜锂离子电池是一种三明治结构的微型锂离子电池，整个器件的厚度较小[64-67]。目前，常见的全固态薄膜锂离子电池是基于金属 Li 负极、LiPON 电解质和 $LiCoO_2$ 正极设计的，其结构如图 3-9（a）所示[65]。在云母片基底上通过磁控溅射法依次沉积 $LiCoO_2$ 正极、LiPON 全固态电解质以及 Li 负极材料，最后将云母片刻蚀并用 PDMS 封装，获得全固态薄膜器件。器件厚度仅有 5 μm 左右，展现了轻、薄等特点。得益于高离子电导率的超薄 LiPON 固态电解质、高能量密度的金属 Li 负极及高比容量的 $LiCoO_2$ 正极的使用，这种全固态薄膜锂离子电池具有高达 4.2 V 的充电电压以及 106 μA·h/cm 的高比容量，展现出优异的电化学性能。此外，其在弯曲状态下不发生分层，仍保持着器件的完整性，展现了良好的机械性能。

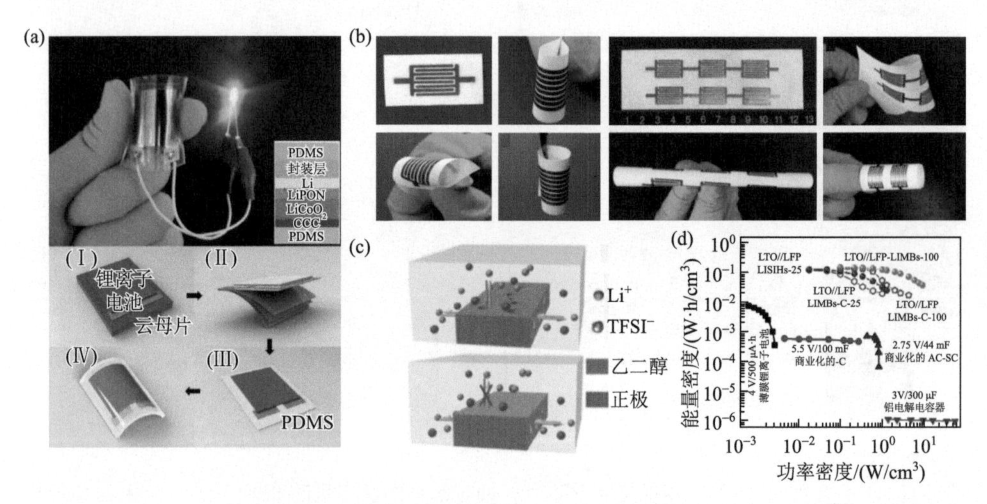

图 3-9 （a）$LiCoO_2$/LiPON/Li 型全固态薄膜锂离子电池的设计及器件点灯演示[65]；平面型微结构锂离子电池：（b）柔性演示的光学照片，（c）锂离子的传输机理，（d）与其他储能器件（超级电容器、薄膜锂离子电池等）的性能对比[68]

虽然全固态薄膜锂离子电池具有优异的电化学性能，但是器件中基底的选择仍是一个难点。目前通常选用云母片或过渡金属作为基底，但其机械性能差，在刻蚀过程中会使全固态锂离子电池的结构发生破坏，从而影响电化学稳定性；而直接选用铂基底，研发成本将会大幅增加，不利于大规模生产。因此，研发高性能的全固态薄膜锂离子电池需要综合考虑成本、操作工艺以及器件性能等多重因素，从而推动其在电子皮肤、传感器等柔性可穿戴电子设备中的应用。

3. 平面型微结构锂离子电池

平面型微结构锂离子电池由微米尺度的叉指电极构成，器件所有组件包括负极、隔膜、正极、电解质和集流体等都在同一个平面柔性基底上。Wu 课题组通过掩模板辅助抽滤法首次制备了一种基于$Li_4Ti_5O_{12}$/石墨烯负极和$LiCoO_2$/石墨烯正极的平面型微结构锂离子电池，如图 3-9（b）所示[68]。该电池不仅展现了良好的机械性能，还可实现大规模集成。此外，通过优化叉指电极的长度、宽度等，可以提高活性物质的负载量，增加电池的整体能量密度。得益于器件中存在的特殊叉指结构，锂离子可实现多方向传输，由此该平面型微结构电池展现出良好的倍率性能和循环稳定性［图 3-9（c）］，在 3300 次循环圈数后仍具有 125.5 mW·h/cm^3 的高体积能量密度［图 3-9（d）］。值得注意的是，在 100℃、50 C 的电流密度下，该微结构锂离子电池每圈仅有 0.0069 mA·h/cm^3 的比容量衰减，展现出优异的高温性能。

由于微结构锂离子电池中锂离子的扩散不会受限于单一方向，从而具有高的倍率性能和长的循环寿命。然而，器件的电化学性能会受到叉指电极厚度的影响。通常降低叉指电极厚度可以提高微结构锂离子电池的体积比容量，但是电极厚度减小的同时活性物质的负载量也会减少，造成器件的面积比容量较低，从而限制了其实际应用。此外，叉指电极宽度同样会影响微结构锂离子电池的电化学性能，为了获得高性能的微结构锂离子电池，在电极制备过程中，应尽可能减小叉指电极的宽度和间隔，以此提高叉指电极中活性材料的利用率。

4. 线状锂离子电池

传统软包锂离子电池和微型锂离子电池均是二维平面型结构，在扭曲、卷绕过程中，很难保证器件各组分结构的完整性和灵活性。相比之下，线状锂离子电池不受空间维度的影响，可编织成任意形状，在柔性可穿戴电子器件中具有较好的应用前景[69-74]。目前线状锂离子电池主要包括平行型和同轴型两种结构：平行型结构是将正负两电极并行排列，中间用凝胶或固态电解质隔开，然后进行封装[75]；同轴型结构是一种层层包覆型的类皮芯结构，从内到外依次为负极、凝胶或固态电解质、正极和封装材料[76]。两种类型线状锂离子电池的结构、优势与不足，列于表 3-2。

表 3-2 不同线状结构锂离子电池的性能对比

结构类型	结构特点	优势	缺点
平行型	电极平行并排放置	尺寸小 易大规模生产 电极间距离可调	体积庞大 能量密度低
同轴型	器件组分层层包覆	结构稳定 有效接触面积大 活性材料利用率高	涂层厚度有限 制备工艺复杂

1）平行型线状锂离子电池

平行型线状锂离子电池的结构较为简单，在设计中不需要考虑复杂的组装结构，其组装主要基于线状电极的设计，通常采用 MWCNTs 与活性材料复合的策略。例如，彭慧胜教授课题组采用原子层沉积法将 Si 负极沉积到定向的 MWCNTs 基底上，再经卷绕操作后获得 Si/MWCNTs 复合线状负极[77]。这种线状电极可以弯曲成各种形状，具有良好的柔性。此外，由于 MWCNTs 与 Si 负极间良好的接触，该线状电极展现了高的拉伸强度和良好的电子导电性。基于该线状电极组装的平行型线状锂离子电池在 3 A/g 电流密度下，仍保持 1042 mA·h/g 的比容量，展现了优异的循环稳定性[77]。同样地，通过将 $Li_4Ti_5O_{12}$ 负极和 $LiMn_2O_4$ 正极活性材料分别与 MWCNTs 复合，可得到 MWCNTs/$Li_4Ti_5O_{12}$ 和 MWCNTs/$LiMn_2O_4$ 复合线状电极，将两电极平行并排放置，组装得到的线状锂离子电池展现出 17.7 mW·h/cm^3 的放电比容量，高于传统的平面型柔性锂离子电池（一般为 1～10 mW·h/cm^3）。此外，该线状锂离子电池在打结状态下仍能保持稳定的电化学性能，经过长达 1000 次弯曲后，仅有 3% 的比容量衰减［图 3-10（a）～（c）］[78]。为了提高平行型线状锂离子电池的安全性，通常采用水系电解液替代传统的有机碳酸酯类电解液[79-81]。

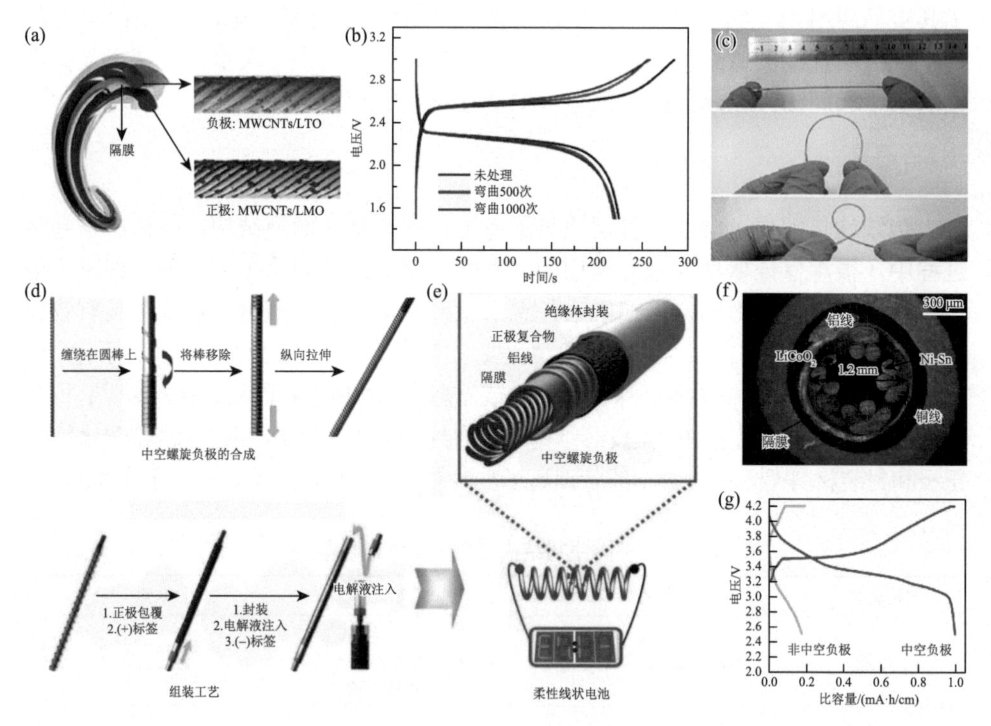

图 3-10 基于 $Li_4Ti_5O_{12}$/MWCNTs 和 $LiMn_2O_4$/MWCNTs 复合线状电极的平行型线状锂离子电池：(a) 示意图，(b) 和 (c) 在弯曲状态下的电化学性能对比[78]；基于镍-锡@铜负极和 $LiCoO_2$ 正极的同轴型线状锂离子电池：(d) 和 (e) 结构示意图，(f) 截面光学显微镜图像，(g) 与非中空负极锂离子电池的电化学性能对比[87]

LTO 代表 $Li_4Ti_5O_{12}$，LMO 代表 $LiMn_2O_4$

2）同轴型线状锂离子电池

平行型线状锂离子电池电极与电解质间有效接触面积小，因此其能量密度通常较低[82-84]。相比之下，同轴型线状锂离子电池采用层层包覆的组装方式，器件各组分间紧密接触，有效接触面积大，整体能量密度较高[85, 86]。此外，器件组分间良好的接触使得同轴型线状锂离子电池能够在外力作用下展现出更完整的器件结构和更稳定的电化学性能。Kim课题组通过构建线状框架结构，依次将中空弹簧结构的镍-锡包覆的铜线负极、PET无纺布隔膜及涂覆的$LiCoO_2$正极组装在一起，进一步在器件的空隙中注入有机液态电解液，最终得到同轴型线状锂离子电池［图3-10（d）和（e）］[87]。这种线状锂离子电池具有与传统软包锂离子电池相似的电化学性能（电压平台约为3.5 V、首次充放电比容量为1.0 mA·h/cm）。此外，器件的中空结构更有利于电解液渗透到电极表面，降低电池极化［图3-10（f）和（g）］。该同轴型线状锂离子电池具有良好的灵活性和空间自由性，在较大形变下仍能够点亮LED显示屏，在柔性可穿戴器件中展现出较好的应用前景。由于使用的铜线集流体不具有电化学活性，导致负极中非活性物质质量增加，从而降低了同轴型线状锂离子电池的整体能量密度。为此，可直接使用柔性、轻质的金属锂线作为负极[88]。为了进一步提高器件的安全性，需要在金属锂线表面原位包覆一层MWCNTs@MnO_2薄膜，基于这种设计的同轴型线状锂离子电池展现出高的体积能量密度（92.84 mW·h/cm^3）和功率密度（3.87 W/cm^3）[89]。在线状锂离子电池中，虽然同轴型锂离子电池的能量密度较高，但是器件容易在较大形变下发生短路，因此通常需要精确调控电极及电解质层的厚度，这给器件组装带来一定困难，限制了其大规模生产[90]。

相对而言，线状锂离子电池由于具有良好的灵活性以及可编织性，在柔性可穿戴电子器件中具有较好的应用前景。然而，线状锂离子电池仍面临着一些困难与挑战：①在电极设计方面，线状电极具有细而长的结构，电子传输路径较长，导致线状锂离子电池的内阻通常较大，因此降低了电池的整体能量密度，使其无法与传统的软包锂离子电池相媲美；②在电解液设计方面，目前大多数线状锂离子电池采用的电解液是PEO基凝胶电解质，由于电解质中的液体含量较高，它们的机械性能较差，这会造成器件内部组分的错位和引发安全隐患；③在器件结构设计方面，如前所述，平行型线状锂离子电池中电极间的有效接触面积较小，会降低活性材料利用率，造成器件整体的能量密度下降。此外，器件在长时间的受力作用下可能出现松弛，导致两线状电极彼此分离，影响器件的电化学稳定性。

5. 可拉伸锂离子电池

为了满足在电子皮肤、微电子传感器等可穿戴储能器件中的应用，锂离子电池不仅需要具有轻、薄、柔等特点，还需要具备可拉伸等功能化特性，因此发展可拉伸锂离子电池很有必要[91-94]。目前可拉伸锂离子电池的设计分为两种：一种是基于电极的可拉伸设计[95-97]；另一种是器件集成结构的可拉伸设计[98]。

1）基于电极设计的可拉伸锂离子电池

为了实现电极的可拉伸性，通常将电极涂覆或浸渍在高弹性的 PDMS、硅胶等聚合物基底中。例如，Cui 课题组将 $Li_4Ti_5O_{12}$ 负极和 $LiFePO_4$ 正极浸渍在弹性 PDMS 基底上，获得高度可拉伸的复合电极材料，可实现 82%的拉伸形变。基于该弹性电极设计的锂离子电池在经历 500 次的拉伸形变后仍具有超过 80%的比容量保持率，展现了优异的可拉伸性能[27]。由于该 PDMS 基底的弹性有限，因此锂离子电池的可拉伸性不高，为了改善电极的可拉伸性能，可采用预拉伸的设计。一般的策略是将活性材料沉积或涂覆在预拉伸的弹性基底上，随着预应力的释放，获得可拉伸的结构。例如，Peng 课题组采用该策略设计出一种可拉伸电极[99]。在电极制备过程中，将三明治结构 CNTs/$Li_4Ti_5O_{12}$/CNTs 负极和 CNTs/$LiMn_2O_4$/CNTs 正极分别涂覆在 450%预拉伸的 PDMS 上，随后释放基底，可形成具有波纹结构的可拉伸电极。该电极在 400%的拉伸形变下，经过 1000 次的拉伸后仍保持着良好的波纹结构。基于此特殊结构组装的锂离子电池，在 400%拉伸形变下经过 200 次重复拉伸过程后，仍拥有 97%比容量保持率，展现了优异的拉伸性能[图 3-11(a)～(c)] [99]。然而，由于在制备可拉伸电极中需要引入高含量的非活性聚合物，这不仅会减少有效活性物质的负载量，而且会降低可拉伸电极的电子导电性，从而降低了锂离子电池的电化学性能[100, 101]。为了减少非活性 PDMS 材料的引入，该课题组进一步通过缠绕的策略制备出具有弹簧结构的可拉伸 CNTs/$Li_4Ti_5O_{12}$ 和 CNTs/$LiMn_2O_4$ 复合电极［图 3-11（d）和（e）］[102]。该弹簧电极可实现 300%的高度拉伸性能，基于该电极组装的可拉伸锂离子电池在经过 300 次拉伸过程后，仅有 1%的比容量衰减，展现了良好的电化学稳定性和优异的拉伸性能。此外，与传统软包锂离子电池相比，基于弹簧电极设计的可拉伸锂离子电池在质量和体积上都有着诸多优势[102]。

2）基于器件集成结构设计的可拉伸锂离子电池

集成式锂离子电池由多个锂离子电池结构基元组成，其中单个单元一般是不可拉伸的，但是通过蛇形互连或剪纸拼接等技术可实现集成器件的可拉伸性。Roger 课题组首次通过蛇形互连技术将多个锂离子电池的结构单元进行拼凑、整合，获得具有可拉伸的集成式锂离子电池，其组装结构如图 3-11（g）所示[103]。他们将 100 个圆盘锂离子电池结构基元平行排列成方阵，可以拥有约 1.1 mA·h/cm^2 的能量密度，并且能成功点亮 LED 灯。此外，该集成锂离子电池在 300%的拉伸形变下没有明显的比容量衰减，展现了优异的拉伸性能。但是，在制备集成化器件的过程中通常需要复杂的光刻程序，无法实现大规模生产，限制了其实际应用。相比之下，剪纸拼接技术由于结构可调、电池基元设计简便等优势受到广泛关注[104]。

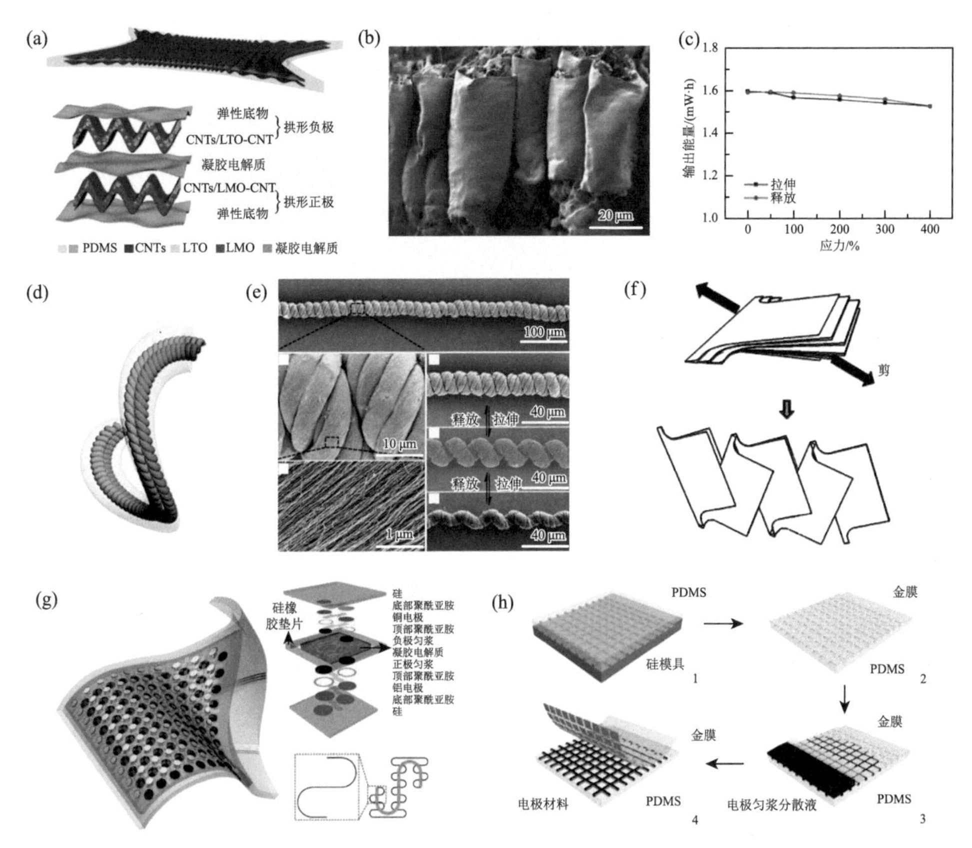

图 3-11 基于预拉伸弹性基底设计的可拉伸电极：(a) 流程示意图，(b) SEM 照片，(c) 可拉伸锂离子电池在不同拉伸形变下的电化学稳定性[99]；缠绕法制备弹簧结构的可拉伸电极：(d) 示意图，(e) 正常状态以及在拉伸状态下电极微观结构的变化[102]；(f) 剪纸拼接技术实现可拉伸锂离子电池的设计示意图[105]；(g) 通过蛇形互连实现多个锂离子电池基元的集成以及锂离子电池组的可拉伸性[103]；(h) 通过微流体法设计图案化电极示意图以及透明锂离子电池的设计[106]

例如，Jiang 课题组将传统平面三明治结构的锂离子电池剪切成多个锂离子电池结构基元，再通过拼接的方式实现可拉伸集成式锂离子电池的设计。该锂离子电池可实现 1600%的拉伸形变［图 3-11（f）］[105]。然而，由于受到设计模式影响，拼接处容易出现接触不良的问题，从而影响器件在多次拉伸过程后的电化学稳定性。

虽然可拉伸锂离子电池取得了一定的进展，但是在电极与器件结构设计上仍存在困难和挑战。在可拉伸电极设计方面，虽然可通过将活性材料负载在聚二甲基硅氧烷、硅橡胶等高弹性基底上实现电极的可拉伸性，但是这类材料是非活性且绝缘的，这会影响电极中电子传输以及活性物质的利用率，从而降低电池的整体能量密度。在器件结构设计上，目前基于蛇形互连或剪纸拼接等技术获得的可拉伸电池展现了高度集成性、小型化以及可操作性强等优势，但是操作工艺较为复杂，不能满足可穿戴电子设备对器件单一集成化的要求。

6. 透明锂离子电池

为了满足对透明电子器件的需求，柔性透明锂离子电池也被尝试开发。透明锂离子电池的结构组成与传统软包锂离子电池相似，呈现三明治结构的特征。不同的是，透明锂离子电池要求整个器件具有良好的透光性，从而对电极设计提出了更高的要求，既要保证良好的电化学性能，又要拥有足够的透光度。通常电极采用图案化设计的策略，将活性电极按照预先设计好的网格图案沉积在柔性基底上，获得网格化的柔性电极。由于该活性图案电极在整个柔性基底中的分布面积小，因此实现了透光性。例如，Cui 课题组通过微流体注射法将电极材料按照一定的网格图案沉积到柔性的 PDMS 基底上，以此获得透明的复合电极［图 3-11（h）］。通过与透明的凝胶电解质匹配可实现透明锂离子电池的设计，该电池在透光度为60%的情况下仍能正常工作[106]。

本节从柔性锂离子电池的工作原理、结构特征、电极材料以及电解质的设计出发总结了相关的研究进展，并概述了柔性器件的设计与应用。目前，柔性锂离子电池的研究还处于初级阶段，仍存在一定困难与挑战。在柔性电极设计方面，目前通常采用碳材料或导电高分子材料。然而，导电高分子材料低的本征电子电导率限制了其倍率性能；碳材料组装成宏观体后的机械强度有限，影响其在多次柔性测试下的循环稳定性。因此，需要进一步设计兼具良好电子电导率和优异机械性能的电极材料。在柔性电解质设计方面，凝胶态电解质的高分子基元通常为 PEO，其电压窗口较低、倍率性能差，基于该电解质组装的锂离子电池通常具有低的能量密度；固态电解质则受限于其低的离子电导率，通常低于 10^{-5} S/cm，难以满足高性能柔性锂离子电池的要求。因此，需要进一步设计具有良好离子电导率、优异机械性能和高电压窗口的柔性电解质。此外，金属 Li 的电化学活性很高，因此柔性锂离子电池对封装材料选择及封装工艺提出了更严格的要求。目前，柔性锂离子电池在封装技术上的研究较少，通常采用铝塑膜或 PDMS 膜等对器件进行封装。这些封装材料具有一定的机械性能和致密性，可保证器件在多次弯曲测试下保持稳定的电化学性能；但是在实际应用中还不能满足要求，仍需要开发高机械强度和高致密性的封装材料。

3.2 柔性钠/钾离子电池

锂离子电池具有高功率密度和高能量密度的优点，在便携式电子设备市场中占据了主导地位，现在已扩展到电动汽车等储能领域。然而，由于锂矿资源储量较少且地域分布不均，锂离子电池的长远发展受到限制。与锂相比，钠在地球中的储量更多（丰度：23.6×10^3 mg/kg *vs.* 20 mg/kg）、价格更低（135～165 美元/t *vs.* 5000 美元/t）[107]。此外，钠离子在宽的温度范围内具有较高的离子导电率，而且钠离子的溶剂化作用强度比锂离子要小，这使得钠离子电池具有更低的电荷转移阻抗和更小的电化学极化，从而赋予其高功率密度的优势。因此，钠离子电池在柔性设备和大型储能装置上也将具有广阔的应用前景[108]。

然而柔性钠离子电池仍然面临着很大挑战，与传统钠离子电池相似，由于钠离子的半径大于锂离子，这限制了其在柔性钠离子电池正极材料中的脱嵌，因此性能有待改进。目前，此类问题主要通过优化化学成分、调整晶格结构以及材料形貌等策略来解决。另外，如何通过技术创新实现材料和器件的柔性特征对于构建柔性钠离子电池也至关重要。例如，传统制备电极的方法主要是刮涂法，需要金属集流体，这不仅限制了钠离子电池的柔性，而且降低了电极的整体体积和质量能量密度。此外，制备电极常用的黏结剂是绝缘的，这不仅会降低电导率，而且会因为电解质和黏结剂之间的某些副反应而影响电池的循环稳定性。因此，避免使用黏结剂和金属集流体有利于提升电池性能。

通常，柔性钠离子电池的电极采用碳材料与活性物质复合制备，避免使用导电性差的黏结剂以及柔韧性差的金属集流体。在电解液方面，为了克服电池在形变下电解液被挤压漏液的问题，可采用具有柔性的凝胶或固态电解质进行替代。就电池系统整体而言，除了要满足各个部分具有机械柔性外，还要保证各个组分之间具有稳定的界面结合。目前，电极、电解质和电池整体系统的研发还处于起步阶段，相关技术不成熟、不完善。此外，柔性器件的组装不同于传统电池，因此适合大规模生产的制备技术和创新实用的结构设计也有待研发[109]。本节将从柔性电极、电解质以及器件设计等方面介绍钠离子电池和钾离子电池的相关研究进展。

3.2.1　柔性电极的设计

柔性电极的设计包括柔性正极和柔性负极。正负极不仅需要优异的电化学性能和优异的电导率，还要具有良好的机械柔韧性，保证电池在形变条件下正常工作。碳纳米材料，如碳纳米管、石墨烯、碳布等，由于其较高的导电性以及柔韧性往往被用于制备柔性钠离子电池电极[108]，通过采用原位生长、静电纺丝、抽滤等方法使之与活性物质复合，获得不需要使用黏结剂、导电剂以及集流体的柔性电极。

1. 柔性正极

一般而言，正极材料决定了电池的总体能量密度，通常会选择兼具高比容量和高氧化还原电位的材料。此外，为了实现电池良好的循环性能和降低电池的制造成本，正极材料还要具有化学结构稳定、制备工艺简单以及价格低廉等特点。常用的柔性钠离子电池正极材料包括层状过渡金属氧化物、聚阴离子材料、普鲁士蓝类框架化合物以及有机材料等[110]，以下将对各类正极材料进行详细阐述。

1）层状过渡金属氧化物

层状过渡金属氧化物（Na_xMO_y，$x>0.5$，其中 M 为锰、铁、镍、钛或钴等过渡金属）价格低廉、制备工艺简单、理论比容量高（约 240 mA·h/g），是较为常用的柔性正极材料[111]。其由过渡金属氧八面体（MO_6）层组成，边缘的氧由相邻的八面体结构共用，钠离子能够扩散嵌入八面体的空隙中。由于层间相互作用比较弱，引入外来离子可以扩大层间距。Na^+相对于 Li^+具有更大的离子半径，因此在层间进行脱嵌时会造成氧层的滑移而伴随着材料的相变，这会导致电池库仑效率降低、比容量衰减快，如 O3-P3 或 O2-P2 的相转变。通常采用元素（Mg^{2+}、Al^{3+}）掺杂或者碳包覆解决上述问题[108]。值得注意的是，碳布、碳纳米管和石墨烯等碳材料与这些材料的复合能够有效解决这些问题，而且还可以实现电极的柔性。

碳布具有高导电性，常将活性物质原位负载在其表面来改善电极的导电性。Mo 等结合水热与高温处理制备得到了钴酸镍（$NiCo_2O_4$）与碳纤维布复合物（$NiCo_2O_4$-CFC）柔性电极［图 3-12（a）］，它表现出独特的三维多孔纳米结构[112]。

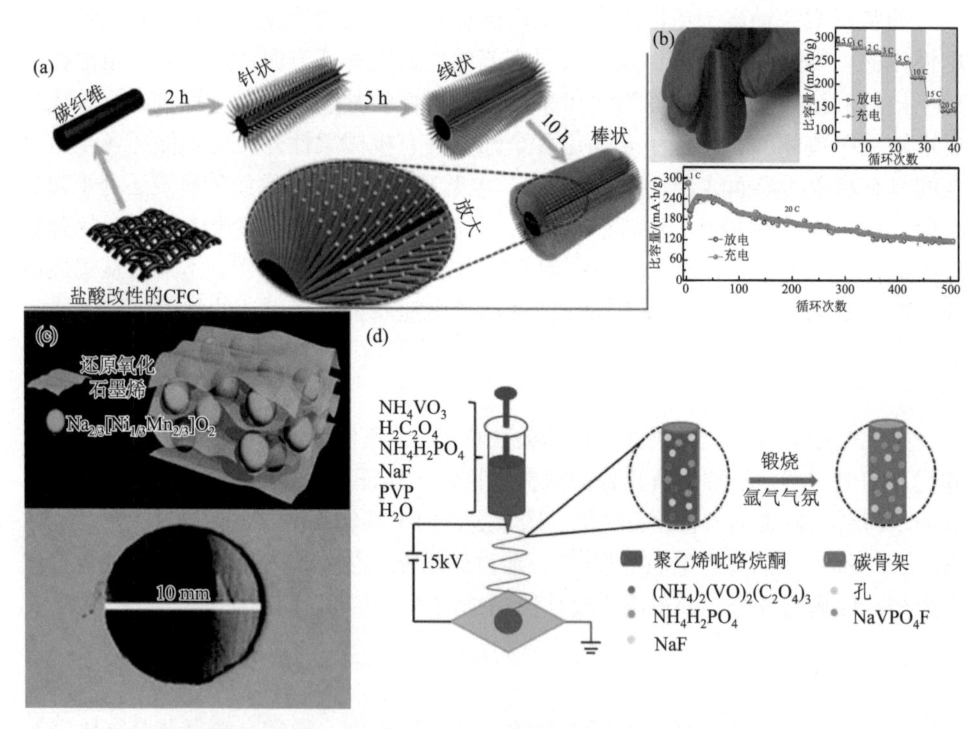

图 3-12　柔性正极的制备及光学照片：（a）$NiCo_2O_4$-CFC 纳米线阵列的制备示意图[112]；（b）抽滤制备的 V_2O_5-MWCNTs 的光学照片及其电化学性能[113]；（c）rGO 和 $Na_{2/3}[Ni_{1/3}Mn_{2/3}]O_2$ 复合电极的结构示意图（上）和光学照片（下）[114]；（d）静电纺丝制备 $Na_3V_2(PO_4)_3$ 柔性膜的流程示意图[120]

在碳纤维布上均匀生长的 $NiCo_2O_4$（立方尖晶石相，直径约 60 nm）具有纳米线阵列结构，有效地缩短了 Na^+和电子的扩散路径，使得电极展现出较低的电荷转移电阻。该电极在 400 mA/g 的电流密度下表现出 363 mA·h/g 的高比容量，在 50 mA/g 循环 50 次后仍保持 542 mA·h/g 的放电比容量。但是，由于碳布比较重，不利于提升电池的整体能量密度。石墨烯和碳纳米管相对于碳布而言质量更轻、比表面积更大，也常用作柔性电极的支撑材料。

将片状、线状或带状结构的纳米材料与碳纳米管的分散液通过真空抽滤也可以得到柔性电极。Rui 等采用抽滤法制备了五氧化二钒与多壁碳纳米管（V_2O_5-MWCNTs）复合薄膜作为钠离子电池柔性正极[113]。由图 3-12（b）可以看出，柔性正极可以承受明显的弯曲形变。此外，该电极在 2940 mA/g 的高电流密度下具有 60 mA·h/g 的比容量，在 58.8 mA/g 电流密度下循环 50 次保持 151 mA·h/g 的比容量。为了提高材料的储钠性能，研究人员在高温下煅烧制备得到了具有阳离子缺陷的三氧化二铁（Fe_2O_3）与碳纳米管的柔性复合物薄膜[116]。该电极在 3 A/g 下循环 200 次后比容量保持在 63 mA·h/g。相比于无缺陷的 Fe_2O_3，该复合物电极的电化学性能得到大幅改善。

与碳纳米管相比，石墨烯具有更大的比表面积，通过将活性物质与石墨烯进行抽滤或水热处理可以获得自支撑的柔性电极。通过简单的超声分散和真空抽滤可制备还原氧化石墨烯与 $Na_{2/3}[Ni_{1/3}Mn_{2/3}]O_2$ 的柔性自支撑复合电极［图 3-12（c）］[114]。该方法避免使用导电性差的黏结剂，基于该电极的电池器件在 1 C（1 C = 86.3 mA/g）电流密度下可释放出 83 mA·h/g 的比容量，与理论比容量相当。此外，石墨烯层间的 π-π 相互作用可以增强其与 $Na_{2/3}[Ni_{1/3}Mn_{2/3}]O_2$ 之间的作用力，有利于改善电池的循环性能。

上述柔性正极均是将活性材料与柔性碳材料进行复合得到的，但是碳材料的加入在一定程度上也会降低电池整体的能量密度，因此，减少或者不加入碳材料制备纯活性材料的柔性电极有利于提高电池的能量密度。研究人员以 V_2O_5 为原料，在存在过氧化氢和聚乙二醇的条件下进行水热处理，制备得到宽为 100 nm、长为几百微米的 $H_2V_3O_8$ 纳米带[117]。通过抽滤该纳米带溶液可得到机械性能良好、厚度约为 35 μm 的柔性薄膜，并将其直接作为钠离子电池的柔性正极。电池在工作电压为 1.5～4.0 V、电流密度为 10 mA/g 下具有 168 mA·h/g 的比容量，100 mA/g 下循环 280 圈之后比容量保持 53 mA·h/g。由纯活性材料构成的柔性电极的比容量比较低，这是因为电极导电性较差的缘故。因此，在设计柔性电极时，需要综合考虑活性材料的理论比容量、实际负载量、电极导电性等因素，设法使电池性能达到最佳。

2）聚阴离子材料

聚阴离子材料化学式为 $A_xM_y[(XO_m)^{n-}]_z$，其中，A 为 Na，M 为可变价的金属，

X为P、S、V、Si等元素[118]，该材料是一种以多面体X与多面体M通过共边或共点连接而成的多面体框架结构材料。具有钠超离子导体型框架的磷酸钒钠[$Na_3V_2(PO_4)_3$]因具有良好的热稳定性和高能量密度而备受关注。其中，钠原子分别位于六配位的M1位点和八配位的M2位点。M2位点的钠具有电化学活性，能够可逆脱出和嵌入，通过V^{4+}/V^{3+}氧化还原反应（*vs.* Na^+/Na为3.4 V）可提供117 mA·h/g的比容量。但是，位于M1位点的钠的空间太小导致离子无法脱出，因此不能提供可逆比容量[118, 119]。

近年来，静电纺丝技术被认为是可控制备CNF的有效方法之一。通过选择合适的前驱体溶液、控制纺丝条件和退火参数，聚阴离子材料可以在纺丝纤维中生成，并被包覆在碳纤维中，保证了电极较强的电子传输能力。使用静电纺丝方法可以将$Na_3V_2(PO_4)_3$封装在纳米结构的纯碳纤维中得到自支撑电极［图3-12（d）］[120]。然而，将主体材料紧密嵌入CNF中会限制Na^+从主体结构到电解质的迁移，进一步通过杂原子掺杂改变碳材料的表面性质，增加复合电极材料对电解液的浸润性，有利于改善离子传输差的问题。例如，采用聚丙烯腈作为碳源，通过静电纺丝技术制备了三维氮掺杂碳纳米纤维与$Na_3V_2(PO_4)_3$的复合柔性电极[115]。这种自支撑柔性电极具有良好的电解液润湿性，Na^+迁移速度较快，表现出优异的循环和倍率性能。此外，基于该柔性电极组装的软包钠离子全电池具有高达123 W·h/kg（基于正极）的能量密度。

纳米结构聚阴离子材料还可以与石墨烯进行复合，获得柔性自支撑复合物电极。采用两步溶剂热法在柔性石墨烯泡沫骨架上原位生长氟磷酸钒钠[$Na_3(VO)_2(PO_4)_2F$]定向阵列可获得高倍率的柔性正极[121]。基于该阵列正极和VO_2负极组装的全电池可分别提供高达215 W·h/kg和5.2 kW/kg的能量密度和功率密度。另外，结晶态$Na_7V_4(P_2O_7)_4(PO_4)$也可以与石墨烯复合得到柔性电极，正极活性物质被石墨烯逐层包裹。该电极材料在30 C（1 C = 93 mA/g）的高电流密度下，仍具有30 mA·h/g的比容量，在1 C下循环200次后放电比容量保持约82 mA·h/g。

3）普鲁士蓝类框架化合物

普鲁士蓝类框架化合物是一种具有面心立方结构的六氰基金属化合物，其通式为$A_xM[M'(CN)_6]$，其中，A为碱金属；M/M′为铁、钴、锰等过渡金属。过渡金属离子分别与氰根中的C和N形成六配位，而碱金属离子则位于三维通道和孔隙中。在普鲁士蓝晶体内，碱金属离子通过三维通道结构可以实现快速嵌入和脱出。如图3-13（a）所示，在低温条件下，采用简便的溶液沉淀法可在碳纳米纤维表面原位生长普鲁士蓝类似物$FeFe(CN)_6$[122]。碳纤维之间宽松的缝隙可以增强电解液的浸润，同时在正极充放电过程中起到缓冲体积变化的作用。得益于上述优点，该电极在5 C（1 C = 120 mA/g）电流密度下展现出超长的循环稳定性［图3-13（b）］。

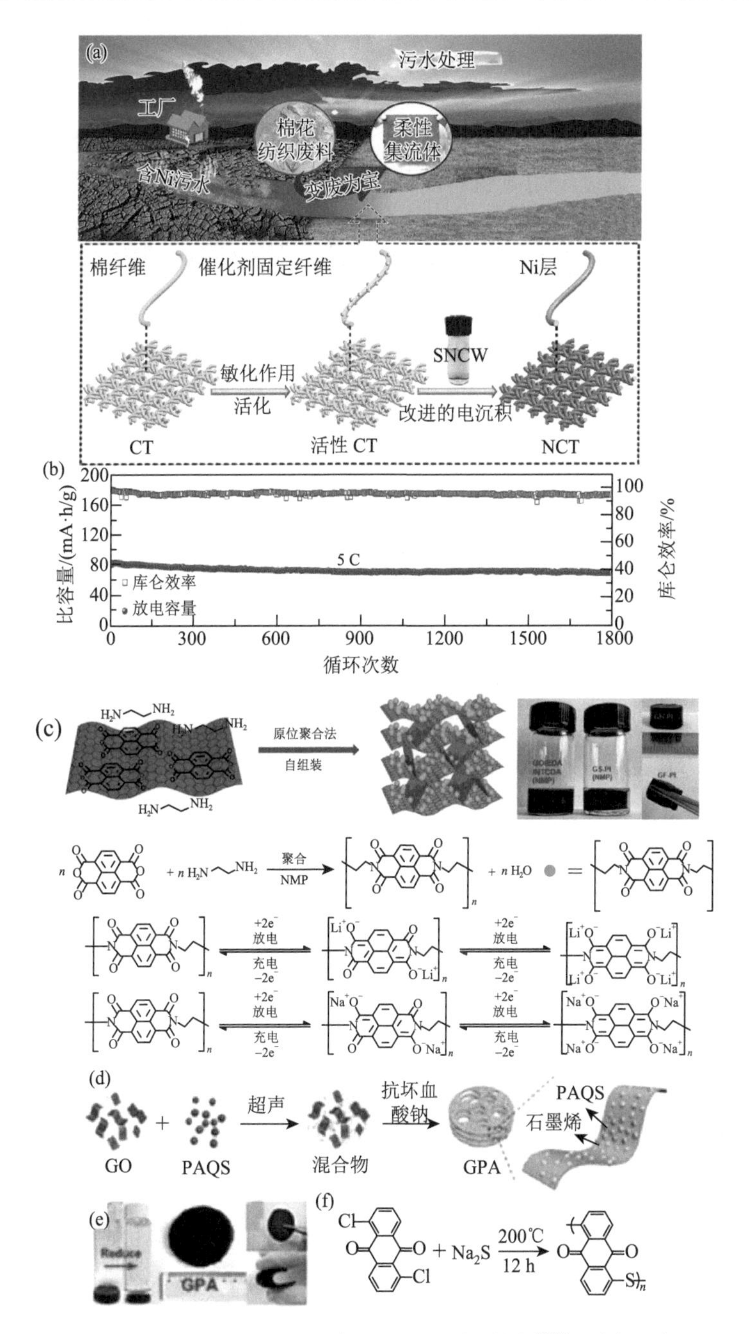

图 3-13　$FeFe(CN)_6$ 电极：(a) 合成流程示意图，(b) 循环性能[122]；有机正极：(c) rGO/聚酰亚胺的制备过程示意图、光学照片以及合成聚酰亚胺反应路径、锂离子电池和钠离子电池充放电机理[123]；(d) PAQS 的合成过程示意图，(e) GO 和 PAQS 在 NMP 中的均匀混合物以及 PAQS 与 3D 石墨烯复合物的光学照片，(f) PAQS 的化学合成路径[124]

4）有机材料

与无机正极材料相比，有机正极材料通常具有制备时能耗低、成本低、前驱体丰富以及理论比容量高的优势。然而，它们存在电导率较低且容易在液体电解质中溶解的问题。通过采用碳材料与之复合不仅能够实现电极的柔性，而且能利用碳和有机物之间的化学相互作用抑制电极材料溶解。例如，通过在弱碱性电解质中氧化聚合多巴胺并将其涂覆在碳纳米管上来合成聚多巴胺/碳纳米管复合物，制备的正极具有柔性可弯曲特性[125]。该复合物电极在约 2.8 V（*vs*. Na^+/Na）处出现响应峰，表明聚多巴胺可以作为钠离子电池的正极材料。基于该材料组装的电池在 10 A/g 下仍具有 54 mA·h/g 的比容量，在低电流密度 250 mA/g 下约有 67 mA·h/g 的放电比容量，且 100 次循环后保持较好的稳定性。

除碳纳米管外，利用石墨烯与有机物共轭环之间的相互作用也可以抑制有机活性材料的溶解。采用水热和退火处理相结合可制备 rGO/聚酰亚胺复合物［图 3-13（c）］[123]，其中聚酰亚胺颗粒尺寸为 100～150 nm，并均匀分布在 rGO 内部。通过简单的裁剪压缩便可获得机械性能较好的 rGO/聚酰亚胺正极，它保持了石墨烯的多孔结构，有利于增强离子传输。该柔性电极在弯曲 100 次后，其电导率仅从 2.38 S/cm 降低到 2.27 S/cm。柔性 rGO/聚酰亚胺电极在 1 A/g 的电流密度下具有 116 mA·h/g 的高比容量，并且展现出优异的循环稳定性。此外，rGO/聚蒽醌基硫化物（PAQS）气凝胶也可作为钠离子电池的柔性有机正极材料［图 3-13（d）～（f）］[124]。该气凝胶正极的厚度为 30 μm，即使在弯曲形变下，仍保持较好的结构与导电性，在 1125 mA/g 的高电流密度下具有 72 mA·h/g 的比容量，在 112.5 mA/g 下循环 1000 圈后，仍保持 98.7 mA·h/g 的放电比容量。

除碳纳米管、石墨烯外，具有较强机械性能以及良好导电性的碳布也可以用于自支撑电极。采用原位生长的方法，可以在碳布纤维表面复合金属有机络合物，得到自支撑的柔性正极材料[126]。导电碳布与活性物质密切接触，可以实现快速的电子转移，多孔而又疏松的骨架结构促进了离子扩散。此外，金属有机络合物和碳材料之间可形成很强的共价键，有效地抑制了有机分子的溶解。以此柔性电极组装的钠离子电池展现出优异的电化学性能。

柔性钠离子电池正极主要是将活性材料与碳材料进行复合来制备，主要方法包括自组装、抽滤、静电纺丝等。但是，目前所研究的柔性钠离子电池正极和传统正极一样，比容量仍然较低，且电极的机械性能需要进一步提高。

2. 柔性负极

柔性负极材料主要包括碳材料与非碳材料。通常，碳材料主要包括石墨碳、非石墨碳两大类。其中，天然石墨和人造石墨是研究最早也是商品化程度最高的负极材料，已经广泛应用于锂离子电池。鉴于其在锂离子电池领域的成功应用，碳材料用于钠离子电池负极的研究也渐渐开展起来。另外，与碳材料相比，金属、金属化合物和有机材料等非碳材料具有更高的比容量，也引起了研究人员的广泛关注。

1）碳材料

在碳材料负极中，一般不采用硬碳和活性炭，这是由于它们是脆性的，弹性极限很低（通常小于 0.1%），不能有效克服柔性器件在工作过程中所受到的机械形变[127]。钠离子的半径大于锂离子半径，这导致钠离子很难嵌入石墨层中，因此常用的石墨材料一般并不适合用作钠离子电池负极材料。石墨烯具有机械强度高、比表面积大、质量轻、导电性好、电化学活性高等特点，是一种理想的储钠材料。但是，紧密堆叠的石墨烯层会降低材料的比表面积和孔隙率，进而阻碍离子传输，导致电池的储钠能力较差。因此，制备具有丰富活性位点和高孔隙率的石墨烯薄膜有望提高电池的比容量。例如，通过溶剂热还原法可制备得到自支撑的氟和氮共掺杂石墨烯纸（FNGP），并可直接作为柔性钠离子电池负极［图 3-14（a）～（c）］[128]。该石墨烯纸具有较好的拉伸强度［(43.5±1.8) MPa］，石墨烯骨架中氟和氮的引入增加了活性位点并扩大了石墨烯的层间距离，为钠离子存储提供了更多的空间。

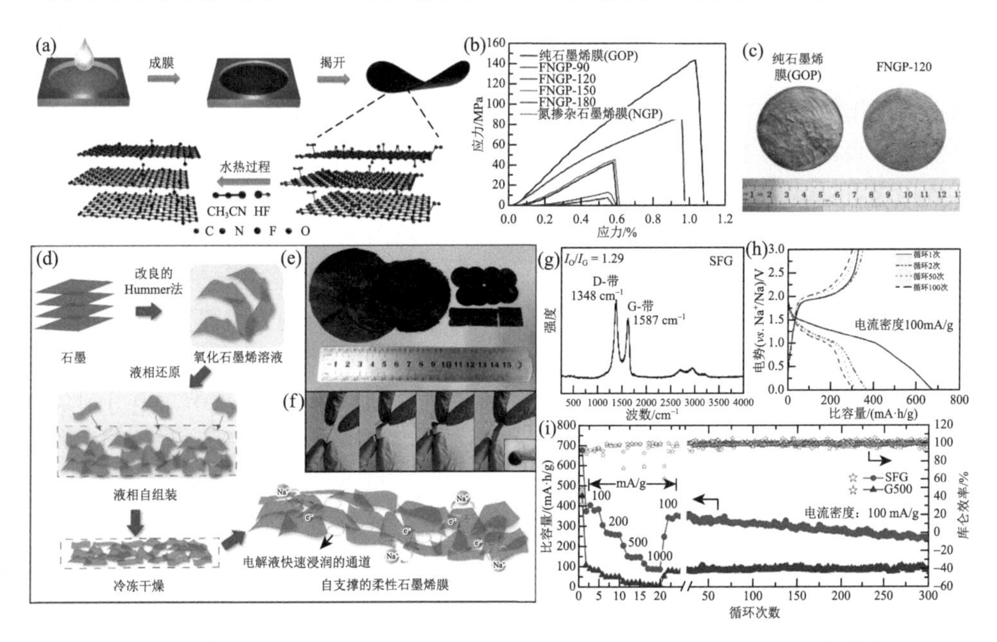

图 3-14 氟和氮共掺杂石墨烯纸（FNGP）：(a）制备示意图，(b）不同掺杂石墨烯的应力-应变曲线，(c）柔性自支撑 GOP（左）和 FNGP-120（右）的光学照片[128]；柔性硫掺杂石墨烯（SFG）薄膜：(d）合成步骤的示意图，(e）光学照片，(f）柔性展示，(g）拉曼光谱，(h）充放电曲线，(i）倍率和循环性能[129]

通常认为，石墨烯中缺陷越多，电极比容量将越高。通过热处理氧化石墨烯上的聚(3, 4-乙撑二氧噻吩)：聚(苯乙烯磺酸盐)聚合物链，可制备得到三维自支撑多孔结构的硫掺杂的石墨烯薄膜［图 3-14（d）～（i）］[129]。硫掺杂会使得石墨烯产生缺陷和发生晶格变形，从而使其表面上具有大量的电化学活性位点。以此组装的柔性钠离子电池具有优异的电化学性能（50 mA/g 时比容量为 472 mA·h/g）。除了通过杂原子掺杂改善电池性能外，还可以对石墨烯进行结构设计，制备具有湍流微结构的氮掺杂石墨烯（GN），该材料由直径为 100～300 nm 的导电纳米纤维组成，具有微孔-介孔多级结构（微孔 0.65 nm、1.3 nm 和介孔结构 2.3 nm），比表面积约为 564 m^2/g[130]。这些结构特点促进了电解液和负极的有效接触，加快了钠离子的扩散。除此以外，还可合成具有中空微管形态的交织网格结构的磷掺杂碳布作为钠离子电池的柔性负极材料[131]。该材料的多孔微管壁的厚度约为 500 nm，孔体积为 0.34 cm^3/g，比表面积为 346 m^2/g，中空微管形态的结构可以有效缩短 Na^+扩散路程，因此，基于该电极的电池器件在 2 A/g 的电流密度下具有 87.1 mA·h/g 的比容量，在 200 mA/g 循环 600 次后放电比容量约 163 mA·h/g，展现出优异的倍率和循环性能。

2）单质

常用的单质负极材料有磷（P）、锡（Sn）、锑（Sb）等，它们具有较高的理论比容量。但是，在充放电过程中它们会发生大的体积变化，从而导致电极结构破裂，难以保证电极材料内部良好的电子传输。采用传统的刮涂法制备这类材料的电极，不可避免会发生上述问题。相反，采用柔性碳材料与上述活性物质复合制备自支撑柔性电极可以缓冲体积膨胀产生的应力并实现电极的柔性。例如，在氮掺杂石墨烯上沉积非晶态 P 得到 P@GN 纸电极，石墨烯的加入不仅使电极具有很强的柔韧性，而且可以将非晶态的 P 限制在 GN 框架内缓冲体积变化[132]。由于在 P 和 GN 层之间可能会形成稳定的磷-碳键，就像多个“弹簧”一样，有助于增强负极的稳定性。基于该材料组装的钠离子电池在循环 350 圈后比容量保持率＞85%。除上述方法外，通过静电纺丝和热处理，将 Sn 纳米颗粒封装在氮掺杂碳纳米纤维中，也可制备得到具有柔性的自支撑膜，直接用作无黏结剂和集流体的负极［图 3-15（a）］[133]。通过静电纺丝技术可以大规模制备可弯曲的柔性电极膜［图 3-15（b）］，采用该电极膜所组装的电池展现出良好的电化学性能［图 3-15（c）和（d）］。

与具有纳米颗粒形貌的 Sn、P 单质不同，Sb 为二维层状结构，是一种类石墨材料，其中 Sb 层由六元环组成。这类材料通过和碳材料混合后再进行真空抽滤便可得到柔性负极，相对于静电纺丝更为简单。通过在异丙醇（IPA）溶液中液相剥离灰色 Sb 粉末便可制备单分散的金属 Sb 纳米片，然后与石墨烯一起抽滤获得柔性复合薄膜［图 3-15（e）～（g）］[134]。该薄膜的特殊结构可以有效地缓解金属 Sb 的体积变化，并且利用 Sb 纳米片的高密度可以显著提高电极膜的整体密度。基于金属 Sb 纳米片/石墨烯膜组装的电池展现出高的体积比容量、高的倍率和良好的循环性能［图 3-15（h）］。

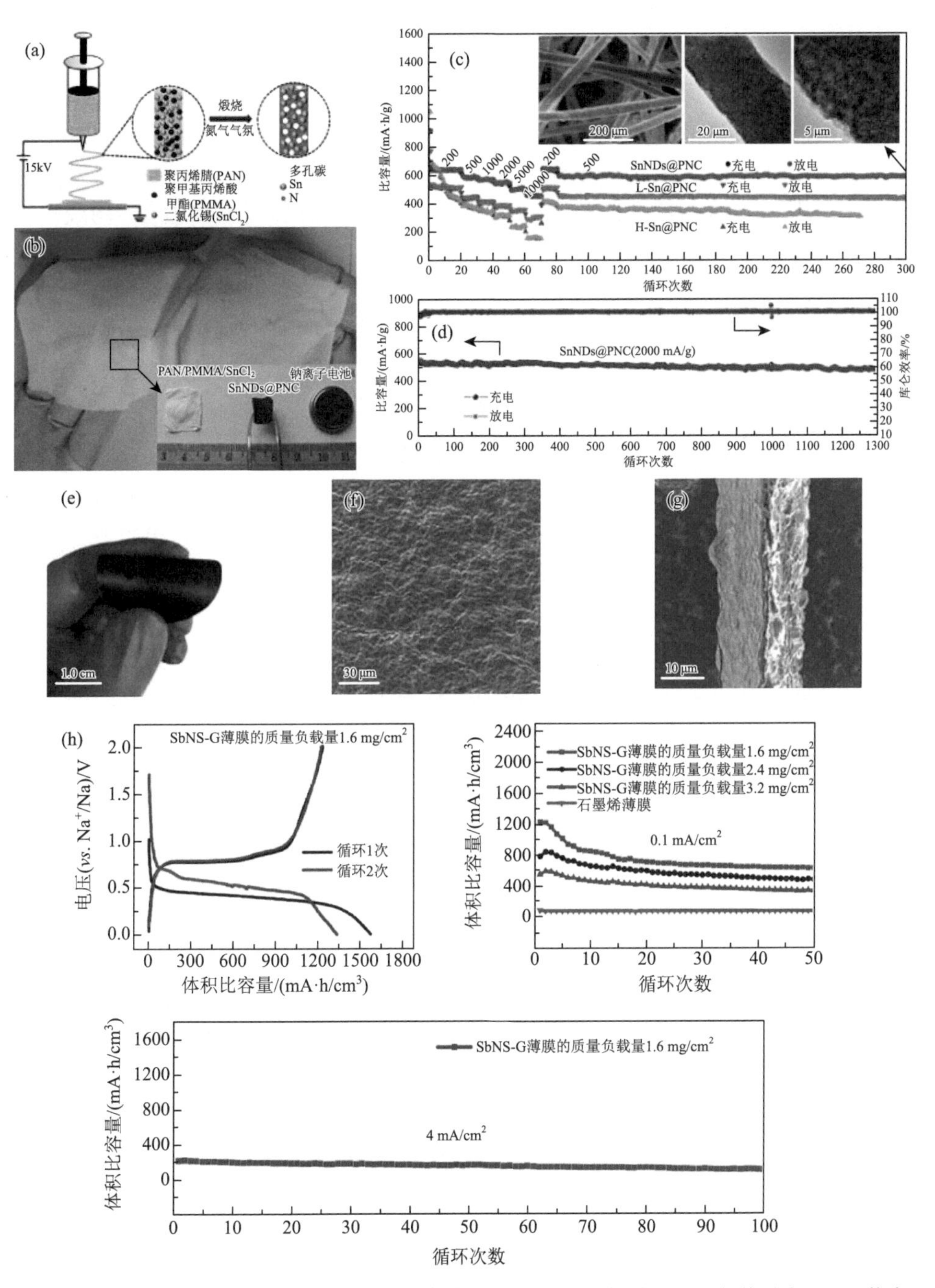

图 3-15　静电纺丝法合成的 SnNDs@PNC 薄膜：（a）流程示意图，（b）光学照片，（c）倍率性能，（d）循环性能[133]；抽滤法制备的 Sb 纳米片/石墨烯薄膜：（e）光学照片，（f）平面以及（g）断面 SEM 照片，（h）电化学性能（充放电曲线、倍率性能和循环性能）[134]

3）金属硫/氧化物

金属硫属化合物材料（氧化物、硫化物和硒化物）主要是基于转化或者合金化的钠离子储存机理，具有较高的理论比容量。柔性金属硫/氧化物电极的设计策略与柔性单质负极材料相似。例如，利用简单的原位合成策略，借助静电纺丝技术可制备得到氮掺杂碳纳米纤维包裹的无定形 SiO_2 纳米颗粒，构成自支撑 SiO_2/碳纳米纤维薄膜[135]。碳纤维网络结构使复合物薄膜表现出较好的机械强度，并且对 SiO_2 纳米颗粒的包裹可以有效地缓冲充放电过程的体积变化。当用作钠离子电池负极时，在 500 mA/g 下循环 250 次后，可以保持 99%的初始比容量。

此外，钠离子还可以插入双金属氧化物（$M_xN_yO_4$，M/N = Co，Cu，Mn，Fe，Ni）的空位中。通过静电纺丝技术可制备钴酸铜（$CuCo_2O_4$）复合氮掺杂碳膜，约 3 nm 的 $CuCo_2O_4$ 纳米点均匀地嵌入在氮掺杂的碳骨架中[136]。该电极展现出优异的倍率性能（5 A/g，296 mA·h/g）和超长的循环稳定性（1 A/g，1000 次循环后的比容量为 314 mA·h/g），这与高导电性的氮掺杂碳骨架可缓冲活性物质的体积膨胀以及 $CuCo_2O_4$ 纳米点的高度分散可提高活性材料利用率有关。

层状二硫化钼（MoS_2）的结构与石墨烯类似，MoS_2/石墨烯复合负极也可以通过真空抽滤方法得到[137]，该薄膜电极的断裂应力为 2～3 MPa，应变约为 2%，表现出较好的机械强度［图 3-16（a）～（c）］。通常，采用抽滤成膜时需要将碳材料与活性物质均匀分散在溶剂中，在具有二维纳米结构的氮化硼（BN）和 MoS_2 中加入 2, 2, 6, 6-四甲基哌啶-1-氧基氧化的纤维素分散剂，由于受空间位阻和分散剂中羧基的静电排斥作用，二维材料可以稳定地分散在水中，进一步通过抽滤制备得到复合膜，机械强度分别为（182±16）MPa 和（159±18）MPa[138]。

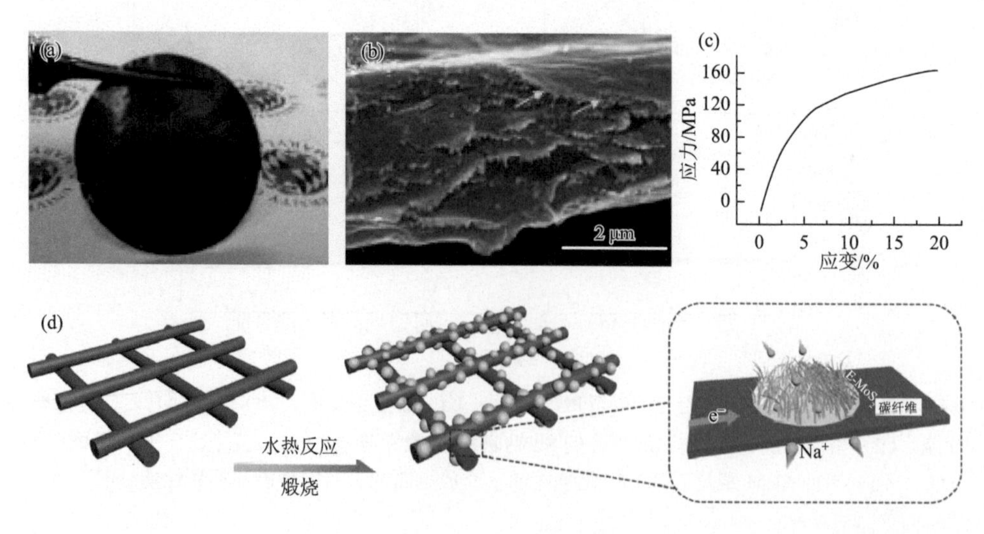

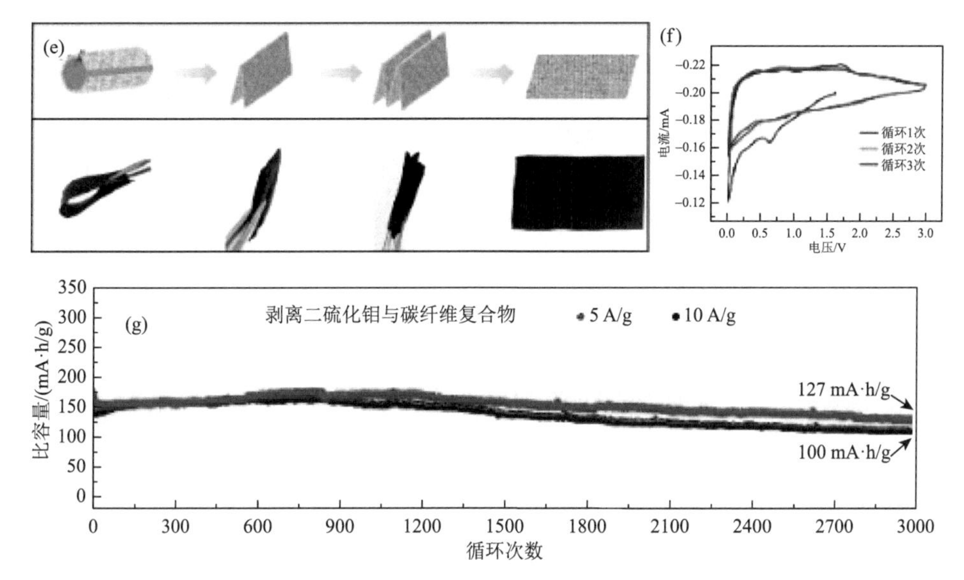

图 3-16　真空抽滤法制备的 MoS_2/石墨烯复合膜：（a）光学照片，（b）SEM 照片，（c）应力-应变曲线[137]；水热法制备的 E-MoS_2@CNF 复合膜：（d）制备示意图，（e）弯折演示，（f）在 0.1 mV/s 下的 CV 曲线，（g）长循环性能[139]

设计具有开放结构和宽层间距的 MoS_2 可以显著提高离子传输速率并缓解充放电过程中的体积变化。如前所述，通过静电纺丝可以制备活性物质与碳材料复合的柔性电极，活性物质可以均匀连续地嵌入碳纤维中，有利于实现高的比容量、良好的倍率和出色的循环稳定性［图 3-16（d）～（g）］[139]。因此，在碳纤维上负载具有开放结构且宽层间距的二硫化钼（E-MoS_2）纳米花作为钠离子电池负极材料，取得了较好的电化学性能[140]。这主要归因于：①MoS_2 纳米花的开放结构能够增加电极材料与电解质之间的接触面积并缩短离子扩散路径；②MoS_2 的层间间距扩大，可以降低离子扩散阻力并增加有效接触表面积；③交织的碳纤维网络作为柔性导电基底，可以使 MoS_2 纳米花快速地转移电子。得益于增强的离子传输和电子传导，制备的复合膜中赝电容贡献的比率高达 89.4%，促进了电极实现高倍率性能。以商用活性炭作为对电极制成的钠离子混合电容器，可以展现出 54.9 W·h/kg 的高能量密度。

4）钛基化合物

基于插层钠离子储存机理的钛基化合物具有高的理论比容量（177 mA·h/g）和较低的输出电压（0.3 V *vs.* Na^+/Na）等优点。然而，材料本身的导电性较差且结构不稳定，限制了其实际应用。通过将钛基化合物与碳材料复合可以有效提高电极的导电性和钛基化合物的稳定性。例如，采用简便的水热方法，在碳布上制备超长的钛酸钠（$Na_2Ti_3O_7$）纳米线，用作自支撑柔性钠离子电池负极[141]。一维

$Na_2Ti_3O_7$ 纳米线与碳布结合在一起，不仅促进了电解液的扩散，而且避免了使用黏合剂、导电剂和集流体，可提高电极的电导率，从而增强电极的电化学性能。但是，碳布基底的密度较大，会降低柔性电极的能量密度。因此，需要进一步减少非活性物质的质量。可以将碳包覆的钛酸锂（$Li_4Ti_5O_{12}$）纳米片和密度较小的还原氧化石墨烯通过真空抽滤与退火处理制成自支撑柔性电极[142]。在此过程中，带负电的氧化石墨烯和带正电的碳包覆的 $Li_4Ti_5O_{12}$ 纳米片通过静电相互作用自组装成为纳米复合材料。相互贯通的石墨烯导电网络不仅可以促进 Na^+ 插入/脱出过程中的反应动力学和结构稳定性，而且为 Na^+ 提供大量的吸附活性位点，从而增强复合电极的储钠能力。该负极在 1 C（1 C = 177 mA/g）时表现出 166 mA·h/g 的高比容量和良好的倍率性能。除采用钛酸盐作为负极材料外，还可采用牺牲模板法将二维过渡金属碳化物加工成三维大孔骨架材料，并直接用作电池负极[143]。所获得的自支撑柔性膜在 0.25 C 的电流密度下拥有 330 mA·h/g 的可逆比容量，并在 2.5 C 下经 1000 次循环后比容量仍保持约 295 mA·h/g。

5）聚阴离子材料

如前面正极部分所介绍，聚阴离子材料可以作为正极活性材料。当聚阴离子材料中的过渡金属为钛时，由于其氧化还原电位比较低，也可以作为钠离子电池负极。其中，磷酸钛钠[$NaTi_2(PO_4)_3$]因具有高的钠离子电导率、良好的热稳定性和较低的电极电势而备受关注。将其与石墨烯复合可以制备出 $NaTi_2(PO_4)_3$/石墨烯薄膜电极。该电极在 500 mA/g 的电流密度下经 1000 次循环后，比容量保持率为 91%，表现出优异的循环稳定性[144]。以锰酸钠（$Na_{0.44}MnO_2$）为正极组装的柔性钠离子全电池在弯曲状态下经过 40 次循环后保持 86%的比容量。此外，基于碳纳米管织物的高导电性和高力学性能，分别在其上负载负极材料 $NaTi_2(PO_4)_3$ 和正极材料 $Na_3V_2(PO_4)_3$，所得复合物电极展现出优异的柔性，并可直接作为电极组装钠离子全电池[145]。该全磷酸盐电池在 100 C 高电流密度下，比容量仍可达到其理论值的 50%以上，在 20 C 下即使经过 4000 次循环后比容量保持率也可达 75.6%，显示出高的比容量、优异的倍率和长的循环寿命。

6）有机材料

有机物负极材料具有机械柔韧性强和成本低的优点，但存在比容量低、倍率性能差和比容量衰减快等问题。为解决上述问题，有机负极活性材料通常也需要与碳材料复合。例如，富含碳骨架的氢取代石墨二炔（HsGDY）可用于钠离子电池负极［图 3-17（a）和（b）］[146]。该材料由丁二炔键和苯环组成的共轭碳骨架构成，苯环的氢则作为 Na^+ 的储存位点［图 3-17（c）］。这种自支撑薄膜电极在电流密度为 100 mA/g 时，可逆比容量达到 650 mA·h/g［图 3-17（d）］。值得注意的是，这种具有高度 π-π 共轭的分层多孔结构有利于实现高的倍率性能，在 1 A/g 的高电流密度下比容量可以达到 360 mA·h/g，并且循环 1000 次比容量基本没有衰减［图 3-17（e）］。

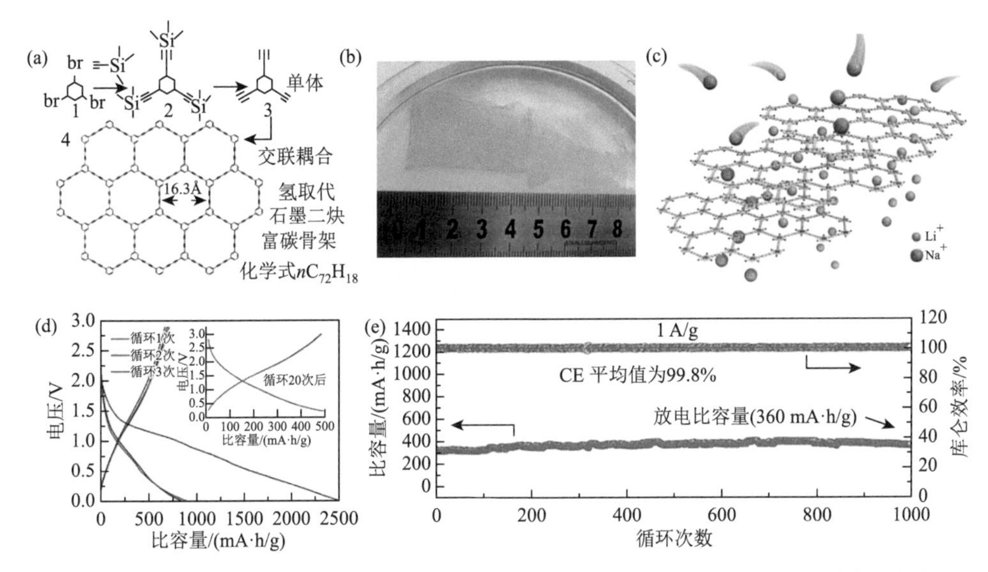

图 3-17 柔性有机 HsGDY 负极：（a）化学结构；（b）光学照片；（c）脱嵌锂/钠离子的机理示意图；（d）充放电曲线；（e）长循环性能[146]

柔性碳材料复合电极的电化学性能比对见表 3-3。

表 3-3 柔性碳材料复合电极的电化学性能

载体材料	复合电极	比容量/循环次数/电流密度	参考文献
碳纳米管	V_2O_5/多壁碳纳米管	151 mA·h/g/50/0.0588 A/g	[113]
	Fe_2O_3/碳纳米管	63 mA·h/g/200/3 A/g	[116]
石墨烯	$Na_{2/3}Fe_{1/2}Mn_{1/2}O_2$/石墨烯膜	60 mA·h/g/140/0.1 C	[147]
	$Na_{2/3}(Ni_{1/3}Mn_{2/3})O_2$/还原氧化石墨烯	80 mA·h/g/200/1 C	[114]
	石墨烯膜	195 mA·h/g/50/0.05 A/g	[148]
	$Na_3V_2(PO_4)_3$/还原氧化石墨烯纸	113 mA·h/g/120/0.1 A/g	[149]
	$Li_4Ti_5O_{12}$/还原氧化石墨烯膜	114 mA·h/g/600/2 C	[142]
	石墨烯量子点/VO_2/石墨烯泡沫	111 mA·h/g/1500/60 C	[150]
	Sb/还原氧化石墨烯纸	467 mA·h/g/100/1 A/g	[149]
碳纳米纤维	碳纳米线	约 200 mA·h/g/100/0.1 A/g	[151]
	碳纳米纤维网	247 mA·h/g/200/0.1 A/g	[152]
	氮掺杂碳纳米纤维	210 mA·h/g/7000/5 A/g	[130]
	石墨烯/多孔碳纳米线	330 mA·h/g/1000/2 A/g	[153]
	Sb/碳纤维	350 mA·h/g/300/0.1 A/g	[154]
	CuO/碳纳米线	401 mA·h/g/500/0.5 A/g	[155]
	MoS_2/碳纳米线	283.9 mA·h/g/600/0.1 A/g	[156]
	Sn/氮掺杂碳纳米线	483 mA·h/g/1300/2 A/g	[133]

续表

载体材料	复合电极	比容量/循环次数/电流密度	参考文献
碳布	Sb_2S_3/碳布	468 mA·h/g/400/10 A/g	[157]
	Sb_2O_3/碳布	348 mA·h/g/350/5 A/g	[157]
	$FeFe(CN)_6$/碳布	约 40 mA·h/g/1200/1 C	[158]
	VO_2/碳布	约 108 mA·h/g/200/60 C	[159]
	SnS_2/碳布	378 mA·h/g/200/1.2 A/g	[160]
	$NiCo_2O_4$/碳布	542 mA·h/g/50/0.05 A/g	[49]
	MoO_{3-x}/碳布	约 85 mA·h/g/2000/1 A/g	[161]
	$Na_2Ti_3O_7$/碳布	100.6 mA·h/g/300/3 C	[141]
	$Na_2FeP_2O_7$/碳布	56 mA·h/g/2000/10 C	[162]
	FeS@C/碳布	150 mA·h/g/200/1.2 C	[163]

3.2.2 柔性电解质的设计

由于液态电解液在柔性器件中存在如前所述的问题，类似于其他柔性储能器件，固态或凝胶聚合物电解质也被广泛用于柔性钠离子电池的设计。

1. 固态聚合物电解质

固态聚合物电解质由聚合物（如 PVA、PAN、PVP 和 PEO 等）和无机盐［如六氟磷酸锂、高氯酸锂、四氟硼酸锂（$LiBF_4$）、KOH 等］组成[164, 165]，具有较高的柔韧性。但是，这类电解质在室温下的离子电导率较低（$<10^{-5}$ S/cm），限制了它在柔性钠离子电池中的应用。

PEO 基固态聚合物电解质具有质量轻、黏弹性好、易成膜、化学稳定性好、电化学窗口宽等优点，是目前研究最多的固态电解质材料。然而，PEO 在室温下的结晶度较高，离子电导率较低（$10^{-8}\sim10^{-7}$ S/cm）[166]。通过聚合物共混、交联、与陶瓷电解质复合以及添加无机填料可以降低 PEO 的结晶度进而改善电解质的离子电导率[167-170]。陶瓷电解质（如 Na-β''-Al_2O_3 和 $Na_3Zr_2Si_2PO_{12}$）具有宽电化学窗口（>5 V）、高热稳定性、高离子电导率（$>10^{-4}$ S/cm）、高阳离子转移数（$t\approx1$）等优点，可以有效地提升固态聚合物电解质的离子电导率[171-175]。将快离子导体结构的 $Na_{3.4}Zr_{1.8}Mg_{0.2}Si_2PO_{12}$ 掺入 NaTFSI-PEO_{14} 中可形成固态复合聚合物电解质[176]，陶瓷填充物可以降低 PEO 的结晶度并增强聚合物的分段运动，从而扩大离子导电区域和提高载流子迁移率。当电解质包含 50 wt%的填料时，在 80℃时可以获得 2.8 mS/cm 的离子电导率。使用该电解质的固态 $Na_3V_2(PO_4)_3$/CPE/Na 电池展现出良好的倍率和循环性能。

然而，固体电极与固态聚合物电解质的界面电阻较大，导致电池的电化学性能较差。为此，可将少量醚基电解质掺入到 $Na_3Zr_2Si_2PO_{12}$ 陶瓷粉末均匀分布的聚偏氟乙烯-六氟丙烯（PVDF-HFP）聚合物骨架中得到固态复合电解质，电极和电解质的界面性质得到改善［图 3-18（a）和（b）］[177]。但是，复合电解质和电极之间大的界面电阻仍然存在。进一步将聚(醚-丙烯酸酯)网络移植到 $Na_3Zr_2Si_2PO_{12}$/PVDF-HFP 的多孔骨架中，通过离子交换形成聚合物-无机复合电解质[179]。具有三明治结构的柔性固态电解质可以在保证一定机械强度下有效缓解界面离子转移缓慢的问题。并且 Na^+/Na 对称电池测试结果表明，该固态电解质可以抑制枝晶和死钠的形成。在 60℃下，基于该电解质，以 $Na_3V_2(PO_4)_3$ 为负极和 $Na_{2/3}Ni_{1/3}Mn_{1/3}Ti_{1/3}O_2$ 为正极的电池具有优异的电化学性能。此外，聚甲基丙烯酸甲酯（PMMA）基凝胶由于其较高的离子电导率和与正极良好的相容性也被引入 $Na_3Zr_2Si_2PO_{12}$ 和聚合物 PVDF-HFP 基质中形成复合电解质［图 3-18（c）～（e）］，降低了电极/电解质的界面电阻[178]。

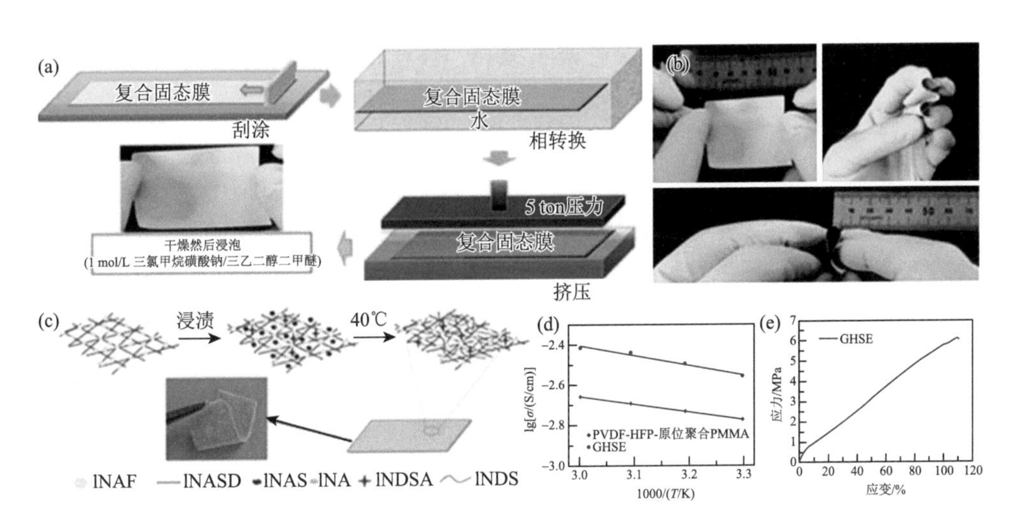

图 3-18　混合固态电解质：（a）合成过程，（b）光学照片[177]；PVDF-HFP/PMMA 复合凝胶电解质：（c）制备流程图，（d）不同温度下的电导率，（e）应力-应变曲线[178]

1ton 压力 = 100MPa

2. 凝胶聚合物电解质

凝胶聚合物电解质由常规液体电解质和聚合物骨架组成，介于全固态电解质和液态电解液之间，具有高的离子电导率、宽的电化学窗口以及与电极良好的相容性[180]。通常采用 PVDF、PVDF-HFP、PAN、PEO 和 PMMA 等作为支架来固定液体电解质[181, 182]。由于大多数凝胶聚合物电解质的机械强度较差，Goodenough 等采用商业化的玻璃纤维纸作为支架，增强基于 PVDF-HFP 凝胶电解质的机械强度[183]。此外，他们还引入薄的亲水聚多巴胺涂层进一步改善电池性能，以 $Na_2MnFe(CN)_6$ 作为正极、复合凝胶聚合物/玻璃纤维作为电解质组装的钠离子电池展现出优异的电化学性能。

除了通过使用无纺布、玻璃纤维等材料作为支架改善凝胶聚合物电解质的柔韧性外，还可以通过创建具有交联结构的聚合物骨架来解决。交联的聚合物不仅可以提高电解质的机械强度，还可以有效地阻止枝晶生长。Goodenough 等采用一种低成本的交联 PMMA 凝胶聚合物作为电解质，组装了 $Sb/Na_3V_2(PO_4)_3$ 钠离子电池[184]。基于插层式正极和合金负极的钠离子全电池具有高度可逆的电化学反应和稳定的循环性能。与固态电解质和液态电解质相比，凝胶聚合物电解质的应用有望改善柔性钠离子全电池的界面性质，尤其是在较低温度情况下。因此，研究开发高性能的凝胶电解质将促进柔性钠离子电池的发展进程。

3.2.3 柔性钠离子电池器件的设计

目前，柔性钠离子电池器件主要有软包、线状和可拉伸钠离子电池等器件构型[185]，本小节将主要介绍相关钠离子电池的器件构型。

1. 软包钠离子电池

软包电池正极或负极通常采用自支撑柔性电极，使用具有一定弯折性能的铝塑膜或者绝缘的聚合物进行封装。例如，通过静电纺丝得到自支撑 $Na_3V_2(PO_4)_3$ 正极以及采用刮涂法制备 $NaTi_2(PO_4)_3$@C 负极，依次将正极、隔膜、负极进行堆叠，然后添加有机电解液（含有 1 mol/L $NaClO_4$ 和 2 vol%氟代碳酸乙烯酯的碳酸丙烯酯溶液），采用铝塑膜封装，即可得到柔性软包钠离子电池[图 3-19（a）][115]。器件即使在较大的弯曲形变下仍可以点亮 LED 灯，弯曲 10 min 后电池没有发生短路［图 3-19（b）和（c）］，证明该软包电池具有较好的可弯曲性能。此外，软包电池在 20 mA/g 的低电流密度下，可以提供 98 mA·h/g 的初始放电比容量，最高能量密度可达 123 W·h/kg（基于正极质量），远远高于铅酸电池和镍氢电池［图 3-19（d）］。采用类似的方法，利用柔性的锑/还原氧化石墨烯电极（Sb/rGO）作为钠离子电池负极，柔性 $Na_3V_2(PO_4)_3$/还原氧化石墨烯（NVP/rGO）纸作正极，组装了尺寸约为 7 cm×5 cm，厚度小于 1 mm 的柔性软包钠离子全电池［图 3-19（e）和（f）］[149]。柔性全电池在弯曲状态下以及弯曲 30 次后仍可以点亮 LED 灯［3 V，10 mW，图 3-19（g）］，并且在 100 mA/g 下循环 100 周后具有 400 mA·h/g 的放电比容量［基于负极质量，图 3-19（h）和（i）］。

尽管上述软包电池可以正常工作，但是对电池在形变条件下的相关测试仍然有限。柔性钠离子软包电池由于连续的形变，包装材料或电极表面会出现皱纹，从而引起包装变形、内部电阻增大、电解液泄漏等问题。由于器件中层与层之间

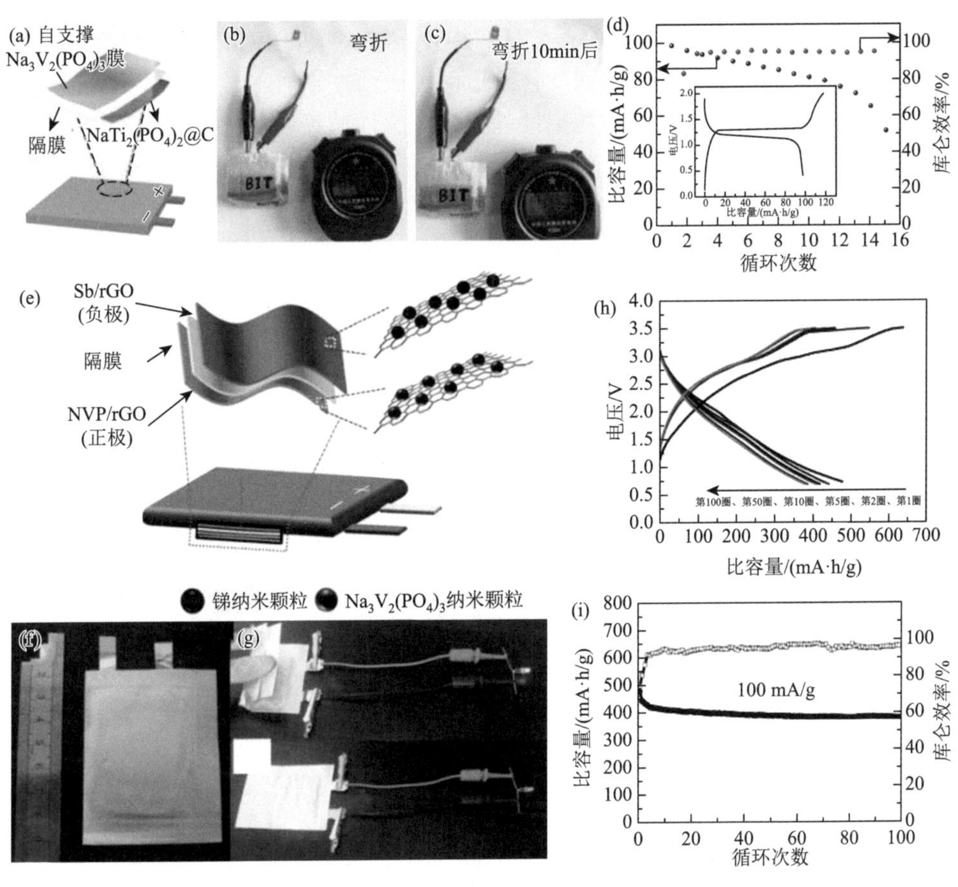

图 3-19 $Na_3V_2(PO_4)_3$ 正极与 $NaTi_2(PO_4)_3$@C 负极匹配组装的软包电池：(a) 组装示意图，(b) 弯折演示，(c) 弯折 10 min 演示，(d) 全电池在 20 mA/g 下的循环性能[115]；$Na_3V_2(PO_4)_3$/rGO 正极与 Sb/rGO 负极匹配组装的软包电池：(e) 组装示意图，(f) 光学照片，(g) 弯曲状态下以及弯曲 30 次后的点灯演示，(h) 全电池在 100 mA/g 的充放电曲线，(i) 在 100 mA/g 下的循环曲线[149]

接触不紧密，在形变过程中容易发生错位，造成器件内部发生短路甚至失效。此外，使用铝塑膜封装的袋式电池的抗形变能力较差，不适合长期在较强的机械形变下工作。

2. 线状钠离子电池

由于缺乏相应的高性能线状电极，要制造出具有稳定循环寿命和良好倍率性能的柔性钠离子电池面临严峻的挑战。到目前为止，关于线状钠离子电池的研究相对较少。通过在碳纤维表面上涂覆活性材料构建类似核-壳结构是制备纤维状电极的一种有效策略。但是，由于碳纤维的表面积有限，活性材料在碳纤维上的负载量受到限制。此外，与表面涂覆的活性材料相比，非活性碳纤维具有较大的体积，从而导致电池的体积能量密度较低。由于核-壳结构的稳定性差，电极在充电/放电过程中也会发生较大的体积变化，进而造成活性物质与导电碳纤维分离，阻碍电子传输。除电极物理结构稳定性差以外，柔性钠离子线状电极还面临着与传统电极相同的问题。因此，对于柔性线状钠离子电池，需要合理设计和开发具有快速电荷传输和稳定化学结构的纤维基电极[186]。

采用$Na_{0.44}MnO_2$（正极材料）、$NaTi_2(PO_4)_3$@C（负极材料）、电解质（1 mol/L Na_2SO_4）润湿的微孔聚丙烯腈可组装得到带状的柔性水系钠离子电池［图 3-20（a）］[187]。通过在不同的角度弯曲 100 次并形成一个圆，研究了柔性带状水系钠离子电池在弯曲状态［图 3-20（b）］下的比容量保持率。带状钠离子电池在不同的弯曲条件下比容量衰减率较小［图 3-20（c）］，将两个带状钠离子电池串联可以为 LED 供电。为了制备线状钠离子电池，他们进一步将 $Na_{0.44}MnO_2$ 和 $NaTi_2(PO_4)_3$@C 纳米颗粒分散在 CNT 阵列上，扭曲成纤维状电极，直径分别为 110 μm 和 100 μm［图 3-20（d）］。所组装的线状水系钠离子电池在电流密度为 0.1 A/g 时，放电比容量为 46 mA·h/g（基于正极材料质量），具有 25.7 mW·h/cm^3 的体积能量密度和 0.054 W/cm^3 的体积功率密度［3-20（e）］。在 3 A/g 的高电流密度下，线状钠离子电池仍可提供 12 mA·h/g 的比容量，并且在弯曲前后电池的比容量基本没有衰减［图 3-20（f）］。

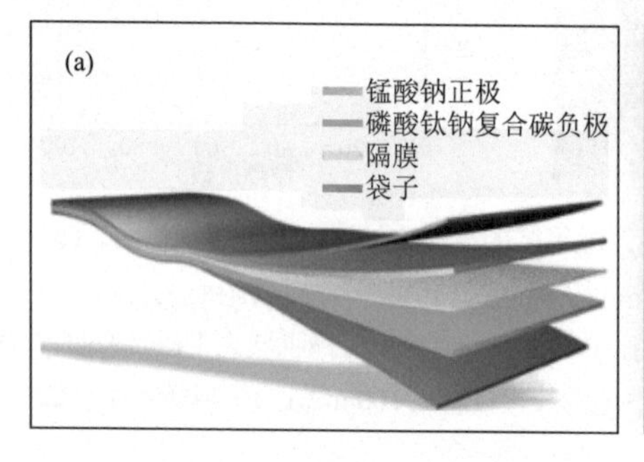

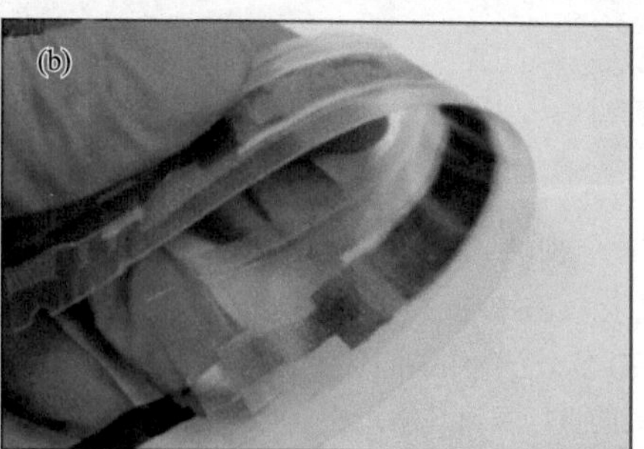

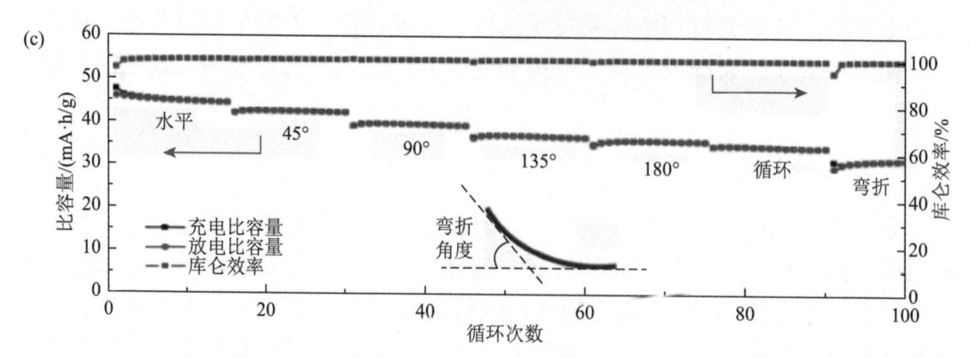

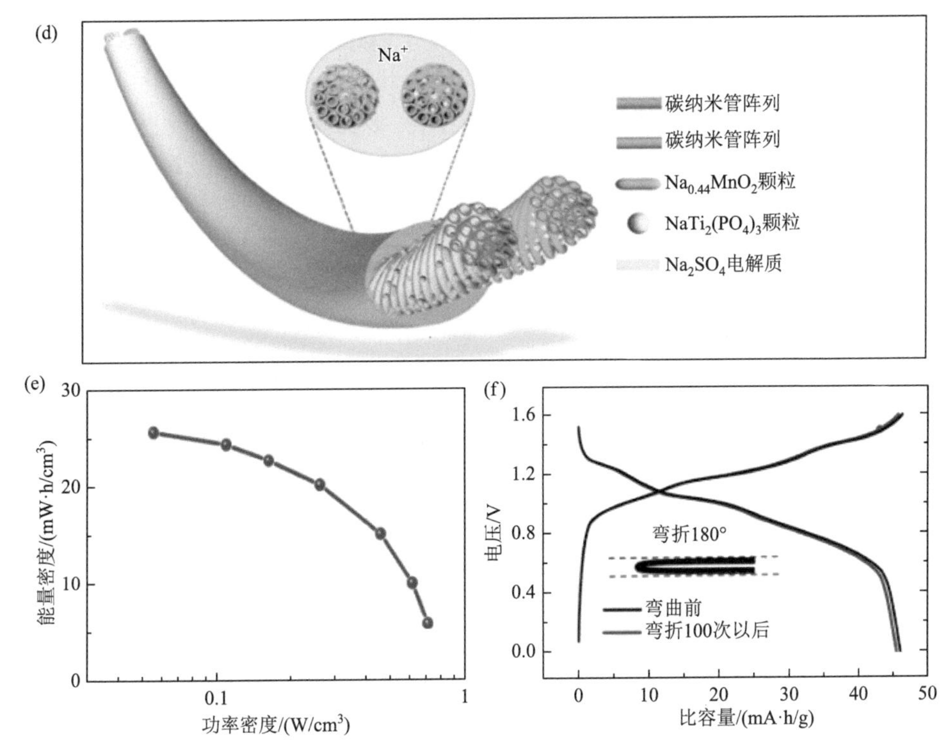

图 3-20　$Na_{0.44}MnO_2$ 正极与 $NaTi_2(PO_4)_3$@C 负极组装的带状与线状水系钠离子电池：（a）带状结构示意图；（b）弯曲状态下的光学照片；（c）不同弯折角度下的循环性能；（d）CNT/$Na_{0.44}MnO_2$ 的结构示意图；（e）拉贡图；（f）完全对折时的充放电曲线[187]

由于采用钛酸钠作为正极组装的钠离子电池比容量较低，普鲁士蓝与氧化石墨烯复合物被负载到废旧的棉纺织品基底表面制备柔性正极[122]。该正极具有高的机械强度、良好的导电性和优异的电化学稳定性。采用逐层包裹的方式可以组装线状钠离子电池［图 3-21（a）］：将特氟龙管与铜线缠绕在一起，然后在其表面包裹金属钠箔；随后，将柔性隔膜完全覆盖在钠箔上，再在隔膜外层包裹正极；最后将组装完成的线状电池浸入液态电解液中，待完全润湿后，将其紧紧包裹在特氟龙管内，以确保电极紧密接触。值得注意的是，传统的钠离子电池在挤压下会发生液态有机电解液泄漏的问题，但是该工作中采用的电极由于具有三维多孔结构以及良好的电解液浸润性，因而，即使在承受巨大压力时电极也能吸收电解质而不会发生电解液泄漏。基于这些优点，所制备的线状钠离子电池即使被弯曲成螺旋形状，仍可以点亮 LED 灯［图 3-21（b）～（d）］。此外，当将线状钠离子电池加工成各种柔性可穿戴电子设备［项链、手表和手链，图 3-21（e）和（f）］时，它们仍然可以正常工作。在电流密度为 50 mA/g 时，线状钠离子电池的初始放电比容量为 87 mA·h/g，具有较高的能量密度［图 3-21（g）］，在电流密度为 100 mA/g 时，线状钠离子电池循环

120 次后，可逆比容量保持约 63 mA·h/g，展现出较好的循环稳定性［图 3-21（h）］。此外，即使弯曲到 90°或弯曲数百次后，柔性线状钠离子电池的放电比容量也几乎保持不变，表明电池具有较高的结构稳定性。在多孔碳纤维表面原位生长具有核-壳结构的 NiS_2 也可得到柔性复合电极［图 3-22（a）］[188]，该电极具有高度多孔的结构，采用逐层包裹的方法制备得到了线状钠离子电池，器件在不同的弯曲条件下可持续为 LED 供电［图 3-22（b）］。此外，在 120°和 150°的弯曲角度下，电池可逆比容量分别仅降低约 9%和约 11%［图 3-22（c）和（d）］。

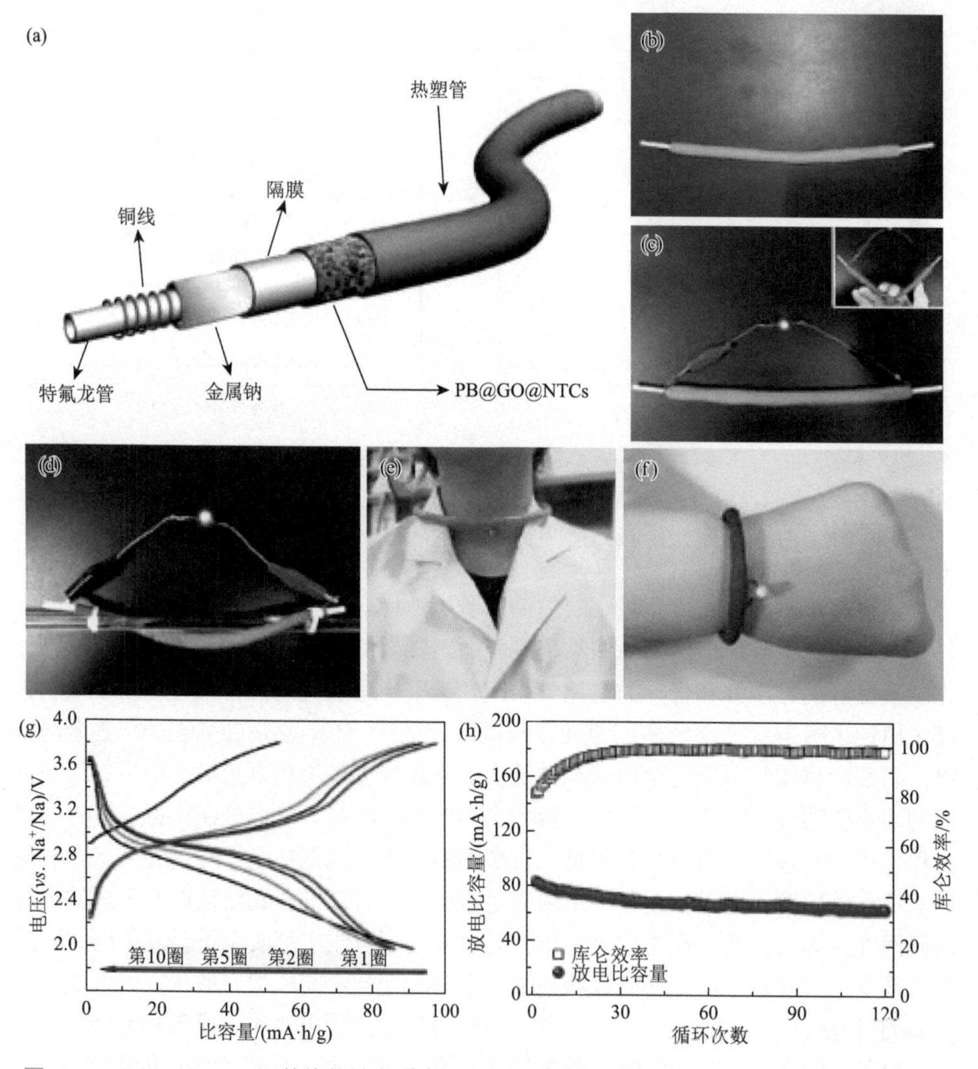

图 3-21 PB@GO@NTCs 基线状钠离子电池：（a）结构示意图；（b）正常状态的光学照片；（c）～（f）弯曲状态点亮 LED 灯以及穿戴演示；（g）电流密度为 50 mA/g 时线状电池的充放电曲线；（h）在电流密度为 100 mA/g 下的循环性能[122]

3. 可拉伸钠离子电池

由于电极的刚性特点，在拉伸状态下电池的电化学性能通常会受到限制。因此，开发具有可拉伸性能的电极对于可拉伸钠离子电池设计是有必要的。除设计可拉伸电极以外，还需要对电池的宏观结构进行巧妙设计，如利用螺旋盘绕的线缆模型、利用纺织结构制成的波形和点阵互连的“岛-桥”结构等[189, 190]。

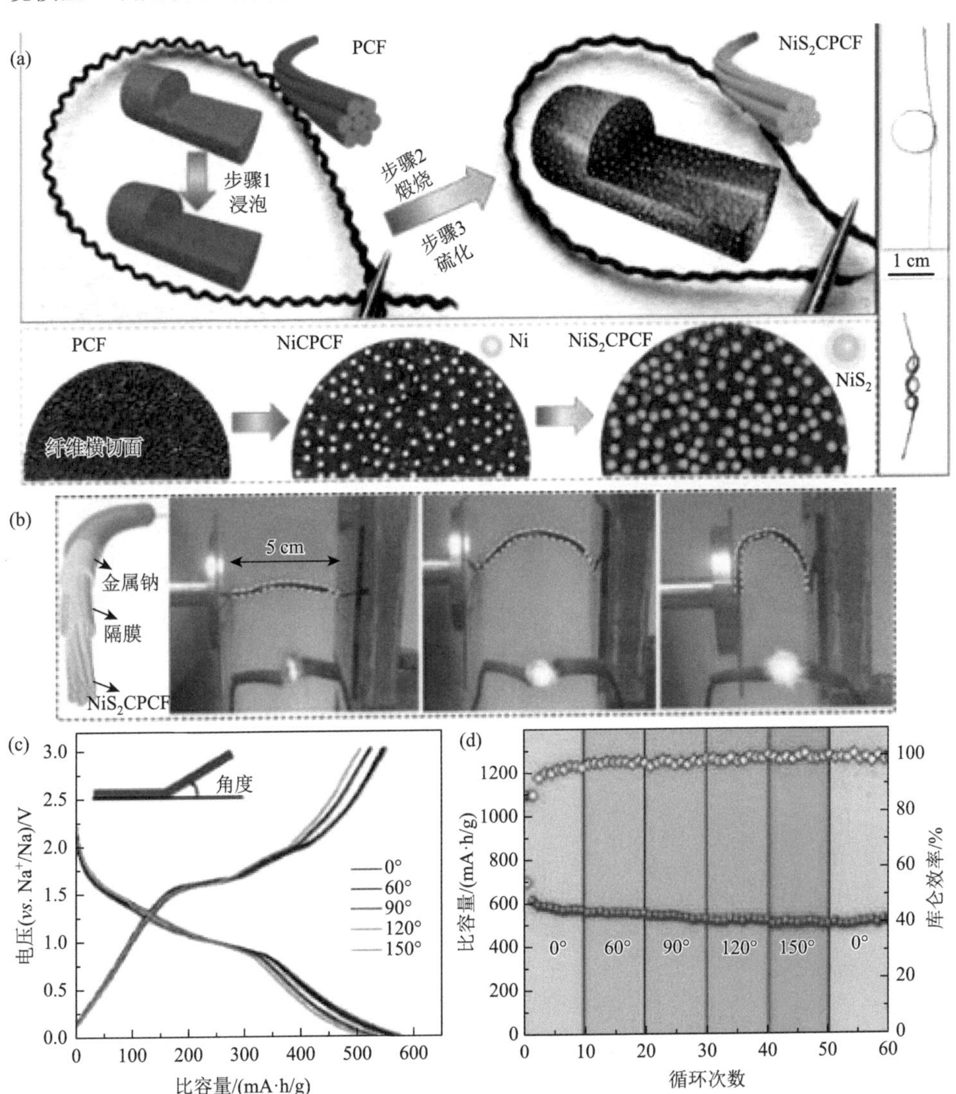

图 3-22　NiS_2/多孔碳纤维基线状水系钠离子电池：（a）制备流程图；（b）柔性展示；（c）不同弯折状态下的充放电曲线；（d）循环性能[188]

PCF 表示多孔碳纤维；NiCPCF 表示镍负载的多孔碳纤维；NiS_2CPCF 表示二硫化镍负载的多孔碳纤维

2017 年，研究人员采用 PDMS 海绵作为弹性基底，以磷酸氧钒（$VOPO_4$）为正极、硬碳为负极组装了可拉伸的钠离子全电池［图 3-23（a）］[191]。该电池能够在拉伸状态约 50%下为 LED 灯供电［图 3-23（b）］。此外，将该电池安装在肘部支架上，当在肘部周围具有明显弯曲时仍可以正常工作，并且可以适应肘部运动产生的形变。而且，电池在不同的拉伸次数下仍保持良好的稳定性［图 3-23（c）和（d）］。鉴于电极基底和电池包装材料均采用 PDMS，应变极限由 PDMS 弹性体的固有特性决定。为了进一步提高电池的拉伸性能，可以利用预拉伸来制备起皱的 PDMS 基材，或开发三维纳米结构的弹性体[192]。

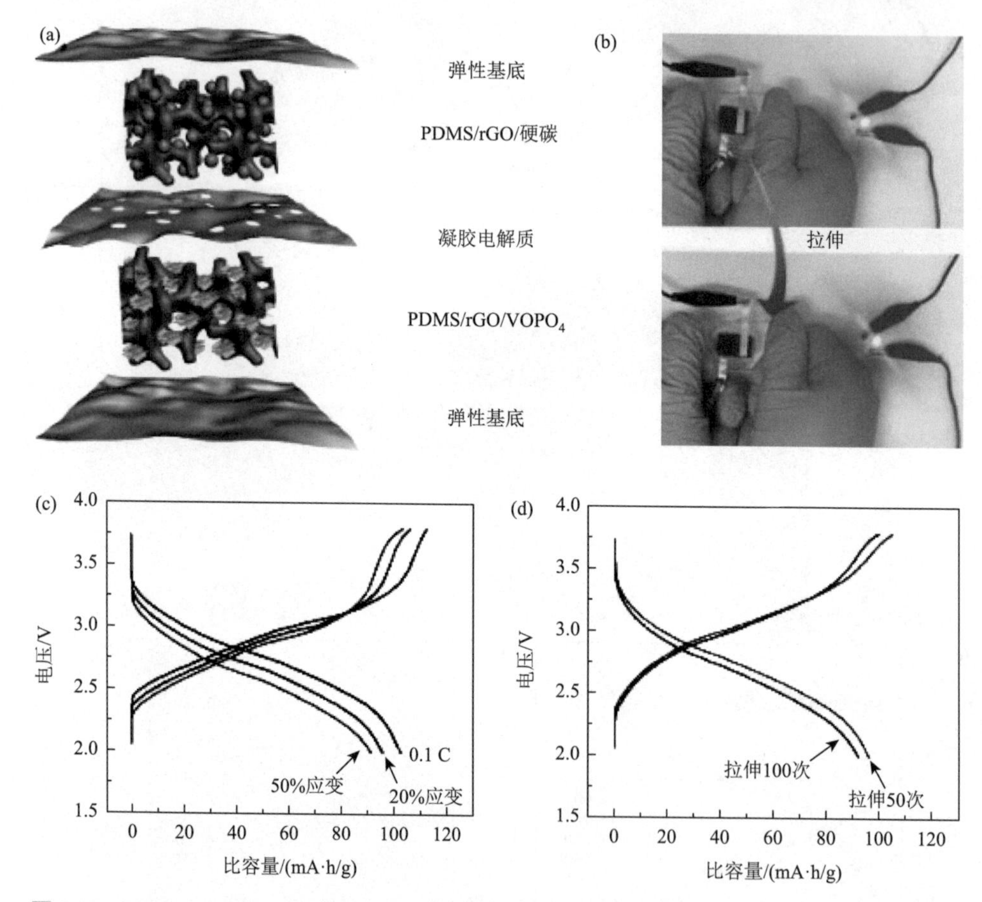

图 3-23 PDMS/rGO/$VOPO_4$ 和 PDMS/rGO/硬碳组装的可拉伸钠离子电池：（a）电池结构示意图；（b）在不同压缩状态下点亮 LED 演示；（c）不同压力下的充放电曲线；（d）不同压缩次数后的充放电曲线[191]

柔性钠离子电池器件性能比较见表 3-4。

表 3-4　柔性钠离子电池器件性能比较

正极	负极	比容量保持率/循环次数/电流密度	形变强度	参考文献
$Na_3V_2(PO_4)_3$	$NaTi_2(PO_4)_3$@C	50%/20/20mA/g	轻度弯曲	[115]
$Na_3V_2(PO_4)_3$/rGO	Sb/rGO	80%/100/10 mA/g	轻度弯曲	[120]
PB@GO@NTCs	Na	76%/120/100 mA/g	中度弯折	[122]
NiS_2CPCF	Na	89%/60/87 mA/g	中度弯折	[188]
$Na_{0.44}MnO_2$	$NaTi_2(PO_4)_3$@C	60%/200/200 mA/g	重度弯折	[187]
$VOPO_4$	C	85%/100/1.0 C	中度压缩	[191]

3.2.4　柔性钾离子电池的设计

钾离子电池的工作原理与锂离子电池和钠离子电池相似，主要是基于摇椅式的嵌入/脱出机理。钾的标准电极电势相对于标准氢电极为–2.92 V，与锂和钠相近，这使得钾离子电池具有较高的输出电压和较高的能量密度。与 Li^+和 Na^+相比，K^+的路易斯酸性较弱，能够形成更小的溶剂化离子，在电解液中的扩散速度较快。此外，钾离子电池可以使用石墨作为负极材料，钾离子嵌入后形成 KC_8，理论比容量可达 279 mA·h/g[193-195]。目前对柔性钾离子电池的报道相对较少，主要集中在柔性正极和负极，以下将分别介绍其研究进展。

柔性钾离子电池的正极材料目前主要是关于普鲁士蓝类似物的报道。普鲁士蓝是一种经典的无机材料，化学成分为 $Fe_4^{III}[Fe^{II}(CN)_6]_3 \cdot nH_2O$，由不对称的 CN（八面体将 Fe^{II}和 Fe^{III}桥联）排列而成，具有大间隙空间的开放框架结构。这种类似沸石的框架结构使其能够在腔体内容纳离子和小分子。然而，由于该类材料在中性电解液中的电化学活性较低和化学稳定性差，普鲁士蓝材料可以通过与 CNTs 复合来制备柔性钾离子电池正极[196]，该电极在大电流充放电后化学结构仍能得到保持，循环 1000 次后可以保留 74%的初始比容量。另外，采用新颖的照相印刷策略，能够通过光诱导在宣纸上合成高度结晶的普鲁士蓝纳米立方体，以制备柔性普鲁士蓝纸电极［图 3-24（a）］[197]。该方法不仅可以设计不同形状的电极，还有望实现大规模生产［图 3-24（b）和（c）］。基于该柔性电极，成功制备了具有高机械强度和良好电化学性能的柔性钾离子电池。电池的初始放电比容量约为 80 mA·h/g，经过 50 次循环，放电比容量也几乎保持不变，展现出优异的循环性能［图 3-24（d）］。进一步对电池进行弯曲折叠，仍然能点亮 LED 灯，表明即使在受到外部弯曲应变的影响时，柔性钾离子电池依旧可以正常工作。

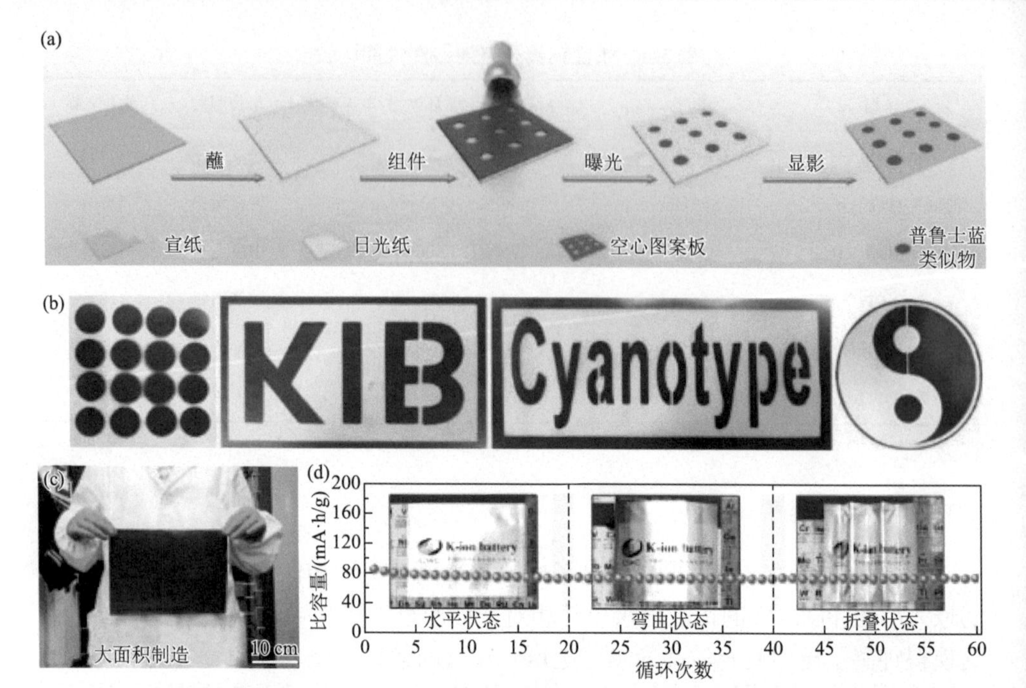

图 3-24 采用照相印刷策略制备普鲁士蓝类似物负极：(a) 制备示意图；(b) 不同形状的电极；(c) 复合膜的光学照片；(d) 弯曲和折叠下的循环性能[197]

在钾离子电池中，石墨的理论比容量较高，约为 279 mA·h/g[195]。但是，石墨在充放电过程中体积膨胀高达 61%，而且钾离子在石墨体相中的扩散速度较慢，并且刚性的石墨不易实现柔性，限制了其在柔性钾离子电池中的应用。相反，具有一定机械强度的石墨烯具有单层或多层结构，有利于碱金属离子的插入/脱出以及在表面存储。此外，石墨烯的褶皱结构可以缓解体积变化，从而保持材料结构的稳定性。与钠离子电池负极碳材料类似，可以通过杂原子掺杂调节电子结构、活性位点和层间距来提高钾离子电池的电化学性能。例如，在碳布表面制备的氮和磷共掺杂石墨烯阵列可作为柔性电极［图 3-25（a）］[198]。该电极具有大的表面积、丰富的活性位点、高的电子和离子电导率以及宽的层间距，因此表现出较好的电化学性能。进一步采用普鲁士蓝钾作为正极组装的钾离子全电池在 50 mA/g 时可提供高达 116 mA·h/g 的比容量，并且在 150 次循环后比容量保持率为 86.9%。

不同于碳布，碳纳米管的质量比较轻，有利于提高电极的能量密度。将 CNTs 引入石墨碳泡沫框架可以提高负极的倍率性能和循环寿命[199]。石墨碳泡沫上的 CNTs 具有的优异电子导电性可以降低界面阻抗，大比表面积可以增加电容贡献。此外，稳定且多孔的石墨碳泡沫具有 3D 隧道结构，促进了电解液浸润，从而提供快速的离子传输通道［图 3-25（b）］。以此组装的电池在 100 mA/g 的电流密度下，经过 800 次循环后，具有 226 mA·h/g 的高比容量，比容量保持率为 98%。采用该电极组装的软包电池可以为手表供电，并保持其正常工作[图 3-25(c)和(d)]。

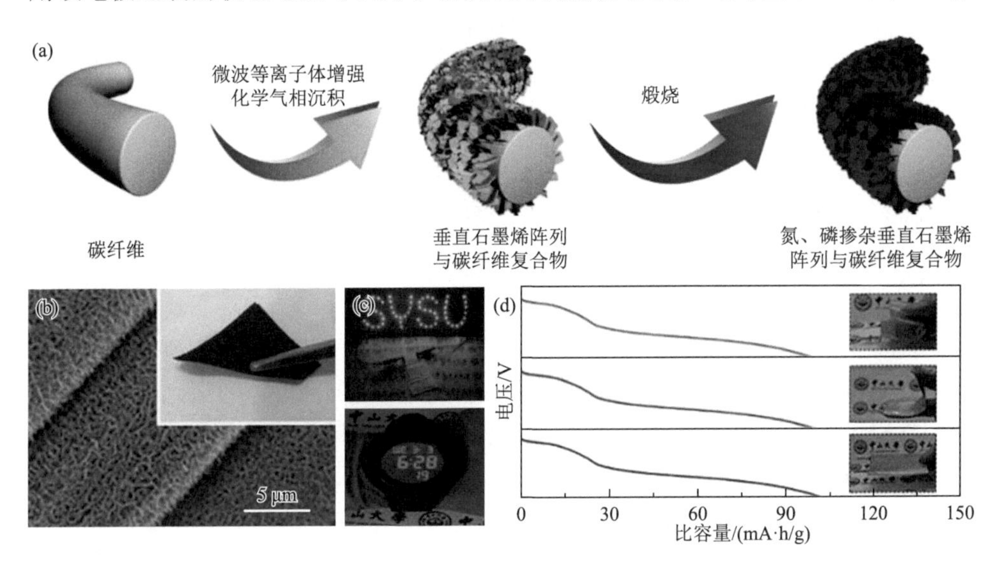

图 3-25　N, P-VG@CC 负极：（a）制备流程示意图；（b）扫描电子显微镜图；（c）器件性能演示；（d）不同弯曲状态下的放电曲线[198]

非碳材料 $Na_2Ti_3O_7$ 利用其固有的锯齿形分层结构和开放式框架存储 K^+，常用作钾离子电池负极材料[200]。利用聚二烯丙基二甲基铵改性的氧化石墨烯（表面带负电荷）和带正电荷的 MXene 纳米片，在静电相互作用的辅助下组装成 MXene/GO 复合膜，经过煅烧还原后获得自支撑 MXene/rGO 膜。进一步借助氧化剂过氧化氢和氢氧化钠，通过水热法将 MXene/rGO 薄膜转变为柔性的钛酸钠/还原氧化石墨烯复合薄膜。该柔性薄膜电极在 5 A/g 下循环 10000 次后比容量保持为 72 mA·h/g。为进一步提高钛酸盐的比容量，可在 N 掺杂碳海绵上生长绒毛状的氢化 $Na_2Ti_3O_7$ 纳米线，作为钾离子电池的柔性负极[201]。第一性原理计算表明，Ti-OH 和 O 空位因为可以将氢化 $Na_2Ti_3O_7$ 纳米线的费米能级移至导带，从而使其具有更高的电子电导率和更好的电化学性能。该电极在 100 mA/g 时可提供 107.8 mA·h/g 的比容量，在 1555 次循环后仍保持 82.5%的比容量，展现出优异的循环稳定性[98, 202-204]。

柔性钠离子电池和柔性钾离子电池均取得了较好的研究进展。在柔性电极设计方面，主要基于碳纳米管、石墨烯、碳布等碳材料与相应纳米活性物质复合形成柔性电极。尽管碳材料的加入为电极实现柔性提供了可能，但是其较大的密度不利于获得高的电池能量密度，未来可通过发展新的制备策略实现电极结构的优化，降低碳材料质量比的同时，保持甚至提高电极的力学和电学性能。对于柔性电解质，主要采用固态聚合物电解质和凝胶聚合物电解质，它们具有安全性能高的优点，但同时也存在离子电导率低的缺点，需要进一步提高电解质的力学和离子电导率，实现两者之间的平衡。另外，目前柔性钠/钾离子电池器件主要还是三明治堆叠结构的软包构型，如上所述，仍然存在很多问题，这限制了高柔性器件的发展，因此新型的器件构型和封装技术也是未来柔性钠/钾离子电池设计需要关注的重点。

3.3 柔性锂/钠-硫/硒电池

3.3.1 锂–硫电池基本介绍

锂-硫电池的理论能量密度可达 2500 W·h/kg，与传统的商业化锂离子电池相比，性能得到了大幅度的提高，这有望使电池变得更加轻薄，为高比容量柔性储能器件提供了基础[205-208]。此外，锂-硫电池的活性材料硫单质还具有储量丰富、成本低廉且无毒等优点。传统锂-硫电池的结构如图 3-26 所示，以单质硫为正极、金属锂为负极、醚类电解液为电解质[209]。锂-硫电池的正负极总反应为：$S_8 + 16Li \longrightarrow 8Li_2S$。在电池放电过程中，$S_8$ 逐步还原为可溶的长链多硫化锂 Li_2S_x（$4 \leqslant x \leqslant 8$）：$S_8 \longrightarrow Li_2S_8 \longrightarrow Li_2S_6 \longrightarrow Li_2S_4$；再进一步还原为不可溶的 Li_2S_2 和 Li_2S：$Li_2S_4 \longrightarrow Li_2S_2 \longrightarrow Li_2S$。总的反应过程涉及固-液-固三相转变和两个电子转移，基于正极硫的质量计算得到的理论放电比容量为 1675 mA·h/g，远高于钴酸锂、锰酸锂、磷酸铁锂等商业化的锂离子电池正极材料。

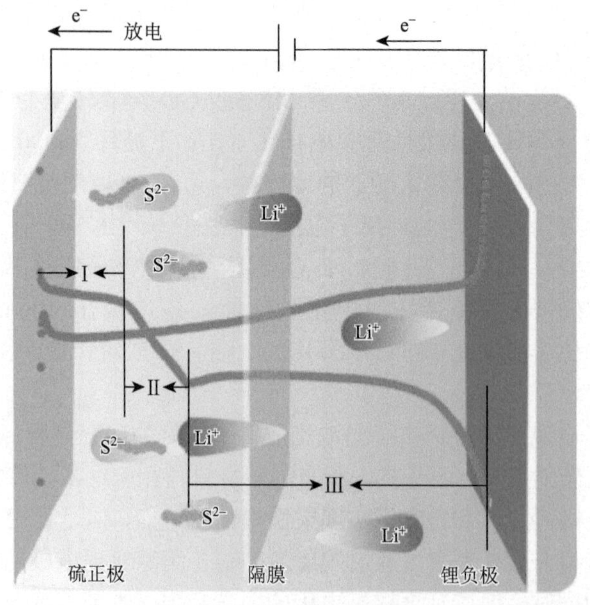

图 3-26 锂-硫电池的结构示意图及其充放电曲线[209]

锂-硫电池表现出的多电子、多相和多步反应性质不仅赋予其高的能量密度，同时也使其存在很多问题[210, 211]，主要包括：①放电时，硫单质被还原为硫化锂，体积膨胀达 80%，往复充放电导致电极结构破坏；②可溶的长链多硫化锂在浓度差和电场的作用下扩散至负极，引发穿梭效应；③锂离子在负极上沉积容易形成锂枝晶，刺穿隔膜导致电池内部发生短路。此外，硫和硫化锂本身的导电性很差，需要与其他导电材料进行复合以增加活性物种利用率。这些问题导致的比容量低、循环寿命短成为锂-硫电池面临的主要挑战。针对以上问题，一般通过改进硫正极、优化电解液、保护锂负极来解决，并取得了不错的效果[212-214]。然而，对于柔性锂-硫电池，不仅需要满足器件对硫正极、锂负极、隔膜、电解质和集流体的机械强度要求，还需要具备在经受反复形变（弯曲、折叠或拉伸）时保持电化学性能稳定的能力[215, 216]。因此，开发设计具有柔性特征的电池部件是构建柔性锂-硫电池的前提。在传统锂-硫电池中，采用的隔膜通常是一种多孔聚合物薄膜，拥有天然的柔韧性能。而集流体通常是金属箔材料（如正极用铝箔，负极用铜箔），机械强度有限，在长期反复的形变过程中容易产生不可修复的结构损伤，影响电极性能。此外，采用的电解液一般是液态的，在器件形变时容易发生泄漏，加之其具有易燃的性质，进而引发安全问题。因此，开发柔性电极和电解质是制备柔性锂-硫电池需要考虑的两大重点。

3.3.2 柔性电极的设计

锂-硫电池的电极包括硫正极和锂负极，其中硫正极是关键，决定着电池的能量密度。由于活性材料硫的导电性很差，在电极制备过程中需要添加导电剂以增加电子传导能力。在传统的硫正极中，为了能够得到质量好的薄膜，还需要加入黏结剂，与活性材料、导电剂混合后涂覆在金属集流体上。但是，金属集流体的密度较大，在电极中占的质量比例较高，使得硫含量降低。另外，由于金属集流体与涂覆电极层之间的力学性能差异，以及电极层与金属集流体表面的相互作用较弱，当器件发生形变时，电极层容易从集流体上脱落，导致电池比容量衰减甚至失效。因此，采用高导电性的无金属集流体电极是制备柔性硫正极的首选。为了充分发挥锂-硫电池的高能量密度优势，电极上硫的负载量一般需要大于 5 mg/cm^2，才能与目前应用广泛的锂离子电池相媲美[217, 218]。因此，需要构建多孔的电极结构以容纳高载量的硫和缓解充放电过程的体积变化，以及添加能够限制多硫化锂扩散和促进其转化的物质以提高硫的利用率。

基于以上问题，柔性硫正极设计需要考虑以下几点：①构建机械性能优异的骨架基体（核心材料，决定整个电极的柔性），提供负载活性材料的位点和缓冲循环过程的体积和结构变化；②建立相互贯通的长程导电网络，保证电子快速传输；③富含多孔结构，促进电解液渗透；④具有限域和催化转化多硫化锂的功能，提高活性物质利用率。以下内容将围绕碳材料及其复合物和电极结构阐述柔性硫正极的构建。

1. 电极材料设计

碳材料因具有导电性好、密度小、形貌丰富可调、电化学性质稳定等特点而被广泛用于能源存储装置中。如前所述，碳纳米管、碳纳米纤维、石墨烯具有良好的导电性和机械强度，在用于制备柔性电极方面有着独特的优势。此外，商业化的碳布、碳纸以及碳化的柔性聚合物宏观体等也是柔性电极中常用的基底材料。

1）碳纳米管

碳纳米管是一种典型的一维碳纳米材料，可以通过真空过滤、自组装、喷涂、纺丝等方法制备成薄膜或纸状材料[219, 220]。在以此作为结构单元组装得到的柔性骨架中，相互交错的纳米管之间形成了一定的孔道，为负载硫提供了空间，因此得到碳纳米管柔性硫电极。在锂-硫电池中，首次基于碳纳米管制备的自支撑硫正极源于 Kaskel 等的研究工作[221]。他们先在镍金属衬底上生长垂直排列的碳纳米管，然后将其浸入硫/甲苯溶液中得到自支撑的硫正极。在该电极中，碳纳米管薄膜没有依靠黏结剂而依附于金属衬底上，展示了碳纳米管用于构建无黏结剂的柔性硫正极的潜力。随后，自支撑碳纳米管硫电极开始引起人们的关注。通过真空过滤或溶剂蒸发碳纳米管分散液制备碳纳米管薄膜是目前普遍采用的方法[219]，但是由于纯碳纳米管的表面惰性和不含极性官能团的性质，其在溶剂中很难分散均匀。为了利用溶液获得机械强度好的碳纳米管薄膜，通常需要使用表面活性剂降低溶剂的表面张力或对碳纳米管表面进行功能化来改善其在溶剂中的分散状况。但是，经过处理之后会降低碳纳米管的电导率，进而影响柔性薄膜的电学性能。因此，如何使碳纳米管在溶液中分散的良好同时保持优异的导电性对制备柔性电极至关重要。

Cheng 等采用浸渍硫酸盐的阳极氧化铝为模板，将化学气相沉积碳纳米管和碳热还原硫酸盐制备硫两个过程集成在一起，制备得到硫与碳纳米管复合材料，然后将其分散在乙醇中，通过蒸发诱导组装成薄膜［图 3-27（a）～（d）］[222]。该研究工作首次定量地展示了复合薄膜的柔性特征，即其在最大应变为 9%时可承受 10 MPa 应力，在 12000 次反复弯曲中电导率基本保持不变［图 3-27（e）和（f）］。以此构建的锂-硫电池展现出优异的高倍率和循环性能［图 3-27（g）和（h）］，表明该复合物薄膜是一种良好的柔性电极材料。为了减少额外处理碳纳米管的步骤，可直接将活性材料硫与短的多壁碳纳米管混合，经过熔融处理，碳纳米管表面会吸附硫，进而削弱碳纳米管体系的 π-π 相互作用。该过程不仅能够促进碳纳米管在溶液中的均匀分散，还能增强对硫的吸附能力，有利于提升电池性能。为了进一步改善电极的导电能力，在多壁碳纳米管与硫的复合材料的乙醇分散液中加入超长碳纳米管，通过自上而下的真空过滤法制备得到具有多级结构的自支撑硫与碳纳米管复合柔性纸电极［图 3-27（i）和（j）］[223]。通过将该柔性正极堆叠三层可获得硫面积负载量为 17.3 mg/cm^2 的电极，其面积比容量可达 15.1 mA·h/cm^2［图 3-27（k）］。这一优异的性能源于正极中两种碳纳米管的协同作用，其中短的多壁碳纳米管作为短程导电框架和容纳硫的载体，而超长碳纳米管则作为长程导电网络和机械支撑骨架，两种碳纳米管交织在一起形成连续的电子和离子传输通道，提高了活性材料利用率。

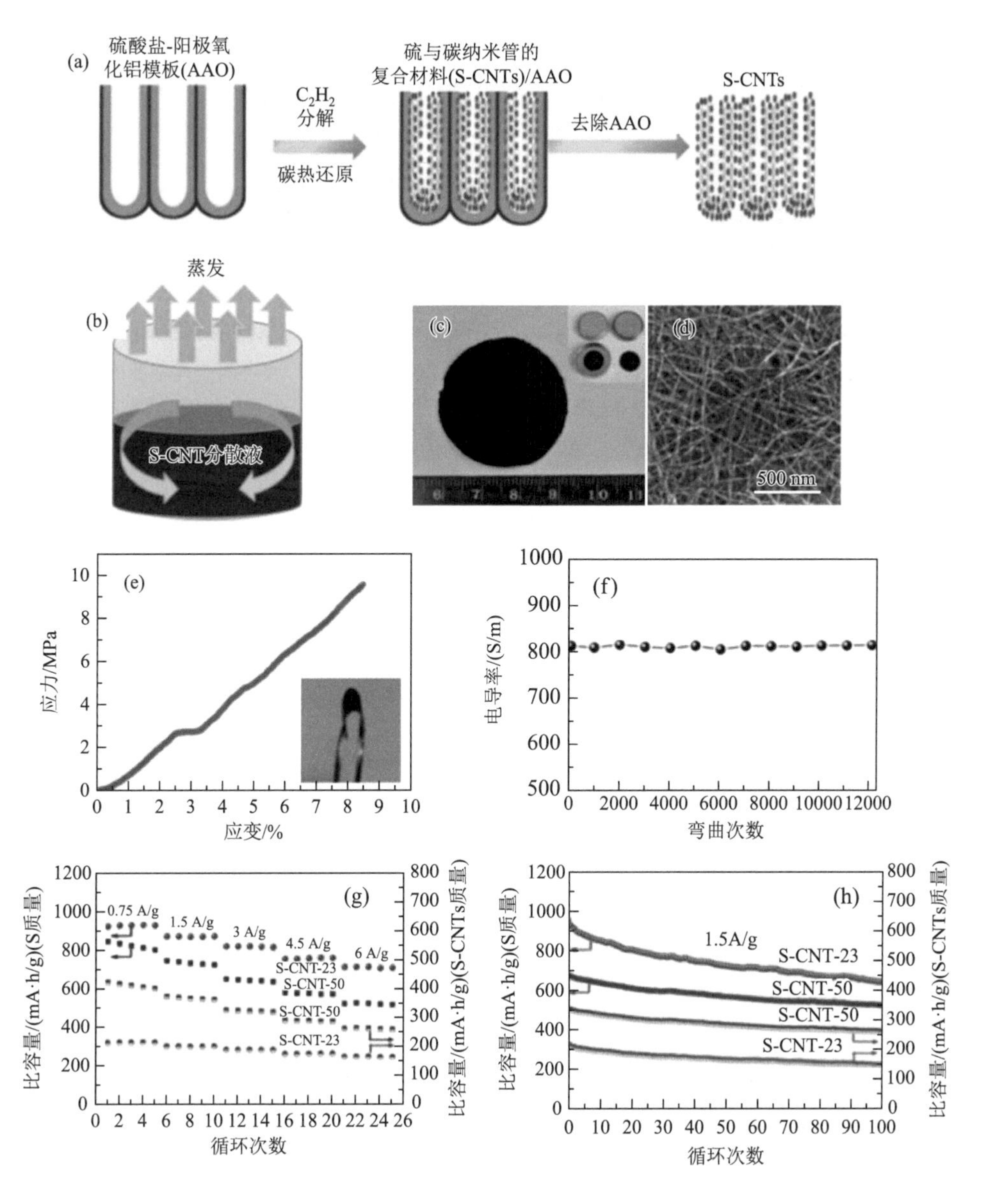

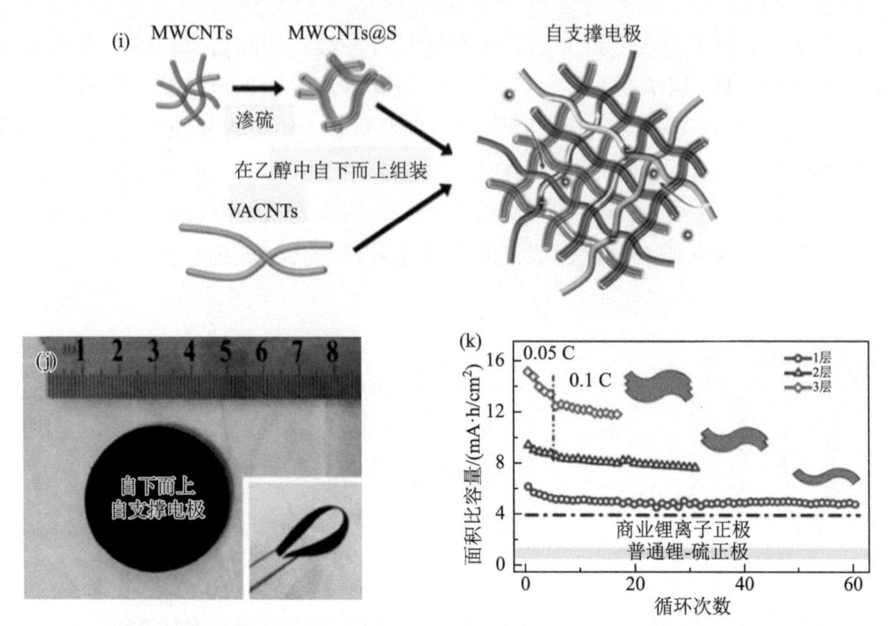

图 3-27 （a）化学气相沉积与碳热还原硫酸盐相结合制备硫与碳纳米管复合材料的示意图，（b）溶剂蒸发诱导组装制备硫与碳纳米管复合薄膜的示意图，（c）光学照片（内插图为裁剪成的可放在2032 型扣式电池中的电极片），（d）SEM 照片，（e）应力-应变曲线（内插图为弯曲状态的薄膜），（f）不同弯曲次数下的电导率，（g）不同硫含量的复合物薄膜的倍率和（h）循环性能[222]；自上而下方法制备 S-CNTs 复合膜：（i）示意图，（j）光学照片和（k）叠加不同层数复合膜的循环性能[223]

除了使用金属催化剂或模板法生长的碳纳米管外，一些特殊的碳纳米管也应用于构建柔性硫正极，如超顺排碳纳米管。Fan 等将超顺排碳纳米管加入硫的乙醇溶液，经过超声处理使其膨胀形成连续的三维导电网络，然后在其中逐滴加水使硫纳米晶均匀沉积在碳纳米管骨架中，进一步干燥得到复合硫正极［图 3-28（a）～（c）］[224]。超顺排碳纳米管网络骨架拥有高度多孔的结构和优良的导电性，不仅有利于电子传导和电解液浸润，还可以抑制多硫化锂扩散和缓冲充放电过程的体积变化。该电极在电流密度为 10 C 时，比容量仍然有 842 mA·h/g，展现出优异的倍率性能［图 3-28（d）和（e）］。但是，由于碳纳米管的比表面积有限，硫含量仅为 50 wt%。为了进一步提高硫含量和改善电池循环性能，他们通过在高温下可控氧化改善孔结构，得到导电性优良且介孔丰富的碳纳米管［图 3-28（f）］[225]。与超顺排碳纳米管薄膜相比，所得柔性多孔碳纳米管薄膜具有更好的机械强度（3.65 MPa）和更高的导电性（58.0 S/cm）［图 3-28（g）和（h）］。得益于碳纳米管的多孔结构，柔性复合硫正极中硫含量可以达到 70 wt%，并保持较高的电导率（1.74×10^3 S/m）和良好的机械性能（应变为 3.5%，应力约为 0.99 MPa），并且具有良好的电化学性能（5 C，427 mA·h/g 电极）［图 3-28（i）～（l）］。此外，可通过在超顺排碳纳米管上包覆聚苯胺进一步提高薄膜的机械强度，增强电极承受反复弯曲以及缓冲循环过程中体积变化的能力[226]。

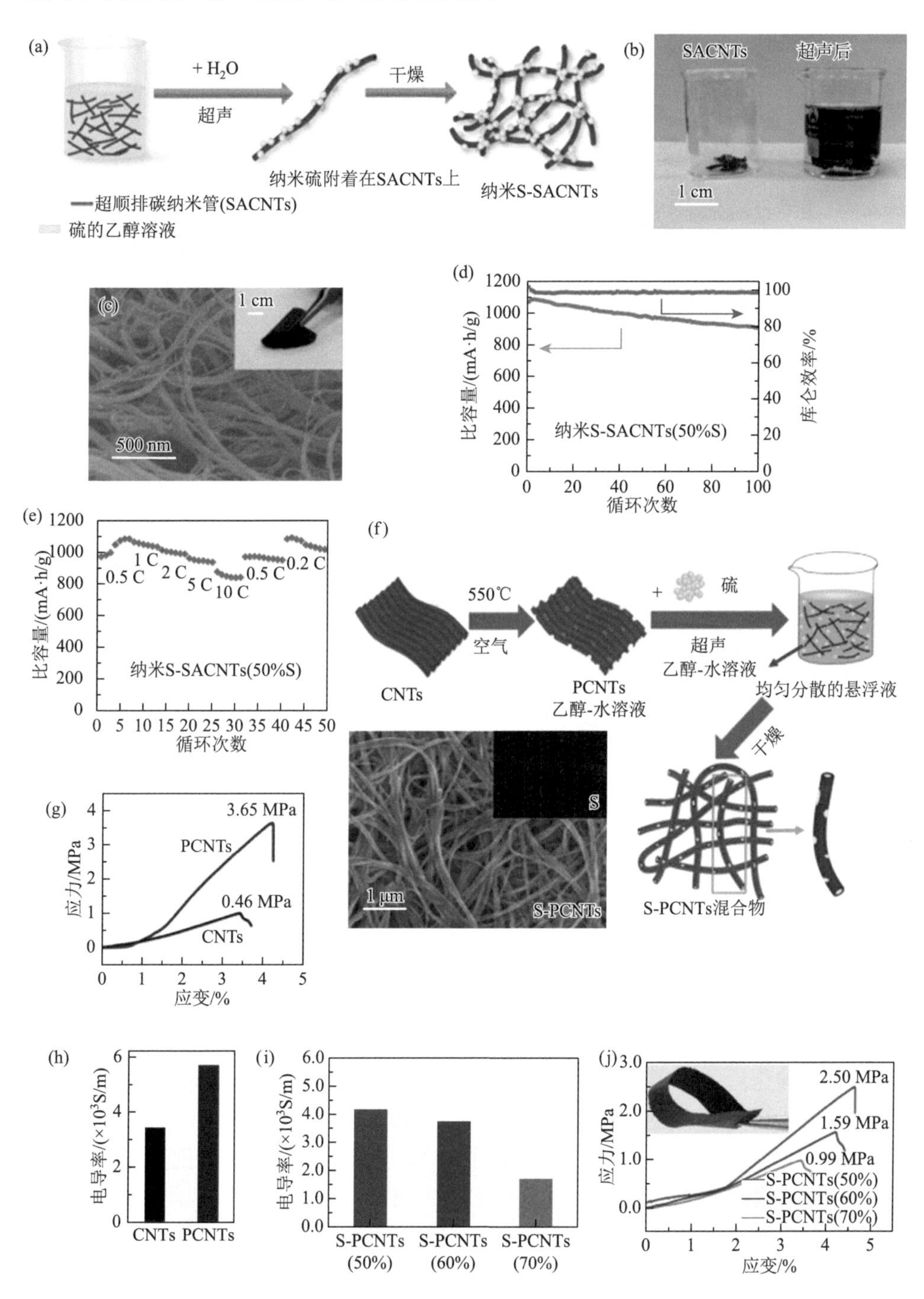

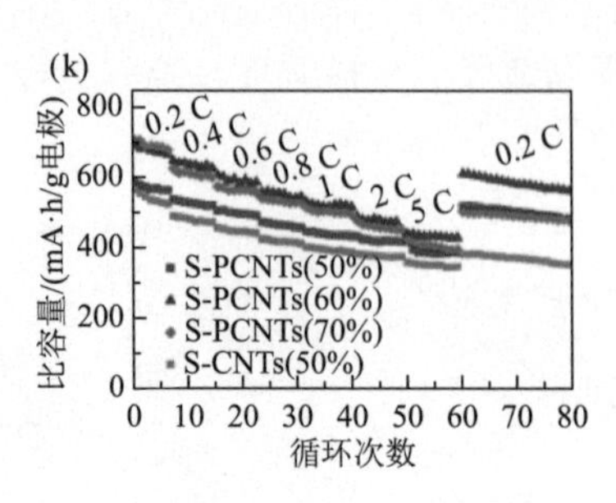

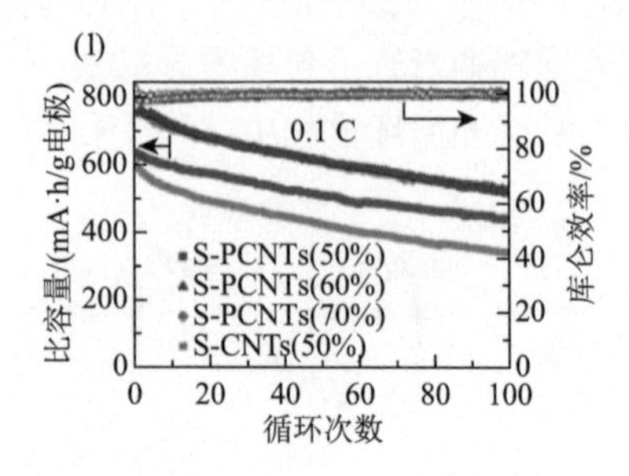

图 3-28 真空过滤法制备 S-SACNTs 薄膜：(a) 合成示意图，(b) SACNTs 超声处理前后的光学照片，(c) SEM 照片（内插图为弯曲状态薄膜光学照片），(d) 循环性能，(e) 倍率性能[224]；真空过滤法制备 S-PCNTs 薄膜：(f) 合成示意图及其 SEM 照片，CNTs 薄膜与 PCNTs 薄膜的 (g) 应力-应变曲线和 (h) 电导率，复合物薄膜的 (i) 电导率和 (j) 应力-应变曲线以及 (k) 倍率性能和 (l) 循环性能[225]

除了通过结构调控改变碳纳米管的物理化学性质以外，杂原子掺杂等化学手段也表现出显著的效果。掺杂碳纳米管利用掺杂原子与多硫化锂的化学相互作用可以抑制多硫化锂扩散，利于改善电池的循环性能。以氮掺杂碳纳米管为例，电极在 0.2 C 循环 100 圈后，可逆比容量为 807 mA·h/g，表现出较好的循环性能[227]。基于锂-硫电池中多原子共掺杂碳的成功运用，共掺杂碳纳米管为开发柔性硫正极提供了新的思路。总之，碳纳米管柔性硫正极在导电性、化学稳定性以及机械强度方面占有优势，但是由于碳纳米管自身的比表面积有限，可用于负载硫的位点较少，并且对多硫化锂的限域能力较差，因此，还需要进一步探索更加独特的纳米管结构和高效限域硫的策略。

2）碳纳米纤维

除了碳纳米管以外，碳纳米纤维也是典型的一维碳纳米材料，可编织为薄膜或泡沫状柔性基底[228]。通常，碳化柔性聚合物常用于制备碳纳米纤维宏观体，所得材料集聚合物的柔性与碳材料的高导电性于一身，是一种比较优良的柔性基底。与碳纳米管相比，碳纳米纤维具有开放的孔结构，可以提供更多容纳硫的空间，有利于提高电极中硫的负载量。

静电纺丝是一种常用的制备纳米纤维的技术，聚丙烯腈是使用最多的纺丝聚合物前驱体。在纺丝溶液中引入聚苯乙烯和聚甲基丙烯酸甲酯等聚合物前驱体，可以调控碳化后的纳米纤维的孔结构[229]。此外，以含有掺杂元素的聚合物前驱体为纺丝原料还可以调控碳纤维中的掺杂元素种类，如以聚乙烯吡咯烷酮为前驱体可以得到氮掺杂碳纳米纤维[230]。2014 年，Yu 等报道了基于碳化的静电纺丝纤维制备的柔性锂-硫电池正极［图 3-29（a）～（d）］[231]。通过在前驱体溶液中引入碳纳米管以及采用氢氧化钾活化可以增强复合纳米纤维的导电性和多孔性，赋予薄膜良好的柔韧性和促进形成电子/离子传输的网络通道。由于该电极中硫含量较低（40 wt%），实际应用价值有待提高。通过控制静电纺丝和碳化条件可以实现对纳米纤维的形貌结构、内部孔隙率、电导率以及元素组分的调控，进而促进其在柔性锂-硫电池电极中的应用。

为了降低成本和提高产率，碳化乙二醇锌复合物可用于简便制备介孔碳纳米纤维。Goodenough 等将乙酸锌与乙二醇混合后再加入吡啶，进一步碳化制备得到多孔的氮掺杂碳纳米纤维，然后与硫复合，通过真空过滤组装形成高度柔性的复合物薄膜［图 3-29（e）～（g）］[232]。其中的微/介孔结构为负载活性物质硫提供了充足的空间，含有的氮掺杂原子与多硫化锂形成较强的化学作用有利于减少硫物种流失。当电极中硫含量为 72 wt%时，在 0.2 C 下初始比容量可以达到 1170 mA·h/g，200 次循环后比容量保持率为 73%。即使硫的负载量增加到 4.5 mg/cm^2 时，电极仍然表现出较好的电化学性能［图 3-29（h）和（i）］。

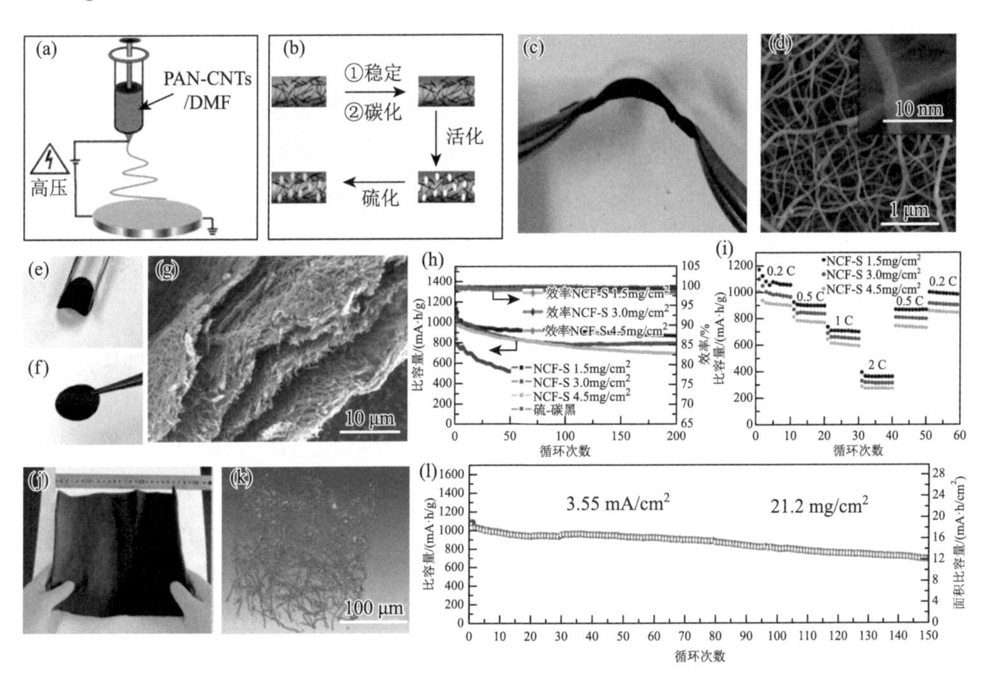

图 3-29 （a）静电纺丝法制备碳纳米纤维与碳纳米管复合薄膜的示意图，（b）熔融渗透法制备硫/碳纳米纤维与碳纳米管复合物薄膜的示意图，（c）弯曲状态的光学照片，（d）SEM 照片[231]；硫与碳纤维的复合物薄膜：（e）和（f）弯曲和水平状态的光学照片，（g）SEM 照片，（h）和（i）不同硫负载量的循环和倍率性能[232]；硫与碳纤维的复合泡沫：（j）碳化棉花制备的碳纤维泡沫的光学照片，（k）负载硫之后复合泡沫的三维 X 射线显微成像图，（l）硫载量为 21.2 mg/cm^2 时复合泡沫电极的循环性能（添加薄层碳纤维泡沫夹层）[233]

为了获得更高硫负载量的电极，构建具有更大空间的三维结构碳纳米纤维宏观体尤为重要。棉花是一种由纤维素组成的天然宏观体，结构蓬松，富含大孔，经碳化后可形成柔性导电碳材料，有望满足柔性电极对高硫载量的要求。Li 等通过碳化天然棉花制备得到中空结构的碳纤维泡沫，然后将含有硫与炭黑和碳纳米管的浆料灌入其中得到电极材料，最高硫载量可以达到 21.2 mg/cm^2[图 3-29(j)～(l)] [233]。相互交联的碳纤维形成了长程的导电网络，保证了电子的快速传输，三维网络结构不仅能容纳高载量的硫，还具有较高的电解液吸收能力，提高了活性材料的利用率。此外，中空结构的碳纤维泡沫电极具有良好的柔韧性和机械性能，在反复剧烈弯曲下仍能保持较高的导电性。

总之，碳纳米纤维的制备技术比较成熟，原材料丰富廉价易获得，便于大批量生产和规模化应用，这为其用于制备柔性硫正极提供了便利。但是，碳化的聚合物纤维电极材料的柔性、电导率容易受到碳化条件的影响。因此，进一步详细了解聚合物前驱体的物理化学性质将是制备高性能碳纳米纤维柔性锂-硫电池正极的基础。

3）石墨烯

石墨烯是一种二维层状结构碳纳米材料，具有大的比表面积、高的导电性以及宽电位和温度范围内的稳定性，在功能化或自组装方面具有很好的优势[234, 235]。其中，氧化石墨烯作为石墨烯的衍生物，含有丰富的含氧官能团，通过还原组装可形成石墨烯薄膜/纸和石墨烯泡沫/海绵等宏观体。柔性石墨烯电极具有大的表面积和丰富的孔结构，可以为硫的负载提供更多空间，而残留的含氧官能团可用于捕获多硫化锂，有利于获得优异性能的高硫载量柔性电极[236]。

石墨烯基柔性硫正极开始于 Wen 等的研究工作，在超声作用下将石墨烯片分散在去离子水中，利用硫代硫酸钠在酸性条件下的歧化反应使硫沉积出来，再通过真空过滤得到石墨烯/硫纸[237]。该复合纸电极不需要黏结剂和集流体，在硫含量 67 wt%时，在 0.1 C 下循环 100 次后，比容量为 600 mA·h/g，比容量保持率为 83%。氧化石墨烯或其还原形式由于含有丰富的含氧官能团，可以在水中形成稳定的胶体。本书作者课题组以氧化石墨烯为原料制备了一系列的柔性自支撑石墨烯基硫电极，并对电极的柔性进行了表征（图 3-30）[238-241]。最初，通过金属表面同步还原和自组装的方法制备了还原氧化石墨烯与硫的复合薄膜，所得薄膜的抗拉强度为 68 MPa，拉伸应变为 7.3%，杨氏模量为 965 MPa，可以任意卷绕、弯曲或折叠［图 3-30（a）和（b）］。在经过不同程度和不同次数的弯折后，复合膜的电阻保持稳定，表明复合膜在外力作用下仍然能够保持优异的力学和电学性能［图 3-30（c）］。该电极在 1 C 下循环 500 次，比容量保持为 681 mA·h/g，展现出优异的循环性能［图 3-30（d）］。为了增强石墨烯对硫物种的限域能力，利用大温差下快速冷冻的方法制备了石墨烯纳米管包裹的硫复合物，该薄膜具有较好的机械强度，在不同弯曲半径下电阻基本保持不变［图 3-30（e）～（g）］。除此之外，考虑到电极的大规模制备问题，采用传统的刮涂法制备了面积为 10 cm×20 cm 的还原氧化石墨烯与硫的复合薄膜［图 3-30（h）］，

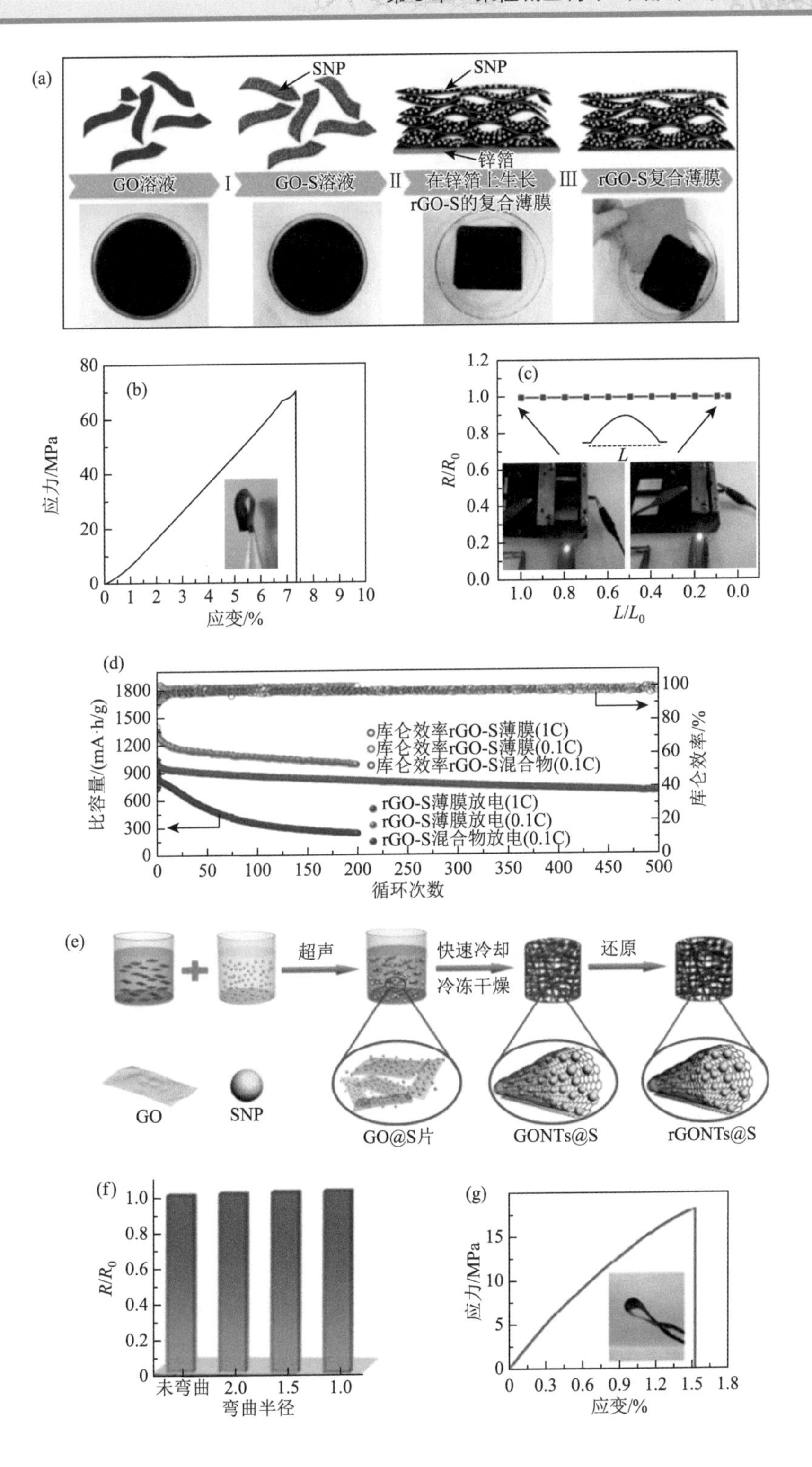
(a)
SNP
SNP
锌箔
GO溶液
I
GO-S溶液
II
在锌箔上生长
rGO-S的复合薄膜
III
rGO-S复合薄膜
(b)
应力/MPa
应变/%
(c)
R/R0
L
L/L0
(d)
比容量/(mA·h/g)
库仑效率/%
库仑效率rGO-S薄膜(1C)
库仑效率rGO-S薄膜(0.1C)
库仑效率rGO-S混合物(0.1C)
rGO-S薄膜放电(1C)
rGO-S薄膜放电(0.1C)
rGO-S混合物放电(0.1C)
循环次数
(e)
超声
快速冷却
冷冻干燥
还原
GO
SNP
GO@S片
GONTs@S
rGONTs@S
(f)
R/R0
未弯曲
弯曲半径
(g)
应力/MPa
应变/%

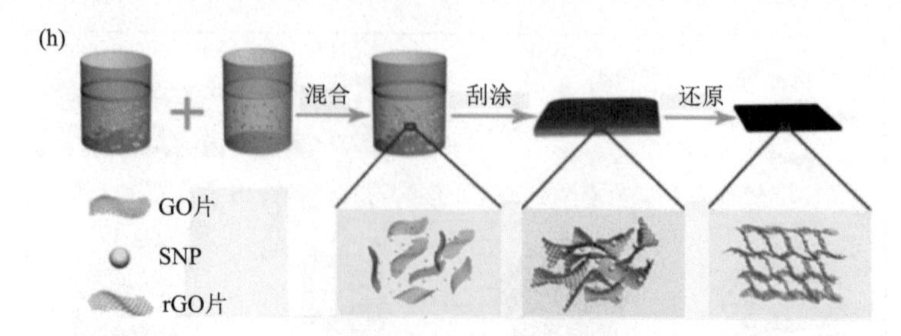

图 3-30 金属还原法制备还原氧化石墨烯与硫的复合薄膜（rGO-S）：（a）制备示意图及其光学照片，（b）应力-应变曲线（内插图为弯曲状态的薄膜），（c）不同弯曲状态下的电阻，内插图为薄膜两端距离分别为 3 cm 和 0 cm 时点亮的 LED 灯，（d）电池的循环性能[238]；快速冷冻法制备还原氧化石墨烯纳米管与硫的复合薄膜（rGONTs@S）：（e）制备示意图，（f）和（g）薄膜在不同弯曲半径下的电阻和应力-应变曲线[239]；（h）刮涂法制备 rGO@S 薄膜的示意图[241]

其展现出较好的力学性能，在柔性硫电极的应用上展现出较好的前景。除了将硫颗粒嵌入石墨烯层间制备柔性正极材料外，Cheng 等以石墨烯作为集流体，在上面涂上含硫的浆料得到柔性石墨烯-硫正极[242]。该石墨烯集流体具有优异的力学稳定性，可以弯曲成任意形状。此外，石墨烯的使用有效地降低了集流体与活性材料之间的界面阻抗，并且其密度小的特点有助于提高电池的能量密度。

与二维薄膜/纸相比，三维网络结构的石墨烯泡沫具有更大的比表面积和丰富的孔结构，在制备高硫负载量电极上优势显著。Li 等采用原位一锅水热法制备了三维网络结构的石墨烯-硫复合物，通过切割和压片后可直接作为电极[243]。相互交联的石墨烯网络促进了离子传输和电子传导，表面的含氧官能团与多硫化锂具有强的化学相互作用，减少了活性材料损失，电极循环性能得到改善。当电流密度为 0.75 A/g 时，电极循环 100 次比容量仍有 541 mA·h/g，保留率为 77%。为了提高硫的载量和电极柔性，他们以泡沫镍作为模板通过化学气相沉积法生长石墨烯，然后涂上 PDMS，再把泡沫镍刻蚀掉得到柔性的石墨烯泡沫，进一步将含硫的浆料灌到泡沫中，硫载量可达到 10.1 mg/cm^2（图 3-31）[244]。PDMS 涂层使石墨烯泡沫中互联的网络结构更加结实，即使经过任意弯曲电极也不会破裂。硫电极在 22000 次的弯曲过程中电导率基本保持不变，并展现出优异的力学和电学性能。此外，为了避免在制备过程中使用有毒试剂，Mai 等使用抗坏血酸钠化学还原自组装的方法制备了石墨烯海绵，其作为硫电极也展现出优异的电化学性能[245]。

与杂原子掺杂碳纳米管类似，掺杂的石墨烯利用掺杂原子与多硫化锂的化学相互作用增强了对硫物种的捕获能力，如氮掺杂、硼掺杂或硫氮共掺杂石墨烯等[246-248]，在构建石墨烯复合物柔性硫正极上有着很好的应用前景。

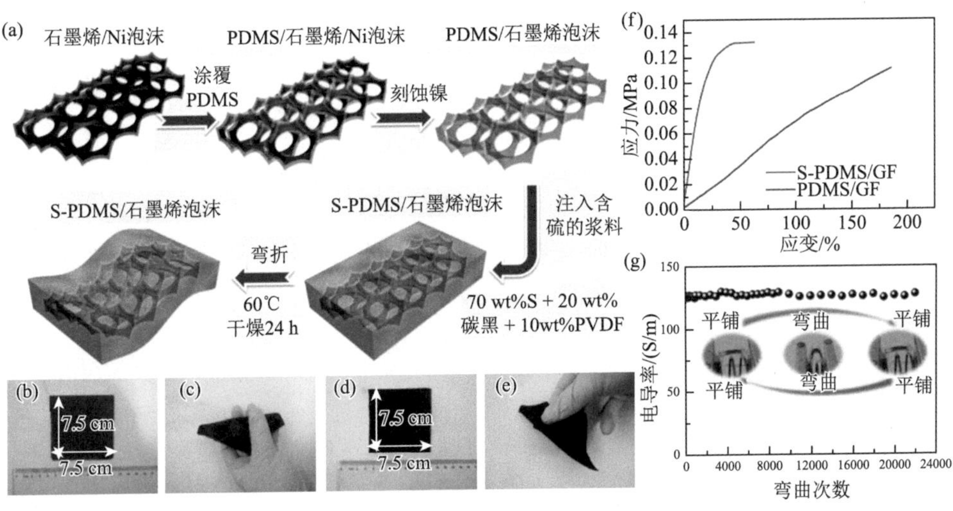

图 3-31 以泡沫镍为模板采用化学气相沉积法制备石墨烯泡沫及其负载硫后得到硫碳复合物（S-PDMS/石墨烯泡沫）：（a）合成示意图；（b）～（e）光学照片；（f）负载硫前后的应力-应变曲线；（g）在不同弯曲次数下的电导率[244]

总之，与碳纳米管、碳纳米纤维柔性硫正极相比，石墨烯复合物电极具有大的比表面积，有利于负载更多的硫，残留的含氧官能团能增强电极对多硫化锂的吸附能力以改善电极循环性能，高度多孔的网络结构可缓冲循环过程的体积变化。但是，石墨烯中的含氧官能团会影响电极中电子的传导能力，因此需要选择合适的还原氧化石墨烯或其他前驱体的方法，以平衡石墨烯柔性电极的电学和力学性能。

4）碳布/碳纸

Elazari 等首次使用活化的碳纤维布作为无黏结剂的硫正极，在 0.15 A/g 下循环 80 次后，比容量稳定在 800 mA·h/g[249]。从 SEM 照片中可以看出碳纤维的直径很大（10～15 μm），在电极中占有的质量比例较高，使电极中的硫含量较低（33 wt%），限制了电极的总体比容量［图 3-32（a）～（e）]。不久之后，Zhang 等采用商用的活性碳纤维布作为集流体，将硫的面积载量提高至 13 mg/cm^2，但是电极上的硫含量仍然较低（48 wt%）[250]。尽管在锂-硫电池中成功地展示了商用碳布/碳纸的应用，但是它们仅用于构建无黏结剂的硫正极，但其柔性有限。由于商用碳布/碳纸本身的质量较大，进一步提高硫含量很难。即使活化后，生成的主要结构为曲折的微孔（2 nm），也不利于增加硫的负载量和促进离子扩散。为了将废物重新利用，Wang 等通过高温碳化废旧的实验服制备了无需黏结剂的柔性碳纤维布电极，大多数纤维呈现中空结构，可以容纳更多的硫，最高硫载量可以达到 8 mg/cm^2［图 3-32（f）～（j）][251]。但是，由于纤维表面仍然存在部分熔融后的硫，使得电极电导率从 1.58 S/cm 下降到 0.37 S/cm，因此电极不适宜在高倍率下工作。

为了克服上述碳布的缺点，Manthiram 等采用商用巴基纸作为柔性基底，构建了三明治结构的巴基纸/硫/巴基纸电极［图 3-32（k）～（o）］[252]。该巴基纸由碳纳米纤维骨架和弯曲的碳纳米管组成，具有长程的纤维结构及良好的延展性和柔韧性。经过卷绕或折叠后，三明治夹层电极没有出现分层，并表现出稳定的循环性能。鉴于电极中巴基纸占有一定的质量，实际硫载量为 3.2 mg/cm^2 的正极中硫含量估计为 37 wt%。然而，即使将硫的单位面积负载量增加到 5.1 mg/cm^2，可进一步提高硫的质量分数和面积比容量，但是其增加量仍然是非常有限的。

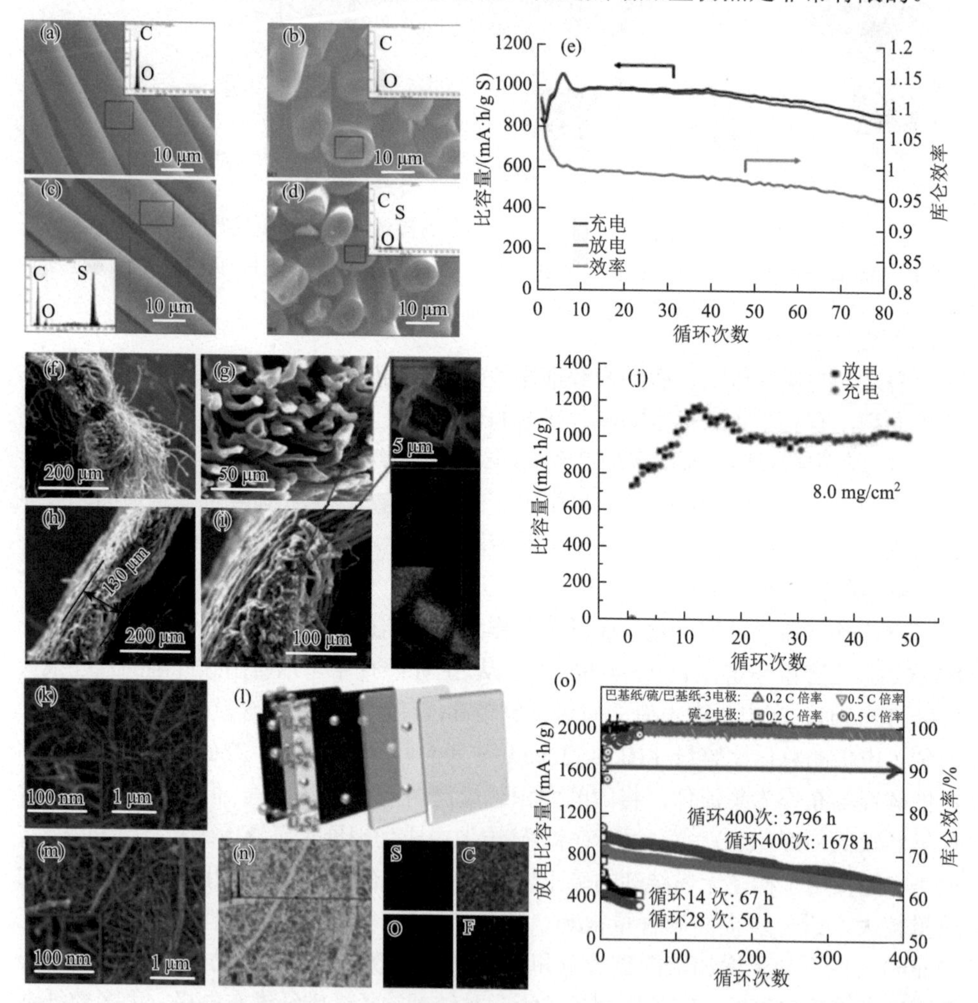

图 3-32　熔融渗透法制备硫与活化的碳纤维布复合电极：（a）和（b）活化的碳纤维布的 SEM 照片和能谱图，（c）和（d）硫与活化的碳纤维布的 SEM 照片和能谱图，（e）电极的循环性能[249]；熔融渗透法制备硫与碳纤维布复合电极：（f）和（g）碳化后的废旧实验服的纤维形貌，（h）和（i）负载硫之后的电极形貌及元素分布图，（j）8.0 mg/cm^2 硫电极的循环性能[251]；巴基纸/硫/巴基纸电极：（k）巴基纸的形貌表征，（l）电极结构示意图，（m）和（n）形貌表征，（o）循环性能[252]

碳布/碳纸柔性基底具有成本低、制造工艺成熟、导电性优良和机械强度高等优点。但是，碳纤维自身直径较大、比表面积较低，活性材料主要分布在纤维表面，并且很难实现高硫含量的电极，加之其表面是惰性的，对溶解的多硫化锂的限域、吸附能力较差，容易造成硫物种流失，从而影响电池的整体能量密度。因此，需要进一步改进碳纤维的结构和表面性质，以最大限度地发挥其长程导电和柔韧性的优势，避免出现由比表面积低带来的问题。

以碳纳米管、碳（纳米）纤维以及石墨烯为结构单元组装形成的柔性基底材料在构建柔性硫电极中取得了很大的研究进展，但是它们自身的缺点导致电极存在一些问题，限制了柔性电极的整体性能。因此，构建多组分、多结构杂化的碳基柔性基底材料是提高柔性硫电极性能的一条行之有效的策略，如碳纳米管与石墨烯、碳纳米管与多孔碳、石墨烯与多孔碳等复合材料[253-261]。它们可以兼具不同组分碳材料的优点（如高导电性、大比表面积、可调的微/介孔结构、丰富的表面官能团和优异的柔韧性），进而发挥各功能的高效协同作用实现最佳的电极性能。

5）碳与无机复合材料

与上述柔性碳材料不同，无机纳米材料一般是刚性的，并且导电性较差，通常不能作为基本结构单元构建柔性基底。但是，在锂-硫电池中，它们作为功能添加剂，可以有效地改善硫正极的电化学性能。目前常用的无机材料包括过渡金属氧化物、硫化物、碳化物、氮化物等[262-269]，表现出如下特点：①无机材料是由离子键或极性共价键连接而成，具有良好的极性表面，可以通过化学相互作用吸附多硫化物，抑制穿梭效应；②有些无机材料具有催化活性，可以促进多硫化物转化和硫化锂沉积，增强反应动力学过程，降低电池极化和提高能量效率。基于以上特点，将无机纳米材料与碳纳米管、碳纳米纤维、石墨烯、碳布等柔性基底进行复合制备柔性硫电极，既能发挥无机材料的固硫作用，又能实现电极的柔性，有利于提升柔性锂-硫电池的性能，如二氧化钛/碳纸、二硫化钨/碳布、金属有机骨架/碳纳米管（MOF/CNTs）、铜/碳纳米纤维等[270-274]。

除了常用的无机与碳材料复合的柔性基底外，多孔金属泡沫也用于制备柔性硫正极。Chen 等通过室温电沉积法在柔韧的泡沫镍基底上制备了单分散的硫纳米点，但是电极中硫的负载量较低，仅为 0.45 mg/cm^2[275]。由于泡沫镍的密度较大，限制了电极的实际比容量，仅为 30 mA·h/g，不利于实际应用。另外，多孔金属泡沫骨架在经历长期变形后会产生机械疲劳，不利于保持稳定的电化学性能。近几年，具有二维结构的 MXene 开始引起人们的关注，它不仅拥有高的电导率，还具有丰富的表面化学性质，是一种很好的固硫载体[276, 277]。Zhang 等通过真空过滤 MXene 分散液得到薄膜，进一步与硫复合得到柔性电极材料[278]。该薄膜电极的断裂应力约 79.6 MPa，经过反复弯折，电导率基本不变。但是为了保证电极的柔性特征，硫含量较低，仅有 30 wt%。基于这个问题，Wang 等通过水合肼水热诱导的方法扩大了堆叠的 MXene 薄膜的层间距，同时改善了薄膜的机械强度，硫的负载量可以达到 5.1 mg/cm^2，并展现出优异的性能[279]。

无机纳米材料在机械柔韧性方面与碳材料相比还有很大差距。但是，它们具备丰富的表面化学性质，可以通过化学吸附作用或作为电催化剂提高锂-硫电池的电化学性能。因此，设计集成无机纳米材料与碳材料优点的柔性复合材料将是改善柔性硫正极性能的有效途径。

2. 电极结构设计

为了进一步阻挡多硫化锂扩散，隔膜修饰层以及夹层材料被逐渐应用。它们作为第二导电集流体和储硫库，使脱离正极的硫物种能够被再利用，有效地提高了硫的利用率和电池性能。锂-硫电池中常用的隔膜是聚丙烯（PP）薄膜，其自身具有很好的柔性，在上面修饰薄层（<20 μm）后不会影响其机械强度，常用的修饰材料包括多孔碳[280-290]、掺杂碳[291-297]、聚合物[298-300]、金属化合物与多孔碳的复合材料[301-308]等。然而，独立的夹层材料则需要选用机械强度好的材料来制备，如碳纳米管[309]、石墨烯[310]、碳纳米纤维[311, 312]及其复合材料[313]。

在使用隔膜或夹层的基础上，通过改进电极结构可以获得高性能的柔性硫电极。Cheng 课题组在商业隔膜上依次涂上石墨烯层和活性硫层得到硫正极、修饰层与隔膜一体化的柔性电极［图 3-33（a）～（d）］[314]。该电极可承受的最大应变为 65%，断裂应力为 30 MPa，经历 50000 次弯曲形变后电导率保持不变，表明该结构在形变过程中仍然能够保持完整的结构［图 3-33（e）和（f）］。在该一体化电极中，石墨烯作为集流体和阻挡层，降低了电池内的接触电阻，使电池在 12 A/g 的高电流密度下比容量仍可达到 512 mA·h/g，展现出优异的高倍率性能。为了进一步提高活性材料的利用率，Guo 等在聚丙烯膜上制备了三明治结构的碳层-硫层-碳层一体化电极［图 3-33（g）和（h）］[315]。该电极可承受的最大拉力为 30 N，经过拉伸后隔膜上的涂层没有脱落，表明其具有较高的机械强度［图 3-33（i）～（m）］。总之，通过添加隔膜修饰层或夹层材料可以有效改善电池性能，但是其添加量要适当，否则会降低电池的能量密度，进一步构建一体化电极结构能避免形变过程隔膜与电极发生位错，有利于保持电极结构的完整性和降低接触电阻，这些为制备高性能柔性硫电极提供了新的思路。

3.3.3 柔性电解质的设计

在锂-硫电池中，通常使用的电解质是液态的，即将锂盐溶于液态醚类溶剂中，它的离子电导率较高并且能与固体电极形成良好的接触界面，电池的综合性能较好。但是，这类电解质具有易燃和流动性好的特点，当柔性器件发生形变或受损

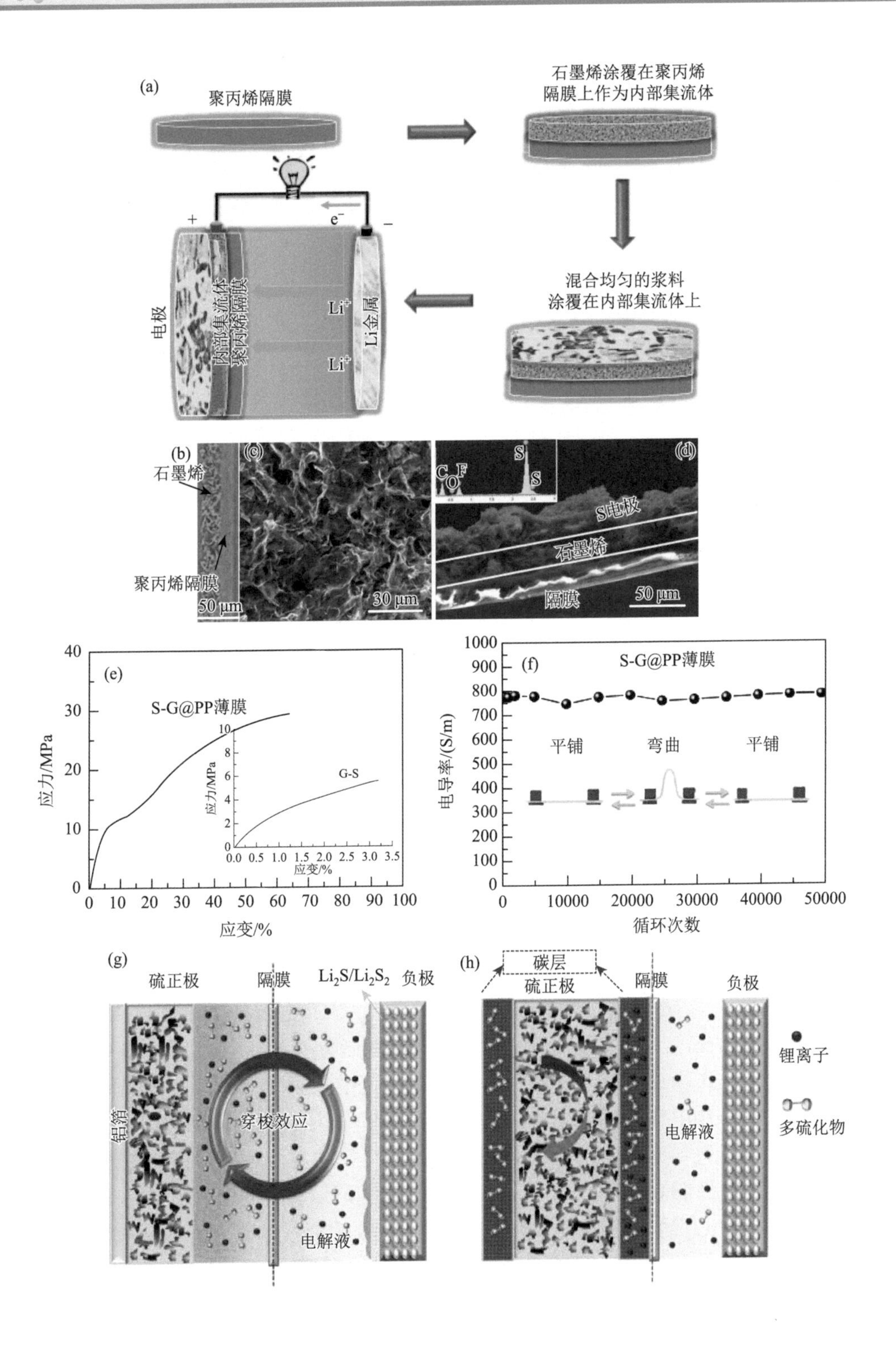
(a)
聚丙烯隔膜
石墨烯涂覆在聚丙烯
隔膜上作为内部集流体
混合均匀的浆料
涂覆在内部集流体上
电极
内部集流体
聚丙烯隔膜
Li金属
(b)
石墨烯
聚丙烯隔膜
50 μm
(c)
30 μm
(d)
S电极
石墨烯
隔膜
50 μm
(e)
S-G@PP薄膜
G-S
应力/MPa
应变/%
(f)
S-G@PP薄膜
平铺
弯曲
平铺
电导率/(S/m)
循环次数
(g)
硫正极
隔膜
负极
铝箔
穿梭效应
电解液
(h)
碳层
硫正极
隔膜
负极
电解液
锂离子
多硫化物

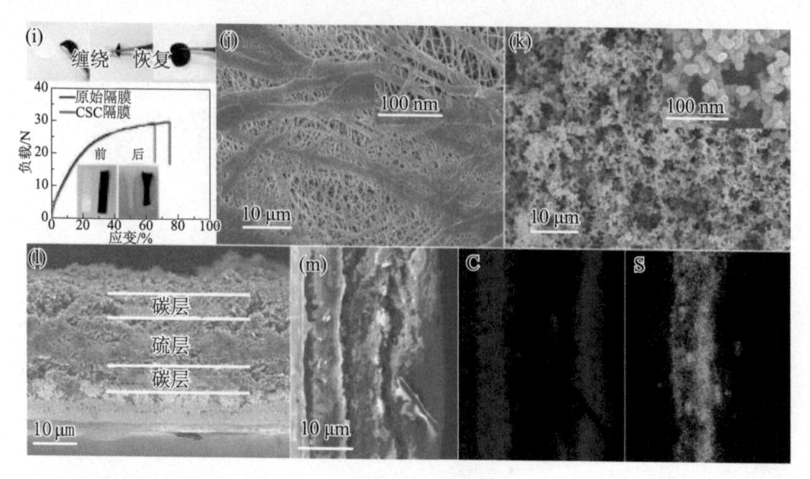

图 3-33 一体化电极结构的设计，硫/石墨烯/聚丙烯隔膜：(a) 结构示意图，(b) ～ (d) SEM 照片，(e) 应力-应变曲线，(f) 不同弯曲次数下的电导率[314]；碳/硫/碳/聚丙烯隔膜：(g) 和 (h) 传统电极结构和三明治电极结构示意图，(i) 负载与应变曲线对比，(j) 和 (k) 原始隔膜和碳/硫/碳/聚丙烯隔膜的表面形貌，(l) 截面形貌及 (m) 元素分布[315]

时容易出现泄漏，进而可能引发火灾。因此，开发使用流动性差且不燃的固态或凝胶电解质对于发展安全、可靠的柔性锂-硫电池至关重要。目前常用的固态或凝胶电解质主要有固态聚合物电解质、凝胶聚合物电解质以及无机材料电解质。

1. 固态聚合物电解质

固态聚合物电解质又称为离子导电聚合物电解质，是将锂盐溶解于高分子量的聚合物中形成的，主要通过聚合物链的局部节段运动实现离子迁移。与液态电解质相比，固态聚合物电解质具有柔韧性好、安全性高等优点，可作为物理屏障有效地抑制多硫化锂的溶解和扩散。常用的聚合物包括 PEO、PMMA 和 PAN 等。其中，PEO 是研究较多的固态聚合物电解质的基体，它含有大量的醚氧官能团（—C—O—C—），通过与锂离子络合实现离子传导。PEO 在室温下处于高度结晶的状态，聚合物链段运动会受到限制，导致电解质的离子电导率很低（10^{-7}～10^{-8} S/cm）。当使用该类电解质时，电池必须在高于其熔点（63℃）的温度下才能工作，而这种情况在柔性器件中通常是很难接受的。因此，如何提高室温下固态聚合物电解质的离子电导率是其应用于柔性锂-硫电池的关键。

提高离子电导率的方法主要有两种：添加无机改性填料或通过交联形成嵌段共聚物，通过降低 PEO 的结晶度，促进聚合物链段运动。例如，Hwang 等通过在 PEO 中添加 TiO_2 纳米粒子构建复合电解质，有效抑制了多硫化锂的穿梭效应，以此组装的电池初始放电比容量达到 1450 mA·h/g，循环 100 次后比容量保持率为 87% [图 3-34 (a) ～ (c)] [316]。Liu 等采用 MIL-53 (Al) 修饰 PEO-LiTFSI 聚合物电解质薄膜，利用 MIL-53 的路易斯酸性表面吸附 $TFSI^-$，通过静电排斥作用抑制多硫化锂溶解，在温度为 80℃，电流密度为 4 C 时，电池循环 1000 次比容量仍保持为 325 mA·h/g，展现出优异的高倍率和长循环能力[317]。他们进一步提出利用具有三维管状结构的硅酸铝纳米管作为改性剂制备 PEO-LiTFSI 电解质[318]，锂离子被固定在三维通道结构的外壁（负极）上，而 $TFSI^-$阴离子则被吸附在内壁（正极）上。添加 10 wt%改性剂后，电解质在室温下的离子电导率至少提升了两个数量级，在应变为 400%时，机械强度从 1.25 MPa 提高到 2.28 MPa［图 3-34（e）和（f）］。以此组装的全固态锂-硫电池可在 25～100℃温度范围内循环使用，展现出潜在的应用价值［图 3-34（g）］。另外，他们通过将生物质衍生的淀粉与 γ-(2, 3)-环氧丙基三甲氧基硅烷进行交联降低聚合物的结晶度，增强聚合物电解质薄膜的拉伸性能［图 3-34（h）］[319]。与 PEO-LiTFSI 电解质相比，基于该生物质合成的电解质的室温离子电导率提高了三个数量级，并且在 20～100℃温度范围内的变化幅度也较小，全固态电池在温度为 45℃，电流密度为 2 C 下循环 2000 次比容量仍有 221 mA·h/g，表明该淀粉基电解质与电极的相容性较好且对操作环境具有良好的适应性［图 3-34（i）］。

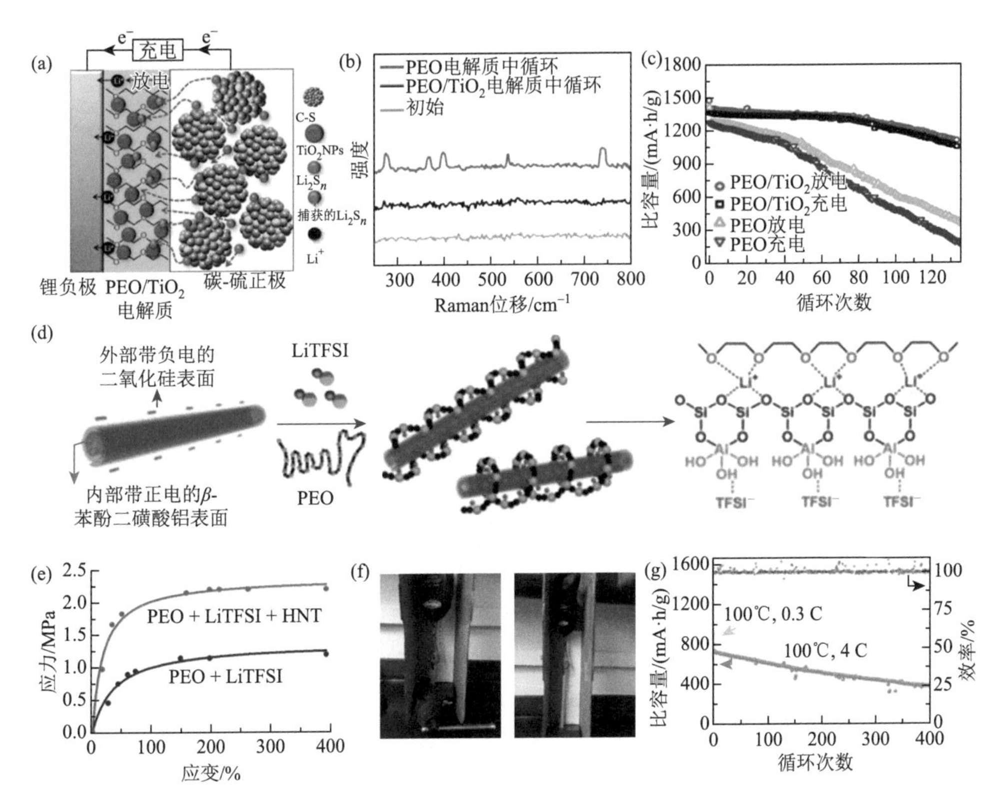

图 3-34 固态聚合物电解质的设计，添加 TiO_2 的 PEO 基电解质：（a）电池示意图，（b）循环前后的 Raman 对比，（c）全电池的循环性能[316]；添加硅酸铝纳米管的 PEO 基电解质：（d）作用机理示意图，（e）和（f）添加前后的应力-应变曲线和光学照片，（g）在 100℃条件下电池的循环性能[318]；由生物质淀粉衍生的电解质：（h）合成示意图及（i）电池的循环性能[319]

通过添加改性材料或交联形成嵌段共聚物可以改善固态聚合物电解质的离子电导率，然而，由于其在室温下仍然较低，不能满足实际需要。此外，电极与电解质之间的界面接触差也是一个比较严重的问题。因此，全固态锂-硫电池仍然需要开发具有高导电性和高相容性的新型电解质以满足安全、高能量密度电池的要求。

2. 凝胶聚合物电解质

凝胶聚合物电解质是一种含有一定量液体的固态电解质，其中的聚合物增强了电解质的力学性能，而液体则保证了基本的离子传导能力。与固态聚合物电解质相比，凝胶聚合物电解质不仅能阻挡多硫化锂扩散和抑制锂枝晶形成，还具有较高的离子电导率，有利于改善电池的电化学性能。与纯液体电解质不同的是，凝胶电解质中的液体成分是被包裹起来的，降低了泄漏的风险。

Choudhury 等报道了以亚乙基硫脲和氧化镁作为交联剂制备高度可拉伸的聚环氧氯丙烷三元聚合物电解质，电解质在 25℃时的离子电导率最高（2.42×10^{-4} S/cm），当拉伸形变为 600%时，拉伸强度为 1.2 MPa，展现出优异的机械性能[320]。进一步通过添加大量无机填料可使 PEO 电解质薄膜吸收电解质溶剂而不会发生收缩，有利于提高电解质的机械强度[321]。此外，通过改变聚合物基体也可以获得性能优异的凝胶聚合物电解质，如丙烯酸酯、季戊四醇四丙烯酸酯、三甲基丙烷乙氧基三丙烯酸酯等[322-324]。例如，Nair 等采用纳米微纤维素作为交联丙烯酸酯基体的增强剂，通过热诱导聚合工艺制备了复合凝胶聚合物电解质，表现出不透明、独立、坚固、不黏的性质[322]。采用该电解质组装的电池在 1 C 电流密度下比容量可以达到 700 mA·h/g［图 3-35（a）和（b）］。Kang 等采用原位合成的方法制备了季戊四醇四丙烯酸酯基凝胶聚合物电解质［图 3-35（c）］，在室温下具有超高的离子电导率（1.13×10^{-2} S/cm），比 PEO 基凝胶电解质高出两个数量级[323]。由于季戊四醇四丙烯酸酯具有四重几何对称性，容易交联形成网络结构，从而使电解质保持良好的力学性能。基于该电解质组装的锂-硫电池显示出比液体电解质更好的循环稳定性和倍率性能，在形变条件下的软包电池也表现出优异的稳定性［图 3-35（d）

和（e）]。他们进一步将季戊四醇四丙烯酸酯基凝胶电解质原位凝胶化到电纺出的聚甲基丙烯酸甲酯骨架中，制备得到自支撑的丙烯酸酯基复合电解质[325]，由于二者具有结构相似性和相容性，电解质薄膜展现出良好的柔性特征，离子电导率约为 1.02×10^{-3} S/cm，以此构建的锂-硫电池具有较高的比容量保持率。

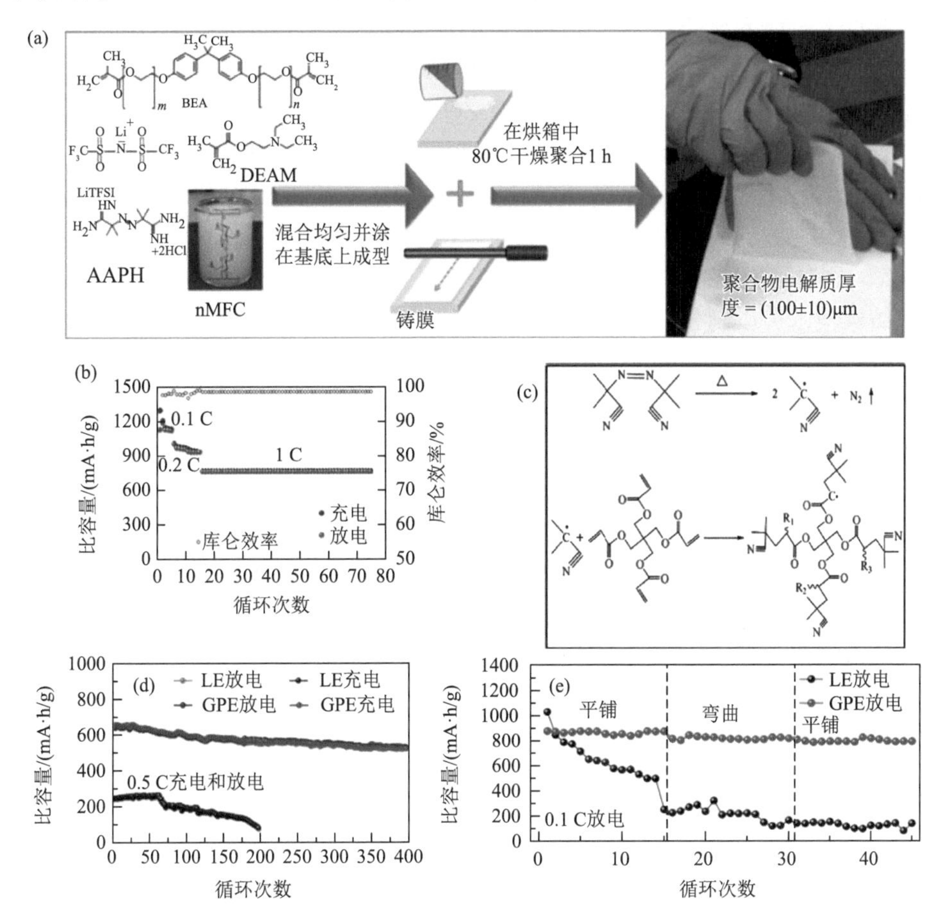

图 3-35　凝胶聚合物电解质的设计，丙烯酸酯基电解质：（a）合成示意图，（b）基于该电解质组装的扣式电池的倍率性能[322]；季戊四醇四丙烯酸酯基电解质：（c）合成示意图，（d）和（e）基于该电解质组装的扣式电池和形变下软包电池的循环性能[323]

BEA：双酚 A 乙氧基化合物（15 EO/苯酚）二甲基丙烯酸酯；LiTFSI：双三氟甲烷磺酰亚胺锂；DEAM：2-(二乙氨基)乙基甲基丙烯酸酯；AAPH：2, 2′-偶氮二异丁基脒二盐酸盐；nMFC：纳米级微纤维素

与固态聚合物电解质相比，凝胶聚合物电解质的离子电导率较高、界面电阻较低，但其中通常含有质量分数大于 60 wt%的液体组分，不可避免地会降低电解质的安全性和力学性能。因此，进一步优化电解质组分提高其综合性能将是凝胶聚合物电解质应用到柔性锂-硫电池的关键。

3. 无机材料电解质

与固态和凝胶聚合物电解质相比，无机材料电解质具有较高的离子电导率，但由于其本身是刚性的，不能单独形成柔性电解质。因此，柔性无机材料电解质主要通过无机纳米材料与柔性基体进行复合形成。与固态或凝胶聚合物电解质中添加的功能填料不同，该类材料在电解质中具有传导离子的功能，如陶瓷型氧化物［锂镧锆氧石榴石（$Li_7La_3Zr_2O_{12}$，LLZO）和锂镧钛氧钙钛矿（$Li_{3x}La_{2/3-x}TiO_3$，LLTO］、磷酸盐［$Li_{1+x}Al_xTi_{2-x}(PO_4)_3$(LATP)和 $Li_{1+x}Al_xGe_{2-x}(PO_4)_3$(LAGP)］以及玻璃/陶瓷型磷卤代物（如硫化锂-五硫化二磷二元体系）[44]。Cui 等提出利用低维纳米材料建立连续的离子导电网络，例如，使用陶瓷纳米线不仅获得了很高的离子电导率，同时相互连接的无机骨架结构增强了电解质的力学性能[326]。进一步利用静电纺丝技术可以制备三维陶瓷网络结构的石榴石型 LLZO 纳米纤维电解质[327]，或通过冰模板工艺制备基于 LATP 纳米粒子的三维陶瓷骨架网络[328]，这种三维结构的电解质具有连续的离子转移通道，能够大幅度提高离子电导率。然而，这些柔性无机材料电解质主要是用于柔性锂离子电池，在柔性锂-硫电池中的应用有待进一步验证。

总之，安全、可靠一直是实用电池的核心要求，特别是对于柔性电池，它们需要长期在机械变形条件下工作。固态或凝胶电解质不仅可以在动力学上延缓多硫化物扩散，也可以在热力学上防止其溶解，有利于抑制电池中的穿梭效应，获得高性能的柔性锂-硫电池。此外，柔性固态或凝胶电解质可以适应各种器件形状、配置和变形模式，表现出固有的安全性和多功能性，在柔性电池应用中展现出一定的优势。因此，开发高性能的柔性固态电解质对于推动安全、高能量密度柔性锂-硫电池发展至关重要。

3.3.4 柔性锂–硫电池器件的设计与难点

3.3.2 和 3.3.3 两部分分别介绍了柔性电极和电解质材料的设计及其研究进展，其中部分研究将所得材料组装成柔性锂-硫电池器件，并探索了形变条件下的器件性能。目前报道的柔性锂-硫电池器件大致可以分为两类：软包电池和线状电池，以下分别做简要介绍。

1. 软包锂-硫电池

典型的软包锂-硫电池组成如图 3-36 所示[238]，硫正极、锂负极和隔膜被层层叠加在一起，采用柔韧的铝塑膜或 PDMS 膜进行封装，在正极和负极上分别放置两个金属条以与外部电路相连接。根据电子设备对储能器件的实际要求，可以设计成不同形状的电池，如方形、圆形以及其他不规则形状。

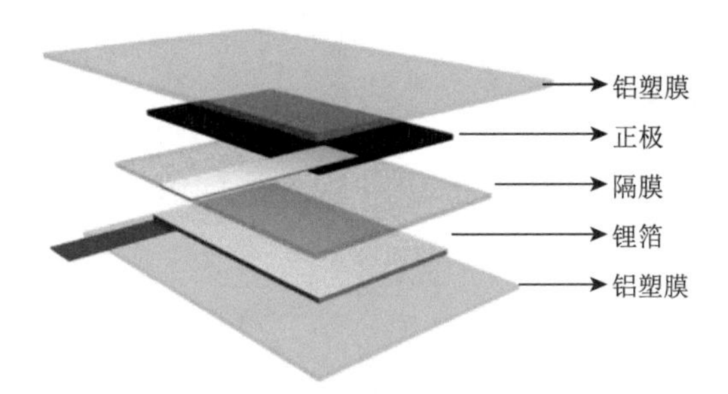

图 3-36　软包电池的结构示意图[238]

Koratkar 等以碳纳米管薄膜作为柔性基底制备了第一个可折叠的锂-硫电池[329]。如图 3-37（a）～（c）所示，三根相互交叉的碳纳米管束可以承受 180°的巨大变形，而单根碳纳米管在弯曲角度为 120°时就会发生断裂，表明由碳纳米管束组成的薄膜具有优异的力学性能。进一步通过使用纵横交错的掩模设计成棋盘图案的电极结构，使得硫正极和锂负极紧密地附着在碳纳米管薄膜上，此时折叠的应力主要落在纯碳纳米管区域，降低了电极分层的概率［图 3-37（d）～（g）］。以此组装的软包电池在经过 100 次反复折叠后比容量保持率为 88%［图 3-37（h）和（i）］。为了提高电池的面积比容量性能，Manthiram 等将多个以单壁碳纳米管和碳纳米纤维为基底构建的硫正极串联起来制备了高硫面积负载量的复合正极，当硫的负载量为 16 mg/cm^2 时，软包电池在弯折 90°或 180°时仍然能够提供约 12 mA·h/cm^2 的面积比容量，与折叠前相比容量损失只有 7%［图 3-37（j）～（m）］[330]。基于碳纳米管的其他柔性硫正极在软包电池中也展现出较好的性能，如 MOF/CNT/S 薄膜[272]和 CNT/CMK-3@S 薄膜[331]。

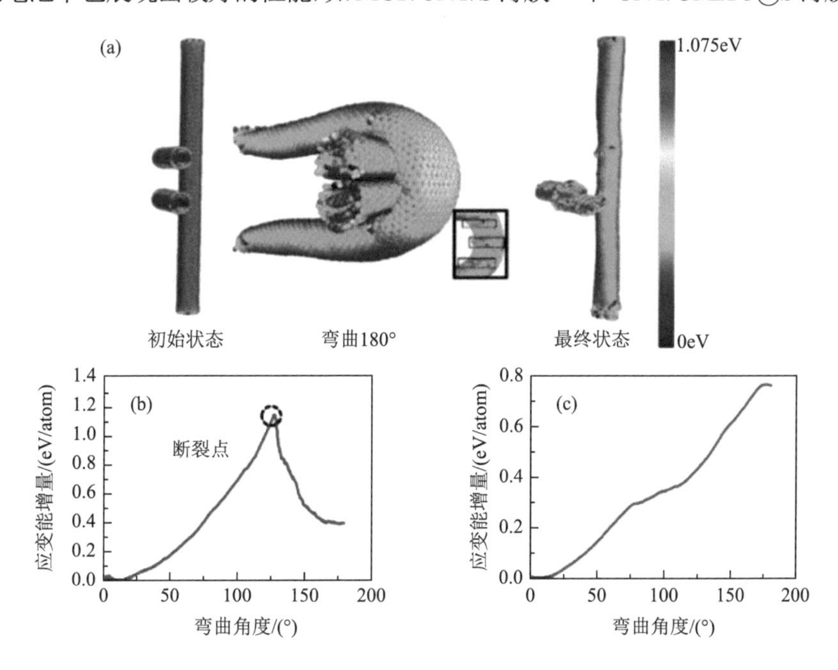

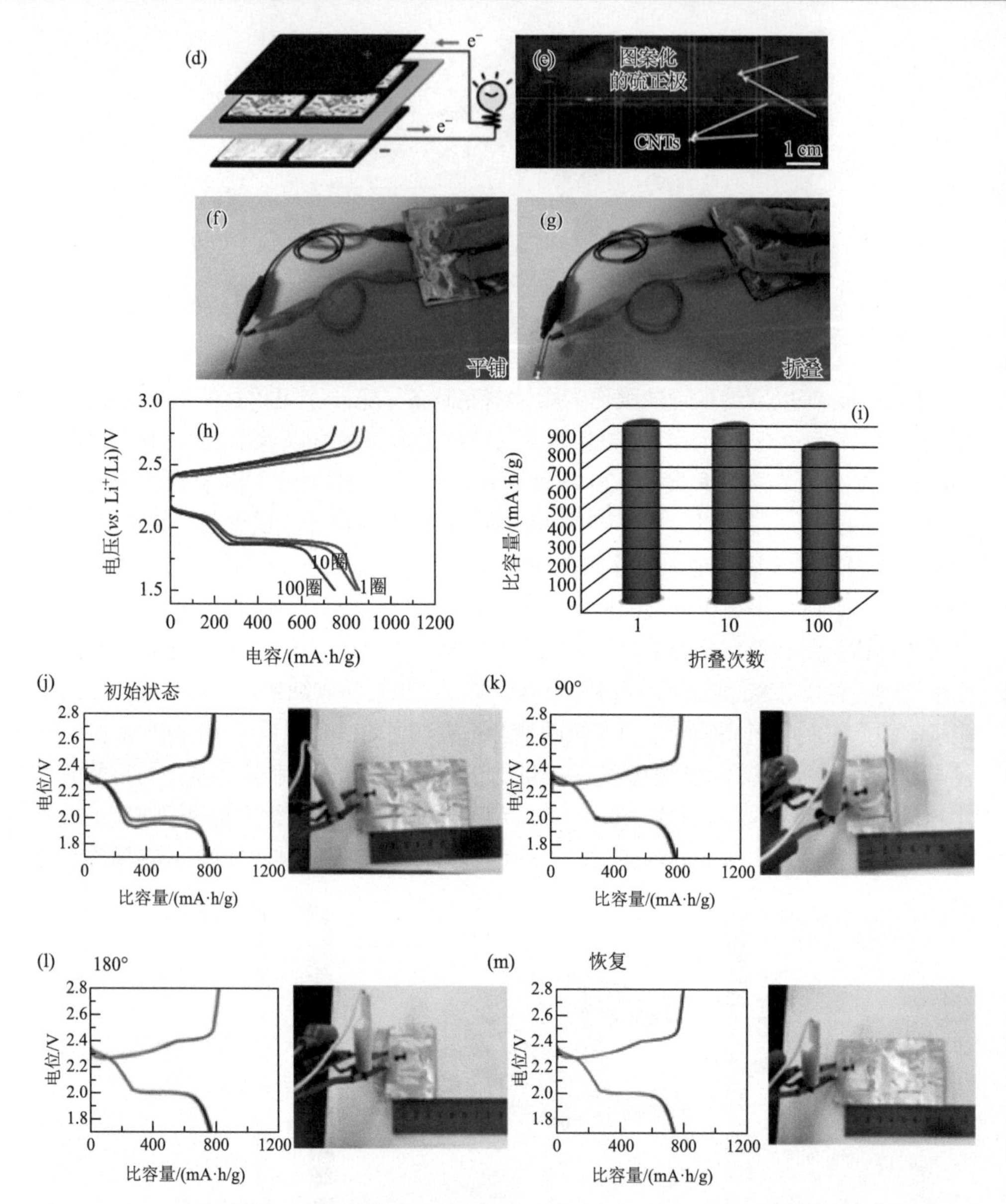

图 3-37 基于碳纳米管柔性硫正极组装的软包电池：（a）分子动力学模拟弯折的碳纳米管束，（b）和（c）碳纳米管束和单根碳纳米管的应变能增量与弯曲角度的关系，（d）和（e）采用掩模板法设计的棋盘图案电极示意图及实际电极照片，（f）和（g）平整和折叠状态下的软包电池点亮 LED 灯的演示，（h）和（i）不同折叠次数下的电池充放电曲线和比容量柱状图[329]；（j）～（m）基于单壁碳纳米管和碳纳米纤维构建的硫正极并组装的软包电池在不同折叠角度下的充放电曲线和光学照片[330]

1atom=1.6×10^{-19}J

除此以外，基于石墨烯的柔性硫正极组装的软包电池也取得了较好的进展。其中，本书作者课题组在这方面开展了一些工作[238, 239, 241, 332]。如图 3-38（a）和（b）所示，以锌板还原法制备的还原氧化石墨烯与硫的复合薄膜作为正极，所组装的软包电池在 0.1 C 电流密度下弯折前后的比容量均保持在 1100 mA·h/g 左右，能量密度达到 1416 W·h/kg（基于硫正极质量），当折叠角度为 180°时仍然能够将由 20 只 LED 灯组成的“LiS”图案点亮[238]。进一步将硫/石墨烯纳米管作为正极组装成软包电池，在分别卷绕成半径为 2.0 cm、1.5 cm 和 1.0 cm 的圆筒时，0.1 C 电流密度下电池仍然能够保持稳定的比容量，并且能将由 43 只 LED 灯组成的“NK”图案点亮［图 3-38（c）～（e）］[239]。另外，以传统刮涂法制备的较大面积的还原氧化石墨烯与硫的复合薄膜电极组装的软包电池在经历卷绕、折叠后，电池的开路电压基本保持不变，在 1 C 电流密度下循环时比容量也没有出现明显的衰减，展现出潜在的应用价值［图 3-38（f）～（h）］[241]。

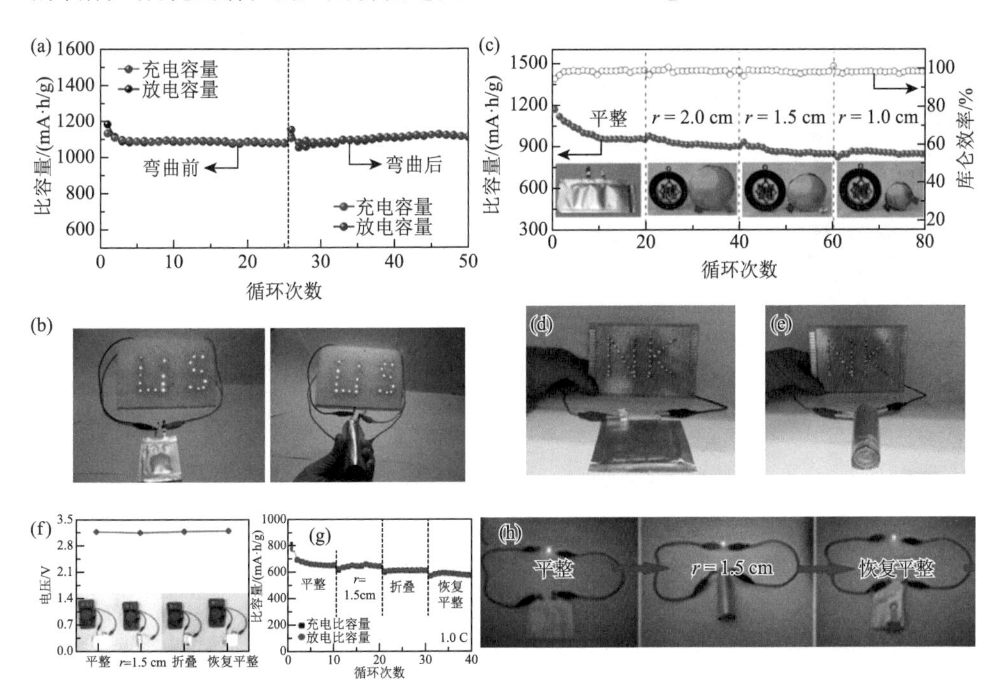

图 3-38　基于石墨烯柔性硫正极组装的软包电池，以还原氧化石墨烯与硫的复合薄膜（rGO-S）为正极，（a）平整和弯曲状态下的软包电池循环性能和（b）点亮 LED 灯演示[238]；（c）以硫/石墨烯纳米管薄膜为正极，不同卷绕半径下的软包电池循环性能和（d）和（e）点亮 LED 灯演示[239]；以刮涂法制备的 rGO/S 薄膜为正极，平整、卷绕和折叠状态下的（f）软包电池的电压，（g）循环性能和（h）点亮 LED 灯演示[241]

以上软包电池采用的多是三明治结构，在弯折变形时电极和隔膜容易出现滑移现象，使得界面接触电阻增加，进而影响电池性能。在这一点上，Cheng 等将硫正极与隔膜集成为一体，然后与锂负极一起组装成双层结构的软包电池，避免了形变过程中正极与隔膜发生位错[314]。在弯折前后电池比容量没有出现较大变化，在 0.75 A/g 循环 30 次比容量仍然保留 722 mA·h/g，展现出较好的电化学性能［图 3-39（a）～（d）］。为了进一步优化改进电池结构，本书课题组制备了一体化的硫正极、隔膜和锂负极，整体厚度为 66 μm，在弯曲时没有出现分层，同时展现出优异的力学性能［图 3-39（e）和（f）］[333]。与三明治结构的软包电池相比，一体化结构的电池在不同的弯曲状态下，电流密度为 1 C 时比容量均稳定在 800 mA·h/g，并且能将莲花灯点亮［图 3-39（g）和（h）］。这表明一体化的电池结构具有良好的稳定性，能够避免相邻组分之间发生相对滑动和分层，确保了连续的电子/离子传输路径，有利于获得稳定的电化学性能。

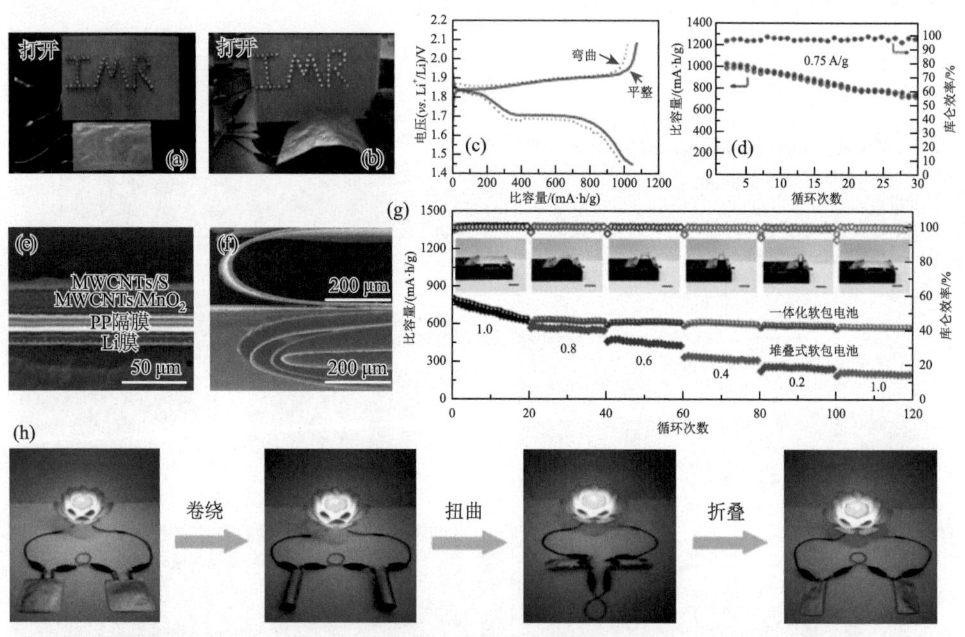

图 3-39 双层结构和一体化结构的软包电池，平整和弯曲状态下双层结构软包电池的（a）和（b）点亮 LED 灯演示，（c）充放电曲线和（d）循环性能[314]；一体化结构电池：（e）和（f）在平整和弯曲状态下的横截面 SEM 照片，（g）不同弯曲角度下的软包电池循环性能，（h）不同形变状态下的点亮莲花灯演示[333]

柔性软包锂-硫电池取得了很大的进步，但是电池的循环寿命短仍然是当今应用面临的主要挑战，尤其是在电池发生形变的情况下。目前设计柔性软包锂-硫电池存在的难点主要包括：在硫正极方面，单位面积硫的负载量与电极的柔性特征是此消彼长的关系，需要开发具有优异力学性能和丰富孔结构的柔性基底实现硫的高负载量和电极的高机械强度；在电解液方面，目前采用的主要是醚类液态电解液，其在软包电池中的添加量是扣式电池的五倍以上，不仅降低了电池的能量密度，还容易发生泄漏造成安全问题，因此需要设计制备高离子电导率的凝胶或固态聚合物电解质；在负极方面，大多采用锂箔，其力学性能较差，难以承受反复的形变过程，容易形成锂枝晶刺破隔膜造成电池短路甚至失效。

2. 线状锂-硫电池

与二维平面软包电池相比，构建一维线状电池更具挑战性，它要求电极、电解液和隔膜必须与线状结构相兼容。通常，线状锂-硫电池以锂线作为负极，正极则是平行或扭曲缠绕在锂线上的纤维或同轴涂覆在锂线上的薄膜。如果使用液体电解质，为防止短路需在正负极之间放置隔膜，或者直接使用凝胶或固态聚合物电解质。线状电池最常用的封装材料是具有热收缩功能的聚烯烃管，通过使用黏合剂密封两端管口，然后加热使聚烯烃管收缩实现紧凑的封装。

线状锂-硫电池最初由 Peng 等提出，他们通过湿法纺丝在排列整齐的碳纳米管中嵌入包裹硫颗粒的介孔碳构建了纤维状正极，其中硫的含量可以达到 68 wt%，并且沿轴向均匀分布[334]。他们将此纤维正极组装成平行结构的线状电池，如图 3-40（a）和（b）所示，即使在弯曲和扭曲变形下，电池各区域的应力仍然相当，没有出现局部集中的现象。当弯曲不同角度时，电池的开路电压保持不变，可以为红色 LED 灯泡持续供电 30 min［图 3-40（c）和（d）］。他们进一步将 5 个线状电池集成在一块布上得到具有能量的织物，在弯曲和扭曲时集成的电池能将 3 只白色 LED 灯点亮，展示出线状电池在可穿戴设备中的实用性[图 3-40(e)～(g)]。此外，还有一种平行结构的线状电池，即将纤维状正极、隔膜和锂线进行逐层堆叠，如图 3-40（h）所示[335]。当电池长度为 5 cm 时，可以使白色 LED 灯泡维持 4 h［图 3-40（i）和（j）］。与水平状态相比，电极在弯曲前后电阻并没有发生明显变化，但是弯曲后的电池功率减小了 70 μW［图 3-40（k）～（m）］。这一结果说明电池内阻不仅取决于电极材料，还与电池结构等其他因素有关。

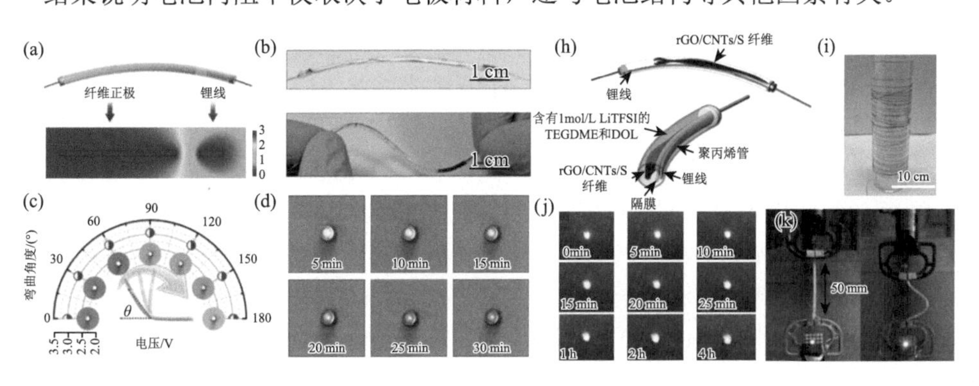

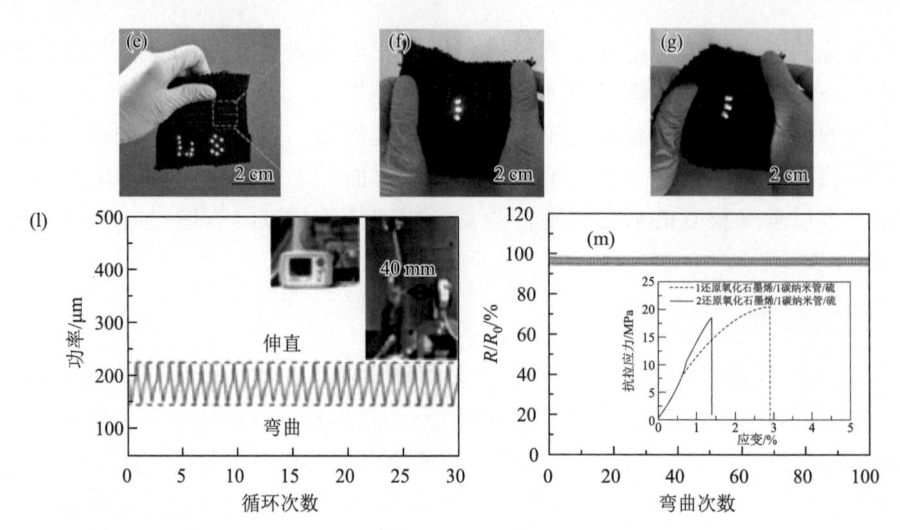

图 3-40 平行结构线状锂-硫电池，(a) 和 (h) 平行结构示意图[334, 335]；以 GO/CMK-3@S/CNTs 为正极组装的线状电池：(b) 在弯曲和扭曲时的光学照片，(c) 不同弯曲角度下的开路电压和点亮 LED 灯的演示，(d) 10 cm 线状电池为 LED 灯供电 30 min 的演示和 (e) ～ (g) 由 5 个电池集成的织物点亮 LED 灯的演示[334]；以 rGO/CNTs/S 为正极组装的线状电池：(i) 正极的光学照片，(j) 5 cm 线状电池为 LED 灯供电 4 h 的演示及 (k) 和 (l) 弯曲状态下的功率测试和 (m) 不同弯曲次数的电极电阻[335]

由平行结构线状电池示意图可以看出，电池中正负电极之间的接触面积较小，在形变时容易出现接触不良，从而使电池内阻增加。为了改进线状电池的结构问题，以锂线（或纤维硫正极）为中心轴，再逐层包裹隔膜和硫正极（或锂箔）的同轴结构电池被开发出来（图 3-41）[238, 336, 337]，电极之间的接触面积大大增加，有利于提升电池性能。例如，本书作者课题组以还原氧化石墨烯与硫的复合薄膜为正极组装了以锂线为轴的线状电池，在 0.1 C 电流密度下初始比容量为 1360 mA·h/g，基于硫正极计算的能量密度达到 1564 W·h/kg，即使在弯曲状态也能保持良好的电化学性能［图 3-41 (a) ～ (c)］[238]。另外，Ma 等以不锈钢丝作为集流体，通过毛细作用使 S/rGO 层层沉积在其表面得到纤维状电极，并组装了以硫正极为轴的线状电池，长度可以达到 30 cm，在弯曲、打结及扭曲状态时仍然能够将 LED 灯点亮，表明电极具有较好的结构稳定性［图 3-41 (d) 和 (j)］[336]。尽管如此，与扣式电池相比，线状电池的性能有待于进一步提高。由于不锈钢丝集流体的密度较大，使用后会降低电池整体的能量密度，因此质轻的碳材料将是比较好的选择，如碳纳米管。最近，Wei 等通过湿法纺丝制备了聚苯胺/碳纳米管复合纱线，高温碳化后得到氮掺杂碳纳米管[337]。以此作为集流体进行硫的负载后，即可直接作为电极［图 3-41 (l)］。该电极不仅含有较高的硫含量（52 wt%），还可以利用掺杂的氮原子与多硫化锂的化学相互作用改善电池性能。以此组装的线状电池可以点亮 11 只 LED 灯，并且持续时间长达 8 h，表明其具有优异的能量存储能力［图 3-41（m）和（n）］。即使在从 0°到 180°的弯曲过程中，也依然能将 LED 灯驱动［图 3-41（o）］。他们进一步将循环后的电池集成到织物上，2 个或 3 个串联时电压分别能达到 4.42 V 或 6.32 V，表明其在可穿戴器件应用中具有较大的潜力［图 3-41（p）～（r）］。

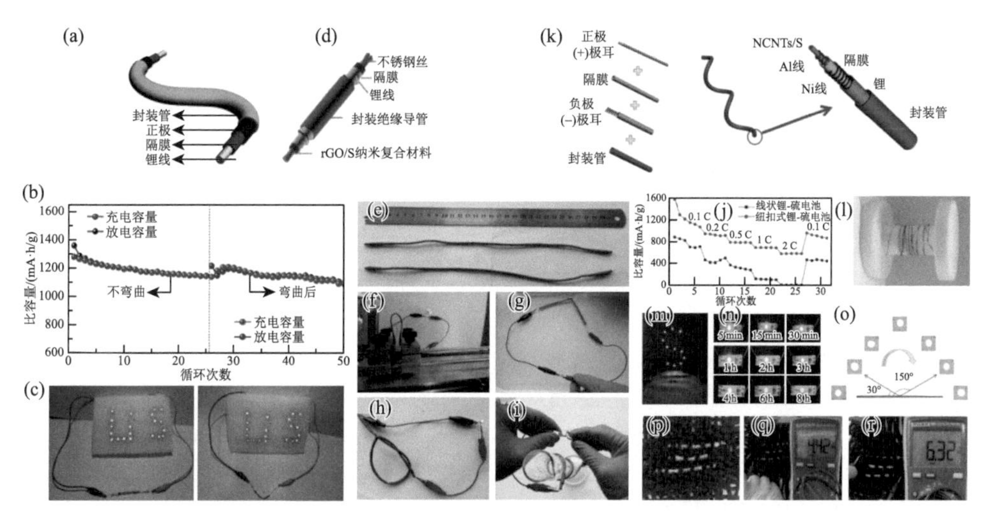

图 3-41 同轴结构线状锂-硫电池，(a)、(d) 和 (k) 同轴结构示意图[238, 336, 337]；以 S/rGO 为正极组装的线状电池：(b) 在弯曲前后的循环性能和 (c) 点亮 LED 灯演示[238]；以 S/rGO/不锈钢丝为正极组装的线状电池：(e) 光学照片，(f)～(i) 在不同形变下点亮 LED 灯的光学照片，(j) 倍率性能[336]；NCNTs/S 正极的光学照片 (l) 及以此组装的电池点亮 LED 灯的演示 (m)～(o) 和循环后的电池集成后的电压测量 (p)～(r)[337]

线状锂-硫电池具有高的体积能量密度，但因其直径较小，能容纳的活性物质较少，导致质量能量密度较低。另外，在形变过程中电极之间接触较差仍然是不可避免的问题，这将会增加电池内阻，使得电池比容量衰减或失效。此外，放电过程伴随体积膨胀，电极结构发生变化，可能造成热缩管破裂等安全问题。

虽然柔性软包锂-硫电池和线状锂-硫电池取得了一定研究进展（表 3-5），但是电池的总体性能还比较差，循环性能基本不超过 150 圈。电池的能量密度与电极的硫载量密切相关，高的硫载量和电极柔性特征本身就是一对矛盾体。此外，对于形变状态的柔性电池测量没有统一的标准，缺少有效的性能评估体系。这些都是柔性锂-硫电池面向实际应用必须要解决的问题。目前，锂-硫电池的产业化主要基于平面软包电池，有关柔性器件的报道较少。近年来，由中国科学院大连化学物理研究所 Chen 带领的科研团队在能量型和功率型锂-硫软包电池方面已经取得了较大的突破，并且通过了采用国军标的第三方安全性能测试，安全性能够满足使用要求。他们与中科派思储能技术有限公司合作研制开发的太阳能无人机用锂-硫电池组参加了全系统地面联试，取得了良好效果，并通过了用户验收。但是，由于当前电池的循环性能有限，还不能应用于电动汽车领域。

表 3-5 柔性锂-硫电池器件在形变状态的性能

器件类型	正极材料	负极材料	弯曲下电化学性能（循次次数）	弯曲参数	性能演示
软包	S/CNTs 薄膜[329]	锂箔	1	—	LED
	S/CNFs 薄膜[330]	锂箔	2	—	—
	MOF/CNTs/S 薄膜[272]	锂箔	50	φ = 45°, 90°, 135°, 180°	LED
	CNTs/CMK-3@S 薄膜[331]	锂箔	50	φ = 60°, 80°	LED 图案
	rGO/S 薄膜[238]	锂箔	50	φ = 180°	LED 图案
	rGONTs@S 薄膜[239]	锂箔	80	r = 1 cm, 1.5 cm, 2 cm	LED 图案
	rGO/S 薄膜[241]	锂箔	40	r = 1.5 cm φ = 180°	LED 图案
	B_4C@碳布/S/rGO[338]	锂箔	50	φ = 180°	LED
	S/rGO 薄膜[314]	锂箔	30	—	LED 图案
	MWCNTs/S 薄膜[333]	锂箔	120	L/L_0 = 1, 0.8, 0.6, 0.4, 0.2, 1（L = 5 cm）	莲花灯
线状	GO/CMK-3@S 薄膜[334]	锂线	—	φ = 30°, 60°, 90°, 120°, 150°, 180°	LED 30 min
	rGO/S 纤维[336]	锂线	100	φ = 90°，180°； 缠绕；打结	LED
	NCNTs/S 纤维[337]	锂线	—	φ = 180°	LED 8 h
	rGO/CNTs/S 纤维[335]	锂线	—	弯曲 30 次	LED 4 h

3.3.5 柔性锂-硒、钠-硫、钠-硒电池的设计

在过去的几十年里，柔性锂-硫电池在电极材料和电解质设计以及器件组装方面取得了优异的成果。鉴于锂-硫电池的成功构建，人们探索具有类似多电子化学反应的新电极材料的兴趣日益增加。从物理化学性质方面来看，同主族元素具有相似的性质。具体而言，碱金属，即除氢以外的第一主族元素，与锂类似，具有较低的氧化还原电位，意味着拥有作为负极的能力。而硫族元素，即第六主族元素，由于其相对较小的电化学当量和较高的氧化还原电位，因而成为同周期元素中可供选择的最佳正极材料（氧气在室温下是气态的，具有独特的化学性质，在此不详细讨论）。其中，由于硒和碲的原子质量较大，电池的质量比容量相对较低。但是，它们的密度较高（分别为 4.81 g/cm^3 和 6.24 g/cm^3），因此具有相当的体积比容量。考虑到输出电压的问题，在此只讨论锂-硫、锂-硒、钠-硫和钠-硒电池，

理论性能参数列于表 3-6。除去已经详细介绍的锂-硫电池以外，本节内容将主要介绍锂-硒、钠-硫和钠-硒三种电池的基本特征以及当前对于柔性电池研究的进展。

表 3-6　碱金属-硫族元素电池的基本理论参数[339]

电池类型	理论电压/V	质量比容量/(mA·h/g)	体积比容量/(mA·h/cm^3)	能量密度/(W·h/kg)
Li-S	2.2 *vs.* Li^+/Li	1675	3461	2500
Li-Se	2.0 *vs.* Li^+/Li	679	3265	1155
Na-S	1.1 *vs.* Na^+/Na	1675	3461	760
Na-Se	1.4 *vs.* Na^+/Na	679	3265	600

1. 柔性锂-硒电池

硒位于元素周期表中硫的下方，是一种稀有元素，通常用于颜料和半导体工业。与硫相比，硒具有如下优点：高电导率，约是硫的 10^{24} 倍；室温下性质稳定；与传统的廉价碳酸盐基锂离子电池电解质相互兼容。因此，在电池中硒具有比硫更高的利用率和更好的循环与倍率性能。尽管硒的质量比容量比硫低（679 mA·h/g *vs.* 1672 mA·h/g），但它的体积比容量与硫相当（3265 mA·h/cm^3 *vs.* 3461 mA·h/cm^3）。锂-硒电池的输出电压约为 2 V，理论质量能量密度为 1155 W·h/kg，高于当前的锂离子电池。

2012 年，Abouimrane 和 Amine 小组首次展示了硒和硫硒化物的复合材料作为锂和钠可充电电池的正极[340]。直到 2014 年，Dai 等借鉴制备柔性硫正极的经验报道了第一个基于石墨烯和碳纳米管的柔性硒正极，并初步测试锂-硒电池性能［图 3-42（a）］[341]。由于碳纳米管的比表面积较小，可负载的硒含量较少，仅为 30 wt%。为了提高硒的含量，He 等通过溶剂热还原的方法制备得到三维石墨烯、碳纳米管与硒的复合气凝胶，三维多孔的网络结构提供了更多储存硒的空间，电极中硒含量可以增加到 51 wt%［图 3-40（b）］[342]。以此电极组装的电池在电流密度 0.2 C（1 C = 679 mA/g）时的初始放电质量比容量为 633 mA·h/g，换算成体积比容量约为 3050 mA·h/cm^3，当电流密度为 10 C 时仍然具有 193 mA·h/g 的高比容量，展现出优异的电化学性能［图 3-42（c）和（d）］。考虑到介孔碳纳米材料具有较大的孔体积，Dai 等[343]采用氮掺杂介孔碳包裹硒纳米颗粒，然后将该复合材料分散到氧化石墨烯溶液中，通过真空过滤得到复合薄膜电极。氮掺杂介孔碳的引入不仅能够限域硒物种，还能进一步提高硒含量（62 wt%）。以该薄膜组装的电池在 1 C 电流密度循环 1300 次后，比容量仍保持为 385 mA·h/g，成为柔性锂-硒电池中的一项重要研究进展。此外，碳化的静电纺丝纳米纤维在柔性硒正极制备上也同样适用，并取得了较好的研究结果[344, 345]。

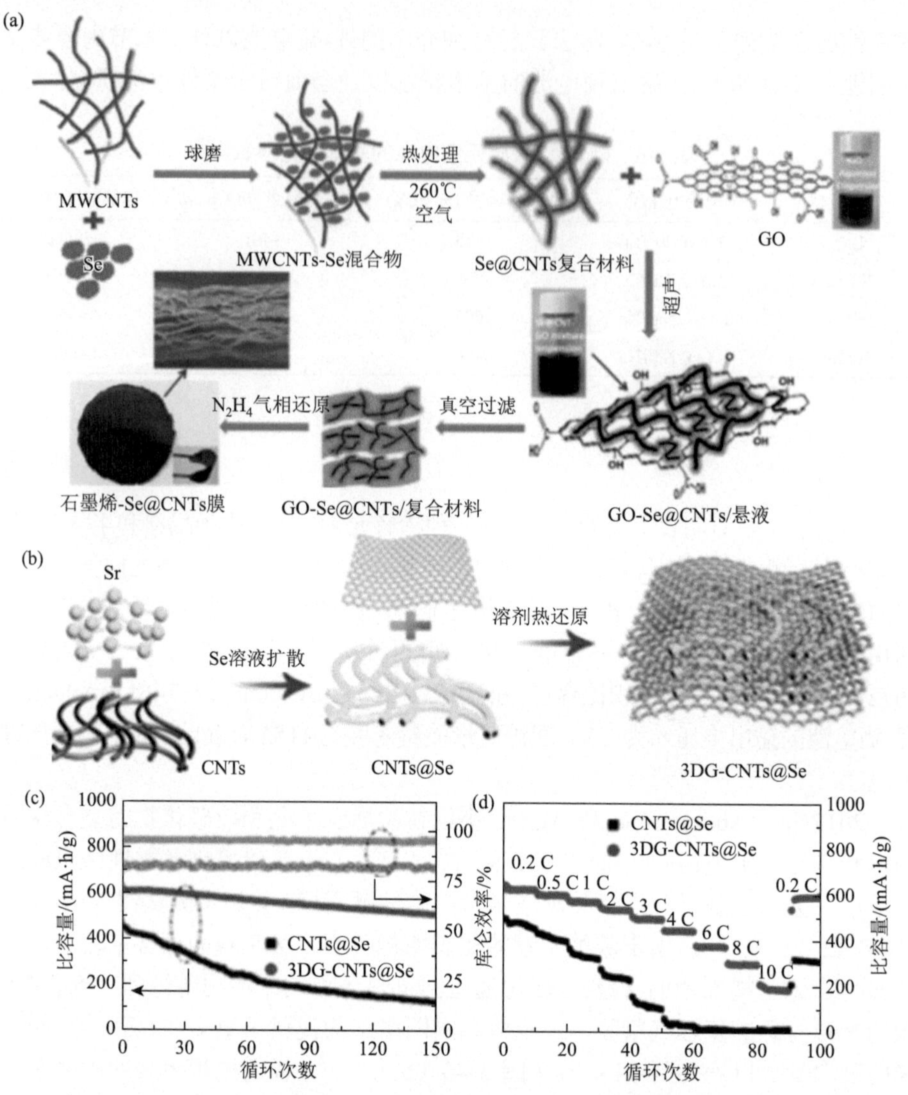

图 3-42 柔性硒正极的设计及其性能，（a）真空过滤法制备硒与碳纳米管薄膜（G-Se@CNTs）的合成示意图[341]；溶剂热法制备硒与三维石墨烯和碳纳米管的气凝胶（3DG-CNTs@Se）：（b）合成示意图，（c）和（d）电池的循环和倍率性能[342]

2. 柔性钠-硫/硒电池

与锂相比，钠的理论比容量较低（1166 mA·h/g *vs*. 3870 mA·h/g），但是它的储量丰富且成本低，有望使钠基电池成为廉价的储能器件。而硫也具有类似的特点，进一步将两者结合组成钠-硫电池，在储能领域展现出独特的优势。其中，高温钠-硫电池已被商业化，并在大规模储能电站中应用广泛，但是较高的工作温度限制了其在移动设备上的应用。由于受此温度下相平衡的影响，钠-硫电池的实际比容量很低，只有硫的理论比容量的三分之一。此外，其在高温条件下会产生熔融的钠和硫，容易引起安全问题。因此，开发室温条件下可工作的钠-硫以及其他钠-硫族元素电池成为近年来研究的方向。

与锂-硫电池相比，室温钠-硫电池面临很多问题：①钠的离子半径比锂大，电极反应的动力学过程更加缓慢；②在有机溶剂中钠的活性比锂高，析出大量的气体和消耗大量的电解质；③钠与多硫化物反应活性强，造成严重的穿梭效应。鉴于室温钠-硫电池存在诸多问题，关于其柔性电池的研究很少。Ahn 等采用硫化的聚丙烯腈纳米纤维作为钠-硫电池正极材料，其中分散的硫与聚合物骨架以共价键的形式结合，缓解了多硫化钠的穿梭效应［图 3-43（a）～（d）］[346]。最近，Guo 等制备了具有中空管状纳米纤维结构的柔性硫化聚丙烯腈薄膜电极，多硫化钠被限制在中空管状结构中，有利于抑制其溶解扩散[347]。为了提高硫的负载量，本书作者课题组通过碳化可再生的棉布作为负载硫的柔性基底，硫载量可以达到 3 mg/cm^2[348]。三维连通的网络骨架赋予硫电极较好的柔韧性和导电性，以此组装的软包电池在弯曲状态下仍能保持稳定的比容量，这是目前最早报道的室温柔性软包钠-硫电池［图 3-43（e）～（g）］。碳材料由于本身的非极性特征，对极性多硫化钠的吸附作用较弱，不能很好地抑制穿梭效应。为此，将二氧化锰纳米阵列修饰于碳布集流体上，不仅能够增加与多硫化钠的相互作用，还能改善电化学反应的动力学过程，所得电极的初始比容量为 938 mA·h/g，循环 500 次后比容量保持率达 67%［图 3-43（h）～（j）］[349]。此外，可将硫化钠溶液滴到多壁碳纳米管骨架中得到柔性正极材料，在循环 50 次后仍可以提供 500 A·h/kg 的比容量[350]。

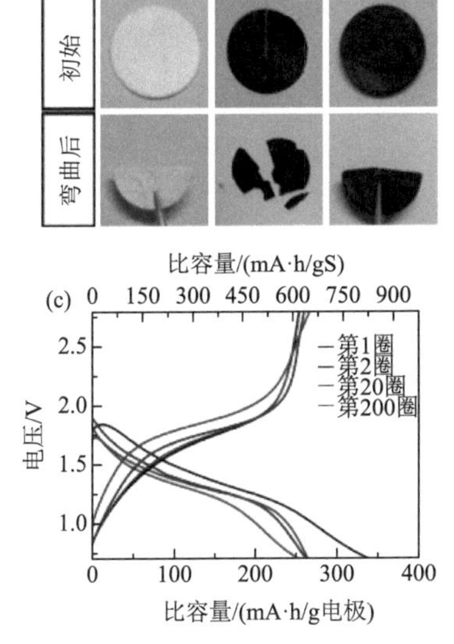

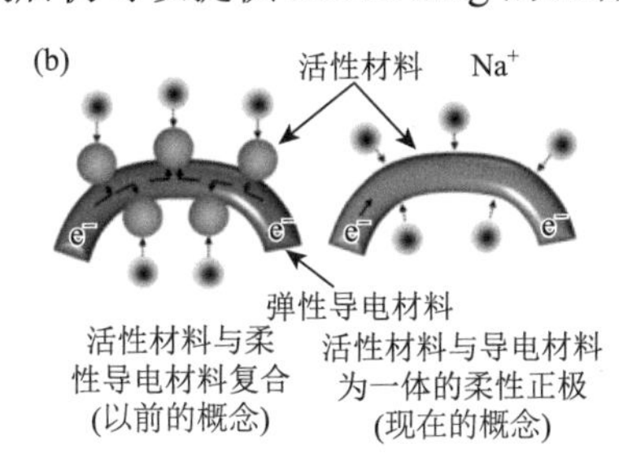

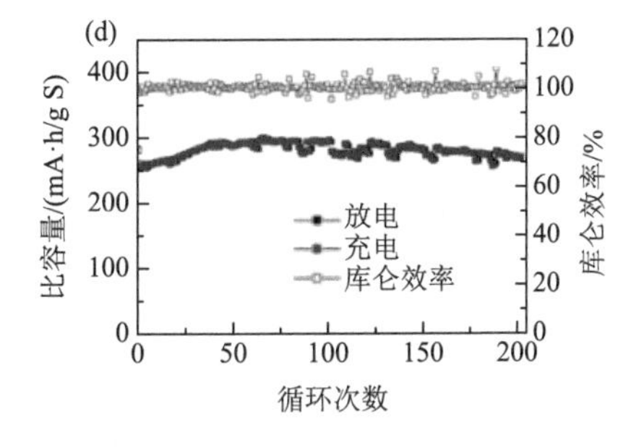

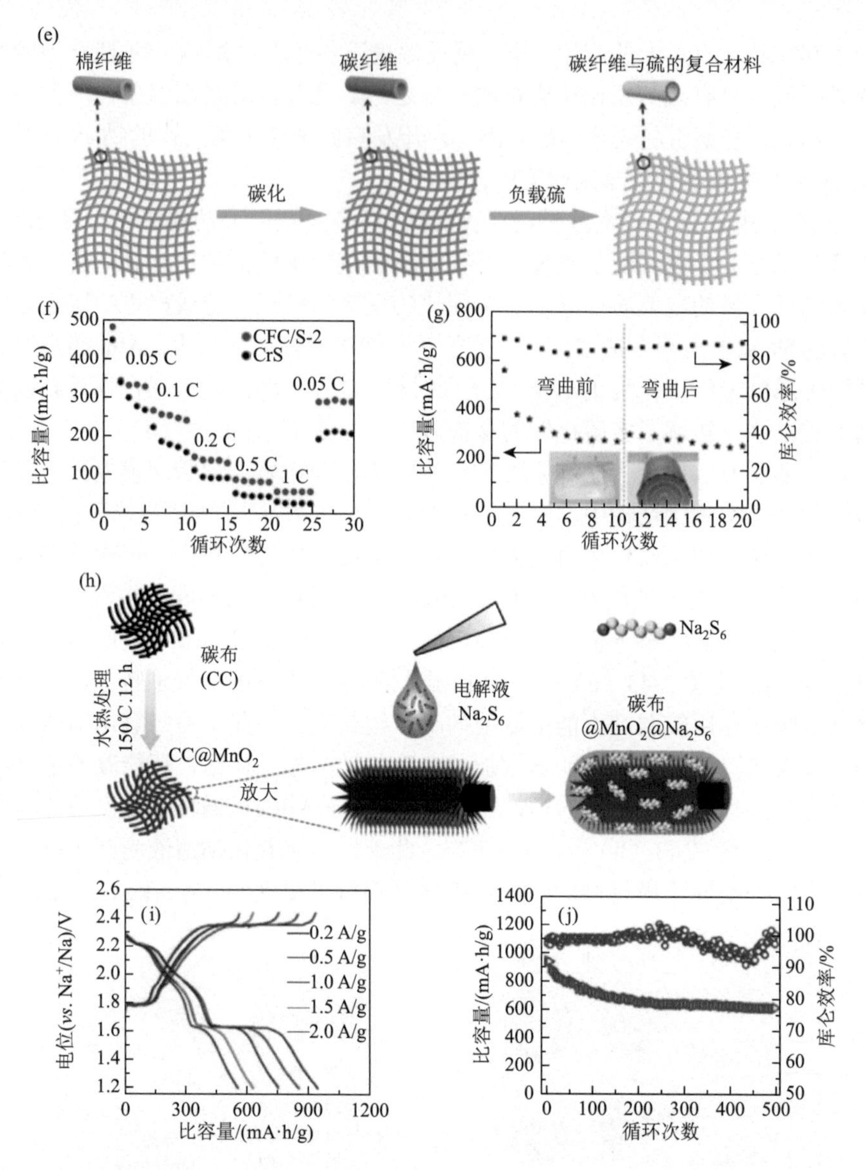

图 3-43 柔性钠-硫电池正极的设计及其性能：（a）PAN、HT-PAN 以及 SPAN 弯曲前后的光学照片，（b）导电基底与活性物质为一体的结构设计示意图，（c）和（d）SPAN 的充放电曲线和循环性能[346]；以碳纤维为基底制备的柔性硫正极：（e）合成示意图，（f）电池的倍率性能，（g）以该正极组装的软包电池弯曲前后的循环性能[348]；以二氧化锰/碳布作为柔性基底制备的柔性正极：（h）设计示意图，（i）和（j）电池的充放电曲线和循环性能[349]

与硫相比，硒及其反应产物可以很容易地被限制在多孔载体中，从而削弱穿梭效应造成的影响，因此柔性钠-硒电池可以获得比柔性钠-硫电池更好的电化学性能。柔性硒正极的设计与制备仍然是以活性物质与柔性基底材料复合为主[344, 345, 351, 352]，在此不再详细赘述。总之，柔性碱金属-硫族元素电池在活性材料选取、柔性电极制备、电化学反应原理方面均具有相似之处。目前的研究主要基于柔性正极展开，在柔性电解质和负极方面相对较少，意味着该领域还有很大的探索空间。

参考文献

[1] Van der Ven A，Deng Z，Banerjee S，et al. Rechargeable alkali-ion battery materials：theory and computation. Chemical Reviews，2020，120（14）：6977-7019.

[2] Lee W，Muhammad S，Sergey C，et al. Advances in the cathode materials for lithium rechargeable batteries. Angewandte Chemie International Edition，2020，59（7）：2578-2605.

[3] Famprikis T，Canepa P，Dawson J A，et al. Fundamentals of inorganic solid-state electrolytes for batteries. Nature Materials，2019，18：1278-1291.

[4] 郭炳焜，徐徽，王先友，等. 锂离子电池. 长沙：中南大学出版社，2002.

[5] Wang N，Chu C，Xu X，et al. Comprehensive new insights and perspectives into Ti-based anodes for next-generation alkaline metal (Na^+，K^+) ion batteries. Advanced Energy Materials，2018，8（27）：1801888.

[6] Wei S，Choudhury S，Tu Z，et al. Electrochemical interphases for high-energy storage using reactive metal anodes. Accounts of Chemical Research，2018，51（1）：80-88.

[7] Bai Q，Yang L，Chen H，et al. Computational studies of electrode materials in sodium-ion batteries. Advanced Energy Materials，2018，8（17）：1702998.

[8] Choi J W，Aurbach D. Promise and reality of post-lithium-ion batteries with high energy densities. Nature Reviews Materials，2016，1（4）：16013.

[9] Gwon H，Hong J，Kim H，et al. Recent progress on flexible lithium rechargeable batteries. Energy & Environmental Science，2014，7（2）：538-551.

[10] Sumboja A，Liu J，Zheng W G，et al. Electrochemical energy storage devices for wearable technology：a rationale for materials selection and cell design. Chemical Society Reviews，2018，47（15）：5919-5945.

[11] Tarascon J M，Armand M. Issues and challenges facing rechargeable lithium batteries. Nature，2001，414（6861）：359-367.

[12] Wang X，Lu X，Liu B，et al. Flexible energy-storage devices：design consideration and recent progress. Advanced Materials，2014，26（28）：4763-4782.

[13] Wu Z，Wang Y，Liu X，et al. Carbon-nanomaterial-based flexible batteries for wearable electronics. Advanced Materials，2019，31（9）：1800716.

[14] Wen L，Li F，Cheng H M. Carbon nanotubes and graphene for flexible electrochemical energy storage：from materials to devices. Advanced Materials，2016，28（22）：4306-4337.

[15] Liu Y，He K，Chen G，et al. Nature-inspired structural materials for flexible electronic devices. Chemical Reviews，2017，117（20）：12893-12941.

[16] Chen L，Zhou G，Liu Z，et al. Scalable clean exfoliation of high-quality few-layer black phosphorus for a flexible lithium ion battery. Advanced Materials，2016，28（3）：510-517.

[17] Park M H，Noh M，Lee S，et al. Flexible high-energy Li-ion batteries with fast-charging capability. Nano Letters，2014，14（7）：4083-4089.

[18] Chen J, Minett A I, Liu Y, et al. Direct growth of flexible carbon nanotube electrodes. Advanced Materials, 2008, 20 (3): 566-570.

[19] Cheng Y, Chen Z, Zhu M, et al. Polyacrylic acid assisted assembly of oxide particles and carbon nanotubes for high-performance flexible battery anodes. Advanced Energy Materials, 2015, 5 (6): 1401207.

[20] Fang X, Shen C, Ge M, et al. High-power lithium ion batteries based on flexible and light-weight cathode of $LiNi_{0.5}Mn_{1.5}O_4$/carbon nanotube film. Nano Energy, 2015, 12: 43-51.

[21] Ren X, Turcheniuk K, Wang F, et al. Flexible nanofiber-reinforced solid polymer lithium-ion battery. Energy Technology, 2019, 7 (9): 1900064.

[22] Guo X, Zheng S, Zhang G, et al. Nanostructured graphene-based materials for flexible energy storage. Energy Storage Materials, 2017, 9: 150-169.

[23] Gwon H, Kim H S, Lee K U, et al. Flexible energy storage devices based on graphene paper. Energy & Environmental Science, 2011, 4 (4): 1277-1283.

[24] Li S, Zhao X, Feng Y, et al. A flexible film toward high-performance lithium storage: designing nanosheet-assembled hollow single-hole Ni-*co*-Mn-O spheres with oxygen vacancy embedded in 3D carbon nanotube/graphene network. Small, 2019, 15 (27): 1901343.

[25] Wang Z, Li H, Tang Z, et al. Hydrogel electrolytes for flexible aqueous energy storage devices. Advanced Functional Materials, 2018, 28 (48): 1804560.

[26] Yu Y, Luo Y, Wu H, et al. Ultrastretchable carbon nanotube composite electrodes for flexible lithium-ion batteries. Nanoscale, 2018, 10 (42): 19972-19978.

[27] Liu W, Chen Z, Zhou G, et al. 3D porous sponge-inspired electrode for stretchable lithium-ion batteries. Advanced Materials, 2016, 28 (18): 3578-3583.

[28] Li C, Shi T, Yoshitake H, et al. A flexible high-energy lithium-ion battery with a carbon black-sandwiched Si anode. Electrochimica Acta, 2017, 225: 11-18.

[29] Balogun M S, Li C, Zeng Y, et al. Titanium dioxide@titanium nitride nanowires on carbon cloth with remarkable rate capability for flexible lithium-ion batteries. Journal of Power Sources, 2014, 272: 946-953.

[30] Park M, Shin D S, Ryu J, et al. Organic-catholyte-containing flexible rechargeable lithium batteries. Advanced Materials, 2015, 27 (35): 5141-5146.

[31] Song Z, Ma T, Tang R, et al. Origami lithium-ion batteries. Nature Communications, 2014, 5: 3140.

[32] Chen Y, Fu K, Zhu S, et al. Reduced graphene oxide films with ultrahigh conductivity as Li-ion battery current collectors. Nano Letters, 2016, 16 (6): 3616-3623.

[33] Li N, Chen Z, Ren W, et al. Flexible graphene-based lithium ion batteries with ultrafast charge and discharge rates. Proceedings of the National Academy of Sciences of the United States of America, 2012, 109 (43): 17360-17365.

[34] Cho S, Choi K H, Yoo J T, et al. Hetero-nanonet rechargeable paper batteries: toward ultrahigh energy density and origami foldability. Advanced Functional Materials, 2015, 25 (38): 6029-6040.

[35] Wang Z, Xu C, Tammela P, et al. Flexible freestanding cladophora nanocellulose paper-based Si anodes for lithium-ion batteries. Journal of Materials Chemistry A, 2015, 3 (27): 14109-14115.

[36] Liu H, Tang Y, Wang C, et al. A lyotropic liquid-crystal-based assembly avenue toward highly oriented vanadium pentoxide/graphene films for flexible energy storage. Advanced Functional Materials, 2017, 27 (12): 1606269.

[37] Mo R, Rooney D, Sun K, et al. 3D nitrogen-doped graphene foam with encapsulated germanium/nitrogen-doped graphene yolk-shell nanoarchitecture for high-performance flexible Li-ion battery. Nature Communications, 2017, 8: 13949.

[38] Ma Y，Younesi R，Pan R，et al. Constraining Si particles within graphene foam monolith：interfacial modification for high-performance Li^+storage and flexible integrated configuration. Advanced Functional Materials，2016，26（37）：6797-6806.

[39] Wang J，Jin D，Zhou R，et al. Highly flexible graphene/Mn_3O_4 nanocomposite membrane as advanced anodes for Li-ion batteries. ACS Nano，2016，10（6）：6227-6234.

[40] Zhang Z，Liao M，Lou H，et al. Conjugated polymers for flexible energy harvesting and storage. Advanced Materials，2018，30（13）：1704261.

[41] Cui Y，Chai J，Du H，et al. Facile and reliable in situ polymerization of poly（ethyl cyanoacrylate）-based polymer electrolytes toward flexible lithium batteries. ACS Applied Materials & Interfaces，2017，9（10）：8737-8741.

[42] Ihlefeld J F，Clem P G，Doyle B L，et al. Fast lithium-ion conducting thin-film electrolytes integrated directly on flexible substrates for high-power solid-state batteries. Advanced Materials，2011，23（47）：5663-5667.

[43] Xu K. Nonaqueous liquid electrolytes for lithium-based rechargeable batteries. Chemical Reviews，2004，104（10）：4303-4418.

[44] Chen R，Qu W，Guo X，et al. The pursuit of solid-state electrolytes for lithium batteries：from comprehensive insight to emerging horizons. Materials Horizons，2016，3（6）：487-516.

[45] Li Y，Fan C，Zhang P，et al. A promising PMHS/PEO blend polymer electrolyte for all-solid-state lithium ion batteries. Dalton Transactions，2018，47（42）：14932-14937.

[46] Wu N，Shi Y，Lang S，et al. Self-healable solid polymeric electrolytes for stable and flexible lithium metal batteries. Angewandte Chemie International Edition，2019，58（50）：18146-18149.

[47] Kil E H，Choi K H，Ha H J，et al. Imprintable，bendable，and shape-conformable polymer electrolytes for versatile-shaped lithium-ion batteries. Advanced Materials，2013，25（10）：1395-1400.

[48] Chen Z，To J W F，Wang C，et al. A three-dimensionally interconnected carbon nanotube-conducting polymer hydrogel network for high-performance flexible battery electrodes. Advanced Energy Materials，2014，4（12）：1400207.

[49] Kammoun M，Berg S，Ardebili H. Flexible thin-film battery based on graphene-oxide embedded in solid polymer electrolyte. Nanoscale，2015，7（41）：17516-17522.

[50] Choi J H，Lee C H，Yu J H，et al. Enhancement of ionic conductivity of composite membranes for all-solid-state lithium rechargeable batteries incorporating tetragonal $Li_7La_3Zr_2O_{12}$ into a polyethylene oxide matrix. Journal of Power Sources，2015，274：458-463.

[51] Zhang J，Zang X，Wen H，et al. High-voltage and free-standing poly (propylene carbonate)/$Li_{6.75}La_3Zr_{1.75}Ta_{0.25}O_{12}$ composite solid electrolyte for wide temperature range and flexible solid lithium ion battery. Journal of Materials Chemistry A，2017，5（10）：4940-4948.

[52] Chen L，Li Y，Li S P，et al. PEO/garnet composite electrolytes for solid-state lithium batteries：from “ceramic-in-polymer” to “polymer-in-ceramic”. Nano Energy，2018，46：176-184.

[53] Li S，Zhang D，Meng X，et al. A flexible lithium-ion battery with quasi-solid gel electrolyte for storing pulsed energy generated by triboelectric nanogenerator. Energy Storage Materials，2018，12：17-22.

[54] Li Q，Ardebili H. Flexible thin-film battery based on solid-like ionic liquid-polymer electrolyte. Journal of Power Sources，2016，303：17-21.

[55] Choi K H，Cho S J，Kim S H，et al. Thin，deformable，and safety-reinforced plastic crystal polymer electrolytes for high-performance flexible lithium-ion batteries. Advanced Functional Materials，2014，24（1）：44-52.

[56] Tao T，Lu S，Chen Y. A review of advanced flexible lithium-ion batteries. Advanced Materials Technologies，2018，

3（9）：1700375.

[57] Cha H，Kim J，Lee Y，et al. Issues and challenges facing flexible lithium-ion batteries for practical application. Small，2018，14（43）：1702989.

[58] Liu Z，Mo F，Li H，et al. Advances in flexible and wearable energy-storage textiles. Small Methods，2018，2（11）：1800124.

[59] Cha H，Lee Y，Kim J，et al. Flexible 3D interlocking lithium-ion batteries. Advanced Energy Materials，2018，8（30）：1801917.

[60] Zeng L，Chen S，Liu M，et al. Integrated paper-based flexible Li-ion batteries made by a rod coating method. ACS Applied Materials & Interfaces，2019，11（50）：46776-46782.

[61] Zhao W，Bai M，Li S，et al. Integrated thin film battery design for flexible lithium ion storage：optimizing the compatibility of the current collector-free electrodes. Advanced Functional Materials，2019，29（43）：1903542.

[62] Zhao Z，Wu H. Monolithic integration of flexible lithium-ion battery on a plastic substrate by printing methods. Nano Research，2019，12（10）：2477-2484.

[63] Leijonmarck S，Cornell A，Lindbergh G，et al. Single-paper flexible Li-ion battery cells through a paper-making process based on nano-fibrillated cellulose. Journal of Materials Chemistry A，2013，1（15）：4671-4677.

[64] Gockeln M，Glenneberg J，Busse M，et al. Flame aerosol deposited $Li_4Ti_5O_{12}$ layers for flexible，thin film all-solid-state Li-ion batteries. Nano Energy，2018，49：564-573.

[65] Koo M，Park K I，Lee S H，et al. Bendable inorganic thin-film battery for fully flexible electronic systems. Nano Letters，2012，12（9）：4810-4816.

[66] Lee H，Kim S，Kim K B，et al. Scalable fabrication of flexible thin-film batteries for smart lens applications. Nano Energy，2018，53：225-231.

[67] Moitzheim S，Put B，Vereecken P M. Advances in 3D thin-film Li-ion batteries. Advanced Materials Interfaces，2019，6（15）：1900805.

[68] Zheng S，Wu Z S，Zhou F，et al. All-solid-state planar integrated lithium ion micro-batteries with extraordinary flexibility and high-temperature performance. Nano Energy，2018，51：613-620.

[69] Lee S Y，Choi K H，Choi W S，et al. Progress in flexible energy storage and conversion systems，with a focus on cable-type lithium-ion batteries. Energy & Environmental Science，2013，6（8）：2414-2423.

[70] Liao M，Ye L，Zhang Y，et al. The recent advance in fiber-shaped energy storage devices. Advanced Electronic Materials，2019，5（1）：1800456.

[71] S J V，Sambath Kumar K，Seal S，et al. Fiber-type solar cells，nanogenerators，batteries，and supercapacitors for wearable applications. Advanced Science，2018，5（9）：1800340.

[72] Zhang Y，Zhao Y，Ren J，et al. Advances in wearable fiber-shaped lithium-ion batteries. Advanced Materials，2016，28（22）：4524-4531.

[73] Zhu Y，Yang X，Liu T，et al. Flexible 1D batteries：recent progress and prospects. Advanced Materials，2020，32（5）：1901961.

[74] Liu Y，Gorgutsa S，Santato C，et al. Flexible，solid electrolyte-based lithium battery composed of $LiFePO_4$ cathode and $Li_4Ti_5O_{12}$ anode for applications in smart textiles. Journal of the Electrochemical Society，2012，159（4）：A349-A356.

[75] Mo F，Liang G，Huang Z，et al. An overview of fiber-shaped batteries with a focus on multifunctionality，scalability，and technical difficulties. Advanced Materials，2020，32（5）：1902151.

[76] Qu H，Lu X，Skorobogatiy M. All-solid flexible fiber-shaped lithium ion batteries. Journal of the Electrochemical

Society，2018，165（3）：A688-A695.

[77] Lin H，Weng W，Ren J，et al. Twisted aligned carbon nanotube/silicon composite fiber anode for flexible wire-shaped lithium-ion battery. Advanced Materials，2014，26（8）：1217-1222.

[78] Ren J，Zhang Y，Bai W，et al. Elastic and wearable wire-shaped lithium-ion battery with high electrochemical performance. Angewandte Chemie International Edition，2014，53（30）：7864-7869.

[79] Dong X，Chen L，Su X，et al. Flexible aqueous lithium-ion battery with high safety and large volumetric energy density. Angewandte Chemie International Edition，2016，55（26）：7474-7477.

[80] Yang C，Ji X，Fan X，et al. Flexible aqueous Li-ion battery with high energy and power densities. Advanced Materials，2017，29（44）：1701972.

[81] Zhang Y，Wang Y，Wang L，et al. A fiber-shaped aqueous lithium ion battery with high power density. Journal of Materials Chemistry A，2016，4（23）：9002-9008.

[82] Ragones H，Vinegrad A，Ardel G，et al. On the road to a multi-coaxial-cable battery：development of a novel 3D-printed composite solid electrolyte. Journal of the Electrochemical Society，2019，167（7）：070503.

[83] Rao J，Liu N，Zhang Z，et al. All-fiber-based quasi-solid-state lithium-ion battery towards wearable electronic devices with outstanding flexibility and self-healing ability. Nano Energy，2018，51：425-433.

[84] Zhou Y，Wang C，Lu W，et al. Recent advances in fiber-shaped supercapacitors and lithium-ion batteries. Advanced Materials，2020，32（5）：1902779.

[85] Weng W，Sun Q，Zhang Y，et al. Winding aligned carbon nanotube composite yarns into coaxial fiber full batteries with high performances. Nano Letters，2014，14（6）：3432-3438.

[86] Park M，Cha H，Lee Y，et al. Postpatterned electrodes for flexible node-type lithium-ion batteries. Advanced Materials，2017，29（11）：1605773.

[87] Kwon Y H，Woo S W，Jung H R，et al. Cable-type flexible lithium ion battery based on hollow multi-helix electrodes. Advanced Materials，2012，24（38）：5192-5197.

[88] Ha S H，Shin K H，Park H W，et al. Flexible lithium-ion batteries with high areal capacity enabled by smart conductive textiles. Small，2018，14（43）：1703418.

[89] Ren J，Li L，Chen C，et al. Twisting carbon nanotube fibers for both wire-shaped micro-supercapacitor and micro-battery. Advanced Materials，2013，25（8）：1155-1159.

[90] Weng W，Wu Q，Sun Q，et al. Failure mechanism in fiber-shaped electrodes for lithium-ion batteries. Journal of Materials Chemistry A，2015，3（20）：10942-10948.

[91] Chen D，Lou Z，Jiang K，et al. Device configurations and future prospects of flexible/stretchable lithium-ion batteries. Advanced Functional Materials，2018，28（51）：1805596.

[92] Gu T，Cao Z，Wei B. All-manganese-based binder-free stretchable lithium-ion batteries. Advanced Energy Materials，2017，7（18）：1700369.

[93] Liu W，Song M S，Kong B，et al. Flexible and stretchable energy storage：recent advances and future perspectives. Advanced Materials，2017，29（1）：1603436.

[94] Xie K，Wei B. Materials and structures for stretchable energy storage and conversion devices. Advanced Materials，2014，26（22）：3592-3617.

[95] Lee H，Yoo J K，Park J H，et al. A stretchable polymer-carbon nanotube composite electrode for flexible lithium-ion batteries：porosity engineering by controlled phase separation. Advanced Energy Materials，2012，2（8）：976-982.

[96] Liu K，Kong B，Liu W，et al. Stretchable lithium metal anode with improved mechanical and electrochemical cycling stability. Joule，2018，2（9）：1857-1865.

[97] Zhou B，He D，Hu J，et al. A flexible，self-healing and highly stretchable polymer electrolyte via quadruple hydrogen bonding for lithium-ion batteries. Journal of Materials Chemistry A，2018，6（25）：11725-11733.

[98] Liao X，Shi C，Wang T，et al. High-energy-density foldable battery enabled by zigzag-like design. Advanced Energy Materials，2019，9（4）：1802998.

[99] Weng W，Sun Q，Zhang Y，et al. A gum-like lithium-ion battery based on a novel arched structure. Advanced Materials，2015，27（8）：1363-1369.

[100] Liu W，Chen J，Chen Z，et al. Stretchable lithium-ion batteries enabled by device-scaled wavy structure and elastic-sticky separator. Advanced Energy Materials，2017，7（21）：1701076.

[101] Song W J，Park J，Kim D H，et al. Jabuticaba-inspired hybrid carbon filler/polymer electrode for use in highly stretchable aqueous Li-ion batteries. Advanced Energy Materials，2018，8（10）：1702478.

[102] Zhang Y，Bai W，Cheng X，et al. Flexible and stretchable lithium-ion batteries and supercapacitors based on electrically conducting carbon nanotube fiber springs. Angewandte Chemie International Edition，2014，53（52）：14564-14568.

[103] Xu S，Zhang Y，Cho J，et al. Stretchable batteries with self-similar serpentine interconnects and integrated wireless recharging systems. Nature Communications，2013，4：1543.

[104] Bao Y，Hong G，Chen Y，et al. Customized kirigami electrodes for flexible and deformable lithium-ion batteries. ACS Applied Materials & Interfaces，2020，12（1）：780-788.

[105] Jung S，Lee S，Song M，et al. Extremely flexible transparent conducting electrodes for organic devices. Advanced Energy Materials，2014，4（1）：1300474.

[106] Yang Y，Jeong S，Hu L，et al. Transparent lithium-ion batteries. Proceedings of the National Academy of Sciences of the United States of America，2011，108（32）：13013-13018.

[107] Wang H G，Li W，Liu D P，et al. Flexible electrodes for sodium-ion batteries：recent progress and perspectives. Advanced Materials，2017，29（45）：1703012.

[108] 孟锦涛，周良毅，钟芸，等. 柔性钠离子电池研究进展. 材料导报，2020，34（1）：1169-1176.

[109] 陈卫华. 钠离子电池器件及其关键材料的设计合成. 第五届全国储能科学与技术大会摘要集，2018.

[110] Xiang X D，Zhang K，Chen J. Recent advances and prospects of cathode materials for sodium-ion batteries. Advanced Materials，2015，27（36）：5343-5364.

[111] 刘艳蕊，张明岗，陈世娟. 钠离子电池正极材料研究进展. 电池，2019，49（3）：255-258.

[112] Mo Y，Ru Q，Chen J F，et al. Three-dimensional $NiCo_2O_4$ nanowire arrays：preparation and storage behavior for flexible lithium-ion and sodium-ion batteries with improved electrochemical performance. Journal of Materials Chemistry A，2015，3（39）：19765-19773.

[113] Rui X，Tang Y，Malyi O I，et al. Ambient dissolution-recrystallization towards large-scale preparation of V_2O_5 nanobelts for high-energy battery applications. Nano Energy，2016，22：583-593.

[114] Yang D，Liao X Z，Shen J，et al. A flexible and binder-free reduced graphene oxide/$Na_{2/3}[Ni_{1/3}Mn_{2/3}]O_2$ composite electrode for high-performance sodium ion batteries. Journal of Materials Chemistry A，2014，2（19）：6723-6726.

[115] Jin T，Liu Y，Li Y，et al. Electrospun $NaVPO_4F$/C nanofibers as self-standing cathode material for ultralong cycle life Na-ion batteries. Advanced Energy Materials，2017，7（15）：1700087.

[116] Koo B，Chattopadhyay S，Shibata T，et al. Intercalation of sodium ions into hollow iron oxide nanoparticles. Chemistry of Materials，2013，25（2）：245-252.

[117] Wang D，Wei Q，Sheng J，et al. Flexible additive-free $H_2V_3O_8$ nanowire membrane as cathode for sodium ion batteries. Physical Chemistry Chemical Physics，2016，18（17）：12074.

[118] 金翼，孙信，余彦，等. 钠离子储能电池关键材料. 化学进展，2014，26（4）：582-591.

[119] 宋维鑫，侯红帅，纪效波. 磷酸钒钠 $Na_3V_2(PO_4)_3$ 电化学储能研究进展. 物理化学学报，2017，33（1）：103-129.

[120] Ni Q，Bai Y，Li Y，et al. 3D electronic channels wrapped large-sized $Na_3V_2(PO_4)_3$ as flexible electrode for sodium-ion batteries. Small，2018，14（43）：1702864.

[121] Chao D，Lai C H M，Liang P，et al. Sodium vanadium fluorophosphates（NVOPF）array cathode designed for high-rate full sodium ion storage device. Advanced Energy Materials，2018，8（16）：1800058.

[122] Zhu Y H，Yuan S，Bao D，et al. Decorating waste cloth via industrial wastewater for tube-type flexible and wearable sodium-ion batteries. Advanced Materials，2017，29（16）：1603719.

[123] Huang Y，Li K，Liu J，et al. Three-dimensional graphene/polyimide composite-derived flexible high-performance organic cathode for rechargeable lithium and sodium batteries. Journal of Materials Chemistry A，2017，5（6）：2710-2716.

[124] Zhang Y，Huang Y S，Yang G H，et al. Dispersion-assembly approach to synthesize three-dimensional graphene/polymer composite aerogel as a powerful organic cathode for rechargeable Li and Na batteries. ACS Applied Materials & Interfaces，2017，9（18）：15549-15556.

[125] Liu T，Kim K C，Lee B，et al. Self-polymerized dopamine as an organic cathode for Li-and Na-ion batteries. Energy & Environmental Science，2017，10（1）：205-215.

[126] Huang Y，Fang C，Zeng R，et al. In situ-formed hierarchical metal-organic flexible cathode for high-energy sodium-ion batteries. ChemSusChem，2017，10（23）：4704-4708.

[127] Zhou G，Feng L，Cheng H M. Progress in flexible lithium batteries and future prospects. Energy & Environmental Science，2014，7（4）：1307-1338.

[128] An H，Li Y，Gao Y，et al. Free-standing fluorine and nitrogen co-doped graphene paper as a high-performance electrode for flexible sodium-ion batteries. Carbon，2017，116：338-346.

[129] Deng X，Xie K，Li L，et al. Scalable synthesis of self-standing sulfur-doped flexible graphene films as recyclable anode materials for low-cost sodium-ion batteries. Carbon，2016，107：67-73.

[130] Wang S，Xia L，Yu L，et al. Free-standing nitrogen-doped carbon nanofiber films：integrated electrodes for sodium-ion batteries with ultralong cycle life and superior rate capability. Advanced Energy Materials，2016，6（7）：1502217.

[131] Lü H Y，Zhang X H，Wan F，et al. Flexible P-doped carbon cloth：vacuum-sealed preparation and enhanced Na-storage properties as binder-free anode for sodium ion batteries. ACS Applied Materials & Interfaces，2017，9（14）：12518-12527.

[132] Zhang C，Wang X，Liang Q，et al. Amorphous phosphorus/nitrogen-doped graphene paper for ultrastable sodium-ion batteries. Nano Letters，2016，16（3）：2054-2060.

[133] Liu Y，Zhang N，Jiao L，et al. Tin nanodots encapsulated in porous nitrogen-doped carbon nanofibers as a free-standing anode for advanced sodium-ion batteries. Advanced Materials，2015，27（42）：6702-6707.

[134] Gu J，Du Z，Zhang C，et al. Liquid-phase exfoliated metallic antimony nanosheets toward high volumetric sodium storage. Advanced Energy Materials，2017，7（17）：1700447.

[135] Li L，Liu P，Zhu K，et al. Flexible and robust N-doped carbon nanofiber film encapsulating uniformly silica nanoparticles：free-standing long-life and low-cost electrodes for Li-and Na-ion batteries. Electrochimica Acta，2017，235：79-87.

[136] Wang X，Cao K，Wang Y，et al. Controllable N-doped $CuCo_2O_4$@C film as a self-supported anode for ultrastable sodium-ion batteries. Small，2017，13（29）：1700873.

[137] David L，Bhandavat R，Singh G. MoS_2/graphene composite paper for sodium-ion battery electrodes. ACS Nano，

2014，8（2）：1759-1770.

[138] Li Y，Zhu H，Shen F，et al. Nanocellulose as green dispersant for two-dimensional energy materials. Nano Energy，2015，13：346-354.

[139] Zhao C，Yu C，Zhang M，et al. Enhanced sodium storage capability enabled by super wide-interlayer-spacing MoS_2 integrated on carbon fibers. Nano Energy，2017，41：66-74.

[140] Zhang S，Yu X，Yu H，et al. Growth of ultrathin MoS_2 nanosheets with expanded spacing of（002）plane on carbon nanotubes for high-performance sodium-ion battery anodes. ACS Applied Materials & Interfaces，2014，6（24）：21880-21885.

[141] Li Z，Shen W，Wang C，et al. Ultra-long $Na_2Ti_3O_7$ nanowires@carbon cloth as binder-free flexible electrodes with a large capacity and long lifetime for sodium-ion batteries. Journal of Materials Chemistry A，2016，4（43）：17111-17120.

[142] Xu G，Tian Y，Wei X，et al. Free-standing electrodes composed of carbon-coated $Li_4Ti_5O_{12}$ nanosheets and reduced graphene oxide for advanced sodium ion batteries. Journal of Power Sources，2017，33：180-188.

[143] Zhao M Q，Xie X，Ren C E，et al. Hollow Mxene spheres and 3D macroporous MXene frameworks for Na-ion storage. Advanced Materials，2017，29（37）：1702410.

[144] Guo D，Qin J，Zhang C，et al. Constructing flexible and binder-free $NaTi_2(PO_4)_3$ film electrode with a sandwich structure by a two-step graphene hybridizing strategy as an ultrastable anode for long-life sodium-ion batteries. Crystal Growth & Design，2018，18（6）：3291-3301.

[145] Yu S C，Liu Z G，Tempel H，et al. Self-standing nasicon-type electrodes with high mass loading for fast cycling flexible all-phosphate sodium-ion batteries. Journal of Materials Chemistry A，2018，6（37）：18304-18317.

[146] He J，Wang N，Cui Z，et al. Hydrogen substituted graphdiyne as carbon-rich flexible electrode for lithium and sodium ion batteries. Nature Communications，2017，8：1172.

[147] Zhu H，Lee K T，Hitz G T，et al. Free-standing $Na_{2/3}Fe_{1/2}Mn_{1/2}O_2$@graphene film for a sodium-ion battery cathode. ACS Applied Materials & Interfaces，2014，6（6）：4242-4247.

[148] Zhang X，Zhou J，Liu C，et al. A universal strategy to prepare porous graphene film：binder-free anode for high-rate lithium-ion and sodium-ion batteries. Journal of Materials Chemistry A，2016，4（22）：8837-8843.

[149] Zhang W，Liu Y，Chen C，et al. Flexible and binder-free electrodes of Sb/rGO and $Na_3V_2(PO_4)_3$/rGO nanocomposites for sodium-ion batteries. Small，2015，11（31）：3822-3829.

[150] Chao D，Zhu C，Xia X，et al. Graphene quantum dots coated VO_2 arrays for highly durable electrodes for Li and Na ion batteries. Nano Letters，2015，15（1）：565-573.

[151] Jin J，Shi Z Q，Wang C Y，et al. Electrochemical performance of electrospun carbon nanofibers as free-standing and binder-free anodes for sodium-ion and lithium-ion batteries. Electrochimica Acta，2014，141：302-310.

[152] Jin J，Yu B J，Shi Z Q，et al. Lignin-based electrospun carbon nanofibrous webs as free-standing and binder-free electrodes for sodium ion batteries. Journal of Power Sources，2014，272：800-807.

[153] Liu Y，Fan L Z，Jiao L F，et al. Graphene highly scattered in porous carbon nanofibers：a binder-free and high-performance anode for sodium-ion batteries. Journal of Materials Chemistry A，2017，5（4）：1698-1705.

[154] Zhu Y，Han X，Xu Y，et al. Electrospun Sb/C fibers for a stable and fast sodium-ion battery anode. ACS Nano，2013，7（7）：6378-6386.

[155] Wang X，Liu Y，Wang Y，et al. CuO quantum dots embedded in carbon nanofibers as binder-free anode for sodium ion batteries with enhanced properties. Small，2016，12（35）：4865-4872.

[156] Xiong X，Luo W，Hu X，et al. Flexible membranes of MoS_2/C nanofibers by electrospinning as binder-free anodes

for high-performance sodium-ion batteries. Scientific Reports，2015，5：9254.

[157] Ciu S N，Cai Z Y，Zhou J，et al. High-performance sodium-ion batteries and flexible sodium-ion capacitors based on $Sb_2X_3(X = O, S)$/carbon fiber cloth. Journal of Materials Chemistry A，2017，5（19）：9169-9176.

[158] Nie P，Shen L F，Pang G，et al. Flexible metal-organic frameworks as superior cathodes for rechargeable sodium-ion batteries. Journal of Materials Chemistry A，2015，3（32）：16590-16597.

[159] Balogun M S，Luo Y，Lyu F，et al. Carbon quantum dot surface-engineered VO_2 interwoven nanowires：a flexible cathode material for lithium and sodium ion batteries. ACS Applied Materials & Interfaces，2016，8（15）：9733-9744.

[160] Xu W W，Zhao K N，Zhang L，et al. SnS_2@graphene nanosheet arrays grown on carbon cloth as freestanding binder-free flexible anodes for advanced sodium batteries. Journal of Alloys & Compounds，2016，654：357-362.

[161] Li Y，Wang D，An Q，et al. Flexible electrode for long-life rechargeable sodium-ion batteries：effect of oxygen vacancy in MoO_{3-x}. Journal of Materials Chemistry A，2016，4（15）：5402-5405.

[162] Song H J，Kim D S，Kim J C，et al. An approach to flexible Na-ion batteries with exceptional rate capability and long lifespan using $Na_2FeP_2O_7$ nanoparticles on porous carbon cloth. Journal of Materials Chemistry A，2017，5（11）：5502-5510.

[163] Wei X，Li W H，Shi J A，et al. FeS@C on carbon cloth as flexible electrode for both lithium and sodium storage. ACS Applied Materials & Interfaces，2015，7（50）：27804-27809.

[164] Harris K D，Elias A L，Chung H J. Flexible electronics under strain：a review of mechanical characterization and durability enhancement strategies. Journal of Materials Science，2016，51（6）：2771-2805.

[165] Mellander B E. Current trends and future challenges of electrolytes for sodium-ion batteries. International Journal of Hydrogen Energy，2016，47（16）：2829-2846.

[166] Kova M，Gaberek M，Grdadolnik J. The effect of plasticizer on the microstructural and electrochemical properties of a $(PEO)_nLiAl(SO_3Cl)_4$ system. Electrochimica Acta，1998，44（5）：863-870.

[167] Zuo X，Liu X M，Cai F，et al. Enhanced performance of a novel gel polymer electrolyte by dual plasticizers. Journal of Power Sources，2013，239：111-121.

[168] Han P，Zhu Y，Liu J. An all-solid-state lithium ion battery electrolyte membrane fabricated by hot-pressing method. Journal of Power Sources，2015，284：459-465.

[169] Zhang J，Ning Z，Miao Z，et al. Flexible and ion-conducting membrane electrolytes for solid-state lithium batteries：dispersion of garnet nanoparticles in insulating polyethylene oxide. Nano Energy，2016，28：447-454.

[170] Golodnitsky D，Ardel G，Strauss E，et al. Conduction mechanisms in concentrated LiI-Polyethylene Oxide-Al_2O_3-based solid electrolytes. Journal of the Electrochemical Society，1997，144（10）：3484.

[171] Wang Y J，Pan Y，Kim D. Conductivity studies on ceramic $Li_{1.3}Al_{0.3}Ti_{1.7}(PO_4)_3$-filled peo-based solid composite polymer electrolytes. Journal of Power Sources，2006，159（1）：690-701.

[172] Nairn K，Forsyth M，Every H，et al. Polymer-ceramic ion-conducting composites. Solid State Ionics，1996，86-88：589-593.

[173] Fergus J W. Ion transport in sodium ion conducting solid electrolytes. Solid State Ionics，2012，227：102-112.

[174] Noguchi Y，Kobayashi E，Plashnitsa L S，et al. Fabrication and performances of all solid-state symmetric sodium battery based on NASICON-related compounds. Electrochimica Acta，2013，101：59-65.

[175] Tel'nova G B，Solntsev K A. Structure and ionic conductivity of a beta-alumina-based solid electrolyte prepared from sodium polyaluminate nanopowders. Inorganic Materials，2015，51（3）：257-266.

[176] Zhang Z，Xu K，Rong X，et al. $Na_{3.4}Zr_{1.8}Mg_{0.2}Si_2PO_{12}$ filled poly(ethylene oxide)/$Na(CF_3SO_2)_2N$ as flexible

composite polymer electrolyte for solid-state sodium batteries. Journal of Power Sources，2017，372：270-275.

[177] Kim J K，Lim Y J，Kim H，et al. A hybrid solid electrolyte for flexible solid-state sodium batteries. Energy & Environmental Science，2015，8（12）：3589-3596.

[178] Yi Q，Zhang W，Li S，et al. A durable sodium battery with a flexible $Na_3Zr_2Si_2PO_{12}$-PVDF-HFP composite electrolyte and sodium/carbon cloth anode. ACS Applied Materials & Interfaces，2018，10（41）：35039-35046.

[179] Ling W，Fu N，Yue J，et al. A flexible solid electrolyte with multilayer structure for sodium metal batteries. Advanced Energy Materials，2020，10（9）：1903966.

[180] Yang Y Q，Chang Z，Li M X，et al. A sodium ion conducting gel polymer electrolyte. Solid State Ionics，2015，269：1-7.

[181] Zhou D，Fan L Z，Fan H，et al. Electrochemical performance of trimethylolpropane trimethylacrylate-based gel polymer electrolyte prepared by in situ thermal polymerization. Electrochimica Acta，2013，89：334-338.

[182] Scrosati B. New approaches to developing lithium polymer batteries. Chemical Record，2001，1（2）：173-181.

[183] Gao H C，Guo B K，Song J，et al. A composite gel-polymer/glass-fiber electrolyte for sodium-ion batteries. Advanced Energy Materials，2015，5（9）：1402235.

[184] Gao H，Zhou W，Park K，et al. A sodium-ion battery with a low-cost cross-linked gel-polymer electrolyte. Advanced Energy Materials，2016，6（18）：1600467.

[185] Rogers J A，Someya T，Huang Y. Materials and mechanics for stretchable electronics. Science，2010，327（5973）：1603-1607.

[186] Hong S Y，Kim Y，Park Y，et al. Charge carriers in rechargeable batteries：Na ions *vs*. Li ions. Energy & Environmental Science，2013，6（22）：2067-2081.

[187] Guo Z，Zhao Y，Ding Y，et al. Multi-functional flexible aqueous sodium-ion batteries with high safety. Chem，2017，3（2）：348-362.

[188] Chen Q，Sun S，Zhai T，et al. Yolk-shell NiS_2 nanoparticle-embedded carbon fibers for flexible fiber-shaped sodium battery. Advanced Energy Materials，2018，8（19）：1800054.

[189] Liu W，Chen J，Chen Z，et al. Stretchable batteries with self-similar serpentine interconnects and integrated wireless recharging systems. Nature Communications，2013，4（1）：1543.

[190] Liu W，Chen J，Chen Z，et al. Stretchable lithium-ion batteries enabled by device-scaled wavy structure and elastic-sticky separator. Advanced Energy Materials，2017，7（21）：1701076.

[191] Li H，Ding Y，Ha H，et al. An all-stretchable-component sodium-ion full battery. Advanced Materials，2017，29（23）：1700898.

[192] 马列，胡锦阳，鲁登，等. 基于聚氨酯的新型锂离子电池柔性正极. 塑料工业，2019，47（8）：128-132.

[193] 朱云海. 钾离子电池正极材料的制备及其性能和应用研究. 长春：吉林大学，2019.

[194] 刘燕晨，黄斌，邵奕嘉，等. 钾离子电池及其最新研究进展. 化学进展，2019，31（9）：1329-1340.

[195] 张贺贺，孙旦，王海燕，等. 钾离子电池负极材料研究进展. 储能科学与技术，2019，9（1）：25-39.

[196] Nossol E，Souza V H R，Zarbin A J G. Carbon nanotube/prussian blue thin films as cathodes for flexible，transparent and ITO-free potassium secondary battery. Journal of Colloid and Interface Science，2016，478：107-116.

[197] Zhu Y H，Yang X，Bao D，et al. High-energy-density flexible potassium-ion battery based on patterned electrodes. Joule，2018，2：736-746.

[198] Qiu W，Xiao H，Li Y，et al. Nitrogen and phosphorus codoped vertical graphene/carbon cloth as a binder-free anode for flexible advanced potassium ion full batteries. Small，2019，15（23）：1901285.

[199] Zeng S，Zhou X，Wang B，et al. Freestanding CNT-modified graphitic carbon foam as a flexible anode for potassium ion batteries. Journal of Materials Chemistry A，2019，7（26）：15774-15781.

[200] Zeng C，Xie F，Yang X，et al. Ultrathin titanate nanosheets/graphene films derived from confined transformation for excellent Na/K ion storage. Angewandte Chemie International Edition，2018，57（28）：8540-8544.

[201] Li P，Wang W，Gong S，et al. Hydrogenated $Na_2Ti_3O_7$ epitaxially grown on flexible N-doped carbon sponge for potassium-ion batteries. ACS Applied Materials & Interfaces，2018，10（44）：37974-37980.

[202] Huang Z，Chen Z，Ding S，et al. Enhanced conductivity and properties of SnO_2-graphene-carbon nanofibers for potassium-ion batteries by graphene modification. Materials Letters，2018，219：19-22.

[203] Jin T，Li H，Li Y，et al. Intercalation pseudocapacitance in flexible and self-standing V_2O_3 porous nanofibers for high-rate and ultra-stable K-ion storage. Nano Energy，2018，50：462-467.

[204] Etogo C A，Huang H，Hong H，et al. Metal-organic-frameworks-engaged formation of $Co_{0.85}Se$@C nanoboxes embedded in carbon nanofibers film for enhanced potassium-ion storage. Energy Storage Materials，2019，24：167-176.

[205] 程琦，梁济元，刘继延，等. 柔性储能器件的发展现状及展望. 江汉大学学报，2016，44（3）：197-204.

[206] 刘冠伟，张亦弛，慈松，等. 柔性电化学储能器件研究进展. 储能科学与技术，2017，6（1）：52-68.

[207] Ji X，Nazar L F. Advances in Li-S batteries. Journal of Materials Chemistry，2010，20（44）：9821-9826.

[208] Manthiram A，Fu Y，Chung S H，et al. Rechargeable lithium-sulfur batteries. Chemical Reviews，2014，114（23）：11751-11787.

[209] Zhang L，Wang Y，Niu Z，et al. Advanced nanostructured carbon-based materials for rechargeable lithium-sulfur batteries. Carbon，2019，141：400-416.

[210] Wild M，O'Neill L，Zhang T，et al. Lithium-sulfur batteries，a mechanistic review. Energy & Environmental Science，2015，8（12）：3477-3494.

[211] Seh Z W，Sun Y，Zhang Q，et al. Designing high-energy lithium-sulfur batteries. Chemical Society Reviews，2016，45（20）：5605-5634.

[212] Yang Y，Zheng G，Cui Y. Nanostructured sulfur cathodes. Chemical Society Reviews，2013，42（7）：3018-3132.

[213] Chen W，Lei T，Wu C，et al. Designing safe electrolyte systems for a high-stability lithium-sulfur battery. Advanced Energy Materials，2018，8（10）：1702348.

[214] Cao R，Xu W，Lv D，et al. Anodes for rechargeable lithium-sulfur batteries. Advanced Energy Materials，2015，5（16）：1402273.

[215] Peng H J，Huang J Q，Zhang Q. A review of flexible lithium-sulfur and analogous alkali metal-chalcogen rechargeable batteries. Chemical Society Reviews，2017，46（17）：5237-5288.

[216] 闻雷，梁骥，石颖，等. 柔性锂硫电池的材料设计与实现. 储能科学与技术，2018，7（3）：465-470.

[217] Li G，Chen Z，Lu J. Lithium-sulfur batteries for commercial applications. Chem，2018，4（1）：3-7.

[218] Fang R，Zhao S，Sun Z，et al. More reliable lithium-sulfur batteries：status，solutions and prospects. Advanced Materials，2017，29（48）：1606823.

[219] Cao Z，Wei B. A perspective：carbon nanotube macro-films for energy storage. Energy & Environmental Science，2013，6（11）：3183-3201.

[220] Lin Z，Zeng Z，Gui X，et al. Carbon nanotube sponges，aerogels，and hierarchical composites：synthesis，properties，and energy applications. Advanced Energy Materials，2016，6（17）：1600554.

[221] Dorfler S，Hagen M，Althues H，et al. High capacity vertical aligned carbon nanotube/sulfur composite cathodes for lithium-sulfur batteries. Chemical Communications，2012，48（34）：4097-4099.

[222] Zhou G，Wang D W，Li F，et al. A flexible nanostructured sulphur-carbon nanotube cathode with high rate performance for Li-S batteries. Energy & Environmental Science，2012，5（10）：8901-8906.

[223] Yuan Z，Peng H J，Huang J Q，et al. Hierarchical free-standing carbon-nanotube paper electrodes with ultrahigh sulfur-loading for lithium-sulfur batteries. Advanced Functional Materials，2014，24（39）：6105-6112.

[224] Sun L，Li M，Jiang Y，et al. Sulfur nanocrystals confined in carbon nanotube network as a binder-free electrode for high-performance lithium sulfur batteries. Nano Letters，2014，14（7）：4044-4049.

[225] Sun L，Wang D，Luo Y，et al. Sulfur embedded in a mesoporous carbon nanotube network as a binder-free electrode for high-performance lithium-sulfur batteries. ACS Nano，2016，10（1）：1300-1308.

[226] Jia L J，Wang J，Chen Z J，et al. High areal capacity flexible sulfur cathode based on multi-functionalized super-aligned carbon nanotubes. Nano Research，2019，12（5）：1105-1113.

[227] Zhao Y，Yin F X，Zhang Y G，et al. A free-standing sulfur/nitrogen-doped carbon nanotube electrode for high-performance lithium/sulfur batteries. Nanoscale Research Letters，2015，10：450.

[228] Chen L F，Feng Y，Liang H W，et al. Macroscopic-scale three-dimensional carbon nanofiber architectures for electrochemical energy storage devices. Advanced Energy Materials，2017，7（23）：1700826.

[229] Li Z，Zhang J T，Chen Y M，et al. Pie-like electrode design for high-energy density lithium-sulfur batteries. Nature Communications，2015，6：8850.

[230] Yu M，Wang Z，Wang Y，et al. Freestanding flexible Li_2S paper electrode with high mass and capacity loading for high-energy Li-S batteries. Advanced Energy Materials，2017，7（17）：1700018.

[231] Zeng L C，Pan F S，Li W H，et al. Free-standing porous carbon nanofibers-sulfur composite for flexible Li-S battery cathode. Nanoscale，2014，6（16）：9579-9587.

[232] Zhou W，Guo B，Gao H，et al. Low-cost higher loading of a sulfur cathode. Advanced Energy Materials，2016，6（5）：1502059.

[233] Fang R，Zhao S，Hou P，et al. 3D interconnected electrode materials with ultrahigh areal sulfur loading for Li-S batteries. Advanced Materials，2016，28（17）：3374-3382.

[234] Sun Y，Wu Q，Shi G Q. Graphene based new energy materials. Energy & Environmental Science，2011，4（4）：1113-1132.

[235] Mao M，Hu J，Liu H. Graphene-based materials for flexible electrochemical energy storage. International Journal of Energy Research，2015，39（6）：727-740.

[236] Gu X，Zhang S，Hou Y L. Graphene-based sulfur composites for energy storage and conversion in Li-S batteries. Chinese Journal of Chemistry，2016，34（1）：13-31.

[237] Jun J，Wen Z Y，Ma G Q，et al. Flexible self-supporting graphene-sulfur paper for lithium sulfur batteries. RSC Advances，2012，3（8）：2558-2560.

[238] Cao J，Chen C，Zhao Q，et al. A flexible nanostructured paper of a reduced graphene oxide-sulfur composite for high-performance lithium-sulfur batteries with unconventional configurations. Advanced Materials，2016，28(43)：9629-9636.

[239] Chen K N，Cao J，Lu Q Q，et al. Sulfur nanoparticles encapsulated in reduced graphene oxide nanotubes for flexible lithium-sulfur batteries. Nano Research，2018，11（3）：1345-1357.

[240] Luo S，Yao M，Lei S，et al. Freestanding reduced graphene oxide-sulfur composite films for highly stable lithium-sulfur batteries. Nanoscale，2017，9（14）：4646-4651.

[241] Liu Y，Yao M，Zhang L，et al. Large-scale fabrication of reduced graphene oxide-sulfur composite films for flexible lithium-sulfur batteries. Journal of Energy Chemistry，2019，38：199-206.

[242] Zhou G, Pei S, Li L, et al. A graphene-pure-sulfur sandwich structure for ultrafast, long-life lithium-sulfur batteries. Advanced Materials, 2014, 26 (4): 625-631.

[243] Zhou G, Yin L C, Wang D W, et al. Fibrous hybrid of graphene and sulfur nanocrystals for high-performance lithium-sulfur batteries. ACS Nano, 2013, 7 (6): 5367-5375.

[244] Zhou G, Li L, Ma C, et al. A graphene foam electrode with high sulfur loading for flexible and high energy Li-S batteries. Nano Energy, 2015, 11: 356-365.

[245] Lin C, Niu C, Xu X, et al. A facile synthesis of three dimensional graphene sponge composited with sulfur nanoparticles for flexible Li-S cathodes. Physical Chemistry Chemical Physics, 2016, 18 (32): 22146-22153.

[246] Han K, Shen J, Hao S, et al. Free-standing nitrogen-doped graphene paper as electrodes for high-performance lithium/dissolved polysulfide batteries. ChemSusChem, 2014, 7 (9): 2545-2553.

[247] Xie Y, Meng Z, Cai T, et al. Effect of boron-doping on the graphene aerogel used as cathode for the lithium-sulfur battery. ACS Applied Materials & Interfaces, 2015, 7 (45): 25202-25210.

[248] Zhou G, Paek E, Hwang G S, et al. Long-life Li/polysulphide batteries with high sulphur loading enabled by lightweight three-dimensional nitrogen/sulphur-codoped graphene sponge. Nature Communications, 2015, 6: 7760.

[249] Elazari R, Salitra G, Garsuch A, et al. Sulfur-impregnated activated carbon fiber cloth as a binder-free cathode for rechargeable Li-S batteries. Advanced Materials, 2011, 23 (47): 5641-5644.

[250] Zhang S S, Tran D T. A proof-of-concept lithium/sulfur liquid battery with exceptionally high capacity density. Journal of Power Sources, 2012, 211: 169-172.

[251] Miao L X, Wang W K, Yuan K G, et al. A lithium-sulfur cathode with high sulfur loading and high capacity per area: a binder-free carbon fiber cloth-sulfur material. Chemical Communications, 2014, 50 (87): 13231-13234.

[252] Chung S H, Chang C H, Manthiram A. Robust, ultra-tough flexible cathodes for high-energy Li-S batteries. Small, 2016, 12 (7): 939-950.

[253] Zhao M Q, Liu X F, Zhang Q, et al. Graphene/single-walled carbon nanotube hybrids: one-step catalytic growth and applications for high-rate Li-S batteries. ACS Nano, 2012, 6 (12): 10759-10769.

[254] Zhou G, Zhao Y, Manthiram A. Dual-confined flexible sulfur cathodes encapsulated in nitrogen-doped double-shelled hollow carbon spheres and wrapped with graphene for Li-S batteries. Advanced Energy Materials, 2015, 5 (9): 1402263.

[255] Xiao P T, Bu F X, Yu G H, et al. Integration of graphene, nano sulfur, and conducting polymer into compact, flexible lithium-sulfur battery cathodes with ultrahigh volumetric capacity and superior cycling stability for foldable devices. Advanced Materials, 2017, 29 (40): 1703324.

[256] Lee D K L, Kim S J, Kim Y J, et al. Graphene oxide/carbon nanotube bilayer flexible membrane for high-performance Li-S batteries with superior physical and electrochemical properties. Advanced Materials Interfaces, 2019, 6 (7): 1801992.

[257] Kim J M, Kang Y K, Song S W, et al. Freestanding sulfur-graphene oxide/carbon composite paper as a stable cathode for high performance lithium-sulfur batteries. Electrochimica Acta, 2018, 299: 27-33.

[258] Chao W, Fu L J, Joachim M, et al. Free-standing graphene-based porous carbon films with three-dimensional hierarchical architecture for advanced flexible Li-sulfur batteries. Journal of Materials Chemistry A, 2015, 3 (18): 9438-9445.

[259] He J, Chen Y, Li P, et al. Three-dimensional CNT/graphene-sulfur hybrid sponges with high sulfur loading as superior-capacity cathodes for lithium-sulfur batteries. Journal of Materials Chemistry A, 2015, 3 (36): 18605-18610.

[260] Hong X, Jin J, Wu T, et al. A rGO-CNT aerogel covalently bonded with a nitrogen-rich polymer as a polysulfide

adsorptive cathode for high sulfur loading lithium sulfur batteries. Journal of Materials Chemistry A, 2017, 5(28): 14775-14782.

[261] Chu R X, Lin J, Wu C Q, et al. Reduced graphene oxide coated porous carbon-sulfur nanofiber as flexible paper electrode for lithium-sulfur battery. Nanoscale, 2017, 9 (26): 9129-9138.

[262] Liu X, Huang J Q, Zhang Q, et al. Nanostructured metal oxides and sulfides for lithium-sulfur batteries. Advanced Materials, 2017, 29 (20): 1601759.

[263] Zhang Q, Wang Y, Seh Z W, et al. Understanding the anchoring effect of two-dimensional layered materials for lithium-sulfur batteries. Nano Letters, 2015, 15 (6): 3780-3786.

[264] Zhou F, Li Z, Luo X, et al. Low cost metal carbide nanocrystals as binding and electrocatalytic sites for high performance Li-S batteries. Nano Letters, 2018, 18 (2): 1035-1043.

[265] Tao X, Wang J, Liu C, et al. Balancing surface adsorption and diffusion of lithium-polysulfides on nonconductive oxides for lithium-sulfur battery design. Nature Communications, 2016, 7: 11203.

[266] Cui Z, Zu C, Zhou W, et al. Mesoporous titanium nitride-enabled highly stable lithium-sulfur batteries. Advanced Materials, 2016, 28 (32): 6926-6931.

[267] Ma L, Yuan H, Zhang W, et al. Porous-shell vanadium nitride nanobubbles with ultrahigh areal sulfur loading for high-capacity and long-life lithium-sulfur batteries. Nano Letters, 2017, 17 (12): 7839-7846.

[268] Sun Z, Zhang J, Yin L, et al. Conductive porous vanadium nitride/graphene composite as chemical anchor of polysulfides for lithium-sulfur batteries. Nature Communications, 2017, 8: 14627.

[269] Liang X, Garsuch A, Nazar L F. Sulfur cathodes based on conductive MXene nanosheets for high-performance lithium-sulfur batteries. Angewandte Chemie International Edition, 2015, 54 (13): 3907-3911.

[270] Zhian Z, Qiang L, Kai Z, et al. Titanium-dioxide-grafted carbon paper with immobilized sulfur as a flexible free-standing cathode for superior lithium-sulfur batteries. Journal of Power Sources, 2015, 290: 159-167.

[271] Lei T, Chen W, Huang J, et al. Multi-functional layered WS_2 nanosheets for enhancing the performance of lithium-sulfur batteries. Advanced Energy Materials, 2017, 7 (4): 1601843.

[272] Mao Y, Li G, Guo Y, et al. Foldable interpenetrated metal-organic frameworks/carbon nanotubes thin film for lithium-sulfur batteries. Nature Communications, 2017, 8: 14628.

[273] Zhuosen W, Jiadong S, Jun L, et al. Self-supported and flexible sulfur cathode enabled via synergistic confinement for high-energy-density lithium-sulfur batteries. Advanced Materials, 2019, 31 (33): 1970236.

[274] Zeng L, Jiang Y, Xu J, et al. Flexible copper-stabilized sulfur-carbon nanofibers with excellent electrochemical performance for Li-S batteries. Nanoscale, 2015, 7 (25): 10940-10949.

[275] Zhao Q, Hu X, Zhang K, et al. Sulfur nanodots electrodeposited on Ni foam as high-performance cathode for Li-S batteries. Nano Letters, 2015, 15 (1): 721-726.

[276] Xiao Z, Li Z, Meng X, et al. MXene-engineered lithium-sulfur batteries. Journal of Materials Chemistry A, 2019, 7 (40): 22730-22743.

[277] Zhang C, Cui L, Abdolhosseinzadeh S, et al. Two-dimensional MXenes for lithium-sulfur batteries. InfoMat, 2020, 2 (4): 613-638.

[278] Tang H, Li W, Pan L, et al. A robust, freestanding MXene-sulfur conductive paper for long-lifetime Li-S batteries. Advanced Functional Materials, 2019, 29 (30): 1901907.

[279] Zhao T, Zhai P, Yang Z, et al. Self-supporting $Ti_3C_2T_x$ foam/S cathodes with high sulfur loading for high-energy-density lithium-sulfur batteries. Nanoscale, 2018, 10 (48): 22954-22962.

[280] Gu X, Hencz L, Zhang S. Recent development of carbonaceous materials for lithium-sulphur batteries. Batteries,

2016，2（4）：33.

[281] Chung S H，Manthiram A. Bifunctional separator with a light-weight carbon-coating for dynamically and statically stable lithium-sulfur batteries. Advanced Functional Materials，2014，24（33）：5299-5306.

[282] Chung S H，Manthiram A. A polyethylene glycol-supported microporous carbon coating as a polysulfide trap for utilizing pure sulfur cathodes in lithium-sulfur batteries. Advanced Materials，2014，26（43）：7352-7357.

[283] Chung S H，Manthiram A. Carbonized eggshell membrane as a natural polysulfide reservoir for highly reversible Li-S batteries. Advanced Materials，2014，26（9）：1360-1365.

[284] Balach J，Jaumann T，Klose M，et al. Functional mesoporous carbon-coated separator for long-life，high-energy lithium-sulfur batteries. Advanced Functional Materials，2015，25（33）：5285-5291.

[285] Yoo J，Cho S J，Jung G Y，et al. COF-net on CNT-net as a molecularly designed，hierarchical porous chemical trap for polysulfides in lithium-sulfur batteries. Nano Letters，2016，16（5）：3292-3300.

[286] Fang R，Zhao S，Pei S，et al. Toward more reliable lithium-sulfur batteries：an all-graphene cathode structure. ACS Nano，2016，10（9）：8676-8682.

[287] Peng H J，Wang D W，Huang J Q，et al. Janus separator of polypropylene-supported cellular graphene framework for sulfur cathodes with high utilization in lithium-sulfur batteries. Advanced Science，2016，3（1）：1500268.

[288] Yao H，Yan K，Li W，et al. Improved lithium-sulfur batteries with a conductive coating on the separator to prevent the accumulation of inactive S-related species at the cathode-separator interface. Energy & Environmental Science，2014，7（10）：3381-3390.

[289] Zhang L，Wan F，Wang X，et al. Dual-functional graphene carbon as polysulfide trapper for high-performance lithium sulfur batteries. ACS Applied Materials & Interfaces，2018，10（6）：5594-5602.

[290] Zhai P Y，Peng H J，Cheng X B，et al. Scaled-up fabrication of porous-graphene-modified separators for high-capacity lithium-sulfur batteries. Energy Storage Materials，2017，7：56-63.

[291] Balach J，Singh H K，Gomoll S，et al. Synergistically enhanced polysulfide chemisorption using a flexible hybrid separator with N and S dual-doped mesoporous carbon coating for advanced lithium-sulfur batteries. ACS Applied Materials & Interfaces，2016，8（23）：14586-14595.

[292] Cao Z，Zhang J，Ding Y，et al. In situ synthesis of flexible elastic N-doped carbon foam as a carbon current collector and interlayer for high-performance lithium sulfur batteries. Journal of Materials Chemistry A，2016，4（22）：8636-8644.

[293] Fan Y，Yang Z，Hua W，et al. Functionalized boron nitride nanosheets/graphene interlayer for fast and long-life lithium-sulfur batteries. Advanced Energy Materials，2017，7（13）：1602380.

[294] Sun J，Sun Y，Pasta M，et al. Entrapment of polysulfides by a black-phosphorus-modified separator for lithium-sulfur batteries. Advanced Materials，2016，28（44）：9797-9803.

[295] Wang L，Yang Z，Nie H，et al. A lightweight multifunctional interlayer of sulfur-nitrogen dual-doped graphene for ultrafast，long-life lithium-sulfur batteries. Journal of Materials Chemistry A，2016，4（40）：15343-15352.

[296] Song J，Yu Z，Gordin M L，et al. Advanced sulfur cathode enabled by highly crumpled nitrogen-doped graphene sheets for high-energy-density lithium-sulfur batteries. Nano Letters，2016，16（2）：864-870.

[297] Song J，Gordin M L，Xu T，et al. Strong lithium polysulfide chemisorption on electroactive sites of nitrogen-doped carbon composites for high-performance lithium-sulfur battery cathodes. Angewandte Chemie International Edition，2015，54（14）：4325-4329.

[298] Chang C H，Chung S H，Manthiram A. Ultra-lightweight PANINF/MWCNT-functionalized separators with synergistic suppression of polysulfide migration for Li-S batteries with pure sulfur cathodes. Journal of Materials

Chemistry A，2015，3（37）：18829-18834.

[299] Li Q，Liu M，Qin X，et al. Cyclized-polyacrylonitrile modified carbon nanofiber interlayers enabling strong trapping of polysulfides in lithium-sulfur batteries. Journal of Materials Chemistry A，2016，4（33）：12973-12980.

[300] Wu F，Ye Y，Chen R，et al. Systematic effect for an ultralong cycle lithium-sulfur battery. Nano Letters，2015，15（11）：7431-7439.

[301] Huang J Q，Zhang B，Xu Z L，et al. Novel interlayer made from Fe_3C/carbon nanofiber webs for high performance lithium-sulfur batteries. Journal of Power Sources，2015，285：43-50.

[302] Lin C，Zhang W，Wang L，et al. A few-layered Ti_3C_2 nanosheet/glass fiber composite separator as a lithium polysulphide reservoir for high-performance lithium-sulfur batteries. Journal of Materials Chemistry A，2016，4（16）：5993-5998.

[303] Kong W，Yan L，Luo Y，et al. Ultrathin MnO_2/graphene oxide/carbon nanotube interlayer as efficient polysulfide-trapping shield for high-performance Li-S batteries. Advanced Functional Materials，2017，27（18）：1606663.

[304] Peng H J，Zhang Z W，Huang J Q，et al. A cooperative interface for highly efficient lithium-sulfur batteries. Advanced Materials，2016，28（43）：9551-9558.

[305] Xiao Z，Yang Z，Wang L，et al. A lightweight TiO_2/graphene interlayer，applied as a highly effective polysulfide absorbent for fast，long-life lithium-sulfur batteries. Advanced Materials，2015，27（18）：2891-2898.

[306] Zhao Y，Liu M，Lv W，et al. Dense coating of $Li_4Ti_5O_{12}$ and graphene mixture on the separator to produce long cycle life of lithium-sulfur battery. Nano Energy，2016，30：1-8.

[307] Cai W，Li G，Zhang K，et al. Conductive nanocrystalline niobium carbide as high-efficiency polysulfides tamer for lithium-sulfur batteries. Advanced Functional Materials，2017，28（2）：1704865.

[308] Zhang L，Chen X，Wan F，et al. Enhanced electrochemical kinetics and polysulfide traps of indium nitride for highly stable lithium-sulfur batteries. ACS Nano，2018，12（9）：9578-9586.

[309] Xi K，Chen B，Li H，et al. Soluble polysulphide sorption using carbon nanotube forest for enhancing cycle performance in a lithium-sulphur battery. Nano Energy，2015，12：538-546.

[310] Vizintin A，Lozinšek M，Chellappan R K，et al. Fluorinated reduced graphene oxide as an interlayer in Li-S batteries. Chemistry of Materials，2015，27（20）：7070-7081.

[311] Singhal R，Chung S H，Manthiram A，et al. A free-standing carbon nanofiber interlayer for high-performance lithium-sulfur batteries. Journal of Materials Chemistry A，2015，3（8）：4530-4538.

[312] Li H L，Wang X F，Qi C，et al. Self-assembly of MoO_3-decorated carbon nanofiber interlayers for high-performance lithium-sulfur batteries. Physical Chemistry Chemical Physics，2020，22（4）：2157-2163.

[313] Huang J Q，Xu Z L，Abouali S，et al. Porous graphene oxide/carbon nanotube hybrid films as interlayer for lithium-sulfur batteries. Carbon，2016，99：624-632.

[314] Zhou G，Li L，Wang D W，et al. A flexible sulfur-graphene-polypropylene separator integrated electrode for advanced Li-S batteries. Advanced Materials，2015，27（4）：641-647.

[315] Wang H，Zhang W，Liu H，et al. A strategy for configuration of an integrated flexible sulfur cathode for high-performance lithium-sulfur batteries. Angewandte Chemie International Edition，2016，55（12）：3992-3996.

[316] Lee F，Tsai M C，Lin M H，et al. Capacity retention of lithium sulfur batteries enhanced with nano-sized TiO_2-embedded polyethylene oxide. Journal of Materials Chemistry A，2017，5（14）：6708-6715.

[317] Zhang C，Lin Y，Liu J. Sulfur double locked by a macro-structural cathode and a solid polymer electrolyte for lithium-sulfur batteries. Journal of Materials Chemistry A，2015，3（20）：10760-10766.

[318] Lin Y，Wang X M，Liu J，et al. Natural halloysite nano-clay electrolyte for advanced all-solid-state lithium-sulfur

batteries. Nano Energy，2017，31：478-485.
[319] Lin Y，Li J，Liu K，et al. Unique starch polymer electrolyte for high capacity all-solid-state lithium sulfur battery. Green Chemistry，2016，18（13）：3796-3803.
[320] Choudhury S，Saha T，Naskar K，et al. A highly stretchable gel-polymer electrolyte for lithium-sulfur batteries. Polymer，2017，112：447-456.
[321] Zhang S S. A concept for making poly (ethylene oxide) based composite gel polymer electrolyte lithium/sulfur battery. Journal of the Electrochemical Society，2013，160（9）：A1421-A1424.
[322] Nair J R，Bella F，Angulakshmi N，et al. Nanocellulose-laden composite polymer electrolytes for high performing lithium-sulphur batteries. Energy Storage Materials，2016，3：69-76.
[323] Liu M，Zhou D，He Y B，et al. Novel gel polymer electrolyte for high-performance lithium-sulfur batteries. Nano Energy，2016，22：278-289.
[324] Choi S，Song J，Wang C，et al. Multifunctional free-standing gel polymer electrolyte with carbon nanofiber interlayers for high-performance lithium-sulfur batteries. Chemistry-An Asian Journal，2017，12（13）：1470-1474.
[325] Liu M，Jiang H R，Ren Y X，et al. In-situ fabrication of a freestanding acrylate-based hierarchical electrolyte for lithium-sulfur batteries. Electrochimica Acta，2016，213：871-878.
[326] Liu W，Liu N，Sun J，et al. Ionic conductivity enhancement of polymer electrolytes with ceramic nanowire fillers. Nano Letters，2015，15（4）：2740-2745.
[327] Fu K，Gong Y，Dai J，et al. Flexible，solid-state，ion-conducting membrane with 3D garnet nanofiber networks for lithium batteries. Proceedings of the National Academy of Sciences of the United States of America，2016，113（26）：7094-7099.
[328] Zhai H，Xu P，Ning M，et al. A flexible solid composite electrolyte with vertically aligned and connected ion-conducting nanoparticles for lithium batteries. Nano Letters，2017，17（5）：3182-3187.
[329] Li L，Wu Z P，Sun H，et al. A foldable lithium-sulfur battery. ACS Nano，2015，9（11）：11342-11350.
[330] Chang C H，Chung S H，Manthiram A. Highly flexible，freestanding tandem sulfur cathodes for foldable Li-S batteries with a high areal capacity. Materials Horizons，2017，4（2）：249-258.
[331] Sun Q，Fang X，Weng W，et al. An aligned and laminated nanostructured carbon hybrid cathode for high-performance lithium-sulfur batteries. Angewandte Chemie International Edition，2015，54（36）：10539-10544.
[332] Zhang L，Liu D，Muhammad Z，et al. Single nickel atoms on nitrogen-doped graphene enabling enhanced kinetics of lithium-sulfur batteries. Advanced Materials，2019，31（40）：1903955.
[333] Yao M J，Wang R，Zhao Z F，et al. A flexible all-in-one lithium-sulfur battery. ACS Nano，2018，12（12）：12503-12511.
[334] Fang X，Weng W，Ren J，et al. A cable-shaped lithium sulfur battery. Advanced Materials，2016，28（3）：491-496.
[335] Chong W J，Huang J Q，Xu Z L，et al. Lithium-sulfur battery cable made from ultralight，flexible graphene/carbon nanotube/sulfur composite fibers. Advanced Functional Materials，2017，27（4）：1604815.
[336] Liu R，Liu Y，Chen J，et al. Flexible wire-shaped lithium-sulfur batteries with fibrous cathodes assembled via capillary action. Nano Energy，2017，33：325-333.
[337] Yuan H，Zhang M，Yang C，et al. Cable-shaped lithium-sulfur batteries based on nitrogen-doped carbon/carbon nanotube composite yarns. Macromolecular Materials and Engineering，2019，304（8）：1900201.
[338] Song N N，Dao Z，Zhang Y Y，et al. B_4C nanoskeleton enabled，flexible lithium-sulfur batteries. Nano Energy，2019，58：30-39.
[339] Xu J，Ma J，Fan Q，et al. Recent progress in the design of advanced cathode materials and battery models for

high-performance lithium-X（X = O_2，S，Se，Te，I_2，Br_2）batteries. Advanced Materials，2017，29（28）：1606454.

[340] Abouimrane A，Dambournet D，Chapman K W，et al. A new class of lithium and sodium rechargeable batteries based on selenium and selenium-sulfur as a positive electrode. Journal of the American Chemical Society，2012，134（10）：4505-4508.

[341] Han K，Liu Z，Ye H Q，et al. Flexible self-standing graphene-Se@CNT composite film as a binder-free cathode for rechargeable Li-Se batteries. Journal of Power Sources，2014，263：85-89.

[342] He J，Chen Y，Lv W，et al. Three-dimensional hierarchical graphene-CNT@Se：a highly efficient freestanding cathode for Li-Se batteries. ACS Energy Letters，2016，1（1）：16-20.

[343] Han K，Liu Z，Shen J，et al. A free-standing and ultralong-life lithium-selenium battery cathode enabled by 3D mesoporous carbon/graphene hierarchical architecture. Advanced Functional Materials，2015，25（3）：455-463.

[344] Zeng L，Wei X，Wang J，et al. Flexible one-dimensional carbon-selenium composite nanofibers with superior electrochemical performance for Li-Se/Na-Se batteries. Journal of Power Sources，2015，281：461-469.

[345] Zeng L，Zeng W，Jiang Y，et al. A flexible porous carbon nanofibers-selenium cathode with superior electrochemical performance for both Li-Se and Na-Se batteries. Advanced Energy Materials，2015，5（4）：1401377.

[346] Kim I，Kim C H，Choi S H，et al. A singular flexible cathode for room temperature sodium/sulfur battery. Journal of Power Sources，2016，307：31-37.

[347] Huang X，Liu J，Huang Z，et al. Flexible free-standing sulfurized polyacrylonitrile electrode for stable Li/Na storage. Electrochimica Acta，2020，333：135493.

[348] Lu Q，Wang X，Cao J，et al. Freestanding carbon fiber cloth/sulfur composites for flexible room-temperature sodium-sulfur batteries. Energy Storage Materials，2017，8：77-84.

[349] Kumar A，Ghosh A，Roy A，et al. High-energy density room temperature sodium-sulfur battery enabled by sodium polysulfide catholyte and carbon cloth current collector decorated with MnO_2 nanoarrays. Energy Storage Materials，2019，20：196-202.

[350] Yu X，Manthiram A. Na_2S-carbon nanotube fabric electrodes for room-temperature sodium-sulfur batteries. Chemistry-A European Journal，2015，21（1）：4233-4237.

[351] Yuan B，Sun X，Zeng L，et al. A freestanding and long-life sodium-selenium cathode by encapsulation of selenium into microporous multichannel carbon nanofibers. Small，2018，14（9）：1703252.

[352] Yao Y，Chen M，Xu R，et al. CNT interwoven nitrogen and oxygen dual-doped porous carbon nanosheets as free-standing electrodes for high-performance Na-Se and K-Se flexible batteries. Advanced Materials，2018，30（49）：1805234.

第4章 柔性多价金属（锌/镁/铝）离子电池

多价金属（如锌/镁/铝）由于具有高的储量、廉价易得、多电子氧化还原等优点，在大规模储能领域具有广阔的应用前景。为了获得最大的能量密度，目前多价金属离子电池均是直接使用多价金属作为负极。相比于锂/钠/钾碱金属低的氧化还原电势（分别为–3.04 V、–2.71 V、–2.93 V *vs.* 标准氢电极），锌/镁/铝金属具有更高的氧化还原电势（分别为–0.76 V、–2.37 V、–1.66 V *vs.* 标准氢电极）。虽然更高的氧化还原电势会导致更低的能量密度，但是它们在空气中的稳定性更高，在本质上具有更高的安全性。而且，除了镁以外，金属锌和铝在空气及水体系中稳定，可以直接利用它们作为负极，以水溶液为电解液，从而发展本质上不可燃的水系多价金属离子电池。但是，铝在水体系中的沉积/析出效率低，因此，目前铝离子电池主要还是使用传统有机电解液。另外，由于多价金属的多电子氧化还原反应（Zn/Zn^{2+}、Mg/Mg^{2+}、Al/Al^{3+}），金属锌/镁/铝的理论体积比容量高于单价态的锂/钠/钾。因此，近些年，多价金属离子电池得到了快速发展，而且不同结构的柔性多价金属离子电池电极和器件也被开发出来，本章将分别介绍柔性锌/镁/铝离子电池的材料与器件设计。

4.1 柔性水系锌离子电池

4.1.1 水系锌离子电池基本介绍

柔性电子系统要求其储能器件具有高安全性和低成本的特性。前面章节介绍的锂离子电池由于使用易燃的有机电解液，存在安全隐患[1]。与有机电解液相比，水系电解液具有更高的安全性、更低的成本、更容易的加工工艺和更高的离子电导率（大约比有机电解液高两个数量级）[2-4]。因此，水系可充储能系统有望应用于柔性电子器件。虽然前面章节介绍的超级电容器广泛使用廉价的碳材料和水溶液分别作为电极材料和电解液，具有廉价和安全的特点，但是其能量密度远小于电池（通常只有电池的十分之一左右），难以满足电子器件日益增长的需求。相比而言，水系锌离子电池由于使用水溶液作为电解液、锌作为负极，其不仅在本质上具有安全廉价的特性，而且其能量密度远高于电容器。另外，锌负极具有高理论比容量（820 mA·h/g、5855 mA·h/cm^3）、低氧化还原电位（参比标准氢电极为–0.76 V）、廉价、水中高稳定性和无毒等优点[5-6]。因此，近些年，水系锌离子电池得到了快速发展。

锌基电池的发展可以追溯至 19 世纪 60 年代，以 MnO_2 为正极、锌为负极、KOH 水溶液为电解液的碱性锌锰一次电池被发明，其放电机理为：$Zn + 2MnO_2 + 2H_2O + 2OH^- = 2MnOOH + Zn(OH)_4^{2-}$[7]。为了实现资源的有效利用，可充碱性 Zn/MnO_2 电池逐渐得到了发展[8]。然而，在这种体系的充放电过程中，正负极会产生大量副产物，如正极生成三氧化二锰（Mn_2O_3）、氢氧化锰[$Mn(OH)_2$]等，负极生成氢氧化锌[$Zn(OH)_2$]、氧化锌（ZnO）等，这极大地限制了其循环稳定性[9]。相比于碱性电解液，弱酸性电解液可以明显地抑制上述副反应。因此，基于弱酸性电解液的锌离子电池的循环稳定性得到显著提高[10]。而且，锌离子电池的工作原理完全不同于传统碱性锌电池，其主要是一种“摇椅式”的机理，即通过 Zn^{2+} 离子在正负极间来回穿梭实现能量的储存与释放（图 4-1）[5]。

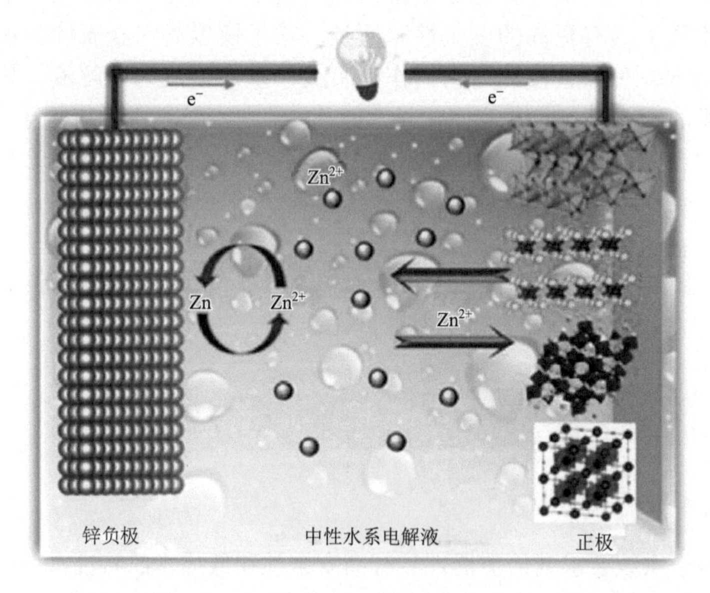

图 4-1　水系锌离子电池示意图[5]

正极活性材料直接影响水系锌离子电池的电化学性能。由于 Zn^{2+} 离子电荷密度高、原子量大且在水系电解液中易形成大体积的水合锌离子，能够有效储存 Zn^{2+} 离子的正极活性材料较少。已报道的正极材料主要包括以下四类：MnO_2、普鲁士蓝类似物、有机化合物和钒基化合物（图 4-2）[11-16]。在这几类正极材料中，MnO_2 普遍展现出高比容量（约 300 mA·h/g）和高工作电压（约 1.3 V）。但是，在充放电过程中，MnO_2 会发生复杂、不可逆相变，同时 Mn^{3+}的歧化反应会造成锰溶解，导致 MnO_2 正极的循环性能普遍较差。普鲁士蓝类似物具有较大的三维通道，有利于 Zn^{2+}离子储存和迁移，展现出较高的工作电压（约 1.8 V），但是其比容量较低（＜100 mA·h/g）。有机材料具有结构可调、廉价易得、资源丰富等优点，其比容量目前可达约 300 mA·h/g、工作电压适中（约 1.1 V）。但是，其普遍面临着材料本身或放电产物易溶于水系电解液等问题；而且有机材料导电性普遍较差，在电极制备过程中需要添加大量导电添加剂。钒基化合物由于具有开放的晶体结构以及丰富的钒价态（+2、+3、+4、+5），因此展示出高的比容量（约 300 mA·h/g）、优异的倍率和循环性能。但是，钒基化合物工作电压低（约 0.8 V）。因此，目前水系锌离子电池的正极活性材料仍然面临各种问题，需要进一步的研究。

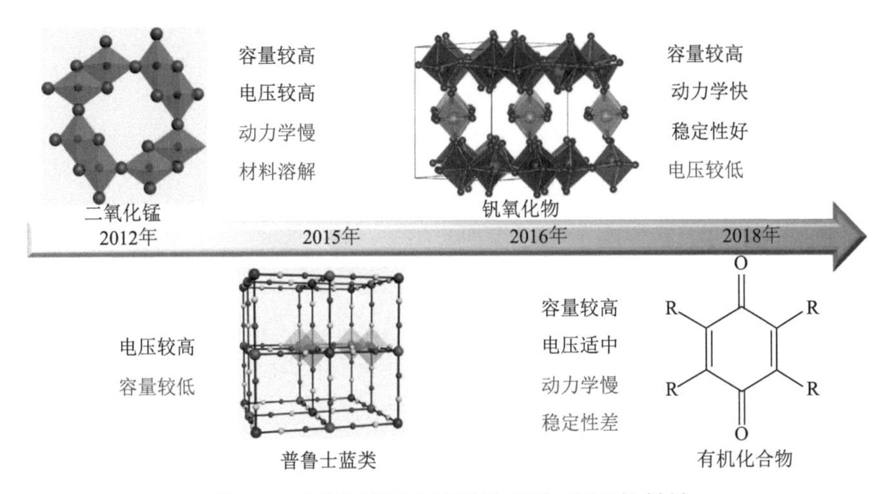

图 4-2　水系锌离子电池四类典型正极活性材料

除了正极活性材料以外，负极材料对水系锌离子电池电化学性能也起着至关重要的作用。目前水系锌离子电池的负极主要以锌为负极，包括锌粉、锌线、锌箔、三维锌等[17]。但是，锌负极面临着一些关键问题：①在锌反复析出/沉积过程中，容易形成锌枝晶，从而导致比容量衰减，甚至电池短路；②锌在水系电解液中会发生腐蚀，导致锌利用率低以及产生危险的氢气；③锌在水系电解液中会发生表面钝化形成不溶的 ZnO 或者 $Zn(OH)_2$，影响电解液与负极的接触，从而影响电池的性能，甚至引起电池失效。为了解决上述问题，目前已提出了多种解决策略，主要包括锌负极与电解液之间的界面修饰、锌负极结构设计、电解液优化以及隔膜改性。除此之外，研究人员也开发了在低电位储锌的材料用来替代传统锌负极，从而避免锌负极的各种问题[18]。但是，此策略牺牲了锌负极高比容量、低电位的优势。此外，电解液也影响着水系锌离子电池的电化学性能。电解液主要考虑其电化学稳定窗口、离子电导率、锌在其中的沉积/析出效率等。由于金属锌负极在碱性或强酸性电解液中会发生不可逆反应，所以目前水系锌离子电池的电解液主要为弱酸性或中性水溶液，如氯化锌（$ZnCl_2$）、硝酸锌[$Zn(NO_3)_2$]、硫酸锌（$ZnSO_4$）、三氟甲磺酸锌[$Zn(CF_3SO_3)_2$]等盐的水溶液[19]。其中最为广泛应用的电解液是 $ZnSO_4$、$Zn(CF_3SO_3)_2$ 水溶液。它们不仅具有宽的电化学稳定窗口和高的离子电导率，而且锌在其中展示出高的沉积/析出效率。二者相比，由于三氟甲磺酸根离子（$CF_3SO_3^-$）较硫酸根离子（SO_4^{2-}）具有更大的体积，能够有效降低锌离子的水合程度，从而提高其离子电导率，因此基于 $Zn(CF_3SO_3)_2$ 电解液的电池通常展现出更为优异的电化学性能。但是 $Zn(CF_3SO_3)_2$ 盐较 $ZnSO_4$ 盐具有更高的价格。除了传统的液态电解液以外，研究者们基于高分子聚合物，如 PVA、PAM、明胶等，还开发了众多凝胶电解质[20-21]。相比于液态电解液，凝胶电解质具备一定的固态性质，这可以避免柔性器件在弯折过程中电解液的泄漏，因此更加适合于柔性锌离子电池。

4.1.2 柔性水系锌离子电池的基本结构及特征

目前，已报道的柔性水系锌离子电池的构型主要包括薄膜型、线状、微结构型（图 4-3）。薄膜水系锌离子电池构型类似于传统水系锌离子电池构型，即将正极、隔膜和负极按照三明治结构层层堆叠在一起，区别在于正负极、密封材料具有一定的柔性，使得其可以在弯曲甚至折叠情况下使用。线状水系锌离子电池不同于二维平面结构的薄膜水系锌离子电池，其正负极均为线状。一维线状结构的器件通常尺寸更小、质量更轻。由于这种独特的结构，一维线状结构的器件可以更加容易地整合在商业化的纺织品中。因此，线状水系锌离子电池在可穿戴领域具有明显的优势。微结构水系锌离子电池不同于传统水系锌离子电池的三明治结构，其正负极处于同一平面基底上。相比于传统的构型，在微结构器件中，离子传输路径被有效地缩短，从而有利于提升电池电化学性能；而且也可以将多个器件以串联或者并联的方式集成到同一个平面基底上，从而增加微结构电池的密度、减少复杂的连接。除了上述三种典型的器件构型，还可以通过对电池的正极、负极以及电解液进行结构设计实现具有其他特殊功能的器件，如可压缩锌离子电池、可拉伸锌离子电池等。

在柔性水系锌离子电池体系中，隔膜通常具有优异的柔性，因此，柔性水系锌离子电池的关键在于设计柔性的正极和负极。柔性正极的设计包括正极活性材料与正极结构的设计。通常来讲，纳米结构的正极活性材料能够缓解形变过程中所受的应力，从而有利于提高正极整体的柔性。另外，活性材料通常具有差的导电性，要获得柔性正极通常需要使用具有柔性和高导电性的基底来负载活性材料。

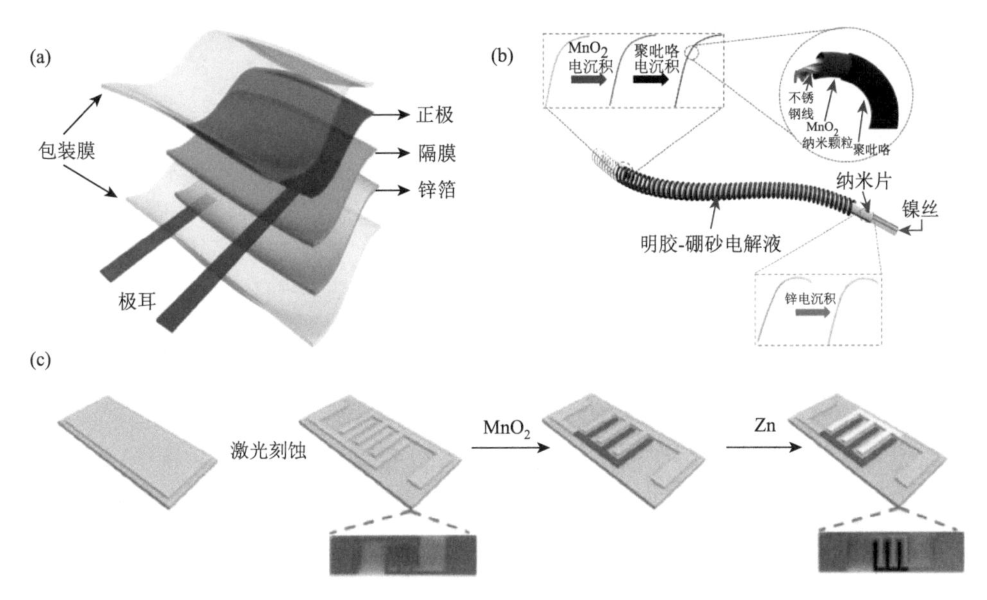

图 4-3　柔性水系锌离子电池三种典型结构：（a）薄膜型[30]；（b）线状[28]；（c）微结构型[31]

柔性正极的制备方法通常包括涂覆法、真空抽滤法和原位生长法等[17]。水系锌离子电池的负极材料通常为金属锌。常见的锌箔、锌线具有一定的柔性，可直接用作柔性水系锌离子电池的负极，此外，将锌粉利用涂覆法负载在柔性基底上也可作为柔性锌负极。为了进一步增加锌负极的柔性以及电化学性能，利用电沉积法将金属锌沉积在柔性导电基底（如 CNTs、石墨烯等）上也是一种比较常用的柔性锌负极制备方法。相比于液态电解液，凝胶电解质具有不易流动的特性，基于凝胶电解质的锌离子电池不仅可以避免隔膜的使用，而且可以避免器件在弯曲过程中发生电解液泄漏。因此，除了基于传统液态电解液的柔性锌离子电池，基于凝胶电解质（包括 PVA 基凝胶、PAM 基凝胶和生物质衍生凝胶）的柔性锌离子电池也得到了广泛的研究。

4.1.3　柔性正极的设计

正极作为锌离子电池的关键组成部分，对锌离子电池的电化学性能起着重要的作用。其电化学性能通常决定了锌离子电池的整体性能。因此，对于柔性锌离子电池来说，柔性正极的设计显得至关重要。通常来讲，正极活性材料一般不具备柔性，因此要实现柔性正极就必须借助柔性基底来负载正极活性材料。例如，利用涂覆法将正极活性材料负载于柔性集流体上，或者将正极活性材料与具有柔性的碳材料（石墨烯、CNTs 等）真空抽滤成膜，也可以将活性正极材料原位生长于柔性基底上。总体上，目前柔性锌离子电池正极的制备方法主要包括涂覆法、真空抽滤法和原位生长法[17]。

1. 涂覆法

涂覆法是比较成熟的电极制备方法，即利用溶剂将活性材料、导电剂和黏结剂混成均匀浆料，然后涂覆在集流体上，烘干即可得到电极。通常来讲，集流体的柔性在很大程度上决定了涂覆法所制备电极的柔性。如果集流体能够实现弯折、扭曲等柔性性能，那么其对应的电极也会有一定的弯折、扭曲等特性。因此，调节集流体的柔性是制备柔性电极的关键所在。利用涂覆法制备水系锌离子电池正极目前常用的集流体为不锈钢网、钛箔和碳纸。在这三种集流体中，碳纸虽然具有一定的柔性，但是其力学性能较差，在受到较大外力的时候容易发生断裂、破碎。而钛箔和不锈钢网力学性能较好，即使在受到较大外力的时候也不会轻易地断裂和破碎。但是受限于钛箔小的比表面积，涂覆的活性材料和钛箔集流体接触面积较小，这导致基于钛箔基底的柔性电极在弯曲等形变过程中容易发生活性材料的断裂甚至脱落，从而极大地影响了柔性电池在弯曲等形变条件下的电化学性能。相比于钛箔，不锈钢网与活性涂层的接触面积更大，理论上可以提供更优的柔性。但是，不锈钢网最大的缺点是其质量大（约 14 mg/cm），这极大地限制了柔性水系锌离子电池的整体能量密度。

虽然上述利用涂覆法制备的柔性电极有一些缺点，但是，考虑到涂覆法制备电极的可控性、工艺成熟性以及可推广性等特点，广大研究者们对涂覆法制备柔性锌离子电池正极也进行了大量的研究。例如，本书作者课题组制备了纳米带形貌的 $NaV_3O_8 \cdot 1.5H_2O$，并将其与 Super P 和 PVDF 按照一定质量比磨浆后涂覆在不锈钢网上，干燥后即可作为柔性水系锌离子电池正极[20]。在此正极中，除了不锈钢网的柔性外，$NaV_3O_8 \cdot 1.5H_2O$ 的纳米带形貌还可以确保活性涂层也具备一定的柔性。因此，此柔性正极即使在不同的弯曲角度下也没有出现活性涂层龟裂的现象。这就确保了基于此柔性正极的柔性水系锌离子电池即使在经过多次弯曲后，其比容量仍能维持稳定。除了不锈钢网集流体以外，支春义课题组将碳纳米管纸用作柔性正极的集流体。他们首先合成了 α-MnO_2 纳米棒，然后将其与导电剂（乙炔黑）和黏结剂用溶剂混匀后涂覆在碳纳米管纸上［图 4-4（a）］[21]。结合柔性 Zn 负极和聚合物电解质，此柔性锌离子电池在各种极端条件下（如切割、弯曲、捶打、火烧、浸水、洗涤、重压、打孔、缝纫等），均展示了优异的电化学性能。

涂覆法除了制备上述传统的薄膜电极以外，也可用于制备线状的电极。利用涂覆法制备线状电极的方法也称为浸润-包覆法。首先将活性材料与导电剂和黏结剂混成均匀的浆料，随后将线状集流体放入浆料中，利用线状集流体吸附活性浆料，再烘干，即得到线状电极。此方法要求集流体需具有较大的比表面积，以便于吸附活性浆料。常见具有大比表面积的集流体有 CNTs、石墨烯等。由于碳纳米管线和石墨烯线具有良好的导电性和优异的柔性，因此负载有正极活性材料的碳纳米管线和石墨烯线适合作为线状锌离子电池的正极。例如，研究人员利用连续浸润-涂覆法将 MnO_2 负载在碳纳米管线上作为水系锌离子电池正极［图 4-4（b）］[22]。也有研究者通过蘸取浸润-涂覆法，在碳纳米管线上包覆上铁氰化锌，并将其用于线状水系锌离子电池的正极，基于此正极的线状电池也展现出优异的电化学性能[23]。

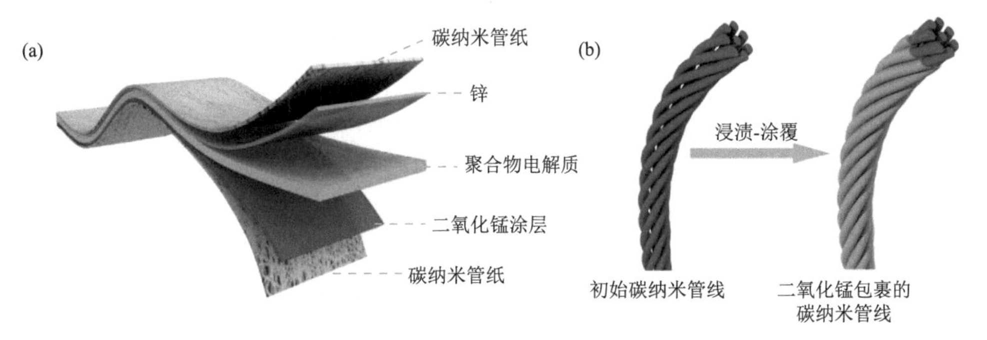

图 4-4　（a）基于涂覆法制备的薄膜 MnO_2 正极的锌电池示意图[21]；（b）涂覆法制备线状 MnO_2 电极示意图[22]

上述涂覆法制备柔性电极虽然具有操作简单、适用性广等特点。但是，活性材料和集流体之间的连接主要是靠黏结剂实现，而黏结剂通常不导电，这会影响电极整体的电化学性能。而且在受外力的过程中，活性涂层容易断裂或者从集流体上脱落，从而影响电极的柔性。另外，集流体的使用额外增加了电极的质量，因此在一定程度上降低了电池的整体能量密度。

2. 真空抽滤法

真空抽滤法制备柔性正极是将活性物质与易成膜的物质（黏结剂或导电剂）在溶剂中混合均匀，再利用真空抽滤装置抽滤成膜。真空抽滤法制备柔性正极需具备两个条件：一是需要易于成膜的添加剂，可以是导电添加剂，也可以是不导电的黏结剂；二是活性材料能够均匀地分散于溶剂中。常见的成膜添加剂包括两类：碳材料和高分子聚合物。碳材料，如 CNTs 和石墨烯，由于独特的一维线状或二维片状结构，其能够有效地组装成膜。它们的成膜主要依靠线与线或者片与片之间的范德华力，属于物理范畴的相互作用。在高分子聚合物中，常用的电极成膜材料为黏结剂，如 PVDF 和羧甲基纤维素钠（CMC）等。高分子聚合物的成膜通常是依靠高分子链之间的化学键，属于一种化学连接。因此，理论上，高分子聚合物膜的力学性能优于碳材料膜。但是，柔性电极需要高导电性，通常活性材料和高分子聚合物导电性都很差，如果用高分子聚合物作为成膜添加剂，则需要额外加入导电添加剂。因此，两种类型的成膜添加剂各具优缺点。除了成膜添加剂以外，活性材料的微观结构和形貌对柔性电极的制备也具有一定的影响。如果活性材料为体相材料，其难以分散于溶剂中，从而导致活性材料与成膜剂混合不均匀，最终影响柔性电极的力学性能以及电化学性能。因此，真空抽滤法所利用的活性材料最好为能够有效地分散于溶剂中的纳米材料。

真空抽滤法制备柔性水系锌离子电池正极得到了广泛的研究。例如，以高分子聚合物为成膜剂制备水系锌离子电池柔性正极，即将正极活性材料 $Zn_{0.25}V_2O_5 \cdot nH_2O$ 与导电剂 Super P 和黏结剂 CMC/丁苯橡胶（SBR）均匀分散于水中，然后用真空抽滤装置进行抽滤，烘干即得到了自支撑的柔性正极［图 4-5（a）］[15]。此柔性电极由于使用不导电的 CMC/SBR 作为成膜剂，因此，额外加入了导电剂 Super P 来提高电极的导电性。除了高分子聚合物，碳材料也可以作为成膜剂。例如，本书课题组将 $NaV_3O_8 \cdot 1.5H_2O$ 纳米带与 rGO 按照一定质量比分散于水中，混合均匀后利用真空抽滤装置抽滤得到了 $NaV_3O_8 \cdot 1.5H_2O$/rGO 复合膜［图 4-5（b）］[24]。此复合膜展示了高的导电性和优异的力学性能。即使在 $NaV_3O_8 \cdot 1.5H_2O$ 含量高达 80%的情况下，其面电阻依然只有 55 Ω。另外，在不同弯曲状况下，其导电性也没有明显的变化，这使其可以作为水系锌离子电池的柔性正极。因此，基于此复合膜正极的柔性水系锌离子电池在不同弯曲状态下均展示了稳定的电化学性能。

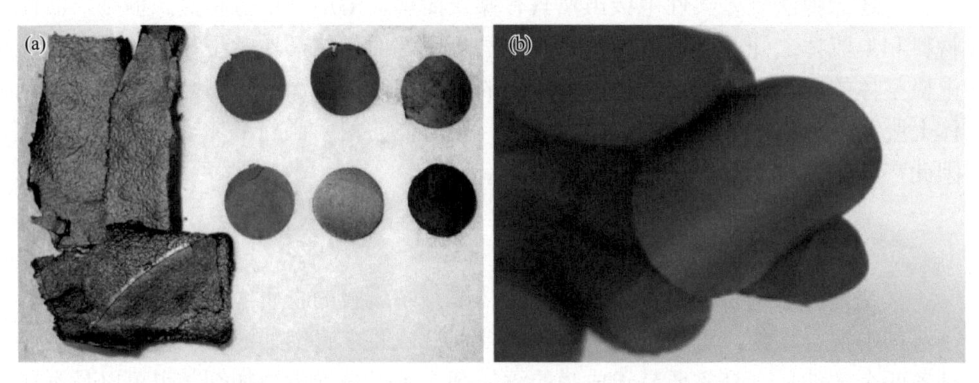

图 4-5　（a）真空抽滤法制备的自支撑 $Zn_{0.25}V_2O_5 \cdot nH_2O$ 电极光学照片[15]；（b）真空抽滤法制备的 $NaV_3O_8 \cdot 1.5H_2O$/rGO 电极的光学照片[24]

相比于涂覆法，真空抽滤法具有明显的优势。首先，真空抽滤过程中存在压力差，这使得活性材料与导电添加剂连接得更紧密，同时成膜剂之间也会有更好的接触，从而让柔性电极具有更好的电化学性能以及力学性能。其次，真空抽滤法制备柔性电极可以使用易于成膜的导电剂直接作为成膜剂，避免黏结剂的使用，从而有利于提升柔性水系锌离子电池的电化学性能。另外，真空抽滤法制备的柔性电极通常具有自支撑的特性，可以避免集流体的使用，从而极大地提升柔性水系锌离子电池的整体能量密度。但是，真空抽滤法制备柔性电极也有不足。例如，真空抽滤装置的尺寸限制了所制备柔性电极的尺寸；对活性材料的形貌有一定的选择性，主要适用于能够均匀分散于溶剂的纳米材料，而对于体相材料一般难以适用。

3. 原位生长法

在以上介绍的涂覆法和真空抽滤法所制备的柔性电极中，活性材料和导电剂之间通过物理作用的方式相互接触。而在利用原位生长法所制备的柔性电极中，活性物质是通过化学作用原位生长在导电基底上。因此，相较于涂覆法和真空抽滤法，原位生长法所制备的柔性电极具有更好的电化学性能。同时，活性材料与导电剂之间紧密的接触可以避免活性材料在受到外力作用时发生不可逆的损坏，从而提升电极整体的柔性。原位生长法制备柔性正极首先需要选择合适的导电基底。常见的导电基底包括金属材料（如不锈钢、钛等）和碳材料（如石墨烯、CNTs和碳布等）。在不同应用场景下，可以选择不同外观形貌的导电基底。例如，制备线状正极，可以选择线状的不锈钢丝、碳纳米管线等；制备膜状正极则可以选择碳布、石墨烯膜、碳纳米管膜、不锈钢网等。除了柔性基底的多样性以外，原位生长的方法也具有多样性，根据材料的不同可以选择不同的原位生长方法（如电沉积法和化学合成法）。

常用的原位生长基底为碳布，研究者们通过不同的方法在碳布基底上原位生长了不同的活性材料。例如，通过电沉积法可在碳布上沉积 MnO_2，将其作为柔性水系锌离子电池正极[25]。基于此柔性正极的水系锌离子电池在弯曲甚至扭曲的状态下均展示了稳定的电化学性能。除了电沉积法以外，也有研究者利用水热法在碳布表面生长了 Co_3O_4，即在水热合成 Co_3O_4 的过程中加入碳布，从而实现 Co_3O_4 原位生长在碳布上［图 4-6（a）和（b）］[26]。基于此柔性正极的水系锌离子电池即使从 0°弯曲到 150°，其比容量也没有明显的变化。但是，碳布的密度通常较大，这将降低柔性电池整体的能量密度。基于此考虑，有研究者选择了密度较小的碳纳米管膜作为柔性基底[27]。首先通过化学气相沉积法制备了 CNTs 膜，并将其浸泡在 12 mol/L 盐酸溶液中 60℃保持 4 h，以此达到 CNTs 膜亲水的效果，然后通过电沉积的方法负载上 MnO_2。在此复合膜中，MnO_2 和 CNTs 的质量比可达到 1∶1，这极大地提升了电池的整体能量密度。

除了制备上述薄膜电极以外，原位生长法还可以制备线状电极和微结构电极。受益于不锈钢产业的成熟技术，可以根据需求构建网状、丝状等各种规格的不锈钢结构。不锈钢丝除了具有优良的导电性以外，还具备良好的柔性以及力学性能，因此它是用于制备线状电极的理想基底。例如，利用电沉积的方法在不锈钢丝表面原位生长上 MnO_2，即可作为线状水系锌离子电池的正极[28]。除了不锈钢丝，碳纳米管线由于具有优异的力学性能和高的导电性，也可作为线状锌离子电池的基底。因此，有研究人员利用碳纳米管线阵列作为柔性基底，在其表面通过电沉积法沉积 MnO_2 作为水系锌离子电池的正极，然后结合锌线组装了线状锌离子电池[29]。这种线状锌离子电池即使在弯曲甚至折叠的情况下也均能正常工作。除了直接利用线状的基底以外，也可先在平面基底上原位生长活性材料，然后将负载活性材料的柔性基底裁剪成线状，也能实现线状电极的制备。例如，本书课题组利用化学氧化法在碳毡上原位沉积了 PANI［图 4-6（c）和（d）］，然后将其裁剪成线状作为线状锌离子电池的正极，并使用锌线作为负极组装了线状锌离子电池[30]。此线状电池在不同弯曲状态下均展示了稳定的电化学性能。原位生长法也可用于制备微结构正极。例如，通过电沉积的方法在负载有一层金的聚四氟乙烯薄膜上沉积上 MnO_2 作为微结构锌离子电池的正极[31]。一般来讲，只要能够通过电沉积合成的活性材料均可以通过电沉积的方法原位生长在导电集流体上。例如，本书作者课题组也利用电沉积法将聚苯胺沉积到导电基底上作为微结构水系锌离子电池的正极[32]。

图 4-6 （a）和（b）原位生长在碳布上的 Co_3O_4 的 SEM 照片[26]；（c）和（d）原位生长在碳毡上的 PANI 的 SEM 照片[30]

相比于涂覆法和真空抽滤法，原位生长法制备的电极活性材料与基底间的接触更好，因此，其电化学性能以及电极柔性能够得到明显提升。但是，原位生长法对于活性材料在基底上的附着具有一定的选择性，同时不同材料需使用不同方法才能进行原位生长，而且有些活性材料的合成不适用于原位生长。另外，相比于直接合成纯相的活性材料，在基底上原位生长的活性材料的形貌和微观结构具有更差的可控性。

4.1.4 柔性锌负极的设计

除了柔性正极的制备，柔性锌负极的制备对于实现柔性水系锌离子电池也至关重要。由于金属锌的制备工艺比较成熟，可以比较容易地制备出不同规格、不同形状的锌，如锌颗粒、锌线、锌箔等。其中锌线、锌箔具备一定的柔性，可以直接用作柔性锌负极。锌颗粒也可以通过涂覆法负载在柔性基底上，从而实现柔性。除此之外，在柔性导电基底上电沉积锌也是比较常用的制备柔性锌负极的方法。在制备柔性锌负极的过程中，除了设计高柔性外，还应该注意抑制锌负极枝晶、析氢等问题。下面将分别介绍锌箔/线、涂覆锌粉、电沉积锌这三种柔性锌负极的制备过程。

1. 锌箔/线

金属锌箔和锌线由于具备一定的柔性，可直接作为水系锌离子电池的柔性负极。但是，因为金属锌具有一定的形状记忆特性，过度弯曲后其难以回到最初的形状，所以锌箔/线负极的柔性比常见的碳布差。通常可以通过调节锌箔负极的厚度或者锌线的直径来实现更好的柔性，锌箔越薄或者锌线越细，其形状记忆性也会相应减弱，从而其柔性越好。目前商业化最薄的锌箔厚度已经低至 20 μm，商业化锌线的直径也已能低至 100 μm，但是其柔性仍然难以满足日益增长的柔性电子器件的需求。

虽然目前锌箔/线难以进一步通过减小厚度或者直径来提高其柔性，但是，利用锌箔/线作为柔性水系锌离子电池的负极仍然是最简单、最直接的方法。例如，直接利用锌箔作为负极，结合柔性有机正极和玻璃纤维隔膜，以三明治型的堆叠方式组装了长条状的柔性水系有机锌离子电池[33]。此电池从最初状态弯曲至 180°然后回到初始状态，其电化学性能也没有明显的衰减。除了锌箔以外，本书课题组直接利用锌线作为线状锌离子电池的负极，结合 PANI/碳毡柔性正极和滤纸隔膜，组装了线状水系锌离子电池［图 4-7（a）］[30]。此线状锌离子电池在不同弯曲状态下均展示了稳定的电化学性能。

虽然直接利用锌箔或锌线作为柔性水系锌离子电池的负极具有操作简便、比容量高等明显的优势，但是其也面临着一些问题，如枝晶、析氢、钝化等。因此，如果直接使用金属锌箔或锌线作为柔性水系锌离子电池的负极，则需要通过锌负极表面修饰或电解液优化等方法来抑制锌负极的这些问题。另外，由于金属锌的

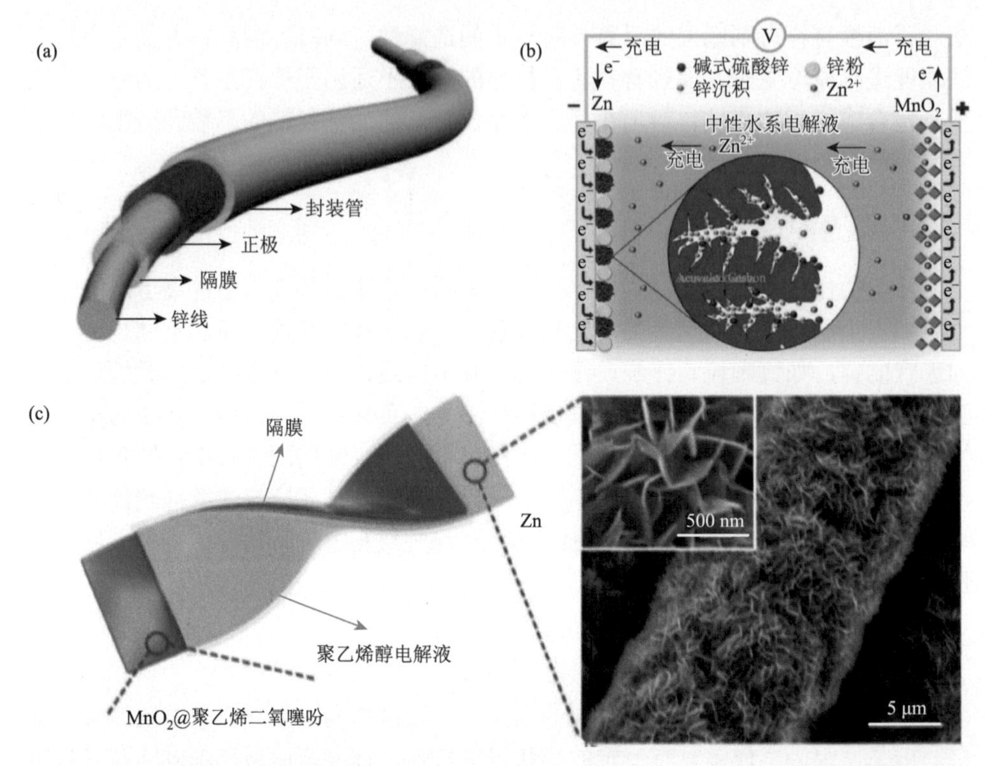

图 4-7 （a）锌线用作线状水系锌离子电池负极结构示意图[30]；（b）涂覆法制备的锌负极在充电过程的产物沉积示意图[35]；（c）电沉积锌用作锌离子电池负极示意图及锌负极的 SEM 照片[25]

形状记忆效应，锌箔或锌线的柔性难以满足柔性器件日益增长的要求，要想实现更高的柔性就必须降低锌箔/线的厚度或直径。除此之外，因为锌箔或锌线不仅作为负极，还作为集流体，所以，当直接利用锌箔或锌线作为柔性水系锌离子电池的负极时，其用量需要大大过量，这就会降低柔性水系锌离子电池的整体能量密度。

2. 涂覆锌粉

目前金属锌的制备工艺比较成熟，因此可以比较容易地制备不同颗粒大小的锌粉。相比于锌箔和锌线，锌粉具有更大的比表面积，因此具有更高的利用率。然而，锌粉本身不具备柔性，因此需要选择柔性基体来负载锌粉，进而实现其在柔性水系锌离子电池中的应用。涂覆法是负载锌粉最常用的方法，即将活性颗粒与导电剂和黏结剂用溶剂磨成浆料，均匀涂覆在导电集流体上。例如，将锌粉∶Super P∶活性炭∶PVDF 按照 6∶2∶1∶1 的质量比用 *N*-甲基吡咯烷酮（NMP）制备均匀浆料，随后涂覆到不锈钢网上，烘干即得到了柔性锌负极[34]。另外，虽然锌颗粒具有优良的导电性，但是由于不导电黏结剂的使用，因此在一些情况下，需要添加适量的导电添加剂（如 Super P），导电添加剂的加入还可以有效减少锌负极的枝晶、析氢、钝化等问题。例如，向锌颗粒里加入活性炭，利用涂覆法制备锌负极，加入的活性炭不仅可以抑制非活性组分碱式硫酸锌的形成，而且能够容纳锌枝晶以及不溶性副产物，从而提高锌负极的循环性能［图 4-7（b）］[35]。

类似于涂覆法制备柔性正极，涂覆锌粉法制备的柔性锌负极也具有操作简单、易于规模化生产等特点。但是，集流体的使用额外增加了电极质量，从而降低了电极整体能量密度。另外，锌粉和集流体之间的连接也是通过黏结剂实现的，而黏结剂通常是不导电的，这将会降低电极整体的导电性。此外，在外力作用下，活性锌粉涂层可能发生断裂或从集流体上脱落，也会影响电极的电化学性能。

3. 电沉积锌

电沉积法制备柔性锌负极即在柔性导电基底上通过电沉积的方法负载金属锌。电沉积法制备柔性锌负极的关键有两点：一是柔性导电基底的选择；二是锌的微观结构和形貌的控制。相比于直接利用锌箔/线以及涂覆锌粉法制备的锌负极，电沉积法制备的柔性锌负极有诸多优点，主要表现在两方面：①电沉积法可以较好地调节锌负极的微观结构和形貌，从而缓解锌负极的枝晶等问题，以此提升电化学性能；②相比于金属锌箔/线，电沉积法制备锌负极可以通过柔性基底的选择实现更好的柔性，而且相比于涂覆锌粉法制备的锌负极，电沉积法制备的锌负极中的金属锌与柔性导电基底之间具有更好的接触。

电沉积法制备锌负极可以提高锌负极的电化学性能。例如，Archer 课题组报道了一种锌负极外延生长机理来控制锌成核和锌枝晶的生长[36]。他们发现石墨烯和锌具有高的晶格匹配度，因此在具有晶面取向的石墨烯表面电沉积锌时，锌负极沿着晶面外延生长，而不会生成锌枝晶。与传统锌箔相比，这种方法制备的锌负极具有更高的可逆性和更长的循环寿命。另外，研究人员也报道了在 CNFs 基底上电沉积三维结构的锌[37]。此锌负极具有低的电荷转移电阻和大量的活性位点，使得锌枝晶的生长和锌负极的腐蚀得到了明显的抑制。而且，经过 140 圈充放电循环后也没有明显的锌枝晶形成，因此，基于此锌负极的电池展示了稳定的循环性能。

电沉积法可以比较容易地将金属锌负载于柔性基底上，得到柔性锌负极。常见的柔性基底为柔性碳材料，如碳布、CNTs、石墨烯等。通常，金属锌能够比较容易地通过电沉积的方法原位生长在碳基底上。例如，卢锡洪课题组利用碳布作为柔性基底，将锌电沉积到其表面制备了柔性锌负极[25]。这种电沉积的锌展现了纳米片形貌，有利于电子传输和离子扩散［图 4-7（c）］。基于此柔性锌负极，进一步结合柔性 MnO_2 正极，组装了柔性锌离子电池。此柔性电池在不同弯曲状态下均展示了稳定的电化学性能。相比于碳布，CNTs 通常具有更优的导电性。因此，也有研究人员利用柔性三维 CNTs 作为基底电沉积锌[38]。结果表明，CNTs 低的成核过电势和均匀的电场分布，可以有效抑制锌枝晶的生长［图 4-8（a）］。而且，此锌负极展示了高的库仑效率、低的过电势（27 mV）以及较长的循环稳定性（200 h）。此外，基于此负极组装的柔性 Zn/MnO_2 电池展现出优异的倍率性能和循环稳定性（长达 1000 圈）。

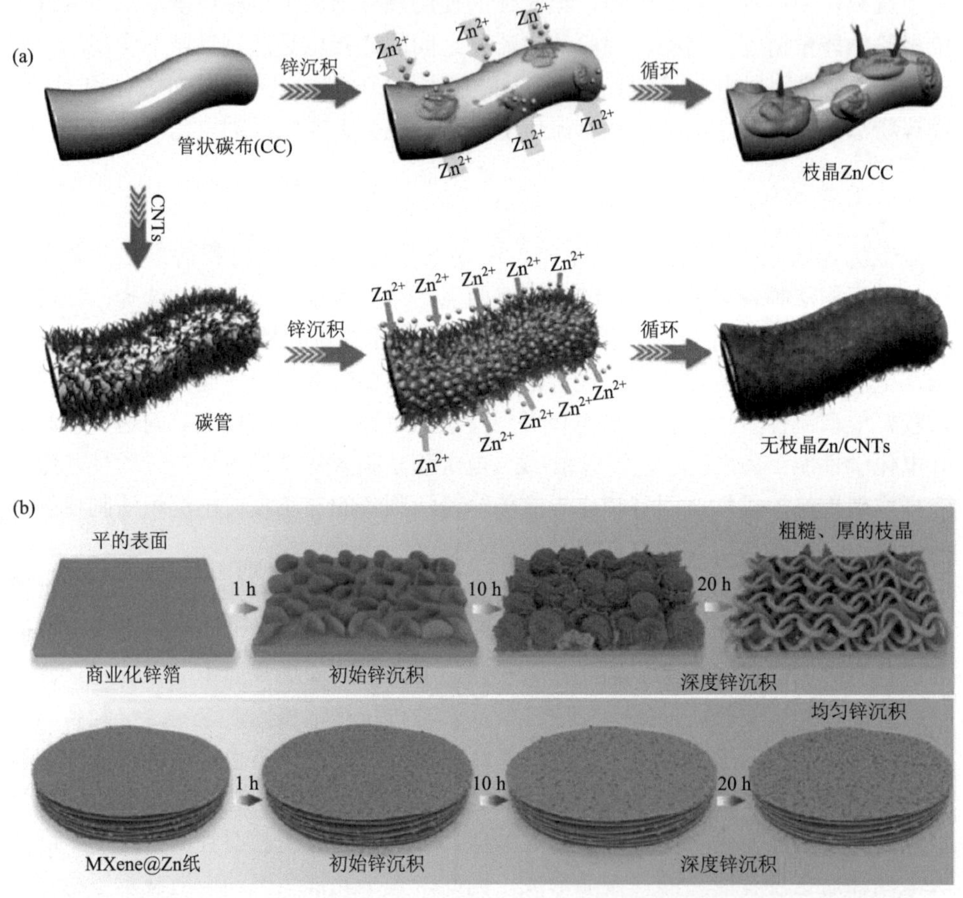

图 4-8 （a）CNTs 抑制锌枝晶生长示意图[38]；（b）MXene 诱导锌均匀沉积示意图[39]

除了碳材料基底以外，二维的 MXene 由于具有优异的导电性和层状结构，也被用于柔性锌负极的基底。例如，将柔性 $Ti_3C_2T_x$ MXene 膜作为负载金属锌的基底，通过电沉积的方法沉积上锌，作为锌离子电池的柔性锌负极[39]。在此负极中，$Ti_3C_2T_x$ MXene 提供了快速的电子传输路径，而且具有相对均匀的电荷分布。因此，$Ti_3C_2T_x$ MXene/Zn 负极即使经过长时间循环后，也能维持平整的表面，没有明显锌枝晶的形成［图 4-8（b）］。另外，相比于传统锌负极，$Ti_3C_2T_x$ MXene/Zn 负极展示了更加稳定的循环性能以及更低的过电势。

电沉积法制备锌负极不仅可以得到柔性锌负极，而且可以调控锌的形貌和微结构，从而抑制锌负极的枝晶、析氢等问题，最终提高锌负极的电化学性能。但是，常用的柔性碳布基底通常密度较大，这增加了柔性锌负极的整体质量，从而降低了柔性锌离子电池的整体能量密度；而密度相对较小的碳纳米管、石墨烯等基底又面临着成本较高的问题。

4.1.5　凝胶电解质的设计

在柔性水系锌离子电池中，常用的液态电解液虽然具有高的柔性，但是，在外力作用下器件存在液态电解液泄漏的风险，从而影响柔性电池的电化学性能。相比于液态电解液，凝胶电解质不仅具有与之相当的离子电导率，而且具有不易流动的优点。因此，凝胶电解质适合用作柔性锌离子电池的电解质。凝胶电解质的优势主要表现为以下几个方面：①可以避免电解液的泄漏；②凝胶电解质的高黏度可以使得其具有黏结剂的作用，维持电池整体结构在受外力作用时的完整性，避免各组分发生错位；③凝胶电解质中水含量低，可以抑制正极材料的溶解，而且可以在一定程度上缓解锌枝晶问题；④凝胶电解质的使用可以避免滤纸等隔膜的使用，从而提升电池整体的能量密度。目前，水系锌离子电池凝胶电解质常用的聚合物包括 PVA、PAM、生物质等，下面将介绍基于不同聚合物的凝胶电解质在柔性水系锌离子电池中的应用。

1. PVA 基凝胶

PVA 是最常用的凝胶电解质聚合物。由于亲水性羟基的存在，PVA 一般易溶于水。而且，溶于水后其链段中的羟基会与水形成氢键，从而增加电解液的黏度，避免电解质的流动。因此，PVA 基凝胶电解质适合作为柔性水系锌离子电池的电解质。虽然高的黏度可以在一定程度上限制电解质的流动，但是也会降低电解质的离子扩散速度。通常，改变 PVA 在水中的溶解量以及分子量可以平衡黏度与离子扩散系数的关系，从而优化其在柔性水系锌离子电池中的应用。

传统制备 PVA 基凝胶电解质的方法是将其在 90℃左右的温度下溶解于含有电解质盐的水中。例如，将 PVA 在 85℃下溶解于含有 $LiCl/ZnCl_2/MnSO_4$ 的水溶液中，并在空气中干燥一定时间去除多余的水，即得到了基于 PVA 的凝胶电解质[25]。基于此凝胶电解质的柔性 Zn/MnO_2@PEDOT 电池在经过 1000 次循环后，仍具有 61.5% 的比容量保持率，而且其在弯曲和扭曲的状态下也能维持稳定的电化学性能。但是，水系锌离子电池中常用的电解质盐为 $ZnSO_4$，SO_4^{2-} 离子会使 PVA 沉淀。因此，难以制备含有高浓度 $ZnSO_4$ 的 PVA 基凝胶电解质。除了 $ZnSO_4$ 以外，$Zn(CF_3SO_3)_2$ 也是比较常用的锌离子电池电解质盐，其不会与 PVA 产生沉淀。相比于 $ZnSO_4$，$Zn(CF_3SO_3)_2$ 可以更多地溶解于 PVA 凝胶中。例如，本书作者课题组在 90℃的温度下将 1 g PVA（分子量 89000～98000）溶解于 10 mL 1 mol/L $Zn(CF_3SO_3)_2$ 水溶液中，配制了凝胶电解质[33]。基于此凝胶电解质组装的柔性软包和线状锌离子电池即使在不同弯曲状态下也展示了稳定的电化学性能。

上述 PVA 基凝胶电解质中 PVA 链是无序排列的且不具备交联结构，导致其具有较差的力学性能。因此，基于上述 PVA 凝胶电解质的电池通常仍需使用隔膜［图 4-9（a）］。为了避免隔膜的使用，研究人员通过在 PVA 凝胶电解质中构建交联结构来提高其力学性能。例如，本书作者课题组通过冷冻/解冻的方法制备了具有优异力学性能的 PVA 凝胶电解质[40]。其制备过程如下：首先在 90℃下将 PVA 溶于 $Zn(CF_3SO_3)_2$ 溶液中，然后在−18℃下冷冻 15 h，最后在室温下解冻就可得到 PVA 凝胶电解质。在此冷冻/解冻的过程中，PVA 会形成交联结构，其结晶性增强，从而其力学性能也可得到一定提高。另外，由于此 PVA 基凝胶电解质中存在大量氢键，因此其还具有自修复的功能［图 4-9（b）］。即使经过多次剪切/修复后，此 PVA 基凝胶电解质的离子电导率也没有发生明显的衰减。因此，基于此 PVA 基凝胶电解质的水系锌离子电池不仅具有优异的柔性，而且具有自修复性能，即使经过多次切断/修复后，其电化学性能仍然保持稳定。

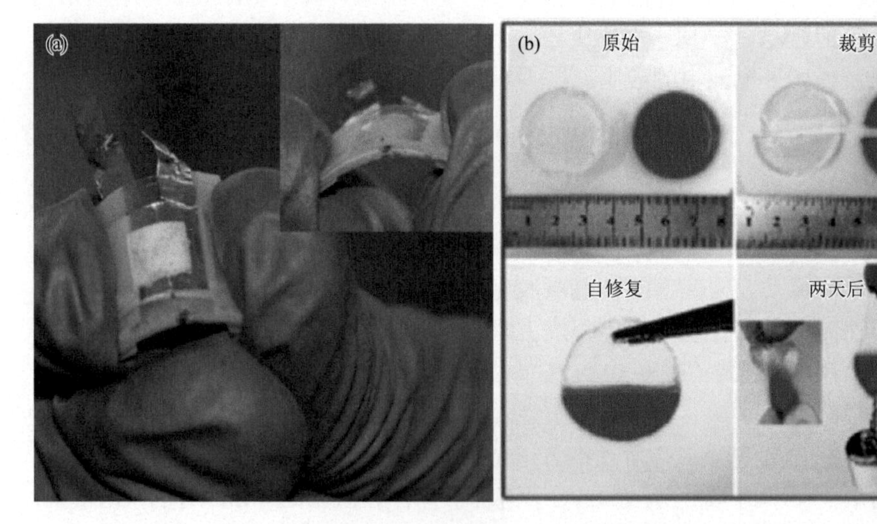

图 4-9 （a）PVA 基凝胶电解质的 Zn/MnO_2 软包电池的光学照片[25]；（b）PVA 基凝胶电解质自修复光学照片[40]

2. PAM 基凝胶

最近，PAM 基凝胶电解质也逐渐被应用于柔性水系锌离子电池。PAM 中的酰胺基团容易相互反应形成交联结构，因此，相比于 PVA 基凝胶，PAM 基凝胶中通常存在大量的化学交联结构，这有利于提高其力学性能。此外，可以通过添加不同种类的添加剂，利用添加剂与 PAM 中酰胺基团的相互作用形成不同的化学键，赋予 PAM 基凝胶电解质除柔性以外的其他功能。

而且，相比于 PVA 基凝胶电解质，由于 PAM 分子链间酰胺键的存在，PAM 基凝胶电解质通常具有更优的力学性能。例如，在 PAM/$ZnCl_2$/$MnSO_4$ 凝胶电解质中，由于 PAM 链间酰胺键的形成，其拉伸强度可以达到 273 kPa，拉伸应变达到 3000%［图 4-10（a）和（b）］[22]。并且，其中未成键的酰胺基团会与水分子形成氢键，从而可以将电解质盐吸纳到 PAM 基凝胶的孔洞中。这种具有多孔结构的电解质可以促进锌离子的快速传输，其离子电导率在室温下高达 17.3 mS/cm。而且，此 PAM 基凝胶即使在 300%的拉伸应力下，其离子电导率依然高达 16.5 mS/cm。另外，可以通过修饰 PAM 中的官能团来进一步提升 PAM 基凝胶电解质的电化

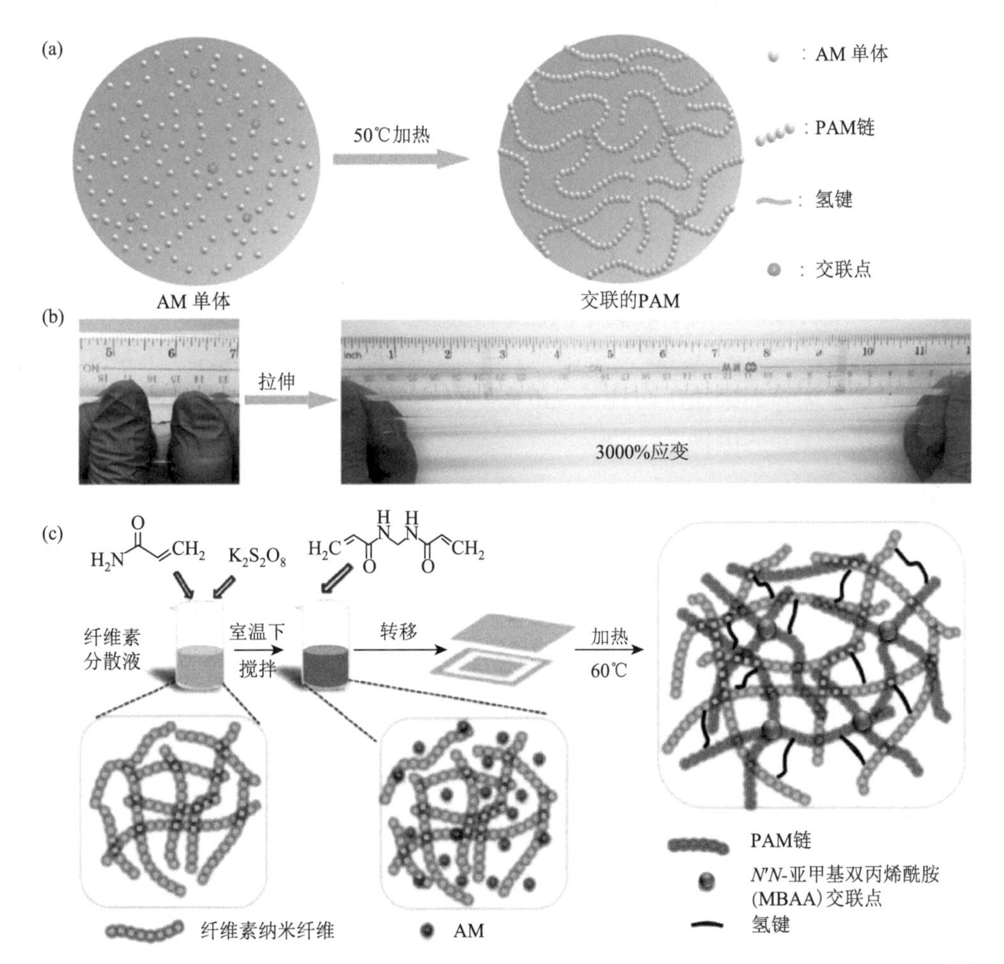

图 4-10　（a）PAM 基凝胶电解质制备示意图；（b）PAM 基凝胶电解质可拉伸性光学照片[22]；（c）纳米纤维素/PAM 凝胶电解质制备示意图[41]

学性能以及力学性能。例如，在丙烯酰胺聚合形成 PAM 的过程中加入纳米纤维素可以提高凝胶电解质的力学性能［图 4-10（c）］[41]。结果表明，纳米纤维素/PAM 凝胶电解质具有高达 1400%的拉伸应力。而且，纳米纤维素中大量的羟基会与电解液中的水分子形成大量氢键，从而提高纳米纤维素/PAM 凝胶的吸液量，形成大的框架结构。因此，这种凝胶电解质的离子电导率高达 22.8 mS/cm。此外，支春义课题组在 PAM 链上嫁接了明胶，并将其负载在 PAN 网络中制备了双网络凝胶电解质[21]。在此凝胶电解质中存在两种相互作用，一是 PAM 和 PAN 之间的氢键，二是 PAM 链间形成的化学键。这不仅提高了此凝胶电解质的离子电导率，还提高了其力学性能。同时，PAN 的加入可以进一步增强凝胶电解质的力学性能。

除了上述常规的 PAM 凝胶电解质，也可根据实际需求实现其多种功能，如弹性、拉伸、低温等特性。例如，支春义课题组开发了具有弹性的 PAM 凝胶[42]。因为此 PAM 凝胶中存在大量的交联结构和氢键，其展现出良好的弹性，即使经过多次压缩，也能恢复到原始状态。类似地，PAM 水凝胶也能实现拉伸性能[22]。基于 PAM 凝胶电解质组装的线状锌离子电池即使在拉伸到 300%的状态时，其电化学性能也能保持稳定。另外，以 PAM 凝胶为基本骨架，在其网络中负载基于乙二醇的水系阴离子聚氨酯丙烯酸酯链，通过设计双网络结构的 PAM 基凝胶电解质可以实现其低温性能[43]。其中的乙二醇可以与水分子形成氢键，降低水分子的饱和蒸气压，从而降低此凝胶的冰点。因此，基于此凝胶电解质的 Zn/MnO_2 电池不仅展示了优异的柔性，而且表现出良好的低温性能，即使在–20℃的低温下，其也能表现出优异的电化学性能。

3. 生物质衍生凝胶

明胶是一种常用于制备凝胶电解质的生物质衍生物。在明胶基凝胶电解质中含有大量—OH、—C═O 和—NH—基团，它们之间可以形成大量氢键。由于这些氢键的存在，相比于 PVA 基凝胶电解质，明胶基凝胶电解质通常具有更优的力学性能，从而可以形成固定的外观形状。而且，明胶基凝胶电解质的制备方法比较简单，只需要加热/搅拌再冷却即可。通常加热到 40℃以上时，明胶基凝胶电解质中的氢键就会被打断，冷却后又可在短时间内形成，该过程具有高度可逆性。

明胶基凝胶电解质具有优异的柔性和良好的力学性能，因此可以同时作为柔性水系锌离子电池的电解质和隔膜。本书作者课题组首次将明胶用于制备水系锌离子电池的凝胶电解质[20]。即在 60℃下，将明胶加入 $ZnSO_4$ 溶液中搅拌溶解后，倒入一定规格的器皿中，冷却后即得到明胶基凝胶电解质［图 4-11（a）］。其凝胶化可以固定电解液中的部分水分子，从而抑制正极材料 $NaV_3O_8·1.5H_2O$ 的溶解。因此，基于此凝胶电解质的柔性 $Zn/NaV_3O_8·1.5H_2O$ 软包电池在不同弯曲角度下均展示了稳定的电化学性能［图 4-11（b）和（c）］。另外，由于明胶基凝胶电解质可以为电极和电解质界面提供强的相互作用力，其对应的电池相比于基于液态电解液的电池能够展示更加稳定的电化学性能。例如，相比于基于液态电解液的 Zn/MnO_2 电池，基于明胶基凝胶电解质的 Zn/MnO_2 电池展示了更优的循环稳定性，即使经过 1000 次循环后比容量保持率依然高达 76.9%[44]。

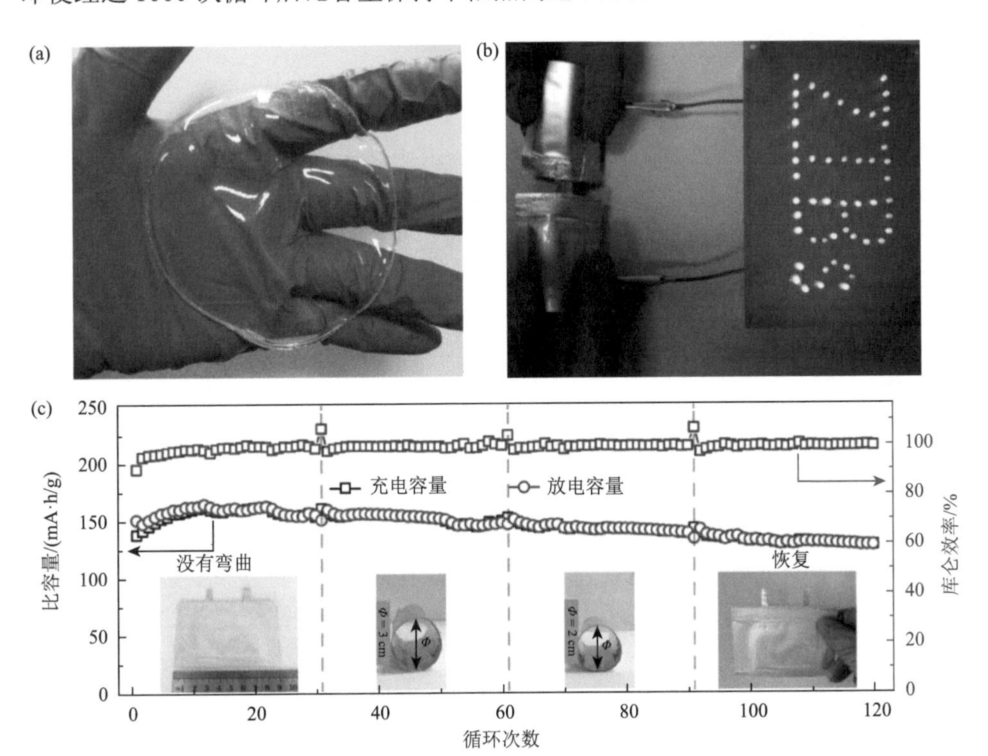

图 4-11　（a）明胶基凝胶电解质光学照片；（b）基于明胶基凝胶电解质的 $Zn/NaV_3O_8·1.5H_2O$ 软包电池在弯曲状态下点亮 LED 灯泡的光学照片；（c）基于明胶基电解质的 $Zn/NaV_3O_8·1.5H_2O$ 软包电池在不同弯曲角度下的循环性能[20]

另外，明胶基凝胶电解质的融化/凝胶过程是高度可逆的。根据这一特性，有研究者利用明胶基凝胶电解质结合镍钛诺丝的形状记忆功能，实现了线状水系锌离子电池的形状记忆功能[28]。由于镍钛诺丝的形状记忆功能，此线状电池弯曲后置于 45℃的热水中，可以恢复到原始状态；同时由于在 45℃的热水中明胶基凝胶电解质会融化，确保了电解质与电极的紧密接触。因此，此线状电池经过多次弯曲/恢复后，其电化学性能仍没有发生明显的衰减。

上面介绍的三类凝胶电解质中，由于 PVA 链之间一般没有相互作用力，因此，PVA 基凝胶电解质通常力学性能较差，呈现一定的流动性。明胶分子链之间具有大量—OH、—C═O 和—NH—基团，使得其中存在大量的氢键，因此明胶基凝胶电解质除了具备柔性外，还具有良好的力学性能。而丙烯酰胺在聚合形成 PAM 凝胶的过程中会形成大量化学键，因此 PAM 基凝胶电解质比 PVA 基凝胶电解质和明胶凝胶电解质具备更优的力学性能。而且，通过对 PAM 基凝胶电解质中的化学键进行调控，还可以实现除柔性以外的其他功能。另外，由于 PAM 基凝胶电解质和明胶基凝胶电解质具备良好的力学性能，因此基于它们的电池通常不需要额外添加隔膜。

4.1.6 器件构型

传统构型的锌离子电池（如扣式电池）由于使用刚性外壳通常不具备柔性，难以应用于柔性电子器件。目前已报道的柔性锌离子电池的构型主要包括薄膜型、线状、微结构型以及其他特殊功能的构型。柔性器件构型直接决定了其使用领域，例如，线状锌离子电池由于其结构特性主要作为可穿戴储能器件；微结构锌离子电池未来将主要应用于微电子系统。本节将依次介绍上述四类柔性锌离子电池的器件设计。

1. 薄膜锌离子电池

薄膜结构的器件组装过程与传统水系锌离子电池的组装过程类似，使用层层堆叠模式进行组装。首先，制备薄膜状的柔性锌离子电池正负电极；然后将添加有电解液的隔膜或者凝胶电解质置于正负电极之间；最后将其用铝塑袋等封装材料进行密封处理即得到柔性薄膜锌离子软包电池。薄膜锌离子电池的研究主要集中于柔性薄膜正极和负极的制备以及一体化结构的设计等方面。

本书作者课题组将 rGO 和钒酸钠（NVO）均匀分散于水中，通过抽滤法制备了自支撑的 rGO/NVO 复合膜作为柔性正极，锌箔作为柔性负极，玻璃纤维滤纸作为隔膜，1 mol/L $ZnSO_4$ + 1 mol/L $NaSO_4$ 水溶液作为电解液，采用层层堆叠法组装了薄膜柔性 Zn/NVO 软包电池［图 4-12（a）］[24]。由于正负极、隔膜以及外包装均具有良好的柔性，该电池在不同的弯曲状态下展现出稳定的电化学性能［图 4-12（b）］。为了避免弯曲等形变过程中活性材料与导电剂的分离，从而提高柔性器件的循环稳定性，本书作者课题组将 VO_2 原位生长于 rGO 上制备了 rGO/VO_2 复合膜作为柔性正极，锌箔作为柔性负极，3 mol/L $Zn(CF_3SO_3)_2$ 作为水系电解液组装了薄膜状柔性 Zn/VO_2 软包电池[45]。在弯曲测试过程中，该电池的电化学性能保持稳定。但是，上述基于液态电解液的软包电池在反复弯折过程中存在漏液的风险，从而导致电池比容量衰减。因此，为了进一步优化柔性锌离子电池的性能，使用明胶/$ZnSO_4$ 凝胶电解质作为柔性锌离子电池的电解质和隔膜，将 NVO 涂覆在柔性导电的钢网集流体上作为正极，锌箔作为负极，组装了柔性 Zn/NVO 软包电池[20]。由于这种电池的正负电极与电解质之间依靠凝胶的黏附力结合在一起，而且凝胶电解质可以避免电池在弯曲过程中的电解液泄漏问题，因此，柔性 Zn/NVO 软包电池在不同的弯曲过程中展现出更好的电化学性能。另外，涂覆法制备的电极在弯曲等形变过程中难免会发生活性涂层断裂或脱落。为了进一步提高柔性电池的性能，研究者们在石墨烯泡沫基底上原位生长钒氧化物作为正极，锌箔作为负极，水凝胶作为电解质和隔膜组装了柔性的锌离子软包电池[46]。在不同的弯曲过程中，该电池的比容量基本不变，而且经过 100 次的弯曲后，此电池的比容量只有轻微的下降。

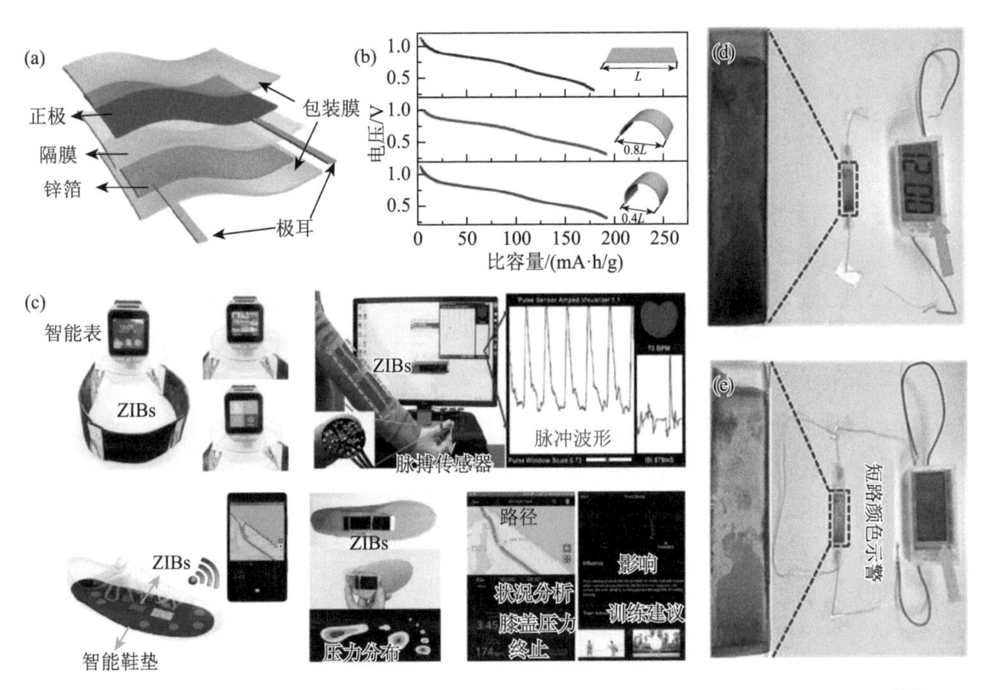

图 4-12　柔性 Zn/NVO 电池（a）结构示意图和（b）不同弯曲状态下的电化学性能[24]；（c）柔性 Zn/MnO_2 电池在柔性可穿戴电子器件上的应用[21]；Zn/PPy 电池在（d）1.2 V 和（e）0 V 状态下的光学照片[49]

凝胶电解质不仅能够避免薄膜锌离子电池的漏液问题，而且能一定程度上抑制活性材料的溶解从而提高其循环稳定性。因此，凝胶电解质被广泛应用于锰基薄膜锌离子电池中，用于缓解锰氧化物因歧化反应造成的锰溶解。例如，Hiralal 等使用添加有 TiO_2 的 $PEO/NH_4Cl/ZnCl_2$ 凝胶作为电解质，静电纺丝的 CNFs 膜负载上 MnO_2 作为正极，纤维素滤纸作为隔膜，锌箔作为柔性负极，并采用层层堆叠法组装成薄膜柔性的 Zn/MnO_2 电池[47]。该电池在不同的弯曲过程中均展现出稳定的电化学性能。为了进一步提高薄膜柔性锌离子的性能，将锌通过电沉积的方法沉积在具有优异柔性的导电基底上，从而提高锌负极的柔性。例如，将锌电沉积在导电碳布上作为负极，结合电沉积在柔性导电碳布上的 MnO_2@PEDOT 作为正极，PVA/LiCl-$ZnCl_2$-$MnSO_4$ 凝胶作为电解质和隔膜，采用层层堆叠法组装了薄膜柔性准固态 Zn-MnO_2 电池[25]。该电池展现出 504.9 W·h/kg 的高能量密度和 8.6 kW/kg 的高功率密度。此外，将其整合在商业化表带中，能够正常地给商业电子表供电，在柔性可穿戴电子设备中展现出较好的应用潜质。为了进一步提升柔性电池的电化学性能，研究人员利用具有高导电性的碳纳米管纸作为基底，将 MnO_2@CNTs 涂覆在碳纳米管纸基底上作为正极，将金属锌电沉积在碳纳米管纸基底上作为负极，明胶/PAM 聚合物凝胶作为电解质和隔膜，层层堆叠组装成薄膜状 Zn/MnO_2 电池[21]。该电池不仅展现出优异的电化学性能，而且在剪切、弯曲、敲打、冲孔、裁剪、水系和火烧等多种极端条件下都能正常工作。此外，这种柔性 Zn/MnO_2 电池串联后可以给商业智能电子表、可穿戴压力传感器和智能鞋垫等正常供电［图 4-12（c）］。

除了传统无机材料以外，有机材料也被用于构筑柔性薄膜锌离子电池。例如，本书作者课题组将 PANI 采用传统的涂覆法负载在不锈钢网基底上作为柔性正极，锌箔作为负极，PVA/$Zn(CF_3SO_3)_2$ 凝胶作为电解质和隔膜组装了薄膜状柔性 Zn/PANI 软包电池[33]。在不同的弯曲状态下，该电池均能展现出良好的电化学性能。为了进一步提高 Zn/PANI 软包电池的柔性，有研究者利用具有更高柔性的透镜纸作为基底，将聚苯胺原位聚合在其表面，然后在其两边涂覆石墨纳米片和纤维素纳米纤维混合物，待干燥后作为柔性 Zn/PANI 电池的正极，将金属锌电沉积在石墨纸上作为负极，2 mol/L $ZnCl_2$ + 3 mol/L NH_4Cl 作为水系电解液，采用层层堆叠法组装薄膜柔性 Zn/PANI 电池[48]。该电池表现出优异的循环稳定性，在 4 A/g 的电流密度下循环 1000 圈后，比容量保持率为 84.7%。此外，该电池也展现出优异的抗弯折能力，即使经过 1000 次弯曲（弯曲角度为 90°）循环后，比容量只有 9%的损失。除了上述常规柔性特性以外，由于有机材料的一些特殊功能，柔性有机电池还可以与其他功能相结合。例如，利用 PPy 电致变色的机理，研究者制备了一种具有柔性和电致变色能力的薄膜 Zn/PPy 电池[49]。首先分别将 PPy 和 Zn 电沉积在涂覆有氧化铟锡（ITO）的 PET 膜上，分别作为薄膜柔性 Zn/PPy 电池的正极和负极。然后，将其浸泡在含有锌盐的 PVA 电解质中数秒后层层堆叠在一起。待电解质固化后，得到固态薄膜 Zn/PPy 电池。此电池在放电过程（从 1.2 V 到 0 V）中，电池的颜色会从黑色变为黄色，因此具有电池短路时色差警告的功能［图 4-12（d）和（e）］。

2. 线状锌离子电池

不同于薄膜锌离子电池，线状锌离子电池通常具有尺寸小、密度小等特点，而且在不同方向上均具有柔性，可以实现弯曲、打结等形变。由于这种独特结构，线状锌离子电池可以比较容易地整合在商业化纺织品中，作为可穿戴电源。因此，线状锌离子电池在可穿戴领域具有明显的优势。目前，线状锌离子电池的结构主要包括以下三种：①直接用隔膜将平行排列的线状正极和线状负极隔开；②隔膜和正极依次包裹在线状负极的表面，形成同轴电缆状结构；③线状正极和线状负极平行缠绕在同一基底上，正负极之间用凝胶电解质隔开。

线状锌离子电池最简单的结构为上述第一种，即直接用隔膜将线状正负极隔开。例如，直接在碳纳米管线上电沉积 MnO_2 作为正极，锌线作为负极，然后将线状正负极平行排列并用浸润了电解液的滤纸隔开，最后用热缩管封装［图 4-13（a）］[29]。此线状电池展现了较高的比容量、优异的倍率性能和较长的循环稳定性，另外，其还展现了优异的柔性，可以在任意弯曲状态下均保持稳定的电化学性能。相比于第一种构型，上述第二种构型由于空间利用率更高，通常能够展示更高的体积能量密度，而且其同轴结构有利于离子的快速传输，从而表现出更优的电化学性能。另外，由于这种构型是同轴结构，能够更好地分散线状电池弯曲等形变状态下

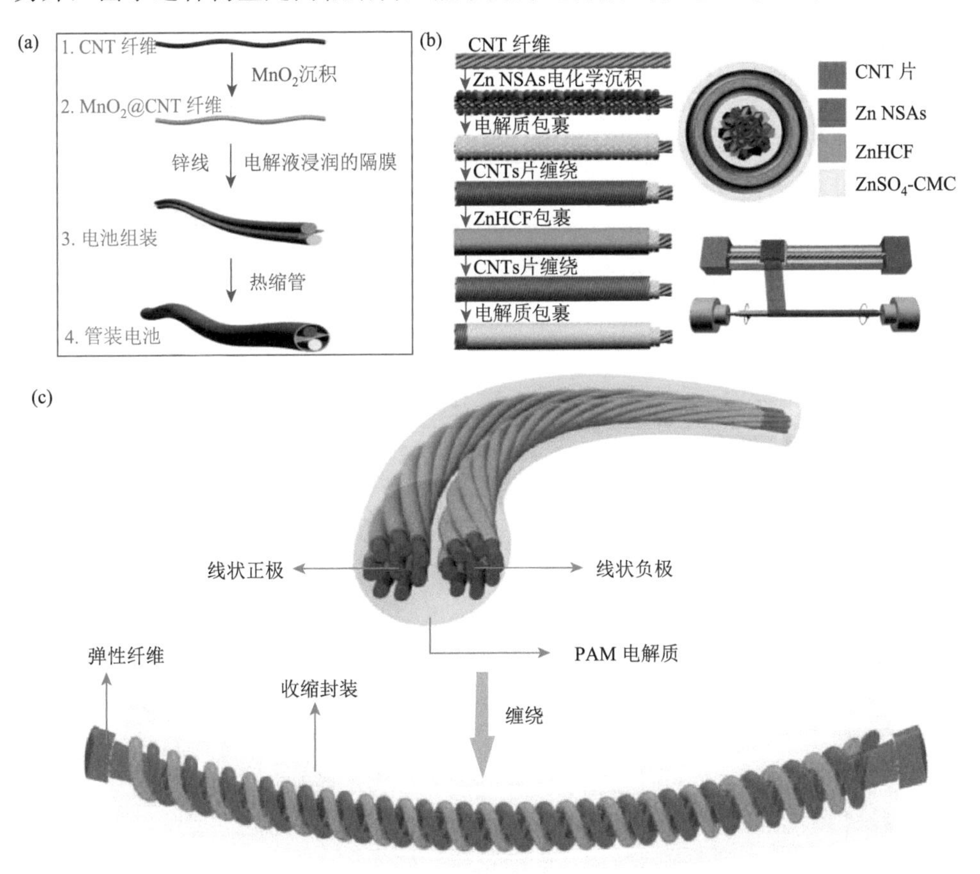

图 4-13　三种不同结构的线状锌离子电池示意图：（a）平行排列的线状正极和线状负极[29]；（b）同轴的电缆状结构[23]；（c）线状正极和线状负极平行缠绕在同一基底[22]

所受的外力，从而更好地维持线状电池的电化学性能。例如，利用碳纳米管线作为基底，首先在其表面电沉积锌作为负极，然后包裹凝胶电解质，再缠绕一层碳纳米管，随后包裹铁氰化锌正极活性材料，最后缠绕 CNTs 用凝胶电解质封装就可得到线状电池［图 4-13（b）］[23]。此线状电池不仅展示了优异的电化学性能（面积比和体积比比容量分别高达 100.2 mA·h/cm^2 和 195.39 mW·h/cm^3），而且具有优异的柔性，即使弯曲 3000 次后，其比容量保持率仍高达 93.2%。此外，支春义课题组进一步在同轴线状结构的基础上，优化器件结构组装了上述第三种线状构型[22]，即线状正极和线状负极平行缠绕在同一基底上，正负极之间用凝胶电解质隔开［图 4-13（c）］。此种构型不仅具有上述两种线状构型的柔性，而且展示了可拉伸性，即使在 300%的拉伸状态下，其电化学性能也能保持稳定。上述的线状锌离子电池均是利用碳纳米管线作为线状基底。除了碳纳米管线以外，其他线状柔性基底也可以用于线状锌离子电池的正极基底，如 CNFs、石墨烯、金属丝等。锌负极一般使用锌线，也可利用电沉积的方法将金属锌沉积到线状导电基底上。

3. 微结构锌离子电池

便携式微电子器件的发展要求它们的供能器件能够集成在同一个平面基底上，并且能和其他部件相匹配。而且，将储能器件集成到同一个平面可以有效增加不同功能器件的密度，从而减小不同器件之间的连接复杂性。传统器件难以满足上述要求。而微结构器件不同于传统的三明治结构，其正负极处于同一个平面基底上。相比于传统构型，微结构构型有诸多的优点，如缩短离子传输路径、将多个电池以串联或者并联的方式集成到同一个基底上。缩短的离子传输路径可以提升电池电化学性能；集成则可以增加微结构电池的密度，减少系统连接的复杂性。因此，随着便携式微电子器件的发展，微结构水系锌离子电池具有较好的发展前景。

微结构锌离子电池的制备方法通常和其他微结构储能器件的制备方法类似，即通过溅射法或蒸镀法在不导电基底（如聚四氟乙烯）上制备导电涂层（如金）形成互相交叉的集流体，然后通过电沉积或其他方法在集流体上分别负载正负极活性材料。例如，Qu 等利用上述方法在不同金集流体上电沉积 MnO_2 和锌，分别作为正极和负极，制备了一种 Zn/MnO_2 微结构电池[31]。此微结构电池在 0.5 A/g 的电流密度下展示了 253.8 mA·h/g 的比容量，此比容量基本与传统锌离子电池水平相当，而且经过 150 次循环后，其比容量还能达到 200 mA·h/g。此外，他们还通过在同一基底平面上通过串联和并联的方式实现微结构电池的集成，分别提高了微结构电池的电压和比容量。

微结构电池可以实现与其他功能的集成。例如，本书作者课题组实现了微结构电池与光检测器的集成［图 4-14（a）］[32]。首先在 PET 柔性基底上通过掩模板法蒸镀形成叉指结构的金集流体，再通过电沉积的方法在相邻金电极上分别沉积

PANI 和锌，分别作为水系锌离子电池的正极和负极。由于 PANI 具有光响应的特性，在受到光照时会形成光电流，因此，此微结构电池可以作为光检测器。另外，此微结构电池也可以实现电池的串并联，而且具有优异的柔性（在不同弯曲状态下电化学性能均能保持稳定）。另外，微结构水系锌离子电池还可以与光致发光功能集成到一起[50]。首先，将 ITO 包覆在 PET 上形成叉指导电集流体，随后，通过电沉积的方法，将 MnO_x/PPy 沉积在导电 ITO 的一端，将锌沉积在导电氧化铟锡的另一端，分别作为正极和负极，此微结构电池在 0.2 mA/cm^2 的电流密度下展示了 110 μA·h/cm^2 的比容量。进一步通过在电解液中加入碲化镉量子点，使其可以和滤色镜集成到一起，从而实现了电池在显示屏中的集成结构。此集成显示屏可以通过内部电解液实现发光［图 4-14（b)］。除了最基本的三原色，通过快速地改变遮光罩，更宽范围的可见光也可以实现。

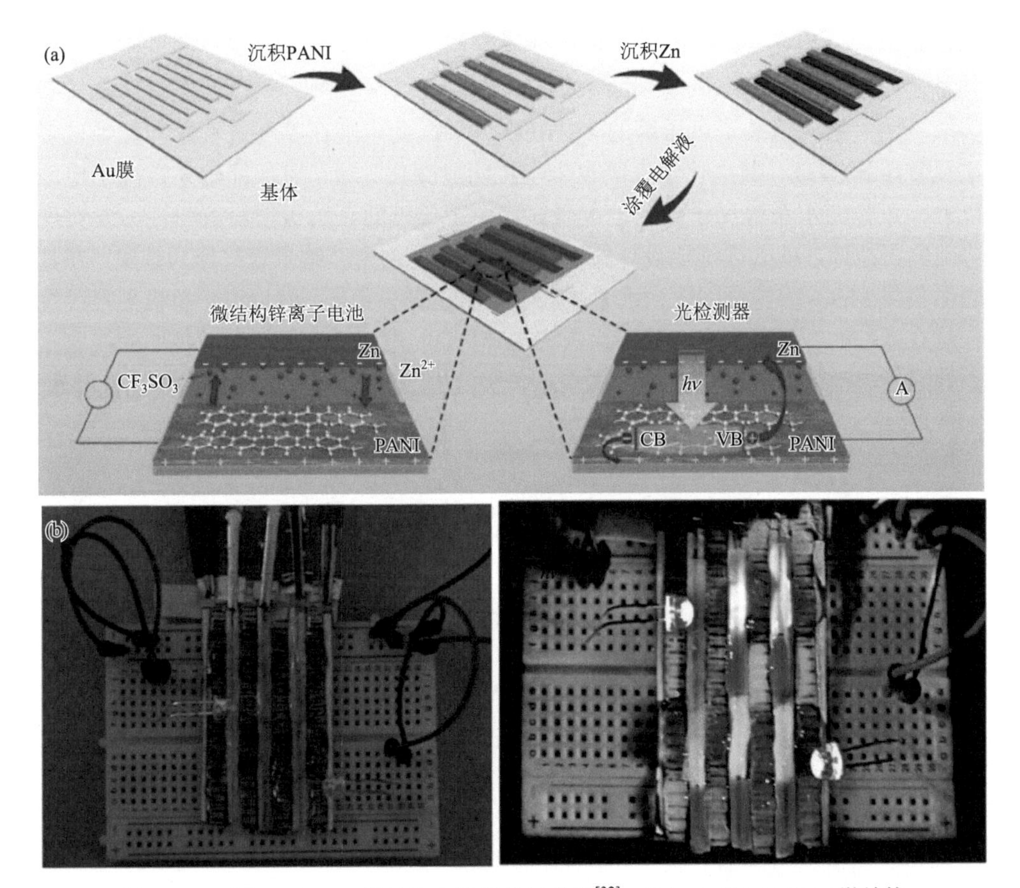

图 4-14　（a）Zn/PANI 微结构电池制备示意图[32]；（b）Zn/(MnO_x/PPy)微结构电池发光前后光学照片[50]

VB 为价带，CB 为导带

4. 其他构型

除了上述的薄膜、线状、微结构水系锌离子电池以外，科研人员对于可压缩和可拉伸水系锌离子电池也进行了相关的研究，以匹配弹性电子器件的发展。海绵是最常见的可压缩材料，在受到压力时其会发生形变，当压力撤销时其又能恢复到原始状态，因此，其是一种理想的弹性基底。基于海绵基底，本书作者课题组制备了可压缩的水系锌离子电池正极［图 4-15（a）］[51]。其制备方法如下：首先利用浸渍-干燥法将 CNTs 负载于海绵基底上，随后通过化学聚合法在碳管表面原位生长 PANI，从而得到具有可压缩性的正极，再将 PVA 凝胶电解质注入具有压缩性的正极中，结合锌箔负极，组装可压缩水系锌离子电池。此电池在不同压缩量下，电化学性能仍能保持稳定。另外，利用可压缩凝胶电解质也可实现可压缩锌离子电池的设计。例如，支春义课题组利用交联的 PAM 作为凝胶电解质，电解质中大量相互交联的高分子链形成了网络结构，使其具有优异的可压缩性，并且在压力撤销后能够恢复到原始状态［图 4-15（b）］[42]。基于此电解质，按照传统三明治结构组装了可压缩的 Zn/MnO_2 电池。此电池在循环过程中即使经过多次反复压缩/释放，其电化学性能也未发生明显变化。除了可压缩水系锌离子电池以外，可拉伸水系锌离子电池也被研究。由于传统的正负极都没有弹性，要实现电池的可拉伸，就必须优化设计器件构型。例如，利用碳纳米管线作为基底，在其表面负载 MnO_2 或锌分别作为水系锌离子电池正极和负极，然后将正负极平行缠绕在具有弹性的纤维基底上，最后涂覆上 PAM 凝胶电解质，便得到可拉伸的线状水系锌离子电池[22]。在此电池中，由于正负极的缠绕结构、PAM 电解质和弹性基底

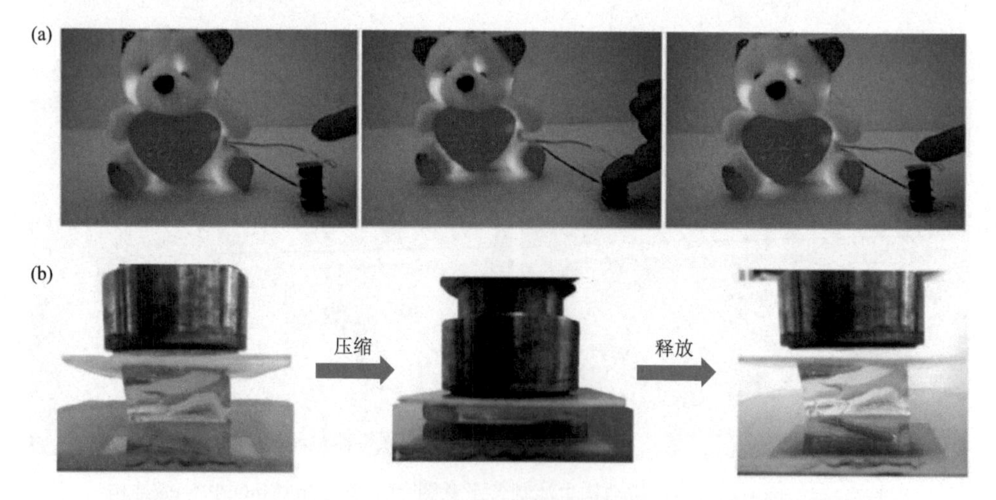

图 4-15 （a）可压缩 Zn/PANI 电池压缩/释放过程点亮布娃娃光学照片[51]；（b）PAM 凝胶电解质压缩/恢复光学照片[42]

均具有可拉伸性，因此，此电池具备可拉伸性。即使在 300%的拉伸状态下进行电化学性能测试，其比容量和原始状态相比也没有发生明显的衰减。

虽然柔性锌离子电池的研究取得了很大进展，但是其仍然面临着许多问题，需要广大研究者更加深入地研究：①随着柔性电子器件的不断发展，越来越多其他新型构型的柔性水系锌离子电池需要被开发，以满足柔性电子器件日益增长的需求；②目前柔性锌离子电池在极端工况条件下的研究较少，随着柔性电池器件应用范围的不断拓宽，需要开发在极端条件下（如高、低温）能正常工作的水系锌离子电池；③目前柔性锌离子电池的研究通常忽略了锌负极的问题，这必然会限制其实际应用；④目前报道的柔性锌离子电池中活性物质的负载量通常小于 5 mg/cm^2，难以满足实际应用的标准。

4.2　其他柔性多价金属（铝/镁）离子电池

4.2.1　柔性铝离子电池研究进展

铝在地壳中储量居第三位，远高于金属锌。它的资源分布较为广泛并且价格低廉，是一种常用的金属材料。而且，铝的电极电位比锌更负，在近中性及酸性介质中是–1.66 V（相对于标准氢电极），低于金属锌（相对于标准氢电极为–0.76 V）[52]，因此铝负极比锌负极在电极电位上更有优势。除此之外，铝的比容量也远高于锌，由于每个铝原子在充放电过程中最多能进行 3 个电子的转移反应，因此铝的理论质量比容量高达 2.98 A·h/g，仅次于锂（3.86 A·h/g），远高于锌（0.82 A·h/g），在金属中位居第二位；而且铝的理论体积比容量高达 8.04 A·h/cm^3，高于金属锌（5.85 A·h/cm^3），因此金属铝也是一种有前途的负极材料[53]。铝离子电池一般由铝负极、可脱嵌 $AlCl_4^-$ 的正极材料、隔膜和电解液组成[54]。由于铝在空气中稳定并且使用绿色安全的含铝盐的离子液体或水作为电解液，因此铝离子电池的安全性能得到了显著提升[55]。目前，虽然研究人员对铝离子电池进行了一定的研究，但是，它仍然面临一些问题，如负极的钝化、正极材料结构的坍塌、较低且不明显的放电电压平台、快速的比容量衰减以及在水系电解液中容易发生严重的析氢等[56]，这些问题限制了铝离子电池的发展和产业化。目前，人们主要通过铝负极活化、正极材料设计、电解液添加剂等方法来解决这些问题[52]。相比于传统结构铝离子电池，柔性铝离子电池对器件各组分提出了更高的要求，例如，电池的电极材料必须同时具备优异的导电性和机械柔性[57]。因此，柔性铝离子电池正极材料需要使用具有机械柔性的石墨烯、CNFs 等导电碳材料或者将其他正极活性物质与其复合制备。由于金属铝本来就具有较好的导电性和可弯折能力，因此一般可以直接用铝箔或铝丝作为柔性铝离子电池的负极材料。此外，柔性铝离子电池使用的电解液一般是液态电解液，在器件反复的形变过程中容易发生电解液的泄漏，进而影响柔性铝离子电池的电化学性能。因此，电极材料设计和电解液优化是开发柔性铝离子电池过程中面临的两个关键问题。

1. 电极材料的设计

电极材料的设计对于实现铝离子电池的柔性至关重要。一般来说，碳材料具有较好的导电性，化学性质稳定并且可以可逆地储存 $AlCl_4^-$ 离子，因此是常见的铝离子电池的正极材料。其中，石墨烯、CNFs 等不仅表现出较好的导电性和较大的比表面积，还具有优异的成膜性和机械强度，可以用来制备自支撑的电极，因此在柔性铝离子电池中具有较好的应用前景。虽然碳材料作为柔性铝离子电池的正极材料具有较好的倍率和循环性能，但是其比容量较低。为了进一步提高柔性铝离子电池的比容量，过渡态金属氧化物及硫化物与碳材料的复合是未来的发展方向。本部分将介绍柔性铝离子电池电极材料的研究进展。

1）石墨烯

2015 年，斯坦福大学戴宏杰教授团队使用石墨烯泡沫为正极，铝箔为负极，玻璃纤维膜为隔膜，离子液体氯化铝/1-乙基-3-甲基咪唑氯盐（$AlCl_3$/[EMIm]Cl）为电解液，设计了柔性铝离子软包电池，器件展现出约 2 V 的放电电压平台，70 mA·h/g 的放电比容量（66 mA/g 的电流密度下）以及约 98%的库仑效率[58]。三维石墨烯泡沫互连的导电网络结构和较大的比表面积，使得 $AlCl_4^-$ 离子在电池的充放电过程中能够快速可逆地在石墨烯层间进行嵌入和脱出［图 4-16（a）和（b)］，使得该电池展现出优异的倍率性能和超长的循环寿命。在 5 A/g 的电流密度下，其仍然保持近 60 mA·h/g 的放电比容量。在 4 A/g 的电流密度下，循环 7500 次后，其比容量保持率近 100%（库仑效率为 97%±2.3%）。另外，正负极材料及隔膜较好的机械柔性，使得这种软包电池具有较好的可弯折能力。在弯折过程中，该电池仍然能够正常给 LED 灯供电。

为了阐明较大的 $AlCl_4^-$ 离子嵌入石墨烯层间后的结构变化及石墨烯厚度与柔性的关系，Han 等通过第一性原理计算了 $AlCl_4^-$ 离子嵌入石墨烯层间后插层化合物的结构、石墨烯膜的柔性与厚度的关系及 $AlCl_4^-$ 离子在石墨烯层中的扩散行为[59]。理论计算结果表明，$AlCl_4^-$ 离子嵌入石墨烯层间后，形成了双堆叠的层间结构。当石墨烯厚度从 4 层减少到 3 层，进一步减少到 2 层时，$AlCl_4^-$ 离子在其中的扩散系数显著增加［图 4-16（c)］，这有利于提高铝离子电池的倍率性能。而且，随着石墨烯层数的减少，其弹性刚度系数显著下降［图 4-16（d)］，柔韧性不断提高。该工作为石墨烯用于柔性铝离子电池正极材料提供了理论依据。

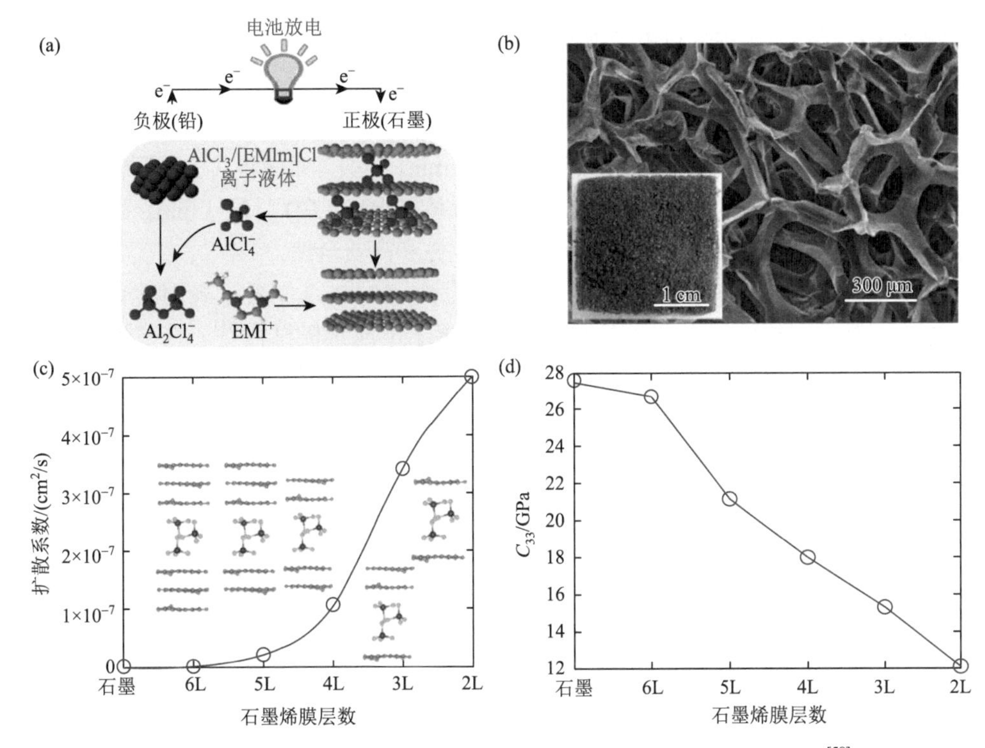

图 4-16 （a）铝/石墨烯泡沫电池放电过程示意图和（b）石墨烯泡沫的 SEM 照片[58]；（c）$AlCl_4^-$离子在不同层数石墨烯膜中的扩散系数和（d）不同层数（L）石墨烯膜的 C 轴向弹性刚度系数 C_{33}[59]

为了进一步提高石墨烯材料在柔性铝离子电池中的电化学性能，高超等通过调控还原和退火条件，进而调控了石墨烯材料的微结构，设计了高取向多孔石墨烯膜作为柔性铝离子电池的正极材料[60]。其制备方法如下：首先通过刮涂法将 GO 溶液涂覆在玻璃板上，室温干燥后得到 GO 膜，然后将其用水合肼蒸气 90℃还原 12 h 得到 rGO 膜，最后将上述 rGO 膜在 2850℃氩气条件下进行 30 min 的退火处理。为了获得连续的离子传输通道，在热退火过程中通入氩气来获得石墨烯膜在水平和垂直方向的连续孔道。经过上述处理后，就会得到高质量、高取向和高孔隙率的石墨烯膜［图 4-17（a）］。这种高取向的石墨烯膜的电导率（270000 S/m）远远高于非取向石墨烯泡沫的电导率（1000～2000 S/m），从而提供了超高的电子传输速率。而且，三维互连的网络通道提高了电解液的浸润性，确保了离子的快速传导。此外，由于石墨烯膜结构的高取向性，膜的拉伸强度可达 24.5 MPa（断裂伸长率为 3.92%），杨氏模量高达 600 MPa，展现出较高的机械强度，有利于抑制材料在充放电过程中 $AlCl_4^-$ 离子重复嵌脱引起的结构破坏，提高电池的循环稳定性。将这种高取向的石墨烯膜作为正极，铝箔为负极，离子液体 $AlCl_3$/[EMIm]Cl 作为电解液，组装了柔性铝/石墨烯软包电池，器件在 5 A/g 的电流密度下，具有 117 mA·h/g 的比容量（充电只需 84 s）。而且，这种软包电池展现出较好的机械柔性［图 4-17（b）］。从 0°到 180°的弯曲过程中，电池比容量基本保持不变，即使经过 10000 次弯曲循环，器件在 180°的状态下循环 500 次，比容量也基本没有衰减。此外，2 个串联的软包电池在弯曲状态下也可以点亮 65 个蓝色 LED 灯泡超过 5 min。而且，即使将其放在酒精灯火焰上烘烤，此软包电池也不发生爆炸，并且可以持续点亮 LED 灯泡 1 min。这说明该柔性铝离子电池在弯曲过程中具有较好的稳定性和高安全性。

除了高温煅烧法，鲁兵安等使用牺牲模板的 CVD 法制备了表面具有纳米带结构的三维石墨烯泡沫，并将其作为柔性铝离子电池正极材料[61]。在 5 A/g 的电流密度下，基于该电极的柔性铝离子电池具有 123 mA·h/g 的比容量，循环 10000 圈后，电池的比容量基本没有衰减并表现出较高的库仑效率（＞98%）。此外，这种电池还具有“快充慢放”和在较宽的温度范围内稳定适用的性能，扩展了其使用

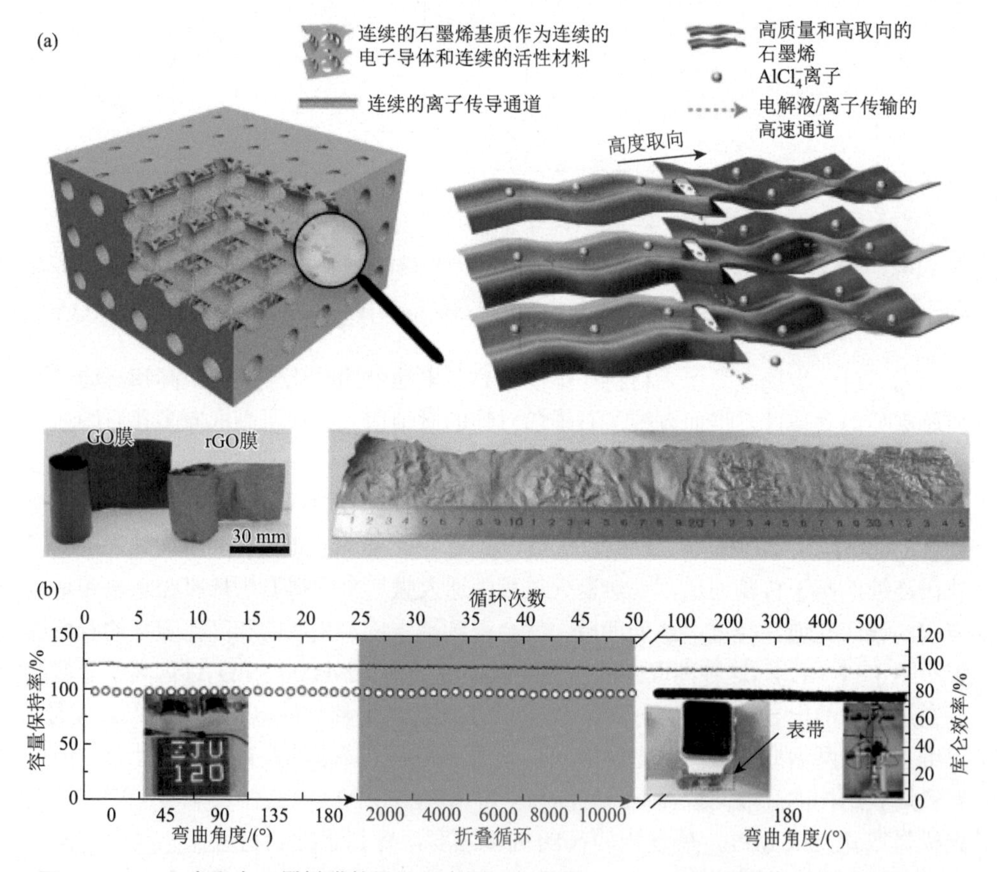

图 4-17 （a）高取向石墨烯膜的设计示意图及光学照片；（b）组装的铝/石墨烯电池在不同弯曲状态下的循环性能（两个弯曲铝/石墨烯电池可点亮 LED 灯，铝/石墨烯电池应用于可穿戴电子表及在酒精灯烘烤条件下的安全性测试）[60]

范围。为了进一步提高铝离子电池正极材料的机械柔性，高超等发明了一种具有实际应用潜力的柔性铝离子电池正极石墨烯布的制备方法[62]。首先，制备一定浓度的氧化石墨烯溶液，然后将上述氧化石墨烯溶液经过纺丝头挤到旋转的无机盐凝固浴（溶剂为水和乙醇的混合液）中。当氧化石墨烯纤维达到一定数量后，经过过滤，上述纤维形成氧化石墨烯布。经过化学还原后，就会得到具有较高电导率的还原氧化石墨烯布。使用此还原氧化石墨烯布作为正极，铝箔作为负极，咪唑类或季铵盐类氯铝酸盐离子液体作为电解液组装成的柔性铝离子电池，展现出 60 W·h/kg 的高能量密度、30 W/kg 的高功率密度和较长的循环寿命。而且，这种铝离子电池表现出较好的机械柔性，在柔性可穿戴便携式电子器件中具有很大的应用潜质。

2）CNFs

尽管石墨烯作为柔性铝离子电池的正极材料获得了较好的电化学性能，但是这些材料的制备过程往往需要经过高温煅烧（温度一般在 2000℃以上）或复杂工艺（如使用牺牲模板的 CVD 法等），因此对于大规模的工业化应用提出了巨大的挑战。除了石墨烯，CNFs 也可作为柔性铝离子电池正极材料。然而，商业化的 CNFs 表面包裹有一层致密的石墨层，这将严重地阻碍电解液的渗透以及 $AlCl_4^-$ 离子的扩散，在很大程度上减少反应的活性位点，从而影响铝离子电池的电化学性能。为解决上述问题，Wang 等使用简单的酸处理方法除去了商用 CNFs 外表面致密的石墨层，得到了边缘富集互连石墨纳米带的纳米杯结构的 CNFs[63]。这种结构的 CNFs 不仅提高了电解液的浸润性，还增加了 $AlCl_4^-$ 离子嵌入的活性位点［图 4-18（a）］。商用的 CNFs 作为铝离子电池正极材料在 1 A/g 的电流密度下，仅有 15 mA·h/g 的比容量，而处理后的 CNFs 在同样的条件下展现出高达 126 mA·h/g 的比容量［图 4-18（b）］。而且，由于 $AlCl_4^-$ 离子在该 CNFs 中快速的嵌脱反应动力学过程，器件在 50 A/g 的电流密度下还有 95 mA·h/g 的比容量，展现出优异的倍率性能。由于处理后的 CNFs 在铝离子电池充放电过程中具有较高的结构稳定性，因此，器件在 10 A/g 的电流密度下经过 5000 圈的充放电循环后，比容量仅有轻微的衰减。更重要的是，在弯曲状态下，1 个柔性软包电池能够点亮 1 个 LED 灯泡。与高温条件下制备的石墨烯相比，该 CNFs 制备工艺简单，对设备的要求较低，可以进行大规模生产。

3）其他材料

除了石墨烯和 CNFs 等碳材料，MXene 作为二维层状化合物，由于具有较高的导电性和良好的机械稳定性，在柔性铝离子电池中也具有一定的发展潜力。黄爱宾和刘彩凤将 MXene 材料通过喷墨或者丝网印刷的方法制备在阴离子交换膜上，随后，将涂过胶（环氧树脂胶等）的铝箔置于阴离子交换膜没有 MXene 的一面并压紧，经过分切和塑封处理后，就可得到柔性 Al/MXene 薄膜电池[64]。这种电池的电压可达 1.8～1.9 V。由于三层结构紧密连接，正负极和隔膜构成了一个整体。

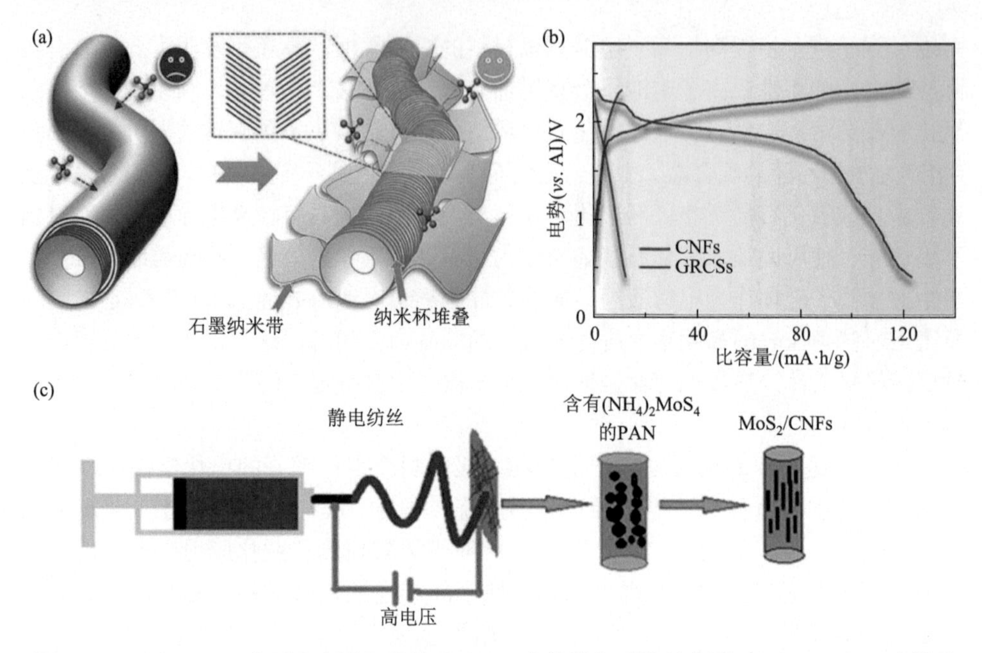

图 4-18 （a）$AlCl_4^-$ 离子在商用和酸处理 CNFs 中的嵌入对比示意图；（b）Al/CNFs 电池的充放电曲线[63]；（c）柔性自支撑的 MoS_2/CNFs 复合膜的制备过程[65]

在电池进行弯折过程中，弯曲褶皱的地方不会发生分离或错位现象，从而提高了铝离子电池的抗弯折能力，为一体化铝离子电池的设计提供了借鉴。

虽然上述石墨烯、CNFs 和 MXene 作为柔性铝离子电池的正极材料表现出优异的倍率性能和超长的循环稳定性，但是其比容量较低。为了提高柔性铝离子电池的比容量，Cai 等通过结合静电纺丝和退火处理技术，制备了一种自支撑 MoS_2/CNFs 复合膜，用于柔性的铝离子电池正极材料，其表现出较好的电化学性能［图 4-18（c）］[65]。另外，Yang 等制备了一种自支撑的硫化锡（SnS）多孔膜用于柔性铝离子电池的正极材料，其展现出较高的比容量[66]。而且，SnS 膜互连的导电多孔网络结构不仅有利于电解液的浸润，还有益于 $AlCl_4^-$ 离子的快速传输，因此这种柔性的 Al/SnS 电池还表现出优异的倍率性能。在 20 mA/g 的电流密度下，其具有高达 406 mA·h/g 的比容量；当电流密度增加到 500 mA/g 时，器件仍然具有 150.6 mA·h/g 的比容量；当电流密度再次回到 20 mA/g 时，比容量可以恢复到 395 mA·h/g。此外，由于柔性多孔网络结构可以有效抑制材料在 $AlCl_4^-$ 离子重复脱嵌过程中引起的结构破坏，柔性 Al/SnS 电池还表现出优异的循环稳定性，在 20 mA/g 的电流密度下循环 100 圈，比容量保持率高达 91%。而且，由于正负电极均具有较好的机械柔性，因此器件还表现出较好的抗弯折能力，从 0°到 180°的弯曲过程中，其充放电曲线没有发生明显的变化。为了实现柔性铝离子电池正极材料的大规模生产，需要开发一种连续和普适性的制备方法。鉴于此，吴川等发明了一种具有普适性的碳与无机材料复合电极的制备方法[67]。首先，将含碳聚合物溶解在溶剂中得到均匀溶液，然后，将铝离子电池的活性主体材料（过渡态金属氧化物或硫化物）或其前驱体加入上述溶液中，利用上述溶液作为纺丝液，通过静电纺丝就可得到含有铝离子电池活性主体材料的纺丝物，最后，将纺丝物经过预处理和热处理后得到铝离子电池的柔性电极材料。这种方法具有连续性和普适性，从而具有一定的实际应用潜力。

2. 电解质的优化

目前，柔性铝离子电池主要是基于液态电解液的软包三明治结构，器件在长时间反复弯折过程中可能会出现漏液风险，并且正负极和隔膜之间容易发生错位，严重影响柔性铝离子电池在不同形变下的电化学性能。为了进一步优化柔性铝离子电池的电化学性能，使用凝胶电解质是柔性铝离子电池未来的发展方向之一。

与液态电解液相比，凝胶电解质具有更高的稳定性，因此，凝胶电解质用于柔性铝离子电池不仅可以解决传统基于液态电解液器件在反复的外力作用下泄漏的问题，还可以黏结正负极，实现器件一体化，保持电池整体在外力作用下的结构稳定性。Wang 等使用 PAM/硝酸铝[$Al(NO_3)_3$]凝胶电解质，并将活性材料磷酸氧钒（$VOPO_4$）和三氧化钼（MoO_3）分别涂覆在柔性碳布基底上作为正负极，组装了柔性铝离子全电池，器件展现出较好的安全性和柔性[69]。经过 8 次穿孔后，其充放电过程正常并保持 55 mA·h/g 的比容量。而且，在挤压、扭曲、折叠和弯曲等外力作用下，器件均能进行正常的充放电。此外，这种铝离子电池还表现出较好的可裁剪性能，在裁剪过程中仍然能展现出稳定的电化学性能，并且能够点亮 LED 灯。

上述基于凝胶电解质的柔性铝离子电池在长时间的储存或工作过程中会发生严重的析氢现象。为了缓解析氢问题，有研究者开发了基于离子液体的凝胶电解质。Fang 等制备了一种自支撑的凝胶聚合物电解质膜[68]。其制备过程如下：首先，将丙烯酰胺加入到无水 $AlCl_3$ 和二氯甲烷的悬浮液中进行剧烈搅拌，丙烯酰胺与 $AlCl_3$ 发生络合反应，澄清透明的溶液变为淡黄色，随后，向上述溶液中加入离子液体（$AlCl_3$/[EMIm]Cl），溶液颜色变为棕色。然后，加入偶氮二异丁腈引发聚合反应，最后，将溶液倒在铝箔上，转移到手套箱中静止，得到自支撑聚合物电解质（GPE）膜［图 4-19（a）］。在 25℃，该膜的离子电导率可达 5.77×10^{-3} S/cm。当温度升高到 100℃时，其离子电导率可提升到 2.9×10^{-2} S/cm。高的离子电导率使组装的铝/石墨电池展现出较好的电化学性能。在 20 mA/g 的电流密度下，电池展现出高达 158 mA·h/g 的比容量，在 600 mA/g 的电流密度下，充电过程大约 10 s 就能完成。而且，将两种同样大小的凝胶态铝离子电池和液态铝离子电池分别弯折成管状结构（约 14 mm），凝胶态铝离子电池比液态铝离子电池具有更加稳定的开路电压，将弯曲后的电池作为表带穿戴在手腕上，也能正常给商业表供电。更有趣的是，即使进行机械剪切或直接放在火焰上烘烤，这种柔性凝胶态铝离子电池也能正常地给 LED 灯供电。此外，这种凝胶态电解质的使用可以解决传统的液态铝离子电池中常见的析氢问题。经过 300 圈的充放电循环后，液态铝离子电池由于铝负极的析氢问题发生了严重的体积膨胀，而该凝胶态铝离子电池基本没有发生体积的变化［图 4-19（b）］。

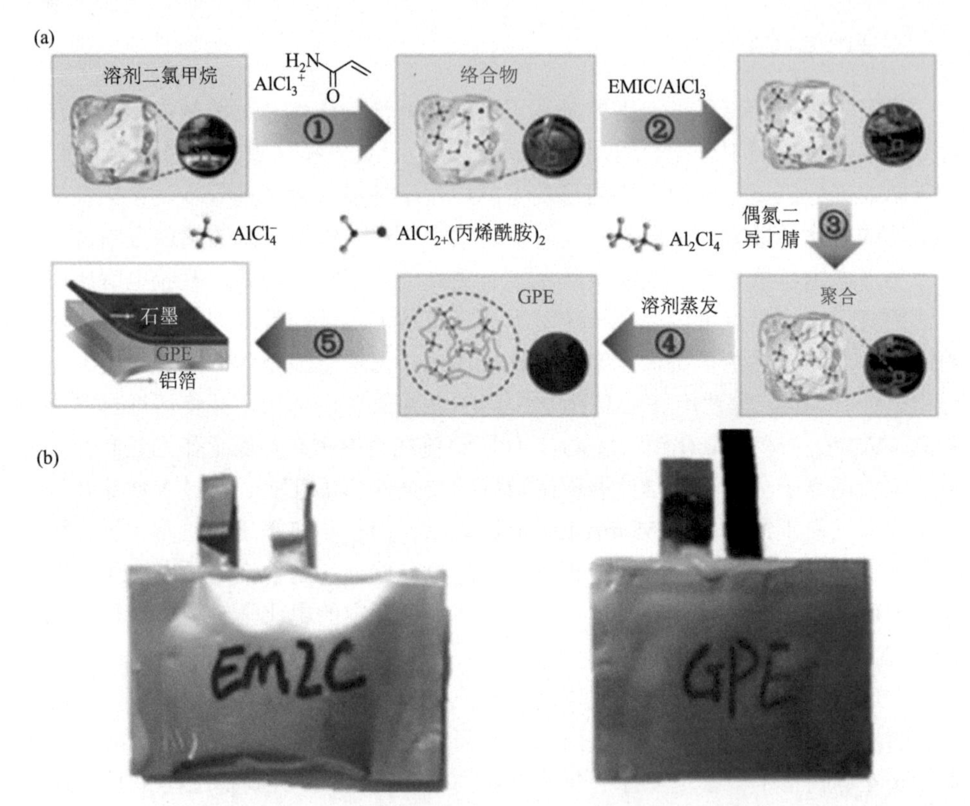

图 4-19　（a）凝胶聚合物电解质膜的制备过程和（b）液态铝离子电池（左）及凝胶态铝离子软包电池（右）循环 300 圈后的光学照片[67]

3. 柔性铝离子电池的器件结构设计

目前，柔性铝离子电池按器件结构可分为薄膜铝离子电池和线状铝离子电池。以下分别做简要介绍。

1）薄膜铝离子电池

与传统铝离子电池的组装过程类似，薄膜铝离子电池也是通过层层堆叠方式进行组装，即将带有电解液的隔膜或电解质层放在柔性正负电极之间用密封材料封装得到。例如，Wang 等使用六氰合铁酸铜（CuHCF）/碳布为正极，PPy 包覆的 MoO_3 涂覆在碳布上作为负极，将上述正负极和 PVA/[$Al(NO_3)_3$]凝胶电解质通过层层堆叠的方式组装了薄膜铝离子电池［图 4-20（a）］[70]。由于正负极通过该凝胶电解质紧密相连，因此其表现出较好的抗弯折能力。在弯折、挤压、扭转和折叠的过程中，也不会影响其正常工作。作为实例，在弯折 60°、90°和 180°的过程中，器件均能正常点亮一个商用的电子表。更重要的是，经过 800 次重复的弯曲测试后，器件还有 55 mA·h/g 的放电比容量。此外，这种柔性铝离子电池还具有可裁剪能力，两个经过裁剪的铝离子电池串联后可以点亮一个商业手表。

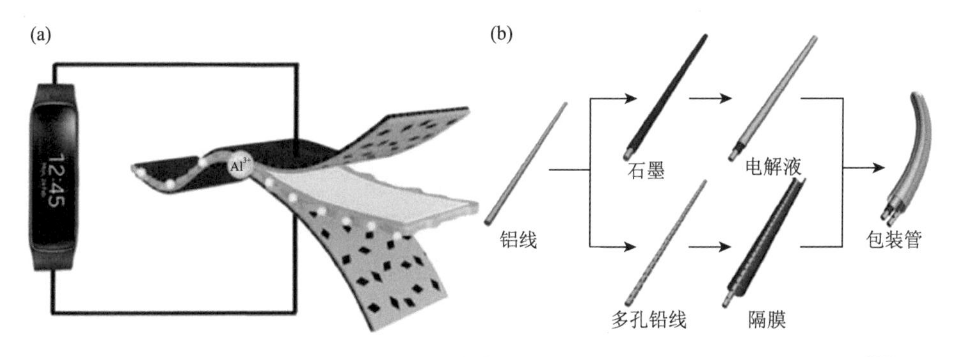

图 4-20　（a）薄膜铝离子电池示意图[70]；（b）线状铝/石墨电池的制备示意图[71]

2）线状铝离子电池

除了薄膜结构，线状结构也是一种柔性电池常见的结构类型。近期，Song 等成功组装了一种线状铝/石墨电池[71]。其组装过程如下：将石墨涂覆在铝线上作为正极，经过电化学刻蚀的多孔铝线作为负极，在多孔铝线表面包裹一层隔膜，然后将正负极插入到热塑管中，之后，向其中添加电解液，并使用 PDMS 密封后得到线状铝/石墨电池［图 4-20（b）］。由于一维的线状结构，这种铝/石墨电池在不同的弯曲状态（弯曲角度从 0°到 360°）下均能展现出较好的电化学性能。而且，将该器件进行 200 次 360°的弯曲测试后，比容量保持率仍然高达 87.5%。为了展示其作为柔性储能器件的可行性，长度 181 mm 的线状铝/石墨电池被组装，器件可以弯曲成多种角度，甚至在打结的状态下也能点亮 LED 灯泡。此外，本书作者课题组使用铝线作为负极，PANI/SWCNTs 膜作为正极，离子液体 $AlCl_3$/[EMIm]Cl 作为电解液，玻璃纤维为隔膜，并通过层层组装法制备了一种柔性的线状铝离子电池[72]。其制备过程如下：首先，将铝线盘绕成空心螺旋状作为负极；然后，在其上面缠绕一层玻璃纤维隔膜；随后，将细条状 PANI/SWCNTs 膜紧密地缠绕在隔膜表面；最后，将上述正负极和隔膜放入绝缘热塑管中，并加入离子液体 $AlCl_3$/[EMIm]Cl 电解液得到线状 Al/PANI 电池，器件弯曲到90°或120°时，其比容量依然保持稳定，而且，经过160次充放电循环后，将其恢复到初始状态，其比容量保持率高达94%，在柔性储能器件中表现出较好的发展潜质。

虽然研究人员已经开发了多种柔性铝离子电池，并且其在柔性可穿戴储能电子设备中表现出较大的发展潜质，但是目前柔性铝离子电池仍然无法满足商业化应用的要求。一方面，目前柔性铝离子电池常用的电解液都是基于离子液体的铝盐，其价格昂贵很难实现大规模应用；另一方面，现有柔性铝离子电池常用的正极材料都是碳材料，其比容量较低，无法满足发展高能量密度柔性铝离子电池的要求。因此，开发高电压、高比容量、长循环寿命的正极材料，设计高稳定、高离子电导率的凝胶电解质和优化水系柔性铝离子电池结构是未来柔性铝离子电池的发展方向。

4.2.2 柔性镁离子电池研究进展

镁在我国的储量丰富，位居世界首位，金属镁成本低、无毒且是轻金属，也是一种常用的金属材料[73]。镁的电极电位较负，在酸性介质中为–2.37 V（相对于标准氢电极），低于金属锌（相对于标准氢电极为–0.76 V）和金属铝（相对于标准氢电极–1.66 V）[74]。而且，由于每个镁原子在充放电过程中能进行2个电子的转移反应，因此镁的理论质量比容量为2.20 A·h/g，在常见的金属中仅仅比锂（3.86 A·h/g）和铝（2.98 A·h/g）的理论质量比容量小，高于金属锌（0.82 A·h/g）的理论质量比容量，也是一种有前景的负极材料。镁离子电池是由金属镁为负极，含镁离子的电解质溶液为电解液，能脱嵌镁离子的活性材料为正极构成的一种新型储能电池。但是，与锌离子电池或者铝离子电池相比，镁离子电池发展比较缓慢，主要受电解液的制约。由于金属镁比较活泼，因此，它适合在有机非质子极性溶剂中进行可逆的沉积与溶解反应[75]。而且镁离子的电荷密度比较大，其溶剂化效应比较强，因此镁离子电池的正极材料要求适合溶剂化镁离子的嵌入和脱出，并且需要在电解液中稳定存在[76]。值得注意的是，镁离子一般沿二维方向沉积的特性使得金属镁负极一般不会像金属锌负极一样产生枝晶，这一特性极大地提升了镁离子电池的安全性能[77]。为了实现柔性的镁离子电池，需要镁离子电池的正负电极都具有一定的机械柔性。负极可选用镁箔或镁丝，而正极需要对可嵌脱镁离子的活性材料进行相应的柔性设计。例如，活性材料与导电柔性骨架（石墨烯、CNTs等）的复合是常见的制备方法。

碳材料是柔性镁离子电池比较常用的电极基底材料。Zhang等通过简单的抽滤法制备了柔性自支撑的硫化铜CuS/MWCNTs复合膜（图4-21）[78]。使用该膜作为柔性正极，镁箔作为负极，镁锂双盐作为电解液组装的柔性镁离子电池，在30 mA/g的电流密度下，展现出高达479 mA·h/g的放电比容量。为了进一步提高镁离子电池的柔性，孙公权等使用柔性更好的镁汞合金替代镁箔作为负极设计了柔性水系镁离子电池[79]。该电池采用薄膜构型，先用聚合物类多孔隔膜包裹负极片，然后两片负极上下夹着负载了析氢催化剂的泡沫镍正极，最后用带孔的柔性囊体封装。当海水电解液流进囊体内，负极上镁失去电子产生的镁离子扩散到了电解液，正极则发生析氢反应生成氢气。这种柔性的水系镁离子电池在电流密度为 2 mA/cm^2 下放电 8 h 后，单电池的放电电压可以稳定在 0.3 V。此外，Wallace 等使用弹性体作为基底，设计了一种具有可拉伸性的镁离子电池正极材料[80]。首先，在预拉伸的弹性体［聚(苯乙烯-嵌段-异丁烯-嵌段-苯乙烯)］表面溅射上金膜，然后在其表面电聚合上 PPy 活性材料，最后释放预拉伸的弹性体即得到有扣结构的可拉伸正极。即便将其在 30%的应变下进行 2000 次拉伸循环后，其作为镁离子电池正极的电化学性能也基本不变。

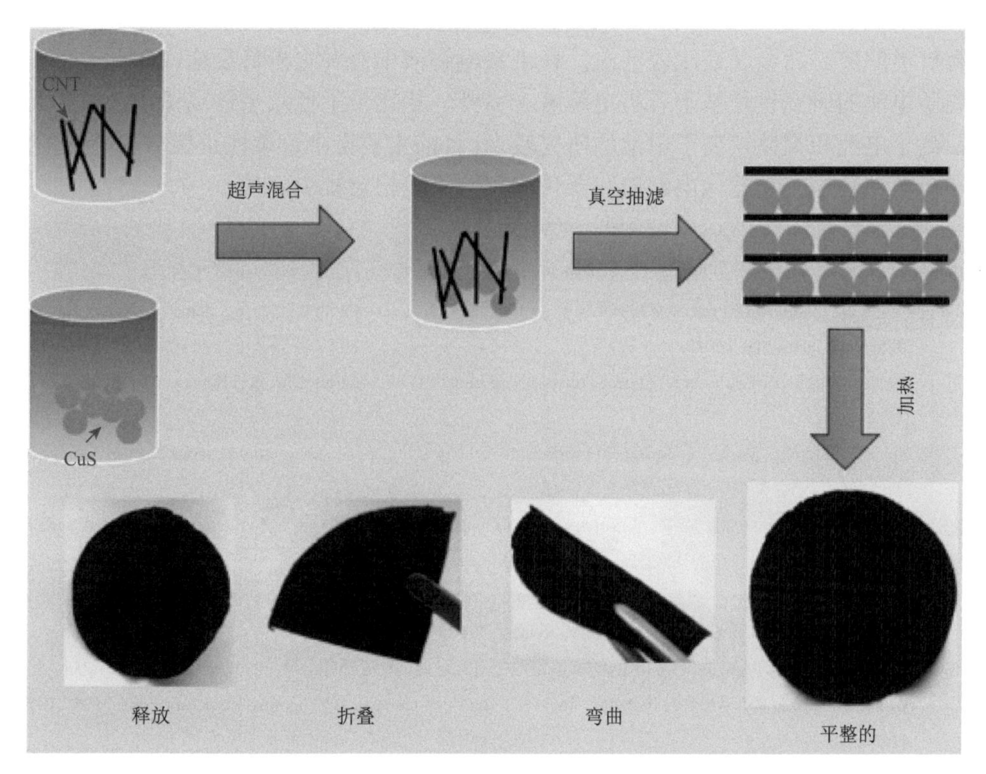

图 4-21　柔性 CuS/MWCNTs 复合膜的制备过程及其在不同折叠状态下的光学照片[78]

由于镁离子电池起步较晚，目前镁离子电池的研究还处于基础阶段，缺乏高电压、高比容量、高稳定性的正极材料和高安全、高稳定、高离子电导率的电解液，受限于此，目前柔性镁离子电池的研究较少，在未来还具有广阔的发展空间。

4.3 本章小结

本章主要介绍了三种柔性多价金属离子电池（锌离子电池、铝离子电池和镁离子电池）的材料与器件设计。柔性电子器件通常与消费者密切接触，因此，对其储能器件的安全性提出了更高的要求。相比于基于传统有机电解液体系的储能器件，基于水系电解液的储能器件在本质上具有更高的安全性。在上述三种多价金属离子电池中，金属锌在水系电解液中具有良好的稳定性和高的沉积/析出效率，因此柔性锌离子电池的研究主要集中在柔性水系锌离子电池方面。目前，柔性水系锌离子电池的研究比较深入，主要包括柔性正负极的构建、凝胶电解质的设计和器件构型的研发。虽然金属铝也能在水体系中稳定存在，但是铝在水系电解液中沉积/析出效率较低，导致目前柔性铝离子电池使用的电解液仍然为传统的有机电解液。而金属镁比较活泼，在水系电解液中会发生析氢反应，因此柔性镁离子电池的研究也是基于有机电解液。另外，相比于柔性水系锌离子电池，柔性铝离子电池和柔性镁离子电池的研究较少，目前主要集中于柔性正极材料的开发，对于柔性负极、功能化电解质和器件构型的研究相对较少。

参考文献

[1] Choi J W，Aurbach D. Promise and reality of post-lithium-ion batteries with high energy densities. Nature Review Materials，2016，1：16013.

[2] Kim H，Hong J，Park K Y，et al. Aqueous rechargeable Li and Na ion batteries. Chemical Reviews，2014，114（23）：11788-11827.

[3] Huang J，Guo Z，Ma Y，et al. Recent progress of rechargeable batteries using mild aqueous electrolytes. Small Methods，2018，3（1）：1800272.

[4] Liu Z，Huang Y，Huang Y，et al. Voltage issue of aqueous rechargeable metal-ion batteries. Chemical Society Reviews，2020，49（1）：180-232.

[5] Zeng X，Hao J，Wang Z，et al. Recent progress and perspectives on aqueous Zn-based rechargeable batteries with mild aqueous electrolytes. Energy Storage Materials，2019，20：410-437.

[6] 陈丽能，晏梦雨，梅志文，等. 水系锌离子电池的研究进展. 无机材料学报，2017，32（3）：225-234.

[7] Winter M，Brodd R J. What are batteries，fuel cells，and supercapacitors? Chemical Reviews，2004，104（10）：4245-4270.

[8] McLarnon F R，Cairns E J. The secondary alkaline zinc electrode. Journal of the Electrochemical Society，1991，138（2）：645-656.

[9] Shen Y，Kordesch K. The mechanism of capacity fade of rechargeable alkaline manganese dioxide zinc cells. Journal of Power Sources，2000，87（1）：162-166.

[10] Xu C，Li B，Du H，et al. Energetic zinc ion chemistry：the rechargeable zinc ion battery. Angewandte Chemie International Edition，2012，51（4）：933-935.

[11] Huang J，Wang Z，Hou M，et al. Polyaniline-intercalated manganese dioxide nanolayers as a high-performance

cathode material for an aqueous zinc-ion battery. Nature Communications，2018，9（1）：2906.

[12] Sun W，Wang F，Hou S，et al. Zn/MnO_2 battery chemistry with $H^+$and Zn^{2+}coinsertion. Journal of the American Chemical Society，2017，139（29）：9775-9778.

[13] 李孟夏，陆越，王利斌，等. Mn_3O_4@ZnO 核壳结构纳米片阵列的可控合成及其在水系锌离子电池中的应用. 无机材料学报，2019，35（1）：86-92.

[14] Zhang L，Chen L，Zhou X，et al. Towards high-voltage aqueous metal-ion batteries beyond 1.5 V：the zinc/zinc hexacyanoferrate system. Advanced Energy Materials，2015，5（2）：1400930.

[15] Kundu D，Adams B D，Duffort V，et al. A high-capacity and long-life aqueous rechargeable zinc battery using a metal oxide intercalation cathode. Nature Energy，2016，1：16119.

[16] Shi H Y，Ye Y J，Liu，K，et al. A long cycle-life self-doped polyaniline cathode for rechargeable aqueous zinc batteries. Angewandte Chemie International Edition，2018，57（50）：16359-16363.

[17] Jia H，Wang Z，Tawiah B，et al. Recent advances in zinc anodes for high-performance aqueous Zn-ion batteries. Nano Energy，2020，70：104523.

[18] Li W，Wang K，Cheng S，et al. An ultrastable presodiated titanium disulfide anode for aqueous "Rocking-Chair" zinc ion battery. Advanced Energy Materials，2019，9（27）：1900993.

[19] Huang S，Zhu J，Tian J，et al. Recent progress in the electrolytes of aqueous zinc-ion batteries. Chemistry-A European Journal，2019，25（64）：14480-14494.

[20] Wan F，Zhang L，Dai X，et al. Aqueous rechargeable zinc/sodium vanadate batteries with enhanced performance from simultaneous insertion of dual carriers. Nature Communications，2018，9：1656.

[21] Li H，Han C，Huang Y，et al. An extremely safe and wearable solid-state zinc ion battery based on a hierarchical structured polymer electrolyte. Energy & Environmental Science，2018，11（4）：941-951.

[22] Li H，Liu Z，Liang G，et al. Waterproof and tailorable elastic rechargeable yarn zinc ion batteries by a cross-linked polyacrylamide electrolyte. ACS Nano，2018，12（4）：3140-3148.

[23] Zhang Q，Li C，Li Q，et al. Flexible and high-voltage coaxial-fiber aqueous rechargeable zinc-ion battery. Nano Letters，2019，19（6）：4035-4042.

[24] Wan F，Wang X，Bi S，et al. Freestanding reduced graphene oxide/sodium vanadate composite films for flexible aqueous zinc-ion batteries. Science China Chemistry，2019，62（5）：609-615.

[25] Zeng Y，Zhang X，Meng Y，et al. Achieving ultrahigh energy density and long durability in a flexible rechargeable quasi-solid-state Zn-MnO_2 battery. Advanced Materials，2017，29（26）：1700274.

[26] Ma L，Chen S，Li H，et al. Initiating a mild aqueous electrolyte Co_3O_4/Zn battery with 2.2 V-high voltage and 5000-cycle lifespan by a Co(Ⅲ) rich-electrode. Energy & Environmental Science，2018，11（9）：2521-2530.

[27] Zhang S，Yu N，Zeng S，et al. An adaptive and stable bio-electrolyte for rechargeable Zn-ion batteries. Journal of Materials Chemistry A，2018，6（26）：12237-12243.

[28] Wang Z，Ruan Z，Liu Z，et al. A flexible rechargeable zinc-ion wire-shaped battery with shape memory function. Journal of Materials Chemistry A，2018，6（18）：8549-8557.

[29] Wang K，Zhang X，Han J，et al. High-performance cable-type flexible rechargeable Zn battery based on MnO_2@CNT fiber microelectrode. ACS Applied Materials & Interfaces，2018，10（29）：24573-24582.

[30] Wan F，Zhang L，Wang X，et al. An aqueous rechargeable zinc-organic battery with hybrid mechanism. Advanced Functional Materials，2018，28（45）：1804975.

[31] Sun G，Jin X，Yang H，et al. Aqueous Zn-MnO_2 rechargeable microbattery. Journal of Materials Chemistry A，2018，6（23）：10926-10931.

[32] Bi S，Wan F，Huang S，et al. A flexible quasi-solid-state bifunctional device with zinc-ion microbattery and photodetector. ChemElectroChem，2019，6（15）：3933-3939.

[33] Guo Z，Ma Y，Dong X，et al. Environment-friendly and flexible aqueous zinc battery using an organic cathode. Angewandte Chemie International Edition，2018，57（36）：11737-11741.

[34] Zhao J，Sonigara K K，Li J，et al. A smart flexible zinc battery with cooling recovery ability. Angewandte Chemie International Edition，2017，56（27）：7871-7875.

[35] Li H，Xu C，Han C，et al. Enhancement on cycle performance of Zn anodes by activated carbon modification for neutral rechargeable zinc ion batteries. Journal of the Electrochemical Society，2015，162（8）：A1439-A1444.

[36] Zheng J，Zhao Q，Tang T，et al. Reversible epitaxial electrodeposition of metals in battery anodes. Science，2019，366：645-648.

[37] Dong W，Shi J L，Wang T S，et al. 3D zinc@carbon fiber composite framework anode for aqueous Zn-MnO_2 batteries. RSC Advances，2018，8（34）：19157-19163.

[38] Zeng Y，Zhang X，Qin R，et al. Dendrite-free zinc deposition induced by multifunctional CNT frameworks for stable flexible Zn-ion batteries. Advanced Materials，2019，31（36）：1903675.

[39] Tian Y，An Y，Wei C，et al. Flexible and free-standing $Ti_3C_2T_x$ MXene@Zn paper for dendrite-free aqueous zinc metal batteries and nonaqueous lithium metal batteries. ACS Nano，2019，13（10）：11676-11685.

[40] Huang S，Wan F，Bi S，et al. A self-healing integrated all-in-one zinc-ion battery. Angewandte Chemie International Edition，2019，58（13）：4313-4317.

[41] Wang D，Li H，Liu Z，et al. A nanofibrillated cellulose/polyacrylamide electrolyte-based flexible and sewable high-performance Zn-MnO_2 battery with superior shear resistance. Small，2018，14（51）：1803978.

[42] Wang Z，Mo F，Ma L，et al. A highly compressible crosslinked polyacrylamide hydrogel enabled compressible Zn-MnO_2 battery and a flexible battery-sensor system. ACS Applied Materials & Interfaces，2018，10（51）：44527-44534.

[43] Mo F，Liang G，Meng Q，et al. A flexible rechargeable aqueous zinc manganese-dioxide battery working at −20℃. Energy & Environmental Science，2019，12（2）：706-715.

[44] Wang Z，Ruan Z，Ng W S，et al. Integrating a triboelectric nanogenerator and a zinc-ion battery on a designed flexible 3D spacer fabric. Small Methods，2018，2（10）：1800150.

[45] Dai X，Wan F，Zhang L，et al. Freestanding graphene/VO_2 composite films for highly stable aqueous Zn-ion batteries with superior rate performance. Energy Storage Materials，2019，17：143-150.

[46] Chao D，Zhu C R，Song M，et al. A high-rate and stable quasi-solid-state zinc-ion battery with novel 2D layered zinc orthovanadate array. Advanced Materials，2018，30（32）：e1803181.

[47] Hiralal P，Imaizumi S，Unalan H E，et al. Nanomaterial-enhanced all-solid flexible zinc-carbon batteries. ACS Nano，2010，4（5）：2730-2734.

[48] Ma Y，Xie X，Lv R，et al. Nanostructured polyaniline-cellulose papers for solid-state flexible aqueous Zn-ion battery. ACS Sustainable Chemistry & Engineering，2018，6（7）：8697-8703.

[49] Wang J，Liu J，Hu M，et al. A flexible，electrochromic，rechargeable Zn//PPy battery with a short circuit chromatic warning function. Journal of Materials Chemistry A，2018，6（24）：11113-11118.

[50] Zhu M，Wang Z，Li H，et al. Light-permeable，photoluminescent microbatteries embedded in the color filter of a screen. Energy & Environmental Science，2018，11（9）：2414-2422.

[51] Cao H，Wan F，Zhang L，et al. Highly compressible zinc-ion batteries with stable performance. Journal of Materials Chemistry A，2019，7（19）：11734-11741.

[52] 马正青，左列，庞旭，等. 铝电池研究进展. 船电技术，2008，28（5）：257-261.
[53] David M T，Jesus P，Marcilla R，et al. A critical perspective on rechargeable Al-ion battery technology. Dalton Transactions，2019，48：9906-9911.
[54] Das S，Mahapatra S，Lahan H. Aluminium-ion batteries：developments and challenges. Journal of Materials Chemistry A，2017，5（14）：6347-6367.
[55] Kamath G，Narayanan B，Sankaranarayanan S. Atomistic origin of superior performance of ionic liquid electrolytes for Al-ion batteries. Physical Chemistry Chemical Physics，2014，16（38）：20387-20391.
[56] Zafar Z，Imtiaz S，Razaq R，et al. Cathode materials for rechargeable aluminum batteries：current status and progress. Journal of Materials Chemistry A，2017，5（12）：5646-5660.
[57] 程琦，梁济元，刘继延，等. 柔性储能器件的发展现状及展望. 江汉大学学报（自然科学版），2016，44（3）：197-204.
[58] Lin M，Gong M，Lu B，et al. An ultrafast rechargeable aluminum-ion battery. Nature，2015，520（7547）：325-328.
[59] Jung S，Kang Y J，Yoo D，et al. Flexible few-layered graphene for the ultrafast rechargeable aluminum-ion battery. the Journal of Physical Chemistry C，2016，120（25）：13384-13389.
[60] Chen H，Xu H，Wang S，et al. Ultrafast all-climate aluminum-graphene battery with quarter-million cycle life. Science Advances，2017，3（12）：eaao7233.
[61] Yu X，Wang B，Gong D，et al. Graphene nanoribbons on highly porous 3D graphene for high-capacity and ultrastable Al-ion batteries. Advanced Materials，2017，29（4）：1604118.
[62] 高超，郭凡，李拯. 一种柔性可弯曲的铝离子电池的制备方法：201610845761.6. 2017-02-22[2020-12-10].
[63] Hu Y，Debnath S，Hu H，et al. Unlocking the potential of commercial carbon nanofibers as free-standing positive electrodes for flexible aluminum ion batteries. Journal of Materials Chemistry A，2019，7（25）：15123-15130.
[64] 黄爱宾，刘彩凤. 一种柔性薄膜电池及其制造方法：201910308725.X. 2019-06-21[2020-12-10].
[65] Yang W，Lu H，Cao Y，et al. Flexible free-standing MoS_2/carbon nanofibers composite cathode for rechargeable aluminum-ion batteries. ACS Sustainable Chemistry & Engineering，2019，7（5）：4861-4867.
[66] Liang K，Ju L，Koul S，et al. Self-supported tin sulfide porous films for flexible aluminum-ion batteries. Advanced Energy Materials，2019，9（2）：1802543.
[67] 吴川，倪乔，吴锋，等. 铝离子电池柔性电极材料及其制备方法和铝离子电池：201710830723.8. 2018-01-09[2020-12-10].
[68] Yu Z，Jiao S，Li S，et al. Flexible stable solid-state Al-ion batteries. Advanced Functional Materials，2019，29（1）：1806799.
[69] Wang P，Chen Z，Ji Z，et al. A high-performance flexible aqueous Al ion rechargeable battery with long cycle life. Energy Storage Materials，2020，25：426-435.
[70] Wang P，Chen Z，Ji Z，et al. A flexible aqueous Al ion rechargeable full battery. Chemical Engineering Journal，2019，373：580-586.
[71] Song C，Li Y，Li H，et al. A novel flexible fiber-shaped dual-ion battery with high energy density based on omnidirectional porous Al wire anode. Nano Energy，2019，60：285-293.
[72] Wang S，Huang S，Yao M，et al. Engineering active sites of polyaniline for $AlCl_2^+$ storage in aluminum battery. Angewandte Chemie International Edition，2020，59（29）：11800-11807.
[73] 尧玉芬，陈昌国，刘渝萍，等. 镁电池的研究进展. 材料导报，2009，23（10）：119-121.
[74] 钟玉菡，丛梓枫，谢菁，等. 镁二次电池的研究现状. 广东化工，2015，42（12）：77-78.
[75] Liao C，Guo B，Jiang D，et al. Highly soluble alkoxide magnesium salts for rechargeable magnesium batteries.

Journal of Materials Chemistry A，2014，2（3）：581-584.
[76] 杨雷雷，李法强，贾国凤，等. 可逆镁电池正极材料的研究进展. 无机盐工业，2012，44（2）：6-8.
[77] Aurbach D，Weissman I，Gofer Y，et al. Nonaqueous magnesium electrochemistry and its application in secondary batteries. The Chemical Record，2003，3（1）：61-73.
[78] Zhang Y，Li Y，Wang Y，et al. A flexible copper sulfide@multi-walled carbon nanotubes cathode for advanced magnesium-lithium-ion batteries. Journal of Colloid and Interface Science，2019，553：239-246.
[79] 孙公权，刘乾锋，王二东. 一种柔性镁水电池：201510960461.8. 2017-06-27[2020-12-10].
[80] Wang C，Zheng W，Yue Z，et al. Stretchable polypyrrole electrodes for battery applications. Advanced Materials，2011，23（31）：3580-3584.

第5章

柔性金属空气电池

金属空气电池正极以 O_2 为活性物质，负极大多为轻质活性金属，电解质多为碱金属氢氧化物溶液或中性盐溶液，结构如图 5-1 所示[1]。金属空气电池的优点主要体现在以下几点：正极活性物质为 O_2，取之不尽，资源丰富，成本低；比容量大、能量密度高；放电电压平稳；结构简单，易于组装。基于以上优势，金属空气电池作为一种绿色能源技术，在目前的新能源领域具有良好的发展前景。

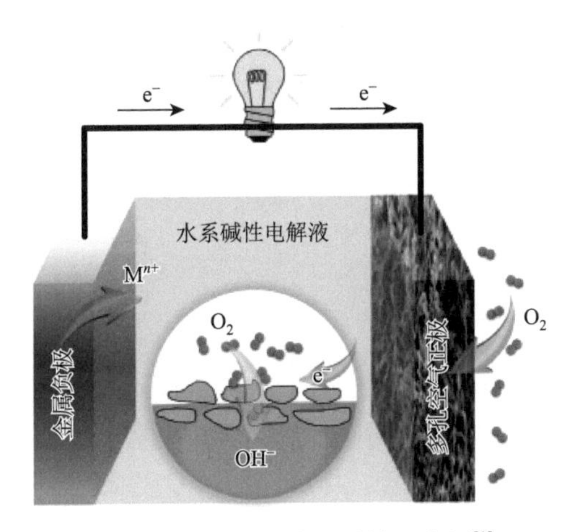

图 5-1 金属空气电池结构示意图[1]

金属空气电池放电时，活性物质 O_2 在催化剂的作用下在空气正极发生一系列化学反应将化学能转化为电能。在水系电解液体系中，电极反应和电池的总反应方程式分别如下。

正极反应：
$$O_2 + 2H_2O + 4e^- \rightleftharpoons 4OH^- \tag{5-1}$$

负极反应：
$$M \rightleftharpoons M^{n+} + ne^- \tag{5-2}$$

电池总反应：
$$4M + nO_2 + 2nH_2O \rightleftharpoons 4M(OH)_n \tag{5-3}$$

式中，M 为负极活性金属；n 值取决于电化学反应过程中金属负极的价态变化。

根据负极金属的种类，可以将目前研究较多的金属空气电池分为锂空气电池、锌空气电池、铝空气电池、镁空气电池和钠空气电池等。各类金属空气电池的能量密度、比能量和工作电压等性能如表 5-1 所示。

表 5-1 金属空气电池性能参数

电池种类	能量密度/(A·h/g)	理论比能量/(kW·h/kg)	实际比能量/(kW·h/kg)	理论电压/V	实际电压/V	电解质溶液
锂空气	3.86	11.4	＞1.0	3.4	2.4	有机电解液
	3.86	13	＞1.0	3.4	2.6	LiOH 水溶液
锌空气	0.82	1.3	0.3～0.5	1.6	1.0～1.2	KOH 水溶液
镁空气	2.2	6.8	＞0.6	3.1	1.2～1.4	有机电解液
铁空气	0.96	1.2	0.1	1.3	1.0	KOH 水溶液
铝空气	2.98	8.1	0.3～0.4	2.8	1.1～1.7	KOH/NaCl 水溶液

金属空气电池具有能量密度高、成本低和环境友好等优势，设计开发高性能的柔性金属空气电池能够更好地满足各类柔性电子设备的供能需求。与传统刚性金属空气电池相比，柔性空气电池能够更好地与柔性电子设备匹配，具有广阔的应用前景。此外，柔性金属空气电池为半开放式结构，其组装重点在于合理设计电池体系以及制备高性能的柔性空气正极、金属负极和电解质。本章将重点介绍目前研究较多的柔性锂空气电池、柔性锌空气电池以及柔性铝空气电池的设计及研究现状。

5.1 柔性锂空气电池

前面章节介绍了各种柔性储能器件，如柔性超级电容器、柔性碱金属离子电池和柔性多价金属离子电池等。相比于前面介绍的各类柔性储能器件，由于锂空气电池正极（以多孔碳为主）很轻，且活性物质 O_2 从环境中获取而不用保存在空气正极中，因此，锂空气电池具有更高的能量密度，能够极大提高柔性电子设备的续航能力并有效减小器件体积，从而进一步扩展柔性储能器件的应用范围。

5.1.1 锂空气电池概述

1. 锂空气电池简介

锂空气电池最早由 Littauer 等在 1976 年提出，但是受限于当时的技术条件，无法有效解决金属锂负极与水性电解液直接接触的问题。金属锂在水系电解液中剧烈反应，大大降低了电池的安全性，且该类电池自放电严重，因此锂空气电池的研究一直难以取得实际性进展[2]。直到 1996 年，有机电解液第一次成功引入锂空气电池体系，才有效避免了电解质和金属锂负极的反应，使得锂空气电池的研究重新得到研究者的广泛关注[3, 4]。

与锂离子电池等封闭电池体系相比，锂空气电池具有独特的半开放结构，器件利用空气中的 O_2 作为正极活性物质，使空气正极的质量达到最小化，从而提高锂空气电池的能量密度，其理论能量密度高达 11680 W·h/kg，远高于现在商业化和文献报道的锂离子电池体系，常见化学电源的能量密度如图 5-2 所示。当使用锂空气电池作为动力汽车电源时，汽车理论行驶里程超过 550 km[5, 6]。因此，在相同条件下，柔性锂空气电池可设计为更薄的结构和更小的尺寸，提高其在实际应用中的灵活性。

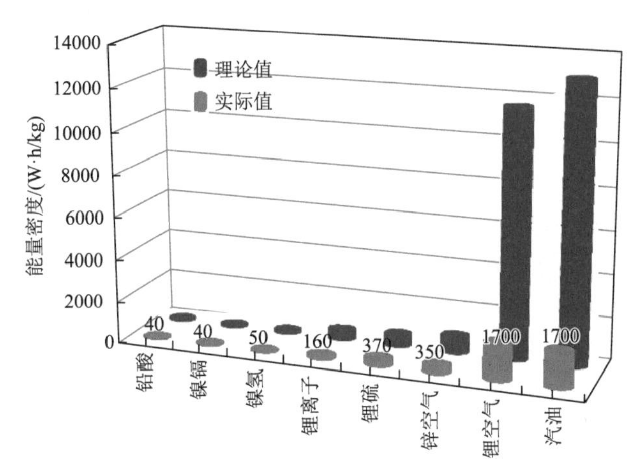

图 5-2　不同类型二次电池的理论与实际能量密度对比图[5]

不同于金属离子电池的嵌入和转换机理，锂空气电池的工作原理涉及金属锂负极上金属的溶解和沉积以及空气正极上的氧还原和氧析出反应。通常锂空气电池在反应过程中存在许多副反应，导致其循环稳定性和倍率性能较差，因此，锂空气电池电解液、多孔电极材料、催化剂材料及金属锂负极的选择及设计成为改善锂空气电池性能的关键。目前，世界各国研究人员已经对锂空气电池展开了大量的基础研究工作，并取得了一定的研究进展。但是，锂空气电池的实际应用仍处于初级阶段，尤其是锂空气电池对水和二氧化碳的敏感问题还没有得到有效解决。柔性锂空气电池除了需要解决上述锂空气电池的基本问题外，还需要解决器件各组分以及整体器件在形变状态下结构稳定性差等问题。特别是柔性锂空气电池通常采用凝胶或固态电解质，电极材料与电解质接触的固-固界面润湿性差，不利于正负极活性材料与电解质充分接触，导致界面接触电阻增大和锂负极表面成核位点不均匀，从而减缓电池反应动力学并造成严重的锂枝晶问题。因此，开发具有三维网络结构的聚合物电解质或优化电解质成分，改善电极与电解质界面，对提高柔性锂空气电池的电化学性能至关重要[7-9]。另外，目前柔性锂空气电池的组装过程需要在纯氧环境中进行，从而给电池的组装过程带来不便，解决上述问题也是促进该电池体系走向实际应用的关键[10]。

近期，在国家重点研发计划“新型纳米结构的高能量长寿命锂/钠复合空气电池”项目的大力支持下，南开大学陈军院士团队在锂/钠复合空气电池的研究工作中取得重大进展。另外，在国家自然科学基金委员会、科学技术部和中国科学院等部门的大力支持下，中国科学院长春应用化学研究所张新波研究员团队通过抑制锂空气电池电解液分解，调控空气正极固-液-气三相界面以及优化锂空气电池体系与结构，提高了锂空气电池的电化学性能，并获得 Ah 级原型器件。这些工作也为柔性空气正极的设计及器件的构建提供了指导，以满足柔性电子设备对高能量密度和高耐久性柔性锂空气电池的需求。

2. 锂空气电池基本工作原理

目前，锂空气电池主要基于有机电解液体系，如有机碳酸酯电解液。实验结果及理论计算表明，有机电解液的使用可较好地解决金属锂负极与水系电解液快速反应的问题，使金属锂处于一个温和的反应环境中，真正实现了锂空气电池体系的构建，反应方程式为[11, 12]：

$$2Li + O_2 \rightleftharpoons Li_2O_2 \qquad (E^0 = 3.10\ V) \tag{5-4}$$

典型的锂空气电池主要由空气正极、金属锂负极和电解质组成[5]。放电过程中，环境外部的 O_2 在空气正极中发生电化学还原，生成的固态产物 Li_2O_2 储存在正极孔道中；充电过程中，上述 Li_2O_2 发生氧化反应，释放 O_2 到外部。因此锂空气电池独特的电化学反应要求电池外部封装为半开放结构，便于 O_2 的扩散。正极多孔结构的设计需保证其有足够的空间容纳反应过程中生成的固态产物 Li_2O_2，反应机理示意图如图 5-3 所示。

5.1.2 柔性空气正极的设计

柔性空气正极的设计对锂空气电池的电化学性能起到决定性作用，目前，传统锂空气电池正极存在的主要问题是多孔结构尺寸不均匀以及反应过程中生成的 Li_2O_2 易堵塞孔结构造成电池反应的可逆性差。柔性锂空气电池正极除了存在上述问题，还需要保证其拥有优异力学性能和高导电性，确保柔性锂空气电池在各种形变状态下保持优异的电化学性能[13, 14]。由于柔性空气正极骨架材料的反应活性一般较低，难以催化 O_2 进行还原反应，因此，在空气正极的制备过程中需要添加催化剂材料以增强空气正极的催化能力。目前研究较多的催化剂主要包括碳材料催化剂、贵金属催化剂和过渡金属化合物催化剂等[15-23]。因此，需要构建孔结构尺寸均匀且结构稳定的空气正极来负载催化剂材料并容纳反应产物 Li_2O_2，从而促进 O_2 的扩散以及反应产物 Li_2O_2 的可逆转化。

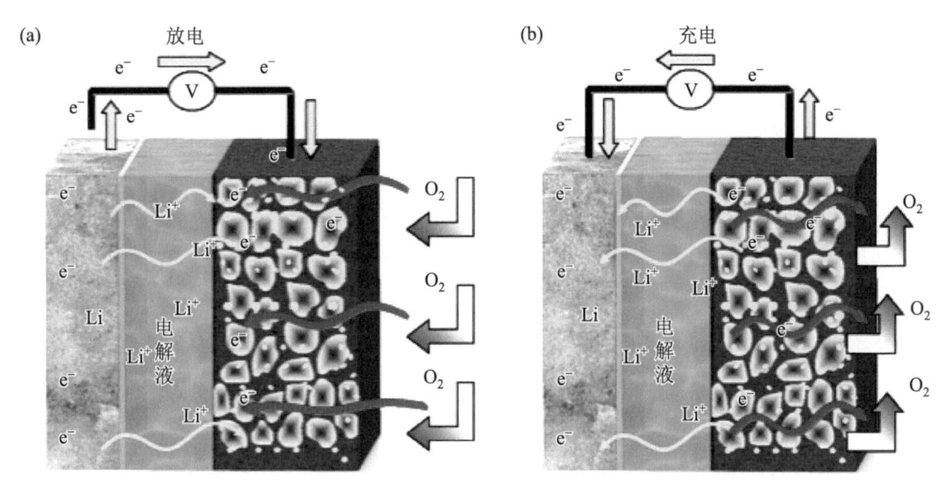

图 5-3　锂空气电池工作机理示意图：（a）放电过程；（b）充电过程[5]

基于以上问题，柔性空气正极的设计需要考虑以下几点：①选用具有优异力学性能和导电性的骨架材料（如金属骨架和碳骨架材料等）作为空气正极的核心材料，这决定整个电极的柔性及性能稳定性；②构建尺寸均匀的多孔结构，促进 O_2 的扩散并容纳更多的反应产物；③通过多孔结构的调整来改变反应产物的成核及生长，形成连续的电子网络通道，保证电子快速传输；④均匀负载高活性催化剂材料，提供更多的反应活性位点，提高活性物质的利用率。下面将对常用的正极骨架材料及其在柔性锂空气电池正极设计中的应用进行介绍。

1. 金属骨架材料

金属骨架材料如泡沫镍和不锈钢网等具有高导电性和电化学稳定性，因此常被用作锂空气电池正极骨架材料[24-29]。为了在柔性锂空气电池中得以应用，提高其柔性和结构稳定性成为促进金属骨架材料广泛应用的关键。研究人员直接在泡沫镍金属集流体表面原位生长一层三维多孔过渡金属氧化物催化剂，构建出无导电剂和黏结剂的多孔网络结构柔性空气正极[30]。该空气正极表面由厚度约为 40 nm 的催化剂纳米片组成，纳米片相互交联形成大量微米级孔结构，这些孔结构为 Li_2O_2 成核及生长提供足够的空间，可以保证电池在放电过程中不会因空气正极空间不足而出现堵塞问题，使得电池在循环 400 h 后仍能保持稳定。由于该空气正极未引入黏结剂及其他碳材料，因此，显著提高了正极的电导率并减少因“碳腐蚀”造成的副反应。为了进一步提高空气正极的催化活性，研究人员在纳米多孔泡沫镍骨架表面生长一层金镍双金属合金层作为柔性锂空气电池正极催化材料[31]。由于配体效应和几何效应的共同作用，这些合金纳米颗粒可以有效改善催化剂的稳定性以及在空气正极中的催化活性，因此，相比于氧化物催化剂材料，金镍双金属通常表现出更高的催化活性，可以有效加快空气正极的反应动力学过程。

上面介绍了几种基于金属泡沫镍骨架的柔性锂空气电池正极，在实际测试过程中发现，经过长时间的电化学及形变测试，泡沫镍骨架会出现严重的金属疲劳问题，导致电池比容量快速下降、循环稳定性变差并且不再具备柔性特征。相比于泡沫镍骨架材料，不锈钢网的柔性远高于泡沫镍，而且具有更强的抗金属疲劳性能。受人体毛细血管结构启发，在不锈钢网上原位生长氮掺杂碳纳米管可作为自支撑柔性正极（图 5-4）[32]。不锈钢网为该柔性空气正极提供优异的力学性能，多级氮掺杂碳纳米管骨架的多孔结构为不溶的放电产物 Li_2O_2 提供足够的容纳空间，离子和 O_2 可以在相互交联的氮掺杂碳纳米管孔结构中自由穿行，因此该柔性正极表现出优异的电化学性能，如高的放电比容量（约 9000 mA·h/g）和优异的倍率性能。此外，该柔性正极的超疏水特性能够有效防止水分进入电池内部腐蚀金属锂负极。基于该柔性正极组装了柔性线状锂空气电池，即使将该柔性电池从 0°折叠到 180°仍能维持稳定的输出电压，因此该空气正极在柔性锂空气电池的构建中展现出巨大的潜在应用价值。

金属骨架材料的使用使得柔性锂空气电池的电化学性能有了很大的提高，但循环稳定性仍需进一步改善。此外，在弯曲、扭曲甚至拉伸过程中，金属骨架正极存在严重的金属疲劳问题，这也是发展金属骨架柔性空气正极急需解决的关键科学问题。

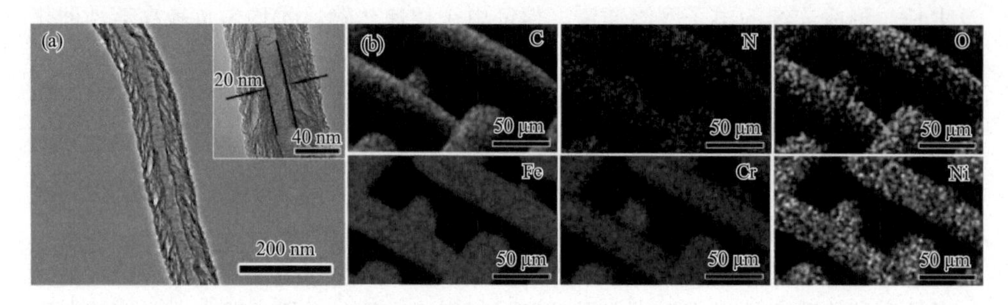

图 5-4 氮掺杂碳纳米管空气正极：（a）TEM 照片；（b）X 射线能谱图[32]

2. 碳骨架材料

相比于金属骨架材料，碳材料具有许多独特的优势：高导电性、低成本、高比表面积以及容易构建柔性多孔电极结构等[15, 17]。因而，在柔性空气正极的构建中，碳材料受到研究者的广泛关注[33, 34]。非水系锂空气电池从最初提出到其可逆性的证明，均利用碳材料作为正极，后续工作也是围绕碳材料正极的结构设计展开。随着人们对锂空气电池研究的不断深入，研究人员尝试以碳材料作为柔性空气正极的支撑骨架，同时在其表面负载贵金属或氧化物微纳结构作为催化剂来提高空气正极的催化活性，进而降低锂空气电池过电势。为了制备性能优异的柔性空气正极，碳材料骨架与催化剂之间的有效搭接以及空气正极的力学性能和导电性对其电化学性能和柔韧性的改善都至关重要。因此，基于不同碳材料，如碳纤维、碳纳米管和石墨烯等，不同结构的柔性空气正极被相继开发出来。

碳纤维：碳纤维通常可以通过静电纺丝的方式来制备，作为一维碳纳米材料，具有良好的可编织性[35]。当其作为柔性锂空气电池正极骨架材料时，还需要引入催化剂材料来提高反应活性。例如，将钙钛矿镧镍氧化物/氮掺杂碳纳米管催化剂直接涂覆在柔性碳纤维膜上作为柔性空气正极，基于此空气正极组装的柔性器件表现出优异的电化学性能和可弯曲性[36]。此正极结构中采用的钙钛矿复合氧化物具有较低的价格和灵活多变的组成，其催化性能在一定程度上可以调节。离子取代等因素会造成钙钛矿镧镍氧化物中镧存在大量缺陷以及镍金属离子化合价的变化，使得该催化材料展现出优异的催化性能。不足的是，钙钛矿镧镍氧化物催化剂存在热稳定性差等问题。除了在碳纤维膜表面直接涂覆催化剂，还有多种自支撑和无黏结剂的一体化柔性空气正极被开发出来[37-42]。例如，通过高温烧结在碳纤维膜表面原位生长一层磷掺杂氮化碳纳米花，如图 5-5（a）～（d）所示，纳米花结构由薄纳米片组成，可以提供足够的三维网络通道，因此具有优异的氧还原反应活性以及耐用性，其催化性能甚至可与贵金属铂的催化活性相媲美[40]。该催化剂的不足之处在于制备过程需在高温条件下进行，其过程较为复杂，产物形貌和结构的可控性也较差。为了简化碳纤维膜柔性正极的制备过程，Zhang 等采用种子辅助法在碳纤维膜表面原位生长 TiO_2 纳米阵列作为柔性空气正极，该柔性空气正极组装的锂空气电池在弯曲和扭曲状态下均能保持优异的电化学性能[38]。随后，他们采用电沉积方法制备出负载 Co_3O_4 纳米片催化剂的碳纤维膜柔性空气正极，为了增加该正极的催化活性位点，进一步引入贵金属钌催化剂，得到负载贵金属/氧化物复合催化剂的空气正极，制备过程如图 5-5（e）所示[37]。通过 SEM 和 TEM 照片可以看出［图 5-5（f）～（h）］，钌纳米颗粒均匀分布在 Co_3O_4 纳米片

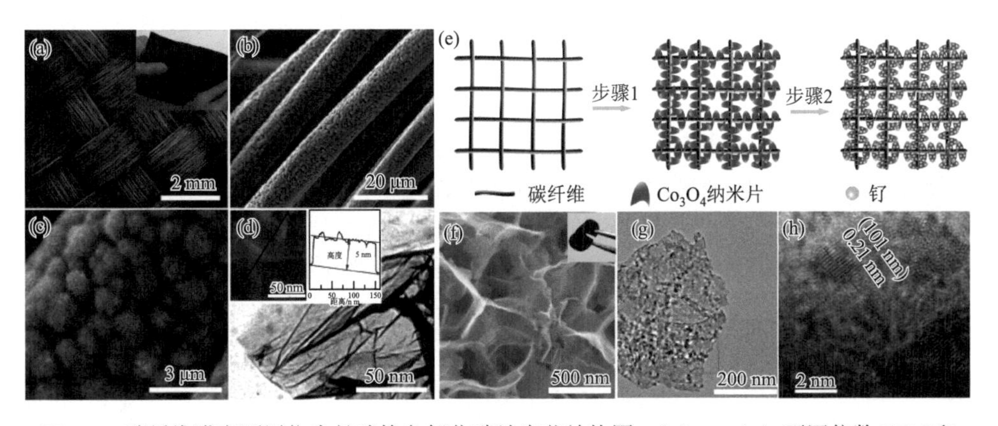

图 5-5　碳纤维膜表面原位生长磷掺杂氮化碳纳米花结构图：（a）～（c）不同倍数 SEM 和（d）TEM 照片[40]；（e）柔性空气正极制备过程示意图及（f）～（h）SEM 和 TEM 照片[37]

表面，有效增加了催化活性位点的面积。将其作为柔性锂空气电池正极时，电池在循环 70 圈后放电比容量仍保持稳定。另外，将氮化钴纤维在碳纤维表面原位耦合缠绕也可得到高柔性空气电池正极[43]。由于氮化钴纤维和碳纤维之间的协同作用以及稳定的三维导电网络结构，该空气正极表现出优异的催化活性和循环稳定性。

碳纳米管：如前所述，碳纳米管易形成柔性薄膜[26, 44]。相互交联的碳纳米管可形成大量多孔结构，有助于离子的迁移，因此，碳纳米管骨架材料可应用于柔性空气正极的设计[45-47]。有序排列的碳纳米管阵列组成的空气正极具有编织结构的多孔通道，使得电池在深度放电后，依旧能够使得 O_2 快速进入空气正极内部并避免放电产物堵塞孔道，因此该正极组装的柔性锂空气电池具有循环寿命长和倍率性能好等优点[16, 48]。此外，利用化学气相沉积法在泡沫镍表面原位合成氮掺杂的碳纳米管，可获得自支撑柔性空气正极，由于电极材料中无黏结剂存在，避免了黏结剂在反应过程中造成的副反应，其催化活性明显提高[49]。如前所述，碳纳米管易组装到纺织品纤维表面作为高导电基底，碳纳米管导电表面层相互缠绕的网状结构形成大量电子传输通道，而纺织品的分层结构使得电解质能够流过通道，织物网孔的尺寸能满足所需的 O_2 输送量，加快放电过程中 O_2 的还原过程。通过此结构设计，电解质和 O_2 出现在活性碳纳米管涂层的对侧上，从而不会相互竞争传输通道，并能充分利用碳纳米管表面的活性位点来增强柔性空气正极的催化能力。

石墨烯：石墨烯的大比表面积有利于均匀负载纳米结构催化剂，其高导电性为设计自支撑无黏结剂正极提供可能[50-53]。石墨烯电极的优异性能与其独特的微结构和表界面性质有关，石墨烯电极中的微孔结构有利于活性物质 O_2 的扩散，而交替相连的纳米孔为放电产物 Li_2O_2 提供充足的容纳空间，如图 5-6（a）～（d）所示[54]。石墨烯的氧还原催化活性归因于石墨烯表面的缺陷和官能团，氧还原反应发生在这些缺陷位点上，形成 Li_2O_2 纳米晶粒，这些纳米晶粒不易堵塞石墨烯电极的多孔通道，因此，相比于其他碳骨架材料，石墨烯柔性空气正极表现出更加稳定的循环性能。通常，为了进一步提高石墨烯柔性空气正极的催化能力，会在其表面负载不同的催化材料。例如，通过静电纺丝将一维 Co_3O_4 纳米纤维催化剂固定在二维石墨烯纳米片上，得到双功能柔性空气正极［图 5-6（e）］[55]。由于大比表面积的 Co_3O_4 纳米纤维具有良好的催化活性，其内部相连的孔道结构保证了电子的快速转移及 O_2 的有效扩散，所以将其用作柔性锂空气电池正极时，电池首次放电比容量高达 10500 mA·h/g，并可以稳定循环 80 圈以上。为了进一步提高 Co_3O_4 纳米纤维催化剂的利用率，制备性能更加优异的柔性空气正极，三维多孔 Co_3O_4/石墨烯复合正极通过模板法被制备出来[56]。该三维多孔结构中，Co_3O_4 作为催化剂在该空气正极中表现出良好的氧还原和氧析出催化活性，从而显著降低电池的过电位，且放电产物 Li_2O_2 的生成与分解具有良好的可逆性。此外，Co_3O_4

纳米纤维壁表面的微孔有利于离子的迁移以及反应物质的扩散，从而加快电池的反应动力学过程。

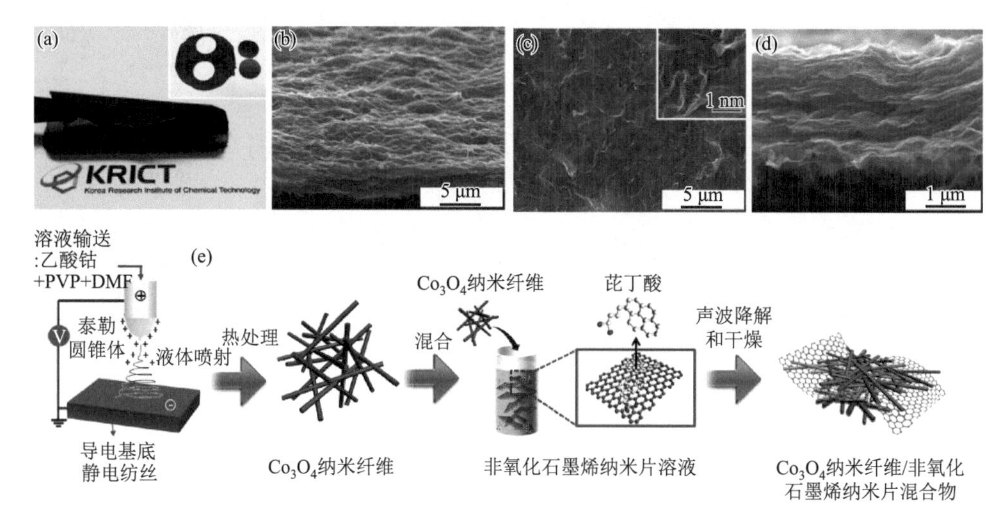

图 5-6　石墨烯空气正极结构：（a）数码照片和（b）～（d）上表面及截面 SEM 照片[54]；（e）Co_3O_4 纳米纤维/石墨烯纳米片制备过程示意图[55]

3. 其他正极骨架材料

除了碳材料和金属骨架材料柔性正极，近年来，还报道了一些新型柔性空气正极，如直接在柔性纸基材料表面喷墨，研制出纸基柔性空气正极，如图 5-7（a）～（d）所示[57]。相比于碳材料柔性空气正极，该空气正极具有成本低和制备简单等优势。该正极中活性物质可以均匀吸附在纸上，保留了纸的自支撑骨架结构，因此，该柔性空气正极展现出与纸相似的可弯折性能，在弯曲 1000 次后，其放电比容量几乎保持不变，同时表现出优异的倍率性能［图 5-7（e）和（f）］。为了制备高机械性能的柔性空气正极，一种工业耐磨、高导电金属丝/棉纤维纱线被用于设计新型柔性空气正极，将金属丝/棉纤维纱线浸泡在 RuO_2 和氮掺杂碳纳米管乙醇溶液中并超声处理，RuO_2 和氮掺杂碳纳米管可均匀附着到其表面［图 5-7（g）和（h）］[58]。该柔性空气正极中，金属丝/棉纤维纱线的使用可有效增强电极的机械性能，当其作为柔性锂空气电池正极时，该柔性电池在弯曲状态下循环 100 圈后其放电比容量几乎没有衰减，表现出优异的可弯曲性和循环稳定性。

树木具有丰富的多相输送水、离子和营养物质的通道网络。离子、电子和氧气的多相传输在锂空气电池中起重要作用，这两种系统在运输行为上的相似性启发了从天然木材中开发锂空气电池正极的灵感。将木片浸泡在氢氧化钠和亚硫酸钠混合溶液中经过脱木素处理得到柔性多孔结构木片，随后将其依次浸泡在碳纳米管丙酮溶液和三氯化钌水溶液中得到碳纳米管/钌纳米颗粒复合的木片，该过程

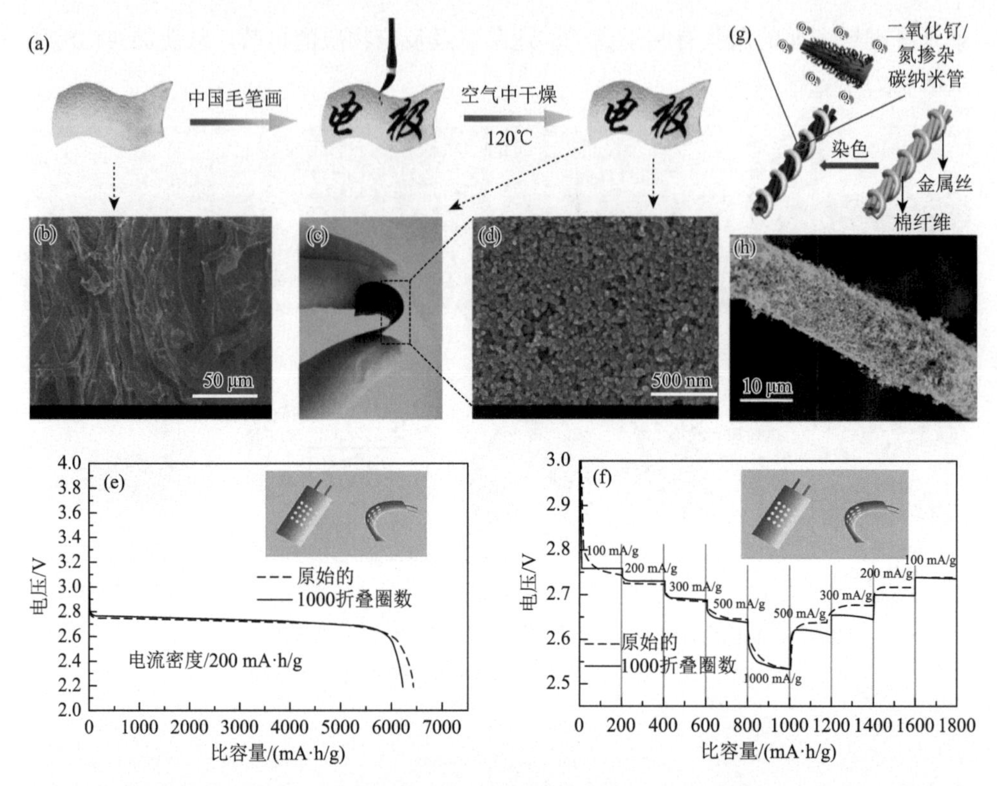

图 5-7 柔性纸基空气正极结构及性能：(a) 制备过程示意图，(b) 基底 SEM 照片，(c) 光学照片和 (d) 电极 SEM 照片；(e) 弯曲条件下柔性纸基空气正极放电曲线及 (f) 倍率性能[57]；(g) 柔性空气正极制备过程示意图和 (h) SEM 照片[58]

可以将刚性和电绝缘的木片转化为柔性导电材料[59]。而且，此处理方式得到的木片骨架具有丰富的多孔纳米纤维素，不仅可以促进 Li^+的快速传输，还可以保证其在弯曲状态下具有良好的结构稳定性，而木片管腔则是 O_2 运输的理想通道。该柔性正极在 100 mA/g 电流密度下不仅具有低过电位（0.85 V）和高面积比容量（67.2 mA·h/cm^2），而且展现出 220 圈的长循环寿命。

5.1.3 柔性负极的设计

金属锂具有质量轻、离子半径小、高比容量（3860 mA·h/g）和低负电位（–3.04 V *vs.* SHE）等优点，是二次锂电池的主要负极材料。金属锂的使用在很大程度上提高了锂电池体系的输出电压和能量密度。目前，锂空气电池的负极材料绝大多数采用金属锂。不同于传统锂离子电池中锂离子的嵌脱机理，锂空气电池中金属锂负极发生的电化学反应主要是金属锂的溶解和沉积。在充放电过程中，金属锂负极反复发生溶解和沉积，极易产生锂枝晶，降低负极的使用寿命，从而严重影响整个电池的循环性能，甚至会导致电池内部短路而产生安全隐患。除了以上问题，柔性锂空气电池负极还需要具备良好的力学性能。然而，在弯曲条件下，由于弯曲引起的局部塑形形变，锂枝晶的生长进一步加剧，因此，如何设计并制备具有良好柔韧性和结构稳定的金属锂负极成为柔性锂空气电池发展的一大挑战。

一般情况下，柔性锂空气电池会直接采用金属锂箔或锂丝作为柔性负极，针对器件设计对负极柔性的特殊需求，还会对锂箔或锂丝进行一定处理，如将锂箔与弹簧状铜线相结合（图 5-8），之后与凝胶电解质和空气正极组装得到具有良好可拉伸性的柔性锂空气电池，该柔性器件可以在不同弯曲状态下保持优异的电化学性能[60]。采用类似的方法，用铜线将金属锂片串联起来使得整体金属锂负极在拉伸及弯折条件下仍可以进行正常的充放电测试，并且在循环 1000 圈后几乎保持原有的比容量[61]。考虑到铜片的价格和上述方法制备过程的复杂性，研究人员将金属锂与可弯曲的支架材料（如还原氧化石墨烯薄膜）相结合制备出耐弯曲的柔性金属锂负极[62]。该复合柔性锂负极中，弯曲应力在很大程度上可转移到支架材料，减轻金属锂所受应力。此外，支架材料增加了均匀镀锂的有效表面积，从而减少了锂负极在循环过程中的体积变化，使得复合锂负极在弯曲条件下的循环性能得到显著改善。

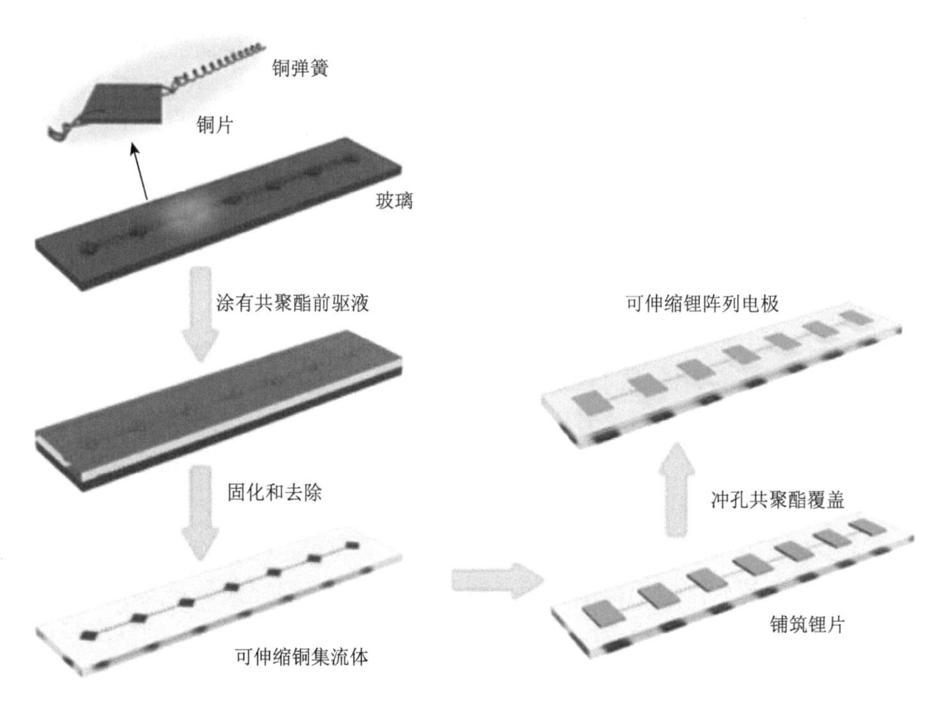

图 5-8　柔性金属锂负极制备过程示意图[60]

5.1.4 柔性电解质的设计

如前几章所述，与液态电解液相比，凝胶或固态电解质更适合柔性储能器件的设计，它们不仅是优良的离子导体，还可作为隔膜防止电池内部短路。聚合物电解质自身良好的可加工性和高机械强度，使其成为一种理想的柔性锂空气电池电解质[12, 63]。聚合物电解质可分为三类：凝胶聚合物电解质、固态聚合物电解质和复合聚合物电解质。在锂空气电池中凝胶聚合物电解质是将电解液封在聚合物基质中，它可以防止空气扩散到金属锂负极并减轻腐蚀，实现锂空气电池优异的电化学性能和稳定性。固态聚合物电解质则是将聚合物主体作为固体溶剂与锂盐进行复合，所得固态聚合物电解质中无液体溶剂。复合聚合物电解质是将无机填料整合到有机聚合物主体中。

1. 凝胶聚合物电解质

一种制备凝胶聚合物电解质的方法是先用聚合物制备多孔膜，然后浸泡在电解质盐溶液中得到电解质膜[25]。此外，在聚合物基体中加入液态电解液也可以直接用来制备凝胶聚合物电解质，如将固态聚偏氟乙烯-六氟丙烯共聚物溶解在有机溶剂中（如丙酮和 *N*-甲基吡咯烷酮等），然后加入锂盐，之后将混合均匀的溶液刮涂在平面基底上使溶剂蒸发，可得到高柔性和结构稳定性的凝胶聚合物电解质膜[64]。另外，PEO 的加入可以明显提高该聚合物电解质膜的拉伸性能[60]。除了刮涂法，紫外辐射法同样可以用来制备凝胶聚合物电解质膜，所得凝胶聚合物电解质的离子电导率在室温下可达 10^{-3} S/cm，将该聚合物电解质膜应用于柔性锂空气电池中，可以有效防止空气扩散到金属锂负极表面，从而减轻对金属锂负极的腐蚀，使其具有优异的电化学性能[65]。

2. 固态聚合物电解质

固态聚合物电解质的研究始于 PEO 与锂盐的结合，其中锂离子均匀分散在聚合物网络中，并能够通过链的移动进行扩散。例如，通过简单的物理混合将 PEO 和三氟甲磺酸锂（$LiCF_3SO_3$）复合成一种 $P(EO)_{20}LiTf$ 复合物，然后通过刮涂技术将其制备成厚度约为 150 μm 的柔性自支撑固态电解质膜[66]。然而，随着研究人员对 PEO 电解质体系研究的不断深入，发现 PEO 结晶度高和熔点低的性质会造成其加工温度范围窄、氢氧化物渗透率低以及界面稳定性较差，从而限制了碱性固态聚合物电解质的应用范围。为了解决上述问题，研究人员开发出各种新型固态聚合物电解质[67, 68]。例如，利用钠超离子导体（NASICON）的高离子电导率和良好结构稳定性，可得到柔性多孔 NASICON 型固态聚合物电解质膜，该电解质膜的离子电导率在室温下高达 1.02×10^{-4} S/cm，将其应用在柔性锂空气电池时，电池在纯 O_2 和空气环境下的放电比容量分别可达 4654.0 mA·h/g 和 5564.3 mA·h/g，与传统多孔聚丙烯电解质膜相比，该固态电解质膜能够有效减缓锂负极的腐蚀，从而大幅提升柔性电池的循环寿命[68]。此外，采用固态聚合物电解质时，氧气、锂离子和电子相互作用的活性反应区限制在空气正极-电解质界面，如图 5-9（a）所示，空气正极与电解质接触面积有限，导致锂离子在正极材料与电解质之间的传输过程受阻。为了解决这个问题，研究人员通过热压技术（100℃和 20 MPa）在多孔碳纳米管电极表面成功构建了一层固态聚合物电解质膜作为活性反应区，并将其整合为三维网络结构，该结构有利于离子传输和 O_2 扩散，从而加快柔性锂空气电池的反应动力学过程［图 5-9（b）］[69]。

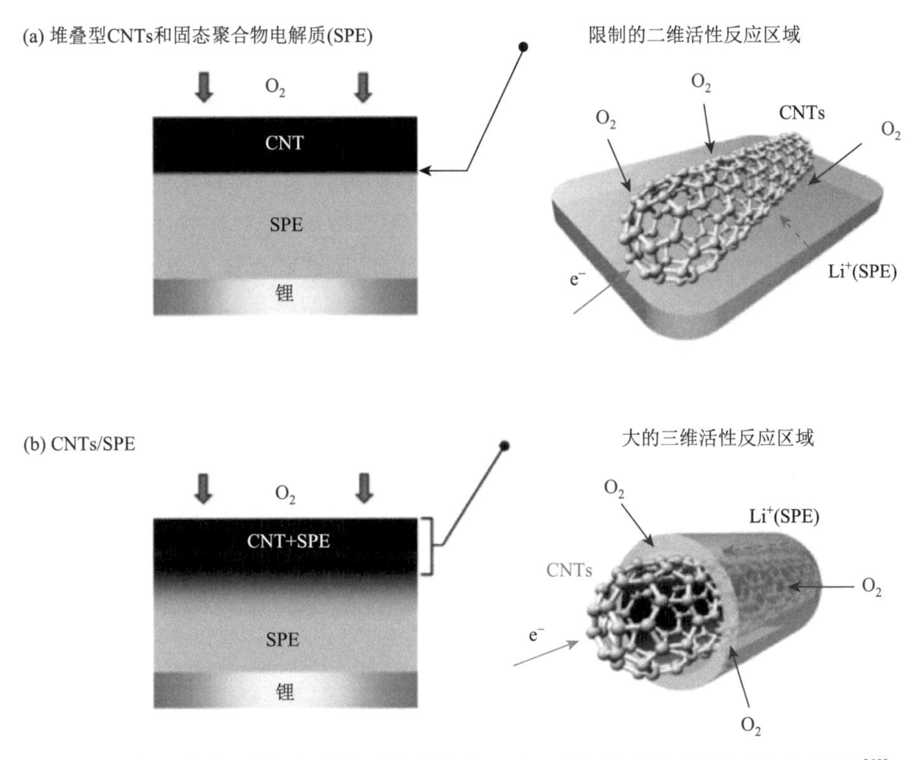

图 5-9　（a）传统二维活性反应区示意图和（b）三维网络结构活性反应区示意图[69]

3. 复合聚合物电解质

通常情况下，无机纳米材料的引入会明显提高原始电解质膜的性能。例如，将无机纳米材料（如二氧化硅和二氧化锆等）加入聚氧化乙烯或聚甲基丙烯酸甲酯-聚苯乙烯基固态电解质中可提高其离子电导率、界面稳定性和机械强度，该类固态聚合物电解质膜的离子电导率在 55℃时可以达到 3.2×10^{-4} S/cm[69, 70]。将无机二氧化硅纳米颗粒与具有双功能的聚环氧丙烷相连接，可获得交联纳米颗粒-

聚合物复合电解质膜[71]。在该复合电解质膜中，具有疏水功能的聚合物为锂离子的迁移提供多孔路径，而与纳米颗粒相连接的亲水低聚物则形成大量的三维网络结构，从而保证了复合电解质膜的机械强度，防止柔性锂空气电池在形变状态下电极与电解质之间发生错位。此外，该电解质表现出优异的离子传导性和柔韧性，且制备方法简易并可大规模生产，因此在柔性锂空气电池中具有良好的应用前景。为了进一步提高电解质膜在室温条件下的离子电导率，一般会在电解质膜中引入低界面电阻材料（如多金属氧化物）[72, 73]。例如，一种基于锂镧锆铝氧（$Li_{6.4}La_3Zr_2Al_{0.2}O_{12}$）材料的三维锂离子导体电解质膜被成功应用于柔性锂空气电池中，该材料可以提供足够的锂离子传输通道，其离子电导率在室温条件下高达 2.5×10^{-4} S/cm[73]。锂盐-聚氧化乙烯通过三维纳米纤维加固形成复合电解质膜，该复合电解质膜保持了原有的三维纳米纤维网络结构，从而具有优异的结构稳定性和力学性能，经过弯曲和电化学测试后该复合电解质膜的结构完整性得以保证。

锂空气电池放电产物 Li_2O_2 等的强氧化性会使 PEO 复合电解质膜发生分解，从而使锂空气电池的使用寿命大幅度降低。除了 PEO 复合电解质膜，大多数其他聚合物复合电解质膜也会在 Li_2O_2 等的氧化作用下发生分解，如 PVDF、PVDF-HFP 和 PAN 电解质等。除了化学不稳定性，复合电解质膜在高电压下也极易发生分解。例如，PEO 复合电解质膜的分解电压约为 4.5 V，当锂空气电池充电电压大于 4.5 V 时，PEO 复合电解质膜会发生严重的化学分解[74]。为了获得性能优异的柔性锂空气电池，电池的充电电压需维持在 3.5 V 以下。

对于柔性锂空气电池电解质膜，上述提到的问题至关重要，而且到目前为止还没有完全有效的解决办法。在柔性锂空气电池中，由于电极与电解质之间的弹性模量存在较大差异，电池在弯曲状态下受到的外部应力也会引发一系列新问题。因此，开发新型聚合物电解质膜，尤其是开发在弯曲、扭曲和弯折等条件下也能稳定工作的电解质膜对柔性锂空气电池的发展至关重要。

5.1.5 柔性锂空气电池器件构型

柔性锂空气电池发展的目标是在外力反复作用下依旧能够保证器件电化学性能稳定和结构稳定。除了上述的电极和电解质的材料设计外，电池构型的设计也是提高器件在不同形变状态下具有优异电化学性能的策略。根据构型的不同，柔性锂空气电池可分为以下两类：柔性线状锂空气电池和柔性薄膜锂空气电池。

1. 柔性线状锂空气电池

柔性线状锂空气电池具有可弯曲性和可缠绕性，而且这类柔性器件可以被编织成多种形状，有利于扩展柔性器件的应用领域。柔性线状锂空气电池一般将柔性锂线作为中心，然后将聚合物电解质膜包裹在其表面，再进一步将负载催化剂的正极缠绕在聚合物电解质表面。为增加电极与电解质之间的接触面积并降低其界面阻抗，柔性线状电池最常用的封装材料是可实现热收缩的聚烯烃管，利用黏合剂将两端口密封，然后加热使管子收缩进行封装。

柔性线状锂空气电池最初由 Peng 等提出，他们以金属锂丝作为负极，聚丙烯基凝胶作为聚合物电解质，碳纳米管膜作为空气正极，制备过程如图 5-10（a）所示[75]。该柔性线状锂空气电池表现出优异的可弯曲性，在不同的弯曲状态下其结构能保持稳定［图 5-10（b）］。当电池以每秒 10°的速度从 0°逐渐弯曲到 145°并再次以该弯曲速度恢复到初始状态的过程中，其开路电压几乎保持不变［图 5-10（c）］。为了验证该柔性线状锂空气电池的实用性，他们进一步将三个线状电池串联起来并与柔性纤维布结合编织成灵活的织物储能器件［图 5-10（d）］，该柔性储能器件的输出电压可以达到 8 V［图 5-10（e）］。为了进一步展示该柔性线状锂空气电池在日常生活中的应用，Peng 等将该柔性储能器件集成到一个背包中，由图 5-10（f）可以看出，集成后的储能器件可以成功点亮多支 LED 组成的“FDU”图案，展现出良好的应用前景。为了提高柔性线状锂空气电池的机械强度，将 RuO_2 和碳纳米管均匀负载到金属丝/棉纤维线表面得到柔性空气正极，基于该柔性正极构建的锂空气电池具有高的机械强度，在弯曲状态下循环 100 圈后放电比容量几乎没有衰减，而且能够维持稳定的电压输出[58]。

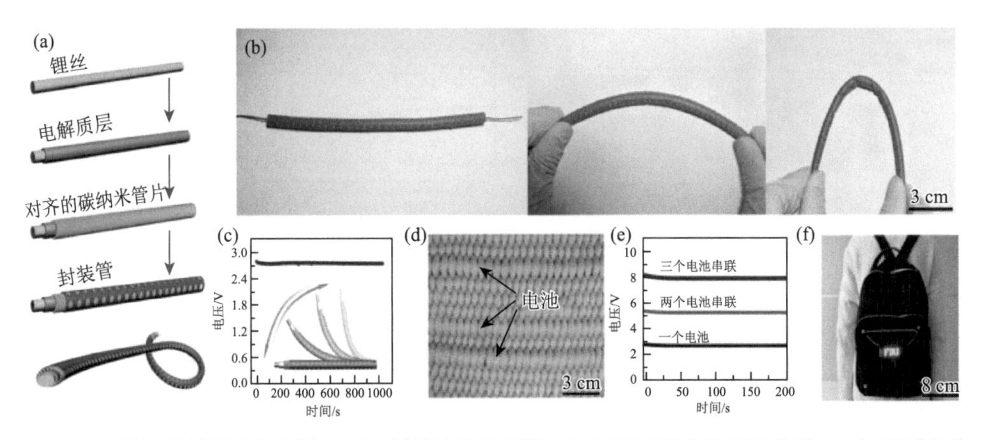

图 5-10　柔性线状锂空气电池：（a）制备过程示意图；（b）不同弯曲角度示意图；（c）不同弯曲角度输出电压；（d）和（e）串联不同数目电池的输出电压示意图；（f）点亮 LED 灯示意图[75]

锂金属遇到水分或在潮湿环境下易发生化学反应，释放出大量的气体和热量，给电池带来安全隐患。特别是锂空气电池体系的半开放特性，使得设计柔性锂空气电池过程中必须避免金属锂负极与水分直接接触。针对这一问题，Zhang 等提出一种新型柔性线状锂空气电池，该电池包括活性炭空气正极、锂丝负极和凝胶聚合物电解质［图 5-11（a）］[65]。其中具有优异疏水性的凝胶聚合物电解质发挥关键作用，使得该柔性器件即使浸泡在水中仍可以成功点亮一支 LED 灯［图 5-11（b）］，说明该柔性电池在特殊潮湿环境中具有广泛的应用前景。此外，电池在不同形变状态下放电比容量并没有发生明显变化，即使在弯曲 4000 次后仍能保持良好的电化学性能［图 5-11（c）和（d）］。近期，研究人员利用聚酰亚胺-聚偏氟乙烯复合材料的阻水特性［图 5-11（e）］，得到一种性能更加优异的聚合物电解质，基于该电解质组装的柔性线状锂空气电池在水中依然可作为 LED 灯的电源，并且在弯曲状态下仍能保持良好的工作状态，说明该柔性电池具有良好的耐水性［图 5-11（f）和（g）］[76]。而且，电池在明火煅烧的情况下，没有发生燃烧现象，说明这种结构的柔性电池还具有优异的耐火特性［图 5-11（h）］，并且在不同弯曲角度下能够保持稳定的放电电压［图 5-11（i）］。

除此以外，针对目前柔性线状锂空气电池循环稳定性差的问题，复旦大学彭慧胜教授团队提出一种新的柔性器件设计策略，主要是通过引入低密度的聚乙烯膜来阻隔水分，并结合含有碘化锂氧化还原媒介的凝胶电解质，设计出一种具有超长循环寿命的柔性线状锂空气电池[77]。低密度聚乙烯的引入可有效避免金属锂负极与水分的直接接触，并且可以抑制放电过程中 Li_2O_2 与空气中的水分和二氧化碳接触生成碳酸锂副产物，同时碘化锂的存在促进了充电过程中固态 Li_2O_2 的分解，进而将该电池循环寿命提高至 610 圈。

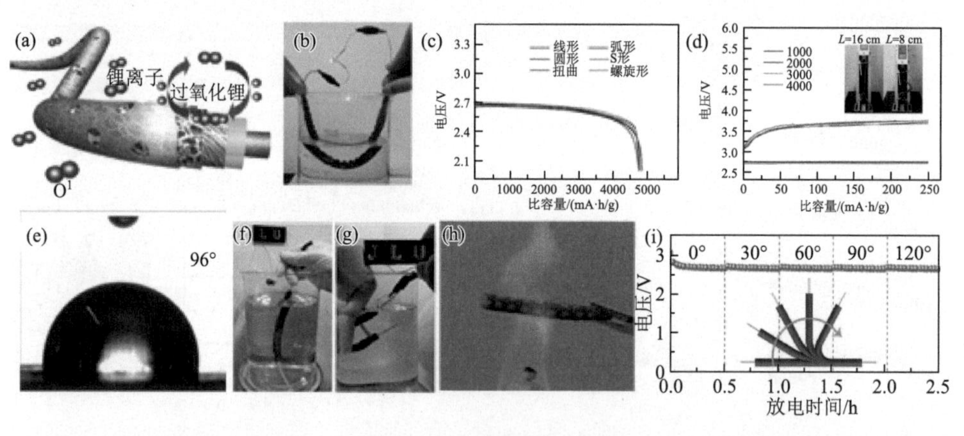

图 5-11　柔性线状锂空气电池：（a）结构及反应过程示意图；（b）电池浸泡在水中点亮 LED 灯示意图；（c）不同形变状态下放电曲线和（d）弯曲不同次数后充放电曲线[65]；（e）复合电解质膜在水中接触角测试；（f）初始及（g）弯曲状态下电池浸泡在水中点亮 LED 灯示意图；（h）电池耐火性测试和（i）不同弯曲角度下电池放电电压[76]

2. 柔性薄膜锂空气电池

柔性薄膜锂空气电池是将柔性空气薄膜正极、锂负极和聚合物电解质按照一定次序平行组装。一般情况下，金属锂负极附着在基底箔片上以确保良好的电接触且能够保持良好的柔性。将电解质膜夹在金属负极与多孔空气正极之间，多孔集流体连接的空气正极为气体的扩散和电子的转移提供通道。

Zhang 等以 TiO_2 纳米线阵列修饰的碳纤维膜作为柔性空气正极，锂箔作为负极，玻璃纤维作为隔膜制备了第一个柔性薄膜锂空气电池，如图 5-12（a）所示[38]。当电流密度为 100 mA/g 时，该电池在循环 350 圈后仍具有高放电比容量（500 mA·h/g）和稳定的电压输出［图 5-12（b）］。为了验证该柔性器件在不同形变状态下为电子设备供电的可行性，该柔性电池在水平、弯曲和扭曲 360°的状态下均可以成功点亮 LED 灯，并可以长时间维持稳定的电压输出［图 5-12（c）～（e）］。

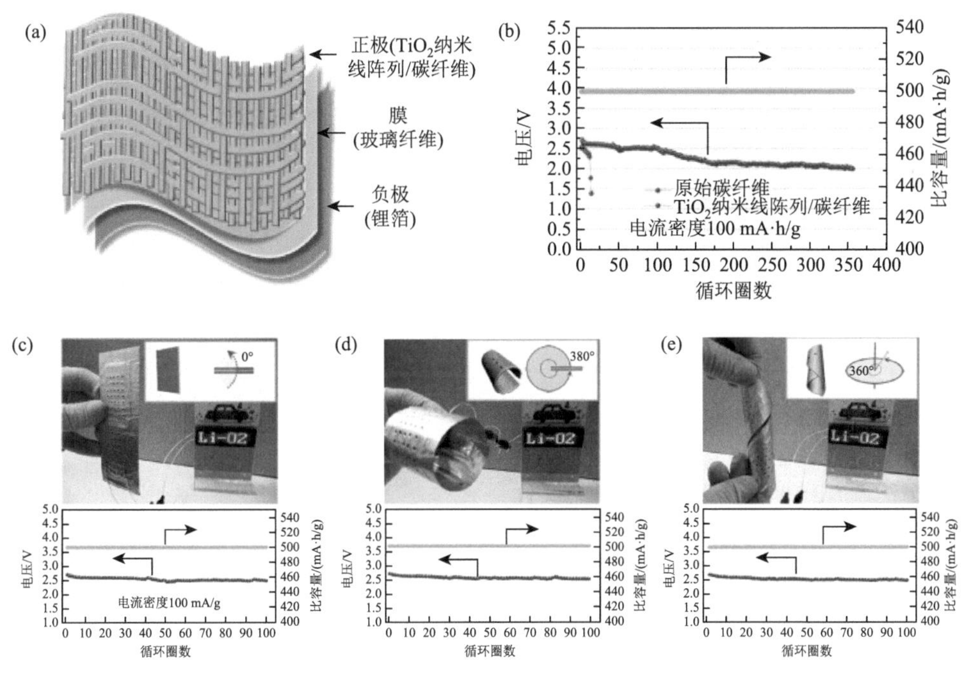

图 5-12　柔性薄膜锂空气电池：（a）结构示意图；（b）循环性能和（c）～（e）不同形变状态下（水平、弯曲和扭曲）点亮 LED 灯示意图[38]

受竹筒结构的启发，研究人员开发出新型柔性薄膜锂空气电池，如图 5-13（a）所示[78]。紧密交织的正极和负极结构减少了柔性器件封装材料的使用量，使得整个柔性器件的实际能量密度得到显著提高。该电池的结构类似于竹筒，它可以从任意方向卷起来，这赋予该电池良好的柔性，并且在各种形变状态下具有稳定的放电比容量［图 5-13（b）和（c）］。同时，柔性锂负极受到疏水凝胶聚合物电解质的保护，可以有效避免因接触水分而产生的安全隐患，所以即使电池浸泡在水中也可以正常工作［图 5-13（d）］。他们进一步将该柔性电池集成到衣服上，在平行或弯曲状态下均可以成功点亮 LED 灯，表明其在可穿戴器件中的应用具有较大潜力［图 5-13（e）］。

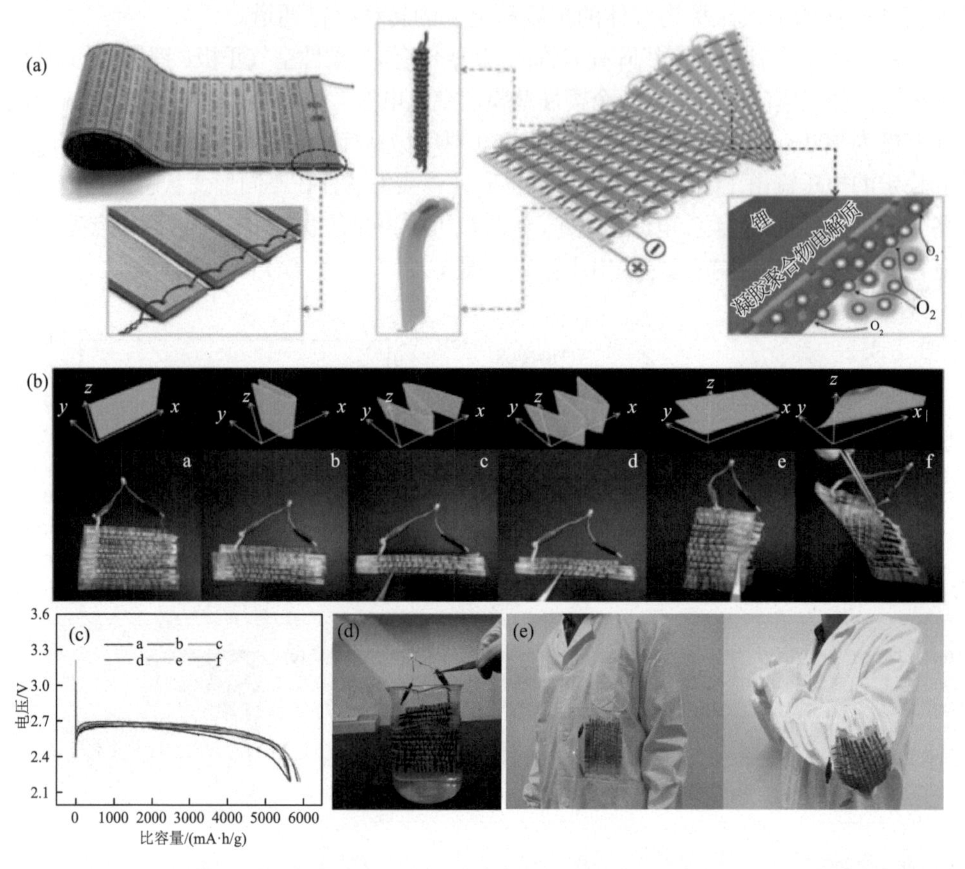

图 5-13 可穿戴柔性薄膜锂空气电池：（a）结构示意图；（b）不同形变状态下电池点亮 LED 灯示意图及（c）其放电曲线；（d）电池浸泡在水中点亮 LED 灯示意图和（e）与衣服集成点亮 LED 灯示意图[78]

目前，柔性锂空气电池的研究取得了一定进展，例如，电池的能量密度和效率都得到大幅提升，而且已经开发出几种不同结构的电池材料和器件构型来增强柔性锂空气电池在不同形变条件下的结构和性能的稳定性，但是电池的循环寿命短仍是当今应用面临的主要挑战，尤其是电池在形变条件下。另外，柔性储能器件需要具有可弯曲、可扭曲和可拉伸等特性，但柔性锂空气电池为半开放式结构，这一结构增加了柔性锂空气电池的设计难度并为该柔性储能器件与柔性电子设备的集成带来一定挑战。因此，为了构建出电化学性能优异且耐用的柔性锂空气电池，未来需要在以下几个方面进行深入研究：①新型高催化活性柔性多孔正极的设计，主要是要实现正极的高催化活性及孔结构的均匀性，保证放电产物的可逆转化；②柔性锂负极的设计，保证其具有稳定的结构和优异的力学性能；③聚合物电解质三维网络及离子传输通道的可控构建，实现具有优异力学性能和高离子电导率的电解质膜；④柔性器件结构的设计及构建过程中器件各组分之间界面的优化。

5.2　柔性锌空气电池

相比于锂空气电池，锌空气电池采用水系电解液，具有安全性高、成本低和环境友好等特点[79-82]。柔性锌空气电池发展面临的难点与柔性锂空气电池相似，主要包括高效催化活性柔性空气正极的制备、柔性锌负极的设计以及柔性电解质膜的优化。目前，柔性锌空气电池的研究已经取得了一定进展，然而，设计在不同形变条件下电化学性能稳定的柔性锌空气电池材料和器件结构仍存在很多挑战。本节内容主要包括锌空气电池简介、工作原理及柔性锌空气电池材料与器件的设计思路。

5.2.1　锌空气电池概述

1. 锌空气电池简介

锌空气电池于 19 世纪后期被研发出来，其商业产品于 19 世纪 30 年代开始进入市场，如今已经实现商业化并成功应用于医疗器械（如助听器）。锌空气电池使用空气中的 O_2 为活性物质，成本（160 $/kW·h）比锂离子电池及锂空气电池更低，且锌空气电池理论能量密度大约为 1350 W·h/kg，远高于锂离子电池的理论能量密度 460 W·h/kg[83]。此外，金属锌活泼性较低，相比于锂空气电池更耐受空气中水分和 O_2 的腐蚀，这些优异的特性使得锌空气电池在柔性储能器件中的应用受到广泛关注。目前，不同结构的柔性线状锌空气电池和薄膜锌空气电池已经被构建出来，但是由于材料和器件结构等方面的限制，柔性锌空气电池的可弯折性能有限，在不同形变下的性能稳定性有待提高[84, 85]。例如，柔性多孔正极一般放置于锌空气电池的最外层，电池在弯曲和拉伸时催化剂易脱落，造成空气正极催化活性位点减少，从而导致电池比容量衰减及循环寿命缩短[86]。目前，柔性锌空气电池的电化学性能及柔韧性远达不到商业化标准，如实际能量密度低、极化电压大、循环稳定性差和器件柔韧性不足等。

2. 基本工作原理

图 5-14 为锌空气电池的基本结构和工作原理示意图，整个锌空气电池由空气正极、金属锌负极和碱性电解液组成，空气电极由扩散层、催化剂层和集流体构成，锌负极通常采用锌片、锌粉或者泡沫锌等材料，所使用的电解液通常为碱性

溶液，如 KOH 或 NaOH 溶液[85]。在锌空气电池中，锌负极储存能量，而空气正极只作为一个能量转化器，显然，只要保证有充足的锌和电解液，再加上外界源源不断地提供 O_2，锌空气电池就可以连续不断地工作[87]。电池在工作过程中，锌负极发生溶解或沉积，放电产物溶解在碱性电解液中，通过回收电解液可将负极产物 ZnO 还原为金属锌实现锌的循环再利用，真正做到清洁环保。O_2 则在具有催化活性的正极中进行氧还原或氧析出反应，实现电能与化学能之间的转换。

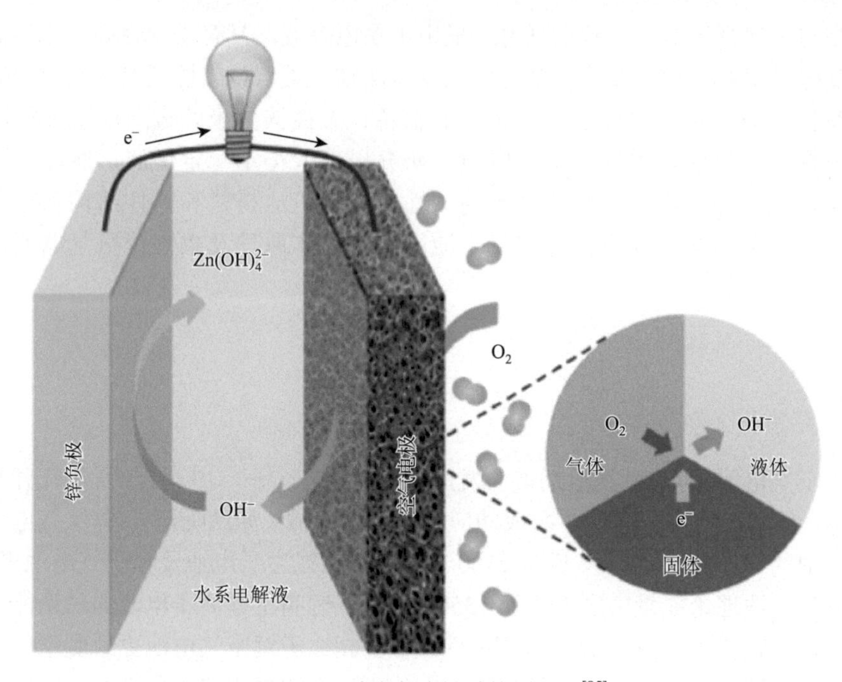

图 5-14 锌空气电池结构原理图[85]

放电过程为，锌负极发生氧化，释放出电子通过外部电路到达空气正极[7]。产生的 Zn^{2+} 与氢氧根离子形成可溶性锌酸根离子 ($Zn(OH)_4^{2-}$) [式 (5-5)]，此时负极的平衡电极电势 E^0 为−1.25 V，$Zn(OH)_4^{2-}$ 在电解液中过饱和时会自发分解为不溶性 ZnO [式 (5-6)]，导致金属锌负极表面钝化。在空气正极上发生的反应为：环境中的 O_2 扩散到多孔电极中并结合电子，在液-固-气三相界面处通过氧还原反应生成 OH^- [式 (5-7)]。正极平衡电势 E^0 为 0.4 V，电池总反应为式 (5-8)。另外，在放电过程中负极还经常伴随着副反应的发生 [式 (5-9)]，导致锌发生自腐蚀，并且产生氢气，这不仅降低了活性物质的利用率，还会引发一系列安全问题。放电过程反应方程式如下所示。

负极：

$$Zn + 4OH^- \longrightarrow Zn(OH)_4^{2-} + 2e^- \quad (5\text{-}5)$$

$$Zn(OH)_4^{2-} \longrightarrow ZnO + H_2O + 2OH^- \quad (5\text{-}6)$$

正极：
$$O_2 + 2H_2O + 4e^- \longrightarrow 4OH^- \quad (5\text{-}7)$$
总反应：
$$2Zn + O_2 \longrightarrow 2ZnO \quad (5\text{-}8)$$
副反应：
$$Zn + 2H_2O \longrightarrow Zn(OH)_2 + H_2 \quad (5\text{-}9)$$

电池充电过程与上述电化学反应过程相反，锌沉积在负极上，O_2通过氧析出反应在电解质-电极界面处释放。整个电池反应的理论平衡电势为1.65 V，由于电池极化的存在，放电电压一般低于此值（通常＜1.2 V），充电电压一般高于此值（约为2.0 V）[11]。锌空气电池放电过程的实际电压由式（5-10）决定：

$$E = 1.65 - \eta_c - \eta_a - IR \quad (5\text{-}10)$$

式中，η_c、η_a分别为正负极的过电势；IR为欧姆压降[85]。式（5-10）中空气正极过电势η_c及锌负极过电势η_a对电池电压起决定性作用，这主要与空气正极的活化损失及锌枝晶的形成有关。活化损失是由空气正极表面反应动力学缓慢造成的，通过开发高效多孔双功能催化剂可以将活化损失减至最小。锌枝晶是指在特定条件下进行电沉积所形成的针状锌金属突触，会导致大的过电位及电池短路或电极变形，从而缩短电池的循环寿命。由上述锌空气电池的工作原理可知，设计能够促进气-液-固三相电化学反应传质过程的空气正极结构是降低极化过电势的重要途径，此外，尽管锌负极的反应活性高，但是由于放电产生的可溶性$Zn(OH)_4^{2-}$的存在，在循环过程中总会形成锌枝晶，从而阻碍了电解液的浸润及锌负极反应的进行。另外，$Zn(OH)_4^{2-}$从锌负极到空气正极的扩散也会增加过电势并导致循环效率降低，为此可以在两个电极之间引入隔膜，允许氢氧根离子流动，同时阻碍$Zn(OH)_4^{2-}$扩散。从反应原理可知，锌空气电池存在的问题需通过空气正极、锌负极、电解质和隔膜的综合设计来解决，以提高电化学性能。高性能柔性锌空气电池的设计不仅需要解决上述问题，还要设计出高柔性空气电极、金属负极以及碱性电解质膜，并不断优化各组件的力学性能和器件的整体构型以提高柔性锌空气电池的柔韧性及电化学性能，从而使柔性锌空气电池在不同形变状态下具有稳定的输出电压和长循环寿命。

5.2.2　柔性空气正极的设计

柔性空气正极为锌空气电池提供氧还原和氧析出的反应场所，被认为是柔性锌空气电池的核心部件。柔性空气正极的组成结构与传统空气正极相似，主要是将气体扩散层和催化活性层涂覆到集流体上[88]。其中，集流体主要包括金属和非金属两种，金属集流体通常是金属网和多孔泡沫状金属（如Ni和Cu等）；非金属集流体多为碳材料，如导电碳纸、碳布、碳纳米管和石墨烯等，其中，有些多孔导电基底（如碳纤维）同时具有大孔扩散和集流体的双重作用。除此之外，气体扩散层和催化剂层对空气正极的电化学性能影响重大，气体扩散层为O_2的扩散提供通道，催化剂层则为空气正极提供更多的催化活性位点，从而加快电极的反应过程。

在柔性空气正极的设计方面，一般将催化剂，如贵金属、金属氧化物和钙钛矿等，涂覆在柔性集流体上形成柔性空气正极。因而柔性空气正极的结构设计主要集中在柔性集流体和催化剂层两部分。柔性集流体的设计应满足透气性好、结构稳定性高并具有三维多孔结构的特征。由于优异的导电性和渗透性，优选商用碳纤维纺织品或柔性金属网作为集流体，例如，碳布的多孔性使其同时具有气体扩散层和集流体的双重作用[89]。另外，由于氧自发反应的动力学较慢，严重阻碍电子和离子在空气正极中的传输，且在柔性锌空气电池中常采用离子电导率较低的聚合物电解质，所以高活性的催化剂不可或缺[11]。目前，虽然有大量高催化活性的氧析出催化剂被开发出来，但普遍不能很好地维持连续和高电流密度的氧还原反应，导致空气正极的整体反应动力学过程较慢[90]。由上述可知，在柔性锌空气电池正极的设计方面，制备具有高催化活性的柔性空气电极对提高柔性锌空气电池的实际能量密度和循环性能至关重要。下面将对柔性空气正极的研究进展进行详细说明。

1. 金属骨架材料

金属材料（如不锈钢网、泡沫镍和钛网等）具有良好的柔韧性、高的导电性和优异的电化学稳定性，常被用于柔性空气电池电极的设计。目前，在柔性锌空气电池中应用较多的金属骨架材料为不锈钢网，这是一种低成本且抗氧化能力强的铁基合金，不锈钢网具有良好的机械柔韧性，在不同形变条件下（如弯曲、扭曲及拉伸等）依然可以保持结构稳定。作为柔性空气正极，其除了具备良好的柔韧性外，还需具备较高的催化活性，所以需要在不锈钢网表面负载高催化活性的催化剂来获得高性能的柔性空气正极。例如，通过原位生长方式可将 Co_3O_4 纳米线均匀负载到不锈钢网表面，制备过程如图 5-15（a）所示[44]。该柔性空气正极不仅具有高柔韧性［图 5-15（b）］，而且在多次弯曲后仍保持稳定的电化学性能。为了进一步提高空气正极的催化活性，研究人员基于不锈钢网骨架在一维氮掺杂多壁碳纳米管（NCNTs）表面自组装二维介孔 Co_3O_4 纳米颗粒，设计出一种毛发状催化剂阵列（Co_3O_4-NCNTs/SS），如图 5-15（c）所示[91]。该空气正极展示出优越的灵活性，可以进行 360°缠绕并保持结构稳定［图 5-15（d）和（e）］。此外，Co_3O_4 纳米颗粒可以在氮掺杂多壁碳纳米管表面均匀生长，从而增加催化活性位点的面积，进一步加快柔性空气正极的反应动力学。

除不锈钢网外，多孔 3D 泡沫镍也常作为柔性金属骨架材料，其 3D 网络结构可以有效传质并提高催化剂的负载量，从而有利于氧还原及氧析出反应的快速进行。例如，在泡沫镍表面构建碳纳米管与 Co 纳米颗粒修饰的柔性空气正极。该

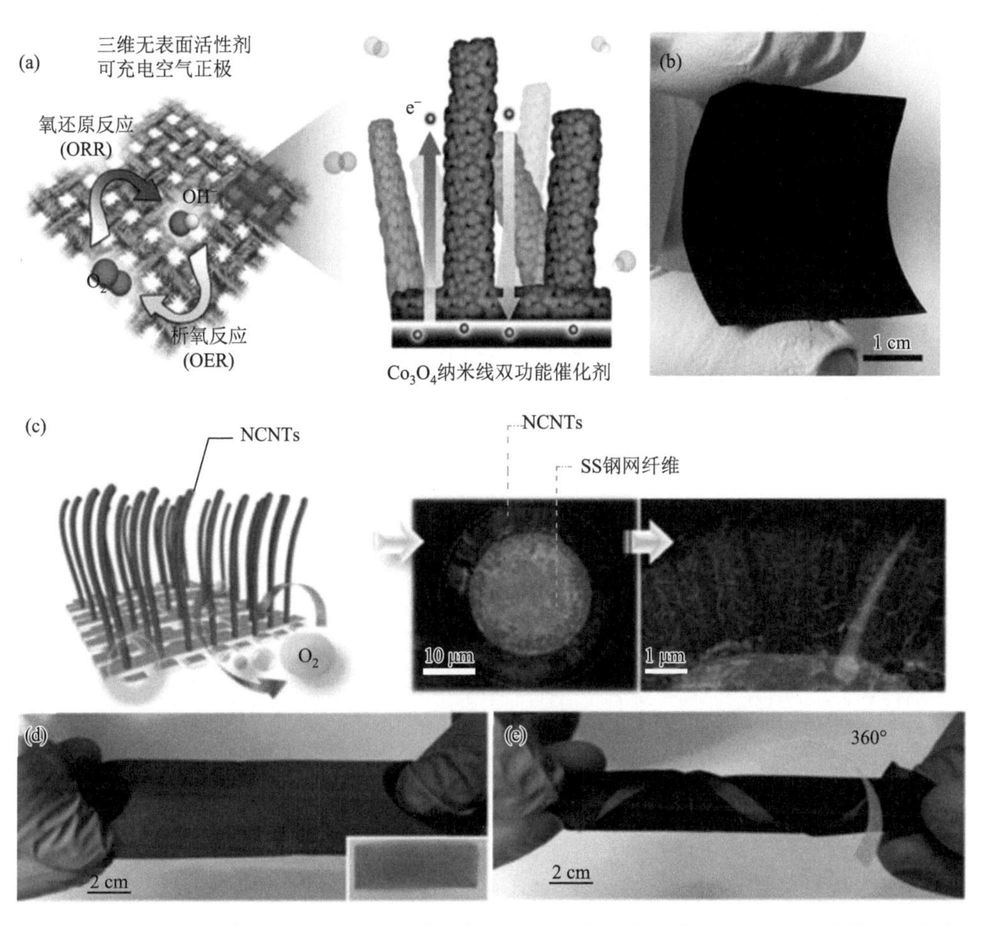

图 5-15　Co_3O_4 纳米线/不锈钢网柔性空气正极：(a) 制备过程示意图和 (b) 弯曲状态下的光学照片[44]；Co_3O_4/氮掺杂碳纳米管/不锈钢网柔性空气正极：(c) 示意图及横截面的 SEM 照片，(d) 原始状态的光学照片和 (e) 扭转 360°后的光学照片[91]

柔性正极具有大量有序多维阵列结构，不仅可以最大程度缩小催化剂的非活性区域，还可以为活性物质 O_2 提供丰富的扩散通道[92]。此外，该柔性正极的特殊结构不仅有效降低电池内阻及电化学极化，也有利于加快反应物在正极及电解质之间的穿梭，在 50 mA/cm^2 的电流密度下，可稳定循环 1800 圈（600 h），其能量密度高达 946 W·h/kg。

金属基骨架材料要在柔性空气正极的设计中得到快速发展，必须具备柔韧性高和结构稳定性好等特点。目前，金属基骨架材料在柔性锌空气电池中的研究已经取得一定进展，但较大密度的金属材料不可避免地会降低整个柔性电池的实际比容量及能量密度。此外，在反复弯曲、扭曲或者拉伸过程中，金属材料的疲劳问题也有待解决。

2. 碳骨架材料

如前所述，碳材料由于其自身质量轻、成本低、导电性高以及容易构建柔性多孔电极等特点，被广泛应用于柔性锌空气电池正极的设计。碳材料本身具有一定的氧还原催化性能，通过对其进行结构设计，并负载具有催化活性的纳米结构贵金属（如铂和银等）或金属氧化物（MnO_x 等）可制备高催化活性的柔性空气正极[84]。目前柔性锌空气电池中常用的几种碳材料为碳布、碳纳米管、碳纳米纤维及石墨烯等。下面将对这几种碳材料在柔性锌空气正极的设计方面进行介绍。

1）碳布

碳布由碳纤维编织而成，且柔韧性较高。用于制备柔性空气正极时，常规策略是借助黏合剂和导电添加剂将催化剂通过涂覆方法负载到柔性碳布表面。例如，在碳布表面直接涂覆钙钛矿型氧化镧/氮掺杂碳纳米管，该空气正极表现出优异的柔性，在弯曲状态下涂覆的催化剂材料不会脱落，由此组装的柔性锌空气电池在不同弯曲角度下仍能保持稳定的电化学性能[36]。除钙钛矿型催化剂外，贵金属和氧化物等具有催化活性的催化剂材料均可采用涂覆的方法与碳布复合制备柔性空气正极[93-95]。

涂覆的方法虽然简单易行，但是涂覆的催化剂在碳布表面存在分布不均匀和团聚严重等问题。除此之外，黏结剂的使用也会在一定程度上降低空气正极的导电性，从而导致反应过程中电子的传导受阻。因此，许多原位生长的方法，如水热法、电沉积法、化学气相沉积和原子层沉积等，被用于在表面改性的碳布上原位生长一层催化剂，形成自支撑的柔性空气正极[40, 96]。例如，通过水热法可在碳布表面直接生长氮掺杂 Co_3O_4 纳米线催化剂，具体过程为：将碳布浸泡在含有钴盐和氟化铵（NH_4F）的溶液中水热处理，碳布表面垂直生长出一层均匀的 Co(OH)F 纳米阵列，随后进行高温淬火形成 Co_3O_4 纳米线，然后在氨气中高温处理形成氮掺杂 Co_3O_4 纳米线，从图 5-16 可以看出，碳布表面生长的 Co_3O_4 纳米线分散均匀，暴露出大量的催化活性位点[97]。此外，还可以通过电沉积方法制备 Co_3O_4/碳布柔性空气正极，即先在碳布表面电沉积一层 $Co(OH)_2$，随后高温处理形成均匀分散的纳米催化剂颗粒，该柔性正极也表现出优异的催化性能[93]。

上述物理涂覆法、水热法以及电沉积法都存在催化剂负载量难以准确控制的问题。因此，研究人员采用原子层沉积技术制备了氮掺杂 Co_3O_4/碳布空气正极，并且可以有效控制其表面催化剂的负载量[98]。制备过程中，在 Zn/Co-ZIFs（ZIFs 为沸石咪唑酸酯骨架）修饰的碳布表面原子层沉积三氧化铝（Al_2O_3）作为保护性纳米层，可在后续热解过程中捕获挥发性碳和氮并减轻金属氧化物的聚集，使碳布表面生长的氮掺杂 Co_3O_4 分散均匀，具有优异的催化活性，其组装的柔性锌空气电池可实现 72.4 mW/cm^3 的高功率密度。

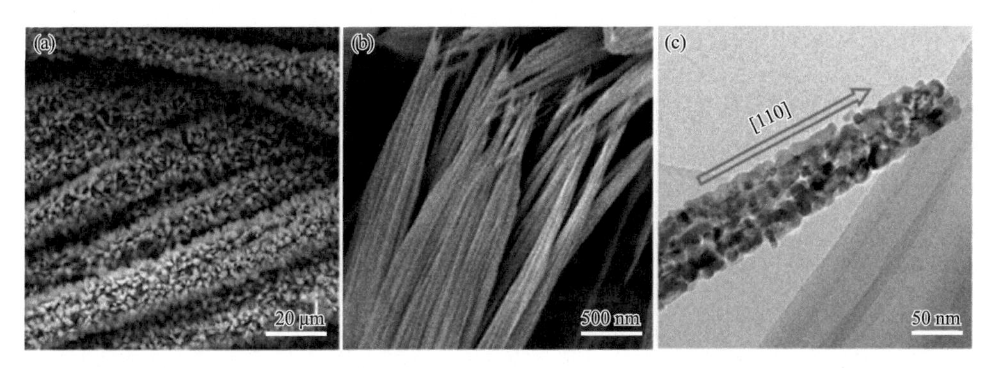

图 5-16 氮掺杂 Co_3O_4 纳米线结构表征：（a）低倍及（b）高倍 SEM 照片和（c）TEM 照片[97]

2）碳纳米管

如前所述，CNTs 具有大的长径比，因此，CNTs 与高活性催化剂易形成自支撑柔性薄膜，这是柔性锌空气电池中常用的空气正极骨架材料。在以 CNTs 为骨架材料的柔性空气正极中，相互交错的纳米管之间形成大量的孔道，为催化剂的负载提供空间，得到具有高催化活性的柔性空气正极。此外，CNTs 薄膜的制备过程中一般无需使用黏结剂，可有效避免电极导电性及催化性能的降低。例如，Li 等制备出具有交联网络和高导电性能的 CNTs 气凝胶并进行电化学活化处理，该过程一方面为后续水热生长 Co_3O_4 纳米颗粒增加附着位点，另一方面也使得 CNTs 表面缺陷增多，最终得到 Co_3O_4 纳米颗粒修饰的氮掺杂碳纳米管一体化气凝胶，此三维结构的气凝胶展现出优异的柔性和高导电性能[99]。同时，该气凝胶还表现出优异的催化性能，其氧还原催化性能[开始电位：0.9 V *vs.* 可逆氢电极（RHE）]与商业 Pt/C 催化剂（开始电位：0.94 V *vs.* RHE）接近，同时也具有优异的氧析出催化性能（开始电位：1.4 V *vs.* RHE），因此，该气凝胶可直接作为空气正极应用于柔性锌空气电池中。

目前人们对该类单金属化合物催化剂的功能已经相当了解，但是对双金属体系的研究较少[100]。近期，有研究人员设计出四硫化二钴合镍($NiCo_2S_4$)/石墨化碳氮化物（g-C_3N_4）/碳纳米管（$NiCo_2S_4$/g-C_3N_4-CNTs）柔性空气正极，如图 5-17（a）和（b）所示[101]。双金属 Ni/Co 的活性位点与 g-C_3N_4 中吡啶氮之间可以进行快速的电子转移，且其与 CNTs 之间的耦合协同作用使正极的反应速率显著提高［图 5-17（c)］。此外，3D CNTs 为界面传质和电荷转移提供了丰富的路径，因此，$NiCo_2S_4$/g-C_3N_4-CNTs 柔性正极同时具有高的氧还原和氧析出催化活性。为了进一步提高双金属催化剂的催化活性，还可通过杂原子双掺杂来优化催化剂的结构，得到催化活性更高的柔性空气正极。例如，将钴酸镍纳米片在氮气和氧气双气氛环境中复合到碳纳米管薄膜表面，得到高催化活性的氮、氧共掺杂双金属催化剂柔性空气正极（$NiCo_2O_4$/N-OCNT），如图 5-17（d）所示[102]。此外，该电极中 $NiCo_2O_4$ 纳米片没有依靠黏结剂附着在碳纳米管表面，使电极具有优异的柔韧性及利于 O_2 扩散和电荷转移的多孔结构［图 5-17（e）］。

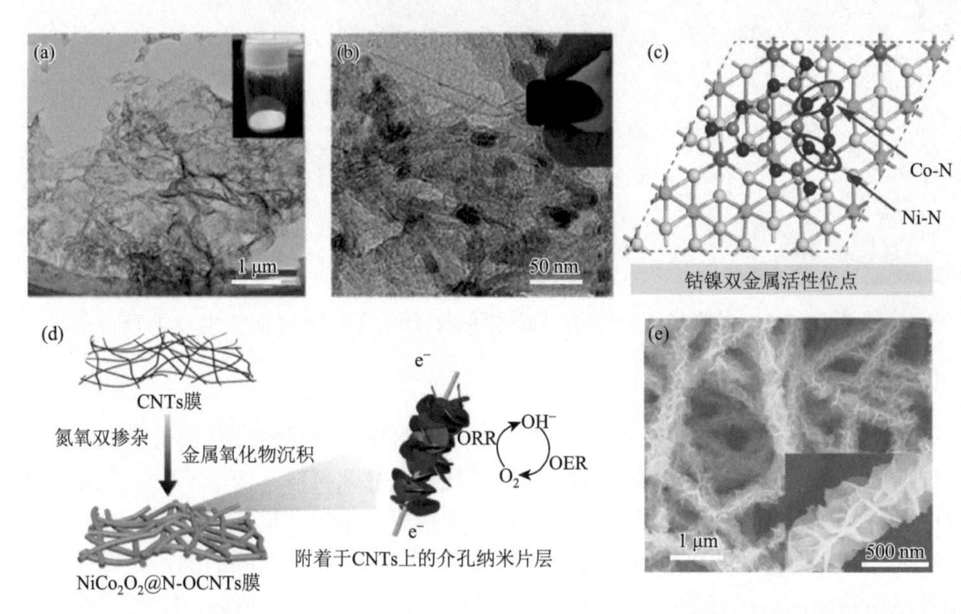

图 5-17　$NiCo_2S_4$/g-C_3N_4-CNTs 柔性正极：（a）和（b）TEM 照片（插图为光学照片），（c）Ni/Co 活性位点理论计算示意图[101]；$NiCo_2O_4$/N-OCNT 纳米管薄膜：（d）制备过程示意图和（e）SEM 照片[102]

3）碳纳米纤维

常采用静电纺丝并碳化的方法制备，得到的 CNFs 具有比表面积大、化学成分均匀以及结构可控等优势[103]。静电纺丝技术结合高温碳化工艺制备的 CNFs 膜对纳米催化剂起到固定和均匀分散的作用，从而可以有效提高其催化活性[104]。另外，CNFs 膜具有优异的力学性能和电化学稳定性，其组装的柔性电池即使在反复弯曲条件下仍具有低的过电位、良好的稳定性以及长的循环寿命。例如，利用 PI 静电纺丝并煅烧可制备纳米多孔柔性 CNFs 膜［图 5-18（a）］，它具有良好的柔性［图 5-18（b）］，并具有均匀且丰富的多孔结构［图 5-18（c）］[105]。在 110℃下碳化得到的 CNFs 膜具有 2149 m^2/g 的大比表面积，这为催化反应的进行提供了充足的活性位点。柔性 CNFs 膜具有 41～150 S/m 的良好电导率，因此可以直接作为柔性电池的空气正极。该柔性空气正极还展示出良好的氧还原和氧析出双功能催化活性，在氧还原催化性能方面，纯 O_2 环境中在 0.8 V（*vs.* RHE）处表现出明显的氧还原峰。另外，其氧还原和氧析出反应的起始电位分别为 0.97 V 和 1.43 V，表现出与 Pt/C 相近的催化性能。基于该空气正极的高柔性和优异催化性能，设计出一种柔性锌空气电池［图 5-18（d）］。从图 5-18（e）可以看出，该柔性电池在连续 6 h 工作过程中展示出稳定的电压输出，同时展现出良好的弯曲性能。

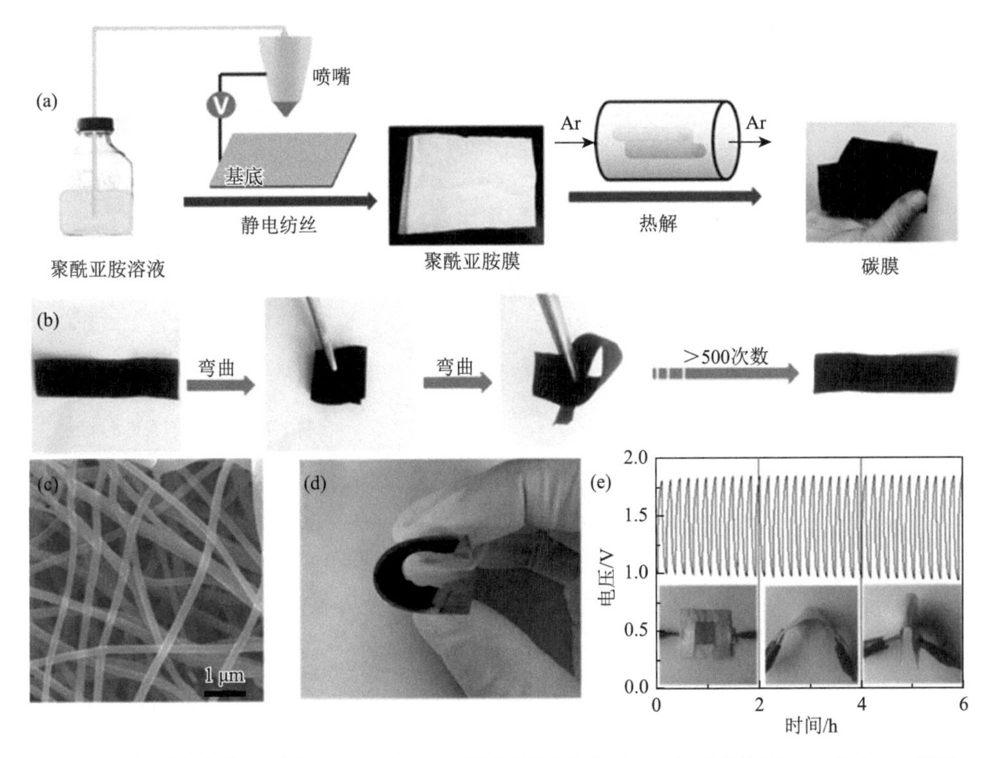

图 5-18　静电纺丝制备柔性 CNFs 膜：(a) 制备过程示意图，(b) 光学照片，(c) SEM 照片；柔性锌空气电池：(d) 电池的光学照片，(e) 在 2 mA/cm^2 电流密度下每隔 2 h 施加弯曲应变的恒电流充放电循环曲线[105]

纯 CNFs 空气正极的催化性能在一定程度上还是会限制柔性锌空气电池的实际能量密度，因此，通常引入一些催化剂来增加多孔正极的催化活性位点数量[80, 85]。例如，Lu 等采用快速电沉积的方法在 CNFs 表面原位沉积 $Co(OH)_2$，结合后续热处理工艺，获得超薄介孔 Co_3O_4 与碳纤维膜复合的一体化柔性空气正极[96]。介孔 Co_3O_4 可以均匀分布在 CNFs 膜表面，不易团聚，与基底具有最大的接触面积，有利于电子的传输，因此其催化活性是 Co_3O_4 简单涂覆碳布体系的 10 倍以上。此外，该电极优异的催化活性能够保证所组装的柔性锌空气电池具有良好的循环稳定性，即使经过 300 次反复弯折，电池的放电比容量也几乎没有衰减。

4）石墨烯

作为石墨烯的衍生物，GO 含有丰富的含氧官能团，通过还原自组装可形成石墨烯薄膜，所制备的石墨烯薄膜具有大的比表面积和丰富的孔结构[106]。基于以上优势，石墨烯薄膜电极被用于柔性空气正极中[107]。例如，通过 GO 还原自组装并在此过程中引入硼酸，可得到硼掺杂石墨烯柔性空气正极，其制备过程如图 5-19 (a) 所示[108]。该正极具有良好的柔韧性、高的孔隙率及大的比表面积。

此外，硼掺杂的石墨烯量子点高度分散在石墨烯骨架中，使该正极含有丰富而稳定的活性位点。进一步将其组装成柔性锌空气电池［图 5-19（b）］，该柔性电池展现出优异的循环性能，并且在不同弯折角度下仍能够正常工作［图 5-19（c）和（d）］。

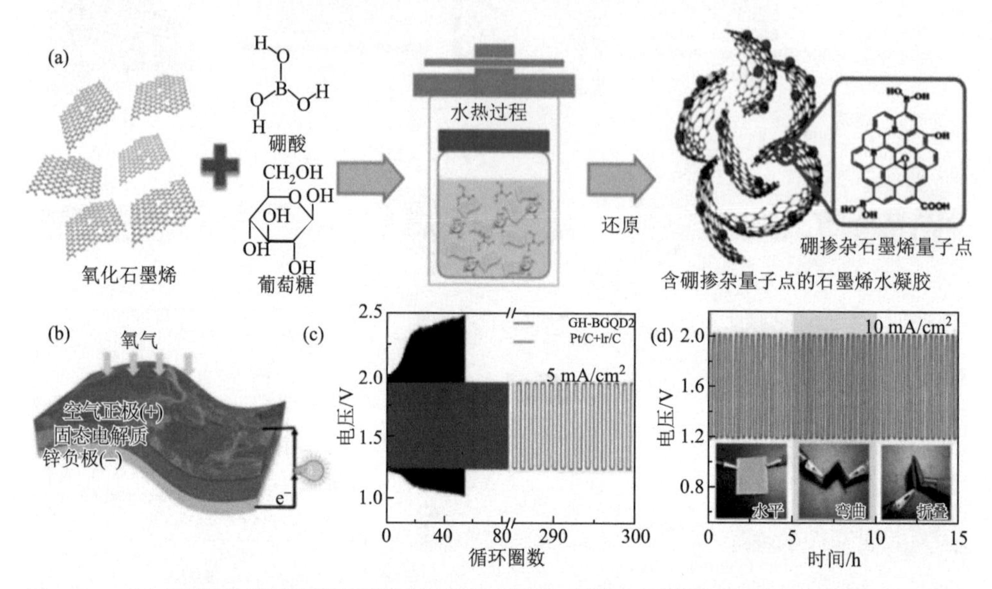

图 5-19 （a）硼掺杂石墨烯柔性正极制备过程示意图；硼掺杂石墨烯柔性锌空气电池：（b）结构示意图，（c）电流密度为 5 mA/cm^2 时电池的充放电曲线和（d）电流密度为 10 mA/cm^2 时不同弯曲状态下的充放电曲线[108]

除了对柔性石墨烯骨架材料进行硼、氮等杂原子修饰外，还可以通过石墨烯包裹金属氧化物催化剂形成稳定的异质结构，从而制备高柔韧性和高催化活性的石墨烯薄膜空气正极。例如，氮掺杂石墨烯（N-rGO）包裹碳化铁/氧化铁（Fe_3C/Fe_2O_3）异质结构的薄膜具有双功能催化活性和高柔性，可作为柔性空气正极[109]。在该柔性正极的制备过程中，GO 通过 π-π 堆积及氢键作用与 g-C_3N_4 及 FeOOH 纳米棒进行自组装，并且形成独特的纳米多孔结构，从而在碱性电解质环境中具有优异的结构稳定性。此外，氮掺杂和 Fe_3C/Fe_2O_3 异质结构的协同作用使该正极表现出高的氧还原催化活性。

尽管碳材料具有诸多优点，但是碳腐蚀仍是电池运行过程中不可避免的问题。尤其是在高氧化电位时，碳材料很容易被腐蚀，从而使得电极稳定性急剧降低，进一步加剧电极中催化剂的团聚甚至浸出，最终导致电池性能降低。

3. 其他正极骨架材料

除了碳材料和金属基底外，一些新型的柔性基底材料也相继被开发出来。例如，研究人员利用丝网印刷技术设计出一种纸基柔性锌空气电池，在纸张一侧印刷具有催化活性的正极，另一侧印刷锌负极，纸作为柔性基底，该柔性锌空气电池具有灵活的可形变性，而且具有优异的成本效益，但是其电化学性能较差[110]。另外，通过对废丝织物进行高温热处理可形成一种碳纤维网柔性正极，该柔性正极具有 150 S/cm 的高电导率、（34.1±5.2）MPa 的力学强度和（4.03±0.7）GPa 的弹性模量[48]。

5.2.3　柔性负极的设计

柔性锌空气电池负极通常采用锌箔、锌片、锌丝或柔性金属基底与金属锌粉末的复合材料（将含有锌粉末、导电剂和黏结剂的泥浆通过涂覆或热压等方式复合在金属集流体上）[111, 112]。锌片、锌箔和锌线具有良好的柔性，因而可以直接用作柔性金属空气电池负极。以锌片为例，虽然在制备方法和成本方面占有优势，但是锌片的使用会带来一些问题，如接触面积和利用率低，从而限制锌负极的电化学性能，尤其是在柔性锌空气电池中常采用离子电导率较低的聚合物电解质，低比表面积锌负极的使用更不利于电池在反应过程中的离子迁移。此外，连续的弯曲及拉伸容易使锌负极发生金属疲劳，导致锌负极结构不稳定，进一步影响整个柔性电池的循环稳定性。为此，期望使用具有大比表面积的锌金属颗粒结合高导电网络材料设计出自支撑柔性锌负极[113, 114]。例如，将锌粉、碳纳米管和聚偏氟乙烯按一定比例混合均匀后通过刮涂法附着在碳纤维表面作为柔性锌负极，或者直接将上述混合物旋涂到玻璃基底上，干燥后剥离得到柔性锌负极，如图 5-20 所示[113]。这类方法制备的柔性锌负极可以进行一定程度的弯曲、扭曲和折叠，但是其结构稳定性还需要进一步改善。

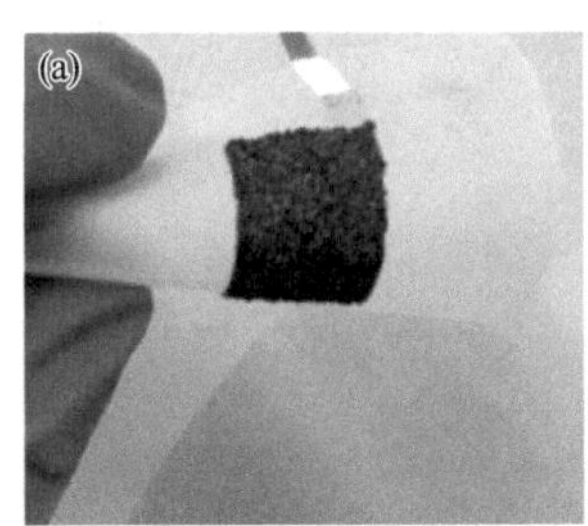

图 5-20　柔性锌负极：（a）光学照片，（b）低放大倍数（标尺 20 μm）及（c）高放大倍数（标尺 200 nm）SEM 照片[113]

除了上述柔性锌负极的制备方法，还可以从结构设计角度出发制备高柔性锌负极。例如，将锌丝进行简单的机械缠绕得到一种高柔性弹簧状锌负极，该柔性锌负极组装的柔性锌空气电池即使经过 2000 次弯曲和拉伸后也能保持稳定的电化学性能，不足之处在于该柔性锌负极只能应用于线状锌空气电池的构建[100]。

5.2.4 柔性电解质的设计

传统锌空气电池常采用碱性水系电解液（如 6 mol/L KOH 电解液），但这种强腐蚀性电解液会导致金属锌负极的腐蚀及锌枝晶的形成。在柔性锌空气电池中，若仍采用传统电解液，则电池在弯曲、折叠和拉伸等形变过程中会出现电解液的泄漏与蒸发等问题，而且锌枝晶在弯曲过程中更容易刺穿隔膜，导致器件性能下降或失效。因此，这种传统电解液不适用于高柔性锌空气电池体系[115]。相比于传统电解液，凝胶聚合物电解质既可作为离子传导的介质，又可作为防止电池内部短路的隔膜，且其具有优异的力学性能以及与电极之间良好的化学相容性。因此，在柔性锌空气电池的构建中得到广泛关注[1]。

在柔性锌空气电池中常将水系碱性溶液与聚合物基质混合以形成碱性凝胶聚合物电解质（AGE），目前常用的主体聚合物有 PVA、PEO、PAN、PAA 和 PAM 等[116]。为增强凝胶聚合物电解质的力学性能和电化学性能，通常在这些聚合物中引入不同的添加剂。例如，添加聚乙二醇（PEG）对 PVA 基凝胶聚合物电解质进行改性，可得到多孔结构聚合物电解质膜 [图 5-21（a）]，有利于提高电解质膜的柔韧性[117]。进一步，加入无机 SiO_2 纳米颗粒可有效提高电解质膜的离子扩散速率，当添加 5 wt%的 SiO_2 纳米颗粒后，该聚合物电解质具有最高的离子电导率（57.3 mS/cm），如图 5-21（b）所示，基于该聚合物电解质组装的柔性锌空气电池可以稳定工作 48 h 以上。

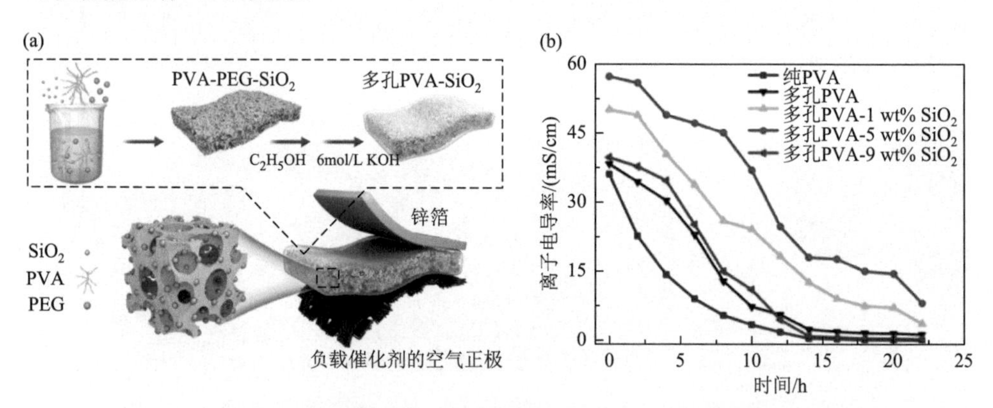

图 5-21　聚合物电解质膜：（a）制备过程示意图和（b）复合不同质量 SiO_2 纳米颗粒后的离子电导率[117]

如前所述，虽然聚合物电解质膜具有一定的柔韧性，但是柔性锌空气电池电解质通常为碱性，使得大多数聚合物电解质膜的可拉伸性较差。例如，在 PVA 基电解质中，选用 KOH 作为离子导体，该聚合物电解质膜的拉伸性较差，同时其离子传输能力也有限，导致用其组装的锌空气电池的柔性和电化学性能受到很大限制[118]。因此，制备弱碱性或者接近中性的聚合物电解质对柔性锌空气电池的发展至关重要。为了解决这个问题，Zhong 等采用 PEG 和 NH_4Cl 盐制备出具有丰富多孔结构的近中性聚合物电解质，并将其应用在柔性锌空气电池中，如图 5-22（a）和（b）所示[119]。相比于碱性聚合物电解质，该电解质表现出优异的可拉伸性，并且对电极的腐蚀大大降低，电池在静置 10 d 后仍可稳定循环 70 h[图 5-22（c）]。该中性聚合物电解质的成功设计为改善碱性聚合物电解质的可拉伸性以及如何降低对电极的腐蚀提供了新的研究思路。

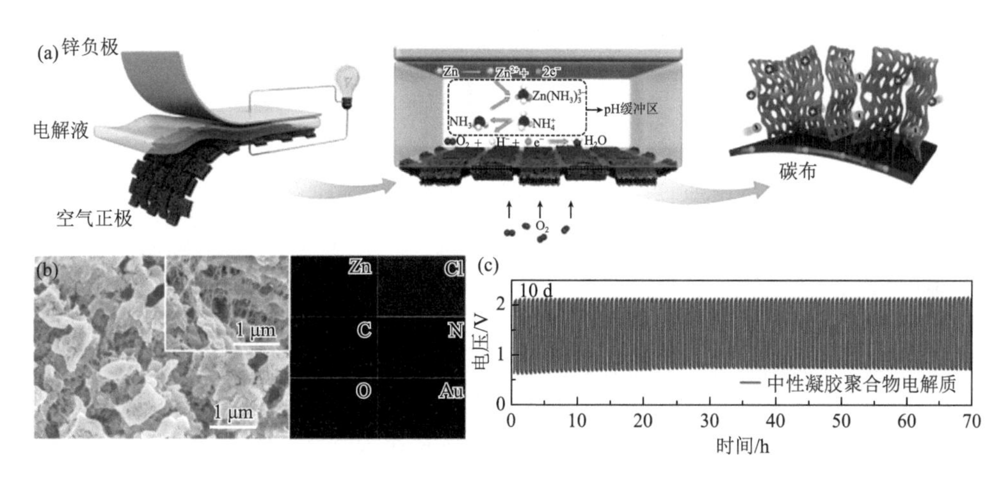

图 5-22　PEG 基中性电解质膜：（a）使用中性凝胶聚合物电解质的锌空气电池示意图，（b）中性凝胶电解质 SEM 照片（插图为横截面 SEM 照片）及相应的元素分析谱图和（c）放置 10 d 后锌空气电池的循环曲线[119]

为了进一步优化聚合物电解质的离子电导率以及柔韧性，近期，研究人员制备出了具有高离子电导率和高保水性的 PVA、PAA 和 GO 共交联的聚合物电解质，并引入反应调节剂碘化钾来提高柔性锌空气电池的工作寿命和能量效率[120]。相比于传统聚合物电解质，该电解质由于组分之间的交联作用和高度亲水的特性，电解质的保水性、离子电导率和机械柔韧性都得到了显著改善。此外，电解质中碘离子/碘酸根离子 (I^-/IO_3^-) 的转化向热力学更有利的方向进行，从而改变了常规氧析出反应的路径，将充电电位大幅降低至 1.69 V，最后将柔性锌空气电池的能量效率提高到 73%。

前面介绍的聚合物电解质的制备都是基于一种或多种有机高分子聚合物材料，因此，在热稳定性和化学稳定性方面存在不足，例如，在高温高电压条件下易出现蒸发或分解问题。针对这些问题，将 GO 和纳米纤维素相结合经过逐层过滤、交联和离子交换过程可制备具有多孔结构的纳米纤维素/GO 膜[121]。由于该膜的制备过程中未加入聚合物，因此具有良好的热和化学稳定性。此外，膜中纳米纤维素构成一个相互缠绕的密集多孔网络结构，并起着层间黏合剂的作用，有利于离子的传导。另外，该膜也具有十分优异的柔韧性，且当温度为70℃时其离子电导率可达58.8 mS/cm，具有良好的热稳定性。借助该膜组装的柔性锌空气电池可在不同弯曲角度下保持50 mW/cm^{2}的稳定功率密度。

5.2.5 柔性锌空气电池器件构型

前面主要介绍了柔性锌空气电池空气正极、锌负极以及聚合物电解质的设计，本小节将主要介绍柔性锌空气电池的构型，包括柔性线状锌空气电池和柔性薄膜锌空气电池。

1. 柔性线状锌空气电池

柔性线状锌空气电池具有灵活的可弯曲性和可编织性，因此很容易集成到纺织品中，并且这种电池结构可以自由编织成与人体等复杂表面相匹配的多种形状。但是构建柔性线状锌空气电池具有一定的挑战，因为它要求电极和电解质等组件必须与线状结构相兼容[122]。线状锌空气电池的结构如图5-23所示，其中心为柔性锌负极，锌负极被聚合物电解质膜包裹，然后将负载催化剂的空气正极缠绕在聚合物电解质表面[123]。为了降低电极与电解质之间的接触阻抗，通常采用热缩管对其组件进行包装，并且在外包装表面进行打孔作为空气扩散通道。

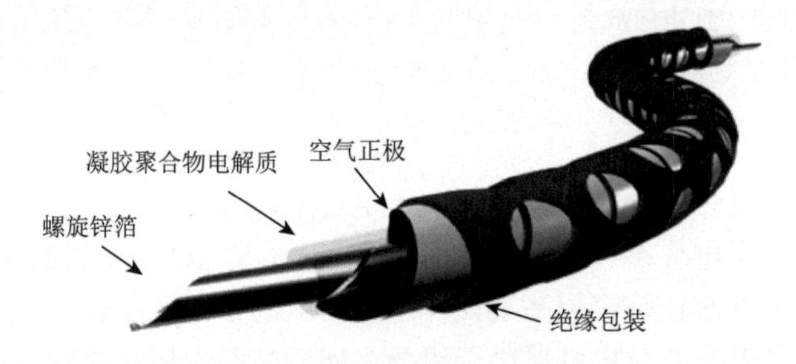

图5-23　柔性线状锌空气电池结构示意图[123]

Zhang等设计了一种氮化钴/碳纤维网/碳布柔性正极，并将其组装成柔性线状锌空气电池，其结构示意图以及在不同弯曲状态下的光学照片如图5-24(a)～(c)所示[43]。该柔性电池在0.5 mA/cm^{2}的电流密度下可以连续工作12 h且能够维持1.23 V的稳定放电电压并具有优异的倍率性能［图5-24(d)］。此外，该柔性电池在不同的弯曲角度下仍可保持稳定的电压输出［图5-24(e)］。在此基础上，为了进一步提高线状锌空气电池的电化学性能，研究人员制备出具有高催化活性的$NiCo_2O_4$纳米片/CNTs柔性正极[102]。基于该柔性正极组装成长度为50 cm的线状锌空气电池［图5-24(f)］，该电池表现出较高的工作电势（在0.25 mA/cm^{2}时约为 1.2 V）、低的充放电过电势（约为 0.7 V）及不同弯曲条件下稳定的循环性能，甚至在 2000 次弯曲/弯折后仍可保持稳定的电压输出［图 5-24（g）～（k）］。

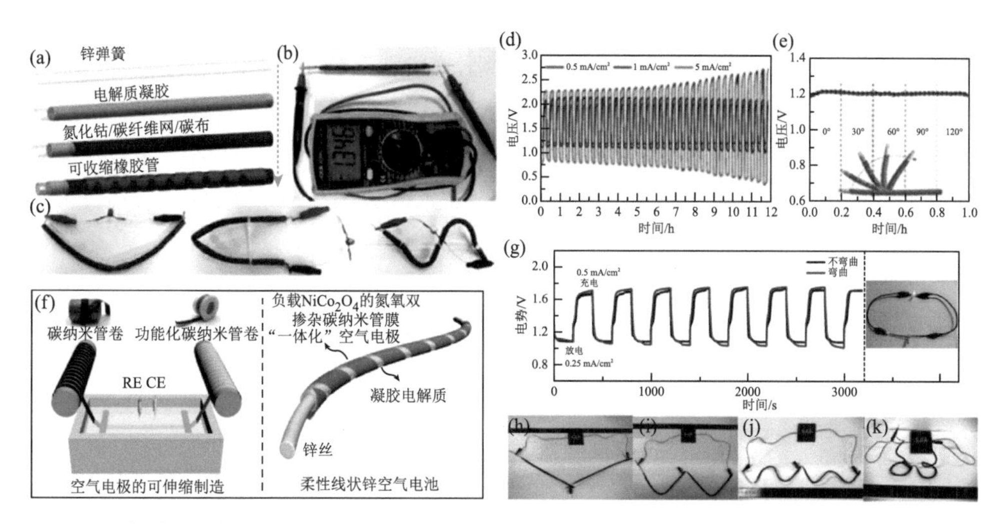

图 5-24　氮化钴/碳纤维网/碳布柔性线状锌空气电池：（a）结构示意图，（b）开路电压，（c）不同弯曲和扭曲状态下的光学照片，（d）不同电流密度的充放电曲线和（e）不同弯曲状态下的输出电压[43]；基于 $NiCo_2O_4$/氮氧双掺杂碳纳米管正极的柔性线状锌空气电池：（f）制备过程示意图，（g）弯曲条件下的电化学性能测试及点亮 LED 灯光学照片和（h）～（k）不同弯曲状态下点亮 LED 灯光学照片[102]

RE 为参比电极，CE 为辅助电极

上述工作仅仅对柔性电池进行了简单的弯曲或弯折形变测试，远远不能满足其在柔性电子设备中的应用需求。因此，柔性线状锌空气电池的高可拉伸性以及承受强机械形变的能力仍需要进一步提高。Zhi 等利用纳米纤维素和聚丙烯酸钠（PAAS）制备出双网络凝胶电解质，该凝胶电解质含有大量的氢键和金属离子络合键，具有良好的可拉伸性能，所组装的线状锌空气电池可以达到 500%的拉伸比例[124]。在拉伸状态下该柔性电池的电压可以保持稳定且其功率密度有所提高。此外，该柔性电池在弯曲、扭曲和打结等不同形变条件下仍能够维持优异的电化学性能，甚至在经过 55 h 连续拉伸后（300 个循环），其放电电压平台几乎保持不变。柔性线状锌空气电池高可拉伸性能能够使其适用于不同的柔性电子设备，这对于发展适于人体运动的可穿戴设备有极大的促进作用。因此，将线状锌空气电池与可穿戴设备相结合可扩展其应用范围。通过原位合成结合快速热处理的方法在 N-rGO 表面生长介孔 Co_3O_4 纳米片，得到 Co_3O_4/N-rGO 柔性正极[125]。以此组装的线状锌空气电池具有良好的可拉伸性能，编入织物中后在不同形变状态下仍能够稳定工作，通过串并联连接得到的线状锌空气电池组能够驱动手表等可穿戴设备。

2. 柔性薄膜锌空气电池

相比于柔性线状锌空气电池，柔性薄膜锌空气电池具有电极结构设计要求低和易于组装的优点。图 5-25 为柔性薄膜锌空气电池结构示意图，空气正极一般采用高柔性和优异导电性的材料作为骨架，并在其表面附着高催化活性的催化剂，柔性锌负极则一般将锌粉均匀附着在集流体金属（如 Cu）箔上，以确保其良好的电接触，然后将柔性聚合物电解质膜夹在空气正极和锌负极之间[126]。

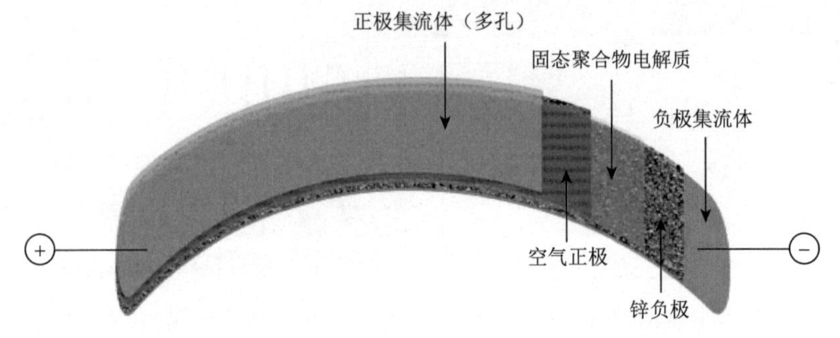

图 5-25　柔性薄膜锌空气电池结构示意图[126]

Chen 等以碳布为空气正极骨架材料，以 PVA 基碱性聚合物为电解质构建出可弯曲柔性薄膜锌空气电池，如图 5-26（a）所示，该柔性电池可以承受 90°～180°的弯曲变形，表明该柔性电池具有优异的力学性能[36]。进一步通过循环稳定性及阻抗测试，发现在弯曲状态下该柔性电池仍能够进行稳定的循环而且其阻抗几乎保持不变，并且可以成功点亮一支 LED 灯［图 5-26（b）～（d)］。为了进一步提高柔性薄膜锌空气电池在不同柔性电子设备中的适应性，具有高效氧还原和氧析出催化性能的超薄 Co_3O_4层/碳布一体化空气正极被用于组装成柔性薄膜锌空气电池[96]。通过在不同曲率半径下进行充放电测试发现，该柔性电池的输出电压和放电比容量几乎保持不变，且其电化学性能明显优于商业化 Co_3O_4/碳布正极，在循环 300 圈后仍具有较高的比容量保持率。他们进一步将柔性锌空气电池与柔性显示屏相结合，形成一体化柔性电子设备，从图 5-26（e）～（g）可以看出，该柔性电子设备在弯折、扭曲甚至是剪切破坏条件下都可以正常工作，而且电化学性能几乎没有衰减。

虽然柔性薄膜锌空气电池在器件的设计上已经取得了很大进展，但是前期的研究工作都是在室温下进行的，无法保障其在低温特殊环境中能够正常工作。近期，一种具有出色低温适应性的柔性薄膜锌空气电池首次被设计出来，该柔性电池使用新型的催化剂（可抵消温度降低而导致的电化学性能下降）和具有极化端基官能团（羟基和羧基）的高导电性凝胶，从而具有优异的抗冻性[127]。组装的柔

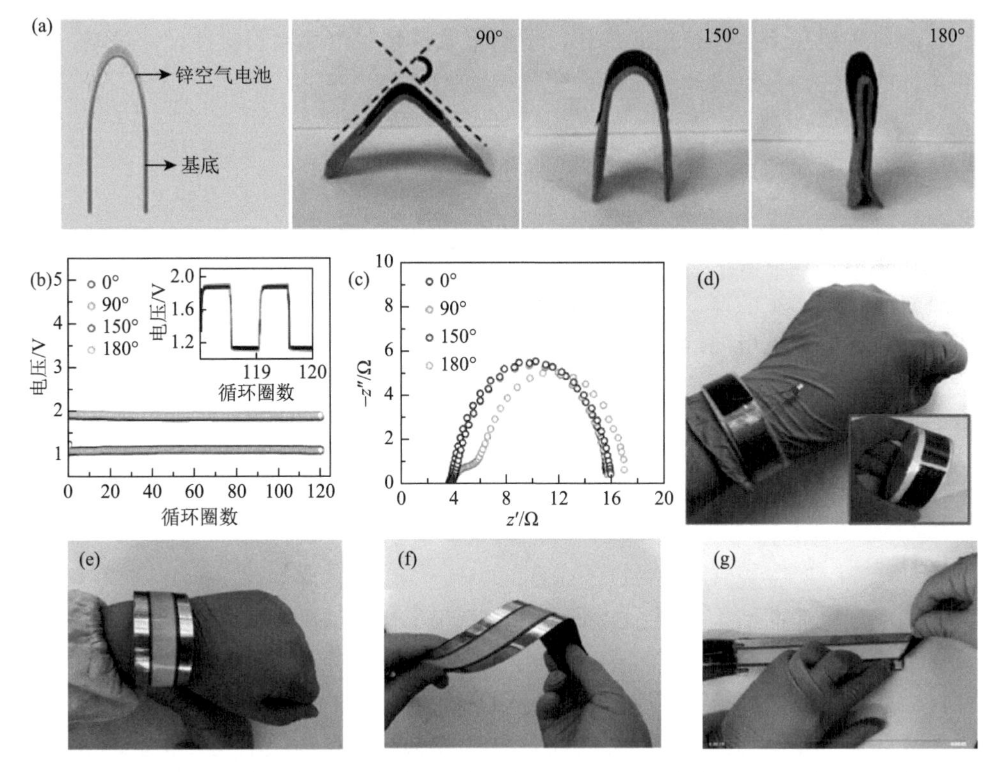

图 5-26　PVA 基聚合物电解质柔性薄膜锌空气电池：(a) 不同弯曲角度展示图，(b) 和 (c) 不同弯曲角度下柔性电池循环性能及阻抗测试，(d) 点亮 LED 灯光学照片[36]；超薄 Co_3O_4 层/碳布柔性薄膜锌空气电池一体化器件：(e) ～ (g) 弯曲、扭折以及剪切状态下的光学照片[96]

性薄膜锌空气电池具有优异的电化学性能。重要的是，在−20℃的低温环境下，该柔性电池仍能输出 691 mA·h/g 的高比容量和 798 W·h/kg 的能量密度，并且在不同形变条件下其电化学性能几乎保持不变。

目前，已经开发出几种不同结构的柔性锌空气电池，但是，其电化学性能与传统锌空气电池相比还有待进一步提高，另外，受器件材料和器件构型的限制，目前柔性锌空气电池的抗形变能力有限，开发性能和耐用性显著增强的新一代柔性锌空气电池仍面临许多技术挑战，因此仍然需要在开发高催化活性的柔性空气正极、高稳定性的柔性锌负极以及高离子电导率的柔性聚合物电解质三方面进一步取得突破。柔性空气正极需考虑设计新型结构的柔性导电骨架以减少气体扩散阻力并增强导电性，此外，还需要开发更高效的双功能催化剂。柔性锌负极则可通过纳米复合和表面修饰来获得更大比表面积的锌负极，使得单位面积内参与反应的锌增加，可以降低锌沉积的过电位以及反应过程中锌枝晶形成的可能性。柔性聚合物电解质的设计在柔性锌空气电池的构建中也至关重要，需要调控电解质组分和制备工艺等，保证电解质高力学性能的同时，提高其离子电导率。器件设计方面，主要在于器件结构的优化，可借鉴柔性超级电容器的器件设计策略，提高器件的柔性，甚至设计可压缩锌空气电池。

5.3 柔性铝空气电池

金属铝具有资源丰富、价格低廉、易储备和无毒无污染等优点，且金属铝与锌具有相近的化学活性，在水系电解质中同样具有较高的稳定性，采用水系电解质组装柔性铝空气电池，更加安全环保。此外，相比于柔性锌空气电池，柔性铝空气电池具有更高的理论能量密度。本节将对柔性铝空气电池的设计及研究进展进行详细介绍。

5.3.1 铝空气电池概述

1. 铝空气电池简介

铝空气电池的结构如图 5-27 所示，由空气正极、铝负极和电解质组成。关于该电池体系的研究始于 20 世纪 60 年代，研究人员证明了碱性铝空气电池的可行性，而且在干燥的环境下铝空气电池能量密度高达 400 W·h/kg，优于锂离子电池以及大部分可充电二次电池[128]。90 年代，Voltek 公司开发出铝空气电池系统 Voltek A-2 并将其应用于电动汽车，这也是铝空气电池首次成功应用于电动汽车领域，从而推动了铝空气电池的快速发展[129]。

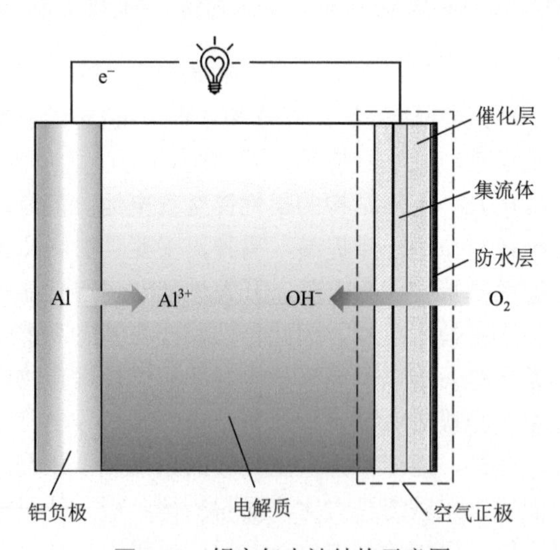

图 5-27　铝空气电池结构示意图

铝空气电池具有理论比容量高、环境友好且成本低廉等优势，因此被视为下一代有前景的储能设备之一[130]。尽管铝空气电池具有众多优点，但要实现大规模商业化应用，还需要解决一些科学与技术方面的问题[131]：①电池的自放电现象缩短了电池寿命；②铝负极放电过程中产生凝胶状的氢氧化铝或水合氧化铝副产物使负极表面钝化，影响电池的进一步放电；③空气正极需要合适的结构设计促进 O_2 的扩散和还原反应的高效进行。为了解决以上问题，研究人员提出许多改进措施以提高电池的电化学性能[132]：铝负极的合金化；采用电解液添加剂以及制备凝胶或固态电解质以缓解负极的腐蚀与钝化；制备高效催化剂以及具有多孔结构的空气电极提高正极反应速率及效率等。对于柔性铝空气电池而言，除要求其具有传统铝空气电池优异的电化学性能外，还需要具有良好的柔性。要实现器件整体的柔性，首先要保证器件的每个组成单元（如空气正极、铝负极和电解质等）均具有良好的柔韧性；其次，通过合理的结构设计（如平面型、线型和螺旋弹簧式结构等）实现柔性铝空气电池在一个或多个维度上的可形变性[133]。目前已成功构建出多种不同构型的柔性铝空气电池，但设计同时具有高柔性和优异电化学性能的柔性铝空气电池仍面临诸多挑战。

2. 基本工作原理

铝空气电池在放电过程中，金属铝失去电子形成正三价的铝离子，在电解液中形成氢氧化铝[$Al(OH)_3$]，与此同时，外界空气中的 O_2 进入空气正极，获得电子后与电解液中的水（H_2O）反应，生成氢氧根（OH^-）。根据电解液种类的不同，电池在充放电过程中发生的电化学反应也不同，铝空气电池在不同电解液体系中放电过程的电极反应与总反应方程式如下所示[131]：

中性溶液中：

负极：
$$Al + 3OH^- - 3e^- \longrightarrow Al(OH)_3 \tag{5-11}$$

正极：
$$O_2 + 2H_2O + 4e^- \longrightarrow 4OH^- \tag{5-12}$$

总反应式：
$$4Al + 3O_2 + 6H_2O \longrightarrow 4Al(OH)_3 \tag{5-13}$$

碱性溶液中：

负极：
$$Al + 4OH^- - 3e^- \longrightarrow Al(OH)_4^- \tag{5-14}$$

正极：
$$O_2 + 2H_2O + 4e^- \longrightarrow 4OH^- \tag{5-15}$$

总反应式：
$$4Al + 3O_2 + 6H_2O + 4OH^- \longrightarrow 4Al(OH)_4^- \tag{5-16}$$

当 $Al(OH)_4^-$ 浓度达到饱和时，会自然发生沉淀，析出 $Al(OH)_3$，方程式如下：

$$Al(OH)_4^- \longrightarrow Al(OH)_3 + OH^- \tag{5-17}$$

溶液中发生析氢腐蚀时，析氢反应方程式如下：

$$2Al + 2OH^- + 6H_2O \longrightarrow 2Al(OH)_4^- + 3H_2 \tag{5-18}$$

从放电过程的电化学反应方程式可以看出，铝空气电池的电化学反应产物对环境基本无污染。正极电化学反应的活性物质为 O_2，因而必须保证 O_2 的充足供应及快速传输，并且，O_2 的还原反应发生在催化层，因此高活性催化剂是正极电化学反应快速进行的必要条件[134]。此外，反应过程中铝负极容易发生析氢腐蚀，导致铝负极利用率降低和电池电化学性能衰退，因此抑制析氢腐蚀也尤为重要。

5.3.2 柔性空气正极的设计

空气正极作为 O_2 发生电化学反应的场所，是柔性铝空气电池的核心部分，因此正极材料的选择和结构设计对于器件整体的柔性和电化学性能起到关键作用。要实现器件整体的柔性，空气正极需具有良好的力学性能，同时为保证其电化学性能的稳定通常需考虑以下几点。

（1）良好的透气性、较高的孔隙率与气体扩散通道。良好的透气性是保证 O_2 能够顺畅地扩散并发生还原反应的基本前提。

（2）大的比表面积。空气正极需要具有足够大的比表面积，为催化剂的负载以及电极反应提供充足的活性位点。

（3）良好的导电性。良好的导电性有利于电子的快速传输，提高反应速率及活性物质利用率。

（4）耐腐蚀，不易与电解液发生副反应。电极具有良好的化学与电化学稳定性，利于提高电池循环寿命。

基于以上考虑，柔性铝空气电池正极常采用柔性好且性能稳定的多孔材料作为基底，如泡沫镍等活性较低的多孔金属基底以及碳布、碳纤维、碳纳米管和石墨烯等多孔碳材料基底[84]。此外，空气电池中电极反应离不开催化剂的催化作用。因此，要想得到性能优异的柔性正极，催化剂与柔性基底的复合也是柔性空气电极设计的关键[135, 136]。

催化剂与柔性基底复合的常用方法之一是将各类催化剂、导电剂（如炭黑和MWCNTs）和黏结剂的混合浆料涂敷在柔性基底表面[137-139]。例如，将二氧化锰与氧化镧、氧化锶和氧化铈等复合催化剂与活性炭和 PVDF 研磨成浆料后将其涂覆在泡沫镍表面，得到柔性正极并组装柔性薄膜铝空气电池[138]，探索了二氧化锰与不同氧化物催化剂复合得到的复合催化剂的催化活性，结果表明复合催化剂表现出比单一催化剂更优异的催化活性，基于此复合催化剂组装的柔性铝空气电池表现出良好的电化学性能。但泡沫镍等多孔金属基底质量较大，耐腐蚀性较差，且在反复形变过程中易发生疲劳断裂。相比于金属基底，碳基柔性基底质量较轻、柔性好、耐腐蚀能力强，因此得到广泛应用。例如，以碳布为柔性基底，将水热法制备的磷掺杂碳/石墨烯复合材料［图 5-28（a）］均匀涂覆在碳布表面可得到柔性空气正极[139]。在此正极结构中，磷掺杂碳/石墨烯复合材料在多孔碳布表面表现出可与Pt/C相媲美的氧还原催化活性，而碳布则为空气正极提供了良好的柔性，基于此正极组装的全固态薄膜铝空气电池［图 5-28（b）］在弯曲前后输出电压基本保持不变［图 5-28（c）和（d）］。

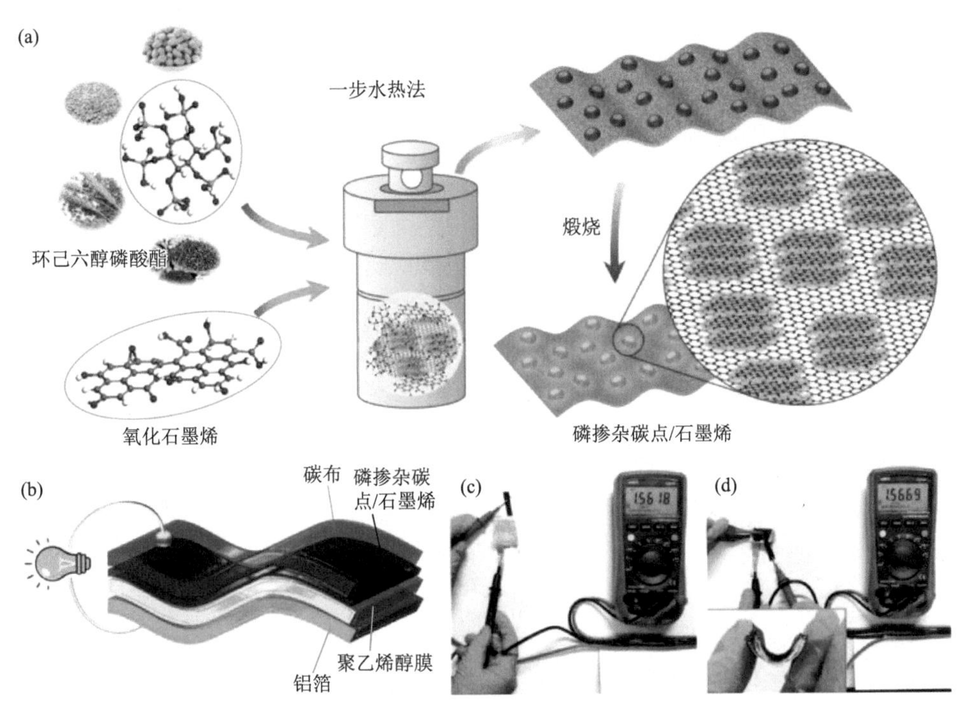

图 5-28　（a）磷掺杂碳/石墨烯复合结构制备过程示意图；全固态柔性铝空气电池：（b）结构示意图，（c）和（d）弯曲前后开路电压测试光学照片[139]

涂覆法适用范围广，适用于多种类型的催化剂与各种柔性基底的复合，但涂覆法存在一些明显的弊端，主要体现在以下几个方面：①涂敷法得到的催化剂与集流体复合结构抗形变能力差，活性组分在形变过程中易脱落；②导电剂以及黏结剂等非活性组分的引入会增加电极的体积和质量，进而降低整个柔性器件的能量密度；③涂敷法使用的高分子黏结剂导电性差，影响空气正极中的电子传输，不利于催化剂活性的发挥以及电极反应过程的快速进行。

相对于涂覆的制备方式，在柔性基底表面原位生长活性组分的方法能够实现催化剂与基底之间更加紧密牢固的结合，有效减少活性物质的脱落并显著提高电极的抗形变能力。此外，原位生长方式还可以有效减少其他非活性组分的引入，从而提高器件整体的能量密度[140-142]。例如，通过水热和煅烧的方式在碳布表面可构筑纳米 Co 均匀分布的氮掺杂碳纳米管阵列从而得到柔性空气正极，如图 5-29（a）所示[141]。基于此柔性正极组装的固态铝空气电池表现出优异的电化学性能和良好的柔性。虽然上述工作中采用的碳布基底具有良好的导电性和柔韧性，但其密度大且厚度大，相比较而言，采用 CNTs 更易制备密度小且厚度小的柔性空气正极，因此，Peng 等采用 CVD 法制备出具有交错排列结构的多孔 CNTs 膜，之后采用热蒸镀的方式在 CNTs 纤维表面原位沉积了 Ag 纳米颗粒，其微观结构如图 5-29（b）～（g）所示[142]。Ag 纳米颗粒包覆在碳纳米纤维表面形成紧密的复合结构，在此复合结构中，Ag 纳米颗粒具有大的比表面积和丰富的催化活性位点，为氧还原反应的快速进行提供了必要条件。此外，CNTs 膜中的多孔结构可以吸附大量 O_2 并为 O_2 的扩散提供良好的通道。同时，交错排列结构赋予该空气正极良好的抗形变能力，因此，基于该空气正极组装的柔性铝空气电池能够耐受反复多次的形变并保持电化学性能稳定。

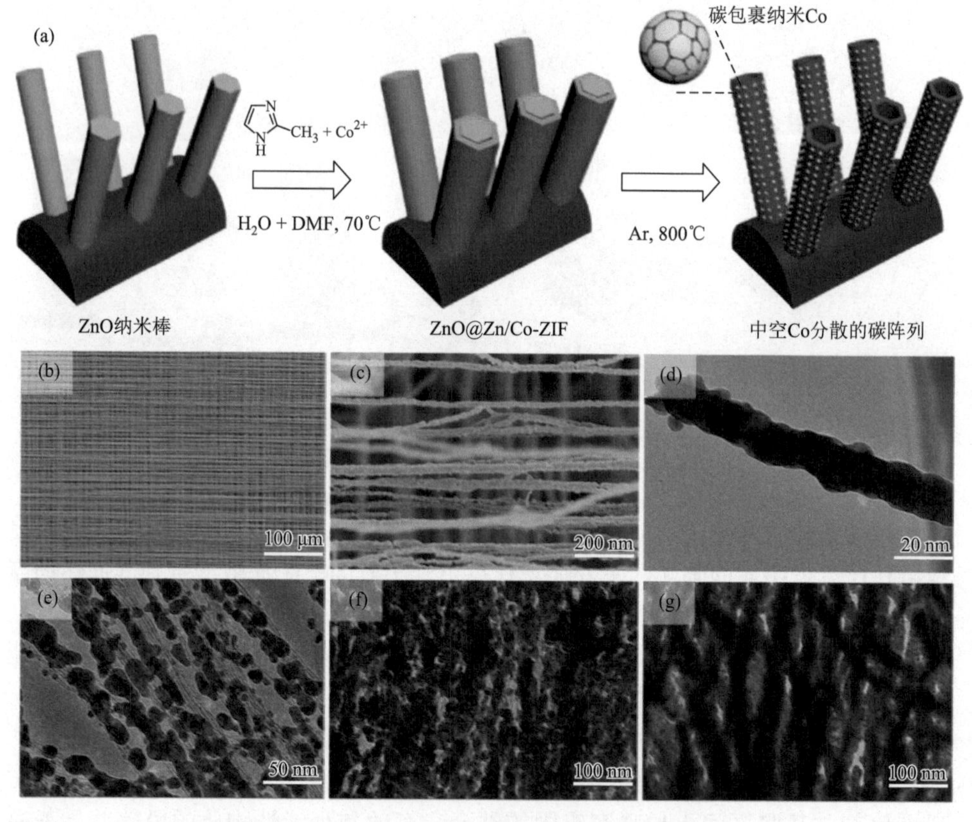

图 5-29 （a）水热-煅烧法制备钴分散的碳基柔性空气电极过程示意图[141]；CNTs/Ag 薄膜空气电极形貌表征：（b）和（c）SEM 照片，（d）～（g）TEM 照片[142]

5.3.3 柔性负极的设计

金属铝线、铝箔和铝网等具有良好的柔性和可塑性，因此可直接作为柔性铝空气电池负极。对于铝负极的选择，可根据柔性器件构型设计选择不同结构的铝负极。例如，组装柔性线状铝空气电池时可直接采用商业化铝线作为柔性负极；组装柔性薄膜铝空气电池时可直接采用铝箔或者铝网等作为柔性负极[143, 144]。采用铝网和铝箔作为负极组装的柔性薄膜铝空气电池表现出相近的电化学性能，但铝箔作为柔性负极时柔性器件的整体厚度更薄，因此其柔性更佳[144]。

除直接采用金属铝或合金作为柔性负极外，以纺织物或纤维素纸等柔性材料作为基底复合活性铝颗粒也是制备柔性铝负极的有效方式。例如，采用磁控溅射法在织物表面沉积一层铝颗粒得到柔性铝负极，此类柔性铝负极具有一定的孔隙度，能够加大铝负极与聚合物电解质之间的接触面积，并且，利用织物结构易实现器件的串并联，从而提高柔性铝空气电池的输出电压或电流[145]。但此类方法得到的活性铝负载量较低且氧化严重，进而导致能量输出较低。此外，随着 3D 打印技术的快速发展，利用 3D 打印技术来设计柔性铝负极也逐渐受到广泛关注[146]。

目前，多种结构的铝负极已成功应用于柔性铝空气电池，但为了提高器件整体的柔性，所采用的柔性铝金属负极一般厚度较小或铝颗粒尺寸较小且负载量较低，因此，电解质对此类柔性铝负极的腐蚀更加严重。目前改善柔性铝负极腐蚀问题的有效途径是对铝负极进行合金化或热处理，以提高柔性铝负极力学性能及电化学性能的稳定[147, 148]。

5.3.4 柔性电解质的设计

传统铝空气电池的电解液主要有中性盐溶液与碱金属氢氧化物溶液[149]。液态电解液在使用过程中主要存在两方面的问题，一方面是液态电解液体系含水量高，对铝负极腐蚀严重；另一方面是液态电解液的泄漏问题。目前铝空气电池正极一般都具有憎水结构，憎水结构可以在一定程度上防止电解液从空气正极中渗出，但在柔性铝空气电池中，在不同形变下电解液仍易出现泄漏等问题。因此，设计开发具有高柔性和高离子电导率的凝胶或固态聚合物电解质也是提高柔性铝空气电池电化学稳定性的重要途径。

目前，柔性铝空气电池的组装大多采用凝胶聚合物电解质，该类电解质以有机聚合物为网络骨架封锁住适量的电解质溶液，既能保证离子的快速传输又能有效防止电解液泄漏，在保证柔性铝空气电池电化学性能稳定的同时提升其安全性[150, 151]。其中，PAA 具有可控的分子量及交联度，且其成膜性好，是凝胶电解质常用的聚合物基底之一。利用溶胶凝胶法可得到 PAA 基凝胶聚合物电解质（图 5-30），该电解质具有大量的三维多孔网络结构，可以将足量 KOH 吸附于网络结构中，因而该凝胶聚合物电解质的离子电导率高达 460 mS/cm[151]。此外，在电解质中添加缓蚀剂可有效降低电解质对铝负极的腐蚀，提高电池的电化学性能。因此，可在该凝胶聚合物电解质中添加 ZnO 作为缓蚀剂，缓蚀剂的引入可有效提高金属铝负极的稳定性。基于该电解质组装可分离式固态铝空气电池，电池闲置时可将铝负极与电解质分离，避免电池的自放电，该电池体系表现出优异的电化学性能，其能量密度和功率密度分别高达 1.23 W·h/g 和 91.13 mW/cm^2。

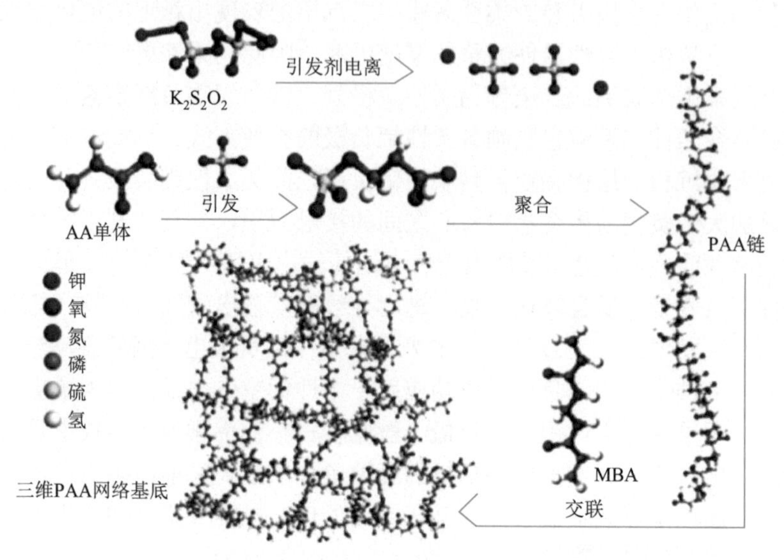

图 5-30 PAA 基凝胶电解质聚合过程示意图[151]

MBA 为 N，N′-亚甲基双丙烯酰胺

上述工作中制备的凝胶聚合物电解质虽然表现出优异的电化学性能，但电解质膜厚度较大，且为满足器件可分离式构型设计所采用的封装组件刚性大，难以实现器件良好的柔性。为提高器件整体的柔性和能量密度，凝胶聚合物电解质需具有较小的厚度，但当凝胶聚合物电解质成膜厚度较小时，在形变过程中易造成结构破坏导致器件短路，因此，可根据需求为凝胶电解质提供一个载体。纤维素纸具有柔性好、质量轻、厚度小、成本低和制备简单等优点，以纤维素纸为柔性支撑基底不仅可以提高凝胶电解质的力学性能，同时还能有效防止器件短路，因此采用纤维素纸作为柔性基底制备纸基凝胶电解质也是柔性铝空气电池中优化电解质常用的方法之一。在纸基凝胶电解质的制备过程中，通常将纤维素纸吸附液态电解液和有机单体分散液，之后加入引发剂引发有机单体原位聚合形成复合电解质膜。例如，采用宣纸作为基底，将宣纸浸泡在含有丙烯酸和 KOH 的溶液中，吸收饱和后将其取出，之后在表面涂覆足量的过硫酸钾溶液使丙烯酸单体聚合后得到复合电解质膜[144]。基于此复合电解质膜组装的柔性薄膜铝空气电池在不同弯曲状态下的电化学性能几乎保持不变。除利用聚合物单体的原位聚合，还可以将制备好的凝胶聚合物电解质直接涂敷在纤维素纸表面，利用电解质的渗透作用得到复合电解质膜。例如，利用聚丙烯酸钠作为聚合物组分，将溶解得到的高黏度凝胶涂敷在滤纸表面，充分吸收后，加热除掉多余溶剂得到复合电解质膜，该电解质膜同样展现出良好的电化学性能及柔韧性[152]。

5.3.5 柔性铝空气电池器件构型

目前，柔性铝空气电池构型主要分为两类：柔性线状铝空气电池和柔性薄膜铝空气电池，前面章节已详细讲述了柔性线状和薄膜状储能器件的结构特征，接下来将重点从器件设计及其应用等方面介绍以上两类柔性铝空气电池的相关研究进展。

1. 柔性线状铝空气电池

如前所述，研究较多的线状储能器件主要可分为平行结构、缠绕式结构和同轴结构。在柔性线状铝空气电池中，同轴结构的研究报道相对较多。例如，以 MWCNTs 修饰的纤维素纸作为柔性空气正极，铝线作为负极，多孔纤维素纸作为隔膜可得到柔性线状铝空气电池[143]。该线状铝空气电池的长度可达 300 mm，因此具有优异的可弯曲和卷绕性，并且可成功与传感器等柔性电子设备集成，该工作为柔性线状铝空气电池的研究和应用扩展了道路。随后，Peng 等研究人员改进了柔性线状铝空气电池的器件结构，采用螺旋弹簧式铝线作为负极，银负载 CNTs 薄膜作为空气正极，得到一种既具有可弯曲性又具有可拉伸性的同轴结构线状铝空气电池，如图 5-31 所示[142]。该线状铝空气电池表现出优异的电化学性能，在 0.5 mA/cm^2 的电流密度下，电池的比容量和能量密度分别为 935 mA·h/g 和 1168 W·h/kg。此外，得益于 CNTs 薄膜正极优异的力学性能及弹簧状负极的特殊结构，该柔性电池在不同弯曲角度和拉伸长度下仍可维持稳定的输出电压，表现出良好的可弯曲和可拉伸性，且与柔性电子设备集成后可成功为电子设备供能，展现出良好的实际应用前景。

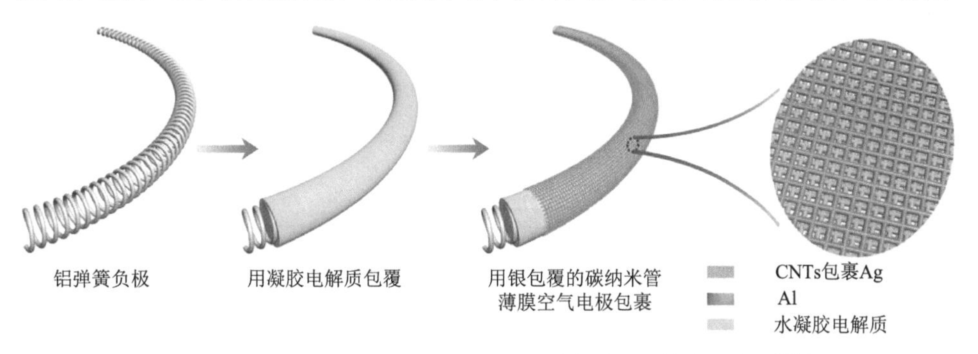

图 5-31 可拉伸柔性线状铝空气电池制备过程及结构示意图[142]

2. 柔性薄膜铝空气电池

柔性薄膜铝空气电池负极多采用薄片状或网状的铝或铝合金，进一步与薄膜状空气正极和聚合物电解质采用层层堆叠的方式进行组装。柔性薄膜铝空气电池中，正负极以及电解质之间一般接触较为紧密，有利于电化学反应的充分进行。

相比于柔性线状铝空气电池，柔性薄膜铝空气电池的结构更加简单，利于大规模制备及应用。通过打印方法即可构建柔性薄膜铝空气电池，该方法为柔性薄膜铝空气电池的组装提供了新方案，但是采用该方法组装的电池电化学性能及器件整体柔性等方面还有待改善[144]。为设计出具有更好可形变性的柔性铝空气电池，Moon等基于纤维素纸良好的柔韧性组装出一种多维度可形变的柔性薄膜铝空气电池，如图 5-32（a）所示，该柔性电池可进行多种形式的集成并在多维度形变下仍能够正常为电子设备供能[133]。随后，研究人员巧妙地将柔性薄膜铝空气电池的组装与造纸工艺相结合，在造纸过程中实现铝负极与柔性纤维素纸的集成，之后将氧还原墨水沉积在纤维素纸表面即可得到柔性薄膜铝空气电池，制备过程如图 5-32（b）所示[153]。在此柔性器件中，柔性纤维素纸既作为正极材料的柔性载体，又作为隔膜有效防止器件的短路，同时，该方法巧妙地以纤维素纸为媒介将正负极集成在一起，实现了柔性器件的一体化组装，此方法制备的柔性薄膜铝空气电池的功率密度高达 19 mW/cm^2，且具有良好的可弯折性。

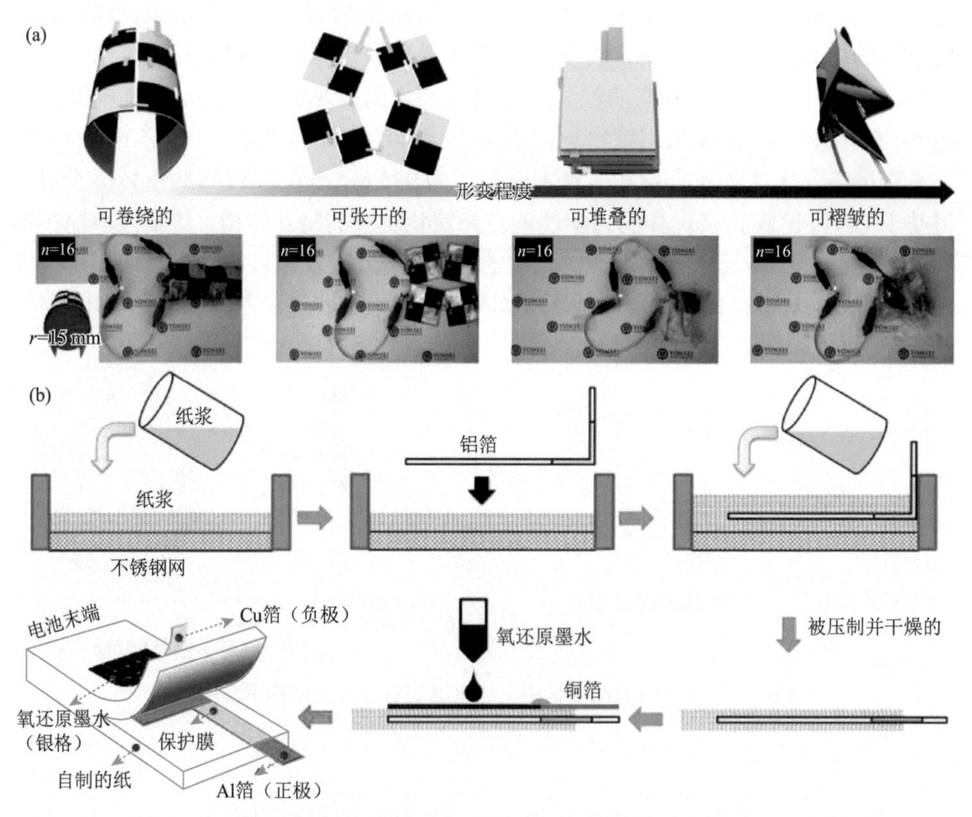

图 5-32 （a）多维度可形变柔性薄膜铝空气电池在不同形变下点亮 LED 灯光学照片[133]；（b）结合造纸工艺的柔性薄膜铝空气电池组装过程和器件结构示意图[153]

5.4 柔性钠/镁空气电池

室温钠空气电池的研究始于 2012 年，首个组装成功的室温钠空气电池能够实现 20 圈循环充放电，放电比容量为 1058 mA·h/g，库仑效率为 85%，这一研究成果开启了室温钠空气电池研究的大门[154]。近年来，随着各类催化剂的研发与催化机理的探索，钠空气电池的研究取得了一定进展。

基于电解液种类的不同，可将钠空气电池分为非水系钠空气电池与水系钠空气电池。目前，非水系钠空气电池体系较为典型的充放电机理如下所示[155]。

正极：
$$O_2 + 4e^- \rightleftharpoons 2O^{2-} \tag{5-19}$$
或
$$O_2 + 2e^- \rightleftharpoons O_2^{2-} \tag{5-20}$$
负极：
$$Na \rightleftharpoons Na^+ + e^- \tag{5-21}$$
总反应：
$$Na + O_2 \rightleftharpoons NaO_2 \tag{5-22}$$
或
$$2Na + O_2 \rightleftharpoons Na_2O_2 \tag{5-23}$$

从上述反应式可以看出，非水系钠空气电池放电产物以 NaO_2 和 Na_2O_2 为主，该放电产物为不溶性氧化物，其在正极表面的不断沉积会造成正极材料中孔结构的堵塞，从而影响气体的扩散，减慢甚至阻断电化学反应过程。研发具有大比表面积的多孔正极可为放电产物的沉积提供丰富的位点，从而避免气体通路的堵塞。此外，高效的催化剂可促进反应产物的快速生成与分解，提高电池反应的可逆性，减少放电产物的囤积[156]。因此，制备性能优异的多孔空气正极，寻找高活性正极催化剂，对于提高钠空气电池放电产物的转化速率和效率至关重要。

水系钠空气电池电解液为有机/水系混合体系，以 NASICON 为隔膜，正极侧为水系电解液，负极侧为有机电解液，其放电产物以水溶性 NaOH 为主，不存在放电产物对正极多孔结构的堵塞问题，因而在很大程度上提高了电池的电化学性能。但水系钠空气电池的研究尚处于初期阶段，大多数报道集中于正极催化剂的研究。

目前，室温钠空气电池的研究虽然取得了一定进展，但依然存在诸多问题。由于缺乏高效稳定的正极催化剂，且多孔碳基底及电解液在充放电过程中稳定性差、易分解等，导致钠空气电池库仑效率低、循环寿命短和倍率性能差，从而严重限制钠空气电池的发展[157]。在柔性钠空气电池的研究过程中既要解决传统钠空气电池存在的问题，又要实现器件整体的柔性，设计难度较大，因而目前关于柔性钠空气电池的研究报道较少，主要集中于柔性正极的设计和制备[157, 158]。例如，采用水热及后续煅烧处理的方法可以在碳纤维织物表面原位生长 Co_3O_4 纳米线，得到柔性自支撑的钠空气电池正极［图 5-33（a）］[159]。为得到更加轻量化和低成本的钠空气电池柔性正极，可以采用质量较轻的碳纸为基底，之后通过两步水热法在碳纸表面分别沉积还原氧化石墨烯和 VO_2［图 5-33（b）］，得到柔性自支撑的 VO_2/还原氧化石墨烯/碳纸自支撑钠空气电池正极［图 5-33（c）～（f）］并将其应用于水系钠空气电池[34]。在 VO_2/还原氧化石墨烯/碳纸正极结构中，还原氧化石墨烯可提高正极的导电性，加快电子传输。此外，VO_2 催化剂的六条外延臂式结构可为催化反应提供丰富的活性位点，同时为气体和电解质的扩散提供更加良好的通道。基于此结构组装的钠空气电池表现出较好的倍率性能和循环稳定性，但由于水系钠空气电池的结构限制和液态混合电解液的使用，该器件难以实现整体的柔性。

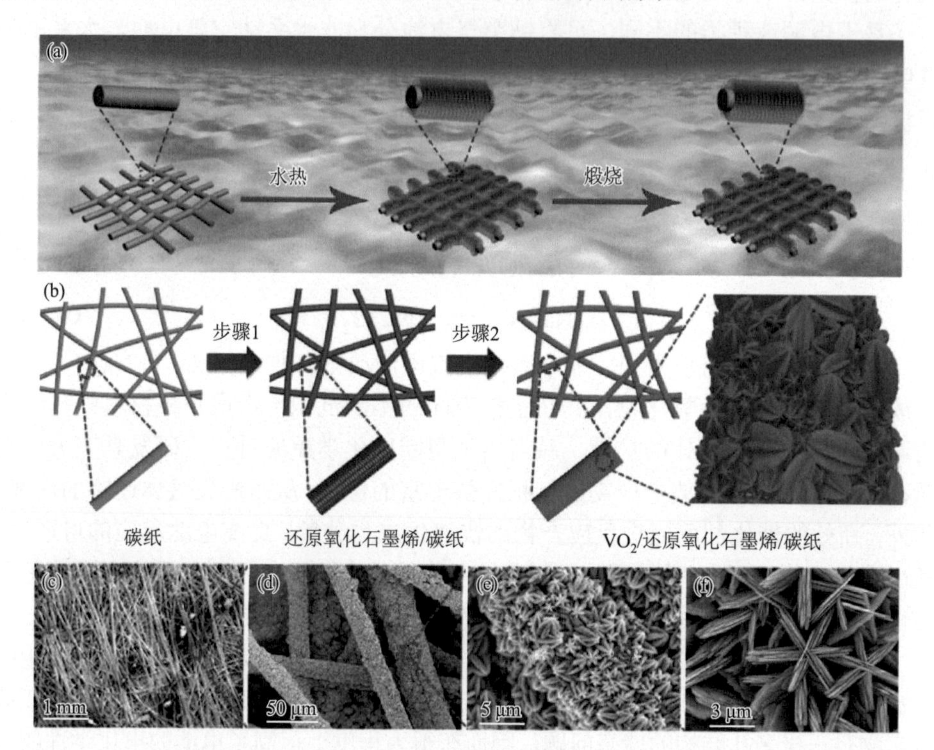

图 5-33 （a）Co_3O_4/碳纤维织物正极制备过程示意图[159]；VO_2/还原氧化石墨烯/碳纸柔性自支撑钠空气电池正极表征：（b）制备过程示意图和（c）～（f）SEM 照片[160]

上述钠空气电池体系均是以 O_2 为正极活性物质，近年来，以 CO_2 为正极活性物质的钠空气电池体系也展现出良好的应用前景[161]。CO_2 作为空气组分之一，取之不尽，且大气中过量的 CO_2 会造成严重的温室效应，影响自然环境，因此以 CO_2 为正极活性物质，更加符合可持续发展战略。近年来，南开大学陈军教授课题组对 Na-CO_2 电池体系进行了一系列研究[162-164]。该团队创造性地构建了无钠预填装的“可呼吸”Na-CO_2 电池，减少了采用钠金属作为负极带来的安全性以及电化学性能衰减问题[163]。此外，为提高 Na-CO_2 电池体系的安全性，且更好地满足各类柔性电子设备的供能需求，该团队进一步研发出全固态聚合物电解质并将其应用于 Na-CO_2 电池，得到具有优异电化学性能和高安全性的柔性储能器件，组装过程如图 5-34 所示[164]。在此电池体系中，PEO/$NaClO_4$/SiO_2 全固态电解质的使用极大提高了器件的安全性和电化学性能的稳定性，电解质包覆的 MWCNTs 正极结构在被火烧的情况下，11 s 内未出现燃烧现象，且器件被裁剪后无电解质泄漏，依然能够保持稳定的电压输出。此外，PEO 基电解质具有较强的黏附性，能够与正极和负极紧密地结合形成一体化结构，实现了器件整体的柔性，因此器件在经过 1000 次弯曲测试后仍能保持稳定的输出电压。

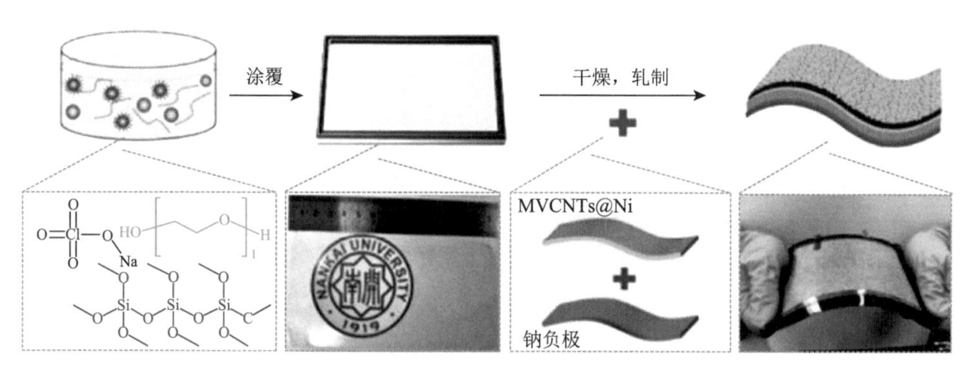

图 5-34　柔性 Na-CO_2 电池制备过程和器件结构示意图[164]

镁空气电池也是一种较为新型的金属空气电池，具有较高的电压（3.1 V）和理论能量密度（6.8 kW·h/kg），由空气正极、镁负极以及电解质组成[165, 166]。放电过程中，金属 Mg 负极氧化成 Mg^{2+}，发生两个电子的转移，正极 O_2 进入空气正极，与 H_2O 反应，得到电子生成 OH^-。电池的放电反应机理如下式所示[167]。

负极：
$$Mg \longrightarrow Mg^{2+} + 2e^- \tag{5-24}$$

正极：
$$O_2 + 2H_2O + 4e^- \longrightarrow 4OH^- \tag{5-25}$$

电池总反应：
$$2Mg + O_2 + 2H_2O \longrightarrow 2Mg(OH)_2 \tag{5-26}$$

镁空气电池的研究面临诸多挑战，如电化学反应动力学过程迟缓、电极极化大、库仑效率低和电池性能差等[167]。这些问题极大地限制了镁空气电池的发展，因而，柔性镁空气电池的研究报道也较少。为了提高镁空气电池反应动力学，研究人员以蟾蜍卵为启发结合静电纺丝技术制备出具有原子级 Fe-N_x 催化活性位点和开放的介孔碳结构的氮掺杂碳纳米纤维（OM-NCNF-FeN_x），其制备过程及微观结构如图 5-35 所示[168]。以 OM-NCNF-FeN_x 作为柔性镁空气电池正极的催化活性组分，碳布为空气正极自支撑基底，镁箔为负极，聚乙烯醇-氯化锂作为固态电解质组装的柔性固态镁空气电池表现出优异的电化学性能和良好的柔性。该器件能够在 1.27 V 的开路电压下稳定工作 105 h 以上，且能够在不同弯折条件下保持稳定的输出电压。此外，将此柔性固态镁空气电池进行串联能够显著提高输出电压，并成功为电子设备供能。未来，随着镁空气电池研究的不断深入，高性能柔性镁空气电池将被逐渐设计出来。

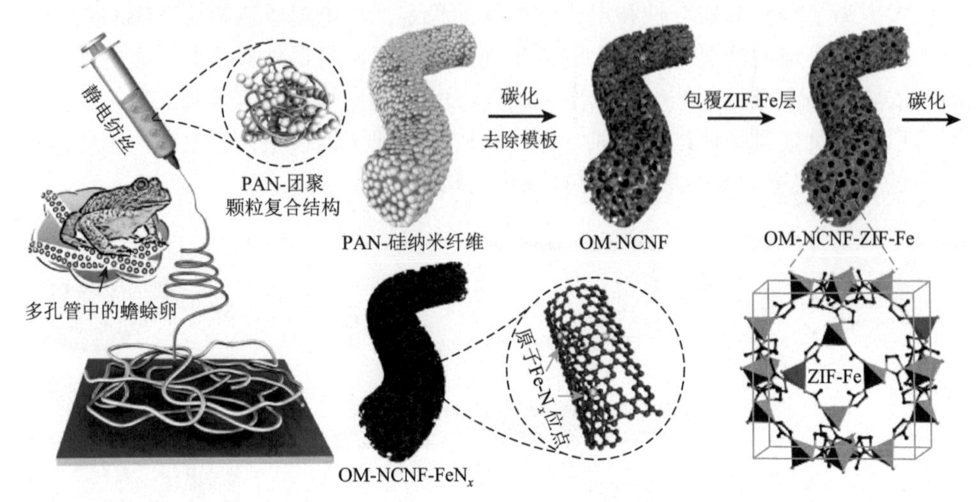

图 5-35　OM-NCNF-FeN$_x$ 电极制备过程及其微观结构示意图[168]

5.5　本章小结

本章对不同类型的柔性空气电池电极材料制备、电解质优化以及柔性器件构型设计等方面做了详细介绍。多种不同结构的柔性空气电池已被相继开发出来，并表现出良好的可弯曲、可拉伸和可折叠等不同柔性特征。然而，这些研究目前大多数还停留在实验室测试阶段，要想真正实现柔性空气电池大规模商业化应用，在接下来的研究中还需在以下几方面做出更多努力，以全面提高柔性空气电池的性能，促进该类柔性器件的发展。

（1）开发性能更加优异的空气正极。柔性空气电池正极包括气体扩散层、催化剂层、防水层以及集流层等多层结构，多层结构集成得到的复合结构力学性能还有较大的提升空间。目前，采用在集流体表面原位生长催化剂的方法可以实现集流层与催化层的良好复合。进一步开发多功能材料和优化结构，实现多种功能集于一层或多层结构的一体化电极，可减少空气电极多层界面，显著提高柔性正极的抗形变能力。

（2）优化聚合物电解质性能。目前柔性空气电池多采用聚合物电解质，但聚合物电解质的机械强度及离子电导率需进一步提升。此外，聚合物电解质在充放电过程中稳定性较差，需研发高稳定性聚合物电解质，促进柔性空气电池发展。

（3）设计柔性更好且在电解质中更加稳定的金属负极。目前，柔性空气电池多直接采用金属箔片/丝网等作为柔性负极，但金属负极形变过程中易发生疲劳断裂，因而，需要制备具有更高柔韧性的负极。此外，金属负极的腐蚀对其柔韧性及利用率产生较大影响，因此在此体系中金属负极的腐蚀与防护也是研究的重点之一。

（4）柔性器件结构优化。正负极及电解质的一体化设计能够使得柔性器件具有更好的力学性能和电化学稳定性，因此，一体化结构设计也是未来柔性空气电池具有前景的发展方向之一。

（5）封装材料的设计。目前相关文献报道多集中于电极及电解质的设计，而器件封装问题也是实现器件实际应用的关键。空气电池为半开放式结构，封装问题也是柔性空气电池设计的难点，未来的研究中应更多地关注柔性空气电池封装材料的设计，既要实现正极活性气体的充足供应和及时释放，又要保证器件的高柔性。

参考文献

[1] Zhou J，Cheng J，Wang B，et al. Flexible metal-gas batteries：a potential option for next-generation power accessories for wearable electronics. Energy & Environmental Science，2020，13：1933-1970.

[2] Littauer E L，Tsai K C. Anodic behavior of lithium in aqueous electrolytes. Journal of the Electrochemical Society，1976，123（7）：964-969.

[3] Jiang Z P，Abraham K M. Preparation and electrochemical characterization of micron-sized spinel $LiMn_2O_4$. Journal of the Electrochemical Society，1996，143（5）：1591-1598.

[4] Christensen J，Albertus P，Sanchez-Carrera R S，et al. A critical review of Li/air batteries. Journal of the Electrochemical Society，2011，159（2）：R1-R30.

[5] Girishkumar G，McCloskey B，Luntz A C，et al. Lithium-air battery：promise and challenges. The Journal of Physical Chemistry Letters，2010，1（14）：2193-2203.

[6] Wen Z，Shen C，Lu Y. Air electrode for the lithium-air batteries：materials and structure designs. ChemPlusChem，2015，80（2）：270-287.

[7] Shin H，Kwak W，Aurbach D，et al. Li-O_2 batteries：large-scale LiO_2 pouch type cells for practical evaluation and applications. Advanced Functional Materials，2017，27（11）：1605500.

[8] Park M S，Ma S B，Lee D，et al. A highly reversible lithium metal anode. Scientific Reports，2015，4（1）：3815.

[9] Brissot C，Rosso M，Chazalviel J N，et al. Dendritic growth mechanisms in lithium/polymer cells. Journal of Power Sources，1999，81：925-929.

[10] 彭景，俞翔，刘天宇，等. 柔性锂空气电池综述. 产业与科技论坛，2019，18（17）：53-55.

[11] Lee J S，Tai Kim S，Cao R，et al. Metal-air batteries with high energy density：Li-air versus Zn-air. Advanced Energy Materials，2011，1（1）：34-50.

[12] Ogasawara T，Débart A，Holzapfel M，et al. Rechargeable Li_2O_2 electrode for lithium batteries. Journal of the American Chemical Society，2006，128（4）：1390-1393.

[13] Abraham K M. A polymer electrolyte-based rechargeable lithium/oxygen battery. Journal of the Electrochemical Society，1996，143（1）：1-5.

[14] Wu C，Liao C，Li T，et al. A polymer lithium-oxygen battery based on semi-polymeric conducting ionomers as the polymer electrolyte. Journal of Materials Chemistry A，2016，4（39）：15189-15196.

[15] Storm M M，Overgaard M H，Younesi R，et al. Reduced graphene oxide for Li-air batteries：the effect of oxidation time and reduction conditions for graphene oxide. Carbon，2015，85：233-244.

[16] Shui J，Du F，Xue C，et al. Vertically aligned N-doped coral-like carbon fiber arrays as efficient air electrodes for high-performance nonaqueous Li-O_2 batteries. ACS Nano，2014，8（3）：3015-3022.

[17] Thotiyl M M O，Freunberger S A，Peng Z，et al. The carbon electrode in nonaqueous Li-O_2 cells. Journal of the American Chemical Society，2013，135（1）：494-500.

[18] Xie J，Yao X，Cheng Q，et al. Three dimensionally ordered mesoporous carbon as a stable，high-performance Li-O_2 battery cathode. Angewandte Chemie International Edition，2015，54（14）：4299-4303.

[19] Lu Y，Xu Z J，Gasteiger H A，et al. Platinum-gold nanoparticles：a highly active bifunctional electrocatalyst for rechargeable lithium-air batteries. Journal of the American Chemical Society，2010，132（35）：12170-12171.

[20] Yang X，Feng X，Jin X，et al. An illumination-assisted flexible self-powered energy system based on a Li-O_2 battery. Angewandte Chemie International Edition，2019，58（46）：16411-16415.

[21] Hu X，Cheng F，Han X，et al. Oxygen bubble-templated hierarchical porous ε-MnO_2 as a superior catalyst for rechargeable Li-O_2 batteries. Small，2015，11（7）：809-813.

[22] Hu X，Cheng F，Zhang N，et al. Nanocomposite of Fe_2O_3@C@MnO_2 as an efficient cathode catalyst for rechargeable lithium-oxygen batteries. Small，2015，11（41）：5545-5550.

[23] Chen Y，Li F，Tang D M，et al. Multi-walled carbon nanotube papers as binder-free cathodes for large capacity and reversible non-aqueous Li-O_2 batteries. Journal of Materials Chemistry A，2013，1（42）：13076-13081.

[24] Liao K，Zhang T，Wang Y，et al. Nanoporous Ru as a carbon-and binder-free cathode for Li-O_2 batteries. ChemSusChem，2015，8（8）：1429-1434.

[25] Riaz A，Jung K，Chang W，et al. Carbon-free cobalt oxide cathodes with tunable nanoarchitectures for rechargeable lithium-oxygen batteries. Chemical Communications，2013，49（53）：5984-5986.

[26] Luo W，Gao X，Chou S，et al. Porous AgPd-Pd composite nanotubes as highly efficient electrocatalysts for lithium-oxygen batteries. Advanced Materials，2015，27（43）：6862-6869.

[27] Kim S T，Choi N，Park S，et al. Optimization of carbon-and binder-free Au nanoparticle-coated Ni nanowire electrodes for lithium-oxygen batteries. Advanced Energy Materials，2015，5（3）：1401030.

[28] Zhao G，Mo R，Wang B，et al. Enhanced cyclability of Li-O_2 batteries based on TiO_2 supported cathodes with no carbon or binder. Chemistry of Materials，2014，26（8）：2551-2556.

[29] Leng L，Zeng X，Song H，et al. Pd nanoparticles decorating flower-like Co_3O_4 nanowire clusters to form an efficient，carbon/binder-free cathode for Li-O_2 batteries. Journal of Materials Chemistry A，2015，3（30）：15626-15632.

[30] Wu F，Zhang X，Zhao T，et al. Hierarchical mesoporous/macroporous Co_3O_4 ultrathin nanosheets as free-standing catalysts for rechargeable lithium-oxygen batteries. Journal of Materials Chemistry A，2015，3（34）：17620-17626.

[31] Xu J，Chang Z，Yin Y，et al. Nanoengineered ultralight and robust all-metal cathode for high-capacity，stable lithium-oxygen batteries. ACS Central Science，2017，3（6）：598-604.

[32] Yang X Y，Xu J J，Chang Z W，et al. Blood-capillary-inspired，free-standing，flexible，and low-cost super-hydrophobic N-CNTs@SS cathodes for high-capacity，high-rate，and stable Li-air batteries. Advanced Energy Materials，2018，8（12）：1702242.

[33] Wei Z H，Zhao T S，Zhu X B，et al. MnO_{2-x} nanosheets on stainless steel felt as a carbon-and binder-free cathode for non-aqueous lithium-oxygen batteries. Journal of Power Sources，2016，306：724-732.

[34] Hu X，Wang J，Li Z，et al. MCNTs@MnO_2 nanocomposite cathode integrated with soluble O_2-carrier co-salen in electrolyte for high-performance Li-air batteries. Nano Letters，2017，17（3）：2073-2078.

[35] Li Z，Zhang J，Chen Y，et al. Pie-like electrode design for high-energy density lithium-sulfur batteries. Nature

Communications，2015，6（1）：8850.

[36] Fu J，Lee D U，Hassan F M，et al. Flexible high-energy polymer-electrolyte-based rechargeable zinc-air batteries. Advanced Materials，2015，27（37）：5617-5622.

[37] Liu Q C，Xu J J，Chang Z W，et al. Growth of Ru-modified Co_3O_4 nanosheets on carbon textiles toward flexible and efficient cathodes for flexible Li-O_2 batteries. Particle & Particle Systems Characterization，2016，33（8）：500-505.

[38] Liu Q C，Xu J J，Xu D，et al. Flexible lithium-oxygen battery based on a recoverable cathode. Nature Communications，2015，6（1）：7892.

[39] Kwak W J，Park J，Nguyen T T，et al. A dendrite-and oxygen-proof protective layer for lithium metal in lithium-oxygen batteries. Journal of Materials Chemistry A，2019，7（8）：3857-3862.

[40] Ma T Y，Ran J，Dai S，et al. Phosphorus-doped graphitic carbon nitrides grown in situ on carbon-fiber paper：flexible and reversible oxygen electrodes. Angewandte Chemie International Edition，2015，54（15）：4646-4650.

[41] Yang X Y，Xu J J，Bao D，et al. High-performance integrated self-package flexible Li-O_2 battery based on stable composite anode and flexible gas diffusion layer. Advanced Materials，2017，29（26）：1700378.

[42] Xue H，Wu S，Tang J，et al. Hierarchical porous nickel cobaltate nanoneedle arrays as flexible carbon-protected cathodes for high-performance lithium-oxygen batteries. ACS Applied Materials & Interfaces，2016，8（13）：8427-8435.

[43] Meng F，Zhong H，Bao D，et al. In situ coupling of strung Co_4N and intertwined N-C fibers toward free-standing bifunctional cathode for robust，efficient，and flexible Zn-air batteries. Journal of the American Chemical Society，2016，138（32）：10226-10231.

[44] Lee D U，Choi J，Feng K，et al. Advanced extremely durable 3D bifunctional air electrodes for rechargeable zinc-air batteries. Advanced Energy Materials，2014，4（6）：1301389.

[45] Tan P，Shyy W，Wei Z，et al. A carbon powder-nanotube composite cathode for non-aqueous lithium-air batteries. Electrochimica Acta，2014，147：1-8.

[46] Jian Z，Liu P，Li F，et al. Core-shell-structured CNT@RuO_2 composite as a high-performance cathode catalyst for rechargeable Li-O_2 batteries. Angewandte Chemie International Edition，2014，53（2）：442-446.

[47] Lim H，Park K，Song H，et al. Enhanced power and rechargeability of a Li-O_2 battery based on a hierarchical-fibril CNT electrode. Advanced Materials，2013，25（9）：1348-1352.

[48] Lim H，Yun Y S，Cho S Y，et al. All-carbon-based cathode for a true high-energy-density Li-O_2 battery. Carbon，2017，114：311-316.

[49] Mi R，Li S，Liu X，et al. Electrochemical performance of binder-free carbon nanotubes with different nitrogen amounts grown on the nickel foam as cathodes in Li-O_2 batteries. Journal of Materials Chemistry A，2014，2（44）：18746-18753.

[50] Wang Z，Xu D，Xu J，et al. Graphene oxide gel-derived，free-standing，hierarchically porous carbon for high-capacity and high-rate rechargeable Li-O_2 batteries. Advanced Functional Materials，2012，22（17）：3699-3705.

[51] Xiao J，Mei D，Li X，et al. Hierarchically porous graphene as a lithium-air battery electrode. Nano Letters，2011，11（11）：5071-5078.

[52] Zhu L，Scheiba F，Trouillet V，et al. MnO_2 and reduced graphene oxide as bifunctional electrocatalysts for Li-O_2 batteries. ACS Applied Energy Materials，2019，2（10）：7121-7131.

[53] Wei D，Astley M R，Harris N，et al. Graphene nanoarchitecture in batteries. Nanoscale，2014，6（16）：9536-9540.

[54] Kim D Y，Kim M，Kim D W，et al. Flexible binder-free graphene paper cathodes for high-performance Li-O_2 batteries. Carbon，2015，93：625-635.

[55] Ryu W，Yoon T，Song S H，et al. Bifunctional composite catalysts using Co_3O_4 nanofibers immobilized on nonoxidized graphene nanoflakes for high-capacity and long-cycle Li-O_2 batteries. Nano Letters，2013，13（9）：4190-4197.

[56] Sun C，Li F，Ma C，et al. Graphene-Co_3O_4 nanocomposite as an efficient bifunctional catalyst for lithium-air batteries. Journal of Materials Chemistry A，2014，2（20）：7188-7196.

[57] Liu Q，Li L，Xu J，et al. Flexible and foldable Li-O_2 battery based on paper-ink cathode. Advanced Materials，2015，27（48）：8095-8101.

[58] Lin X，Kang Q，Zhang Z，et al. Industrially weavable metal/cotton yarn air electrodes for highly flexible and stable wire-shaped Li-O_2 batteries. Journal of Materials Chemistry A，2017，5（7）：3638-3644.

[59] Zhu G，Angell M，Pan C J，et al. Rechargeable aluminum batteries：effects of cations in ionic liquid electrolytes. RSC Advances，2019，9（20）：11322-11330.

[60] Wang L，Zhang Y，Pan J，et al. Stretchable lithium-air batteries for wearable electronics. Journal of Materials Chemistry A，2016，4（35）：13419-13424.

[61] Liu T，Xu J，Liu Q，et al. Ultrathin，lightweight，and wearable Li-O_2 battery with high robustness and gravimetric/volumetric energy density. Small，2017，13（6）：1602952.

[62] Wang A，Tang S，Kong D，et al. Bending-tolerant anodes for lithium-metal batteries. Advanced Materials，2018，30（1）：1703891.

[63] Yi J，Liu X，Guo S，et al. Novel stable gel polymer electrolyte：toward a high safety and long life Li-air battery. ACS Applied Materials & Interfaces，2015，7（42）：23798-23804.

[64] Xia S，Zhang X M，Huang K，et al. Ionic liquid electrolytes for aluminium secondary battery：influence of organic solvents. Journal of Electroanalytical Chemistry，2015，757：167-175.

[65] Liu T，Liu Q，Xu J，et al. Cable-type water-survivable flexible Li-O_2 battery. Small，2016，12（23）：3101-3105.

[66] Balaish M，Peled E，Golodnitsky D，et al. Liquid-free lithium-oxygen batteries. Angewandte Chemie International Edition，2015，54（2）：436-440.

[67] 梅花，王冉，任文坛，等. 纳米复合型固体聚合物电解质材料的研究进展. 化工新型材料，2017，45（1）：25-27.

[68] Zhang K，Mu S，Liu W，et al. A flexible NASICON-type composite electrolyte for lithium-oxygen/air battery. Ionics，2019，25（1）：25-33.

[69] Bonnet-Mercier N，Wong R，Thomas M，et al. A structured three-dimensional polymer electrolyte with enlarged active reaction zone for Li-O_2 batteries. Scientific Reports，2014，4：7127.

[70] Elia G A，Hassoun J. A gel polymer membrane for lithium-ion oxygen battery. Solid State Ionics，2016，287：22-27.

[71] Choudhury S，Mangal R，Agrawal A，et al. A highly reversible room-temperature lithium metal battery based on crosslinked hairy nanoparticles. Nature Communications，2015，6（1）：10101.

[72] Yi J，Zhou H A. Unique hybrid quasi-solid-state electrolyte for Li-O_2 batteries with improved cycle life and safety. ChemSusChem，2016，9（17）：2391-2396.

[73] Fu K，Gong Y，Dai J，et al. Flexible，solid-state，ion-conducting membrane with 3D garnet nanofiber networks for lithium batteries. Proceedings of the National Academy of Sciences of the United States of America，2016，113（26）：7094-7099.

[74] Jung Y, Lee S, Choi J, et al. All solid-state lithium batteries assembled with hybrid solid electrolytes. Journal of the Electrochemical Society，2015，162（4）：A704-A710.

[75] Zhang Y，Wang L，Guo Z，et al. High-performance lithium-air battery with a coaxial-fiber architecture. Angewandte Chemie International Edition，2016，55（14）：4487-4491.

[76] Yin Y，Yang X，Chang Z，et al. A water-/fireproof flexible lithium-oxygen battery achieved by synergy of novel architecture and multifunctional separator. Advanced Materials，2018，30（1）：1703791.

[77] Wang L, Pan J, Zhang Y, et al. A Li-air battery with ultralong cycle life in ambient air. Advanced Materials, 2018, 30（3）：1704378.

[78] Liu Q，Liu T，Liu D，et al. A flexible and wearable lithium-oxygen battery with record energy density achieved by the interlaced architecture inspired by bamboo slips. Advanced Materials，2016，28（38）：8413-8418.

[79] Xu N，Cai Y，Peng L，et al. Superior stability of a bifunctional oxygen electrode for primary，rechargeable and flexible Zn-air batteries. Nanoscale，2018，10（28）：13626-13637.

[80] Cai X，Lai L，Lin J，et al. Recent advances in air electrodes for Zn-air batteries：electrocatalysis and structural design. Materials Horizons，2017，4（6）：945-976.

[81] Du C, Gao Y, Wang J, et al. A new strategy for engineering a hierarchical porous carbon-anchored Fe single-atom electrocatalyst and the insights into its bifunctional catalysis for flexible rechargeable Zn-air batteries. Journal of Materials Chemistry A，2020，8（19）：9981-9990.

[82] Li B Q，Zhang S Y，Wang B，et al. A porphyrin covalent organic framework cathode for flexible Zn-air batteries. Energy & Environmental Science，2018，11（7）：1723-1729.

[83] 洪为臣，马洪运，赵宏博，等. 锌空气电池关键问题与发展趋势. 化工进展，2016，35（6）：1713-1722.

[84] Liu Q, Chang Z, Li Z, et al. Flexible metal-air batteries: progress, challenges, and perspectives. Small Methods, 2018，2（2）：1700231.

[85] Tan P, Chen B, Xu H, et al. Flexible Zn-and Li-air batteries: recent advances, challenges, and future perspectives. Energy & Environmental Science，2017，10（10）：2056-2080.

[86] Wang C, Xia K, Wang H, et al. Advanced carbon for flexible and wearable electronics. Advanced Materials, 2019, 31（9）：1801072.

[87] Gu P，Zheng M，Zhao Q，et al. Rechargeable zinc-air batteries：a promising way to green energy. Journal of Materials Chemistry A，2017，5（17）：7651-7666.

[88] Wang C, Yu Y, Niu J, et al. Recent progress of metal-air batteries-a mini review. Applied Sciences, 2019, 9（14）：2787.

[89] 许可，王保国. 锌空气电池空气电极研究进展. 储能科学与技术，2017，6（5）：924-940.

[90] Li H，Ma L，Han C，et al. Advanced rechargeable zinc-based batteries：recent progress and future perspectives. Nano Energy，2019，62：550-587.

[91] Fu J，Hassan F M，Li J，et al. Flexible rechargeable zinc-air batteries through morphological emulation of human hair array. Advanced Materials，2016，28（30）：6421-6428.

[92] Jiang Y，Deng Y P，Liang R，et al. Multidimensional ordered bifunctional air electrode enables flash reactants shuttling for high-energy flexible Zn-air batteries. Advanced Energy Materials，2019，9（24）：1900911.

[93] Tan P，Chen B，Xu H，et al. Co_3O_4 nanosheets as active material for hybrid Zn batteries. Small，2018，14（21）：1800225.

[94] Pan J，Xu Y Y，Yang H，et al. Advanced architectures and relatives of air electrodes in Zn-air batteries. Advanced Science，2018，5（4）：1700691.

[95] Huang Z, Qin X, Li G, et al. Co_3O_4 nanoparticles anchored on nitrogen-doped partially exfoliated multiwall carbon nanotubes as an enhanced oxygen electrocatalyst for the rechargeable and flexible solid-state Zn-air battery. ACS Applied Energy Materials，2019，2（6）：4428-4438.

[96] Chen X，Liu B，Zhong C，et al. Ultrathin Co_3O_4 layers with large contact area on carbon fibers as high-performance electrode for flexible zinc-air battery integrated with flexible display. Advanced Energy Materials，2017，7（18）：1700779.

[97] Yu M，Wang Z，Hou C，et al. Nitrogen-doped Co_3O_4 mesoporous nanowire arrays as an additive-free air-cathode for flexible solid-state zinc-air batteries. Advanced Materials，2017，29（15）：1602868.

[98] Zhu L，Zheng D，Wang Z，et al. A confinement strategy for stabilizing ZIF-derived bifunctional catalysts as a benchmark cathode of flexible all-solid-state zinc-air batteries. Advanced Materials，2018，30（45）：1805268.

[99] Zeng S，Chen H，Wang H，et al. Crosslinked carbon nanotube aerogel films decorated with cobalt oxides for flexible rechargeable Zn-air batteries. Small，2017，13（29）：1700518.

[100] Xu Y，Zhang Y，Guo Z，et al. Flexible，stretchable，and rechargeable fiber-shaped zinc-air battery based on cross-stacked carbon nanotube sheets. Angewandte Chemie International Edition，2015，54（51）：15390-15394.

[101] Han X，Zhang W，Ma X，et al. Identifying the activation of bimetallic sites in $NiCo_2S_4$@g-C_3N_4-CNT hybrid electrocatalysts for synergistic oxygen reduction and evolution. Advanced Materials，2019，31（18）：1808281.

[102] Zeng S, Tong X, Zhou S, et al. All-in-one bifunctional oxygen electrode films for flexible Zn-air batteries. Small, 2018，14（48）：1803409.

[103] 季东晓. 氧催化电纺碳纤维的设计和制备及其在柔性锌空气电池中的应用. 上海：东华大学，2018.

[104] Yuan W，Zhou N，Shi L，et al. Structural coloration of colloidal fiber by photonic band gap and resonant mie scattering. ACS Applied Materials & Interfaces，2015，7（25）：14064-14071.

[105] Liu Q，Wang Y，Dai L，et al. Scalable fabrication of nanoporous carbon fiber films as bifunctional catalytic electrodes for flexible Zn-air batteries. Advanced Materials，2016，28（15）：3000-3006.

[106] Lv W，Li Z，Deng Y，et al. Graphene-based materials for electrochemical energy storage devices：opportunities and challenges. Energy Storage Materials，2016，2：107-138.

[107] Wu M，Zhang G，Wu M，et al. Rational design of multifunctional air electrodes for rechargeable Zn-air batteries：recent progress and future perspectives. Energy Storage Materials，2019，21：253-286.

[108] Tam T V，Kang S G，Kim M H，et al. Novel graphene hydrogel/B-doped graphene quantum dots composites as trifunctional electrocatalysts for Zn-air batteries and overall water splitting. Advanced Energy Materials，2019，9(26)：1900945.

[109] Tian Y，Xu L，Qian J，et al. Fe_3C/Fe_2O_3 heterostructure embedded in N-doped graphene as a bifunctional catalyst for quasi-solid-state zinc-air batteries. Carbon，2019，146：763-771.

[110] Hilder M，Winther-Jensen B，Clark N B. Paper-based，printed zinc-air battery. Journal of Power Sources，2009，194（2）：1135-1141.

[111] Zhou T，Xu W，Zhang N，et al. Ultrathin cobalt oxide layers as electrocatalysts for high-performance flexible Zn-air batteries. Advanced Materials，2019，31（15）：1807468.

[112] Kordek K，Jiang L，Fan K，et al. Two-step activated carbon cloth with oxygen-rich functional groups as a high-performance additive-free air electrode for flexible zinc-air batteries. Advanced Energy Materials，2019，9（4）：1802936.

[113] Wang Z, Meng X, wu Z, et al. Development of flexible zinc-air battery with nanocomposite electrodes and a novel separator. Journal of Energy Chemistry，2016，26（1）：129-138.

[114] Wu T H，Zhang Y，Althouse Z D，et al. Nanoscale design of zinc anodes for high-energy aqueous rechargeable batteries. Materials Today Nano，2019，6：100032.

[115] 黄家和. 锌空气电池电解质的发展. 电子技术与软件工程，2019，156（10）：100-250.

[116] Li M，Liu B，Fan X，et al. Long-shelf-life polymer electrolyte based on tetraethylammonium hydroxide for flexible zinc-air batteries. ACS Applied Materials & Interfaces，2019，11（32）：28909-28917.

[117] Fan X，Liu J，Song Z，et al. Porous nanocomposite gel polymer electrolyte with high ionic conductivity and superior electrolyte retention capability for long-cycle-life flexible zinc-air batteries. Nano Energy，2019，56：454-462.

[118] Fu J，Zhang J，Song X，et al. A flexible solid-state electrolyte for wide-scale integration of rechargeable zinc-air batteries. Energy & Environmental Science，2016，9（2）：663-670.

[119] Li Y，Fan X，Liu X，et al. Long-battery-life flexible zinc-air battery with near-neutral polymer electrolyte and nanoporous integrated air electrode. Journal of Materials Chemistry A，2019，7（44）：25449-25457.

[120] Song Z，Ding J，Liu B，et al. A rechargeable Zn-air battery with high energy efficiency and long life enabled by a highly water-retentive gel electrolyte with reaction modifier. Advanced Materials，2020，32（22）：1908127.

[121] Zhang J，Fu J，Song X，et al. Laminated cross-linked nanocellulose/graphene oxide electrolyte for flexible rechargeable zinc-air batteries. Advanced Energy Materials，2016，6（14）：1600476.

[122] Pan Z，Yang J，Zang W，et al. All-solid-state sponge-like squeezable zinc-air battery. Energy Storage Materials，2019，23：375-382.

[123] Park J，Park M，Nam G，et al. All-solid-state cable-type flexible zinc-air battery. Advanced Materials，2015，27（8）：1396-1401.

[124] Ma L，Chen S，Wang D，et al. Super-stretchable zinc-air batteries based on an alkaline-tolerant dual-network hydrogel electrolyte. Advanced Energy Materials，2019，9（12）：1803046.

[125] Li Y，Zhong C，Liu J，et al. Atomically thin mesoporous Co_3O_4 layers strongly coupled with N-rGO nanosheets as high-performance bifunctional catalysts for 1D knittable zinc-air batteries. Advanced Materials，2018，30（4）：1703657.

[126] Fu J，Cano Z P，Park M G，et al. Electrically rechargeable zinc-air batteries：progress，challenges，and perspectives. Advanced Materials，2017，29（7）：1604685.

[127] Pei Z，Yuan Z，Wang C，et al. A flexible rechargeable zinc-air battery with excellent low-temperature adaptability. Angewandte Chemie International Edition，2020，59（12）：4793-4799.

[128] Bockstie L，Trevethan D，Zaromb S. Control of Al corrosion in caustic solutions. Journal of the Electrochemical Society，1963，110（4）：267-271.

[129] 郭雷，吴敏，何建橙，等. 铝-空气电池研究现状及应用前景. 山东化工，2018，47（17）：57-58.

[130] 阙奕鹏，齐敏杰，史鹏飞. 铝空气电池研究进展. 电池工业，2019，23（3）：147-150.

[131] 汪云华，任珊珊. 铝-空气电池的研究现状及应用前景. 蓄电池，2019，56（1）：1-5.

[132] Shen L L，Zhang G R，Biesalski M，et al. Paper-based microfluidic aluminum-air batteries：toward next-generation miniaturized power supply. Lab on a Chip，2019，19（20）：3438-3447.

[133] Choi S，Lee D，Kim G，et al. Shape-reconfigurable aluminum-air batteries. Advanced Functional Materials，2017，27（35）：1702244.

[134] 邱平达，蔡克迪，王诚，等. 薄膜铝空气电池阴极复合催化剂性能研究. 电子元件与材料，2015，34（5）：75-78.

[135] Guo S，Zhang X，Zhu W，et al. Nanocatalyst superior to Pt for oxygen reduction reactions：the case of core/shell

Ag（Au）/CuPd nanoparticles. Journal of the American Chemical Society，2014，136（42）：15026-15033.

[136] Xu S，Li Z，Ji Y，et al. A novel cathode catalyst for aluminum-air fuel cells：activity and durability of polytetraphenylporphyrin iron (Ⅱ) absorbed on carbon black. International Journal of Hydrogen Energy，2014，39（35）：20171-20182.

[137] Liu Y S，Wang B Q，Sun Q，et al. Controllable synthesis of Co@CoO_x/helical nitrogen-doped carbon nanotubes toward oxygen reduction reaction as binder-free cathodes for Al-air batteries. ACS Applied Materials & Interfaces，2020，12（14）：16512-16520.

[138] 苏扬，左园杰，廉鹏程，等. 薄膜铝空气电池阴极的制备. 广州化工，2018，46（8）：46-48.

[139] Wang M，Li Y，Fang J，et al. Superior oxygen reduction reaction on phosphorus-doped carbon dot/graphene aerogel for all-solid-state flexible Al-air batteries. Advanced Energy Materials，2020，10（3）：1902736.

[140] Ma Y，Sumboja A，Zang W，et al. Flexible and wearable all-solid-state Al-air battery based on iron carbide encapsulated in electrospun porous carbon nanofibers. ACS Applied Materials & Interfaces，2019，11（2）：1988-1995.

[141] Zhu C，Ma Y，Zang W，et al. Conformal dispersed cobalt nanoparticles in hollow carbon nanotube arrays for flexible Zn-air and Al-air batteries. Chemical Engineering Journal，2019，369：988-995.

[142] Xu Y，Zhao Y，Ren J，et al. An all-solid-state fiber-shaped aluminum-air battery with flexibility，stretchability，and high electrochemical performance. Angewandte Chemie International Edition，2016，55（28）：7979-7982.

[143] Fotouhi G，Ogier C，Kim J H，et al. A low cost，disposable cable-shaped Al-air battery for portable biosensors. Journal of Micromechanics and Microengineering，2016，26（5）：055011.

[144] 刘子会. 薄膜铝空气电池的实验研究. 吉林：吉林大学，2015.

[145] Valisevskis A，Briedis U，Juchneviciene Z，et al. Design improvement of flexible textile aluminium-air battery. Journal of the Textile Institute，2019，111（7）：985-990.

[146] Ryu J，Park M，Cho J. Advanced technologies for high-energy aluminum-air batteries. Advanced Materials，2019，31（20）：1804784.

[147] 徐春波，王为. 铝-空气电池用铝合金阳极材料的研究进展. 材料保护，2014，47（3）：37-39.

[148] Lin Y，Di S，Zhang F，et al. Improvement of the current efficiency of an Al-Zn-In anode by heat-treatment. Journal of Materials Chemistry A，2020，8（6）：3252-3261.

[149] 许艳芳，郑克文. 金属空气电池的发展和应用. 舰船科学技术，2003，25（1）：66-70.

[150] Tan M J，Li B，Chee P，et al. Acrylamide-derived freestanding polymer gel electrolyte for flexible metal-air batteries. Journal of Power Sources，2018，400：566-571.

[151] Zhang Z，Zuo C，Liu Z，et al. All-solid-state Al-air batteries with polymer alkaline gel electrolyte. Journal of Power Sources，2014，251：470-475.

[152] Wang Y，Pan W，Kwok H，et al. Low-cost Al-air batteries with paper-based solid electrolyte. Energy Procedia，2019，158：522-527.

[153] Wang Y，Kwok H Y H，Pan W，et al. Combining Al-air battery with paper-making industry，a novel type of flexible primary battery technology. Electrochimica Acta，2019，319：947-957.

[154] Peled E，Golodnitsky D，Mazor H，et al. Parameter analysis of a practical lithium-and sodium-air electric vehicle battery. Journal of Power Sources，2011，196（16）：6835-6840.

[155] Chawla N，Safa M. Sodium batteries：a review on sodium-sulfur and sodium-air batteries. Electronics，2019，8（10）：1201.

[156] Cheon J Y，Kim K，Sa Y J，et al. Graphitic nanoshell/mesoporous carbon nanohybrids as highly efficient and stable

bifunctional oxygen electrocatalysts for rechargeable aqueous Na-air batteries. Advanced Energy Materials，2016，6（7）：1501794.

[157] Khan Z，Park S，Hwang S M，et al. Hierarchical urchin-shaped α-MnO_2 on graphene-coated carbon microfibers：a binder-free electrode for rechargeable aqueous Na-air battery. NPG Asia Materials，2016，8（7）：e294.

[158] Kang Y，Zou D，Zhang J，et al. Dual-phase spinel $MnCo_2O_4$ nanocrystals with nitrogen-doped reduced graphene oxide as potential catalyst for hybrid Na-air batteries. Electrochimica Acta，2017，244：222-229.

[159] Li N，Xu D，Bao D，et al. A binder-free，flexible cathode for rechargeable Na-O_2 batteries. Chinese Journal of Catalysis，2016，37（7）：1172-1179.

[160] Khan Z，Senthilkumar B，Park S O，et al. Carambola-shaped VO_2 nanostructures：a binder-free air electrode for an aqueous Na-air battery. Journal of Materials Chemistry A，2017，5（5）：2037-2044.

[161] Hu X，Sun J，Li Z，et al. Rechargeable room-temperature Na-CO_2 batteries. Angewandte Chemie International Edition，2016，55（22）：6482-6486.

[162] Lu Y，Cai Y，Zhang Q，et al. A compatible anode/succinonitrile-based electrolyte interface in all-solid-state Na-CO_2 batteries. Chemical Science，2019，10（15）：4306-4312.

[163] Sun J，Lu Y，Yang H，et al. Rechargeable Na-CO_2 batteries starting from cathode of Na_2CO_3 and carbon nanotubes. Research，2018，2018：6914626.

[164] Wang X，Zhang X，Lu Y，et al. Flexible and tailorable Na-CO_2 batteries based on an all-solid-state polymer electrolyte. ChemElectroChem，2018，5（23）：3628-3632.

[165] Liew S Y，Juan J C，Lai C W，et al. An eco-friendly water-soluble graphene-incorporated agar gel electrolyte for magnesium-air batteries. Ionics，2018，25（3）：1291-1301.

[166] Shu C，Wang E，Jiang L，et al. High performance cathode based on carbon fiber felt for magnesium-air fuel cells. International Journal of Hydrogen Energy，2013，38（14）：5885-5893.

[167] Zhang T，Tao Z，Chen J. Magnesium-air batteries：from principle to application. Materials Horizons，2014，1（2）：196-206.

[168] Cheng C，Li S，Xia Y，et al. Atomic Fe-N_x coupled open-mesoporous carbon nanofibers for efficient and bioadaptable oxygen electrode in Mg-air batteries. Advanced Materials，2018，30（40）：1802669.

第6章 柔性储能器件的集成

随着柔性电子技术的不断发展，不同类型的柔性电子设备，如柔性储能器件、柔性太阳能电池、柔性传感器等，相继被开发出来，柔性储能器件设计的目的是实现其与其他柔性电子器件的集成，从而获得柔性的自供电电子系统。目前，大多数柔性电子设备是由外部电源供电，而外部电源的使用不仅会造成额外的空间占用和能源消耗，更严重影响了器件的整体柔性和可穿戴性。

柔性储能器件的集成是一个由简到繁、由低级到高级、由基础研究到实际应用的发展过程。将柔性储能器件与其他单元集成可以提高整个柔性集成系统的器件密度，减少器件间的复杂互联，从而更好地满足电子设备对于柔性、可穿戴微型以及便携化的需求。

设备有柔性化、可穿戴化、微型化、便携化的需求。将柔性储能器件与能量采集单元集成，能获得能量转化与存储集成系统。能量采集器件能够收集外部能量，并通过与之联用的储能器件进行能量储存，可实现能量转化与存储的一体化，从而为相应的电子设备提供不间断、稳定的电能供应。可采集的能量有多种形式，包括太阳能、机械能或热能等，对应的能量采集器件为太阳能电池、纳米发电机和温差发电机等。这些能量采集和存储单元进一步与应用功能单元集成，可实现能量采集、能量存储和耗能器件三者的柔性集成化，这种集产能-储能-功能于一体化的柔性电子设备有望进一步推动柔性/穿戴式电子产品的发展。

近年来，许多柔性储能器件与太阳能电池、传感器件等集成系统被开发出来，在材料与器件组装方面取得了很大进展。本章将主要介绍超级电容器、电池等柔性储能器件与太阳能电池和传感器等器件的集成策略，并对其未来的发展前景进行展望。

6.1 柔性储能器件与太阳能电池集成

20 世纪以来，能源危机和环境污染问题日益加剧，为了减轻对化石燃料的依赖，研究人员开始着眼于从太阳能、风能、水能和地热能等可再生能源中获取能量。在众多可再生能源中，太阳能具有可再生、丰富、无污染等优点[1]，在替代传统能源的进程中扮演着重要角色，其高效开发和利用对社会的可持续发展具有重要意义。自 20 世纪 50 年代硅基太阳能电池出现以来，研究者们已开发出多代低成本、高性能的太阳能电池，但太阳能自身的非持续性和不稳定性严重制约着其高效利用[2]。早在 2004 年，研究人员就提出了一种太阳能电池和其他储能设备联用的系统[3]，在一定程度上实现了电荷产生、传输和存储步骤的简化。能量采集和存储设备集成系统的概念由此而来，为太阳能的有效利用提供了新的发展契机。然而，受限于当时体系选取以及器件组装技术水平等的限制，集成器件的整体结构和性能有待进一步优化和提高。因此，为了进一步实现太阳能的高效利用，同时满足当下柔性电子系统对柔性自供电电源的需求，发展基于柔性储能器件和太阳能电池的新型柔性自供能集成器件具有重要意义。

本节重点从柔性储能器件与太阳能集成器件的材料选取、结构设计、器件匹配等方面介绍柔性能量采集与存储集成器件的相关研究进展。考虑到集成器件结构，分别从不同器件构型的角度，包括线状和薄膜集成器件，对柔性储能器件与太阳能集成系统做详细介绍，并根据每一构型器件的具体集成方式在各小节中对各类集成器件做出归纳和比较，同时，给出了对柔性储能器件与太阳能电池集成系统的总体能量转化-储存效率的评估方式。最后，总结并展望了柔性储能器件与太阳能电池集成系统现存的问题和未来可能的发展方向。

6.1.1　线状柔性储能器件与太阳能电池集成

如第 2 章内容所述，从器件结构来说，柔性储能器件可分为一维线状、二维薄膜以及微结构（特指叉指电极）等类型。一维线状器件的直径一般在微米到毫米级之间，具有质量轻、体积小、柔性高等特点，很容易与其他类型器件联用以构筑多功能电子系统，在柔性/可穿戴电子产品方面优势显著[4, 5]。通过精准调控活性位点或根据预设图案进行分区组装，不仅能够通过串联或并联的方式实现多个同种器件连接，还能够在一根纤维基底上实现各种功能化器件的集成组装。图 6-1 给出了近年来各类一维能量转化和存储器件的发展时间轴。随着各种线状器件组装技术的逐步成熟，科研人员开始尝试构筑线状能量采集和储能器件集成系统。此外，受传统织物结构和制造工艺的启发，一维线状能量采集或存储器件还可以被设计成电子织物作为可穿戴电子设备的柔性电源。

根据不同的组装方式，一维线状储能器件可分为平行排列型、缠绕型和同轴型（图 2-5）。在此基础上，柔性线状储能器件与太阳能电池集成系统主要分为两大类，即线状共基底型和同轴型集成系统。线状共基底型集成系统主要是通过共用导电基底将能量采集和存储单元分区域组装在同一线状基底上，该基底同时作为内部导线连接不同器件单元，是此类器件集成组装的关键。由于储能器件和太

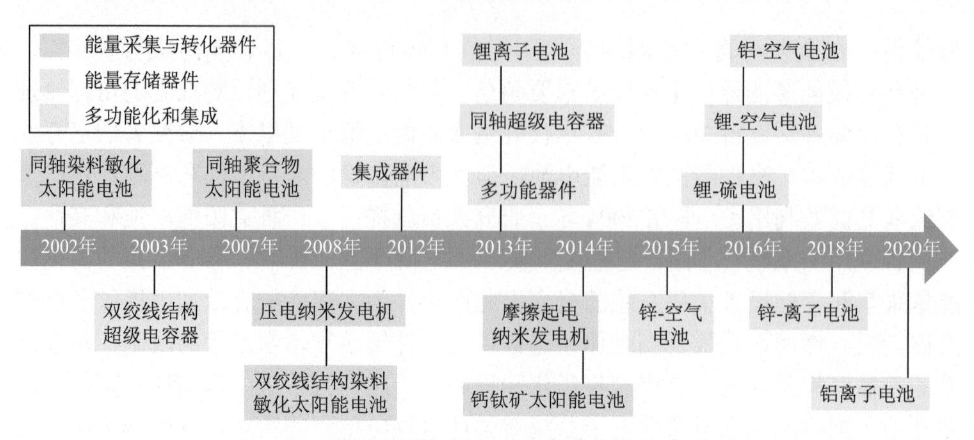

图 6-1 一维线状能量转化和存储器件的发展时间轴

阳能电池自身的结构特性，常用的线状基底以金属钛线和碳纤维居多，具体的器件单元结构可以是缠绕型或平行排列型。与线状共基底型集成系统的分区域组装不同，同轴型集成系统一般是先组装线状同轴型储能器件，然后以同轴层层组装的方式直接在其外侧组装太阳能电池部分，从而获得整个器件结构为同轴结构的线状柔性储能器件和太阳能电池集成系统。此外，还有一种根据线状结构可编织特点发展而来的自供能电子织物，也是未来柔性一维线状集成器件的一大实用性方向。

1. 线状共基底集成

目前，线状柔性储能器件与太阳能电池集成器件以线状共基底结构居多。线状共基底集成器件从传统线状器件演变而来，不同之处在于线状共基底集成器件通过分区域组装的方式将不同功能器件单元的相应组分组装在一个共用线状基底上，实现多个器件单元间的可控集成。所选用的线状基底一般为导电纤维，结合常规柔性储能器件和太阳能电池的结构特点，可选用的导电基底多为金属钛线，它不仅可以作为基底材料生长组装储能器件和太阳能电池器件必备的活性组分，同时还可以作为内部导线连接不同的器件单元。因此，这种线状共基底集成方式具有结构简单、组装方便等特点，它在线状集成器件的早期研究中占据重要地位。

线状共基底集成器件的概念可追溯到 2011 年，研究人员通过巧妙设计将一种具有多重能量捕获功能的能量采集装置和一个具有能量存储功能的存储设备组装到一根纤维上[6]。在该设计中，一种涂有金膜的 PMMA 纤维被选作柔性基底，染料敏化太阳能电池（DSSCs）、纳米发电机和超级电容器被分区域组装到此柔性纤维上，实现了三种器件单元的有效集成（图 6-2），此即线状共基底柔性能量转化与存储集成器件的雏形。虽然受当时研究水平的影响，研究人员仅对不同的器件单元做了单独表征，并没有对器件的整体性能做进一步评估，但此器件的设计和成功组装为后续线状集成器件的长远发展奠定了基础。

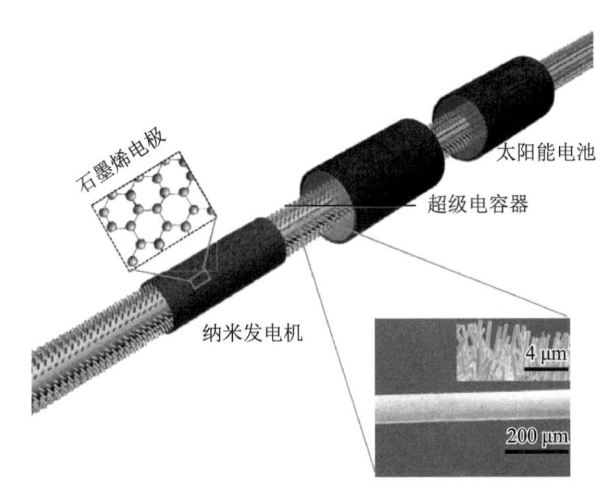

图 6-2　早期线状混合能量采集、转化和存储装置示意图[6]

此后，基于在线状能量转化与存储器件（包括线状电容器和太阳能电池）方面的基础，复旦大学 Peng 等在线状集成器件领域做出了很多原创性成果。2012 年，一种集成“能量线”概念被提出[7]，在该集成能量线中，能量采集单元一端为线状染料敏化太阳能电池，其中，具有光电转换活性的染料分子均匀涂覆在生长于钛线的 TiO_2 上作为光电极，对电极为具有高导电性的碳纳米管纤维，二者通过双绞线缠绕的方式组装线状太阳能电池部分；另一端为具有能量存储功能的超级电容器单元，同样通过缠绕的方式将涂覆凝胶电解质的碳纳米管纤维和生长有二氧化钛的钛丝电极组装成线状超级电容器［图 6-3（a）］。该集成设计的巧妙之处在于其中共用的钛线基底，尽管两个线状器件被独立组装到线状基底的不同区域，但有了此共用导电基底作为内部导线，由太阳能电池转化而来的电能可以直接传输到超级电容器单元进行能量储存，从而实现能量的同步转化与存储［图 6-3（b）和（c）］。但是，受器件结构及当时器件组装工艺等的影响，该集成系统的总体能量转化-存储效率仅为 1.5%［图 6-3（d）］。另外，双绞线缠绕电极本身承受一定应变，在弯曲状态下很容易发生相对滑动或分离，可能导致染料敏化太阳能电池中的液态电解质扩散到储能部分，不仅影响集成器件本身的电化学稳定性，更严重阻碍此类集成器件的实际应用。

为解决上述问题，研究人员尝试对器件单元的结构做进一步优化。考虑到线状同轴器件特有的结构稳定性，具有同轴结构的染料敏化太阳能电池和超级电容器被设计用于线状共基底集成器件[8]。在此类设计中，共用线状基底同样为金属钛丝，在预先设计好的能量采集和存储区域分别修饰以二氧化钛纳米管

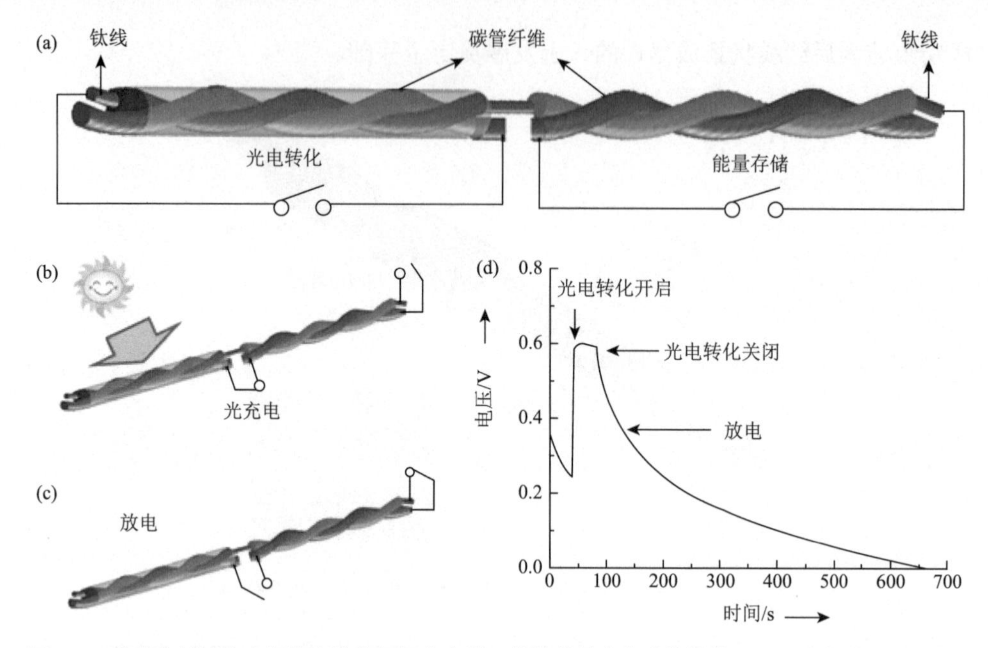

图 6-3 线状染料敏化太阳能电池和超级电容器双绞线共基底集成能量线：(a) 示意图；(b) 光充电模式；(c) 放电模式和 (d) 集成能量线的光充放电曲线，放电电流 0.1 μA[7]

作为电极，两部分分别涂覆相应的电解质。另一电极为具有取向的碳纳米管薄膜，直接被组装在电解质层外侧，实现两个具有不同功能的同轴线状器件的共基底集成［图 6-4（a）～（c）］。对于太阳能电池单元，同轴结构决定其在径向上类似于平面太阳能电池，因此产生的电荷可以快速被分离和传输，从而产生较高的光电流；对于超级电容器单元，不同于双绞线结构，同轴结构具有较大的有效接触面积，同样有利于快速的电荷传输［图 6-4（d）］。因此，该集成器件实现的最大太阳能转换效率和长度比电容分别为 6.58%和 85.03 mF/cm。即使在采用固体电解质（电容器部分）时，光电转换和储能效率仍可分别达 2.73%和 75.7%。不仅如此，得益于其独特的器件结构，该集成器件在 1000 次弯曲循环后的整体效率分别保持在 88%的水平［图 6-4（e）］，展示出优异的柔性和电化学稳定性。

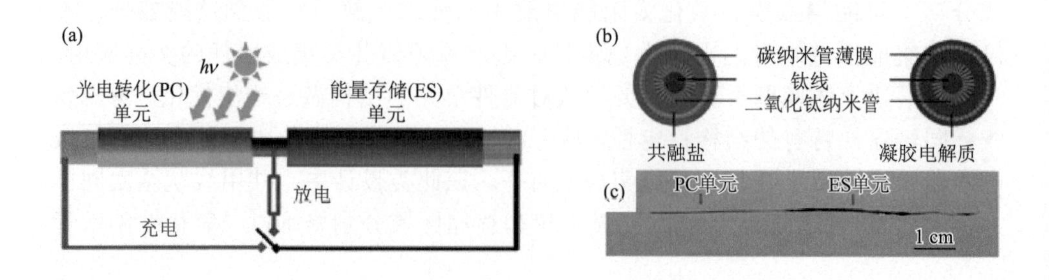

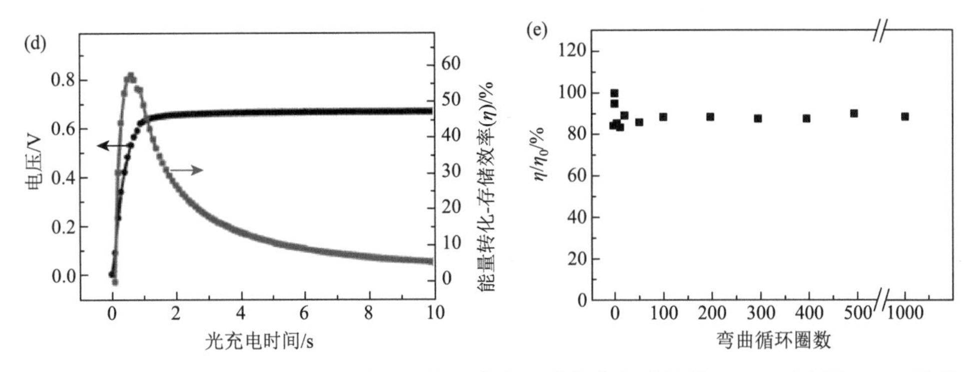

图 6-4 线状同轴染料敏化太阳能电池和超级电容器共基底集成器件：(a) 示意图；(b) 能量采集和存储单元的截面结构；(c) 光学照片；(d) 光充电过程中光充电压及能量转化-存储效率与光充电时间关系；(e) 反复形变过程中集成器件整体能量转化-存储效率保持率[8]

在太阳能电池电解液优化方面，不同于染料敏化太阳能电池，聚合物太阳能电池（PSCs）不含液态组分，具有稳定性高的特点，成为线状集成器件中可供选择的能量采集装置。然而，受材料组分和器件结构的影响，聚合物太阳能电池的能量转化效率相比于染料敏化太阳能电池较低。如图 6-5（a）所示，类似于上述同轴共基底染料敏化太阳能电池-超级电容器集成“能量线”，另一种同轴共基底集成系统被开发[9]。该能量线实现的基础是修饰有二氧化钛纳米管的钛线作为共用基底，其不同之处在于先在太阳能电池部分组装聚合物电解质层，随后组装具有取向结构的多壁碳纳米管薄膜作为另一电极。尽管该多壁碳纳米管电极具有高柔韧性、高透明、高强度和高导电的特点，可以大大改善光电转化和能量存储效率，但受聚合物太阳能电池自身能量转化效率较低的影响，两器件单元的能量转化和储能效率分别为 1.0%和 65.6%。不仅如此，此全固态聚合物太阳能电池-超级电容器“能量线”的整体能量转化-存储效率仅为 0.82% [图 6-5（b)]。因此，此类集成系统的能量转化-存储效率有待进一步提升。

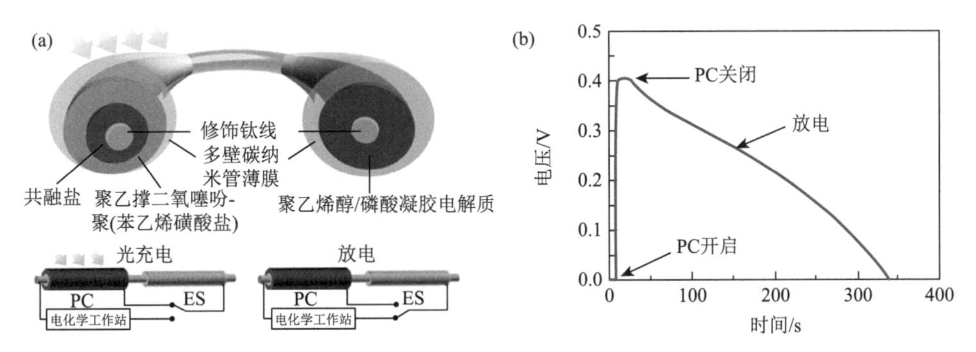

图 6-5 (a) 线状染料敏化太阳能电池和超级电容器同轴共基底集成器件及其光充放电工作模式示意图；(b) 集成器件的光充放电曲线，放电电流 0.1 μA[9]

就单一的线状器件组装过程而言，不同于两电极的双绞线缠绕或同轴组装方式，电极间的平行排列型组装方式无需复杂的组装操作过程，从工艺上来说更为简单。如图 6-6 所示，基于两电极平行排列组装方式，一种线状共基底型染料敏化太阳能电池和柔性超级电容器集成“能量线”被提出[10]。其中，聚苯胺包覆的不锈钢丝分别作为染料敏化太阳能电池的对电极和超级电容器电极，钢丝基底为两器件单元共用的导电基底，然后在对应区域分别组装以钛线为基底的二氧化钛光负极和超级电容器电极，进一步组装相应的电解质组分，并在非共用电极基底上连接可控开关控制集成器件的工作模式。但平行结构很容易在外部形变下发生相对分离，导致其结构稳定性一般，因此平行排列结构器件在柔性线状器件的集成设计中并不是一个很好的选择。

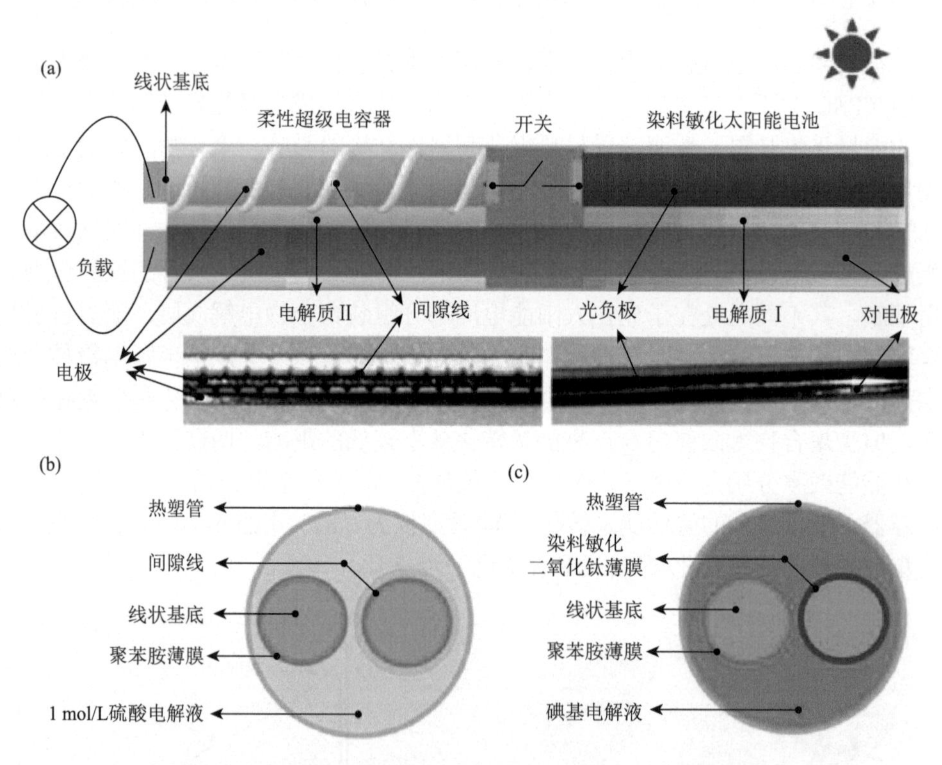

图 6-6　（a）染料敏化太阳能电池和柔性超级电容器平行排列共基底集成器件示意图；器件单元的截面结构：（b）能量存储单元和（c）能量采集单元[10]

2. 同轴集成

与分区域的共用基底集成结构不同，一种更为理想的同轴集成结构被设计出来，用于不同线状同轴器件单元间的可控集成，这种同轴集成方式严格来说有别于前述线状同轴器件单元间的分区域共基底集成。在同轴器件共基底集成结构中，仅单一器件为同轴结构，不同的器件单元仍按预先设计的模块分区域组装在线状基底两端，器件单元间实现集成的核心在于共用的线状导电基底，而在同轴集成器件中，其结构类似纳米材料的核-壳结构设计，不需要对线状基底做区域划分，直接采用逐层组装的方式将不同组分组装在线状基底上，两器件单元间连接的纽带可以是同轴组装的集流体或电极，实现柔性线状储能器件与太阳能电池的有效集成。如图 6-7 所示，一种严格意义同轴能量线被设计出来[11]，其内核层为基于碳纳米管薄膜和凝胶电解质的双层超级电容器，外壳层集成了基于 N79 染料的染料敏化太阳能电池，同轴排列在电极界面上的纳米结构能够实现较高的整体能量转化-存储效率（1.83%），并且能够抵抗弯曲和拉伸，这一特性有望实现其在可穿戴电子设备中的实际应用。就器件结构和组装过程而言，同轴集成结构比上述分区域的共基底集成结构更为复杂。另外，同轴组装方式对各组分的力学强度和稳定性提出了更高要求，这将从另一方面限制材料的可选择性。

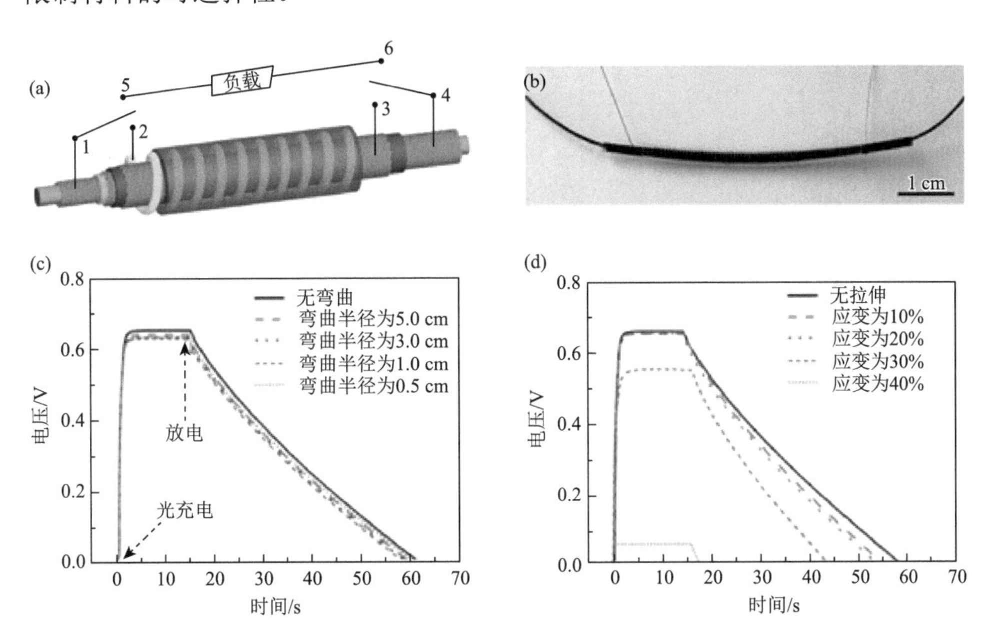

图 6-7　同轴能量线集成器件：（a）示意图；（b）光学照片；（c）不同弯曲状态下的光充放电曲线；（d）不同拉伸状态下的光充放电曲线[11]

（a）中 1～6 表示不同连接位置

3. 线状可编织集成

纺织品作为人类社会文明和进步的产物，在人们的生产生活中起着重要作用。

织物的基本组成单元为纱线，通过规律性的经纬交错编织而成。受此启发，各种电子织物相继被设计。如果能够通过设计合理的编织方式将不同类型的电化学器件编织成织物制品，不失为实现自供能集成器件的另一策略。如图 6-8 所示，一种自供能织物被提出，该织物由具有光电转换功能的染料敏化太阳能电池单元和具有能量存储功能的锂离子电池单元组成[12]。对于太阳能电池单元，经纱和纬纱分别作为对电极和修饰光负极；对于锂离子电池单元，两线状电极为平行排列结构，整个线状电池以纬纱的形式被编织在集成织物中，两器件单元进一步通过经向排列的钛线基底作为内导线被连接，经纬交错的织物结构可以在一定程度上缓冲平行排列线状锂离子电池的局部应力。因此，在光照下，激活层产生激子，激子解离成空穴和电子，电子沿纬向钛线基底流到锂离子电池上，实现充电过程。在光照下（100 mW/cm^2），集成织物中的太阳能电池可在 17 s 内给锂离子电池充电至 1.2 V[图 6-8(b)和(c)]，重要的是，该集成织物很容易通过工业化纺织技术扩大生产［图 6-8（d)］。此外，如果将一些耗能装置，如紫外检测器[13]等，进一步组装并编织到同一织物上，还可以实现集能量采集-存储-利用为一体的功能化集成系统。

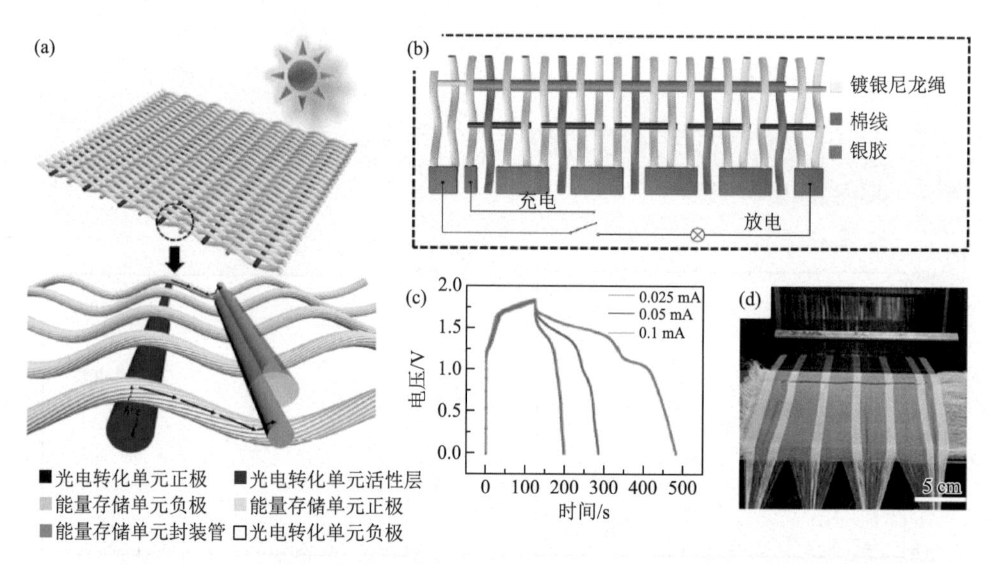

图 6-8 染料敏化太阳能电池和线状锂离子电池集成织物：(a）示意图；(b）工作模式示意图；(c）光充电曲线及不同电流下放电曲线；(d）组装过程光学照片[12]

总体来看，尽管线状柔性储能器件与太阳能电池集成器件在一段时期内取得快速发展，但受器件结构限制，线状器件一般活性材料有限且电阻较大，难以满足集成系统对储能单元总体容量和能量密度的要求。另外，受线状结构的集成组装方式等的影响，如表 6-1 所示，线状集成器件在开路电压、总能量转化与存储效率等关键性能方面仍有很大提升空间。

表 6-1 线状柔性储能器件与太阳能电池集成器件对比

器件类型	集成方式	开路电压/V	比电容	总效率/%	参考文献
DSSCs-SCs	双绞线缠绕-共基底	0.6	0.024 mF/cm（0.25 μA）	1.50	[7]
DSSCs-SCs	同轴-共基底	0.63	0.156 mF/cm（50 μA）	2.73	[8]
PSCs-SCs	同轴-共基底	0.4	0.0776 mF/cm（0.1 μA）	0.82	[9]
DSSCs-SCs	平行排列-共基底	0.62	—	2.10	[10]
DSSCs-SCs	同轴集成	0.65	21.7 F/g（0.05 A/g）	1.83	[11]
DSSCs-LIBs	织物集成	2	80 mA·h/g（0.25 A/g）	1.83	[12]

6.1.2 柔性薄膜储能器件与太阳能电池集成

传统的薄膜型储能器件一般为“三明治型”结构，由两电极和电解质层层组装而成。随着纳米材料和纳米技术的发展，薄膜型储能器件的组装技术表现出较为广泛的普适性并逐步趋向成熟。结合各种叠层型太阳能电池技术的逐步发展，各种柔性薄膜储能器件与太阳能电池集成器件相继被开发。类比于前述线状集成器件的分类方式，基于集成器件的结构特点和器件单元间不同的连接方式，柔性薄膜储能器件和太阳能电池集成器件大致可分为共基底集成和叠层集成两种类型。由于具体器件结构的不同，每一大类集成器件又可做进一步细分，具体实例将在对应小节中做详细介绍。

1. 薄膜共基底集成

在柔性器件发展早期，对于大多数柔性器件来说，合适的柔性基底是其不可或缺的组分，以此作为支撑层实现一定的力学基础和对各组分的层层组装。类似于线状共基底集成器件，如果能够通过分区域组装的设计方式将太阳能电池与其他类型储能装置组装到同一基底上，并通过预先设计好的电极或集流体模块实现器件单元件的内部连接，有望实现柔性薄膜储能器件与太阳能电池集成系统。对于薄膜集成器件而言，这种基于柔性共用基底的集成方式称为薄膜共基底集成。

打印技术是实现薄膜器件层层组装的常用策略，如图 6-9（a）所示，研究人员结合打印技术设计了一种全固态有机光伏电池（OPVs）和超级电容器集成器件[14]。该集成器件的实现需要满足以下要素：①要求层层组装的器件组装方式；②可打印的纳米级材料和聚合物电解质；③共用导电层（电极或集流体）作为内导线连接两器件。太阳能电池部分采用常规有机光伏太阳能电池组装过程，其巧妙之处在于铝正极模块的合理设计，预设计的铝正极不仅可以作为后续组装的储能模块的集流体，同时还可以作为整个集成器件的内导线连接两器件单元，避免了额外的外电路连接，从而简化了器件组装过程并通过降低内阻提高了性能。这种简化的器件组装过程很容易与打印技术兼容，为新型能量采集-存储设备与新兴的印刷电子技术的进一步结合提供了新的契机。

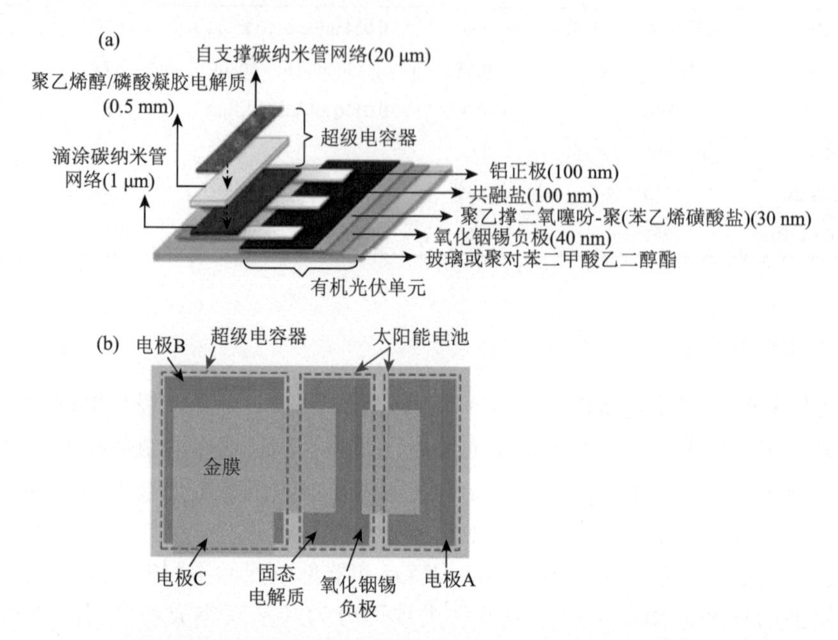

图 6-9 （a）可打印全固态有机光伏电池和超级电容器共基底集成器件示意图[14]；（b）敏化硫化镉太阳能电池和超级电容器共基底集成器件示意图[15]

类似地，通过基于柔性基底的预设模块设计，一种全固态太阳能电池和超级电容器集成器件同样被设计［图 6-9（b）］[15]。该集成器件由两个敏化硫化镉（CdS）太阳能电池和一个超级电容器组成，并通过设计合理的金电极在同一个基底上实现不同能量采集单元以及能量采集单元和能量存储单元间的内部连接。整个集成系统的光充电压和能量转化-存储效率分别为 1.0 V 和 0.26%，且表现出了优异的循环稳定性。

类似于预设金属电极模块实现能量采集和存储单元间的内部连接，预设 ITO 光负极模块同样可以实现不同器件单元间的有效集成。通过设计合理的 ITO 模板，一种可打印的柔性染料敏化太阳能电池和超级电容器集成器件被成功组装[16]。该器件的结构如图 6-10（a）和（b）所示，太阳能电池单元为基于 N719 染料分子的叠层型染料敏化太阳能电池，单个太阳能电池的开路电压为 0.71 V［图 6-10（c）］，储能单元为基于 rGO 薄膜的对称超级电容器，电解质采用聚合物-离子液体。不同于常规水系电解液，离子液体电解质的电压窗口较宽。因此，在该集成设计中三个串联的太阳能电池组可以给超级电容器充电到 1.8 V［图 6-10（d）］。此外，由于柔性基底的支撑作用以及器件各组分优异的机械强度，在室外实验中发现该线状集成器件在各种极端弯曲条件下都能够展示出稳定的电化学性能。

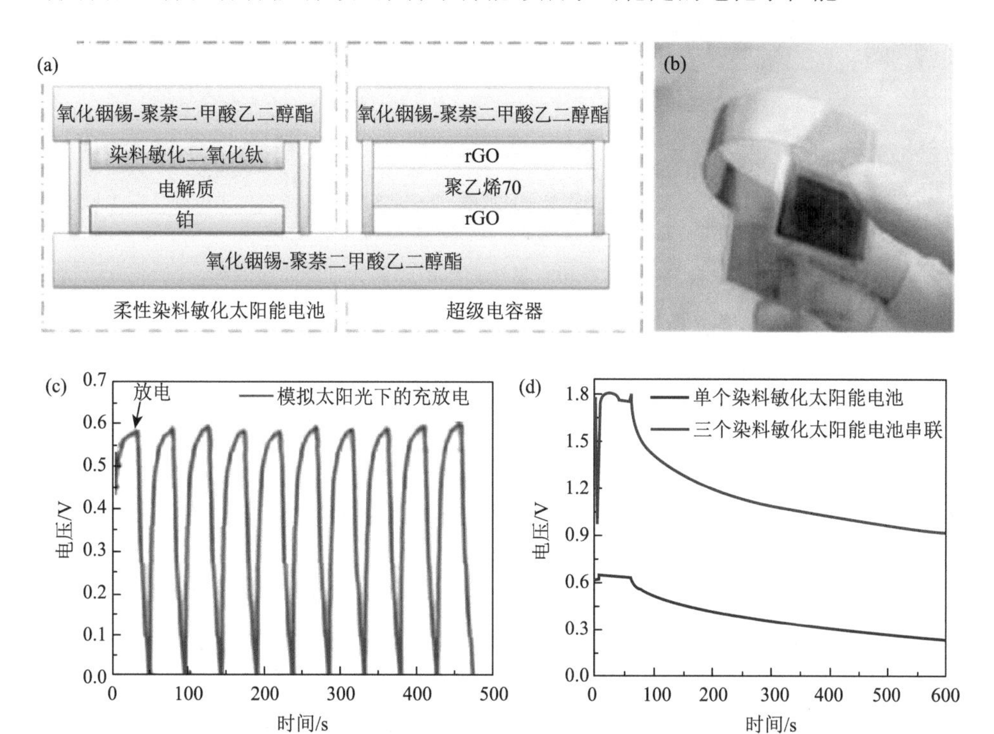

图 6-10　基于 ITO 模块设计的柔性染料敏化太阳能电池和超级电容器共基底集成器件：（a）示意图；（b）光学照片；（c）放电电流密度为 5 μA/cm^2 时光充电和放电曲线；（d）串联设计提高集成系统光充电压[16]

总结前述两实例可以看出集成系统的工作电压普遍较低，很难满足实用型电子器件的电压需求。为进一步提高集成系统的工作电压，Chien 课题组开发了一种集成“能量片”，它由一系列串联的有机光伏电池和石墨烯超级电容器（GSC）在同一基底上集成组装而成[图 6-11（a）和（b）][17]。在该器件的组装过程中预设的 ITO 模块起着重要作用，以此为基础在同一基底上实现八个有机光伏电池串联，构成集成系统的能量采集单元，因此可产生的光充电压高达 5 V；同样地，基于石墨烯墨水在该基底的预设储能模块位置组装超级电容器单元，以上两部分由预先设计的 ITO 电极作为内导线连接，从而实现复杂器件单元件的巧妙集成。

受电化学反应机制的影响和器件结构的影响，常规水系电容器体系的工作电压一般为 0～0.8 V。该电压区间在一定程度上可以很好地匹配相应的太阳能电池单元，从而有效构建柔性能量存储单元和能量采集单元集成系统，但其工作电压很难满足常规电子器件的电压需求。尽管可以通过器件单元间的串联和并联分别

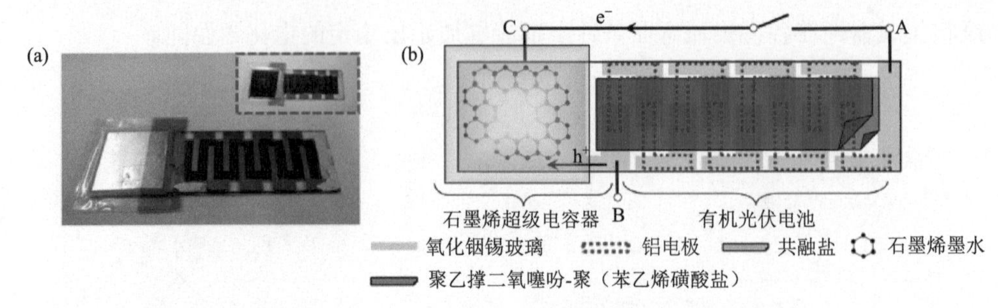

图 6-11　有机光伏电池和石墨烯超级电容器共基底集成器件：
（a）光学照片和（b）结构示意图[17]

提高电压或提升容量，但过多的串、并联设计无疑增加了集成器件的组装难度和能量损耗，因此，进一步开发实用型的柔性储能器件与太阳电池集成系统还是要立足于从材料选取到结构设计，再到体系优化的基本理念，力争从根本上解决集成系统工作电压低的问题。就目前各领域的研究现状而言，选取高电压储能器件是解决集成器件电压问题的捷径。

作为一种新兴的多价金属离子电池，铝离子电池具有充放电速度快、安全性高和循环寿命长等优点，为实现兼具高功率和能量密度的柔性自供能系统提供了新的途径［图 6-12（a）］。研究人员开发出一种新型柔性铝离子电池，并将其用于高效太阳能自充电集成系统[18]。如图 6-12（b）和（c）所示，在该集成系统中，能量采集部分为两个串联设计的钙钛矿太阳能电池（PSC），能量存储部分为基于石墨正极的铝离子电池，二者通过预设的双功能铝电极连接，在不引入外部电路的情况下大大简化了集成系统的结构，使得集成系统最大光充电压达 2.39 V，总体能量转化-存储效率更是高达 12.4%。此外，随着光强的降低，该集成系统的总效率甚至更高，可以在很大程度上克服地理位置或气候的限制，表现出很大的实用潜力。

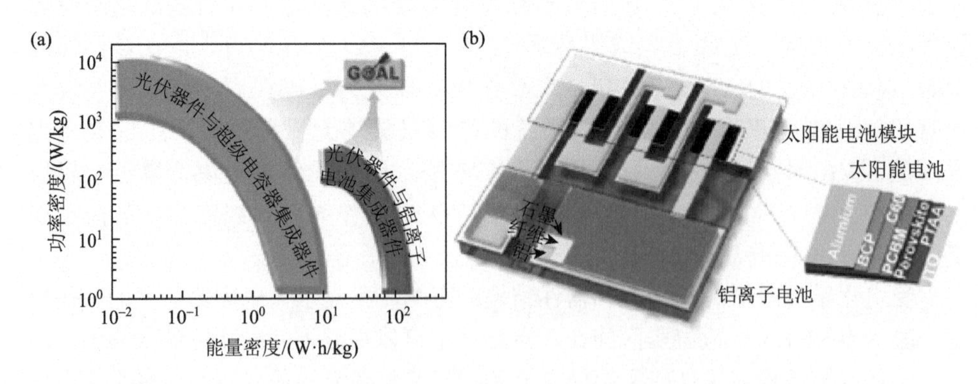

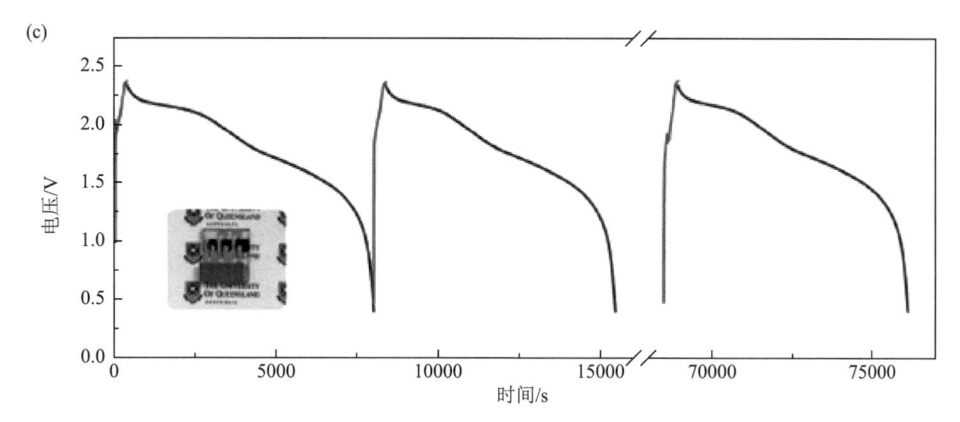

图 6-12　(a)光伏-超级电容器集成器件与光伏-铝离子电池集成器件能量密度和功率密度对比；钙钛矿太阳能电池与铝离子电池集成器件：(b) 示意图和 (c) 光充电和恒流放电电压与时间关系曲线[18]

不同于常规“摇椅式”金属离子电池体系，金属离子电容器由于独特的反应机制，兼具电池高能量密度和电容器高功率密度的特点，有望作为柔性储能器件与太阳能电池集成系统的高效储能单元。在现有的金属离子电容器体系中，尽管锂离子电容器（LIC）的研究最为广泛，但柔性锂离子电容器的研究仍处于起步阶段。随着柔性器件组装技术的不断发展，研究人员开发出一种柔性锂离子电容器，并将其与柔性钙钛矿太阳能电池合理集成［图 6-13（a)］[19]。在该系统中，能量采集单元由四个串联的太阳能电池组成，可提供的充电电压高达 3.95 V，能量存储单元为基于钛酸锂/还原氧化石墨烯和活性炭的锂离子电容器，这是已报道的首例柔性锂离子电容器和太阳能电池集成系统。该系统表现出优异的电化学性能，在 0.1 A/g 电流密度下的整体效率和输出电压分别可达 8.41%和 3 V［图 6-13（b）和（c)］，即使在 1 A/g 电流密度下的整体效率也高达 6%，超过当时最先进的光充电电源。更重要的是，该自供能电源还可以直接为压力传感器供能，是一种集能量采集-存储-利用为一体的高度集成系统。

与典型的一价碱金属离子（Li^+、Na^+、K^+）体系相比，二价碱土金属离子插层反应涉及双电子转移过程，理论上具有较高的电荷存储效率，更适用于自供能集成体系设计[20]。研究人员开发出一种可打印的准固态微结构镁离子电容器（MASCs）用于柔性可光充集成系统［图 6-13（d-Ⅰ)］。其中，能量存储单元为可打印的镁离子电容器［图 6-13（d-Ⅱ)］，其基本组成包括 MnO_2 纳米花正极、VN 纳米线负极和硫酸镁-聚丙烯酰胺凝胶（$MgSO_4$-PAM）电解质。纳米尺寸的 MnO_2 和 VN 具有大的比表面积，有利于高效表面离子迁移和近表面离子插层，使氧化还原过程更为容易。此外，VN 具有较负的析氢过电位，使整个体系的电压窗口更宽。因此，该储能单元表现出较宽的电压窗口（2.2 V)、较高

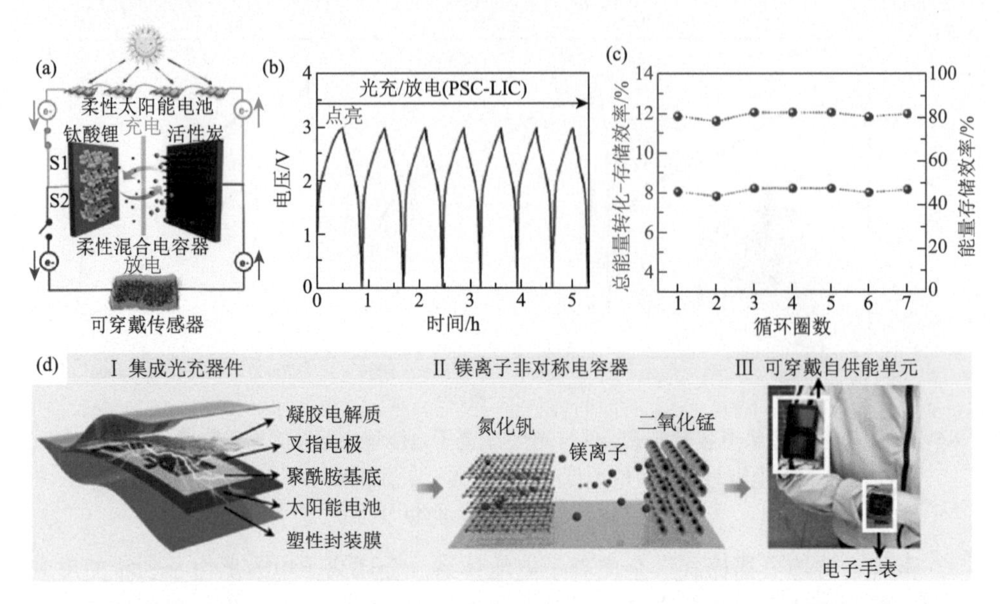

图 6-13 锂离子电容器和柔性钙钛矿太阳能电池集成系统：(a) 示意图，(b) 光充电和恒流放电与时间关系曲线，(c) 整体效率和储能效率稳定性[19]；(d) 镁离子电容器与商业化柔性非晶硅太阳能电池集成系统：(Ⅰ) 集成示意图，(Ⅱ) 镁离子电容器的工作原理和 (Ⅲ) 集成系统应用[20]

的体积能量密度（13.1 mW·h/cm^3）和功率密度（440 mW/cm^3）及优异的循环稳定性。能量采集单元为商业化柔性非晶硅太阳能电池（c-Si PCs），对其表面做进一步处理后可直接通过丝网印刷的方法组装能量存储单元。为了更好地匹配镁离子电容器的电压窗口，在集成组装过程中将两个太阳能电池串联构成能量采集单元，共同为一个镁离子电容器供电，从而实现具有简化结构和优异机械强度的高性能柔性可光充电源，总体能量转化-存储效率高达 17.57%。另外，如图 6-13（d-Ⅲ）所示，该柔性集成器件可以直接佩戴，并作为可光充电源为便携式电子手表供电。

2. 薄膜叠层集成

叠层结构作为柔性薄膜储能器件和太阳能电池的常规构型，在柔性薄膜集成器件的组装过程中同样适用。与分区域组装的薄膜共基底集成不同，叠层型集成器件涉及不同器件单元间的界面问题，如何避免叠层结构中电解液的渗透是薄膜集成器件叠层设计的关键。根据叠层集成结构中界面的不同，叠层集成器件大致可分为叠层共用集流体集成、叠层电极-集流体集成、叠层共用电极集成（光电容器）等类型。每种叠层方式的特点及具体实例将在本小节中给出详细介绍。

首先介绍叠层共用集流体集成，这类集成方式是叠层集成中最容易设计和实现的。即选择合适的集流体并在其两侧组装相应的活性组分，随后通过叠层方式分别组装能量采集和存储单元，该集流体同时作为内部导线连接两器件单元，不需要共用基底集成中的预设模块设计，有效简化了集成器件的组装过程。在此设计理念下，一种无需金属氧化物和金属铂电极的柔性可光充电化学系统[21]，即薄膜太阳能电池和超级电容器叠层共用集流体集成器件被成功设计出来。研究人员首先在金属钛箔两侧组装 TiO_2 纳米管阵列，并以此为基础在两侧分别组装染料敏化太阳能电池与超级电容器单元［图 6-14（a）］。太阳能电池单元分别以 TiO_2 纳米管和 CuS 导电网络为光阳极和对电极，所使用的 CuS 网络具有优异的机械柔性、良好的导电和高度透明的特点，不仅可以作为导电膜，还可以作为染料敏化太阳能电池的催化剂，因此能量采集单元的能量转化-存储效率可达 7.73%。超级电容器部分由聚合在 TiO_2 纳米管和碳布上的聚苯胺构成，分别作为储能单元的负极和正极。在光照（100 mW/cm^2）条件下，该集成器件可以在 30 s 内充电到 0.64 V［图 6-14（b）］。更重要的是，该集成器件在弯曲实验中表现出优异的电化学稳定性［图 6-14（c）］，有望作为一种实用型自供能电源用于柔性可穿戴和便携式电子产品。

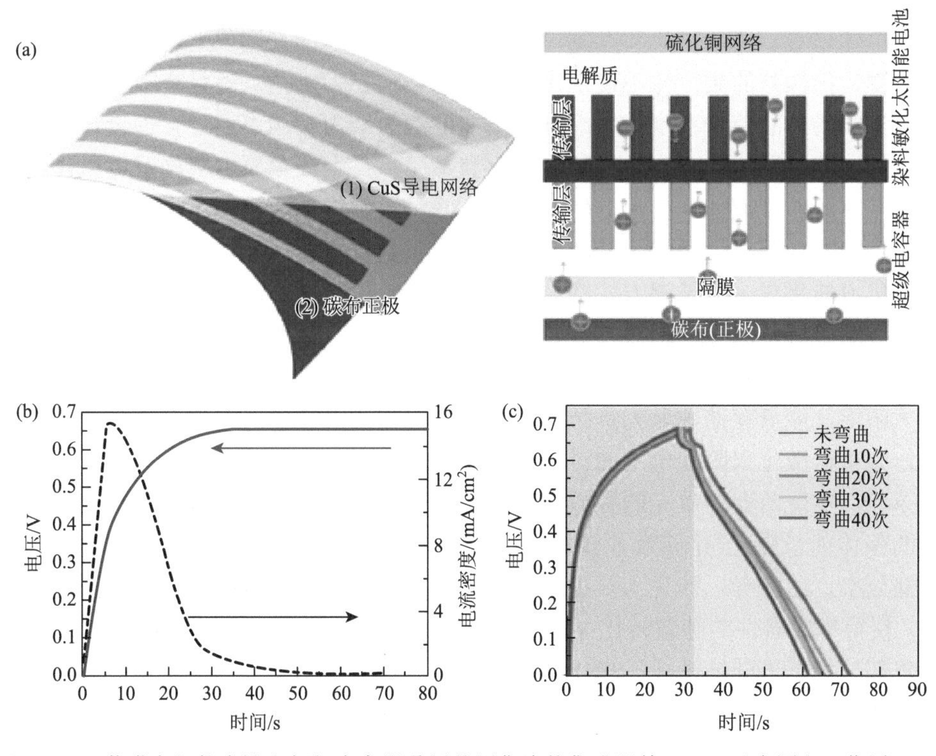

图 6-14　薄膜太阳能电池和超级电容器叠层共用集流体集成器件：（a）示意图和工作原理；（b）光充电压与时间关系曲线；（c）不同弯曲循环次数的光充电曲线和恒流放电曲线[21]

此外，随着柔性太阳能电池技术的发展，薄膜太阳能电池已实现部分商业化，如果能够购置柔性太阳能电池并匹配以柔性储能装置，可直接实现不同器件单元间的叠层集成设计。在此设计思路下，研究人员以商业化薄膜太阳能电池为柔性基底，直接在其正极集流体一侧组装全固态超级电容器，该集流体为不锈钢网，同时作为超级电容器电极集流体和内导线连接两器件单元，实现了另一种太阳能电池和超级电容器叠层共用集流体集成器件[22]。此集成过程无需考虑柔性太阳能电池复杂的组装过程和特定的组装条件，大大简化了能量转化和存储集成器件的组装过程。然而，其不足之处在于，这种借助商品化柔性能量采集装置来设计集成器件的方法一般需要考虑设计合适的能量储能单元以匹配能量采集单元的相应性能参数，特别是不同器件单元间的工作电压是否匹配直接影响整个集成系统的正常工作，因而在一定程度上限制了能量存储单元的选择性。尽管可以根据需求定制符合需求的薄膜太阳能电池，但小批量定制特定的柔性太阳能电池又需要高额成本。不仅如此，商业化薄膜太阳能电池的能量转化-存储效率也会在很大程度上限制集成器件的总体能量转化-存储效率。因此，为进一步优化集成器件的结构并提高其电化学性能，加强不同研究机构间的合作和交流尤为重要。

总体来看，能量采集和存储单元共用的集流体组件是实现上述叠层集成器件的关键，但额外的集流体不仅使集成器件的结构更为复杂，而且在很大程度上降低了集成器件的能量密度。考虑到太阳能电池的结构，如果通过合理设计在薄膜太阳能电池金属正极上直接组装能量存储单元，那么该金属电极同时可以作为能量存储单元的集流体连接两器件，实现了兼具太阳能电池金属电极和储能器件集流体功能的共用组分设计，从而进一步简化了叠层集成器件的结构。不同于叠层共用集流体集成，基于该方式组装的集成器件一般使用固态电解质，避免不同器件单元间电解质组分的相互渗透和影响。早在 2013 年，研究人员就给出这样一种薄膜叠层集成器件[23]，如图 6-15（a）所示，其能量采集单元为基于染料敏化 TiO_2 的太阳能，能量存储单元为基于氧化钌的对称超级电容器。可以看出，银电极不仅作为染料敏化太阳能电池的对电极，同时可作为电容器单元的集流体连接两器件单元，实现两器件单元的有效集成。但是受当时技术水平的影响，整个集成系统的整体能量转化-存储效率较低（0.8%）。为进一步提高集成系统的能量转化-存储效率，2017 年，研究人员提出一种新型混合太阳能电池和超级电容器集成系统，使得集成器件的能量转化-存储效率首次超过 10%[24]。在该集成器件中，能量采集部分为基于硅纳米线（SiNW）阵列和有机聚合物的混合太阳能电池，对电极为双功能金属钛电极，同时作为内导线和电容器电极集流体连接能量采集和存储单元［图 6-15（b）］。该集成系统结构简单，总体能量转化效率为 10.5%，这种高效率来源于太阳能电池和超级电容器单元各自优异的性能以及整个集成系统简化的结构和高效的集成方式，从而有效减少了外部连接带来的能量损耗。最后，研究人员又提出了一种基于超薄硅衬底的集成器件模型，以拓展其在柔性能量转化和存储器件方面的可行性和潜在应用。

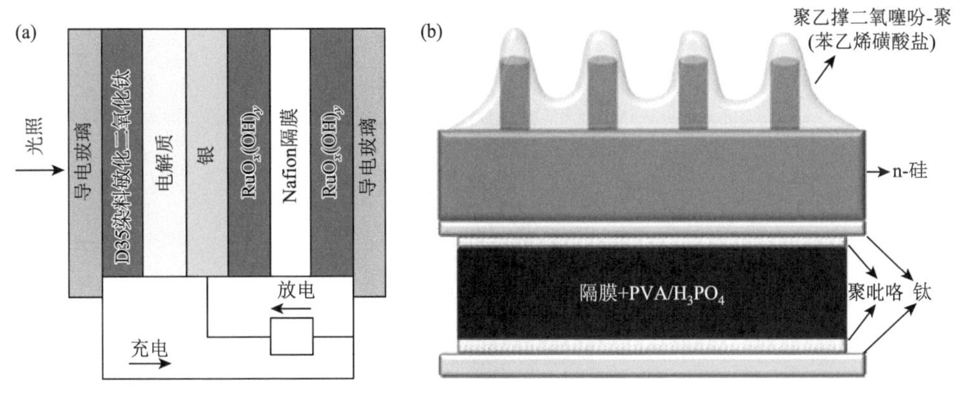

图 6-15 太阳能电池金属电极同时作为超级电容器集流体叠层集成器件示意图：（a）银电极型[23]；（b）钛电极型[24]

在薄膜型柔性储能器件的研发过程中，结构简化是研究人员致力研究的目标。尽量少用或不用附加组分，特别是质量较重的金属集流体等，这不仅可以简化器件结构，还可以在很大程度上提高柔性器件的整体力学性能和能量密度，从而满足对新型柔性电源轻、薄、柔特性的要求。因此，作为目前叠层集成的最简化的结构设计，共用电极策略被应用到薄膜叠层集成器件的组装过程中。共用电极即具有能量采集作用的太阳能电池部分和具有稳定能量存储作用的储能器件部分共用同一个电极，其中，能量采集部分多为染料敏化太阳能电池，能量存储部分多为超级电容器。考虑到两类器件结构和组成，可选择共用电极的多为碳基电极。因此，这类器件通过叠层共用电极方式组装的薄膜型太阳能电池和超级电容器集成器件又称为光电容器或光充电型电容器，它可以转换和储存被染料敏化的纳米半导体吸收的可见光能，被认为是极具发展前景的新一代能源系统。

光电容器的概念最早由日本科学家提出[25]，不同于前述叠层型集成器件的多电极结构，早期的光电容器是一种与传统电容器类似的两电极结构，其基本组成包括光电极、聚合物隔膜、有机电解液和对电极（图 6-16）[26]。值得注意的是，由染料敏化的半导体纳米颗粒/空穴捕获层/活性炭颗粒构成的多层光电极是该器件实现光驱自充电的关键，其在光照条件下，可与对电极产生–0.6 V 的光电压，导致光生电子通过外电路流向并储存在对电极活性炭层中，而光生空穴通过空穴传输层转移到光电极活性炭层，因此以电能的形式实现可见光能的同步储存。遗憾的是，该器件的光充电压和面容量都较低，分别为 0.45 V 和 0.69 F/cm^2，该电压远低于常规染料敏化太阳能的最大光充电压（0.8 V）。这显然是受到 TiO_2 上存在的空间电荷肖特基势垒的影响，该势垒会在一定程度上影响放电过程中的电子转移。

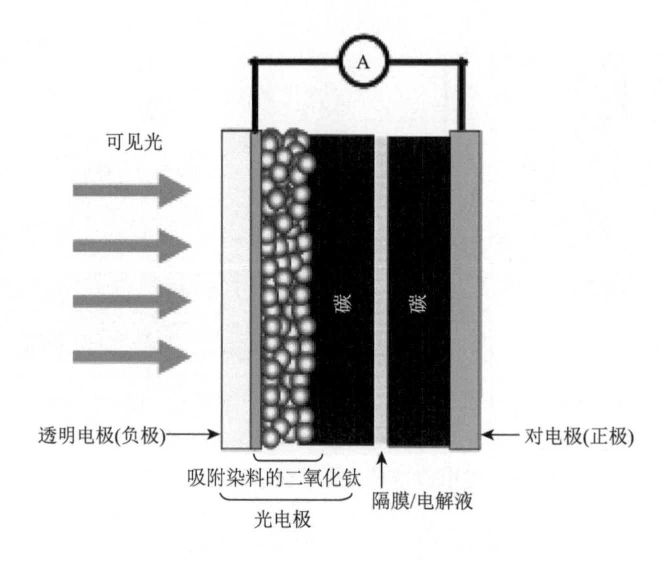

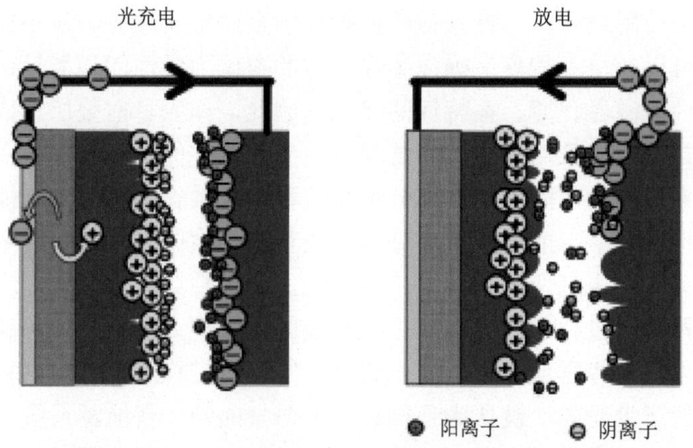

图 6-16 两电极光电容器示意图及其充放电原理[26]

为了解决这一问题，研究人员进一步设计了一种三电极型的光电容器以消除空间电荷产生的势垒，从而提高光电系统的光充电压（图 6-17）[26]。可以看出，三电极光电容器结构与两电极光电容器结构相似，只是在光电极和对电极之间额外插入一个内电极，该内电极可同时作为太阳能电池的正极和电容器的负极。图 6-18（a）为内电极为铂电极的三电极光电容器示意图[27]，相比于两电极光电容器，其光电产生单元和存储单元是相对分离的，充放电过程可由调控外部电路开关进行切换，可产生的最大光充电压达 0.8 V。

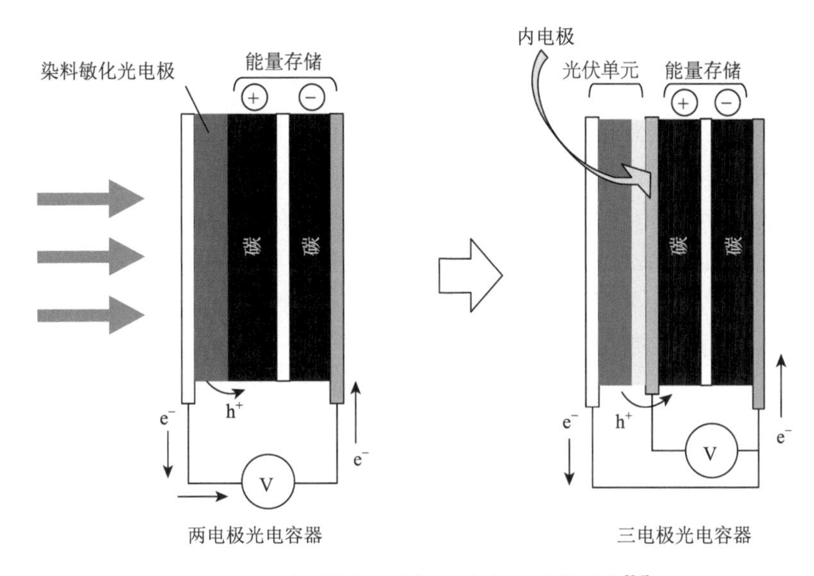

图 6-17　两电极和三电极光电容器结构对比[26]

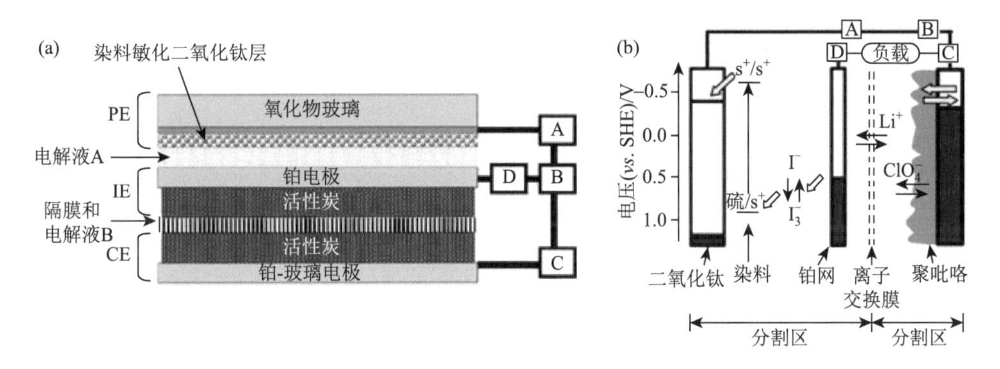

图 6-18　（a）三电极光电容器[27]；（b）三电极氧化还原型可充电光电池[29]

三电极设计的另一个优点是可以通过改变材料单独调控光伏单元和储能单元性能，以最大程度优化器件整体性能[28]。类似结构的还有一种氧化还原型可充电光电池［图 6-18（b）］[29]，其中，使用能够产生高密度光电流的 I_3^-/I^- 基有机电解质可以显著提高光充电速率，由于电池体系的引入，该器件可以达到的最高充电压超过 0.8 V，相应的充电容量为 1.12 C/cm^2。此外，由于碳基材料高的电化学稳定性，这类三电极光充体系展示出优异的循环稳定性。需要指出的是，受当时技术水平的影响，早期的光电容器多为组装于玻璃基底上的刚性结构。随着制造技术的发展，各种基于聚合物薄膜的柔性导电基底不断被开发。如果将上述光电容器直接组装在柔性导电基底上，并结合现有的纳米材料和器件结构优化策略，很容易设计出更适应于现代社会发展需求的柔性光电容器。近年来各种柔性光电容器相继出现[30, 31]，这不仅加快了柔性储能器件与光伏器件的集成化进程，也在一定程度上推动了集能量采集-存储-利用功能为一体的柔性集成系统的快速发展。

总结来看，薄膜集成器件具有更加灵活多变的器件结构，特别是在内电路设计实现多个器件单元的串联方面，使得部分薄膜集成器件在光充电压方面明显优于线状集成器件（表 6-2）。与此同时，薄膜集成系统在器件整体性能（能量密度、总能量转化-存储效率等）方面存在与线状集成器件类似的问题。因此，对器件结构的进一步优化，深入理解不同器件单元间的匹配性、兼容性等问题仍是光充自供能集成器件面临的重要科学和技术问题。

表 6-2 薄膜型柔性储能器件与太阳能电池集成器件对比

器件类型	集成方式	开路电压/V	比电容	效率/%	参考文献
OPVs-SCs	共基底集成	1	—	—	[14]
DSSCs-SCs	共基底集成	0.6	—	—	[16]
OPVs-SCs	共基底集成	5	—	1.60	[17]
PSC-AIBs	共基底集成	2.39	74.1 mA·h/g（4.1 mA/g）	12.04	[18]
PSCs-LICs	叠层集成	3	60 W·h/kg（0.05 A/g）	8.41	[19]
(c-Si PCs)-MASCs	叠层共基底	2.2	19.13 μW·h/cm^2（0.55 mW/cm^2）	11.95	[20]
DSSCs-SCs	叠层-共用集流体	0.64	—	6.90	[21]
		1.9	—	6.50	
ECSD-SCs	叠层-共用集流体	0.7	—	—	[22]
		1.4	—	—	
DSSCs-SCs	叠层-电极/集流体集成	0.76	407 F/g（3.26 F/cm^2）	0.67	[23]
SiNW/OPVs-SCs	叠层-电极-集流体集成	0.55	252 mF/cm^2（3 mA/cm^2）	10.50	[24]

6.1.3 柔性集成系统性能评估

目前，尽管各种新型集成器件逐渐被设计并成功组装，但对集成器件的研究仍处于实验室研究水平。从实用性角度出发，器件成本、使用寿命、能量和功率密度以及总体能量转化效率都是需要考虑的重要参数。为了实现一种高性能光充集成系统，单个器件的力学和电化学稳定性、不同器件的参数匹配和集成器件的整体机械稳定性等都是关键因素。目前，研究人员分别从多个角度，如力学、电学、电化学性能等，就各自集成器件的特点给出一定的结构、性能等表征，但对集成系统的差异性和具体评价参数等方面仍缺乏统一的标准。

参考柔性储能器件的评价标准，集成系统的能量转化-存储效率及循环稳定性是重要评价指标。因此，对于一个可光充集成系统，其总体能量转化-存储效率可计算如下[32]：

$$\eta = \frac{E}{P \cdot A \cdot t} \times 100\%$$

式中，E 为储能装置放电能量（mW·h）；P 为光功率密度（mW/cm^2）；A 为有效光伏器件面积（cm^2）；t 为光充电时间（h）。

可以看出优化储能单元的能量密度及选用高性能能量采集单元都可以提升光充电集成系统的整体能量转化-存储效率。另外，器件单元间不同的集成方式也会在很大程度上影响集成系统的整体性能。

6.1.4　展望

自供能集成设计在太阳能、风能等不稳定能源的综合利用方面具有巨大发展潜力，然而，目前这些集成系统基本上还停留在初期概念阶段。对于大多数集成系统，不同器件单元通常被单独测试，很少提供与整个集成系统的实际应用相关的性能参数。另外，集成装置的总体能量转化-存储效率及结构优化设计方面还有很大的提升空间。尽管一些内电路或共用组分设计在很大程度上优化了器件结构，但此类集成系统中不可避免地需要引入外电路来调控不同充放电模式，特别是在外接负载情况下。因此，结合微电子技术的发展，一些先进光电子技术如光开关、电致发光二极管等组件需要进一步被考虑，以设计完全无需外电路或手动开关控制的单片式集成器件，从而实现一种集能量采集-存储-利用为一体的高度智能化集成系统。

6.2　柔性储能器件与传感器集成

人类通过自身的感觉器官可以感受温度、湿度、压力、气味以及图像等各种形式的信息，但人的感觉具有主观性，难以将感受的信息定量化，另外，人的感官系统所能感受信息的范围和灵敏度也存在很大的局限性。为了更好地认识和改造客观世界，研究人员创造了用以检测各种外界信息的元器件，这些元器件统称为传感器[33, 34]。随着人类社会的发展，世界进入了信息时代，获取准确信息是有效利用信息的前提，而传感器正是获取不同领域信息的重要工具，以传感器为核心的信息检测系统已被广泛应用于工业、农业、医学、国防和科研等领域[35]。

近年来，随着微纳米技术的突破，光电探测器、压力传感器、气体传感器，以及多功能仿生传感器等各种高性能传感器件被相继设计出来[36-39]。与此同时，随着人类健康意识的增强以及人工智能的发展，传感器作为一种重要的信息采集和检测功能器件，正向着柔性可穿戴化发展。柔性可穿戴传感器已在健康监测和人工智能等领域展现出巨大的应用潜力[40, 41]。

目前，很多柔性传感器件需要外部电源驱动，而使用独立于其他电子器件的外部电源往往造成空间和能源的消耗，使得整个传感系统的质量和尺寸大大增加，不利于传感器件的便携化和可穿戴化，并且外部电源也会严重影响整个传感系统的柔性和可穿戴性。此外，为了能够更好地满足各种使用环境，多功能集成系统也需要被设计。通过储能器件与传感器件的集成，获得自驱动、多功能柔性集成系统，将会满足柔性可穿戴传感器件的需求，因此，发展集储能与传感于一体的集成系统势在必行。

6.2.1 传感器概述

1. 传感器的定义与组成

我国国家标准《传感器通用术语》（GB/T 7665—2005）把传感器定义为“能感受被测量并按照一定的规律转换成可用输出信号的器件或装置”。传感器是一种检测器件，能把接收到的某种外界物理或化学信息转变为电信号或其他形式的信号，以满足信息的传输、处理、存储和控制等需求。根据用途的不同，传感器在不同技术领域中又称为换能器、转换器、探测器、敏感元件等，相应地可用于监测温度、湿度、压力、位移、速度、加速度、流量、转速和光强度等多种物理量和微量化学成分。

尽管传感器的种类非常多，但其基本的工作原理和结构是相似的。如图 6-19 所示，传感器一般包括敏感元件和转换元件。敏感元件是指传感器中能够直接响应被测信号的部分，它可输出与被测信号呈一定关系的其他信号。转换元件是指将从敏感元件中获取的输入量转换成适于传输和测量的电信号的部分。由于转换元件输出的电信号一般较弱，有时需要有信号调节与转换电路对信号进行放大和调制，转换为便于显示、记录、控制和处理的电信号。此外，传感器和

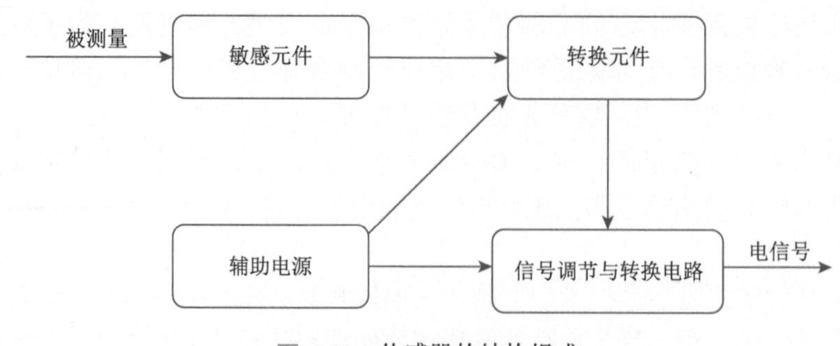

图 6-19　传感器的结构组成

信号调节与转换电路工作时一般需要辅助电源。因此，信号调节与转换电路和辅助电源也是传感器的重要组成部分。

2. 传感器的分类

传感器领域是一个技术和知识非常密集的领域，涉及多个学科领域，因此，传感器的种类繁多，检测对象门类和用途也非常多。传感器的分类方法有很多种，例如，根据传感器的功能不同，可分为光电探测器、气体传感器、湿度传感器、温度传感器以及压力传感器等；根据传感器的工作原理，可分为电学式传感器、磁学式传感器、光电式传感器、电势式传感器、电荷传感器、半导体传感器和谐振式传感器等。其中，电学式传感器是应用范围较广的一类传感器，涵盖电容式传感器、电阻式传感器、电感式传感器及电涡流式传感器及磁电式传感器等。

3. 传感器集成化与柔性化设计

随着纳米材料和纳米技术的发展，越来越多的电子器件朝着微型化、便携化和多功能化的方向发展，简单的传感器件已经难以满足下一代电子产品的发展需求。不同器件单元间的可控集成是解决这一问题的有效途径，传感器的集成化能有效提高功能器件密度，减少复杂互连，从而实现多功能微型一体化以及整体芯片的简化。根据结构单元的不同，传感器的集成可分为不同类型，一种是多个同一类型传感器的集成，即将具有同一功能的多个传感元件在同一基底上组装，可通过对各个传感器测量结果的比较，改善、提高传感器的测量精度；另一种是具有不同功能传感器件的一体化集成，如将温度、湿度和压力等不同类型的敏感元件组装在同基底上，可以同时实现多种参数的检测，从而得出一个反映被测系统整体状态的参数。此外，进一步将传感器的各功能单元与储能单元集成，能够避免外部电源的使用，从而减少使用时与外部驱动系统的复杂长线连接，有效简化了器件结构。这种自驱动传感装置不仅能够确保传感器功能单元持续有效的运行，还有利于实现传感器件的灵活、便携式发展。

柔性集成器件具有良好的灵活性、优异的交互性、广泛的适用性和便携性等特点，有望革新人与电子产品的交互方式。其中，传感器作为一种重要的信息采集和检测的功能器件，也朝着柔性可穿戴集成化方向迅猛发展。在柔性基底上进行传感器与储能器件的集成，制备自驱动、多功能柔性传感器集成系统，能克服常规器件体积大、质量重、结构刚性等缺点，在拉、弯、压、扭等情况下仍能保持良好的应用性能，有利于满足传感器件的可穿戴、便携式需求。与传统的传感器相比，这种柔性集成器件以其特有的舒适性、生物相容性和多功能性，在智能电子器件、智能医疗系统以及人体运动检测等领域具有巨大的市场前景。

6.2.2 柔性超级电容器与传感器集成

近年来，基于超级电容器制备工艺简单、极易微型化的特性，集超级电容器和传感器于一体的多功能集成系统引起了人们广泛的研究兴趣。本小节主要概述柔性超级电容器与光电探测器、环境检测（气体、湿度、温度）传感器、压力传感器以及多功能传感器等集成系统的设计组装及应用。

1. 柔性超级电容器与光电探测器集成

光电探测器是以光电器件作为转换元件的一类传感器，它可以将光信号转换为电信号[42]。光电探测器不仅可以检测光强变化，还可以检测能转换成光量变化的其他非电量，如物体表面粗糙度、位移、速度和加速度等。将光电探测器与柔性超级电容器进行集成，组装成自驱动、多功能的光电检测系统，将进一步扩宽其在环境监测、医疗健康等领域的应用。

一维线状器件具有柔性高、可编织性强、易集成等特点，在柔性可穿戴集成电子器件方面显示出独特的优势。如图 6-20 所示，研究人员开发出一种一维线状柔性超级电容器与光电探测器的集成系统[43]。其中，负载于钛丝上的 Co_3O_4 纳米线阵列和负载于碳纤维上的石墨烯分别作为超级电容器正、负极，二者通过缠绕的方式进行组装；另外，由于石墨烯电极特有的光敏性能，该电容器单元同时可以作为光电探测器使用，构成兼具储能和光电探测功能的集成系统。该集成系统的光电探测原理如图 6-20（a）所示，在吸收光之后，石墨烯产生电子空穴对，在超级电容器提供的电场驱动下电子空穴对发生分离，电子转移到正极的 Co_3O_4，使得集成器件的漏电流升高，通过漏电流的变化实现光电检测。得益于一维线状共电极的集成结构，该线状集成系统具有出色的机械稳定性，在不同的弯曲状态下均表现出稳定的光响应［图 6-20（b）～（e)］。从光响应曲线还可以得出，该线状集成系统能够稳定地检测白光的开、关状态，表明了在一维基底上集成超级电容器和光电探测器的可行性。

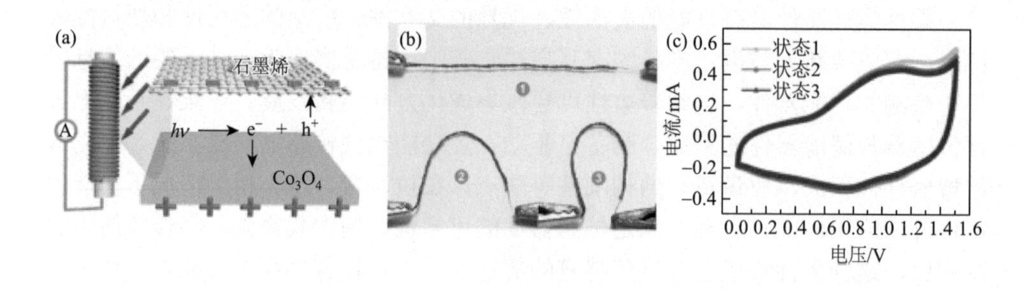

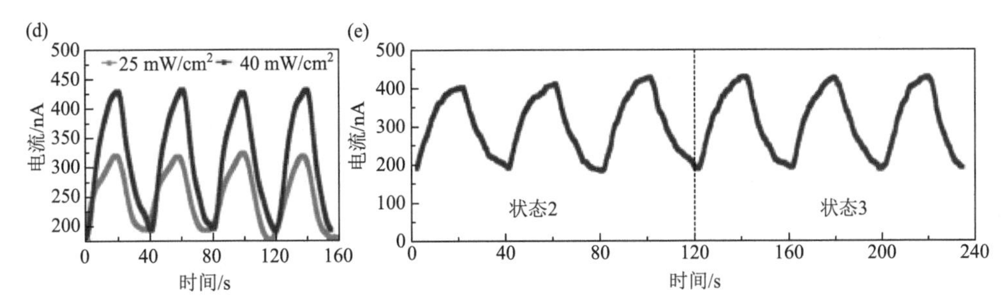

图 6-20　一维线状超级电容器与光电探测器集成系统：（a）原理示意图；不同弯曲状态下的（b）光学照片和（c）循环伏安曲线；（d）原始状态下不同光照强度时的电流响应曲线和（e）不同弯曲状态下的电流响应曲线[43]

与线状集成相比，基于平面微结构的集成系统具有更加灵活多变的器件集成结构，能够更好地满足微电子集成器件的实际应用需求。目前，平面微结构光电探测器的制备技术已经比较成熟，进一步结合微结构超级电容器，一种基于平面微型超级电容器与 CdS 光电探测器的集成系统被开发[44]，其集成结构如图 6-21（a）和（b）所示，首先使用光刻技术在 PET 基底上得到图案化的 rGO 膜，进一步涂覆 PVA/KOH 凝胶电解质，得到一个固态微结构超级电容器。为减小测试探针与 rGO 方形电极之间的接触电阻，对方形电极进行镀金处理。最后，将 CVD 法生长的 CdS 纳米线转移到两个临近的金电极之间，形成微结构超级电容器与光电探测器集成系统。该集成系统的电流开/关比为 34.50，表现出稳定的光电流响应。对比实验表明，该设计系统可以达到与外部电源驱动下相同的光电流响应效果［图 6-21（c）］。

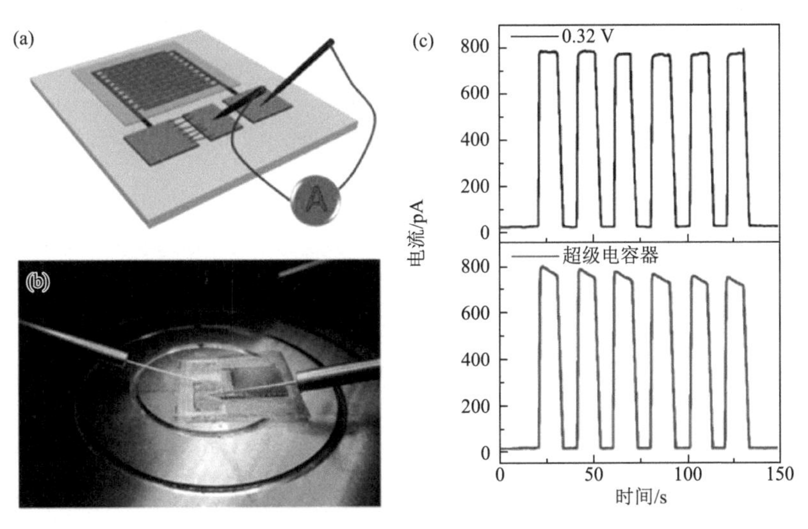

图 6-21　平面微型超级电容器与光电探测器集成系统：（a）电路原理图；（b）光学照片；（c）光电探测器由外部电源供电和超级电容器驱动的光电流随时间的响应曲线[44]

碳基超级电容器主要通过双电层机制储能，一般具有较低的能量密度。为了提高集成系统中能量存储单元的储能能力，高容量赝电容材料通常被引入。例如，研究人员设计了一种基于赝电容材料 rGO/Fe_2O_3 复合电极的微型超级电容器，其表现出较高的体积能量密度（1.61 mW·h/cm^3）和功率密度（9.82 W/cm^3）[45]。该超级电容器驱动下的光电探测器表现出较高的灵敏度，光电响应时间和恢复时间分别为 1.21 s 和 1.40 s，甚至比外电源驱动的光电探测器表现出更高的灵敏性。重要的是，整个微集成系统在不同弯曲状态下的电容和光电探测行为几乎保持不变，表现出优异的柔性和机械稳定性，有望应用于柔性可穿戴领域。

在光敏材料方面，除了纳米结构的 CdS 外，二氧化锡（SnO_2）、ZnO、硒化镉（CdSe）等纳米材料也可作为光电探测器集成系统的活性材料[46-49]。其中，SnO_2 是一种典型的 n 型半导体，带隙宽度为 3.6 eV，在紫外区具有较高的量子效率。图 6-22 为以 CVD 生长的 SnO_2 纳米线为敏感材料制备的紫外光探测器与超级电容器的集成系统示意图[46]。在该系统中，镀有金电极的 PET 膜被选为柔性基底，结合旋涂工艺组装基于 MWCNTs/V_2O_5 纳米线的柔性微型超级电容器阵列，随后将 SnO_2 光敏材料转移到 PET 膜中预留的两个金电极之间组装光电探测器，并通过预设的金线作为内导线连接两器件，实现了柔性超级电容器与光电探测器集成系统。该集成系统利用两个串联的微型超级电容器阵列为光电探测器供能，使其具有较高的输出电压和更长的放电时间，从而使得该系统在没有外部电源供电的情况下也能正常工作。

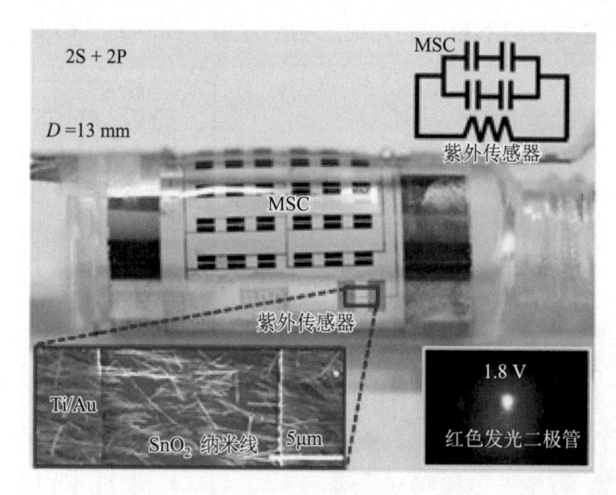

图 6-22 一对平行排列的两个串联微型超级电容器阵列与 SnO_2 紫外传感器集成系统[46]

2S + 2P：一对平行排列的两个串联微型超级电容器阵列；MSC：微型超级电容器

如第 2 章所述，与对称超级电容器相比，非对称超级电容器一般具有更宽的电压窗口和更高的能量密度，设计基于非对称超级电容器的传感器集成系统可以进一步提高整体器件的实用性能。基于此，一种非对称微型超级电容器和光电探测器集成系统被提出[50]，其集成原理如图 6-23 所示。其中，微型超级电容器分别以 MnO_2/PPy 和 V_2O_5/PANI 复合物为正极和负极材料。通过正极和负电极活性物质的匹配，超级电容器的电压窗口扩展到 1.6 V，表现出较高的能量密度（15～20 mW·h/cm^3）。在此器件基础上，进一步在预设区域组装基于钙钛矿纳米线的光电探测器和无线充电线圈，不同器件单元通过金电极连接，实现了多功能系统的可控集成。在集成系统中，非对称微型超级电容器驱动的光电探测器表现出较好光电流响应。此外，无线充电线圈接收能量并对微型超级电容器进行充电，进一步简化了充电步骤，有利于集成器件的可穿戴化和便携化发展。

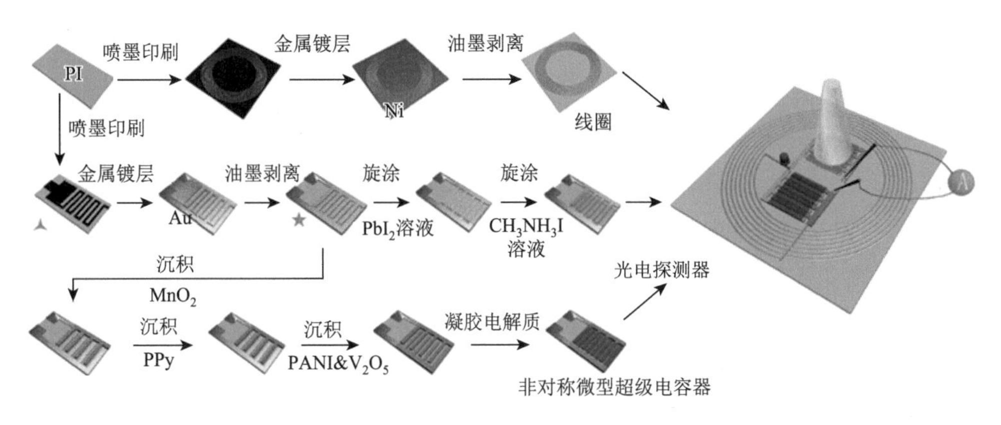

图 6-23 非对称微型超级电容器、光电探测器和无线充电线圈的集成示意图[50]

随着柔性电子系统的发展，常规柔性器件的简单弯曲功能已不能满足某些特殊工况（如折叠和扭曲等）的需求。自 2019 年华为发布可折叠手机以来，可折叠电子产品再度风靡一时。在此之前，可折叠集成器件已经受到科研人员的关注和开发。其中，纸基材料具有可再生、成本低、制备工艺简单、柔韧性好及可折叠等优点，可作为柔性基底来组装可折叠集成系统。如图 6-24 所示，基于防水矿物纸，研究者发展了一种可折叠型非对称微超级电容器阵列和紫外传感器集成系统[51]。在该系统中，首先在 PET 基底上对各组成器件进行预组装，进一步转移到矿物纸上，同时不同器件单元通过液态金属互连，实现了两种器件的集成。其中，非对称微型超级电容器部分的正极和负极材料分别为 MnO_2/MWCNTs 复合物和 V_2O_5包裹的 MWCNTs，具有较高的能量密度。紫外传感器的光敏材料为石墨烯和纳米 ZnO，二者结合形成的金属/半导体肖特基结能促进光照条件下电子空穴对的产生，诱导光电流的形成。因此，该集成系统对紫外光表现出较好的响应性能，并在重复折叠循环中表现出优异的性能稳定性，展示了其在可折叠电子设备中的应用潜力。

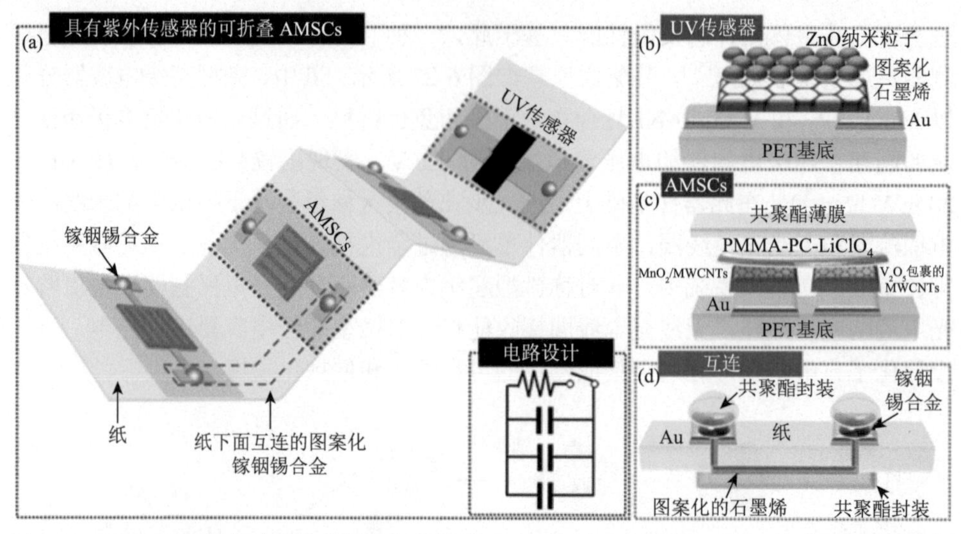

图 6-24 （a）可折叠非对称微型超级电容器阵列（AMSCs）与紫外（UV）传感器集成示意图（插图为由三个并联的微结构超级电容器阵列驱动紫外传感器的电路图）；集成器件的横截面示意图：（b）石墨烯/ZnO 电阻型紫外传感器，（c）微型结构超级电容器和（d）互连结构[51]

与分单元组装的可折叠超级电容器和光电探测器的集成系统相比，在可折叠基底上直接组装不同的器件单元，能实现更高集成度的可折叠光电探测系统。如图 6-25 所示，本书作者课题组提出了一种一体化、可弯折的超级电容器与光电探测器集成器件[52]。其中，碳纳米管薄膜作为超级电容器的两电极，组装在可折叠纸基底两侧，随后，在其中一个电极上组装 TiO_2 纳米颗粒，该电极同时可以作为光电探测器的工作电极，构成兼具超级电容器的储能行为和光电检测的多功能化集成系统。该集成系统

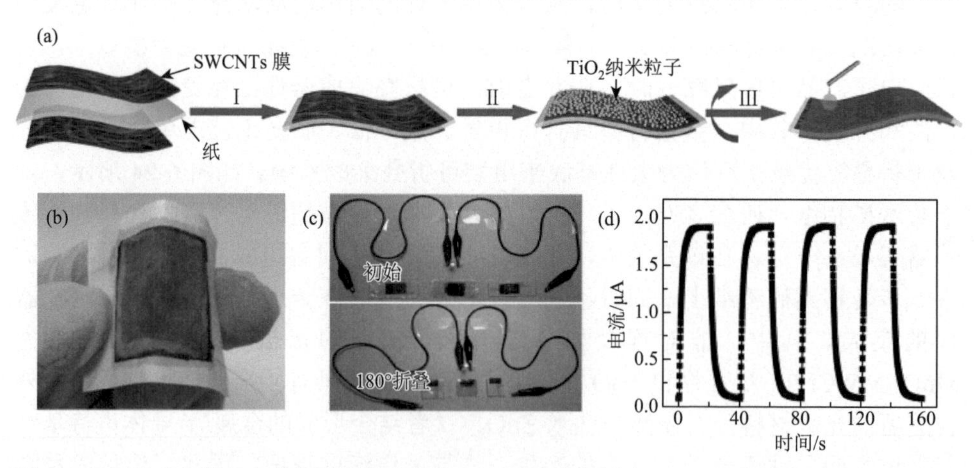

图 6-25 超级电容器与光电探测器集成器件：（a）原理示意图；（b）光学照片；（c）原始状态（上）和 180°折叠状态（下）时由三个串联集成器件点亮 LED 的光学照片；（d）集成器件在光强为 40 mW/cm² 条件下的光电流响应曲线[52]

不仅具有超级电容器的储能行为（在扫速为20 mV/s时，质量比容量为28 F/g），同时对白光也表现出高的灵敏性，在可见光（光强为40 mW/cm^2）照射下的灵敏度为24.7。更重要的是，集成系统在不同形变状态下仍然表现出稳定的储能行为和光检测能力。

与可折叠器件相比，柔性可拉伸器件同样能够承受较大的应力，对柔性基底和器件整体结构提出了更高的要求。基于高机械形变的可拉伸基底和微结构电极设计，本书作者课题组开发了一种柔性可拉伸微型超级电容器与紫外光电探测器集成器件[53]，如图 6-26 所示。通过可拉伸基底聚二甲基硅氧烷的拉伸、释放制备具有扣式结构的可拉伸微电极，进一步修饰 TiO_2 纳米颗粒，实现了兼具储能与光电检测功能的高度可拉伸集成系统［图 6-26（a）］。由于独特的结构设计，该集成系统在不同的拉

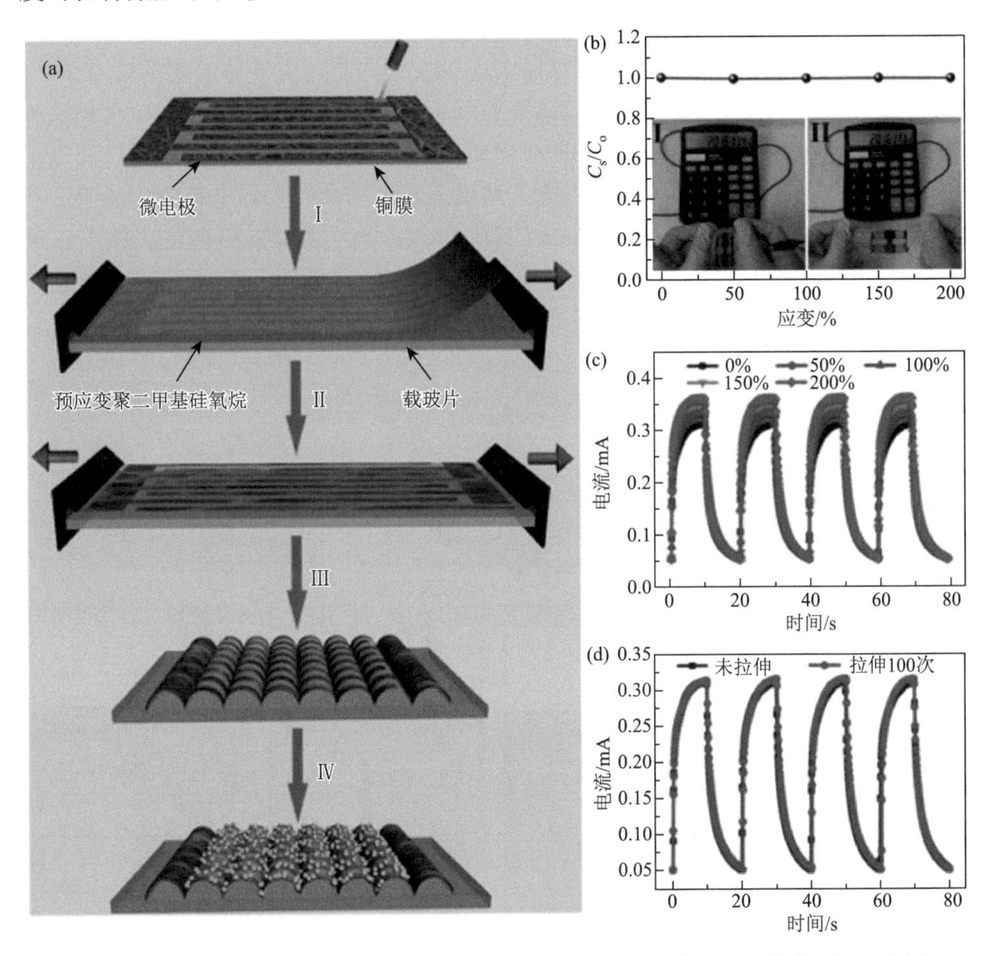

图 6-26　柔性可拉伸微型超级电容器与紫外光电探测器集成器件：（a）集成原理示意图；（b）不同拉伸状态下的比容量，初始状态的比电容被归一化为1[插图为原始状态（左）和200%拉伸状态（右）下集成器件点亮液晶显示屏的光学照片]；（c）不同应变状态下的光电流响应曲线，紫外光强度为5 mW/cm^2；（d）反复拉伸100次前后的光电流响应曲线[53]

伸状态下仍保持稳定的储能行为［图 6-26（b）］。此外，由于 TiO_2 光敏材料的引入，该集成器件具有较好的紫外光检测功能，对紫外光的检测灵敏度为 6.2，而且在不同的拉伸应力和拉伸次数时具有稳定的光电流响应［图 6-26（c）和（d）］。因此，这种通过巧妙的器件结构设计以及其他功能材料的引入组装多功能一体化集成器件的策略，极大地促进了集储能和传感功能于一体的可拉伸电子设备的发展。

2. 柔性超级电容器与环境检测（气体、湿度、温度）传感器集成

目前，各种不良的环境因素正严重危害着人类生命健康，发展可穿戴传感器集成系统进行人体周围环境有害气体、湿度以及温度等的实时监测具有重要意义。其中，气体传感器能够感知环境中某种气体及其浓度，将其与超级电容器集成，组装可穿戴自驱动气体传感系统，可以实现对人体周围环境气体的实时监测[54-56]。类似于超级电容器和光敏器件集成系统的制备过程，结合光刻技术、电沉积法和旋涂工艺等技术，可以组装自驱动的可穿戴式乙醇气体传感系统[54]。如图 6-27（a）和（b）所示，首先在柔性 PET 基底上预设图案化的金作为导电集流体，随后将电极活性材料 PPy 和气敏材料 MWCNTs/PANI 分区域组装到金集流体上，通过预设金集流体的内部连接作用，成功组装了自驱动可穿戴式气体传感系统［图 6-27（c）］。该系统在常温下对乙醇气体的响应和恢复时间分别为 13 s 和 4.5 s，

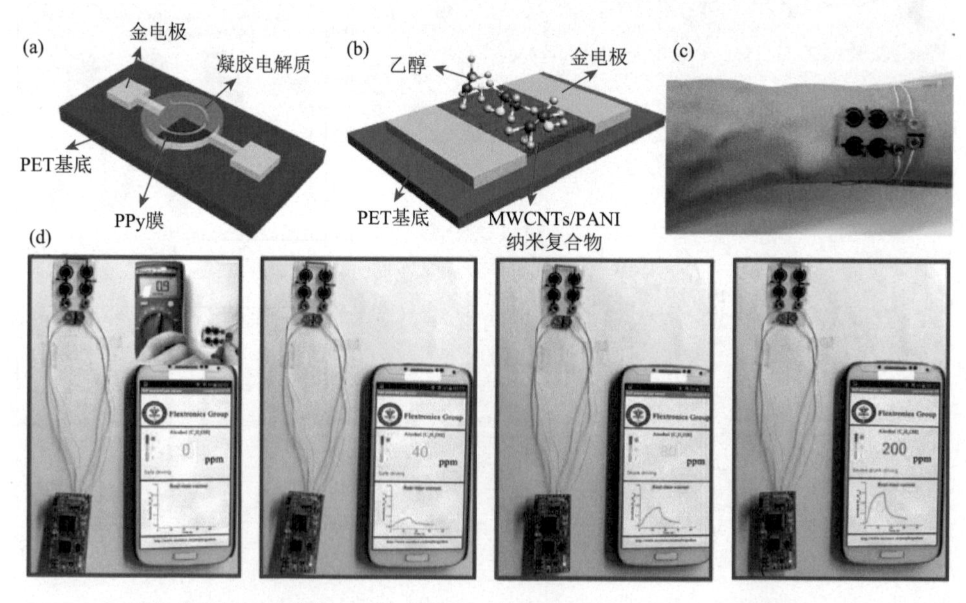

图 6-27 器件组装原理示意图：（a）微型超级电容器；（b）乙醇气体传感器；（c）可穿戴微型超级电容器与乙醇气体传感器集成系统的光学照片；（d）传感集成系统对不同浓度乙醇气体进行实时分析与显示[54]

最低检测限为1 ppm①，表现出较快的响应性和较高的检测灵敏度。此外，还针对该集成系统设计了原位浓度分析与显示系统，成功实现了对未知浓度乙醇气体的检测和信息显示［图6-27（d）］，有望应用于个性化醉酒驾驶的监测或工业乙醇气体的检测。

在环境污染检测方面，NO_2 作为重要的大气污染物之一，其有效监测对环境质量的评估具有重要意义。如图6-28所示，研究人员开发出一种自驱动的微型超级电容器和 NO_2 气体传感器集成系统[55]。该集成系统的能量存储单元为基于聚苯胺包裹多壁碳纳米管材料的微型超级电容器阵列，该阵列通过聚合物封装的蛇形金薄膜条带进行连通，具有很好的可拉伸性。传感单元为基于图案化石墨烯的 NO_2 气体传感器，将其与微型超级电容器组装到可拉伸共聚酯基底的 SU-8 阵列上，并用金电极进行互连，实现了自驱动气体传感器集成系统［图6-28（a）～（d）］。该集成系统对 NO_2 气体表现出较好的电流响应，能有效检测 NO_2 气体的存在［图6-28（g）］，且微型超级电容器阵列可为 NO_2 气体传感器稳定供电50 min。此外，由于各器件单元优异的机械强度以及可拉伸柔性基底的支撑作用，集成器件表现出较好的可拉伸性［图6-28（e）和（f）］，在50%的单轴应变下，仍能实现对 NO_2 气体的有效检测［图6-28（h）］。该集成器件对 NO_2 气体较好的响应性能以及优异的可拉伸性，使其在穿戴式气体监测集成系统中显示出较好的应用前景。

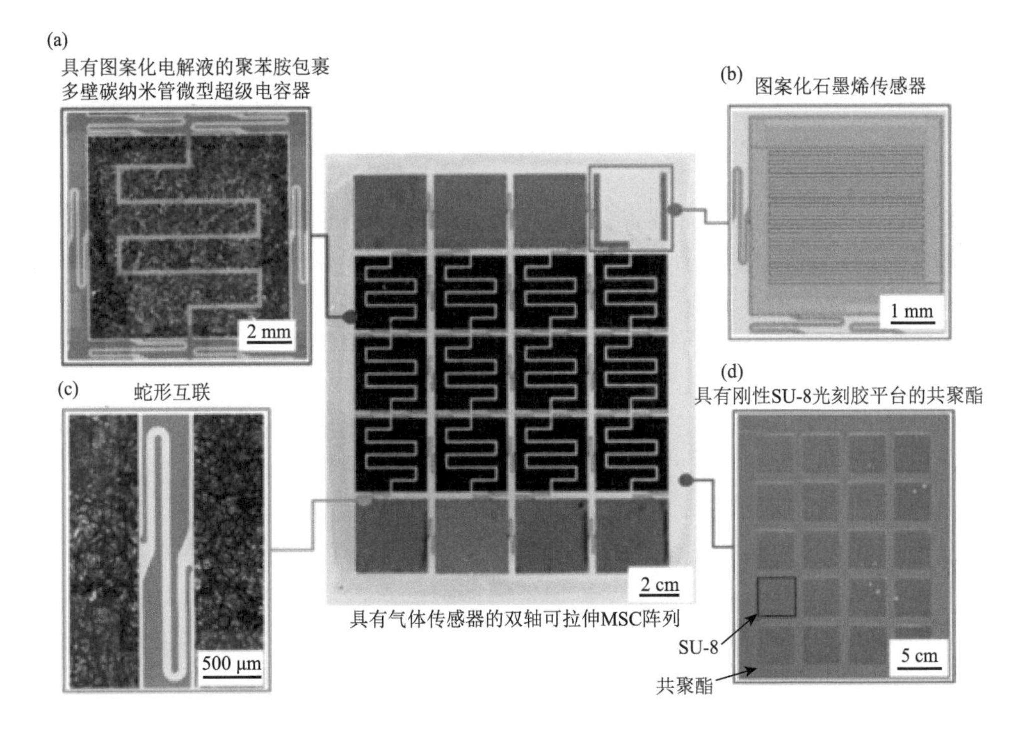

① 1 ppm = 10^{-6}。

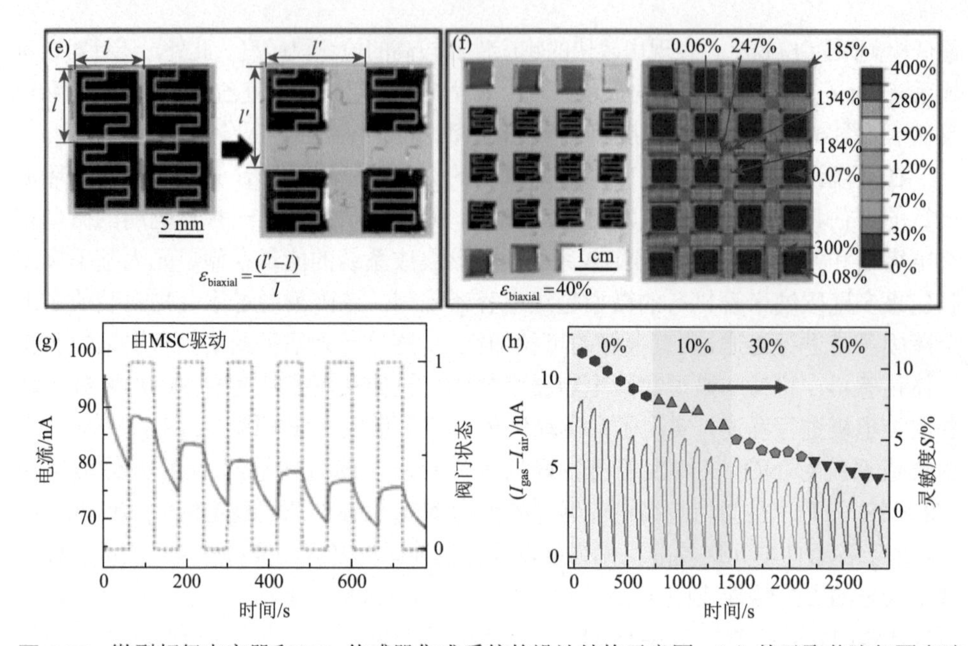

图 6-28 微型超级电容器和 NO_2 传感器集成系统的设计结构示意图：(a) 基于聚苯胺包覆多壁碳纳米管（PWMWNTs）微型超级电容器的放大图像；(b) 基于石墨烯的传感器结构示意图；(c) 蛇形互连的金条带放大光学图像；(d) 嵌入刚性 SU-8 平台阵列的可伸缩共聚酯基底；(e) 定义双轴应变参数 $\varepsilon_{biaxial}$ 示意图；(f) 40%双轴应变下集成系统的光学显微镜图像（左）和有限元分析估计的应变分布（右）；(g) 集成系统周期性暴露于 200 ppm 的 NO_2 气体氛围下电流随时间的响应曲线；(h) 不同应变条件下电流随时间的响应曲线及其灵敏度[55]

此外，随着人类健康意识的提高，空气湿度对人体健康的影响受到广泛关注，因此，设计一种柔性可穿戴式高灵敏性湿度传感器用以实现对人体周围环境湿度的实时监测并通过调节空气湿度来保护人体健康具有重要意义。研究人员以柔性纤维状超级电容器和湿度传感器为基本元件，设计并组装了一种高性能柔性自驱动湿度传感集成系统[57]。该系统的集成示意图如图 6-29（a）和（b）所示，两器件单元以同轴组装的方式进行集成，能量存储单元为基于 MnO_2@Ni/碳纳米管正极和 MoS_2 纳米片阵列包裹碳纳米管纤维负极的非对称纤维状超级电容器，传感器单元以[2-(甲基丙烯酰氧基)-乙基]二甲基丁基溴化铵-*γ*-甲基丙烯酰氧基丙基三甲氧基硅烷二元共聚物/MWCNTs 复合物（MEBA-*co*-KH570/MWCNTs）为湿敏材料，直接组装在同轴超级电容器的外侧，由此得到柔性同轴超级电容器和湿度传感器的集成结构。该集成系统在没有外接电源的情况下，对相对湿度（RH）表现出较高的检测灵敏度（2.483/%RH）和较快的响应速度［图 6-29（c）和（d）］，能较好地用于人体呼吸频率和呼吸强度的实时监测［图 6-29（e）］。此外，这种逐层组装的同轴型湿度传感集成系统能够更好地抵抗弯曲和拉伸形变，使它在构建高度灵敏、可穿戴湿度传感器及人体健康监测方面具有较大的实际应用价值。

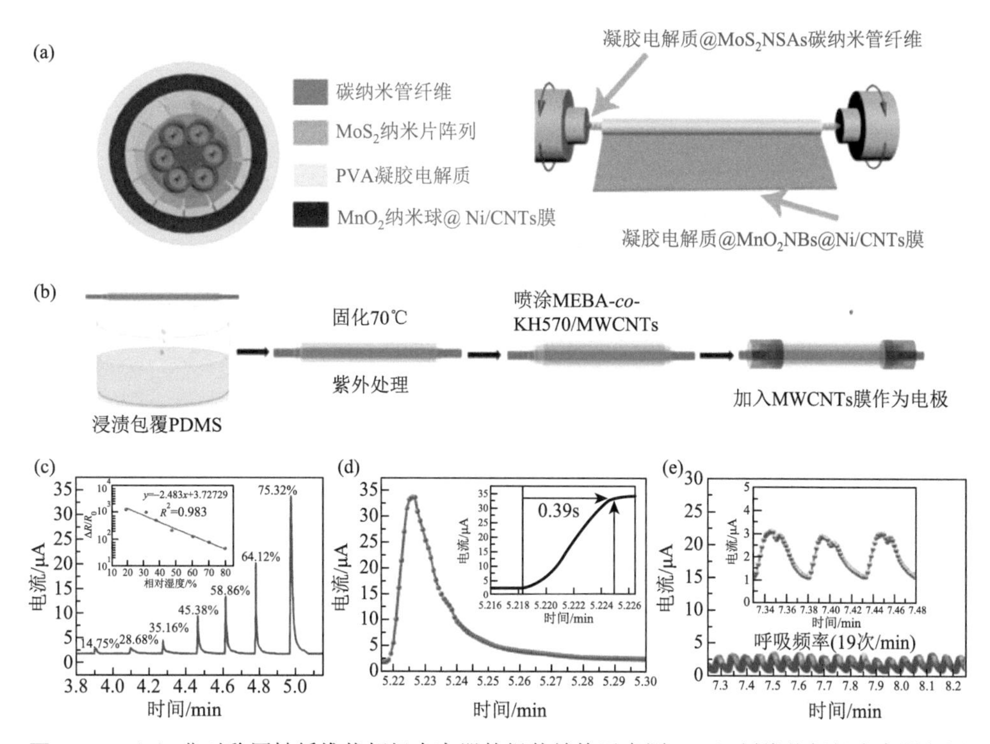

图 6-29 （a）非对称同轴纤维状超级电容器的组装结构示意图；（b）纤维状超级电容器与湿度传感器集成示意图；（c）传感器集成系统对不同 RH 的实时动态响应曲线（插图为实时动态响应过程中电阻与 RH 的线性关系）；（d）传感器的快速响应时间约为 0.39 s；（e）检测人体的呼吸频率和呼吸强度的实时动态响应曲线[57]

温度传感器可以有效检测环境温度，而可穿戴温度传感器可以进一步实现对人体及周围环境温度的实时监测，对实时掌握与温度相关的人体健康动态具有重要意义。研究人员通过三电极缠绕的方式组装了一种线状超级电容器与温度传感器集成系统，如图 6-30 所示，其中超级电容器部分为基于 3D 打印的 V_2O_5/SWCNTs 纤维正极和 VN/SWCNTs 纤维负极的线状非对称超级电容器，传感部分为基于 rGO 纤维的线状温度传感器（FTS）[58]。线状非对称超级电容器作为储能单元，能够提供 1.6 V 的高电压，在其驱动下，集成系统对环境温度表现出较高的检测灵敏度（1.95%/℃）。此外，该集成系统在小温度范围区间内仍具有较好的温度响应，表现出较高的温度分辨率，能够实现对温度的精确测量。因此，这种基于 3D 打印的线状集成电子器件在可穿戴温度监测系统显示出较好的应用潜力。

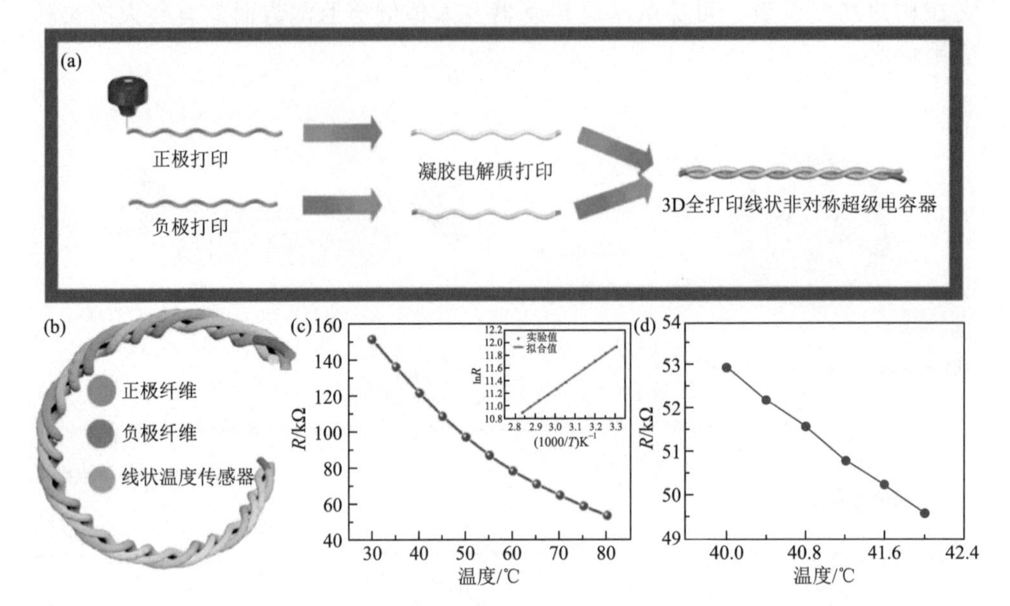

图 6-30 （a）3D 打印线状非对称超级电容器（FASC）的组装示意图；（b）FASC 与线状温度传感器集成器件的示意图；（c）集成器件的响应电阻与温度的关系曲线（插图是 ln*R* 和 1000/*T* 的关系曲线）；（d）40～42℃温度范围内集成器件的响应电阻与温度的关系曲线[58]

3. 柔性超级电容器与压力传感器集成

压力传感器是一种能够感受压力信号，并按照一定规律将其转换为电信号的器件。目前，在检测人体运动和监测健康状况的各类传感器中，压阻传感器是一种典型的将外界压力转化为电阻信号的传感器，在可穿戴设备中具有广泛应用。与传统压力传感器的敏感材料相比，导电多孔海绵或泡沫材料显示出优异的力学性能，在可压缩传感系统中具有较大的应用价值。另外，为了更好地给可压缩传感系统提供动力以构建自驱动可压缩系统，需要进一步开发在较大应变下仍能保持性能稳定的柔性储能设备，并实现其与压力传感器件的集成。

目前，研究人员提出了一种基于 CNTs-PDMS 海绵的可压缩超级电容器和压力传感器的可压缩集成系统[59]。如图 6-31（a）～（c）所示，该集成系统以 CNTs-PDMS 海绵为活性材料，分别组装叠层型超级电容器和压阻传感器，二者通过外部导线连接。其中，高弹性 CNTs-PDMS 海绵作为压阻传感器的敏感材料，具有灵敏度高、抗压性能强和变形范围广等特点。因此，在反复应力作用下，压阻传感器电阻响应比较可靠，能准确反映不同程度的应变，使其既可检测微小的运动，如人的语音和气流等，也可区分和反映大规模的人类运动，如呼吸和行走等。此外，以 CNTs-PDMS 海绵为电极材料的超级电容器即使在较大的压缩应变

（50%）下也能保持稳定的电化学性能。基于压阻传感器和超级电容器的优异性能，集成系统显示出高的压阻灵敏度和较好的应变能力［图 6-31（d）～（f）］，将其贴附于衣服或皮肤表皮，能实现多种监测功能，如语音识别、运动状态和呼吸监测等。因此，这种可压缩集成系统能较好地应用于人体健康的实时监测。

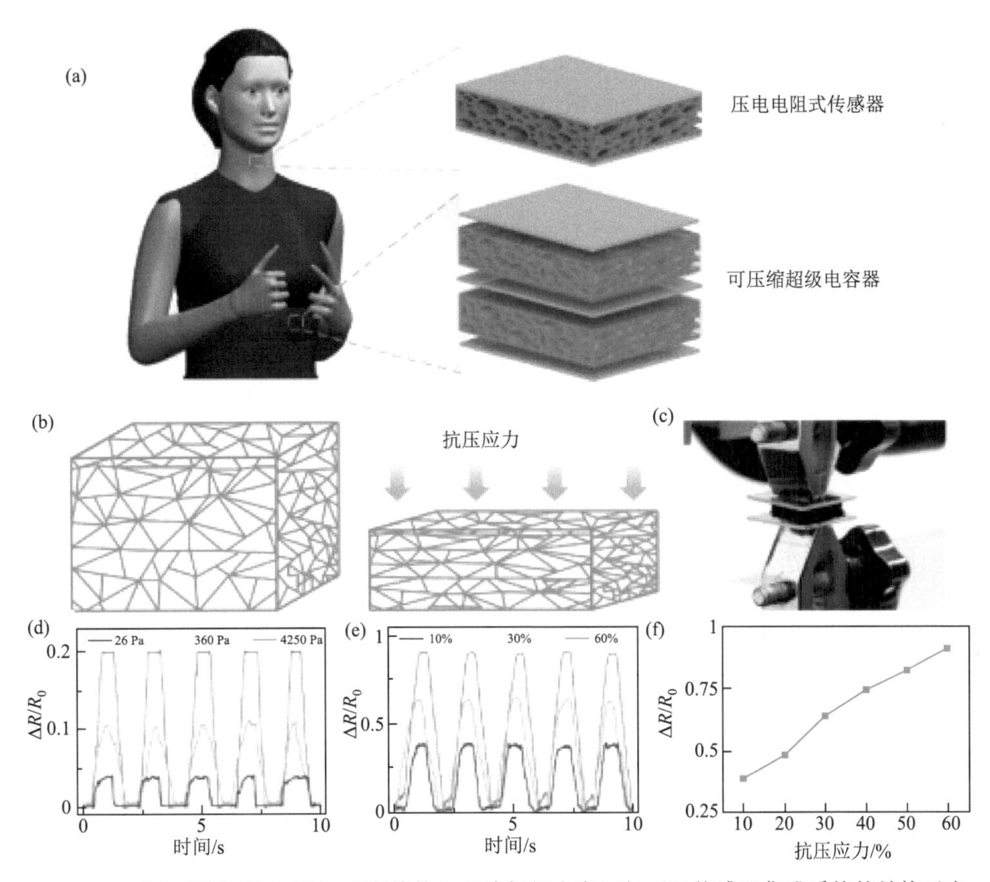

图 6-31　（a）基于 CNTs-PDMS 海绵的可压缩超级电容器与压阻传感器集成系统的结构示意图；（b）应力传感模型示意图；（c）推挽式压力计测量压电电阻的光学照片；（d）不同应力条件下反复压缩释放循环的电阻响应曲线；（e）不同压缩应变条件下反复压缩电阻响应曲线；（f）电阻响应随压缩应变的变化曲线[59]

与叠层组装的可压缩超级电容器相比，微型超级电容器的各组成部分在平面内排布，其厚度仅为微米级，更有利于实现小巧、轻薄的柔性自驱动压力传感器集成系统。由此，研究人员开发出一种以多孔 CNTs-PDMS 为活性材料、固态电解质为柔性基体的微型超级电容器，并将其作为储能器件用于自驱动压阻传感器的集成[60]。该系统通过 PDMS 膜的黏附作用，在其两侧组装微型超级电容器和压力传感单元，实现了一体化传感贴片。在没有外加电源的情况下，传感贴片可以贴附于人体皮肤上工作，通过电阻响应来监测关节和肌肉的运动。相比于传统叠层结构的超级电容器，微型超级电容器能使器件实现较高的集成度，在基于压力传感器的集成系统中显示出了较好的实用性。

此外，纺织纤维具有较好的柔韧性和灵活性，使其成为一种理想的可穿戴电子设备的构筑基元。基于纺织纤维的柔性电子织物具有舒适的可穿戴性和可编织性，可用于构筑超级电容器与传感单元多功能集成系统，并实现较好的可穿戴化应用。一种基于纺织型超级电容器和应变式压力传感器的可伸缩一体化集成系统被开发，并用于监测多种生物信号[61]，如图 6-32 所示。在该系统中，超级电容器部分由负载 MWCNTs/MoO_3 活性材料的可拉伸织物组成，在折叠、扭转和拉伸等多种变形条件下均表现出较高的比电容和较好的循环稳定性。传感部分为基于 MWCNTs/MoO_3 复合物织物的应变传感器，具有灵敏度高、稳定性好、响应时间快等特点。将预先设计的织物型超级电容器和应变传感器以叠层方式组装，并通过液态金属互连，实现了自驱动纺织传感系统的集成［图 6-32（a）］。这种以织物为主体的集成系统可以承受多种变形，将其缝制在衣物上，可以检测手指弯曲、手腕弯曲、手腕脉搏及肘部弯曲［图 6-32（b）～（e）］。由此可见，可伸缩一体化纺织集成系统可作为下一代可穿戴电子设备，在医疗健康和运动监测等领域呈现出巨大的应用潜力。

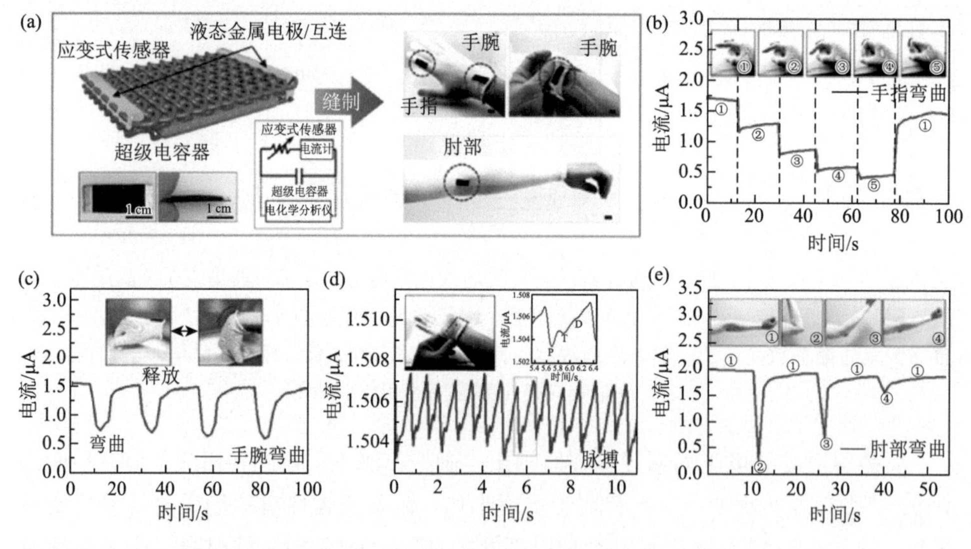

图 6-32 （a）超级电容器和应变传感器在织物基底上集成的原理示意图和光学图像、集成系统的电路图以及集成系统缝在 T 恤和尼龙手套上的光学图像；集成系统在不同情况下电流响应曲线：（b）手指弯曲，（c）手腕弯曲，（d）手腕脉搏和（e）肘部弯曲[61]

4. 柔性超级电容器与多功能传感器集成

与单一功能传感器与储能器件的集成系统相比，多功能传感系统与储能器件的集成系统可以同时实现光、气体、湿度和压力等多种信号检测。未来电子设备逐渐向便携化、柔性化和集成化发展，可以预见集成系统也将从单一的功能器件向柔性多功能集成器件发展。在同一柔性平面内实现多功能器件的排布、连接，提高整个集成系统的单元密度，从而实现整个系统的小型化、多功能化和智能化，这对于可穿戴器件来说更具实际应用价值。

为了更好实现集成传感系统的多功能化，研究人员开发出一种自驱动的多功能传感器集成系统，如图 6-33 所示，其组成单元包括光敏/气体传感器、应变传感器、超级电容器以及无线充电接收器[62]。其中，每种器件单元都是通过单独的工艺预先制作，随后转移到可拉伸共聚酯基底上，再通过液体合金连接，实现多功能化器件单元的有效集成。在该系统中，储能单元为以 MWCNTs 为电极材料、聚乙二醇双丙烯酸酯/1-乙基-3-甲基咪唑酰亚胺为电解液的微型超级电容器。为了使传感器稳定工作，在同一基底上集成了由 9 个微型超级电容器平行连接的阵列。传感单元包括两部分，即以石墨烯泡沫为敏感材料，能实现对人体动作、声音和脉搏等进行检测的应变传感器；以 MWCNTs/SnO_2 纳米线为敏感材料，可以有效检测紫外线和 NO_2 气体的光敏/气体传感器。此外，通过集成无线射频功率接收器，可以实现储能单元的无线充电，进一步减少了外电路连接。这种分单元组装集成的方式可以有效缓解局部应力，减少拉伸过程中对集成器件的破坏。该集成器件系统可直接贴附于人体皮肤表面，检测身体运动、脉冲和声音等多种生物信号。

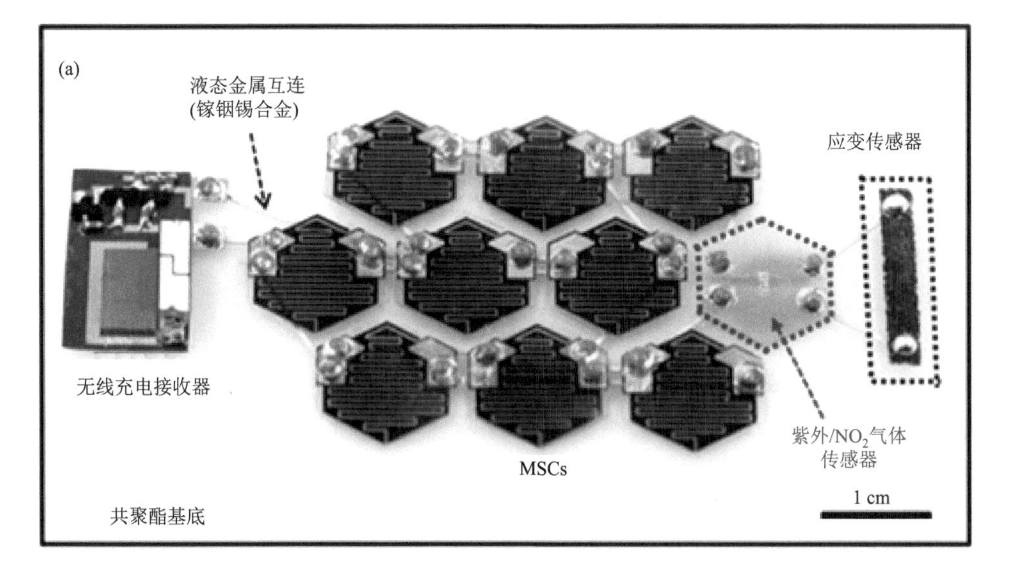

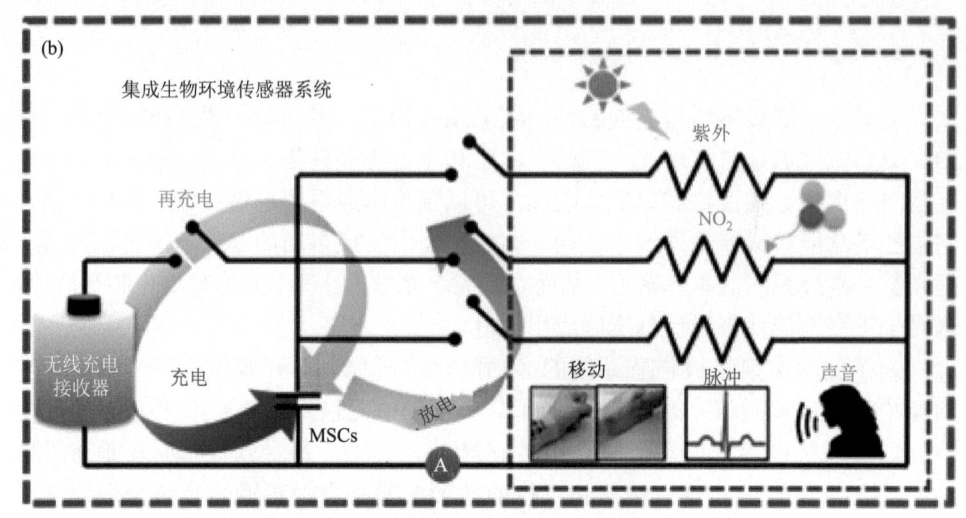

图 6-33 可伸缩微型超级电容器阵列与多功能传感器集成系统：
（a）光学照片；（b）电路图[62]

一般来说，医疗血液、汗液检测等使用的设备是一类集成多个传感器的检测系统，能监测身体的某些生理指标和技术动作。但实际上，这些商业分析仪一般需要连接外部电源供电，体积比较庞大，不易携带，不易达到实时监测的目的。随着柔性电子器件的发展，人们试图利用可穿戴生物传感集成系统实现实时、连续的运动生理监测。基于此，研究人员开发出了一种自驱动可穿戴汗液监测系统[63]，如图 6-34（a）～（c）所示，该监测系统由超级电容器阵列和两个传感器组成，并通过预设的金电极在同一柔性基底上实现传感单元和储能单元间的内部连接。其中，传感单元包括以壳聚糖/$NiCo_2O_4$ 复合物为敏感材料的葡萄糖传感器和以离子选择性膜为敏感基元的离子选择性传感器。储能单元为以 $NiCo_2O_4$ 为活性电极材料同心圆结构的超级电容器阵列。在超级电容器的驱动下，传感系统显示出较高的灵敏度，对葡萄糖、[Na^+]和[K^+]的检测线分别能达到 0.5 μA/μmol、0.031 nF/mmol 和 0.056 nF/mmol。通过与信号转导、调节和无线传输技术的进一步集成，该系统可以实现对人体出汗情况的实时监测，并在手机上显示出个人的实时生理状态［图 6-34（d）～（f）]。由于人体汗液中代谢物的含量与身体的健康状况密切相关，且汗液分泌可随人体生理条件的变化而变化，因此，这种可穿戴式智能监测系统可用于人体个性化诊断，实现对生理健康水平的实时监测。

在多功能集成系统中，通常需要使用多种活性材料来实现不同监测，使得集成结构和组装过程变得复杂，不利于实际生产。因此开发集多种监测功能于一体的敏感材料，对多功能传感器集成系统的发展具有重要意义[64, 65]。例如，以聚二甲基硅氧烷包覆聚吡咯/石墨烯泡沫（PDMS/PPy/GF）为单一活性材料，一种兼具

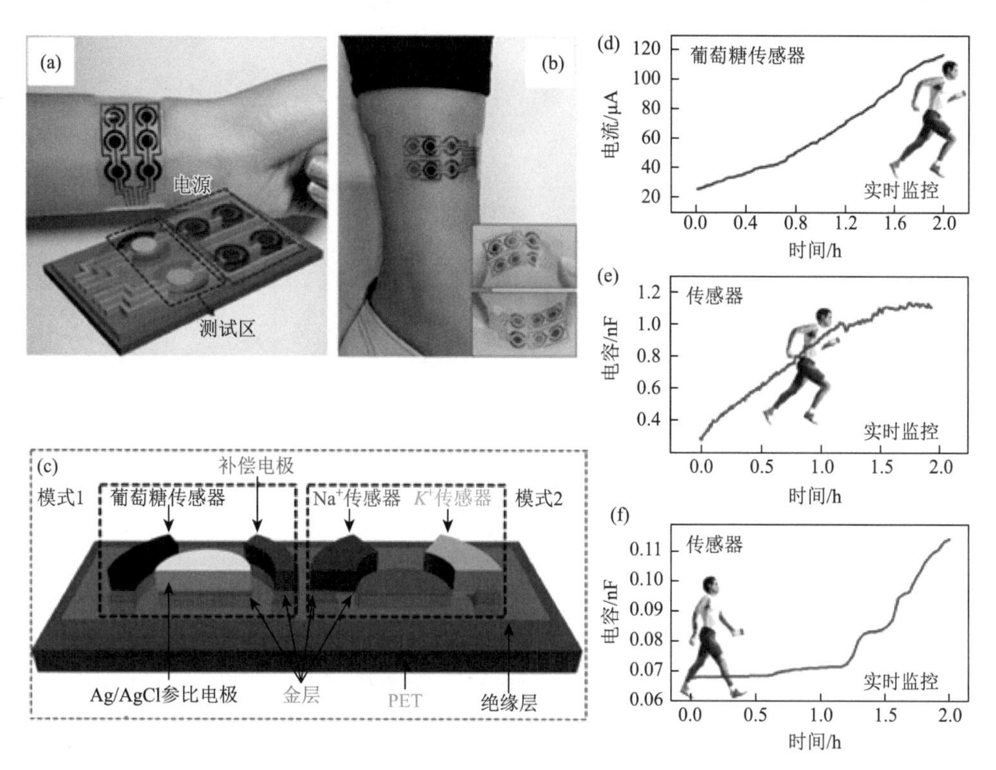

图 6-34　汗液传感器阵列与微型超级电容器集成系统用于可穿戴（a）腕带和（b）踝带的光学照片［（a）中插图是集成系统的三维模拟图］；（c）三维模拟图中传感器阵列的剖面示意图，模式 1 为葡萄糖传感器，模式 2 为[Na^+]、[K^+]传感器；集成系统的实时传感数据曲线：（d）葡萄糖，（e）钠离子，（f）钾离子[63]

压力、温度、应变响应的多功能传感器和柔性超级电容器集成系统被开发[65]。如图 6-35（a）和（c）所示，首先选用泡沫镍为模板，采用 CVD 法和电化学沉积作用，制备了具有丰富孔结构、大比表面积和导电性的 PPy/GF 复合材料，并将其作为电极材料组装柔性超级电容器，可获得高达 24 μW·h/cm^2 的能量密度。此外，PPy/GF 特殊的结构和组成使其对压力和温度具有较高的灵敏度，而后进一步用 PDMS 包覆，得到高抗形变能力的 PDMS/PPy/GF 复合物，以其为敏感材料制备的双功能传感器可以分别通过材料微结构框架和热电性能的变化来同时检测压力和温度［图 6-35（b）］。基于 PDMS/PPy/GF 的电阻型应变传感器可以检测到高达 50%的应变。最终，利用液态金属互连技术将各传感单元与储能单元连接，在柔性基底上实现了多功能传感器和超级电容器的集成［图 6-35（d）］。将集成系统贴于手背上，当手指接触到双模传感器时，就可以检测到压力，此外，利用该集成系统还可以检测握紧或松开拳头时施加在手背上的拉力。这项研究表明，新型多功能材料的构筑有助于促进自驱动多功能传感系统的开发和利用。

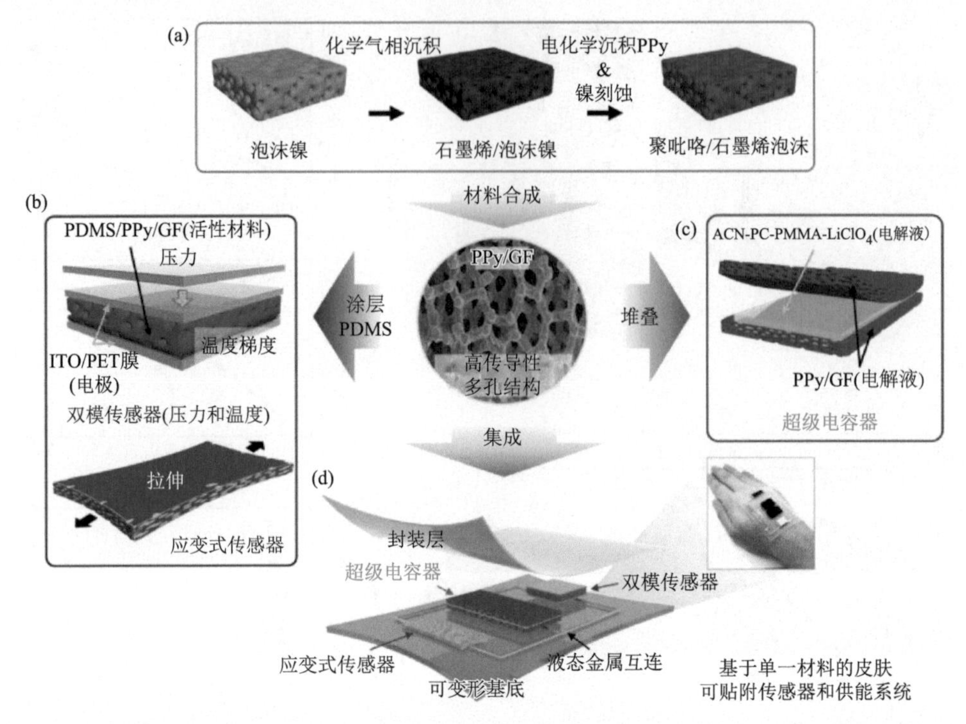

图 6-35 使用单一高导电性多孔材料制备多功能集成系统的原理示意图：(a) 聚吡咯/石墨烯泡沫（PPy/GF）复合材料的制备过程；(b) 通过 PDMS 涂覆制备基于 PDMS/PPy/GF 的压力和温度双模传感器以及应变传感器；(c) 基于 PPy/GF 的柔性超级电容器，电解液为 ACN-PC-PMMA $LiClO_4$ 凝胶；(d) 双模传感器、应变传感器和超级电容器集成系统[65]

人体皮肤是一个复杂的多功能综合系统，可同时检测触摸、捏、拉、温度等多种信号，通过自我产生信号、传递信号，达到保护身体的目的。随着仿生学的发展，电子皮肤因能够模拟人体皮肤和器官、感知周围环境和监测人体活动与健康而受到广泛关注。为了模拟人类皮肤的综合性能，人工电子皮肤需要集成多种传感模块，这些模块可以同时区分各种物理刺激，包括应变、扭转、温度、湿度和环境气体等。此外，随着电子产品和便携设备的迅速普及，将储能单元集成到多功能电子皮肤中形成自驱动系统，是下一代多功能电子皮肤的发展趋势。例如，研究人员以 rGO 和聚偏氟乙烯纳米纤维的复合结构为功能材料制备了自驱动电子皮肤系统[66]。该集成系统以柔性 PDMS 为基底，由模块化组装的微超级电容器、压力传感器、光电探测器、气体传感器四种平面器件组成，并采用镍带和银带实现器件单元的互连。其中，微型超级电容器可以驱动三个传感器，检测环境的变化和身体健康的生理信号，起到类似人体皮肤和感觉器官的作用。该技术简单高效，可应用于高性能电子皮肤的规模化生产以及可穿戴电子或仿生学领域。

综上所述，目前在柔性超级电容器与传感器集成器件方面的研究已经取得了重大进展，表 6-3 总结了柔性超级电容器与传感器集成器件的电极材料、集成形式及相关性能参数。然而，目前柔性线状或微结构超级电容器一般受活性材料的限制，其总能量较低，难以实现长时间的供能。此外，受器件集成方式及基底等的影响，集成器件在不同形变（如弯折、拉伸、扭曲和折叠等）下的安全性及稳定性有待于进一步提高，以满足集成系统的可穿戴化需求。因此，电极材料的优化匹配、单元之间的连接方式以及基底的选择仍是实现自驱动柔性可穿戴传感系统所要解决的关键科学问题。

6.2.3　柔性电池与传感器集成

典型的储能器件除了超级电容器，还包括各种电池，如锂离子电池、锌离子电池、钠离子电池等二次电池。与超级电容器相比，电池具有更高的能量密度，作为储能单元时，能提供更加持续有效的驱动力。因此，开发柔性电池与传感器的集成系统，能实现更高效的自驱动、多功能传感系统，使其更好地用于可穿戴监测系统。

1. 柔性锂离子电池与传感器集成

锂离子电池主要通过锂离子在正负极之间“嵌入-脱嵌”来存储能量，具有能量密度大、自放电小及无记忆效应等优点。随着柔性可穿戴电子设备的不断发展，具有良好柔性，以及可弯折、可伸缩特性的柔性锂离子电池受到人们的广泛关注。作为柔性可穿戴器件的电源装置，将柔性锂离子电池与传感器集成，可以更加有效地促进传感系统的便携、可穿戴化发展[67]。如图 6-36（a）和（b）所示，在该集成系统中，柔性锂离子电池主要由 SnO_2/碳布负极、$LiCoO_2$/铝箔正极和 $LiPF_6$ 电解质组成，传感单元为基于 SnO_2/碳布的柔性紫外光电探测器。将传感单元贴附于柔性锂离子电池表面，并将两极分别与柔性锂离子电池两电极相连，实现了储能器件与光电探测器的集成。其中，柔性锂离子电池能够提供较高的容量，在 200 mA/g 的电流密度下，保持 550 mA·h/g 的可逆容量，这种高的容量可以实现更长时间的供电。在柔性电池的驱动下，光电探测器对紫外光表现出良好的响应，并在外部弯曲应力作用下保持较好的稳定性［图 6-36（c）］。此项工作证明了柔性锂离子电池作为储能器件集成柔性自驱动传感器的可行性。

尽管上述基于叠层方式组装的柔性锂离子电池与传感器的集成系统可以适用于许多电子/光电系统，但受整体厚度和体积大小的影响，目前其很难适用于轻薄、微型化柔性系统，如高密度传感阵列和医疗传感贴片等。为了解决上述问题，研究

表 6-3 柔性超级电容器与传感器集成器件的电极材料、集成形式及相关性能参数

超级电容器	超级电容器结构	储能材料	电压窗口/V	能量密度	功率密度	传感器类型	敏感材料	集成形式	集成基底	参考文献
对称超级电容器	平面微结构	rGO	0～0.8	0.621 mW·h/cm^3	0.782 W/cm^3	光电探测器	CdS	平面共基底	柔性 PET 膜	[44]
	平面微结构	rGO/Fe_2O_3	0～1.0	1.61 mW·h/cm^3	9.82 W/cm^3	光电探测器	CdS	平面共基底	柔性 PET 膜	[45]
	平面微结构	MWNT/V_2O_5	0～0.8	6.8 mW·h/cm^3	80.8 W/cm^3	UV 光电探测器	SnO_2	平面共基底	柔性 PET 膜	[46]
	三明治结构	SWCNTs	0～0.8	—	66.7 kW/kg	光电检测器	TiO_2	共电极集成	A4 纸	[52]
	平面微结构	SWCNTs	0～0.8	—	—	光电检测器	TiO_2	共电极集成	PDMS 膜	[53]
	平面同心圆形阵列	PPy	0～0.8	0.004 mW·h/cm^2	0.185 mW/cm^2	乙醇气体传感器	MWCNTs/PANI	平面共基底	柔性 PET 膜	[54]
	平面叉指微结构	PANI/MWCNTs	0～1.2	3.2 mW·h/cm^3	291 mW/cm^3	NO_2 气体传感器	石墨烯	平面共基底	可拉伸共聚酯	[55]
	平面叉指微结构	PPy/石墨烯	0～0.8	2.5 mW·h/cm^3	2.5 mW/cm^3	NH_3 气体传感器	PPy/石墨烯	平面共基底	尼龙膜	[56]
	三明治结构	CNTs-PDMS 海绵	0～1.0	—	—	压力传感器	CNTs-PDMS 海绵	平面共基底	聚酰亚胺	[59]
	平面叉指结构	CNTs-PDMS 海绵	0～1.0	—	—	压阻传感器	CNTs-PDMS 海绵	垂直方向	PDMS 膜	[60]
	三明治结构	MWCNTs/MoO_3	0～1.4	13.15 W·h/kg	2000 W/kg	应变传感器	MWCNTs/MoO_3	垂直方向	可拉伸织物	[61]
	同心圆结构	$NiCo_2O_4$	0～0.5	0.64 μW·h/cm^2	0.1 mW/cm^2	生物传感器	CS/$NiCo_2O_4$ 和离子选择性膜	平面共基底	PET 基底	[63]
	平面叉指微结构	MWNT	0～1.5	1.5 mW·h/cm^3	12.6 W/cm^3	UV/NO_2 气敏和压力传感器	MWNT/SnO_2 和石墨烯泡沫	平面共基底	PET 膜	[62]
	三明治结构	PPy/GF	0～1.4	24 μW·h/cm^2	2.3 mW/cm^2	压力/温度/应变传感器	PDMS/PPy/GF	平面共基底	共聚酯/PDMS 复合膜	[65]
	三明治结构	rGO-on-PVDF-NFs	0～1.0	0.071 mW·h/cm^3	5.03 mW/cm^3	压力/气体传感器、光电探测器	rGO-on-PVDF-NFs	垂直方向	PDMS 基底	[66]

续表

超级电容器	超级电容器结构	储能材料	电压窗口/V	能量密度	功率密度	传感器类型	敏感材料	集成形式	集成基底	参考文献
非对称超级电容器	柔性线状	Co_3O_4//石墨烯	0～1.5	0.62 mW·h/cm^3	1.47 W/cm^3	光电探测器	石墨烯	共电极集成	Ni 纤维	[43]
	平面叉指微结构	MnO_2-PPy//V_2O_5-PANI	0～1.6	15～20 mW·h/cm^3	0.3～2.5 W/cm^3	光电探测器	钙钛矿	平面共基底	柔性 PI 膜	[50]
	平面叉指微结构	MnO_2/MWNT//V_2O_5/MWNT	0～1.6	0.88 μW·h/cm^2	0.16 mW/cm^2	UV 传感器	石墨烯/ZnO	平面共基底	可折叠防水矿物纸	[51]
	柔性纤维状	MnO_2@Ni//CNTMoS_2	0～1.8	87.92 μW·h/cm^2	9000 μW/cm^2	湿度传感器	MEBA-co-KH570/MWCNTs	同轴集成	碳纳米管纤维	[57]
	柔性线状	V_2O_5/SWCNTs//VN/SWCNTs	0～1.6	41.28 μW·h/cm^2	480 μW/cm^2	温度传感器	rGO	缠绕集成	—	[58]

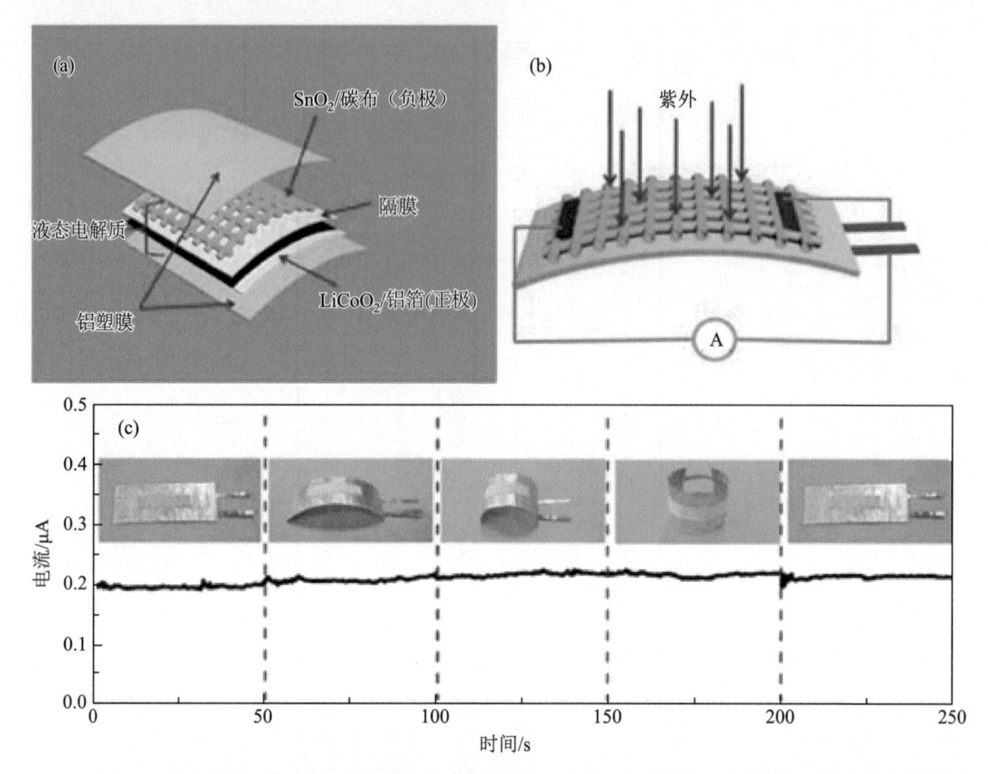

图 6-36 （a）柔性锂离子电池的原理示意图；（b）锂离子电池与光电探测器集成系统原理示意图；（c）集成系统不同弯曲状态下电流随时间变化曲线[67]

人员开发出一种新型共面组装结构的柔性锂离子电池，并将其与多种功能器件合理集成（图 6-37）[68]。其中，柔性锂离子电池由正、负极在同一柔性平面内组装而成，厚度小于 0.5 mm，表现出较好的弯曲性能，且能够提供 7.4 V 的高电压。该共面电极设计的柔性锂离子电池可以与多种功能器件集成，包括医疗/美容贴片、具有个人身份识别功能的智能卡、智能手表等，实现可穿戴、便携化自驱动传感系统。

此外，一些特殊传感设备，如整合皮肤传感器和电子眼球照相机等的发展，对为其供电的锂离子电池的可逆形变提出了更高的要求，为更好地适应各种使用场景，弯折、拉伸等复杂形变需要被考虑[69, 70]。柔性锂离子电池是锂离子电池的新兴领域，大多数的研究仍处在基础研究阶段。但柔性锂离子电池技术的不断成熟，必将推动柔性可穿戴传感集成器件的飞速发展。然而，由于可穿戴柔性电池在日常使用中更容易受到机械冲击和破坏，包括折叠、撞击、刺穿或在水中浸泡等，柔性/可穿戴电池的安全问题要比传统的刚性电池更加突出。目前，大多数柔性锂离子电池仍使用有机电解液和价格昂贵的活性组分，表现出固有的安

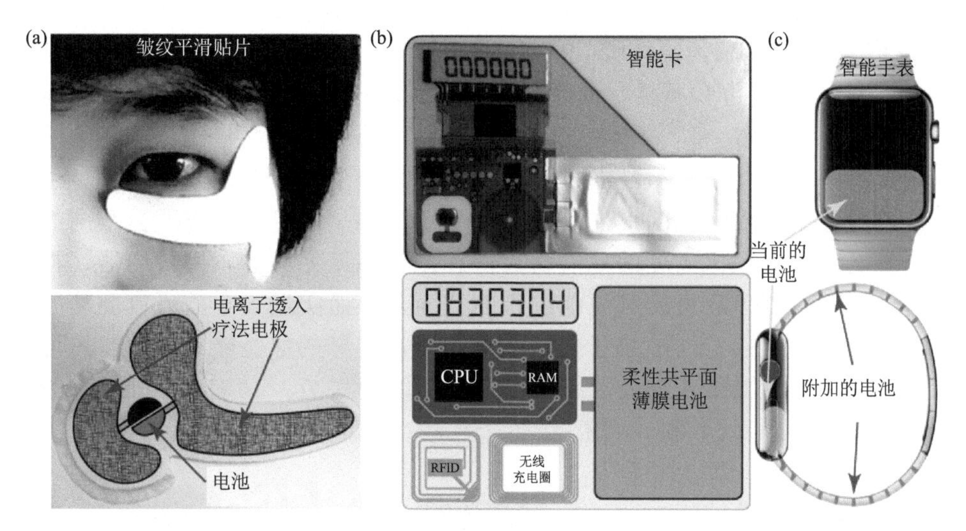

图 6-37　共面柔性锂离子电池适用于多种功能器件的集成：（a）具有电离子透入疗法功能的医疗/美容贴片；（b）具有个人身份识别功能的智能卡；（c）可穿戴智能手表[68]

全性和成本问题，在一定程度上限制了其实际应用。因此，开发高安全性的柔性锂离子电池及其他柔性电池用于柔性/可穿戴传感系统的集成是非常必要的。

2. 其他柔性电池与传感器集成

除了柔性锂离子电池，柔性锌离子电池[71-73]也可以作为储能单元与传感器集成，制备柔性/可穿戴传感器集成系统，用于环境或生物信号的监测。例如，一种基于多组分聚合物电解质的高安全性可穿戴锌离子电池被成功开发，并用于驱动可穿戴式脉冲传感器、商业智能手表等电子产品[71]。柔性固态锌离子电池由柔性锌电极、α-MnO_2/CNTs 柔性电极和多级结构聚合物电解质组成。其中聚合物电解质为多组分、多级结构，具有较强的机械强度和离子导电性，有利于提高体系电化学性能和安全性。该柔性电池在各种极端条件（如切割、弯曲、锤击、燃烧、清洗、负重、钻孔和缝纫等）下仍能正常工作，表现出良好的灵活性和安全性。将柔性锌离子电池组装到衣物上，能有效驱动传感器工作，检测脉冲波形，反映人的生理表现。此外，柔性锌离子电池能驱动商业智能手表和智能鞋垫正常运行，进一步说明柔性锌离子电池在高安全性可穿戴集成系统的巨大应用潜力。

此外，为了有效匹配某种功能的传感器，如压力传感器，开发与之适应的抗形变锌离子电池具有重要意义。如图 6-38 所示，一种基于凝胶的可压缩 Zn-MnO_2 电池被开发出来，并作为储能器件用于可穿戴式自驱动压力传感器集成系统[72]。在该集成系统中，Zn-MnO_2 电池以 Zn@石墨烯纸为负极、MnO_2@

石墨烯纸为正极、聚丙烯酰胺（PAM）凝胶为电解质，采用叠层方式进行组装。其中，PAM 凝胶电解质具有交联聚合物链和优异的吸水性，从而表现出良好的机械弹性［图 6-38（a）］和离子导电性，且离子电导率随压缩应变的增加呈增大趋势。因此，所组装的电池对机械压缩应变具有良好的耐受性，且其储能能力随着压缩应变的增加而增大。更重要的是，可压缩电池在不同的压缩形变下，均表现出高度的性能稳定性。传感单元为柔性压力传感器，将其贴附于含有两个串联可压缩电池腕带的背面，从而实现了穿戴式自驱动压力传感系统［图 6-38（b）］。由于集成系统中电池良好的储能能力和固有的可压缩性，这种智能腕带式集成系统在穿戴时可以检测 0.3～4 Hz 不同频率的压力信号［图 6-38（c）和（d）］。

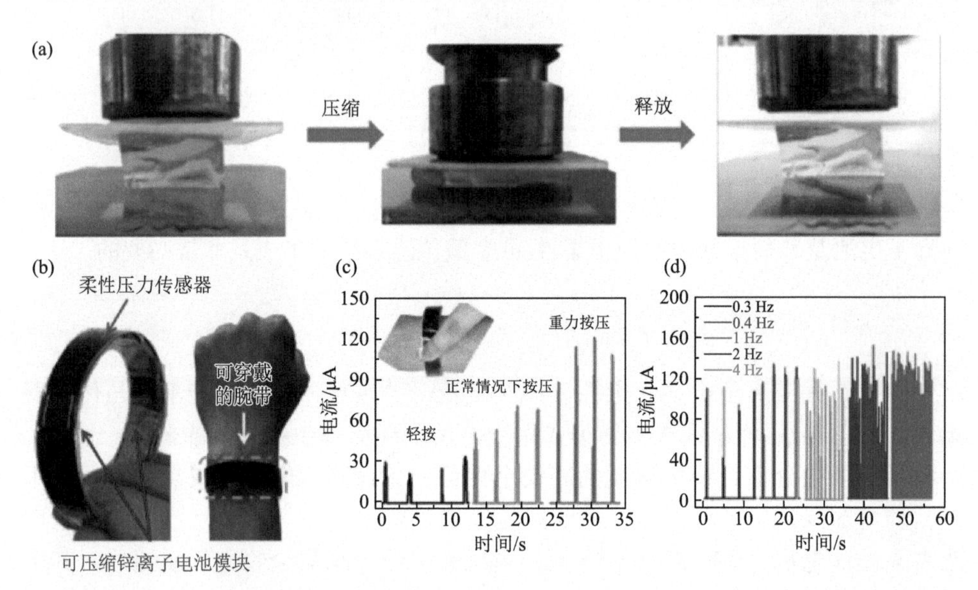

图 6-38　（a）可压缩 PAM 凝胶在压缩和松弛状态下的光学照片；（b）由两个 $Zn-MnO_2$ 电池模块和一个柔性压力传感器集成的柔性智能腕带；（c）不同压力下智能腕带产生的感知信号；（d）智能腕带在 0.3～4 Hz 不同频率压力下产生的感知信号[72]

另外，随着柔性储能器件的发展，柔性钠离子电池[74]、柔性锂-硫电池[75]、柔性铝离子电池[76]以及柔性金属空气电池[77]等相继被开发，它们表现出较好的机械强度和柔韧性，在构筑兼具储能和传感于一体的自驱动、多功能集成微系统方面具有较好的应用前景。

6.2.4 展望

柔性储能器件与传感器的集成，推动了柔性可穿戴传感设备的发展，使传感器在人体周围环境监测、人体状态监测等方面发挥了重要作用。然而，这些集成系统的抗机械形变能力仍需进一步提高，以满足多种复杂情况下的实时监测。开发具有自修复和形状记忆等智能化功能的储能器件与传感器集成系统具有重要意义，这可使集成器件在遭受外界破坏或形变后能快速恢复，维持集成系统的结构稳定性和功能稳定性。具有高能量密度的柔性多价金属二次电池以及金属空气电池等，与传感器的集成系统有待于进一步开发，以实现更高效、更持续的自供电传感系统。目前，对柔性储能器件和传感器集成系统的研究主要停留在实验室阶段，尚未实现大规模商业化生产。探索简便、高效、低成本并且可以批量化制备的集成工艺，仍然是柔性集成系统商业化过程中需要解决的重大科学问题。

6.3　柔性储能器件与其他电子器件的集成

除了与太阳能电池、传感器的集成外，柔性储能器件与其他电子器件的集成也取得了一定进展，本节主要介绍柔性储能器件与其他能量（如机械能、热能等）采集器件的集成以及集能量采集、存储、利用功能为一体的高度集成化柔性电子系统，同时概述现阶段柔性集成系统所面临的问题，并对未来多功能集成体系的发展方向进行讨论。

6.3.1　柔性机械能-电能转化与存储集成系统

与太阳能类似，机械能被认为是一种清洁、可再生的绿色能源。机械能来源广泛，最受关注的是环境中可获取的机械能，包括风能，以及从海浪和人体运动获取的机械能等[78]，其中，从人体获取的机械能经相应的能量转化装置转化为电能，进而电能直接或进一步结合其他储能器件为各种柔性可穿戴系统供能[79-81]。根据机械能获取途径的不同，本小节将分别介绍基于摩擦起电效应和压电效应的柔性机械能-电能转化与存储集成系统。

摩擦起电效应是指通过摩擦运动，如滑动、垂直接触运动、扭转应力运动等，在材料表面产生电荷。如果把这些电荷收集加以存储、利用，不失为一种循环利用机械能的好方法，近年来，该策略在可穿戴自供电系统中得到了应用。研究人员通过使用两种具有明显不同摩擦极性的材料将摩擦起电和静电效应结合，构建了一种具有良好机械柔性的透明纳米发电机[83]。与其他能量转换系统相比，摩擦起电纳米发电机不仅具有制造工艺简单、成本低廉的优势，而且可以产生较高的输出功率，这对便携式电子设备的实际应用是至关重要的，但此类纳米发电机也具有一定的局限性，如单步摩擦所收集到的电流非常小，导致提供的能量十分有限，从而影响相应能量利用装置的正常运行。为解决这一问题，一种基于摩擦起电纳米发电机与柔性锂离子电池的可穿戴自供电集成装置被设计[82]。其中，传统聚酯带由于其良好的柔性和机械强度被选作基底，经连续涂覆导电镍层和绝缘对二甲苯层形成镍带和对二甲苯/镍带电极，随后，将二者采用交叉排布的方式编织成摩擦起电纳米发电机布，如图 6-39 所示。该系统通过两个摩擦起电纳米发电布间的垂直接触-分离运动来工作，当挤压引起接触性带电时，电子从正摩擦镍带转移到负摩擦对二甲苯/镍带，在两个电极之间发生电荷分离从而产生电势差；电子在电势差驱动下通过外部电路在两个电极之间进行传输，从而成功实现一种带整流装置的自充电系统。该系统在正常工作状态下，由于整流装置的辅助，所产生的电流可以被直接传输到锂离子电池上（图 6-40），此外，当在低频条件下运动时，该摩擦起电纳米发电机布可为锂离子电池快速充电至 1.9 V 左右，同时还能够提供充足的电能驱动小型电子设备，如心跳计、计步器、体温计等。更值得关注的是，该摩擦起电纳米发电机布可收集多种人体运动模式产生的能量，结合其良好的柔韧性和优异的电化学稳定性，因此可以被穿戴在人体的不同部位，当佩戴者进行剧烈运动时（运动频率远大于 1 Hz），可以产生更高的能量，从而扩大其在智能可穿戴电子产品领域的潜在应用范围。

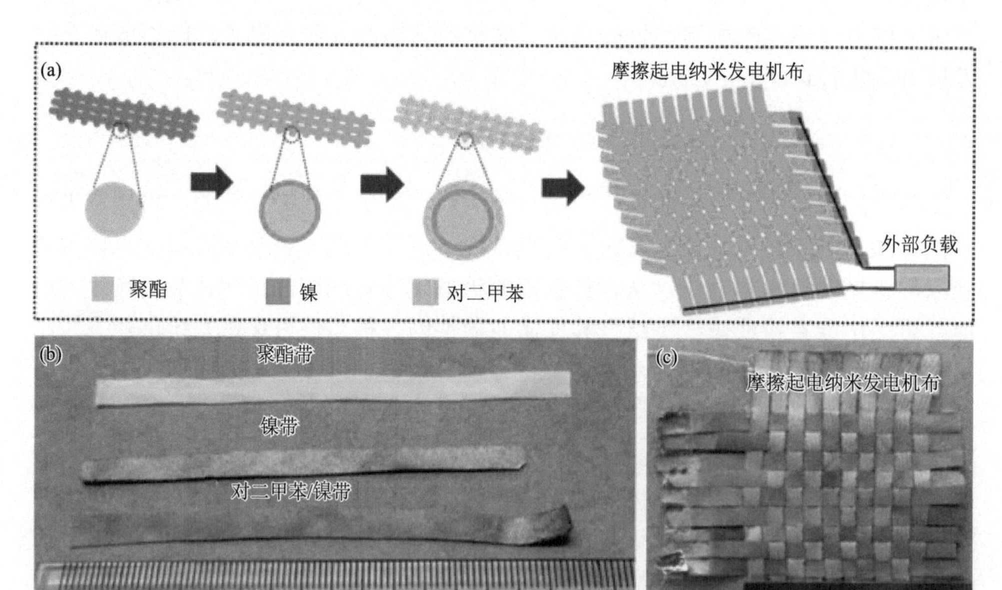

图 6-39　摩擦起电纳米发电机布：（a）组装流程图；（b）原始聚酯带、镍带和对二甲苯/镍带的光学照片；（c）通过编织镍带和对二甲苯/镍带组装的摩擦起电纳米发电机布的光学照片[82]

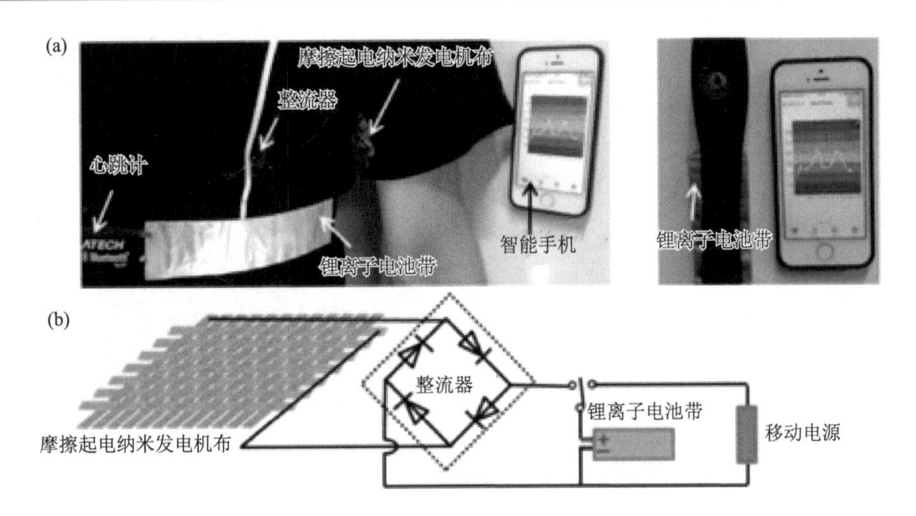

图 6-40　基于摩擦起电纳米发电机布机械能采集单元、锂离子电池储能单元与心跳计的自充电电子系统：（a）光学照片；（b）等效电路[82]

与摩擦起电效应相比，压电效应具有灵敏度高、响应速度快的优点，同样适用于机械能-电能转化与存储集成系统。上面提到摩擦起电纳米发电机与锂离子电池的集成虽然可以在很大程度上弥补传统器件外接电路导致的能量密度低、柔性差等缺点，但它需要通过一个额外的整流电路来转换成直流电，严重限制了其在柔性便携式设备中的应用。近期，研究人员基于压电纳米发电机和锂离子电池设计并组装了一种机械-电化学自充电电池[79]，此装置由正极、负极和隔膜三个主要部分组成［图 6-41（a）和（b）］，其中，正极为涂覆于铝箔上的 $LiCoO_2$，负极为生长于钛箔上的 TiO_2 纳米管阵列，隔膜则采用极化的 PVDF 代替传统锂离子电池中的聚乙烯隔膜。在工作状态下，该集成系统主要是由 PVDF 形变产生压电电势引起的电化学过程来驱动，初始状态下表现为放电，当给集成系统施压时，一个由正极到负极的压电场就会作用于极化的 PVDF 隔膜，从而使电解液中的 Li^+通过压电场由正极迁移到负极，最终导致正极的 Li^+浓度降低，同时负极的 Li^+浓度升高。在上述过程中，Li^+不断从正极迁移到负极并对器件进行充电，同时多余的自由电子从正极转移到负极，以维持电中性和充电反应的连续性。与传统充电方式相比，该集成系统在自充电和放电过程中，由 PVDF 形变作用于器件所产生的电压在 4 min 内即可增加到 65 mV［图 6-41（c）和（e）］，在完成自充电过程后，集成系统又可以恢复到原来的电压［图 6-41（d）］，该过程存储的电量约为 0.036 μA·h。因此，这种基于机械能-电能转化与存储的集成自充电电池可以通过机械形变或来自环境中的振动等机械能形式进行自充电，这将为新型自供电移动电源的开发提供一种创新性方法。

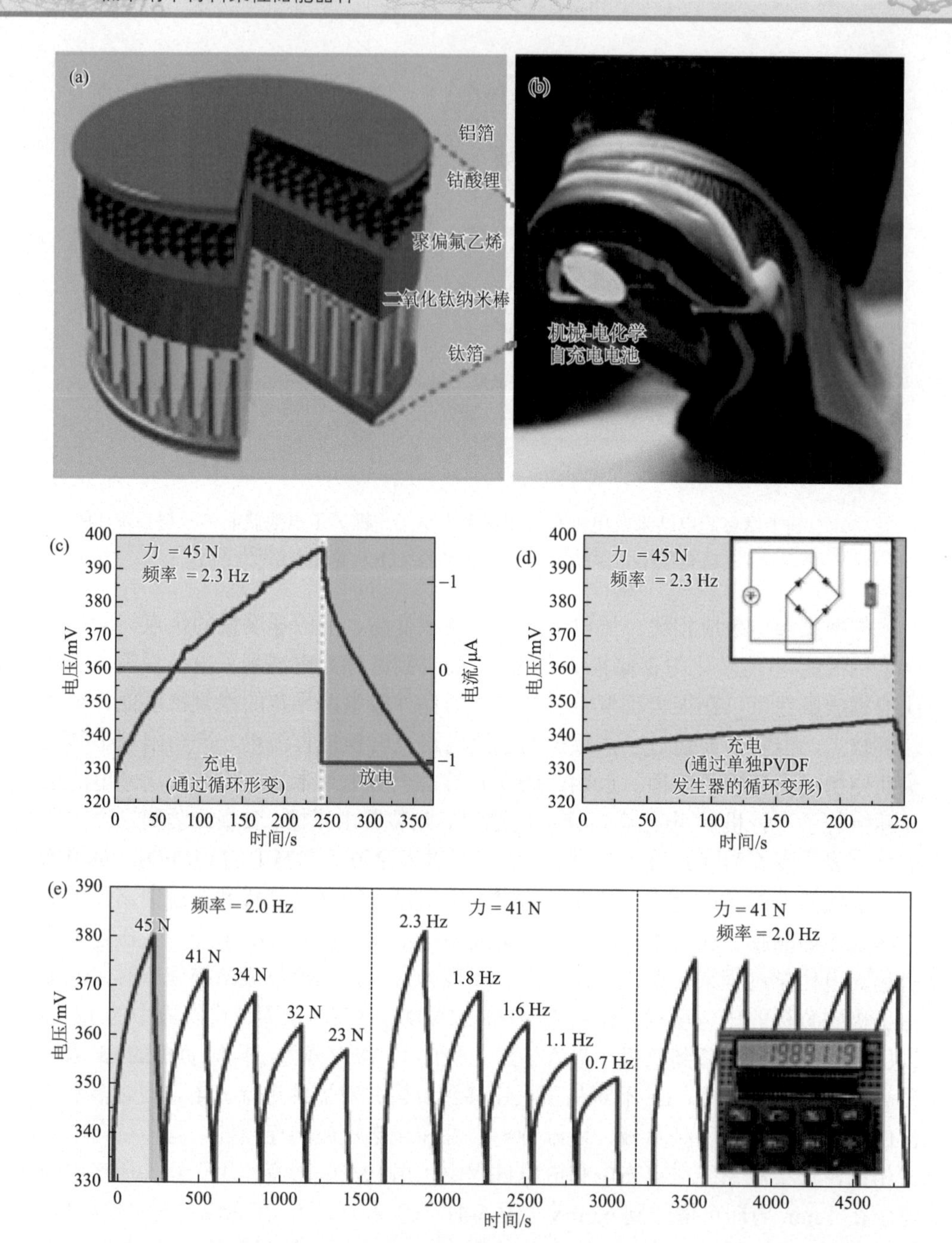

图 6-41 （a）机械-电化学自充电电池集成系统结构示意图；（b）将一个电池贴在鞋子底部，步行产生的压缩能量可以通过集成系统直接转换和储存的光学照片；（c）集成系统在周期性压缩应变下的自充电过程和相应的放电过程；（d）集成系统在通过极化的 PVDF 压缩应变下的自充电过程与相应的放电过程；（e）在不同压力和频率下，集成系统自充电/放电循环[79]

6.3.2　柔性热能–电能转化与存储集成系统

与机械能类似，热能在人们的生产、生活中无处不在。在过去，热能作为一种次级能源通常被浪费，很难被高效利用[84, 85]。近年来，可穿戴和柔性电子设备，特别是自供能电子系统的迅速发展促使研究人员对从人体或耗能设备中获取散失的热量产生了浓厚的兴趣。

一种采用聚苯乙烯磺酸作为固态电解质、PANI 沉积的石墨烯和碳纳米管薄膜分别作为正极和负极的热可充电超级电容器被成功设计[84]。此集成系统在没有外部电源的情况下，通过聚苯乙烯磺酸电解质收集热能，利用 PANI 沉积的石墨烯和碳纳米管电极上的电化学反应来储存电化学能量，其工作原理如图 6-42 所示，初始放电状态下，该器件具有均匀分布的离子，当热量（热能）被施加到其中一个电极上时，两个电极之间的温度梯度导致更多的 H^+向低温一侧扩散（Soret 效应），减少了聚苯乙烯磺酸根离子的移动。结果表明，低温一侧电极附近 H^+浓度升高，高温一侧电极附近 H^+浓度相应降低，这种浓度差引起两个电极之间产生电势差，当两个电极通过负载电阻连接时，电势差引起的电子传导将导致 PANI 分别在高温电极和低温电极上实现氧化和还原反应，从而为固态超级电容器充电。在正常工作状态下，该集成系统可为固态超级电容器充电至 38 mV，面积比容量高达 120 mF/cm^2，展现出了优异的电化学性能。因此，这种将热能转化为电能的方法为热能收集提供了一个新的方向，也为自供能设备提供了一种可持续的能量采集方法。

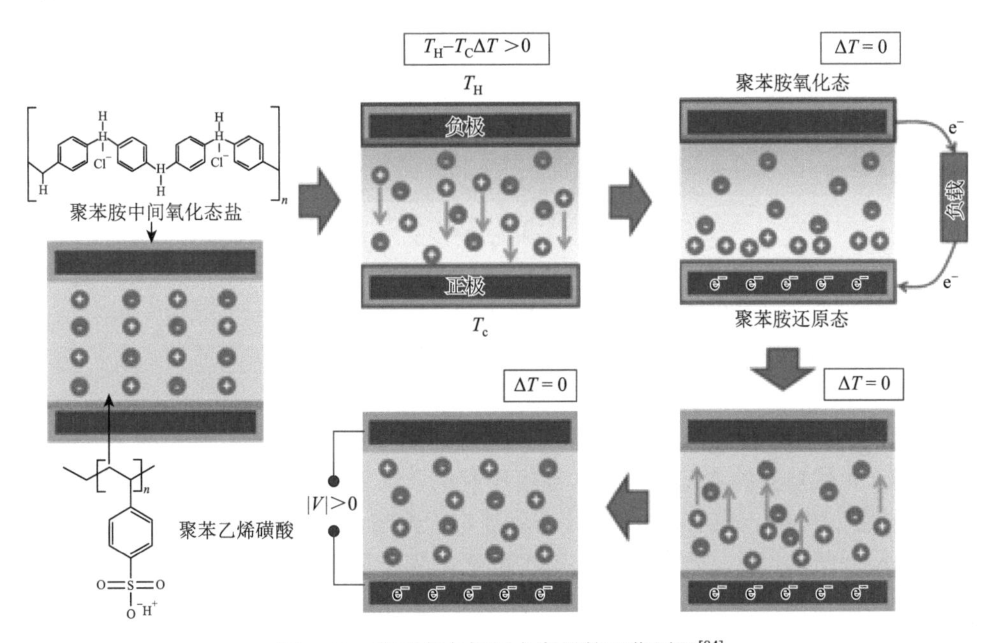

图 6-42　热可充电超级电容器的工作原理[84]

6.3.3 柔性一体化能量采集-存储-利用装置

一个完整的柔性自供能电子系统通常由三部分构成（图 6-43），即用于捕获能量的能量采集单元、用于储存能量的储能单元和消耗能量的能量利用单元[86]。柔性储能器件与太阳能电池的集成仅实现了能量采集与存储单元两部分间的有效集成，可以作为自供电电源装置为外部负载供能，但往往造成了不必要的能量损耗，进而导致能源利用效率的降低；相反地，柔性储能器件与传感器的集成又局限于能量存储和利用单元两部分间的集成，要想成功驱动传感器件，首先必须对储能器件进行外部充电以储存足够多的电能，而后才能实现功能器件的正常运行，这将对使用环境提出较高的要求，如果处于野外甚至更为恶劣的环境中，这种功能单一的集成系统将会受到限制[6, 87]。因此，开发集能量采集、存储、利用功能为一体的高度集成系统，不仅可以避免传统刚性电子器件所带来的体积大、质量重、结构复杂以及功能单一等缺点，同时还提高了能源利用效率，此系统是未来柔性电子系统的重要发展方向。

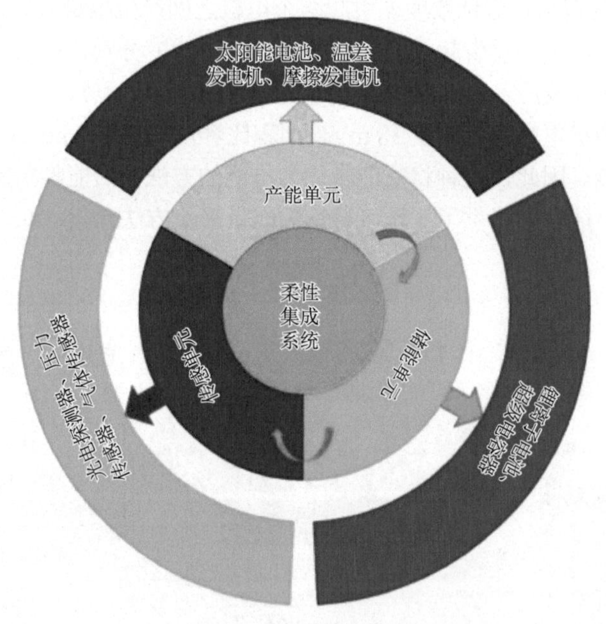

图 6-43 柔性集成系统的组成示意图[86]

基于光伏效应的太阳能电池常被用作能量采集装置，并用于构筑集能量采集-存储-利用功能于一体的高度集成化自供能电子系统。例如，研究人员开发出一种由商用硅太阳能电池、高性能固态微型超级电容器和压力传感器共同组成的自供能可拉伸传感系统［图 6-44（a）和（b）］[88]。在该系统中，平面的微型超级电容器由 CNTs/PPy 电极和具有氧化还原添加剂的 LiCl/PVA 凝胶电解质构成；压力传感器则由石墨烯泡沫和 PDMS 复合薄膜构成。这种独特的集成结构是通过在具有负环氧系列抗蚀剂的聚合物基底上采用蛇形互连的方式实现的。结果表明，该系统在进行 1000 次 30%的重复双轴拉伸/释放循环后，超级电容器的充放电行为并未受到影响，同时展现出优异的电化学稳定性；随后，将整个集成系统穿戴在人体手腕上，压力传感器可以利用储存在超级电容器中的能量检测外部施加的应变和动脉脉搏［图 6-44（c）～（e）］。因此，这项工作成功地展示了可伸缩自充电供能/传感器系统在健康监测领域的应用潜力。

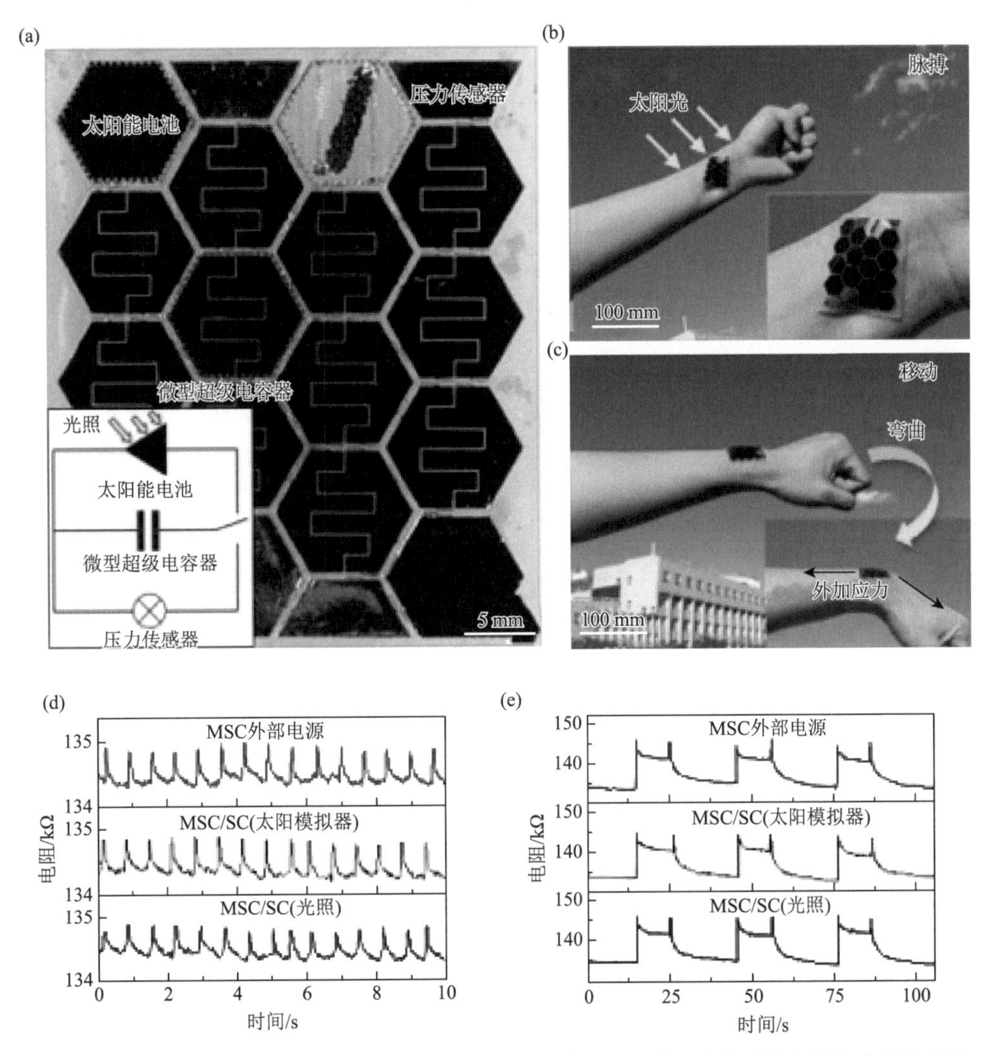

图 6-44 （a）可拉伸自供能传感集成系统的光学照片；（b）附于手腕皮肤上的集成系统光学照片；（c）手腕弯曲的光学照片；利用固态微型超级电容器存储的能量驱动下压力传感器的电阻变化：（d）对脉搏的响应，（e）对手腕弯曲的响应[88]

此外，结合喷墨打印技术，一种集太阳能电池、超级电容器和 SnO_2 气体传感器于一体的可穿戴自供电腕带也被成功制备[89]。其中，PET 被选作柔性基底，并在其上打印预先设计好的银电路图案，用于能量采集和转化的非晶硅太阳能电池、作为中间储能设备的平面 MnO_2 基超级电容器以及用于乙醇/丙酮检测的可打印 SnO_2 气体传感器被组装在预先打印好的银电路图案上，然后用聚二甲基硅氧烷包装成一个柔性耐磨的可穿戴腕带，从而获得一种柔性一体化的自供电传感集成系统［图 6-45（a）］。在该集成系统中，通过电路调节，采集的太阳能既可以直接驱动传感器工作，也可以存储在超级电容器以补偿光照的间歇性。此外，SnO_2 气体传感器对乙醇/丙酮有较高的灵敏度，产生的电阻降可触发 LED 作为警告信号。因此，这种可打印的自供电集成传感系统可在未来启发制造各种可穿戴和便携式设备，特别是用于个性化医疗、生物医学监测。为扩展柔性基底的可选择性，如图 6-45（b）所示，研究人员以纸为基底，组装了一种集硅基太阳能电池、MnO_2/PPy 基非对称超级电容器和气体传感器为一体的集成系统[90]，实现了能量的同步采集、储存及利用，表明完全无需外电路的柔性传感器网络在纸上也可以实现。这种基于柔性纸基底的集成策略为新型便携式和可穿戴式电子产品的发展提供了一种新的思路。

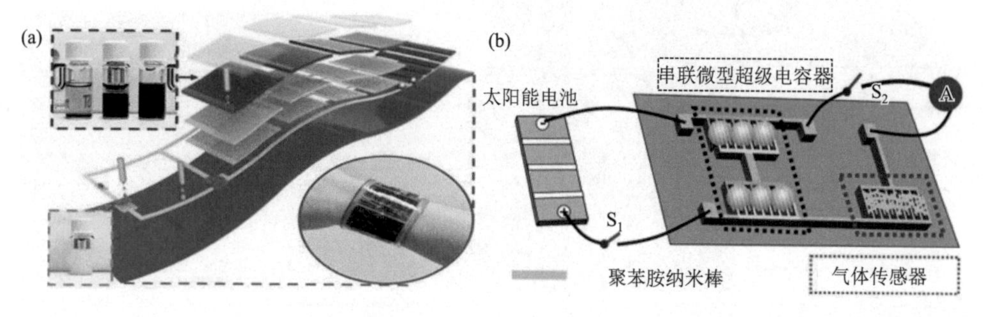

图 6-45 （a）柔性基底上单片可穿戴自供电智能传感系统的制备示意图[89]；（b）串联非对称微型超级电容器桥接太阳能电池和气体传感器的自供电集成设备原理图，用于存储太阳能并为传感器供能[90]

除上述以太阳能电池作为能量采集单元的能量采集-存储-利用集成系统外，一种基于机械能采集的高度集成化自供电传感系统也被成功设计，该系统通过摩擦起电纳米发电机收集人体运动产生的机械能，并进一步转化为电能储存在超级电容器单元中，最终用于驱动可穿戴和便携式电子设备［图 6-46（a）］[82]。如图 6-46（b）所示，该柔性一体化自供电集成系统可以抵抗不同程度的形变，使构建自充电智能布成为可能。此外，作为一种实用性展示，研究人员将其固定在鞋子或人体的其他部位，以收集行走或摆动的能量，从而为电子表提供能量。图 6-46（c）展示了放电、持续和充电三种模式下的 V-t 曲线，在放电模式下，曲线的线性下降表明电子表是通过自充电电源包供电，只要轻拍自充电的电源包，电子表就可以在稳定的电压下持续供电（持续模式约为 5 Hz），甚至在快速运行状态（充电模式约为 9 Hz）下也可以实现充电。

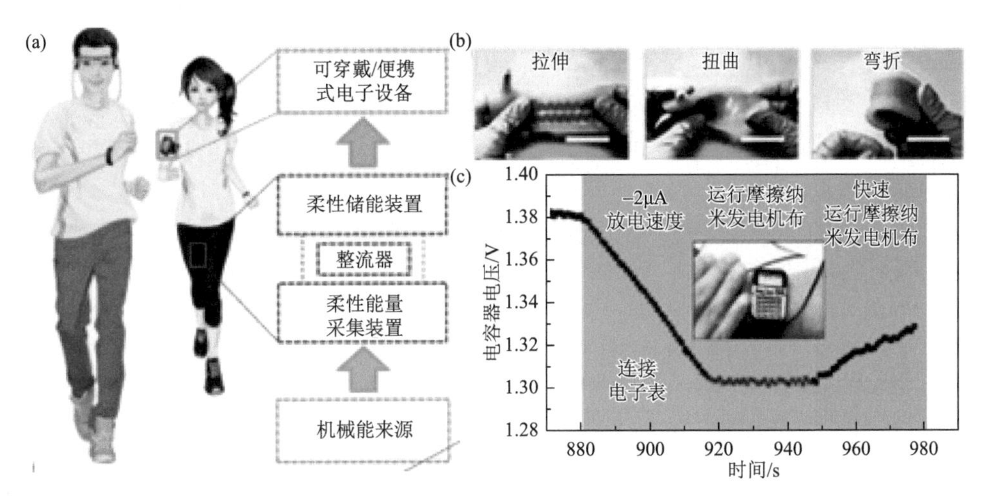

图 6-46 （a）一体化自供电集成系统，从人体收集机械运动能量并转化为电能储存于超级电容器中为可穿戴电子设备供电；（b）不同形变下自供电集成系统的光学照片；（c）各种模式下自供电集成系统连接手表的 *V-t* 曲线[82]

随着人工智能的发展和人类健康意识的增强，基于人体自身生物能量驱动的自供电生物传感器，有望推动可穿戴运动生理监测系统的发展。一种基于排汗-蒸发-生物传感耦合效应的新型可持续自供电的可穿戴式汗液乳酸分析仪被成功设计[91]，该设备由汗液蒸发生物传感器、超级电容器及一个无线发射器共同组成，整个系统被集成在一个柔性的 PDMS 基底上。乳酸分析仪采用亲水多孔碳膜吸收汗液，并通过自然的汗液蒸发获取环境热能发电，所产生的电能储存在电容器中，从而驱动无线发射机。由于输出电压与人体汗液中的乳酸浓度有关，因此可实现实时、连续的乳酸监测，将运动生理信息无线传输到终端，构建运动大数据，这种集成系统为实现自主穿戴式运动分析系统提供了一个新的研究方向。

6.3.4 小结

柔性储能器件微型化和多功能化为发展多功能集成系统提供了基础。功能化集成设计不仅可以避免传统储能器件的刚性结构、体积大等缺点，而且还可以在一定程度上减少繁杂的外部连接，从而有效简化柔性电子系统的结构，进一步提高整个集成器件的器件密度。然而，目前对柔性自供能或自驱动电子产品的研究依然停留在实验室阶段，真正实现商业化生产和实际应用仍面临着一系列挑战，主要包括：①可利用的能量采集单元有限，在未来的研究中需开发更多的可持续、清洁能源作为能量来源；②对于自供电系统，能量存储单元在整个系统的连续稳定工作中起重要作用，为提高集成系统中各功能单元的匹配度、集成度和抗形变能力，需要开发新的材料和器件结构；③传感器等可驱动电子产品的性能有待提高，需开发具有丰富孔结构和大比表面积的新型三维材料，如蜂窝结构、多孔网络结构等，从而实现高度集成化的柔性自供电集成系统的构建，为下一代可穿戴电子设备提供支持。

参考文献

[1] Hadjipaschalis I，Poullikkas A，Efthimiou V. Overview of current and future energy storage technologies for electric power applications. Renewable and Sustainable Energy Reviews，2009，13（6）：1513-1522.

[2] Chen X，Mao S S. Titanium dioxide nanomaterials：synthesis，properties，modifications，and applications. Chemical Reviews，2007，107（7）：2891-2959.

[3] Yang P H，Sun P，Mai W J. Electrochromic energy storage devices. Materials Today，2016，19（7）：394-402.

[4] Wang X F，Jiang K，Shen G Z. Flexible fiber energy storage and integrated devices：recent progress and perspectives. Materials Today，2015，18（5）：265-272.

[5] Sun H，Zhang Y，Zhang J，et al. Energy harvesting and storage in 1D devices. Nature Reviews Materials，2017，2（6）：12.

[6] Bae J，Park Y J，Lee M，et al. Single-fiber-based hybridization of energy converters and storage units using graphene as electrodes. Advanced Materials，2011，23（30）：3446-3449.

[7] Chen T，Qiu L，Yang Z，et al. An integrated “energy wire” for both photoelectric conversion and energy storage. Angewandte Chemie International Edition，2012，51（48）：11977-11980.

[8] Chen X L，Sun H，Yang Z B，et al. A novel “energy fiber” by coaxially integrating dye-sensitized solar cell and electrochemical capacitor. Journal of Materials Chemistry A，2014，2（6）：1897-1902.

[9] Zhang Z，Chen X，Chen P，et al. Integrated polymer solar cell and electrochemical supercapacitor in a flexible and stable fiber format. Advanced Materials，2014，26（3）：466-470.

[10] Fu Y，Wu H，Ye S，et al. Integrated power fiber for energy conversion and storage. Energy & Environmental Science，2013，6（3）：805-812.

[11] Yang Z，Deng J，Sun H，et al. Self-powered energy fiber：energy conversion in the sheath and storage in the core. Advanced Materials，2014，26（41）：7038-7042.

[12] Gao Z，Liu P，Fu X M，et al. Flexible self-powered textile formed by bridging photoactive and electrochemically active fiber electrodes. Journal of Materials Chemistry A，2019，7（24）：14447-14454.

[13] Wang Z P，Cheng J L，Huang H，et al. Flexible self-powered fiber-shaped photocapacitors with ultralong cyclelife and total energy efficiency of 5.1%. Energy Storage Materials，2020，24：255-264.

[14] Wee G，Salim T，Lam Y M，et al. Printable photo-supercapacitor using single-walled carbon nanotubes. Energy & Environmental Science，2011，4（2）：413-416.

[15] Lee F W，Ma C W，Lin Y H，et al. A micromachined photo-supercapacitor integrated with CdS-sensitized solar cells and buckypaper. Sensors and Materials，2016，28（7）：749-756.

[16] Dong P，Rodrigues M T F，Zhang J，et al. A flexible solar cell/supercapacitor integrated energy device. Nano Energy，2017，42：181-186.

[17] Chien C T，Hiralal P，Wang D Y，et al. Graphene-based integrated photovoltaic energy harvesting/storage device. Small，2015，11（24）：2929-2937.

[18] Hu Y，Bai Y，Luo B，et al. Aluminum-ion batteries：a portable and efficient solar-rechargeable battery with ultrafast photo-charge/discharge rate. Advanced Energy Materials，2019，9（28）：1970108.

[19] Li C，Cong S，Tian Z N，et al. Flexible perovskite solar cell-driven photo-rechargeable lithium-ion capacitor for self-powered wearable strain sensors. Nano Energy，2019，60：247-256.

[20] Tian Z N，Tong X L，Sheng G，et al. Printable magnesium ion quasi-solid-state asymmetric supercapacitors for flexible solar-charging integrated units. Nature Communications，2019，10（1）：4913.

[21] Zhang F Y，Li W F，Xu Z J，et al. Transparent conducting oxide-and Pt-free flexible photo-rechargeable electric energy storage systems. RSC Advances，2017，7（83）：52988-52994.

[22] Xu S K，Wei G D，Li J Z，et al. Flexible MXene-graphene electrodes with high volumetric capacitance for integrated co-cathode energy conversion/storage devices. Journal of Materials Chemistry A，2017，5（33）：17442-17451.

[23] Skunik-Nuckowska M，Grzejszczyk K，Kulesza P J，et al. Integration of solid-state dye-sensitized solar cell with metal oxide charge storage material into photoelectrochemical capacitor. Journal of Power Sources，2013，234：91-99.

[24] Liu R Y，Wang J，Sun T，et al. Silicon nanowire/polymer hybrid solar cell-supercapacitor：a self-charging power unit with a total efficiency of 10.5%. Nano Letters，2017，17（7）：4240-4247.

[25] Miyasaka T，Murakami T N. The photocapacitor：an efficient self-charging capacitor for direct storage of solar energy. Applied Physics Letters，2004，85（17）：3932-3934.

[26] Miyasaka T，Ikeda N，Murakami T N，et al. Light energy conversion and storage with soft carbonaceous materials that solidify mesoscopic electrochemical interfaces. Chemistry Letters，2007，36（4）：480-487.

[27] Murakami T N，Kawashima N，Miyasaka T. A high-voltage dye-sensitized photocapacitor of a three-electrode system. Chemical Communications，2005，(26)：3346-3348.

[28] Nagai H，Segawa H. Energy-storable dye-sensitized solar cell with a polypyrrole electrode. Chemical Communications，2004，(8)：974-975.

[29] Kijitori Y，Ikegami M，Miyasaka T. Highly efficient plastic dye-sensitized photoelectrodes prepared by low-temperature binder-free coating of mesoscopic titania pastes. Chemistry Letters，2007，36（1）：190-191.

[30] Jin Y Z，Li Z F，Qin L Q，et al. Laminated free standing PEDOT：PSS electrode for solution processed integrated photocapacitors via hydrogen-bond interaction. Advanced Materials Interfaces，2017，4（23）：1700704.

[31] Meng H G，Pang S P，Cui G L. Photo-supercapacitors based on third-generation solar cells. ChemSusChem，2019，12（15）：3431-3447.

[32] Lin Y J，Gao Y，Fang F，et al. Recent progress on printable power supply devices and systems with nanomaterials. Nano Research，2018，11（6）：3065-3087.

[33] 崔大付. 传感器研究发展动向（上）. 科学中国人，1997，(7)：15-17.

[34] 崔大付. 传感器研究发展动向（下）. 科学中国人，1997，(8)：46-49.

[35] 詹建徽，张代远. 传感器应用、挑战与发展. 计算机技术与发展，2013，23（8）：118-121.

[36] Teng F，Hu K，Ouyang W，et al. Photoelectric detectors based on inorganic p-type semiconductor materials. Advanced Materials，2018，30（35）：1706262.

[37] Hamzah H H，Shafiee S A，Abdalla A，et al. 3D printable conductive materials for the fabrication of electrochemical sensors：a mini review. Electrochemistry Communications，2018，96：27-31.

[38] Llobet E. Gas sensors using carbon nanomaterials：a review. Sensors and Actuators B：Chemical，2013，179：32-45.

[39] Xu K，Lu Y，Takei K. Multifunctional skin-inspired flexible sensor systems for wearable electronics. Advanced Materials Technologies，2019，4（3）：1800628.

[40] Gu Y，Zhang T，Chen H，et al. Mini review on flexible and wearable electronics for monitoring human health information. Nanoscale Research Letters，2019，14（1）：263.

[41] Xie M，Hisano K，Zhu M，et al. Flexible multifunctional sensors for wearable and robotic applications. Advanced Materials Technologies，2019，4（3）：1800626.

[42] 雷肇棣. 光电探测器原理及应用. 物理，1994，23（4）：220-226.

[43] Wang X，Liu B，Liu R，et al. Fiber-based flexible all-solid-state asymmetric supercapacitors for integrated photodetecting system. Angewandte Chemie International Edition，2014，53（7）：1849-1853.

[44] Xu J，Shen G. A flexible integrated photodetector system driven by on-chip microsupercapacitors. Nano Energy，2015，13：131-139.

[45] Gu S，Lou Z，Li L，et al. Fabrication of flexible reduced graphene oxide/Fe_2O_3 hollow nanospheres based on-chip micro-supercapacitors for integrated photodetecting applications. Nano Research，2016，9（2）：424-434.

[46] Kim D，Yun J，Lee G，et al. Fabrication of high performance flexible micro-supercapacitor arrays with hybrid electrodes of MWNT/V_2O_5 nanowires integrated with a SnO_2 nanowire UV sensor. Nanoscale，2014，6（20）：12034-12041.

[47] Kim D，Shin G，Yoon J，et al. High performance stretchable UV sensor arrays of SnO_2 nanowires. Nanotechnology，2013，24（31）：315502.

[48] Bie Y Q，Liao Z M，Zhang H Z，et al. Self-powered，ultrafast，visible-blind UV detection and optical logical operation based on ZnO/GaN nanoscale p-n junctions. Advanced Materials，2011，23（5）：649-653.

[49] Bai S，Wu W，Qin Y，et al. High-performance integrated ZnO nanowire UV sensors on rigid and flexible substrates. Advanced Functional Materials，2011，21（23）：4464-4469.

[50] Yue Y，Yang Z，Liu N，et al. A flexible integrated system containing a microsupercapacitor，a photodetector，and a wireless charging coil. ACS Nano，2016，10（12）：11249-11257.

[51] Yun J，Lim Y，Lee H，et al. A patterned graphene/ZnO UV sensor driven by integrated asymmetric micro-supercapacitors on a liquid metal patterned foldable paper. Advanced Functional Materials，2017，27（30）：1700135.

[52] Chen C，Cao J，Lu Q，et al. Foldable all-solid-state supercapacitors integrated with photodetectors. Advanced Functional Materials，2017，27（3）：1604639.

[53] Chen C，Cao J，Wang X，et al. Highly stretchable integrated system for micro-supercapacitor with ac line filtering and UV detector. Nano Energy，2017，42：187-194.

[54] Li L，Fu C，Lou Z，et al. Flexible planar concentric circular micro-supercapacitor arrays for wearable gas sensing application. Nano Energy，2017，41：261-268.

[55] Yun J，Lim Y，Jang G N，et al. Stretchable patterned graphene gas sensor driven by integrated micro-supercapacitor array. Nano Energy，2016，19：401-414.

[56] Qin J，Gao J，Shi X，et al. Hierarchical ordered dual-mesoporous polypyrrole/graphene nanosheets as bi-functional active materials for high-performance planar integrated system of micro-supercapacitor and gas sensor. Advanced Functional Materials，2020，30（16）：1909756.

[57] Zhao J，Li L，Zhang Y，et al. Novel coaxial fiber-shaped sensing system integrated with an asymmetric supercapacitor and a humidity sensor. Energy Storage Materials，2018，15：315-323.

[58] Zhao J，Zhang Y，Huang Y，et al. 3D printing fiber electrodes for an all-fiber integrated electronic device via hybridization of an asymmetric supercapacitor and a temperature sensor. Advanced Science，2018，5（11）：1801114.

[59] Song Y，Chen H，Su Z，et al. Highly compressible integrated supercapacitor-piezoresistance-sensor system with CNT-PDMS sponge for health monitoring. Small，2017，13（39）：1702091.

[60] Song Y，Chen H，Chen X，et al. All-in-one piezoresistive-sensing patch integrated with micro-supercapacitor. Nano Energy，2018，53：189-197.

[61] Park H，Kim J W，Hong S Y，et al. Dynamically stretchable supercapacitor for powering an integrated biosensor in an all-in-one textile system. ACS Nano，2019，13（9）：10469-10480.

[62] Kim D，Kim D，Lee H，et al. Body-attachable and stretchable multisensors integrated with wirelessly rechargeable energy storage devices. Advanced Materials，2016，28（4）：748-756.

[63] Lu Y，Jiang K，Chen D，et al. Wearable sweat monitoring system with integrated micro-supercapacitors. Nano Energy，2019，58：624-632.

[64] Zhang F，Zang Y，Huang D，et al. Flexible and self-powered temperature-pressure dual-parameter sensors using microstructure-frame-supported organic thermoelectric materials. Nature Communications，2015，6（1）：8356.

[65] Park H，Kim J W，Hong S Y，et al. Microporous polypyrrole-coated graphene foam for high-performance multifunctional sensors and flexible supercapacitors. Advanced Functional Materials，2018，28（33）：1707013.

[66] Ai Y，Lou Z，Chen S，et al. All rGO-on-PVDF-nanofibers based self-powered electronic skins. Nano Energy，2017，35：121-127.

[67] Hou X，Liu B，Wang X，et al. SnO_2-microtube-assembled cloth for fully flexible self-powered photodetector nanosystems. Nanoscale，2013，5（17）：7831-7837.

[68] Kim J S，Ko D，Yoo D J，et al. A half millimeter thick coplanar flexible battery with wireless recharging capability. Nano Letters，2015，15（4）：2350-2357.

[69] Xu S，Zhang Y，Cho J，et al. Stretchable batteries with self-similar serpentine interconnects and integrated wireless recharging systems. Nature Communications，2013，4（1）：1543.

[70] Kwon Y，Woo S，Jung H，et al. Cable-type flexible lithium ion battery based on hollow multi-helix electrodes. Advanced Materials，2012，24（38）：5192-5197.

[71] Li H，Han C，Huang Y，et al. An extremely safe and wearable solid-state zinc ion battery based on a hierarchical structured polymer electrolyte. Energy & Environmental Science，2018，11（4）：941-951.

[72] Wang Z，Mo F，Ma L，et al. A highly compressible cross-linked polyacrylamide hydrogel-enabled compressible Zn-MnO_2 battery and a flexible battery-sensor system. ACS Applied Materials & Interfaces，2018，10（51）：44527-44534.

[73] Bi S，Wan F，Huang S，et al. A flexible quasi-solid-state bifunctional device with zinc-ion microbattery and photodetector. ChemElectroChem，2019，6（15）：3933-3939.

[74] Sang Z，Yan X，Su D，et al. A flexible film with SnS_2 nanoparticles chemically anchored on 3D-graphene framework for high areal density and high rate sodium storage. Small，2020，16（25）：2001265.

[75] Yao M，Wang R，Zhao Z，et al. A flexible all-in-one lithium-sulfur battery. ACS Nano，2018，12（12）：12503-12511.

[76] Chen H，Xu H，Wang S，et al. Ultrafast all-climate aluminum-graphene battery with quarter-million cycle life.

Science Advances，2017，3（12）：eaao7233.

[77] Liu Q，Chang Z，Li Z，et al. Flexible metal-air batteries：progress，challenges，and perspectives. Small Methods，2018，2（2）：1700231.

[78] Zhu G，Lin Z，Jing Q，et al. Toward large-scale energy harvesting by a nanoparticle-enhanced triboelectric nanogenerator. Nano Letters，2013，13（2）：847-853.

[79] Xue X，Wang S，Guo W，et al. Hybridizing energy conversion and storage in a mechanical-to-electrochemical process for self-charging power cell. Nano Letters，2012，12（9）：5048-5054.

[80] Guo H，Yeh M，Lai Y，et al. All-in-one shape-adaptive self-charging power package for wearable electronics. ACS Nano，2016，10（11）：10580-10588.

[81] Lee S W，Yang Y，Lee H，et al. An electrochemical system for efficiently harvesting low-grade heat energy. Nature Communications，2014，5（1）：3942.

[82] Pu X，Li L，Song H，et al. A self-charging power unit by integration of a textile triboelectric nanogenerator and a flexible lithium-ion battery for wearable electronics. Advanced Materials，2015，27（15）：2472-2478.

[83] Bai P，Zhu G，Jing Q，et al. Membrane-based self-powered triboelectric sensors for pressure change detection and its uses in security surveillance and healthcare monitoring. Advanced Functional Materials，2014，24（37）：5807-5813.

[84] Kim S L，Lin H T，Yu C. Thermally chargeable solid-state supercapacitor. Advanced Energy Materials，2016，6（18）：1600546.

[85] Kim S L，Choi K，Tazebay A，et al. Flexible power fabrics made of carbon nanotubes for harvesting thermoelectricity. ACS Nano，2014，8（3）：2377-2386.

[86] 仲艳. 柔性功能器件及其集成系统的制备研究. 武汉：华中科技大学，2018.

[87] Shen C W，Xu S X，Xie Y X，et al. A review of on-chip micro supercapacitors for integrated self-powering systems. Journal of Microelectromechanical Systems，2017，26（5）：949-965.

[88] Yun J，Song C，Lee H，et al. Stretchable array of high-performance micro-supercapacitors charged with solar cells for wireless powering of an integrated strain sensor. Nano Energy，2018，49：644-654.

[89] Lin Y，Chen J，Tavakoli M M，et al. Printable fabrication of a fully integrated and self-powered sensor system on plastic substrates. Advanced Materials，2019，31（5）：1804285.

[90] Guo R，Chen J，Yang B，et al. In-plane micro-supercapacitors for an integrated device on one piece of paper. Advanced Functional Materials，2017，27（43）：1702394.

[91] Guan H，Zhong T，He H，et al. A self-powered wearable sweat-evaporation-biosensing analyzer for building sports big data. Nano Energy，2019，59：754-761.

第7章 展望

随着便携式、可穿戴等柔性电子产品的发展，与之相匹配的柔性储能器件的设计开发势在必行。目前，不同柔性储能器件体系，如超级电容器、碱金属离子电池、多价金属离子电池、金属空气电池等已被相继开发出来，器件构型方面也展现出丰富多样性，如线状、薄膜型、微结构型、可拉伸型等，扩展了柔性储能器件的应用场景和应用范围。柔性储能器件设计的目的是实现其与其他柔性电子器件的集成，最终获得柔性自供电电子系统。随着柔性储能器件研究的深入，许多柔性储能器件与太阳能电池、传感器件等集成系统也被设计出来。虽然柔性储能器件的材料和器件设计及其与其他电子器件的集成取得了很大进展，但是目前柔性储能器件的研究仍处于初级阶段，还存在一系列科学与技术问题，这些问题将是未来柔性储能器件基础研究和生产应用的重点。

7.1 材料结构设计与性能优化

7.1.1 电极优化设计

柔性储能器件的发展需要具备优异电导率和机械柔韧性的柔性电极，而电极材料的选择与结构设计对构建柔性电极至关重要。传统的金属基底具有高的导电性和快速的电荷传输能力，但其刚性和硬度较大，韧性不足，在经受反复的应力应变时，易产生疲劳问题，降低器件使用寿命。此外，传统的涂覆法将匀浆涂覆在金属基底上，活性材料与基底之间主要靠黏结剂来实现连接，在形变过程中，活性涂层易发生断裂或从基底上脱落，从而影响其力学和电化学性能稳定性，并且金属基底的质量较大，额外地增加了器件整体的质量，降低了柔性储能器件的整体能量密度。目前，可通过多种制备方法将活性材料与不同碳材料进行有效复合，制备轻质且具有良好导电性、优异机械强度的自支撑复合电极。其中一种策略是将活性材料与导电碳材料均匀混合，通过真空抽滤、涂覆干燥等机械成膜法制备柔性复合电极，此方法制备的自支撑复合膜电极具有较高的机械稳定性，可避免形变过程中活性材料的脱落。然而活性材料与导电碳材料混合分散液的均匀性会受到活性材料微观形貌及表面性质的影响，不均匀成膜会影响复合膜电极的力学性能和电化学性能，通过调控活性材料的微观结构、形貌和表面性质，改进活性材料与导电碳材料的混合方法，优化膜电极的制备过程，可得到活性材料与导电碳材料均匀复合的自支撑膜电极。相比于机械成膜法，电化学沉积和水热合成等原位生长法将活性材料负载在导电碳基底上，活性材料与导电碳基底的接触性更好，提升了电极的力学性能和电化学性能，但是原位生长对活性材料的种类及结构具有选择性，并且活性材料在原位生长过程中的形貌、微结构、分布等需要进一步优化，可通过优化原液的组成及浓度，调节电化学沉积条件或水热生长条件，控制活性材料与碳基底的表界面，从而有效地调控活性材料的微观结构与形貌，制备活性材料均匀分布的柔性电极。为进一步减轻柔性电极的质量，并且提高活性材料与碳材料的均匀复合度和紧密结合度，可将活性材料与碳纳米材料基元通过化学自组装的方式制备自支撑复合物电极，但是，目前复合物电极中碳纳米材料和纳米活性材料的组装通常是无序的，复合电极中存在大量的结构缺陷，导致碳纳米材料和活性物质纳米基元的优异物化性质无法完全从微观基元转移到其宏观体，因而需要改进现有的组装策略或开发新的组装方法，实现碳纳米材料和纳米活性材料的可控程序化组装，设计有序的微观结构并优化相互连接的微孔和介孔结构，实现自支撑电极微观结构的有效控制，最终获得兼具优异力学、电学和电化学性能的超轻质、形状和尺寸可控的新型柔性复合电极，从而拓宽其在柔性储能器件中的应用。

不同构型的柔性储能器件对柔性电极的结构设计提出了不同的要求，但不同结构的电极在设计中也面临一些挑战。例如，在线状电极中，线状基底的表面积小，活性材料的负载量较低，可通过增加电极层的厚度来提高活性物质的负载量，但是电极层的厚度并不能精准地调控，并且较大的负载量会导致活性物质从基底表面脱落，因此，应合理设计线状基底的微结构，增大线状基底的有效比表面积，在提高活性物质负载量的同时，增强基底与活性材料之间的相互作用，维持电极结构的稳定性。对于薄膜电极，应开发新型高效的成膜技术，发展自支撑柔性薄膜电极制备策略，优化薄膜电极的结构，提高其力学性能，同时增加薄膜电极的比表面积和活性物质负载量。为满足可拉伸和可压缩等储能器件的要求，目前不同结构的可拉伸和可压缩电极也被设计出来，但是它们的大部分电极需要引入高弹性基底来提高电极的拉伸或压缩性能，而非活性的弹性基底会降低电极的电子电导率以及活性材料的利用率，从而降低其电化学性能。未来应设计具有固有可拉伸性的电极材料或将导电碳材料与活性材料复合制备自支撑可拉伸电极和可压缩气凝胶，通过改进制备方法，调节复合材料的微观结构，进而增强活性材料与碳材料的相互作用，提升自支撑复合电极的可拉伸/压缩性能和导电性能。

柔性储能器件不仅要具备优异的机械性能，还要具有较高的能量密度、功率密度和长循环寿命，同时还要保证器件在形变过程中保持稳定的电化学性能。提高储能体系的能量密度通常从提高体系比容量与工作电压着手，而提高功率密度则需提高电极的导电性和电解液的离子电导率。

在超级电容器体系中，应充分利用碳材料高导电性、热稳定和化学稳定的优势，设计并制备新型的三维自支撑多孔碳材料，加快电子传输，通过优化制备方法，提高材料的比表面积，改善孔结构及孔径分布，增强离子传输速率；同时可利用杂原子掺杂提高电子电导率，并引入高电容的赝电容材料制备复合电极材料，增加其储能容量。对称超级电容器的电压窗口通常小于 1 V，较窄的电压窗口使得器件在实际应用时需串联多个器件来实现高的工作电压，这不利于器件的集成，并且还会增加能量释放过程中的损耗。通过设计新型混合超级电容器可提高电压窗口，其中一种为非对称超级电容器，由双电层电容材料作为功率源，法拉第赝电容材料作为能量源；另一种是混合离子电容器，由一个具有表面控制电荷储存过程的电容电极（通常是碳材料）和一个具有快速反应动力学的离子插层电极组成。通过电极材料和结构的优化设计，可构建高能量密度的混合超级电容器。

在电池体系中，为提高电化学体系的能量密度与功率密度，需要致力于电极材料的选择及电极结构的优化设计。在柔性正极的选择与结构设计中，需要从以下几个方面考虑。

（1）在金属离子电池体系中，探寻具有高容量和高电压的新型正极材料，通过优化设计材料的晶体结构，对其进行掺杂以及构造缺陷，提高正极材料的电荷储存能力和平均工作电压，从而提高体系的能量密度。而在金属空气电池中，应开发廉价高效的双功能催化剂，通过调控材料表面的缺陷程度和官能团，降低充放电过程中的过电位，提高反应速率。

（2）制备导电碳材料与活性物质的自支撑复合电极，该复合电极需要具有较大的比表面积、三维多孔结构和相互贯通的导电网络。自支撑结构可降低电极内部电荷转移电阻；大的比表面积能够为活性材料提供更多的附着位点，提高活性物质的利用率，充分发挥其电化学性能，并且可以增大电极与电解液的接触面积，加速电解液离子的渗透；高孔隙率的三维导电网络，可实现电子的快速传输，同时缩短离子的有效扩散路径，提高离子的扩散系数，从而提高其倍率性能与功率密度，此外，导电网络框架可有效地缓解活性物质在充放电过程中的体积变化，增强电极在循环过程中的稳定性。

（3）合理设计电极的孔径结构。除了反应动力学外，传质也是影响反应速率的一个关键因素。在金属空气电池体系中，通过合理地调节材料的孔隙结构，可降低传质阻抗，进而改变放电产物的成核与生长，防止绝缘产物/副产物在电极上沉积，最终达到提高金属空气电池的倍率性能与循环稳定性的目的。

柔性电池器件的负极材料可直接使用具有一定柔性的金属丝或金属箔片，但是金属材料具有形状记忆特性，并且在经受反复形变时易产生疲劳问题，因此，应减小金属丝的直径或金属箔片的厚度，减弱其形状记忆性。除金属材料外，碳基纤维、薄膜或三维多孔结构或其与活性材料的复合结构也可作为柔性电池的负极材料。在钠离子电池和钾离子电池中，负极材料在循环过程中存在较大的体积膨胀，从而致使电极破裂，并且还阻碍了稳定 SEI 膜的生成，降低了电化学体系的稳定性。通常可将负极材料负载于多孔导电碳材料中，连续的网络结构可有效缓解体积变化，并促进离子扩散和电子转移；还可通过杂原子掺杂构造缺陷，并进行官能团修饰构造更多的活性位点，增强复合材料的存储能力。除了设计制备柔性负极外，负极的腐蚀与枝晶生长也是亟须解决的问题。通常，凝胶电解质和固态电解质可抑制金属负极的腐蚀，并可在一定程度上减缓负极枝晶的生长，对负极起保护作用。在电解液中添加少量的电解液添加剂（高分子、有机分子或金属离子）或在负极表面原位生长一层稳定的保护层可降低离子的成核过电位，诱导离子在电沉积过程中的均匀成核，从而有效地抑制枝晶的生成并提高负极的循环稳定性。此外，还可通过优化负极的结构、负极合金化以及隔膜改性来提高负极的稳定性。

7.1.2 电解质优化设计

除柔性电极外，柔性电解质的设计与选择对柔性储能器件的发展也至关重要。传统液态电解质存在易燃、挥发和漏液等问题，尤其在柔性器件遭受形变的状态下愈加凸显，易造成较大的安全隐患，同时液态电解质的流动性也会限制器件结构的设计，不能满足柔性储能器件对高柔韧性和可加工性的要求。使用凝胶电解质或固态聚合物电解质则可避免漏液问题，另外，这类电解质可与正负极材料集成到一起，获得一体化的器件结构，在弯曲形变状态下，可保持器件整体结构的完整性。因此，凝胶电解质或固态聚合物电解质是柔性储能器件电解质的理想选择，但是，现有凝胶电解质或固态聚合物电解质仍然面临一些问题。

通常柔性器件中使用的凝胶和固态聚合物电解质相比于液态电解质具有较低的离子电导率，导致倍率性能下降，通过优化电解质组成成分、添加功能性陶瓷材料或其他无机材料，可提高凝胶态和固态聚合物电解质的离子电导率。凝胶电解质的界面润湿性较好，具有良好的电极相容性和低的界面转移电阻，但是其力学强度有限，可在其中加入二氧化硅等无机材料增强其机械强度；或改变聚合物基体，制备具有物理交联与化学交联的双网络凝胶，从而提高其力学性能。此外，常用水系凝胶电解质的电压窗口较窄，可利用新型的高浓度盐溶液制备凝胶电解质，拓宽电压窗口。为满足柔性储能器件在极端的情况下使用的需求，水系凝胶电解质需具备较宽的温度适用范围，通过优化设计新型的聚合物基体或使用电解液添加剂，可设计在高温时保持结构稳定或在低温条件下限制结晶并具有较高离子电导率的凝胶电解质。相比于凝胶电解质，固态聚合物电解质的机械强度较高，但固态电解质与电极之间接触性较差，存在较大的界面电阻，增大了电池的极化，从而降低了电化学性能。通过向电解质中引入功能化材料，可增强电解质与电极界面间的相互作用力，或制备复合电解质来缓解界面离子转移并降低界面电阻。

7.2 器件结构优化与制备工艺改进

为了适应不同应用场合的需求，需要设计不同构型的储能器件与之匹配，如线状、微结构、薄膜型和三维立体型等。优化不同构型器件的结构，并改进器件的制备工艺，尽可能做到活性材料利用率最大化、电解质与电极材料兼容性良好、制备过程简化，实现柔性器件在不同形变下的结构与电化学性能的稳定性。

不同的器件构型对应的组装工艺也不相同，针对不同的器件构型，需设计并优化其相应的制备工艺。缠绕型线状柔性储能器件在组装的过程中会受到物理形变，导致结构松散，两电极间内阻增大，应开发制备线状电极的普适性方法，优化缠绕型结构的制备工艺，精确调节仪器参数，提高两电极之间的紧密程度。同轴型结构在形变的过程中内外电极之间会产生空隙，导致器件产生较大的内阻，应提高同轴型器件的组装技术，准确控制电极与电解质层在线状结构上的层层组装。线状柔性器件具有高的曲率界面，导致器件的封装具有较大的难度，特别是在柔性金属空气电池中，空气电极需要暴露在空气中以利于气体的扩散，而活性金属负极以及有机电解液则需要严格的疏水隔离，但目前常用的热塑管和硅胶树脂对于阻挡水蒸气和氧气的效果并不是很理想，因此应研发可有效隔绝氧气和水的封装材料，并进一步改进线状柔性器件的封装技术。线状器件的柔韧性和柔软性在很大程度上取决于整个器件的直径，然而由于线状器件结构的复杂性，线状储能器件的直径相比于天然/合成纤维仍较大，并不能呈现像天然/合成纤维一样柔软的质地，并且目前线状器件的机械强度还未达到工业化编织技术的要求。此外，实验室对于线状柔性器件主要集中在厘米级的研究，并不能满足实际应用，而随着长度的增加，其性能会逐渐下降，制备难度也会随之增加，这就限制了线状柔性储能器件的规模化生产。因此，应大力改进机器的制备工艺，提高各组分间的紧密程度并增强各组分的机械强度，从而减小线状器件的直径并增加器件长度，实现柔韧而致密的储能纺织品。

柔性微结构储能器件可根据其在不同集成系统中的应用环境选择合适的柔性基底，并通过合理地设计微结构储能器件中叉指电极的结构来优化器件的性能。减小叉指电极的宽度和电极间距可有效地缩短离子的传输路径并增加电极有效面积，从而加速离子传输并减小传输阻力，但电极尺寸设计依赖于电极的制备技术。在微结构器件组装过程中，应优化电极制备技术，调控活性材料与基底的界面，增强二者之间的相互作用力，避免形变下活性材料的脱离。此外，为了制备小型化的叉指器件并实现规模化生产，需要开发简单高效、低成本的微电极制备技术。光刻技术具有高分辨率和高精度等优点，但其繁杂的加工步骤和对超清洁工作环境的严苛要求使得光刻技术耗时且复杂。喷墨打印和丝网印刷技术是简单高效的印刷技术，这项技术制作过程简单，不涉及复杂的光刻工艺、有毒的化学处理及昂贵的模板，并且可实现对印刷精度的良好控制。但是，丝网印刷需要刚性模板，分辨率相对较低；喷墨打印技术的分辨率较高，但该技术对油墨的要求较高，而且这些印刷技术的精度不如光刻技术的高。因此，应开发制作过程简单、分辨率高的印刷技术，或优化组合不同的印刷技术，从而实现优异柔韧性和电化学性能的微结构储能器件的制备。

为了匹配柔性可穿戴电子器件，薄膜储能器件应满足“轻、柔、薄”的要求。因此需要发展新型膜电极制备技术，得到超薄膜电极，在保持薄膜电极结构稳定的前提下，增强其力学性能。进一步开发电解质膜减薄技术，增强电极与电解质的界面接触，简化薄膜器件的结构，从而构建轻质超薄一体化柔性薄膜储能器件。另外，传统的电极层与电解质层堆叠的“三明治”结构在承受较大形变时易发生层与层之间的错位，产生较大的界面电阻，通过将正负极材料构筑于隔膜材料两侧，可实现正负极与隔膜一体化的柔性结构设计，或利用层层组装的方式实现正负极与隔膜的连续无缝连接，一体化的结构设计可避免形变下相邻组分层之间滑脱，有效地降低界面阻抗，提升相邻组件层之间的离子传输能力，未来需要进一步优化一体化器件的制备工艺，调控一体化结构的组装条件，增强相邻层之间的界面强度，制备器件各组分无缝连接的高性能一体化柔性薄膜储能器件。

为满足一些特殊电子设备的需求，柔性储能器件需承受其他形式（如拉伸、压缩和扭曲等）的形变，除了通过优化设计器件各部分的抗形变能力，还需要设计新型器件构型来提高器件整体抗拉伸或压缩等形变的能力，如可在预拉伸弹性基底上负载电极材料形成波纹形结构；利用柔性连接带连接刚性结构构造点阵互联结构；通过折纸与剪纸构建三维空间结构；构建螺旋弹簧式结构等。

7.3 集成化与智能化

目前，柔性储能器件正朝着高度集成化和智能化方向发展。常规的储能器件与功能单元的集成系统在电能耗尽时需要外部电源供电，从而造成能源消耗。通过引入能量采集与转换器件，如太阳能电池、摩擦/压电纳米发电机和热电器件等，可得到能量采集与转换单元、储能单元与功能单元集成于一体的自供电系统，同时可实现能量的采集、转换、储存与利用。然而，由于各组成单元的组分存在很大的区别，目前的集成系统主要通过外部导线连接，外部导线连接无疑增加了集成系统的体积和器件结构的复杂性，并且导致系统整体能量转化-存储效率低，因此，柔性自供电集成系统的结构还需进一步优化。另外，提高各功能单元的匹配程度与兼容性，通过共用电极或集流体连接各个器件单元，可将能量采集与转换器件、储能器件与功能单元集成于同一柔性基底，制备一体化的柔性自供电集成系统。为进一步简化集成器件的结构，可开发集能量采集、转换与储存于一体的多功能电极，各个器件单元可通过共用电极来实现内部连接。未来的集成系统将不再局限于单一的功能器件，通过各器件单元的相互匹配，在同一基底上集成多种功能器件，得到多功能化的集成系统。而且，通过材料设计，进一步实现柔性器件的智能化，设计并开发新型的自治愈、形状记忆或电致变色材料，并将其应用于电极、电解质或封装材料中，使得柔性器件在受到外界破坏时可实现自修复功能，并对光、温度、压力、pH 等外界刺激做出响应。未来的智能化柔性储能器件应顺应科技发展的潮流，发展信息采集与检测、数据处理与存储、智能传感器和人工智能的智能集成系统。

实用化与工业化也是柔性储能器件未来发展所面临的巨大挑战，它涉及许多问题，包括降低器件整体价格、优化制备工艺、提高器件的电化学性能、改善器件的稳定性和安全性等。目前，大多数柔性储能器件研究都还处于实验室阶段，很多制备方法对仪器设备和操作过程的精确性要求较高，造成柔性储能器件的制备成本较高，极大地限制了器件的批量化生产和实际应用。未来需要探索大规模自动化连续制备生产柔性器件的新技术，充分考虑生产成本、技术、规模的需要和环境的影响，实现不同组件之间的高效整合。目前，柔性储能器件正处于一个蓬勃发展的阶段，展望未来，挑战与机遇共存，它的技术突破必将会引领科技发展，并将开启柔性电子设备的新篇章。

关键词索引